高等学校电子与通信类专业规划教材

信息安全工程

主编　庞辽军　裴庆祺　李慧贤

主审　李　晖

西安电子科技大学出版社

内 容 简 介

本书以信息安全理论为基础，以实际工程应用为目标，有针对性、有选择性地介绍了已经被普遍应用且实用有效的安全算法、协议和系统，并给出了一些实际工程应用中积累的经验和教训。

本书首先介绍了当前信息安全的概念及其内涵和外延、信息安全的框架模型和安全需求、信息安全的相关技术等；然后介绍了当前解决信息安全问题常用的一些策略和实用技术，如密码算法、PKI技术、完整性技术、信息隐藏技术、生物认证技术等；接着结合系统工程方法，介绍了信息安全标准状况和现有的安全模型；最后给出了国内外解决信息安全问题的一些成功案例，包括WLAN、WMAN和WSN安全技术及WAPI方案等。

本书的特点是：以工程应用为载体，融理论于工程；借助于流行的安全系统，而不是孤立地介绍各种安全算法。

本书可作为高等院校相关专业的本科生教材，也可作为相关专业的研究生教材，同时还可作为从事网络与信息安全技术工作的广大科技人员的参考书。

★ 本书配有电子教案，需要者可登录出版社网站，免费下载。

图书在版编目(CIP)数据

信息安全工程/庞辽军，裴庆祺，李慧贤主编.

—西安：西安电子科技大学出版社，2010.9

高等学校电子与通信类专业规划教材

ISBN 978-7-5606-2432-7

Ⅰ. ①信… Ⅱ. ①庞… ②裴… ③李… Ⅲ. ①信息系统—安全技术—高等学校—教材
Ⅳ. TP309

中国版本图书馆CIP数据核字(2010)第090115号

策　　划　毛红兵
责任编辑　许青青　毛红兵
出版发行　西安电子科技大学出版社(西安市太白南路2号)
电　　话　(029)88242885　88201467　邮　　编　710071
网　　址　www.xduph.com　电子邮箱　xdupfxb001@163.com
经　　销　新华书店
印刷单位　陕西华沐印刷科技有限责任公司
版　　次　2010年9月第1版　2010年9月第1次印刷
开　　本　787毫米×1092毫米　1/16　印张26
字　　数　618千字
印　　数　1～3000册
定　　价　37.00元

ISBN 978-7-5606-2432-7/TP·1213

XDUP　2724001—1

前　言

随着因特网(Internet)技术的不断发展和普遍应用，人们在生活、工作和学习等各个方面也越来越多地依赖于网络，这完全得益于因特网随时随地的开放性和互联性。因特网的开放性、互联性使得人们在享受网络所带来的便利的同时，也面临着网络信息安全方面的巨大挑战，各种计算机病毒、网络病毒和黑客攻击已经对网络安全构成了巨大的威胁，频繁地困扰着人们的网络生活。更为严重的是，它们通过攻击一个国家的网络基础设施和关键信息系统，会对国家安全构成很大的威胁。网络与信息安全已经和一个国家的安全与利益紧密联系在一起。

自古以来，安全保密在国家的军事和安全部门一直备受关注。在社会信息化的今天，信息安全的重要性对于人们的日常生活来说也是不言而喻的。在我国，网络与信息安全越来越重要，已经成为电子商务网、电子政务网、电子金融网、企业信息网以及军用信息网等必备的网络基础保障，国家有关部门和业界都加大了对网络与信息安全技术的研发投入，对网络与信息安全专门人才的需求也越来越大。因此，很多高校的相关专业都开设了网络信息安全的本科生或研究生课程，以加强对网络信息安全人才的培养。

近年来，国内出版了一些有关网络信息安全技术方面的优秀图书，但大多数以理论讲解为目标。本书从实际的网络与信息系统出发，选取了一些常用的成熟技术和方案，不仅能够满足各种理论教学，更为重要的是提供了一些工程应用方面的方法与经验，相信能够有效地指导工程设计。本书涵盖了无线局域网安全标准 IEEE 802.11(i)、中国无线局域网安全标准 WAPI、无线城域网安全标准 IEEE 802.16 以及无线传感器网络 WSN 安全新技术等。

本书是编者基于多年的教学实践和研发工作编写而成的。全书以信息安全理论为基础，以指导工程设计为目标，有选择性地介绍了目前已经被普遍应用且实用有效的密码算法、协议和系统。全书共分为 15 章：

第 1 章为信息安全概述，包括信息安全的重要性、基本概念和基本措施等。

第 2 章为密码学概述，包括密码学的基本概念、密码体制分类、代换密码等内容。

第 3 章为信息安全数学基础，包括信息论、数论、有限域、指数运算和对数运算等内容。

第 4 章为分组密码算法，包括分组密码算法的基本概念、DES 算法、RC4 算法、AES 算法、IDEA 算法、SMS4 算法以及加密模式等内容。

第 5 章为公钥密码算法，包括公钥密码技术、单向陷门函数、Diffie-Hellman 密钥交换协议、RSA 算法、ElGamal 算法、Rabin 算法、Williams 算法、NTRU 算法、椭圆曲线密码体制(ECC)、1∶n 公钥体制、(t, n)秘密共享体制等内容。

第 6 章为数字签名，包括数字签名的相关概念、数字信封和数字签名、RSA 签名算法、ElGamal 签名算法、Schnorr 签名算法、Rabin 签名算法、DSS 签名算法、盲签名、门限数字签名等内容。

第 7 章为杂凑函数，包括概述、MD－5 算法、SHA 算法、SHA－256 算法、杂凑函数的应用等内容。

第 8 章为公钥基础设施，包括概述、PKI 的基本构成、核心 PKI 服务、PKI 信任模型、证书管理等内容。

第 9 章为基于身份的公钥体制，包括基本概念、典型的公钥算法方案以及与基于 PKI 的公钥方案的对比等内容。

第 10 章为信息隐藏与数字水印，包括基本概念、数字水印的关键技术、数字水印的应用等内容。

第 11 章为基于生物的认证技术，包括生物认证技术简介、指纹识别技术、人脸分析技术、其他生物认证技术等内容。

第 12 章为安全协议，包括两部分：一部分为协议的基本概念、密钥建立协议、认证协议、认证的密钥建立协议、安全协议设计规范等；另一部分为协议工程、协议验证、协议测试等内容。

第 13 章为安全标准及模型，包括安全标准概况、信息安全风险评估标准、信息安全模型等内容。

第 14 章为常见的安全系统，包括 IPSec 协议、SSL 协议、Kerberos 认证系统、PGP 协议、PEM 协议、S/MIME 协议、S－HTTP 协议、WMAN 安全技术、WSN 安全机制等内容。

第 15 章为信息安全评估，包括概述、评估过程、评估案例等内容。

参加本书编写工作的有西安电子科技大学生命科学技术学院庞辽军、计算机网络与信息安全教育部重点实验室裴庆祺，以及西北工业大学计算机学院李慧贤。庞辽军编写第 1、4、7、10、12、15 章，裴庆祺编写第 2、5、8、9、13 章，李慧贤编写第 3、6、11、14 章，全书由庞辽军负责统稿。

西安电子科技大学通信工程学院副院长李晖教授认真审阅了全书并提出了许多有建设性的意见，在此表示诚挚谢意。

本书在编写过程中还得到了许多在读研究生的大力支持和帮助，其中张红斌协助搜集和整理了第 15 章的部分内容，刘而云完成了指纹加密算法的实现，刘思伯、李红宁、谢伟光、李茹、赵晓辉等绘制了书中部分图表，毕景娟、崔静静、赵军、齐跃、吉世瑞、刘能宾、徐银雨、梁睿、申芳、郝丽娜、耿明等参与了部分文字的校对工作，在此一并表示感谢！

另外，本书得到了西安电子科技大学教材建设重点项目(A06002)的资助，同时还得到了国家自然科学基金项目(60772136、60803151、60803150)、高等学校博士点专项科研基金新教师基金(20096102120045)、国家高技术研究发展计划(2008AA01Z411)的资助。

由于编者水平所限，书中难免存在不足之处，敬请广大读者批评指正。

编　者
2010 年 5 月于
西安电子科技大学

目　录

第1章　信息安全概述

本章将首先阐述信息安全问题的重要性；接着介绍信息安全的一些相关概念，给出国际标准化组织ISO和美国NII对信息安全属性的定义，并给出一种实际可用的信息安全属性的定义；最后介绍信息安全的基本措施和常用技术等。

1.1　信息安全的重要性

在开始讨论信息安全之前，我们必须首先了解什么是信息。其实，“信息”这个概念由来已久，在我们的生活中无处不在。

那么到底什么是信息呢？美国数学家、信息论的创始人香农(Shannon)认为：“信息是用来消除随机不定性的东西”。信息是信息论中的一个术语，通常把消息中有意义的内容称为信息。信息是一种资源，它由信息源、内容、载体、传输、接收者五部分构成。信息一般有4种形态，即数据、文本、声音、图像，这4种形态可以相互转化。例如，图像被传送到计算机，就把图像转化成了数字。信息可以从不同角度来分类，按照其重要程度可分为战略信息、战术信息和作业信息；按照其应用领域可分为管理信息、社会信息、科技信息和军事信息；按照信息的加工顺序可分为一次信息、二次信息和三次信息等；按照信息的反映形式可分为数字信息、图像信息和声音信息等；按照性质可分为定性信息和定量信息。总之，信息在人类历史的发展过程中扮演着重要的角色，对我们的生产和生活有着重要的意义。

信息作为一种资源，对人类具有特别重要的意义，信息一旦泄露将会造成无法估量的损失，这就使得它的安全显得尤为重要。信息安全技术就是用来保护信息系统或信息网络中的信息资源免受各种类型的威胁、干扰和破坏，以确保信息所有者的利益的技术。信息安全在当今信息社会有着极为重要的意义，它直接关系到国家安全、经济发展、社会稳定和人们的日常生活。信息安全是任何国家、政府部门以及各行业都必须十分重视的问题，也是一个不容忽视的国家安全战略问题。

目前，我国除有线通信外，蜂窝移动通信、WLAN等宽带无线接入、蓝牙和RFID等近距离无线通信也正在得到越来越广泛的应用。与此同时，国外敌对势力为了窃取我国的政治、军事、经济、科学技术等方面的秘密信息，运用侦察台、侦察船、卫星等手段，形成固定与移动、远距离与近距离、空中与地面相结合的立体侦察网，截取我国通信传输中的信息。信息在存储、处理和交换过程中，都存在泄密或被截收、窃听、篡改和伪造的可能性。因此，有效地、系统地解决信息安全问题是一项迫切而艰巨的任务。

其实，不仅我国存在这些问题，世界各个国家都会面临信息安全问题。信息安全及其合法使用问题已成为当前世界上普遍存在的、亟待解决的重要问题之一。国际上围绕信息的获取、使用和控制的斗争愈演愈烈，信息安全已成为维护国家安全和社会稳定的一个焦点，各国都给予了极大的关注与投入。

因此，信息安全是国家安全的重要组成部分，关系着一个国家和民族的根本利益，要从国家和民族的最高利益出发，对信息安全工作加以重视。

1.2 信息安全的基本概念

信息安全是一个相对概念，它总是相对于安全威胁或安全攻击而言的。因此，更精确的说法是，信息安全是指达到了抵抗某种安全威胁或安全攻击的能力。为了简练起见，本书后面所说的信息安全就是指存在现有已知攻击条件下的信息安全性。

1.2.1 安全威胁

安全威胁是指某个人、物、事件或概念对某一资源的保密性、完整性、可用性或合法使用所造成的危险，而某种攻击就是以某种威胁为目标的具体实现手段。

安全威胁可以分为故意的和偶然的两类。故意的威胁又可以进一步分为被动威胁和主动威胁。被动威胁包括只对信息进行监听，而不对其进行修改。主动威胁包括对信息进行故意修改。总体来说，被动攻击比主动攻击更容易以更少的代价付诸工程实现。

表 1.2.1 给出的是现有的已知安全威胁。

表 1.2.1 已知安全威胁

威胁名称	攻 击 描 述
授权侵犯	被授权用于一特定目的的系统使用人，却将此系统用作其他非授权的目的
旁路控制	攻击者发掘系统的安全缺陷或安全脆弱性
业务拒绝	对信息或其他资源的合法访问被无条件地拒绝
窃听	信息从被监视的通信过程中泄漏出去
电磁/射频截获	信息从电子或机电设备所发出的无线频率或其他电磁场辐射中被提取出来
非法使用	资源由某个非授权的人或者以非授权的方式使用
操作人员不慎	由于操作人员粗心，将信息泄漏给一个非授权的人
信息泄漏	信息被泄漏或暴露给某个非授权的人或实体
完整性侵犯	通过对数据进行非授权的增减、修改或破坏，从而使数据的一致性受到损害
截获/修改	某一通信数据在传输过程中被改变、删除或替代
假冒	一个实体(人或系统)假装成另一个不同的实体
媒体废弃物	从磁的或打印过的媒体废弃物中获得信息
物理侵入	侵入者通过绕过物理控制而获得对系统的访问
消息重放	所截获的某次合法通信数据拷贝，出于非法的目的被重新发送
业务否认	参与某次通信交换的一方，事后否认曾经发生过此次交换
资源耗尽	某一资源(如访问接口)被故意超负荷地使用，导致对其他用户的服务被中断
业务欺骗	某一伪系统或系统部件欺骗合法用户或系统自愿放弃敏感信息
窃取	某一安全攸关的物品(如令牌或身份卡)被偷盗
业务流分析	通过对通信业务流模式进行观察，从而造成将信息泄漏给非授权的实体
陷门	将某一“特征”设立于某个系统或系统部件中，使得在提供特定的输入数据时，允许违反安全策略
特洛伊木马	含有一个察觉不出或无害程序段的软件，当它被运行时，会损害用户的安全

上述安全威胁能够破坏信息的保密性、完整性、可用性和不可抵赖性(即信息的四个安全属性)。根据安全威胁是否直接造成上述四个安全属性的丧失，目前信息安全领域的研究人员将其分为以下三类：

第一类是基本威胁，包括信息泄露、完整性侵犯、业务拒绝和非法使用。基本威胁直接对应着上述四个安全属性。

第二类称为主要的可实现的威胁，包括假冒、旁路控制、授权侵犯、特洛伊木马和陷门。主要的可实现的威胁是十分严重的，因为这类威胁中的任何一种实现将会直接导致基本威胁中的某一种实现。因此，这些威胁使基本威胁成为可能。主要的可实现的威胁包括渗入威胁和植入威胁。

第三类是潜在威胁。潜在威胁是相对于基本威胁或主要的可实现的威胁而言的。如果在某个给定环境中对任何一种基本威胁或者主要的可实现的威胁进行分析，我们就能够发现某些特定的潜在威胁，而任意一种潜在威胁都可能导致一些更基本的威胁发生。例如，相对于信息泄露威胁，其潜在威胁包括窃听、业务流分析、操作人员不慎所导致的信息泄漏以及媒体废弃物所导致的信息泄漏。对3000多种计算机误用类型所做的一次抽样调查显示，下面的几种威胁是最主要的威胁(按照出现频率由高至低排列)：授权侵犯、假冒、旁路控制、特洛伊木马或陷门、媒体废弃物。

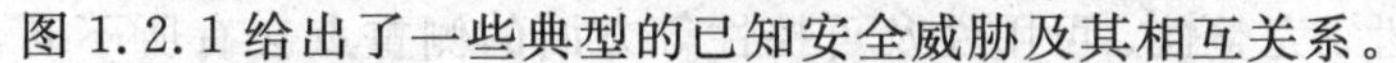

图1.2.1给出了一些典型的已知安全威胁及其相互关系。

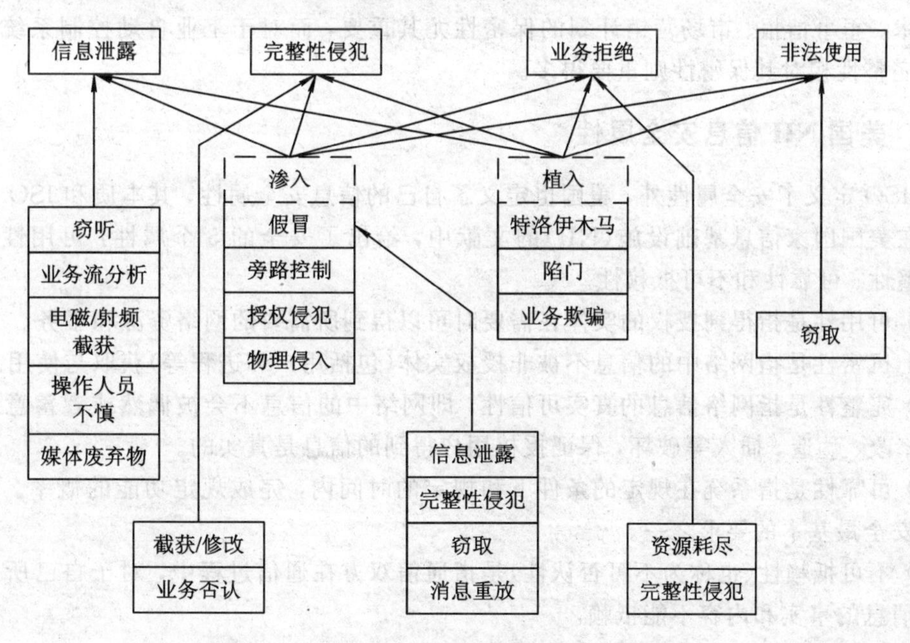

图1.2.1　典型的已知安全威胁及其相互关系

1.2.2　ISO信息安全属性

无论入侵者使用何种方法和手段，其最终目的都是破坏信息的安全属性。信息安全在技术层次上的含义就是杜绝入侵者对信息安全属性的攻击，使信息的所有者能放心地使用信息。ISO将信息安全属性归纳为保密性、完整性、可用性和可控性。

(1) 保密性是指保证信息只让合法用户访问，不泄露给非授权的个人或实体。信息的保密性可以具有不同的程度或层次。所有人员都可以访问的信息为公开信息。需要限制访问的信息一般为敏感信息。敏感信息又可以根据信息的重要性及保密要求分为不同的密级，例如根据秘密泄露对国家经济、安全利益产生的影响，可将国家秘密分为秘密、机密和绝密三个等级。可根据信息安全的实际要求，在符合《国家保密法》的前提下将信息划分为不同的密级。具体实施中的信息保密性还有时效性要求(如保密期限到期后即可进行解密)等。

(2) 完整性是指保障信息及其处理方法的准确性、完全性。它一方面是指信息在利用、传输、存储等过程中不被篡改、丢失、缺损等；另一方面是指信息处理方法的正确性。不正确的操作有可能造成重要信息的丢失。信息完整性是信息安全的基本要求，破坏信息的完整性是影响信息安全的常用手段。例如，破坏商用信息的完整性可能就意味着整个交易的失败。

(3) 可用性是指有权使用信息的人在需要的时候可以立即获取。例如，有线电视线路被中断就是对信息可用性的破坏。

(4) 可控性是指对信息的传播及内容具有控制能力。实现信息安全需要一套合适的控制机制，如策略、惯例、程序、组织结构或软件功能，这些都是用来保证信息的安全目标能够最终实现的机制。例如，美国制定和倡导的“密钥托管”、“密钥恢复”措施就是实现信息安全可控性的有效方法。

不同类型的信息在保密性、完整性、可用性及可控性等方面的侧重点会有所不同，如专利技术、军事情报、市场营销计划的保密性尤其重要，而对于工业自动控制系统，控制信息的完整性相对其保密性则重要得多。

1.2.3　美国 NII 信息安全属性

除 ISO 定义了安全属性外，美国也定义了自己的信息安全属性，其本质和 ISO 定义的一致。在美国国家信息基础设施(NII)的文献中，给出了安全的 5 个属性：可用性、机密性、完整性、可靠性和不可抵赖性。

(1) 可用性是指得到授权的实体在需要时可以得到所需要的网络资源和服务。

(2) 机密性是指网络中的信息不被非授权实体(包括用户和进程等)获取与使用。

(3) 完整性是指网络信息的真实可信性，即网络中的信息不会被偶然或者蓄意地进行删除、修改、伪造、插入等破坏，保证授权用户得到的信息是真实的。

(4) 可靠性是指系统在规定的条件下和规定的时间内，完成规定功能的概率。可靠性是信息安全最基本的要求之一。

(5) 不可抵赖性(也称为不可否认性)是指通信双方在通信过程中，对于自己所发送或接收的消息的事实和内容不能抵赖。

1.2.4　实际可用的信息安全属性

ISO 和 NII 给出的安全属性中涉及的可控性和可靠性这两种属性不是通过信息安全中的安全协议就可以实现的，而需要采用其他特别的策略。例如，可用性的确保可能需要物理措施，因为防止攻击者使用信息容易，而防止攻击者破坏信息很难；可控性一般采用数字内容权限管理等技术来实现。考虑到工程实现的可行性，这里结合现有的一些成熟的工程技术(如 IEEE 802.11(i)等)提出一种可以实现的信息安全属性。

这里所提出的安全属性与NII的安全属性相似，区别在于使用“认证性”代替“可用性”，使用“新鲜性”代替“可靠性”，其他属性保留，即认证性、机密性、完整性、新鲜性和不可抵赖性。这里解释一下认证性和新鲜性。

认证性是指确保信息访问者获取信息的来源是可认证合法的，而不是来源不明的信息。认证性和不可抵赖性不同，前者强调在没有第三方的条件下消息接收者能够确认消息来源的有效性；后者强调任何第三方都可以鉴别消息发送者发送了该消息的事实。认证性是有关通信双方互相确认对方身份的问题；不可抵赖性是有关第三方仲裁通信双方纠纷的问题。

新鲜性是指确保信息访问者获取的信息是当前最新的，而不是过期的或重复获取的信息。

在以后的章节中，讨论某方案的安全性时，我们也主要以这里提出的5个属性(即认证性、机密性、完整性、新鲜性和不可抵赖性)为指标。如果一个安全技术方案能够同时满足这里提出的5个安全属性，则目前普遍认为其是可用的，而且是足够安全的。一般只有在涉及安全信息应用系统时，才会考虑信息的可用性、可控性等，单个的安全技术方案不需要考虑。安全性和可用性本来就是一对矛盾，安全保护的结果必然导致如拒绝服务攻击DoS等问题，从而影响可用性。这对矛盾需要通过策略去均衡，仅通过密码技术是很难解决的。

1.2.5　信息安全的内容

信息安全的内容包括实体安全与运行安全两方面。实体安全是保护设备、设施以及其他硬件设施免遭地震、水灾、火灾、有害气体和其他环境事故以及人为因素破坏的措施和过程。运行安全是指为保障系统功能的安全实现，提供一套安全措施来保护信息处理过程的安全。信息安全的内容可以分为计算机系统安全、数据库安全、网络安全、病毒防护安全、访问控制安全和加密安全六个方面。

(1) 计算机系统安全是指计算机系统的硬件和软件资源能够得到有效控制，保证其资源能够正常使用，避免各种运行错误与硬件损坏，为进一步的系统构建工作提供一个可靠、安全的平台。

(2) 数据库安全是指为数据库系统所管理的数据和资源提供有效的安全保护。一般将多种安全机制与操作系统相结合，从而实现数据库的安全保护。

(3) 网络安全是指对访问网络资源或使用网络服务的安全保护，即为网络的使用提供一套安全管理机制。

(4) 病毒防护安全是指对计算机病毒的防护能力，包括单机系统和网络系统资源的防护。

(5) 访问控制安全是指保证系统的外部用户或内部用户对系统资源的访问以及对敏感信息的访问方式符合事先制定的安全策略，主要包括出入控制和存取控制。

(6) 加密安全是指为了保证数据的保密性和完整性，通过特定算法完成明文与密文的转换。

1.2.6　ISO信息安全体系结构

为了适应网络技术的发展，国际标准化组织的计算机专业委员会根据开放系统互联

(OSI)参考模型制定了一个网络安全体系结构《信息处理系统开放系统互联基本参考模型第二部分——安全体系结构》，即 ISO 7498－2，它主要解决网络信息系统中的安全与保密问题，我国将其作为 GB/T 9387－2 标准，并予以执行。该模型结构中包括五类安全服务以及提供这些服务所需要的八类安全机制。

1. 安全服务

安全服务是由参与通信的开放系统的某一层所提供的服务，是针对网络信息系统安全的基本要求而提出的，旨在加强系统的安全性以及对抗安全攻击。

ISO 7498－2 标准中确定了五大类安全服务，即鉴别、访问控制、数据保密性、数据完整性和禁止否认。

(1) 鉴别服务用于保证双方通信的真实性，证实通信数据的来源和去向是我方或他方所要求和认同的，包括对等实体鉴别和数据源鉴别。

(2) 访问控制服务用于防止未经授权的用户非法使用系统中的资源，保证系统的可控性。访问控制不仅可以提供给单个用户，也可以提供给用户组。

(3) 数据保密性服务的目的是保护网络中各系统之间交换的数据，防止因数据被截获而造成泄密。

(4) 数据完整性服务用于防止非法用户的主动攻击(如对正在进行交换的数据进行修改、插入，使数据延时以及丢失数据等)，以保证数据接收方收到的信息与发送方发送的信息完全一致。它包括可恢复的连接完整性、无恢复的连接完整性、选择字段的连接完整性、无连接完整性、选择字段的无连接完整性等。

(5) 禁止否认服务用来防止发送数据方发送数据后否认自己发送过的数据，或接收方接收数据后否认自己收到过数据。它包括不得否认发送和不得否认接收。

2. 安全机制

安全机制可以分为两类：一类与安全服务有关，是实现安全服务的技术手段；另一类与管理功能有关，用于加强对安全系统的管理。ISO 7498－2 提供了八大类安全机制，分别是加密机制、数据签名机制、访问控制机制、数据完整性机制、认证交换机制、防业务填充机制、路由控制机制和公证机制。

1.3 信息安全的基本措施

信息传递是高科技的产物。保障信息系统安全曾经是一件非常简单的事情，只需把它锁到一间屋里，仅限少数信得过的人接触就行了。然而，网络技术的出现完全改变了这种含义简单的安全。地理上分散的终端、本地控制资源和未加保护的线路的存在，引发了一系列全新的问题。因此，仅通过物理隔离手段是不够的，必须借助于高科技，确保数据信息的安全与保密。这些技术手段包括密码技术、安全控制技术和安全防范技术。

1.3.1 密码技术

密码技术用以解决信息的保密性问题，使得信息即使被窃取了或泄漏了也不易被识别。它的基本原理是伪装信息，使合法的授权人员明白其中的含义，而其他无关人员却无法理解。密码技术由明文、密文、算法和密钥四要素构成。明文就是原始信息，密文是明文变换后的信息，算法是明文、密文之间的变换法则，密钥是用以控制算法实现的关键信息。因此，密码技术的核心是密码算法和密钥。密码算法通常是一些公式、法则、运算关系。密钥可看做算法中的可变参数，改变密钥也就改变了明文与密文之间的数据关系。加密过程是通过密钥把明文变成密文，解密过程则是把密文恢复成明文。按密码算法所用的加、解密密钥是否相同，可将密码分为密钥相同的对称密码体制和密钥不相同的公钥密码体制。不管是哪种密码，密钥都是其中的关键，密钥的安全管理是安全的保障。下面介绍信息保密过程中的密钥管理方法。

1. 密钥的产生和分配

在密钥的产生过程中，关键是随机性，要求尽可能用客观的、物理的方法产生密钥，并尽可能用完备的统计方法检验密钥的随机性，使不随机的密钥序列的出现概率能够最小。

密钥的分配是密钥管理中最大的问题。密钥必须通过最安全的信道进行分配，指派非常可靠的信使携带密钥来分配给互相通信的各用户的人工方式不再适用，因为随着用户的增多和通信量的增大，密钥更换十分频繁(密钥必须定期更换才能做到安全可靠)，所以密钥在网内的自动分配方法便应运而生。

在网内，密钥可在用户之间直接实现分配，也可通过密钥分配中心(KDC，Key Distribution Center)分配。用户甲向密钥分配中心发送明文，说明想和用户乙通信，也就是向KDC申请会话时使用的会话密钥。KDC收到申请后，从用户专用的主密钥文件中找出用户甲和乙的主密钥，同时产生甲和乙通信所用的会话密钥，分别用甲、乙的主密钥加密会话密钥并发送给甲、乙双方，甲和乙即可用会话密钥进行保密通信。KDC可以为每对用户在每次通信时产生一个新的会话密钥，这就使得破译密文变得十分困难。主密钥是用来保护会话密钥的，因此主密钥也不能在不进行更换的情况下长期使用。

2. 密钥的注入

密钥的注入可采用键盘、软盘、磁卡、磁条、智能卡、USB Key、专用设备等方式。对密钥的注入应予以严格保护，注入过程应在一个封闭的、保密的环境，注入人员应当可靠。操作时，只有在输入合法的口令后才可开始注入，重要的密钥应当由多人、多批次分开注入完成，不允许存在任何可能导出密钥的残留信息，一旦窃取者试图读出或分析推算出注入的密钥，密钥就会自行销毁。

3. 密钥的存储与销毁

在密钥产生以后，需要以密文形式存储密钥。密钥的存储方法有两种：一种是让密钥存储在密码装置中，这种方法需大量存储和频繁更换密钥，实际操作过程十分繁琐；另一种方法是运用一个主密钥来保护其他密钥，这种方法可将主密钥存储在密码装置中，而将数量相当多的数据加密密钥存储在限制访问权限的密钥表中，从而既保证了密钥的安全性与保密性，又有利于密钥的管理。此外，在密钥的存储过程中，加、解密的操作口令应由密码操作人员掌握；加密设备应有物理保护措施，如失电保护等；非法使用加密设施时应有审核手段；采用软件加密形式时，应有软件保护措施。对使用时间过长或已经失效的密钥，应及时销毁。

1.3.2　安全控制技术

常见的安全控制技术包括以下几种。

1. 数字签名

书信或文件是根据亲笔签名或印章来证明其真实性的。但在计算机网络中传递的文件又如何盖章呢？这就是数字签名所需解决的问题。数字签名必须保证以下三点：

(1) 接收者能核实发送者对报文的签名。

(2) 发送者事后不能抵赖对报文的签名。

(3) 接收者不能伪造对报文的签名。

目前实现数字签名的方法主要有三种：一是用公开密钥技术；二是利用传统密码技术；三是利用单向校验和函数进行压缩签名。数字签名一方面可以证明这条信息确实是此发信者发出的，而且事后未经过他人的改动(因为只有发信者才知道自己的私人钥匙)；另一方面确保发信者对自己发出的信息负责，信息一旦发出且署过名，他就无法再否认这一事实。

2. 鉴别技术

鉴别技术用于证实交换过程的合法性、有效性和交换信息的真实性，可以防止对信息进行有意篡改的主动攻击。常用的鉴别方法主要有报文鉴别和身份鉴别。

1) 报文鉴别

在对报文内容进行鉴别时，信息发送者在报文中加入一个鉴别码，并经加密后提供给对方检验。信息接收方利用约定的算法，对解密后的报文进行运算，将得到的鉴别码与收到的鉴别码进行比较，如果相符，则该报文内容正确，否则，报文在传送过程中已被改动了。

2) 身份鉴别

身份鉴别是对用户能否使用计算机的鉴定，包括识别与验证。识别是为了确认谁要进入系统。验证是在进入者回答身份后，系统对其身份的真伪鉴别。没有验证，识别就没有可信性。口令是最常用的验证方法，也是针对网络的最常见的攻击点之一。一般来说，口令是使用者为获得进入要求访问的计算机系统或文件所必须使用的代码，计算机将用户提供的口令和存放在系统中的口令表进行比较来鉴别用户的合法身份。口令的生成方法有两种：一种是由用户自己选择；另一种是由机器自动生成。“令牌”是另外一种身份鉴别方法，它是用户插入阅读器的物理钥匙或磁卡，通过在注册时验证令牌来获得对计算机的访问权。令牌相对于口令的优点是：用户不必担心忘记它们的口令；口令可以很长且不可猜测。令牌的进一步发展是“智能卡”，它带有微处理器与存储器，识别性能更好，能很好地对付冒充、猜测与攻击。例如，银行通过给每个客户分配一个个人识别号(PIN)来保证自动出纳机的安全问题。

除口令与令牌这两种身份鉴别外，还有一种利用个体属性的生物测量鉴别方法。该法利用人身体的一个或几个独特方面来确保用户的真实性，如指纹识别、视网膜扫描、声音验证、手型识别和签名识别等。

3. 访问控制技术

访问控制是指确定合法用户对计算机系统资源所享有的权限，以防止非法用户入侵和合法用户使用非权限内的资源。访问控制是维护计算机安全运行、保护系统信息的重要技术手段。访问控制技术包括网络的访问控制技术、主机的访问控制技术、微型机的访问控制技术和文件的访问控制技术。访问控制的作用是：保护存储在计算机中的个人信息的保密性；保护公司重要信息的机密性；维护机器内信息的完整性；减少病毒感染机会，延缓感染的传播速度。

访问控制的过程可以用审计的方法加以记载。审计是记录用户使用某一计算机系统所进行的所有活动的过程，它通过记录违反安全访问规定的时刻、日期以及用户活动而在计算机的控制方面起着重要作用。因为审计过程中收集的数据量非常大，所以审计系统的设计十分重要。

1.3.3　安全防范技术

为了做好信息的保密工作，近年来针对计算机系统的安全保护技术不断产生。下面重点介绍其中的三种技术。

1. 病毒防治技术

20世纪80年代中期以来，随着国内计算机应用的迅速普及，计算机病毒如同瘟疫一般在我国流行起来。虽然到目前为止我国还没有出现影响很大的病毒破坏事件，但不能因此而放松警惕。事实上，计算机病毒每时每刻都在准备攻击计算机系统，破坏计算机信息的安全。为遏制计算机病毒的蔓延，国家专门成立了计算机病毒的防治科研机构，自此我国的反病毒技术有了长足的进步。

从技术上来讲，对计算机病毒的防治可以通过如下途径进行：一是在服务器上装载防病毒模块；二是软件防治，定期或不定期地用防毒软件检测计算机；三是在计算机上插防病毒卡；四是在网络接口卡上安装防病毒芯片。软件防治可以不断提高防治能力，但需要人为地经常启动防毒软件，而且往往在病毒发作以后才能检测到。目前国内比较成熟的防病毒软件有瑞星、金山毒霸和KV系列杀毒软件等。防毒卡可以达到实时监测的目的，但防毒卡的升级不方便，而且对计算机的运行速度有一定的影响。防病毒芯片将存取控制和病毒防护合二为一，但是版本升级不及时。

病毒的技术防范毕竟属于被动防御型措施，对它的全面治理需遵循“防杀结合，以防为主，以杀为辅，软硬互补，标本兼治”的原则，从管理等方面着手，严格遵守各项规章制度。特别要强调的是，应加强有关人员的安全防范意识，克服麻痹思想和侥幸心理，力争防患于未然。目前我国对单机的防查病毒较为重视，而对网络病毒的防治意识十分淡薄。事实上，当网络用户将对方带病毒的文档或其他文件作为电子邮件接收过来并且另存到硬盘或软盘上时，文件一直处于重编码状态，传统的基于服务器和工作站的杀毒软件对它无能为力，用户等于把整个系统完全暴露在病毒的攻击下。例如，1996年底，互联网中出现了一种名为Penpal Greetings的特洛伊木马病毒，它以电子邮件的外表出现，表面上似乎在征集笔友，而一旦用户下载，它就会捣毁硬盘，并自动向信箱中的所有存储地址转发这一邮件。

2. 防火墙技术

防火墙技术是一种使用很广泛的网络安全技术。防火墙是设置在被保护网络和外部网络之间的一道屏障，以防止不可预料的、潜在的破坏入侵。它可通过监测、限制、更改跨越防火墙的数据流，尽可能地对外部屏蔽被保护网络的信息、结构和运行情况等，防止外部网络的未授权访问，实现对网络信息的安全保护。这一技术一般适用于相对独立、与外部网络互联途径有限，并且网络服务相对集中的网络，如企业内部网(即 Intranet 网)。

防火墙的职责就是根据本单位的安全策略，对外部网络与内部网络之间交流的数据进行检查，符合的予以放行，不符合的拒之门外。基于“包过滤”的包过滤型防火墙是防火墙技术的初级产品。这种类型的防火墙检查数据流中的每个数据包后，根据数据包的源地址、目的地址、连接请求的方向(连入或连出的端口)、数据包协议和服务请求的类型等因素的组合来确定是否允许数据包通过。只有满足访问控制标准的数据包，才被转发到相应的目的地出口端，其余的则被删除。其他类型的防火墙有代理服务器型、复合型、自适应代理型和监测型等。防火墙技术不同，其安全性能也大不一样。

防火墙的隔断作用一方面加强了内部网络的安全，另一方面却使内部网络与外部网络之间的信息交流受到阻碍。此外，防火墙只能阻截来自外部网络的侵扰，对于内部怀有恶意的工作人员却不产生防御作用，即防火墙不能替代墙内的安全措施。防火墙在当今因特网上的存在是有生命力的，但它不是解决所有网络安全的万能药方，而只是网络安全政策和策略中的一个组成部分。因此，不能完全依赖防火墙来保证网络的安全，应将它与其他技术(如包括加密、监控等保密手段在内的综合性安全措施)结合使用。

3. 信息泄漏防护技术

长期以来，计算机的辐射安全问题并没有引起人们的足够重视，人们普遍认为把计算机辐射出来的信息与计算机邻近的复杂噪声背景相区别并分离出来存在很大的难度。在1967 年的计算机年会上，美国科学家韦尔首次阐明了计算机系统的四个脆弱性，即处理器、通信线路、转换设备和输出设备的辐射问题。计算机在运行时，电磁辐射信号不但频谱成分丰富，而且携带信息，从而会对信息的安全性构成威胁。1983 年，瑞典科学家列举了计算机的几个辐射泄漏问题：视频信号的辐射、无线电元器件的辐射和电源线路的辐射。1985 年，荷兰学者艾克把计算机的电磁辐射可能造成的泄密威胁从幕后提到了台前，他成功地用一台改进后的普通黑白电视机将计算机视频单元上显示的信息复现出来，而且清晰可读。这一事件的直接结果是使得信息泄漏防护技术成为一种极为重要的信息安全防护技术，即 TEMPEST。

TEMPEST 是“瞬时电磁脉冲辐射标准”的缩写，是关于抑制电子系统非预期的电磁辐射、保证信息不泄漏的标准。它的综合性很强，涉及信息的分析、预测、接收、识别、复原、测试、防护和安全评估。美国国家安全局制定了有关 TEMPEST 的测试与鉴定标准，而且规定必须使用符合上述标准的计算机来处理涉及国家机密的信息。我国有关部门也正在制定这方面的标准。

对计算机电磁辐射的防护应从多方面考虑，如计算机的外壳封装、内部线路与器件、输入/输出电路、传输电缆、电源系统以及声学等方面。具体防护方式有两种：设备级防护和系统级防护。其中，系统级防护是对整机加以屏蔽，防止信号的各种辐射。

在本书中，我们将主要针对前两种技术，以工程应用为目标来论述相关技术和方法，介绍当前主流安全技术中所采用的方案以及当前正被应用的新算法等。

第2章 密码学概述

密码技术是信息安全的基本工具和措施。本章将简单介绍密码技术的基本概念、密码体制分类、相关古典密码算法以及古典密码算法在安全使用中的要求等。

2.1 基本概念

密码学(Cryptology)是研究信息系统安全保密的科学，是对信息进行编码以实现隐蔽信息的一门学问。采用密码方法可以隐蔽和保护需要保密的消息，使未授权者不能提取信息。相对于密码学学科的定义，这里我们给出信息安全学科的定义，即信息安全就是利用密码学中提供的算法来实现信息在存储、传输、处理等过程中不被损坏的一门学科。

一个密码算法通常包括两部分：加密算法和解密算法。对明文进行加密时所采用的一组规则称做加密算法；对密文进行解密时所采用的一组规则称做解密算法。加密和解密算法的操作通常都是在一组密钥的控制下进行的，这组密钥分别被称做加密密钥和解密密钥。

根据密钥可以将密码体制分为两类：传统密码体制所用的加密密钥和解密密钥相同，因此也称其为单钥或对称密码体制；若加密密钥和解密密钥不相同，从一个难以推出另一个，则称为双钥或非对称密码体制。不管是哪一类密码体制，密钥都是其安全保密的关键，它的产生和管理是密码学中的重要研究课题。

一个保密系统由以下部分组成：

(1) 明文消息空间 M；

(2) 密文消息空间 C；

(3) 密钥空间 K_1 和 K_2，在单钥体制下 $K_1=K_2=K$，此时密钥 $k\in K$ 需经安全的密钥信道由发方传给收方；

(4) 加密变换 $E_{k_1}\in E$，$M\rightarrow C$，其中 $k_1\in K_1$，由加密器完成；

(5) 解密变换 $D_{k_2}\in D$，$C\rightarrow M$，其中 $k_2\in K_2$，由解密器实现。

我们称六元组(M, C, K_1, K_2, E_{k_1}, D_{k_2})为一个保密系统。

对于给定明文消息 $m\in M$，密钥 $k_1\in K_1$，加密变换将明文 m 变换为密文 c，即

$$c=f(m,k_1)=E_{k_1}(m)\qquad(m\in M,\ k_1\in K_1)\tag{2.1.1}$$

接收端利用通过安全信道送来的密钥 k(单钥体制下)或本地密钥发生器产生的解密密钥 $k_2\in K_2$(双钥体制下)控制解密操作 D，对收到的密文进行变换而得到恢复的明文消息：

$$m=D_{k_2}(c)\qquad(c\in C,\ k_2\in K_2)\tag{2.1.2}$$

对攻击者而言，如其选定变换函数 h 对截获的密文 c 进行变换，则得到的明文是明文空间中的某个元素 m'，满足：

$$m'=h(c)\quad 且\quad m'\neq m\tag{2.1.3}$$

防止消息被篡改、删除、重放和伪造的一种有效方法是使发送的消息具有被验证的能力，使接收者或第三者能够识别和确认消息的真伪，通常将实现这类功能的密码系统称做认证系统。其最主要的技术是数字签字。

一个安全的认证系统应满足下述条件：

(1) 意定的接收者能够检验和证实消息的合法性与真实性。

(2) 消息的发送者对所发送的消息不能抵赖。

(3) 除了合法的消息发送者外，其他人不能伪造合法的消息。

(4) 必要时可由第三者作出仲裁。

信息系统的安全除了上述保密性和认证性外，还有一个重要方面就是它的完整性。完整性是指在有自然和人为干扰的条件下，系统保持恢复消息和原来发送消息一致性的能力。

信息安全的核心内容就是保证信息的保密性、认证性和完整性。

2.2 密码体制分类

根据密钥个数，密码体制一般可分为两大类，即单钥体制(One - key System)和双钥体制(Two - key System)。当然，最近研究人员还提出了一些多密钥体制(Multi - key System)，主要用于安全组播。因为多密钥体制是一个新生事物，作为与传统的单钥和双钥体制并列的一种独立体制还没有得到大多数研究人员的认同(尽管也没有人反对多密钥体制)，所以这里我们暂不介绍多密钥体制，在第 5 章中再作详细介绍。

单钥体制的加密密钥和解密密钥相同，系统的安全性主要取决于密钥的保密性，必须通过安全、可靠的途径(如信使递送)将密钥送至接收端。单钥体制对明文消息进行加密有两种方式：一是明文消息按字符(如二元数字)逐位地加密，称之为流密码；另一种是将明文消息分组(含有多个字符)，逐组进行加密，称之为分组密码。

单钥体制的古典加密算法有简单代换、多表代换、同态代换、多码代换、乘积密码等多种。我们将在 2.3 节中对这些单钥密码体制作简单介绍。

双钥体制是由 Diffie 和 Hellman 首先提出的。采用双钥体制的每个用户都有一对选定的密钥：一个是可以公开的，以 k_1 表示；另一个则是秘密的，以 k_2 表示。公开的密钥 k_1 可以像电话号码一样进行注册公布，因此双钥体制又称做公钥体制。

双钥密码体制的主要特点是：将加密和解密能力分开，因而可以实现多个用户加密的消息只能被一个用户解读，或由一个用户加密的消息能被多个用户解读。前者可用于公共网络中实现保密通信，而后者可用于认证系统中对消息进行数字签名。

根据密码体制的发展，可以将密码学的发展分为三个阶段：1949 年之前是第一个阶段，在该阶段，密码学还仅仅是一门艺术；1949 年～1976 年是密码学发展的第二个阶段，在该阶段，密码学逐步成为一门科学；1976 年之后为密码学发展的第三个阶段，其标志是公钥密码学的诞生。

第一个发展阶段的密码体制称为古典密码，其特点如下：

(1) 密码学还不是科学，而是艺术。

(2) 出现了一些密码算法和加密设备。

(3) 密码算法的基本手段出现，针对的是字符。

(4) 简单的密码分析手段出现。

(5) 数据的安全基于算法的保密。

下面给出一些第一阶段的密码算法代表。图2.2.1所示为Phaistos圆盘，它是一种直径约为160 mm的Cretan - Mnoan粘土圆盘，始于公元前17世纪，表面有具有明显字间空格的字母，至今还没有被破解。

图 2.2.1 Phaistos圆盘

图2.2.2所示为20世纪初期使用的一些加密机。

图 2.2.2 20世纪初期使用的加密机

第二个阶段的技术背景是：计算机使得基于复杂计算的密码成为可能。其相关技术的发展主要包括三个标志性成果：1949年Shannon的"The Communication Theory of Secret Systems"，1967年David Kahn的"The Codebreakers"，1971～1973年IBM Watson实验室的Horst Feistel等人的几篇技术报告。该阶段的主要特点是：数据的安全基于密钥的保密，而不是算法的保密。

第三个阶段的飞跃思想为：1976年Diffie和Hellman在其论文"New Directions in Cryptography"中提出的不对称密钥密码。此后，1977年Rivest、Shamir和Adleman提出了RSA公钥算法。20世纪90年代逐步出现了椭圆曲线等其他公钥算法。该阶段的主要特点是：公钥密码使得发送端和接收端无密钥传输的保密通信成为可能。

在第三阶段，除了提出公钥加密体制外，在对称算法方面也有很多成功的范例，主要包括：1977 年 DES 算法正式成为标准；20 世纪 80 年代出现“过渡性”的“Post DES”算法，如 IDEA、RCx、CAST 等；20 世纪 90 年代对称密钥密码进一步成熟，Rijndael、RC6、MARS、Twofish、Serpent 等出现；2001 年 Rijndael 成为 DES 的替代者，被作为高级加密标准 AES。

下面我们主要介绍代换密码和换位密码两类古典密码，而对于现代对称密码以及公钥密码，我们将在后面的章节中分别进行介绍。

2.3 代换密码

在代换密码中，加密算法 $\varepsilon_k(m)$ 是一个代换函数，它将每一个 $m \in M$ 代换为相应的 $c \in C$，代换函数的参数是密钥 k，解密算法 $\upsilon_k(c)$ 只是一个逆代换。通常，代换可由映射 π：$M \rightarrow C$ 给出，而逆代换恰是相应的逆映射 π^{-1}：$C \rightarrow M$。

2.3.1 简单的代换密码

【例 2.3.1】 简单的代换密码。令 $M=C=Z_{26}$，所包含元素表示为 $A=0$，$B=1$，…，$Z=25$。将加密算法 $\varepsilon_k(m)$ 定义为下面的 Z_{26} 上的一个置换：

$$\begin{pmatrix} 0 & 1 & 2 & 3 & 4 & 5 & 6 & 7 & 8 & 9 & 10 & 11 & 12 \\ 21 & 12 & 25 & 17 & 24 & 23 & 19 & 15 & 22 & 13 & 18 & 3 & 9 \end{pmatrix}$$

$$\begin{pmatrix} 13 & 14 & 15 & 16 & 17 & 18 & 19 & 20 & 21 & 22 & 23 & 24 & 25 \\ 5 & 10 & 2 & 8 & 16 & 11 & 14 & 7 & 1 & 4 & 20 & 0 & 6 \end{pmatrix}$$

那么相应的解密算法 $\upsilon_k(c)$ 为

$$\begin{pmatrix} 0 & 1 & 2 & 3 & 4 & 5 & 6 & 7 & 8 & 9 & 10 & 11 & 12 \\ 24 & 21 & 15 & 11 & 22 & 13 & 25 & 20 & 16 & 12 & 14 & 18 & 1 \end{pmatrix}$$

$$\begin{pmatrix} 13 & 14 & 15 & 16 & 17 & 18 & 19 & 20 & 21 & 22 & 23 & 24 & 25 \\ 9 & 19 & 7 & 17 & 3 & 10 & 6 & 23 & 0 & 8 & 5 & 4 & 2 \end{pmatrix}$$

明文消息：

proceed meeting as agreed

将加密为下面的密文消息(空间并不改变)：

cqkzyyr jyyowft vl vtqyyr

在这个简单的代换密码例子中，消息空间 M 和 C 都是字母表 Z_{26}。换句话说，一个明文或密文消息是字母表中的一个单个字符。由于这个原因，明文消息串 proceedmeetingasagreed 并不是单个消息，而是包含了 22 个消息，同样，密文消息串 cqkzyyrjyyowftvlvtqyyr 也包含 22 个消息。密码的密钥空间大小为 $26! > 4\times10^{26}$，与消息空间的大小相比是非常大的。

然而，事实上这种密码是非常脆弱的，因为每一个明文字符被加密成唯一的密文字符。这一弱点致使这种密码对于称为频度分析(Frequency Analysis)的一种密码分析(Cryptanalysis)技术来说是相当脆弱的。频度分析揭示出一个事实，那就是自然语言包含大量的冗余。这里我们不讨论简单代换密码的安全性。

历史上出现过几种特殊的简单代换密码，最简单且最著名的密码称为移位密码。在移位密码中，$K=M=C$，令 $N=|M|$，则加密和解密映射定义为

$$\begin{cases}\varepsilon_k(m) \leftarrow m+k(\bmod N) \\ \upsilon_k(c) \leftarrow c-k(\bmod N)\end{cases} \tag{2.3.1}$$

其中，m、c、$k \in Z_N$。当 M 为拉丁字母表中的大写字母，即 $M=Z_{26}$ 时，移位密码也称为凯撒密码，这是因为 Julius Caesar 使用了该密码在 $k=3$ 时的情形。

不难看出，利用 K 中密钥与 M 中消息之间的不同算术运算可以设计不同的简单代换密码，这些密码称为单表密码(Monoalphabetic Cipher)。单表密码是指对于一个给定的加密密钥，明文消息空间中的每一元素将被代换为密文消息空间中的唯一元素。因此，单表密码不能抵抗频度分析攻击。

然而，由于简单代换密码的简易性，它们已经被广泛应用于现代单钥加密算法中。我们后面将会看到简单代换密码在数据加密标准(DES)和高级加密标准(AES)中所起到的核心作用。几个简单密码算法相结合就可以产生一个安全的密码算法，这一点已经得到了公认，这就是简单密码仍被广泛应用的原因。此外，简单代换密码在密码协议上也有广泛的应用。

2.3.2　多表密码

如果 M 中的明文消息元可以代换为 C 中的许多(可能是任意多)密文消息元，则这种代换密码就称做多表密码。

由于维吉尼亚密码是多表密码中最著名的密码，因此我们将以它为例来说明多表密码。

维吉尼亚密码是基于串的代换密码，其密钥是由多于一个的字符所组成的串。令 m 为密钥长度，那么明文串被分为 m 个字符的小段，也就是说，每一小段是 m 个字符的串，可能的例外就是串的最后一小段不足 m 个字符。其加密算法与密钥串和明文串之间的移位密码相同，每次的明文串都使用重复的密钥串；其解密算法与移位密码的解密运算相同。

【例 2.3.2】　维吉尼亚密码。令密钥串是 gold，利用编码规则 $a=0$，$b=1$，…，$z=25$，则这个密钥串的数字表示是(6，14，11，3)。明文串：

proceed meeting as agreed

的维吉尼亚加密运算如下(这种运算就是逐字符模 26 加)：

明文：	15	17	14	2	4	4	3	12	4	4	19
密钥：	6	14	11	3	6	14	11	3	6	14	11
密文：	21	5	25	5	10	18	14	15	10	18	4
明文：	8	13	6	0	18	0	6	17	4	4	3
密钥：	3	6	14	11	3	6	14	11	3	6	14
密文：	11	19	20	11	21	6	20	2	7	10	17

因此密文串为

vfzfkso pkseltu lv guchkr

其他著名的多表密码还包括书本密码(也称做 Beale 密码，即密钥串是已协商好的书中的原文)和 Hill 密码。

2.3.3 弗纳姆密码

弗纳姆密码是最简单的密码体制之一。如果我们假定消息是长为 n 的比特串：

$$m = b_1 b_2 \cdots b_n \in \{0, 1\}^n$$

那么密钥也是长为 n 的比特串：

$$k = k_1 k_2 \cdots k_n \in_U \{0, 1\}^n$$

其中：符号“$\in_U$”表示均匀随机地选取 k。一次加密 1 比特，通过将每个消息比特和相应的密钥比特进行比特 XOR(异或)运算来得到密文串 $c=c_1 c_2 \cdots c_n$，即

$$c_i = b_i \oplus k_i$$

其中，$1 \leqslant i \leqslant n$。这里运算$\oplus$定义为

$\oplus$	0	1
0	0	1
1	1	0

因为$\oplus$是模 2 加，所以减法等于加法，故解密与加密相同。

考虑到 $M=C=K=\{0, 1\}^*$，则弗纳姆密码是代换密码的特例。一次一密弗纳姆密码也称为一次一密钥密码。

2.4 换位密码

通过重新排列消息中元素的位置而不改变元素本身来变换一个消息的密码称做换位密码(也称做置换密码)。换位密码是古典密码中除代换密码外最重要的一类，它广泛应用于现代分组密码的构造。

考虑明文消息中的元素是 Z_{26} 中的字符时的情形，令 b 为一固定的正整数，它表示消息分组的大小，$M=C=(Z_{26})^b$，K 是所有的置换，也就是$(1, 2, \cdots, b)$的所有重排。因为 $\pi \in K$，所以置换$\pi=(\pi(1), \pi(2), \cdots, \pi(b))$是一个密钥。对于明文分组$(x_1, x_2, \cdots, x_b) \in M$，这个换位密码的加密算法是：

$$E_\pi(x_1, x_2, \cdots, x_b) = (x_{\pi(1)}, x_{\pi(2)}, \cdots, x_{\pi(b)})$$

令 π^{-1}表示 π 的逆，也就是 $\pi^{-1}(\pi(i))=i(i=1, 2, \cdots, b)$，那么这个换位密码相应的解密算法是：

$$D_\pi = (y_1, y_2, \cdots, y_b) = (y_{\pi^{-1}(1)}, y_{\pi^{-1}(2)}, \cdots, y_{\pi^{-1}(b)})$$

对于长度大于分组长度 b 的消息，该消息可被分成多个分组，然后逐个分组重复同样的过程。由于长度为 b 的消息分组共有 $b!$种不同的密钥，因此一个明文消息分组能够变换加密为 $b!$种可能的密文。然而，因为字母本身并未改变，所以换位密码对于抗频度分析技术也是相当脆弱的。

【例 2.4.1】 换位密码。令 $b=4$，$\pi=(\pi(1), \pi(2), \pi(3), \pi(4))=(2, 4, 1, 3)$，那么明文消息：

proceed meeting as agreed

首先分为 6 个分组，每个分组为 4 个字符：

proc eedm eeti ngas agre ed

然后可以变换加密成下面的密文：

rcpoemedeietgsnagearde

注意：明文的最后一个短分组 ed 实际上填充成了 ed ⊔ ⊔，然后加密成 d ⊔e ⊔，再从密文分组中删掉补上的空格。

解密密钥是：

$$\pi^{-1} = (\pi(1)^{-1}, \pi(2)^{-1}, \pi(3)^{-1}, \pi(4)^{-1}) = (2^{-1}, 4^{-1}, 1^{-1}, 3^{-1})$$

最终的缩短密文分组 de 只包含两个字母，说明在相应的明文分组中没有字符与 3^{-1} 和 4^{-1} 的位置相匹配，因此在解密过程被正确执行以前，应该将空格重新插入到缩短的密文分组中，将分组恢复成添加空格的形式 d ⊔e ⊔。

注意：对于最后的明文分组较短的情况，由于添加的字符暴露了所用密钥的信息，因此在密文消息中不要留下例如 ⊔ 这样的添加字符。

2.5 古典密码

古典密码的两个基本工作原理——代换和换位，是构造现代对称加密算法的核心技术。

对于基于字符的代换密码，因为明文消息空间就是字母表，每一个消息就是字母表中的一个字符，所以加密就是逐个字符地将每一个明文字符代换为一个密文字符，代换取决于密钥。在加密一个长字符串时，如果密钥是固定的，那么在明文消息中同一个字符将被加密成密文消息中一个固定的字符。

多表密码和换位密码都比简单代换密码安全，但是，如果密钥很短而消息很长，那么就有各种各样的密码分析技术能够攻破这样的密码。

然而，如果密钥的使用满足了某些条件，那么古典密码，甚至简单代换密码也可以是非常安全的。事实上，在正确使用了密钥以后，简单代换密码可以广泛应用于密码体制和协议。

基于信息理论的密码安全性的概念是由香农定理发展起来的。按照香农定理，我们可以总结出古典密码安全使用的两个条件：

(1) $|K| \geqslant |M|$。

(2) $k \in_U K$，且每次加密只使用一次。

因此，如果使用古典密码加密长为 l 的消息串，那么为了使加密是安全的，密钥串的长度应该至少为 l，并且密钥串应该只使用一次。这个要求对于那些需要加密大量信息的应用来说不是很实际，然而对于加密少量数据无疑是实用的。

这里也给了我们一些启示，评估一个密码算法是否安全需要考虑其应用环境和应用模式。很多人认为古典密码算法是不安全的，其实是因为他们没有考虑如何去安全应用这些算法。不仅仅针对这些古典算法，对于一些现代密码算法如 RC4 算法、DES 算法、AES 算法等，使用不当也会造成安全问题。简单地将这些安全问题归结为算法问题是不合适的，每一种算法都存在一些前提条件和限制，这点在应用时不能忽略。后面我们会通过举例来指出一些本来安全，但在使用不当的时候就变得不安全的方法，以便指导读者对其合理使用，避免造成不安全问题。

第3章 信息安全数学基础

本章将介绍信息安全所涉及的一些数学问题，包括信息论、数论、有限域等内容。通过本章的学习，有助于读者更加深刻地了解各种密码算法的机理。

3.1 信 息 论

3.1.1 基本概念

香农(Shannon)提出使用消息源熵(Entropy)的定义来衡量这个消息源所含信息量的多少。这个量度以源输出的所有可能的消息集上的概率分布函数形式给出。

设 $L=\{a_1, a_2, \cdots, a_n\}$ 为由 n 个不同符号组成的语言。假设信源 S 以独立的概率，即 $\mathrm{Prob}[a_1]$，$\mathrm{Prob}[a_2]$，…，$\mathrm{Prob}[a_n]$ 分别输出这些符号，并且这些概率满足：

$$\sum_{i=1}^{n} \mathrm{Prob}[a_i] = 1 \tag{3.1.1}$$

则信源 S 的熵为

$$H(S) = \sum_{i=1}^{n} \mathrm{Prob}[a_i] \mathrm{lb}\left(\frac{1}{\mathrm{Prob}[a_i]}\right) \tag{3.1.2}$$

式(3.1.2)中定义的熵函数 $H(S)$ 所取的值，称为“每个信源符号平均所含的比特数”。

设 S 以 k 个符号串的形式输出这些符号，即 S 输出的是包含 k 个符号的单词：

$$a_{i_1}, a_{i_2}, \cdots, a_{i_k} \quad (1 \leqslant i_k \leqslant n)$$

令 L_k 表示记录 S 输出的包含 k 个符号的单词所需的最少比特数。我们有下面的定理用于衡量 L_k 的值。

定理 3.1.1 Shannon 定理：

$$\lim_{k\to\infty}\frac{L_k}{k} = H(S)$$

证明：对所有的整数 $k>0$，下面的“三明治”型关系式成立：

$$kH(S) \leqslant L_k \leqslant kH(S)+1$$

定理所述的是其极限形式。

说明：这是一种简单的证明方式，有的读者可能会认为其证明过程不太正式，详细的证明过程可参见王育民、李晖、梁传甲共同编写的《信息论与编码理论》一书中的定理 3.3.8 的证明过程。

定理 3.1.1 说明了这样一个道理：为记录信源 S 的每个输出，所需的最小平均比特数为 $H(S)$。

3.1.2　熵的性质

如果 S 以概率 1 输出某个符号，例如 a_1，则熵函数 $H(S)$ 有最小值 0。这是因为：

$$H(S)=\text{Prob}[a_1]\ \text{lb}\left(\frac{1}{\text{Prob}[a_1]}\right)=\text{lb}1=0$$

这种情况说明，当我们确信信源 S 仅输出 a_1 时，就没有必要浪费一些比特来记录它。

如果 S 以相等的概率 $1/n$ 输出每个符号，即 S 是一个均匀分布的随机信源，则熵函数 $H(S)$ 可达到最大值 lb$n$。这是因为在这种情况下，有：

$$H(S)=\frac{1}{n}\sum_{i=1}^{n}\text{lb}n=\text{lb}n$$

这种情况也说明了一个事实：因为 S 可以以相等的概率输出这 n 个符号中的任何一个符号，所以我们至少要用 lb$n$ 比特来记录这 n 个数字中的任何一种可能。

我们可以认为 $H(S)$ 是信源 S 每次输出所包含的不确定性或信息量。

下面通过一个例子来解释熵的概念。

【例 3.1.1】　考虑下面的“电话掷币”协议。

假定 Alice 和 Bob 已经同意：

(1) 一个特殊的单向函数 f，满足：① 对任意整数 x，由 x 计算 $f(x)$ 是容易的，而给出 $f(x)$，要找出对应的原像 x 是不可能的，不管 x 是奇数还是偶数；② 不可能找出一对整数 (x, y)，满足 $x\neq y$，但 $f(x)=f(y)$。

(2) $f(x)$ 中的偶数 x 代表“正面”，奇数 x 代表“背面”。

“电话掷币”协议包含如下步骤：

(1) Alice 选择一个大随机数 x 并计算 $f(x)$，然后通过电话告诉 Bob $f(x)$ 的值；

(2) Bob 告诉 Alice 自己对 x 的奇偶性猜测；

(3) Alice 告诉 Bob x 的值；

(4) Bob 验证 $f(x)$ 并查看他所做的猜测是否正确。

不管是通过电话，还是通过连接的计算机，对 Alice 和 Bob 来说，该协议都是协商一个随机比特。在该协议中，Alice 随机选取一个大的整数 $x\in_U\mathbf{N}$，通过单向函数 f 计算 $f(x)$，并将其送给 Bob，最后在 Bob 随机猜测后披露 x。在 Bob 看来，x 作为整数不应该被当做一条新的信息，因为在接收到 $f(x)$ 前，他已经知道 x 是 $\mathbf{N}$ 中的一个元素。Bob 仅利用 Alice 输出中的有用部分，即运用 x 的奇偶性来计算与 Alice 的输出相符的随机比特。因此，我们有：

$$H(\text{Alice})=\text{Prob}[x\text{ 为奇数}]\text{lb}\left(\frac{1}{\text{Prob}[x\text{ 为奇数}]}\right)+\text{Prob}[x\text{ 为偶数}]\text{lb}\left(\frac{1}{\text{Prob}[x\text{ 为偶数}]}\right)$$

$$=\frac{1}{2}\text{lb}2+\frac{1}{2}\text{lb}2=1$$

也就是说，尽管 Alice 的输出是一个大整数，但她是一个每次输出 1 比特的信源。

如果 Alice 和 Bob 重复执行 n 次“电话掷币”协议，他们就能够协商一个 n 比特的串：若 Bob 猜对一次，则输出 1；若猜错一次，则输出 0。该协议的这种用法使得 Alice 和 Bob 都是一个每执行一次协议便输出 1 比特的信源。双方都相信所获得的比特串是随机的，因为任何一方都有自己的随机输入，并且知道另一方无法控制其输出。

3.2 数 论

3.2.1 素数与互素数

1. 整除

令 $b\neq 0$，若 b 除尽 a，则有 $a=mb$，m 是某个整数，以 $b|a$ 表示，称 b 为 a 的一个因子或约数。例如，30 的约数为 1、2、3、5、6、10、15、30。对整数有下述关系式：

(1) 若 $a|1$，则 $a=\pm 1$；

(2) 若 $a|b$ 且 $b|c$，则 $a|c$；

(3) 对任意 $b\neq 0$，有 $b|0$ 为 0；

(4) 若 $b|g$ 且 $b|h$，则对任意整数 m 和 n，有 $b|(mg+nh)$。

2. 素数与素分解

任一整数 $p>1$，若它只有 ± 1 和 $\pm p$ 为约数，则称其为素数，否则称其为合数。

对任意整数 $a>1$，有唯一分解式：

$$a = p_1^{\alpha_1} p_2^{\alpha_2} \cdots p_t^{\alpha_t} \tag{3.2.1}$$

其中，$p_1<p_2<\cdots<p_t$ 都是素数，$\alpha_t>0$。式(3.2.1)可改写成如下形式：

$$a = \prod_{p\in P} p^{\alpha_p} \quad (\alpha_p \geqslant 0) \tag{3.2.2}$$

其中，P 是所有可能的素数 p 的集合；对给定的 a，大多数指数 α_p 为 0。任一给定整数 a，可由式(3.2.2)中的非零指数集给定。两个整数之积等价于其相应指数之和，即

$$k = mn \Rightarrow k_p = m_p + n_p \quad (\text{对所有 } p) \tag{3.2.3}$$

对两个整数 a、b 有：

$$a \mid b \Rightarrow \alpha_p \leqslant \beta_p \quad (\text{对所有 } p) \tag{3.2.4}$$

3. 互素数

两个整数的最大公约数 k 以 $\gcd(a, b)$ 表示，其中 k 满足：

(1) $k|a$，$k|b$；

(2) 对任意 k'，$k'|a$，$k'|b \Rightarrow k'|k$，即

$$\gcd(a, b) = \max\{k: k \mid a \text{ 且 } k \mid b\} \tag{3.2.5}$$

由整数的唯一分解式(3.2.2)不难求出：

$$k = \gcd(a, b) \Rightarrow k_p = \min\{\alpha_p, \beta_p\} \quad (\text{对所有 } p) \tag{3.2.6}$$

若 $\gcd(a, b)=1$，则称整数 a、b 互素。

4. 欧拉函数

整数 n 的欧拉函数定义为小于 n 且与 n 互素的整数个数，以 $\varphi(n)$ 表示。显然，对一素数 p 有：

$$\varphi(n) = p - 1 \tag{3.2.7}$$

若 $n=p_1\times p_2$，p_1 和 p_2 都是素数，则在 mod n 的 $p_1 p_2$ 个剩余类中，与 n 不互素的元

素集为$\{p_1, 2p_1, \cdots, (p_2-1)p_1\}$、$\{p_2, 2p_2, \cdots, (p_1-1)p_2\}$和$\{0\}$，即

$$\begin{aligned}\varphi(n) &= p_1p_2-[(p_1-1)+(p_2-1)+1] = p_1p_2-(p_1+p_2)+1 \\ &= (p_1-1)(p_2-1) = \varphi(p_1)\varphi(p_2)\end{aligned} \tag{3.2.8}$$

一般对任意整数n，由式(3.2.1)可写成$n=\prod_{i=1}^{t} p_i^{a_i}$，可证明其欧拉函数为

$$\varphi(n) = n\prod_{i=1}^{t}\left(1-\frac{1}{p_i}\right) \tag{3.2.9}$$

3.2.2　同余与模算术

1. 同余

给定任意整数a和q，以q除a，其商为s，余数为r，则可表示为$a=sq+r$，$0\leqslant r<q$，即

$$s = \lfloor q \mid a \rfloor \tag{3.2.10}$$

其中，$s=\lfloor q|a \rfloor$表示小于$q|a$的最大整数。定义r为$a \bmod q$，则称r为$a \bmod q$的剩余(Residue)，记为$r\equiv a \bmod q$。式(3.2.10)可改写为

$$a = \lfloor q \mid a \rfloor \times q + (a \bmod q) \tag{3.2.11}$$

若两个整数a和b有$a \bmod q = b \bmod q$，则称a与b在$\bmod q$下同余(Congruent)。

$s\in \mathbf{Z}$(整数集)的所有由式(3.2.10)决定的整数集称为同余类，可表示为

$$\{r\} = \{a \mid a = sq + r,\ s \in \mathbf{Z}\} \tag{3.2.12}$$

同余类中各元素之间彼此皆同余。

同时，模运算具有下述性质：

(1) 若$q|(a-b)$，则$a\equiv b \bmod q$；

(2) $a \bmod q = b \bmod q$意味着$a\equiv b \bmod q$；

(3) $a\equiv b \bmod q$等价于$b\equiv a \bmod q$；

(4) 若$a\equiv b \bmod q$且$b\equiv c \bmod q$，则有$a\equiv c \bmod q$。

2. 模算术(Modular Arithmatic)

在$\bmod q$的q个剩余类集$\{0, 1, 2, \cdots, q-1\}$上可以定义加法运算和乘法运算。

加法：

$$(a \bmod q) + (b \bmod q) = (a+b) \bmod q \tag{3.2.13}$$

乘法：

$$(a \bmod q) \times (b \bmod q) = (a \times b) \bmod q \tag{3.2.14}$$

3.2.3　大素数求法

1. 概述

数百年来，人们一直想知道是否有一个简单公式可以产生素数，答案是否定的。但我们不能否认一些学者做出过很大的努力。

曾有人猜想，若$n|2^n-2$，则n为素数，如$n=3$时，$3|2^3-2=6$。当$n<341$时，该猜想均成立。当$n=341$时，有$341|2^{341}-2$，但$n=341=11\times 31$，并非素数。

也曾有人猜想，若p为素数，则$M_p=2^p-1$为素数。但$M_{11}=2^{11}-1=2047=23\times 89$。

此外，M_{67}、M_{257}也不是素数。当M_p是素数时，称其为Mersenne数。

Fermat推测，$F_n=2^{2^n}+1$为素数，n为正整数。但$F_5=4\ 294\ 967\ 297=641\times 6\ 700\ 417$，并非素数。

结论：素数分布极不均匀，素数越大，分布越稀。

定理 3.2.1 素数的个数无限多。

证明：(反证法)假设素数的个数是有限的，即只有p_1，p_2，…，p_r。但是，我们很容易得知，p_1，p_2，…，p_r构造的数$n=p_1 p_2\cdots p_r+1$必为素数，而n是不同于p_1，p_2，…，p_r的新素数。这与假设矛盾，故素数的个数无限多。

定理 3.2.2 素数定理：

$$\lim_{x\to\infty}\frac{\pi(x)\ln(x)}{x}=1 \tag{3.2.15}$$

即

$$\pi(x)\approx\frac{x}{\ln x} \tag{3.2.16}$$

其中，$\pi(x)$为小于等于正整数x的素数的个数。

【例 3.2.1】 $x=10$，$\pi(x)=4$，含素数2、3、5、7。

【例 3.2.2】 x分别为2^{64}、2^{128}、2^{256}，则

64 bit大素数的个数有：

$$\frac{2^{64}}{\ln 2^{64}}-\frac{2^{63}}{\ln 2^{63}}\approx 2.05\times 10^{17}\text{个}$$

128 bit大素数的个数有：

$$\frac{2^{128}}{\ln 2^{128}}-\frac{2^{127}}{\ln 2^{127}}\approx 1.9\times 10^{36}\text{个}$$

256 bit大素数的个数有：

$$\frac{2^{256}}{\ln 2^{256}}-\frac{2^{255}}{\ln 2^{255}}\approx 3.25\times 10^{74}\text{个}$$

因此，素数个数相当多。

在例3.2.2中，64 bit大小的大素数出现的概率为$\frac{2.05\times 10^{17}}{(2^{64}-2^{63})/2}=0.044$，即23次试验可得一素数。类似地，可计算128 bit大素数出现的概率为0.022，即46次试验可得一素数；256 bit大素数出现的概率为0.011，即92次试验可得一素数。因此，寻求一个大素数并不太难。

2. 产生大素数的检验法

1）概率测试法

概率测试法包括Solovay－Strassen检验法和Miller－Rabin检验法等。它们都是利用数论理论构造一种检验法，对一个给定大整数N，每进行一次检验输出，给出Yes(N为素数，概率为1/2)或No(N必不是素数)。若N通过了r次检验，则N不是素数的概率将为$\varepsilon=2^{-r}$，N是素数的概率为$1-\varepsilon$；若r足够大，如$r=100$，则N几乎可认为是素数。

当概率检验法得到的准素数是合数时(当然其出现的概率极小)，不会造成太大问题。因为一旦出现这种情况，RSA体制的加、解密就会异常，从而可以被发现。

(1) Solovay - Strassen 检验法：令 $1 \leqslant n < m$，随机取 n，并验证 $\gcd(m, n) = 1$，且 $J(n, m) = 2^{(m-1)/2} \bmod m$。其中 $J(n, m)$ 为 Jacobi 符号，即

$$J(n, m) = \left(\frac{n}{p_1}\right)\left(\frac{n}{p_2}\right)\cdots\left(\frac{n}{p_r}\right) \tag{3.2.17}$$

$$m = p_1 p_2 \cdots p_r \tag{3.2.18}$$

式(3.2.18)为 m 的素数分解式。式(3.2.17)中：

$$\left(\frac{n}{p_i}\right)(\text{Legendre 符号}) = \begin{cases} 1 & (n \text{ 是 } p_i \text{ 的平方剩余}) \\ -1 & (n \text{ 是 } p_i \text{ 的非平方剩余}) \end{cases} \tag{3.2.19}$$

即

$$\begin{cases} X^2 = n \bmod p_i & (\text{有两个解}) \\ X^2 = n \bmod p_i & (\text{无解}) \end{cases} \tag{3.2.20}$$

$$J(n, m) = \begin{cases} 1 & (n = 1) \\ J\left(\dfrac{n}{2}, m\right)(-1)^{(m^2-1)(n-1)/8} & (n \text{ 为偶数}) \\ J(R_n(m), n)(-1)^{(m-1)(n-1)/4} & (\text{其他}) \end{cases} \tag{3.2.21}$$

若 m 为素数，则 $\gcd(m, n) = 1$，且 $J(n, m) = 2^{(m-1)/2} \bmod m$。若 m 不是素数，则至多有 1/2 概率使上式成立。因此，随机地选择 100 个整数 n 进行检验，若式(3.2.21)均成立，则 m 不是素数的概率必小于 $2^{-100} \approx 10^{-30}$，故可认为 m 是一素数，但实际上它不一定是。

(2) Miller - Rabin 检验法：令 $N = 2^s t + 1$，$s \geqslant 1$，t 为奇数，任选 a(正整数)，检验：

$$\begin{cases} a^t = 1 \bmod n \\ a^{2^j t} = -1 \bmod n & (0 \leqslant j \leqslant s-1) \end{cases} \tag{3.2.22}$$

若 a 满足式(3.2.22)中的两个条件，则 N 必为合数(由 Fermat 定理得出)。重复选不同的 a，试验 r 次，理论证明，若 r 次均不满足式(3.2.22)，则 N 不为素数的概率小于等于 $(1/4)^r$，r 足够大时，可由素数分布式估计 r 值。对 $N < x$，要求进行

$$\frac{x/2}{\pi(x)} \approx \frac{\ln(x)}{2} \tag{3.2.23}$$

次试验。一次试验进行 $P((\log x)^3)$ bit 的运算，故找一个 m 比特大的素数时，要进行运算量为 $O(m^4)$ 的运算。

2) *确定性素数检验法*

确定性分解算法是 RSA 体制实用化研究的基础问题之一。当算法结果指示为 Yes 时，N 必为素数。Lucas 于 1876 年给出了定理 3.2.3。

定理 3.2.3　若 N 满足 $b^{N-1} \equiv 1 \bmod n$，且

$$b^{(n-1)/p_i} \not\equiv 1 \bmod n \tag{3.2.24}$$

对所有的素因数 $p_i < N-1$，则 N 为素数。此法要求 $N-1$ 的因子分解，因而无实用价值。

Demytko 法是于 1988 年由 Demytko 提出的。该法是利用已知小素数，通过迭代给出一个大素数。其方法如定理 3.2.4 所示。

定理 3.2.4　令 $p_{i+1} = h_i p_i + 1$，若满足下述条件，则 p_{i+1} 必为素数。

(1) p_i 是奇素数；

(2) $h_i<4(p_i+1)$，且 h_i 为偶数；

(3) $2^{h_i p_i}\equiv 1 \bmod p_{i+1}$；

(4) $2^{h_i}\not\equiv 1 \bmod p_{i+1}$。

利用定理 3.2.4 可由 16 bit 素数 p_0 导出 32 bit 素数 p_1，由 p_1 又可导出 64 bit 素数 p_2，以此类推。但如何产生适于 RSA 体制用的素数还未能完全解决。

确定性算法的运行时间复杂度为

$$\exp(C \log\log n(\log\log\log(n))) \tag{3.2.25}$$

美国 Sandia 实验室提出了适于分解离散对数和分解困难大素数的 4 个条件，可以参见 Laih 等在 1995 年的研究成果。有关产生强素数的算法问题同样可参看 Laih 等在 1995 年的研究成果。

3) 使用现有素数生成工具

以上方法产生大素数比较麻烦，并不是工程人员所希望采用的。在实际工程实现中，要产生 RSA 的大素数，完全可以使用现有的一些素数生成小软件。这些软件在 Google 中不难下载到，而且几乎都是免费软件。在这些软件中，使用者可以输入所需要的素数规格，从而很容易地获取自己所需的大素数。

3.3 有 限 域

3.3.1 基本概念

一个元素集合 F 中定义了元素之间的运算，并满足一些公理，就构成了一个代数系统。

1. 域、半群、拟群、群、环

定义 3.3.1 代数系统 $\langle F, +, \cdot\rangle$ 称为域(Field)，其中的元素对运算“+”(加)和“·”(乘)满足下述条件：

(1) 加法封闭性：$\forall a, b\in F\Rightarrow a+b\in F$。

(2) 加法结合律：$\forall a, b, c\in F\Rightarrow a+(b+c)=(a+b)+c$。

(3) 加法恒等元：$\exists$唯一的 $0\in F$，对 $\forall a\in F\Rightarrow 0+a=a+0=a$。

(4) 加法逆元：对 $\forall(-a)\in F\Rightarrow a+(-a)=(-a)+a=0$。

(5) 加法可换律：$\forall a, b\in F\Rightarrow a+b=b+a$。

(6) 乘法封闭性：$\forall a, b\in F-\{0\}\Rightarrow a\cdot b\in F-\{0\}$。

(7) 乘法结合律：$\forall a, b, c\in F-\{0\}\Rightarrow a\cdot(b\cdot c)=(a\cdot b)\cdot c$。

(8) 乘法单位元：$\exists 1\in F-\{0\}$，$\forall a\in F$，有 $1\cdot a=a\cdot 1=a$。

(9) 乘法逆元：$\forall a\in F-\{0\}$，$\exists a^{-1}\in F-\{0\}$，有 $a\cdot a^{-1}=a^{-1}\cdot a=1$。

(10) 乘法可换律：$\forall a, b\in F-\{0\}\Rightarrow a\cdot b=b\cdot a$。

(11) 分配律：$\forall a, b, c\in F\Rightarrow a\cdot 0=0\cdot a=0$，$a\cdot(b+c)=a\cdot b+a\cdot c$。

域是一个非常完备的代数系统，其中的元素要求满足较多的性质或约束。在实际中，还会遇到一些代数系统，只满足其中的部分条件。

定义 3.3.2　满足上述条件(1)、(2)的$\langle F, +\rangle$或满足条件(6)、(7)的$\langle F-\{0\}, \cdot\rangle$称做半群(Semi - group)。

定义 3.3.3　满足上述条件(1)、(2)和(3)的$\langle F, +\rangle$或满足条件(6)、(7)和(8)的$\langle F-\{0\}, \cdot\rangle$称做拟群(Monoid)。

定义 3.3.4　满足上述条件(1)、(2)、(3)、(4)的$\langle F, +\rangle=\langle G, +\rangle$或满足条件(6)、(7)、(8)、(9)的$\langle F-\{0\}, \cdot\rangle=\langle G, \cdot\rangle$称做群(Group)。

定义 3.3.5　满足上述条件(1)、(2)、(3)、(4)、(5)的$\langle F, +\rangle$或满足条件(6)、(7)、(8)、(9)、(10)的$\langle F-\{0\}, \cdot\rangle$称做可换群(Abelian Group)。

定义 3.3.6　域的另一等价定义。$\langle F, +, \cdot\rangle$满足以下条件：

(1) $\langle F, +\rangle$是可换群；

(2) $\langle F-\{0\}, \cdot\rangle$是可换群；

(3) 分配律成立。

注：“+”并不一定为算术加法；“·”并不一定为算术乘法。

定义 3.3.7　若$\langle F, +, \cdot\rangle$中的元素对运算“+”(加)和“·”(乘)满足下述条件，则称其为环(Ring)：

(1) $\langle F, +\rangle$是可换群；

(2) $F-\{0\}$对定义 3.3.1 中的条件(6)、(7)均成立；

(3) 分配律成立。

对定义 3.3.1 中的条件(8)成立的环称为单位元环(唯一性)。

2. 有限域

若集合 F 中的元素个数有限，则定义 3.3.1～定义 3.3.4 和定义 3.3.7 的那些代数系统就构成了有限域、有限半群、有限拟群、有限群、有限环等。

有限域$\langle F, +, \cdot\rangle$中，$\| F\| < \infty$。有限域常以数学家 Galois 的名字命名，称做 Galois 域，并以 GF(q)表示，其中 q 表示域中元素的个数。

定义 3.3.8　若 F 的子集 F'在 F 定义的运算下构成一个域，则 F'称做 F 的一个子域(Subfield)，F 称为 F'的扩域(Extended Field)。

有限域的特征：域 F 中有一(乘法)单位元，以 1 表示。F 在加法运算下构成一可换群，称其为加群(Addition Group)，它具有循环性。由域的元素的有限性和封闭性可知，必有一整数 n 使得：

$$\underbrace{1+1+\cdots+1}_{n}=0 \tag{3.3.1}$$

因为域元素的个数有限，所以在单位元的逐渐增加相加次数的过程中必出现重复。例如，若 $n>m$，则

$$\sum_{m} 1=\sum_{n} 1 \Rightarrow \sum_{n-m} 1=0 \tag{3.3.2}$$

定义 3.3.9　使式(3.3.2)成立的最小相加次数 p 为域的特征(Characteristic)。

定理 3.3.1　有限域的特征必为素数。

证明：略去。

由有限域特征的定义可以看出，若 k, $m<p$，则

$$\sum_{k} 1 \neq \sum_{m} 1$$

即

$$\sum_{1} 1,\ \sum_{2} 1,\ \cdots,\ \sum_{p-1} 1 = 1,\ \sum_{p} 1 = 0$$

均不相同，后面将证明它们构成 GF(p)。

定理 3.3.2 在特征为 p 的域上有$(a+b)^p = a^p + b^p$。

证明：$(a+b)^p = a^p + \binom{p}{1} a^{p-1} b + \binom{p}{2} a^{p-2} b^2 + \cdots \binom{p}{i} a^{p-i} b^i + \cdots + \binom{p}{p-1} a^1 b^{p-1} + b^p$，对于所有 $1 < i < p$，其二项式系数都为 p 的倍数，故均为 0。

代数系统$\langle F, \oplus, \odot \rangle$中，$F = \{0, 1, \cdots, p-1\}$，$F$ 中的元素个数为素数 p。以$\oplus$表示模 p 加法，即 $a \oplus b = R_p(a+b)$，它表示以 p 除 $a+b$ 所得的余数；以$\odot$表示模 p 乘法，即 $a \odot b = R_p(a \cdot b)$，它表示以 p 除 $a \cdot b$ 所得的余数。

定理 3.3.3 $\langle F, \oplus, \odot \rangle$为一有限域 GF($p$)$\Leftrightarrow p$ 是素数。

证明：由定义 3.3.1 中的条件(3)及(8)可知，F 中至少要有两个元素，即 0 和 1，故有 $p \geqslant 2$。

必要性。采用反证法。令$\langle F, \oplus, \odot \rangle$为一有限域，若 $p = mn$，$1 < m$，$n \leqslant p-1$，则 m，$n \in F - \{0\}$，但对非 0 的 m 和 n，$m \odot n = R_{mn}(mn) = 0 \notin F - \{0\}$，即定义 3.3.1 中的条件(6)不成立，与$\langle F, \oplus, \odot \rangle$为一有限域的假设相矛盾。

充分性。设 p 为素数。F 中的元素对运算$\oplus$、$\odot$服从结合律、可换律和分配律，即定义 3.3.1 中的条件(2)、(5)、(7)、(10)和(11)成立。条件(1)、(3)和(8)显然也成立。

若 $a=0$，$-a=0$，则 $a \oplus (-a) = 0$。对 $\forall a \in F - \{0\}$，$-a = p - a \in F$，而 $a \oplus (-a) = 0$，所以 $-a = p - a$，即定义 3.3.1 的条件(4)成立。

$\forall a, b \in F - \{0\}$，则 p 除不尽 ab，$a \odot b \neq 0$，即 $a \odot b \in F - \{0\}$，所以满足定义 3.3.1 中的条件(6)。

对 $\forall a \in F - \{0\}$，$\gcd(a, p) = 1$，则由 Euclid 除法定理有 $1 = ab + cp$，从而 $1 = R_p[ab + cp] = R_p[ab] = R_p[a \cdot R_p(b)]$。令 $a^{-1} = R_p(b)$，$a^{-1} \in F - \{0\}$，从而得 $a \odot a^{-1} = 1$，即满足定义 3.3.1 中的条件(9)。

由此可知，$\langle F, \oplus, \odot \rangle$为一有限域。

今后为了简单，在不被误解的情况下，采用$+$、$\cdot$表示 GF(p)中的运算。

3. 有限域 GF(p)上 x 的多项式代数

令 $F_p[x]$为 GF(p)上的多项式集合，在 $F_p[x]$上可以定义下述多项式的加法和乘法运算。x 的任意多项式可表示为

$$u(x) = u_0 + u_1 x + \cdots + u_{N-1} x^{N-1} = \sum_{n=0}^{N-1} u_n x^n \in F_p[x],\ u_N \in \mathrm{GF}(p) \tag{3.3.3}$$

式中，u_{N-1}为 $u(x)$的首项系数，$u_{N-1}=1$ 的多项式称为首一(Monic)多项式。$\deg[u(x)]$为系数不为零的最高次项的次数。

加法：两个多项式 $a(x) = \sum_{n=0}^{N-1} a_n x^n$和 $b(x) = \sum_{n=0}^{K-1} b_n x^n$ 的和式定义为

$$c(x)=a(x)+b(x)=\sum_{n=0}^{\max(N-1,\,K-1)} c_n x^n,\ c_n=a_n+b_n \tag{3.3.4}$$

乘法：两个多项式 $a(x)=\sum_{n=0}^{N-1} a_n x^n$ 和 $b(x)=\sum_{n=0}^{K-1} b_n x^n$ 的积式定义为

$$c(x)=a(x)b(x)=\sum_{i=0}^{N+K-2} c_i x^i \tag{3.3.5}$$

式中：

$$c_i=a_0 b_i+a_1 b_{i-1}+\cdots+a_{i-1}b_1+a_i b_0$$

定义 3.3.10　在上述运算下，$\langle F_p[x],\ +,\ \cdot\rangle$ 构成环，称为多项式环。

类似于整数环，在多项式环中也有 Euclid 除法定理。给定 $u(x)$，$g(x)\in F_p[x]$，存在唯一的 $g(x)$ 商式和 $r(x)$ 余式，使得：

$$\begin{cases}u(x)=q(x)g(x)+r(x)=R_{g(x)}[u(x)] \\ \deg[r(x)]<\deg[g(x)]\end{cases} \tag{3.3.6}$$

多项式环中的除法具有下述性质：

(1) $R_{g(x)}[u(x)+m(x)g(x)]=R_{g(x)}[u(x)]$　　(3.3.7)

(2) $R_{g(x)}[u_1(x)+u_2(x)]=R_{g(x)}\{R_{g(x)}[u_1(x)]+R_{g(x)}[u_2(x)]\}$

$=R_{g(x)}[u_1(x)]+R_{g(x)}[u_2(x)]$　　(3.3.8)

(3) $R_{g(x)}[u_1(x)\cdot u_2(x)]=R_{g(x)}[u_1(x)]\cdot R_{g(x)}[u_2(x)]$　　(3.3.9)

定义 3.3.11　$F_p[x]$ 中以一个多项式 $f(x)$ 为模的所有剩余类所构成的环，称为多项式剩余类环，记为 $F_p[x]|f(x)$。

若模多项式 $f(x)$ 为 n 次式，则其模多项式环有 2^n 个元素。

两个多项式 $u_1(x)$ 和 $u_2(x)$ 的最大公因式以 $d(x)=\gcd[u_1(x),\ u_2(x)]$ 表示，它为能除尽 $u_1(x)$ 和 $u_2(x)$，即 $d(x)|u_1(x)$、$d(x)|u_2(x)$ 的最高次首一多项式。显然，有：

$$\gcd[u_1(x),\ u_2(x)]=\gcd[u_1(x)+m(x)u_2(x),\ u_2(x)] \tag{3.3.10}$$

类似于整数，对 $u_1(x)$，$u_2(x)\in F_p[x]$，存在有 $A(x)$，$B(x)\in F_p[x]$，使得：

$$(u_1(x),\ u_2(x))=A(x)u_1(x)+B(x)u_2(x) \tag{3.3.11}$$

两个多项式 $u_1(x)$ 和 $u_2(x)$ 的最小公倍式 L. C. M$[(u_1(x),\ u_2(x)]$ 定义为 $u_1(x)|M(x)$ 和 $u_2(x)|M(x)$ 的最低次首一多项式 $M(x)$。

定义 3.3.12　若 $p(x)\in F_p[x]$，且除 1 以外所有次数低于 $p(x)$ 的多项式均除不尽 $p(x)$，则称 $p(x)$ 为既约多项式。

既约多项式像素数一样在 $F_p[x]$ 中起着重要的作用。

对于两个多项式 $u_1(x)$ 和 $u_2(x)$，若 $(u_1(x),\ u_2(x))=A(x)u_1(x)+B(x)u_2(x)=1$，则称 $u_1(x)$ 和 $u_2(x)$ 互素。

类似于整数，任一给定 $v(x)\in F_p[x]$ 可唯一地分解为既约多项式之积，这称为多项式环中的唯一分解定理。

4. 陪集与理想

定义 3.3.13　若群 G 中的子集 H 对群 G 中定义的运算构成群，则称 H 为 G 的子群。

定义 3.3.14　若 $H\subset G$，取 $g\in G$，并构造集合 $gH=\{gh:\ h\in H\}$，则称它为子群 H 对于 G 的一个左陪集(Left Coset)。

类似地可定义右陪集。若 G 为可换群，则左陪集和右陪集相等，即 $gH=Hg$。

可以证明，H 对于 G 的两个陪集 $g'H$ 和 gH 有如下两种可能：

$$g'H \equiv gH \text{ 或 } g'H \cap gH = \varnothing,\text{ 且 } |g'H| = |gH|$$

这样可用 H 将 G 作完全划分，即对于给定的 G，当 H 选定时，可将 G 划分成元素个数皆相等的陪集，陪集个数为

$$\frac{|G|}{|H|} \quad \text{(拉格朗日定理)} \tag{3.3.12}$$

定义 3.3.15 令 R 为环，$I \subset R$ 为 R 的一个子集，如果 I 是 R 中加运算的子群，且 $\forall a \in R$，$i \in I$，有 $ai \in I$，则称 I 为 R 的一个左理想(Left Ideal)。类似地，可以定义右理想。若对 $\forall a \in R$，$i \in I$，有 $ai \in I$ 和 $ia \in I$，则称 I 为 R 的一个右理想。

定义 3.3.16 若 R 中的理想 I 中任一元素皆为 I 中某一元素的倍数(式)，则 I 称做主理想(Principal Ideal)。

定义 3.3.17 主理想中 I 的最小元素称为主理想的生成元(Generator)。

定义 3.3.18 若环中的每个理想皆为主理想，则称此环为主理想环。

剩余类环和多项式剩余类环都是主理想环。

5. GF(p^m)

令 $f(x)=f_0+f_1x+f_2x^2+\cdots+f_mx^m$，为 GF($p$)上的 m 次多项式。令 E 为 GF(p)上次数小于 m 的所有多项式，有 p^m 个。定义：

模 $f(x)$的加法：

$$a(x) \oplus b(x) = R_{f(x)}[a(x)+b(x)] = a(x)+b(x) \tag{3.3.13}$$

模 $f(x)$的乘法：

$$a(x) \odot b(x) = R_{f(x)}[a(x) \cdot b(x)] \tag{3.3.14}$$

由定义 3.3.10 可知，在上述运算下，$[E, \oplus, \odot]$构成模多项式 $f(x)$的剩余类环。

定理 3.3.4 $[E, \oplus, \odot]$为域 GF(p^m)$\Leftrightarrow f(x)$是 m 次既约多项式。

证明： 略去。

当 $m=1$ 时，得到 GF(p)，它是 GF(p^m)的一个子域，称为 GF(p^m)的基域(Base Field)，而 GF(p^m)称为 GF(p)的 m 次扩域(Extension Field)。

数学上已有求既约多项式的有效方法，并且给出了既约多项式表(见 Berlekamp 在 1968 年和 Peterson 在 1972 年的研究成果)，下面给出前几个：

1 次：x，$x+1$

2 次：x^2+x+1

3 次：x^3+x+1，x^3+x^2+1

4 次：x^4+x+1，x^4+x^3+1，$x^4+x^3+x^2+x+1$

已经证明，有限域 F 只有两种，即 GF(p)和 GF(q)=GF(p^m)。

定义 3.3.19 令 β 为一个扩域中的元素，则称系数在其基域上且使 $m(\beta)=0$ 的最低次多项式 $m(x)$为元素 β 的最小多项式或最小函数。

6. 有限群

群中元素个数(即群的阶数)有限。在有限域中有两个群：一个是 F 对加法构成的群；

另一个是 $F-\{0\}$对乘法构成的群。它们都是有限群。有限群具有如下性质:

(1) 由子群和陪集的定义及拉格朗日定理可知，有限群的任一子群的阶数为群的阶数的因子。

(2) 有限群对定义的乘法运算构成循环群(Cyclic Group)。

对 $\forall a\in G$，由群的阶有限可证明，a，a^2，$\cdots a^{m-1}$，$a^m\equiv 1$(乘法单位元)，称 m 为元素 a 的阶(Order)，由拉格朗日定理可知，$m|n$(n 为群 G 的阶)。若 $m=n$，则 a 的所有幂给出 G 中的所有元素，称 a 为 G 的生成元，称 G 为循环群。循环群的生成元不一定唯一。循环群的任一子群的阶必为 n 的因数。

G 中元素的阶具有如下性质:

(1) a 的阶为 n，则 $a^m\equiv 1\Leftrightarrow n|m$。

(2) a 的阶为 m，b 的阶为 n，且 $(m, n)=1$，则 ab 的阶为 mn。

(3) a 为 n 阶元素，k 为任意整数，则 a^k 的阶为 $n|(n, k)$。

定理 3.3.5 α 为 GF(p)的本原元素$\Leftrightarrow\alpha$ 为 GF(p)中的 $p-1$ 次单位元根。

7. 有限域的构造

GF(p)的 m 次扩域 GF(q)中 $q=p^m$，其所有非 0 元素构成一个 $q-1$ 阶的循环群。

定理 3.3.6 多项式 $x^{q-1}-1$ 以 GF(q)中的所有非 0 元素为根。

证明: 略去。

多项式 x^q-x 以 GF(q)中的所有元素为根。

定理 3.3.7 GF(q)中存在本原元素 α，其阶为 $q-1$，GF(q)中的每个非 0 元素都可表示为 α 的幂。

以本原元素为根的多项式称做本原多项式，本原多项式必为既约多项式。

m 次本原多项式的个数为

$$N_p(m)=\frac{2^m-1}{m}\prod_{i=1}^{J}\frac{p_i-1}{p_i} \tag{3.3.15}$$

其中，p_i 是 2^m-1 的素因子，即

$$2^m-1=\prod_{i=1}^{J}p_i^{e_i} \tag{3.3.16}$$

式中，e_i 为一正整数。例如，$m=2$ 时，$2^m-1=3$，$N_p(2)=\frac{3}{2}\cdot\frac{2}{3}=1$；$m=3$ 时，$2^m-1=7$，$N_p(3)=\frac{7}{3}\cdot\frac{6}{7}=2$；$m=4$ 时，$2^m-1=15=5\times 3$，$N_p(4)=\frac{15}{4}\cdot\frac{4}{5}\cdot\frac{2}{3}=2$；$m=5$ 时，$2^m-1=31$，$N_p(5)=\frac{31}{5}\cdot\frac{30}{31}=6$；$m=6$ 时，$2^m-1=63=7\cdot 3^2$，$N_p(6)=\frac{63}{6}\cdot\frac{6}{7}\cdot\frac{2}{3}=6$。

定理 3.3.8 GF(q)上的每一个 m 次既约多项式 $p(x)$都是 x^q-x 的一个因式。

定理 3.3.9 x^q-x 的每一个既约因式的次数小于等于 m。

定理 3.3.10 令 $f(x)$为 GF(q)上的多项式，若 β 是 $f(x)$的一个根，则 β^q 也是 $f(x)$的一个根。若 $f(x)$为 GF(q)上的既约多项式，则它的所有根为 $\beta, \beta^q, \cdots, \beta^{q^{m-1}}$，即它是 m 次既约多项式，且既约多项式的所有根的阶相同。通常称 $\beta, \beta^q, \cdots, \beta^{q^{m-1}}$ 为多项式 $f(x)$的共轭根组。

$GF(p^m)$中的元素有多种表示方法，其中最常用的为多项式、n重系数、生成元之幂。

3.3.2 有限域上的线性代数

一般实域、复域上的研究可推出$GF(q=p^m)$上的研究。

1. 矢量空间

域F上的矢量集合：$V=\{\boldsymbol{v}|\boldsymbol{v}=(v_0, \cdots, v_{N-1}), v_0, \cdots, v_{N-1}\in F\}$。

＋：矢量加法。对$\boldsymbol{u}, \boldsymbol{v}\in V$，$\boldsymbol{u}=(u_0, \cdots, u_{N-1})$，$\boldsymbol{v}=(v_0, \cdots, v_{N-1})$，有：

$$\boldsymbol{u}+\boldsymbol{v}=(u_0+v_0, \cdots, u_{N-1}+v_{N-1}) \tag{3.3.17}$$

·：标乘(Scalar)。对$\alpha\in F$，$\boldsymbol{v}\in V$，有：

$$\alpha\cdot\boldsymbol{v}=(\alpha\cdot v_0, \cdots, \alpha\cdot v_{N-1}) \tag{3.3.18}$$

定义 3.3.20　满足下述条件的$\langle V, +, \cdot\rangle$称为矢量空间：

(1) V在＋下为可换群；

(2) $\forall \boldsymbol{v}\in V$，$\forall \alpha\in F$，$\alpha\boldsymbol{v}\in V$；

(3) 分配律：

$$\alpha(\boldsymbol{v}+\boldsymbol{w})=\alpha\boldsymbol{v}+\alpha\boldsymbol{w} \quad (\alpha\in F, \boldsymbol{v}, \boldsymbol{w}\in V) \tag{3.3.19}$$

$$(\alpha+\beta)\boldsymbol{v}=\alpha\boldsymbol{v}+\beta\boldsymbol{v} \quad (\alpha, \beta\in F, \boldsymbol{v}\in V) \tag{3.3.20}$$

(4) 结合律：$(\alpha\beta)\boldsymbol{v}=\alpha(\beta\boldsymbol{v})$；

(5) 单位元：对$\forall \boldsymbol{v}\in V$，$1\cdot\boldsymbol{v}=V$。

定义 3.3.21　$\langle V, +, \cdot\rangle$中的一个子集对$V$中的运算满足封闭性，即若$\forall \boldsymbol{u}, \boldsymbol{v}\in H$有$\boldsymbol{u}+\boldsymbol{v}\in H$和$\forall \alpha\in F$有$\alpha\boldsymbol{v}\in H$，则称$H$为$V$的一个子空间。

2. 线性代数

在矢量空间$\langle V, +, \cdot\rangle$中可以定义内积运算：

$$\boldsymbol{u}*\boldsymbol{v}=u_0v_0+\cdots+u_{N-1}v_{N-1} \quad (\boldsymbol{u}, \boldsymbol{v}\in V) \tag{3.3.21}$$

内积运算具有下述性质：

(1) 对称性：

$$\boldsymbol{u}*\boldsymbol{v}=\boldsymbol{v}*\boldsymbol{u} \tag{3.3.22}$$

(2) 双线性：

$$(\alpha\boldsymbol{u}+\beta\boldsymbol{v})*\boldsymbol{w}=\alpha(\boldsymbol{u}*\boldsymbol{w})+\beta(\boldsymbol{v}*\boldsymbol{w}) \tag{3.3.23}$$

(3) 若对所有$\boldsymbol{v}\in V$，有$\boldsymbol{u}*\boldsymbol{v}=0$，则$\boldsymbol{u}=0$。

定义 3.3.22　若$\boldsymbol{u}, \boldsymbol{v}\in V$，有$\boldsymbol{u}*\boldsymbol{v}=0$，则称$\boldsymbol{u}$和$\boldsymbol{v}$彼此正交。

定义 3.3.23　若两个子空间$C, C^\perp\in V$，有$\forall \boldsymbol{c}\in C$，$\forall \boldsymbol{v}\in C^\perp$，$\boldsymbol{c}*\boldsymbol{v}=0$，则称$C^\perp$为$C$的正交空间(零化空间)。

显然，C也为$C^\perp$的正交空间。对于线性空间，有：$(S^\perp)^\perp=S$，$(S+T)^\perp=S^\perp\cap T^\perp$，$(S\cap T)^\perp=S^\perp+T^\perp$。

定义 3.3.24　若$\langle A, +, *\rangle$满足下述条件，则称其为一线性结合代数：

(1) A为域F上的矢量空间；

(2) 对结合运算"＊"封闭("＊"可为内积)；

(3) 对＊的结合律成立，即$\forall \boldsymbol{u}, \boldsymbol{v}, \boldsymbol{w}\in A$，有$(\boldsymbol{u}*\boldsymbol{v})*\boldsymbol{w}=\boldsymbol{u}*(\boldsymbol{v}*\boldsymbol{w})$；

(4) 双线性律：对 $\forall c, d \in F$，$\boldsymbol{u}, \boldsymbol{v}, \boldsymbol{w} \in A$，有

$$\boldsymbol{u} * (c\boldsymbol{v} + d\boldsymbol{w}) = c\boldsymbol{u} * \boldsymbol{v} + d\boldsymbol{u} * \boldsymbol{w} \tag{3.3.24}$$

$$(c\boldsymbol{v} + d\boldsymbol{w}) * \boldsymbol{u} = c\boldsymbol{v} * \boldsymbol{u} + d\boldsymbol{w} * \boldsymbol{u} \tag{3.3.25}$$

3. 矩阵

给定 GF(p)上可以定义一个 $L \times N$ 的矩阵 $\boldsymbol{G}$：

$$\boldsymbol{G} = \begin{bmatrix} g_{00} & g_{01} & g_{02} & \cdots & g_{0,N-1} \\ g_{10} & g_{11} & g_{12} & \cdots & g_{1,N-1} \\ \vdots & \vdots & \vdots & & \vdots \\ g_{L-1,0} & g_{L-1,1} & g_{L-1,2} & \cdots & g_{L-1,N-1} \end{bmatrix} = \begin{bmatrix} \underline{g}_0 \\ \underline{g}_1 \\ \vdots \\ \underline{g}_{L-1} \end{bmatrix} \tag{3.3.26}$$

式中，$L < N$；$g_{ij} \in \mathrm{GF}(p)$；$i = 1, \cdots, L-1$；$j = 1, \cdots, N-1$。

类似于一般域，对有限域上的矩阵也可定义行空间、行秩、列空间、列秩(等于行秩)、非奇异性、初等行变换、梯型典型式、线性方程组的解空间、解空间的维数等概念。

若 $g_0, \cdots, g_{L-1}$ 是独立矢量组，则 $\boldsymbol{G}$ 的行空间为 L 维。以 $\boldsymbol{G}$ 为系数矩阵的齐次线性方程组的解空间必为 $N-L$ 维子空间，其基底为 $N-L$ 个独立矢量。此 $N-L$ 个独立矢量构成域 F 上的 $(N-L) \times N$ 的矩阵：

$$\boldsymbol{H} = \begin{bmatrix} h_{00} & h_{01} & \cdots & h_{0,N-1} \\ h_{10} & h_{11} & \cdots & h_{1,N-1} \\ \vdots & \vdots & & \vdots \\ h_{N-L-1,0} & h_{N-L-1,1} & \cdots & h_{N-L-1,N-1} \end{bmatrix} = \begin{bmatrix} \underline{h}_0 \\ \underline{h}_1 \\ \vdots \\ \underline{h}_{N-L-1} \end{bmatrix} \tag{3.3.27}$$

由解空间的定义可知，$\boldsymbol{g}_i \boldsymbol{h}_j = 0$ $(i = 0, 1, \cdots, L-1;\ j = 0, 1, \cdots, N-L-1)$，则有：

$$\boldsymbol{GH}^{\mathrm{T}} = \boldsymbol{HG}^{\mathrm{T}} = \boldsymbol{0} \qquad (L \times (N-L) \text{ 的零阵}) \tag{3.3.28}$$

在 N 维矢量空间 V 中，有：

$$\begin{array}{ccc} \boldsymbol{G}(L \times N \text{ 的矩阵}) & \overset{\text{正交}}{\Leftrightarrow} & \boldsymbol{H}((N-L) \times N \text{ 的矩阵}) \\ \text{生成} \Downarrow & & \Downarrow \text{生成} \\ L \text{ 维子空间 } C & \overset{\text{对偶}}{\Leftrightarrow} & N-L \text{ 维子空间 } C^{\perp} \end{array}$$

3.4　指数运算和对数运算

3.4.1　快速指数运算

快速指数算法是 RSA(单一指数)、DSS 和 Schnorr(两个指数)、ElGamal(三个指数)签字等多种体制实用化的关键问题。本节介绍一种二元算法。

令 $\beta = \alpha^x$，$0 \leqslant x < m$，x 的二元表示为

$$x = a_0 + a_1 2 + \cdots + a_{r-1} 2^{r-1} \qquad (r = \lceil \mathrm{lb} m \rceil) \tag{3.4.1}$$

则有：

$$\alpha^x = \alpha^{a_0 + a_1 2 + \cdots + a_{r-1} 2^{r-1}} = \alpha^{a_0} \cdot (\alpha^2)^{a_1} \cdots (\alpha^{2^{r-1}})^{a_{r-1}} \tag{3.4.2}$$

而

$$(\alpha^{2^i})^{a_i} = \begin{cases} 1 & (a_i = 0) \\ \alpha^{2^i} & (a_i = 1) \end{cases} \tag{3.4.3}$$

可作预计算：

$$\left.\begin{aligned} \alpha^2 &= \alpha \cdot \alpha \\ \alpha^4 &= \alpha^2 \cdot \alpha^2 \\ &\vdots \\ \alpha^{2^{r-1}} &= \alpha^{2^{r-2}} \alpha^{2^{r-2}} \end{aligned}\right\} r-1 \text{ 次乘法} \tag{3.4.4}$$

对于给定的 x，先将 x 以二进制数字表示，而后根据 $a_i=1$ 取出相应的 α^{2^i} 与其他项相乘，这最多需要 $r-1$ 次乘法运算。

3.4.2 离散对数计算

许多公钥体制都是基于有限域上的离散对数问题而提出的。Wells 曾在 1984 年证明，对 $y \in [1, q-1]$，其对数为

$$\log_\alpha y \equiv \sum_{j=1}^{q-2} (1-\alpha j)^{-1} y^j \bmod q \tag{3.4.5}$$

式中，α 是 GF(q)的本原根。但直接应用式(3.4.5)所需的计算时间会按指数增长。

1. Pohlig - Hellman 和 Silver 算法

令 p 为素数，本原 $\alpha \in \mathrm{GF}(p)$，$\alpha \neq 0$，计算 $\alpha^x = y \bmod q$，有：

$$p-1 = \prod_{i=1}^{n} p_i \qquad (p_i \text{ 为素数}) \tag{3.4.6}$$

由孙子定理可求任意整数 N 的表示矢量为

$$N = [b_1(\bmod p_1), \cdots, b_n(\bmod p_n)] \tag{3.4.7}$$

已知$[b_1, b_2, \cdots, b_n]$，可求得：

$$y_i = y^{(N-1)/p_i} = (\alpha^x)^{(N-1)/p_i} = [\alpha^{(N-1)/p_i}]^x = [\alpha^{(N-1)/p_i}]^{b_i} \tag{3.4.8}$$

$$h_i = \alpha^{(N-1)/p_i} \bmod p \tag{3.4.9}$$

则 y_i 是下述元素之一：

$$h_i^0 = 1, h_i^1, h_i^2, \cdots, h_i^{p_i-1}$$

换言之，我们需要求得 b_i，使

$$y_i = h_i^{b_i} \qquad (0 \leqslant b_i \leqslant p_i - 1) \tag{3.4.10}$$

这样我们可用 Shanks 提出的 baby step - giant step 技巧，这需要进行 $O(p_i^2 \log p_i)$次初等运算。

2. $q-1$ 分解为一素数幂次的步骤

这一分解运算比较困难，可按下述步骤进行。令 $q-1=p_i^n$。

(1) 求得：

$$h = \alpha^{(q-1)/p} \bmod q \tag{3.4.11}$$

计算 $h_i^0=1, h_i^1, h_i^2, \cdots, h_i^{p_i-1}$。

（2）求得：

$$y_0 = y\alpha^{(q-1)/p} \bmod q \tag{3.4.12}$$

由此找出：

$$y^{b_0} = y_0 \Rightarrow b_0$$

（3）求得：

$$y_1 = y\alpha^{(q-1)/p^2} \bmod q \tag{3.4.13}$$

由此找出：

$$h^{b_1} = y_1 \Rightarrow b_1$$

（4）一般有：

$$y_{i+1} = [y\alpha^{-b_0}\alpha^{-b_1 p}\cdots\alpha^{-b_i p^i}]^{(q-1)/p^{i+2}} \bmod q \Rightarrow b_{i+1} \quad (i = 1, \cdots, n-2) \tag{3.4.14}$$

（5）最后得到：

$$x = \sum_{i=0}^{n-1} b_i 2^i \tag{3.4.15}$$

第4章　分组密码算法

分组算法是信息安全工程中最基本的安全单元。本章将首先讲述分组密码算法的基本概念，并介绍一些典型的分组算法，其中包括应用最广泛的著名算法DES、国际标准IEEE 802.11(i)中使用的RC4算法和AES算法、欧洲加密算法IDEA、中国无线局域网国家标准密码算法SMS4等；然后介绍现有的对分组算法的应用模式，指出现有应用模式的缺陷，并提供两种非常实用的、安全性高的应用模式。

4.1　基本概念

分组密码是将明文消息编码表示后的数字序列 x_1，x_2，…，x_i，…，划分成长为 m 的组 $x=(x_0, x_1, \cdots, x_{m-1})$，各组分别在密钥 $k=(k_0, k_1, \cdots, k_{t-1})$控制下变换成等长的输出数字序列 $y=(y_0, y_1, \cdots, y_{n-1})$，其加密函数 E：$U_n \times K \rightarrow V_n$，$U_m$ 是 m 维矢量空间，U_n 是 n 维矢量空间，K 为密钥空间，如图 4.1.1 所示。

分组算法与流密码的不同之处在于：输出的每一位数字不是只与相应时刻输入的明文数字有关，而是与一组长为 m 的明文数字有关。在相同密钥下，分组密码对长为 m 的输入明文组所实施的变换是等同的，所以只需研究对任一组明文数字的变换规则。这种密码实质上是字长为 m 的数字序列的代换密码。

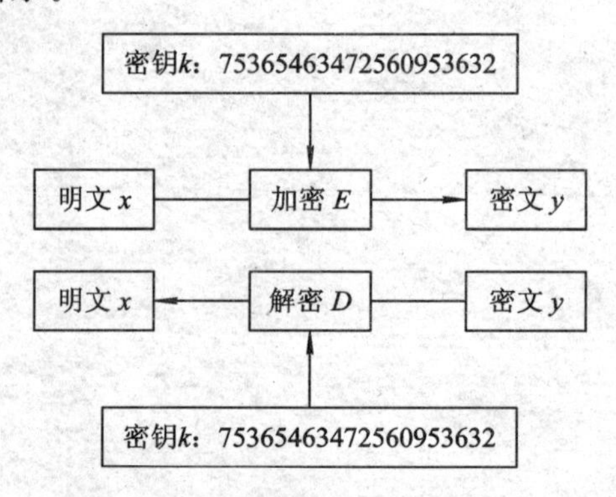

图 4.1.1　分组密码加、解密框图

参数 m 和 n 的取值有以下三种情况：

(1) 通常取 $n=m$，这种情况下称之为等长加密。

(2) 当 $n>m$ 时，为有数据扩展的分组密码，称之为扩展加密。

(3) 当 $n<m$ 时，为有数据压缩的分组密码，称之为压缩加密。这种情况下不能由密文恢复明文，主要用于数据完整性校验等，功能上等同于第7章中的杂凑函数。

密码学安全的分组算法应满足下述要求：

(1) 分组长度 n 要足够大，从而使分组代换字母表中的元素个数 2^n 足够大，以防止明文穷举攻击奏效。

(2) 密钥量要足够大，尽可能消除弱密钥并使所有密钥同样好，以防止密钥穷举攻击奏效。但密钥又不能过长，以利于密钥的管理。从目前的实际情况来看，128 bit 的密钥长度是足够安全的，且 128 bit 也常被认为是当前安全密钥的底限长度。

(3) 由密钥确定置换的算法要足够复杂，充分实现明文与密钥的扩散和混淆，没有简单的关系可循，要能抗击各种已知的攻击，如差分攻击和线性攻击等，使对手破译时除了用穷举法外，无其他捷径可循。

(4) 加密和解密运算简单，易于用软件和硬件高速实现。为了便于硬件实现，加密和解密过程之间的差别应仅在于由秘密密钥所生成的密钥表不同。这样，加密和解密就可用同一器件实现。设计的算法采用规则的模块结构，如多轮迭代等，以便于软件和 VLSI 快速实现。

(5) 数据扩展。一般无数据扩展，在采用同态置换和随机化加密技术时可引入数据扩展。

(6) 差错传播尽可能小。

4.2 DES 算法

本节介绍美国数据加密标准(DES，Data Encryption Standard)。DES 作为 ISO 和 ANSI 的数据加密标准已经有 30 多年的历史了，是迄今为止应用最广泛的分组算法，其主要的设计思想也被后来的分组算法所采纳。DES 使用 56 位密钥将 64 位的明文转换为 64 位的密文，密钥长度为 64 位，其中有 8 位是奇偶校验位。在 DES 算法中，只使用了标准的算术和逻辑运算，其加密和解密速度很快，并且易于实现硬件化和芯片化。

4.2.1 历史背景

随着计算机通信网的形成与发展，人们要求信息作业标准化。只有标准化，才能真正推动网络的发展和应用普及，便于训练、生产和降低成本。安全保密亦不例外，只有标准化，才能真正实现网络和信息的安全。

美国国家标准局(NBS)在 1973 年 5 月 15 日的联邦记录中公布了征求传输和存储数据系统中保护计算机数据的密码算法的建议，并要求 NSA(National Security Agency，美国国家安全局)协助评估加密算法的安全性。此建议公布后，虽然公众反响表示支持这种标准化做法，但未征得可以公开使用的技术。1974 年 8 月 27 日 NBS 再次提出公告以征求建议，并进一步阐述了这一需求的迫切性，对建议方案提出了如下要求：

(1) 算法必须完全确定，而无含糊之处。

(2) 算法必须有足够高的保护水准，即可以检测到威胁，恢复密钥所必须的运算时间或运算次数足够大。

(3) 安全性必须只依赖于密钥的保密。

(4) 对任何用户或产品供应者必须是不加区分的。

IBM 公司从 20 世纪 60 年代末即投入了相当大的研究开发力量，成立了以 Tuchman 博士为领导、包括 A Konkeim、E Grossman、N Coppersmith 和 L Smith 等的研究新密码体制的小组。H Fistel 进行算法设计，在 1971 年完成的 Lucifer 密码 (64 bit 分组，代换-置换，128 bit 密钥)的基础上，将其改进为建议的 DES 体制。NSA 组织有关专家对 IBM 的算法进行了鉴定，从而成为 DES 的基础。

1975 年 3 月 17 日 NBS 公布了 DES 算法，并说明要以它作为联邦信息处理标准，就此征求各方意见。1977 年 1 月 15 日 DES 算法被批准为联邦标准，并设计推出 DES 芯片。

DES开始在银行、金融界被广泛应用。1981年美国ANSI将其作为标准，称为DEA。1983年国际标准化组织(ISO)将它作为标准，称做DEA－1。

1984年9月，美国总统签署第145号国家安全决策令(NSDD)，命令NSA着手发展新的加密标准，以用于政府系统非机密数据和私人企事业单位。NSA宣布每隔5年重新审议DES是否继续作为联邦标准，1994年1月宣布要延续到1998年，1998年就没有再批准DES为联邦标准，取而代之的是本书4.4节将要介绍的AES算法。

DES是迄今为止得到最广泛应用的一种算法，也是一种最有代表性的分组加密体制。因此，详细地研究这一算法的基本原理、设计思想、安全性分析以及实际应用中的有关问题，对于掌握分组密码理论和当前的实际应用都是很有意义的。

4.2.2 算法描述

在介绍DES算法之前，我们简单地介绍一下Feistel加密结构。很多分组密码算法从本质上都是基于Feistel网络结构设计的。

图4.2.1所示为Feistel网络示意图。

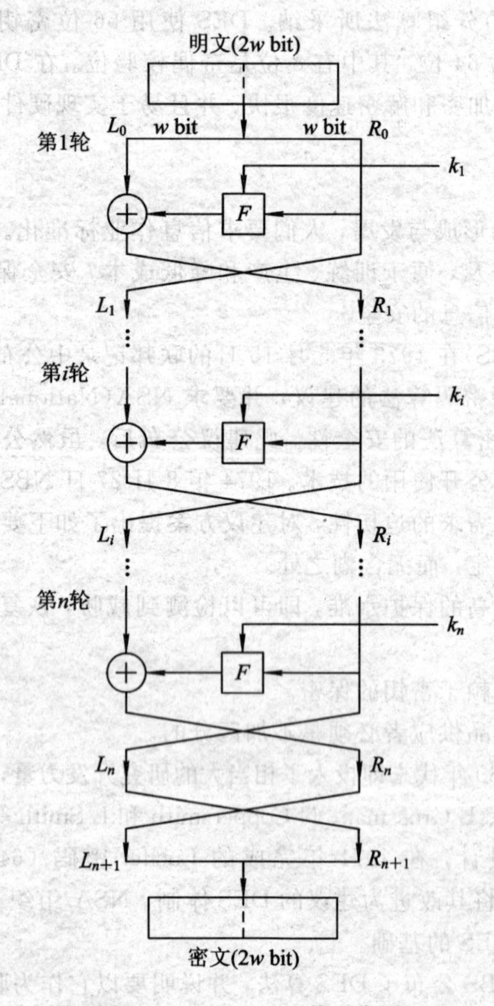

图4.2.1 Feistel网络示意图

加密算法的输入是分组长为 $2w$ 的明文和一个密钥 k，输出是一个长为 $2w$ 的密文。

Feistel 的结构定义如图 4.2.2 所示，其中，k_i 是第 i 轮用的密钥。

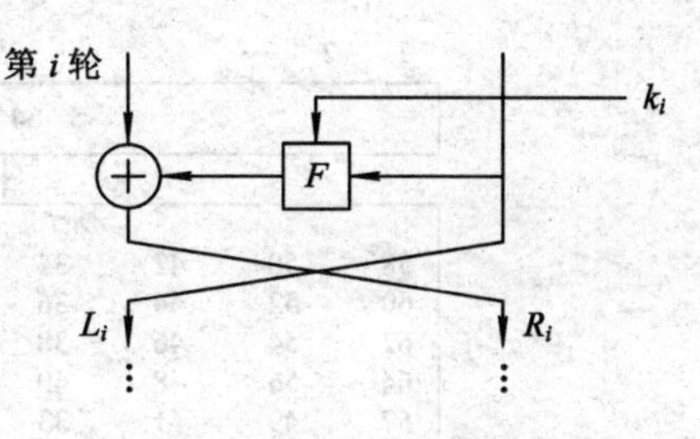

图 4.2.2　Feistel 的结构定义

图 4.2.2 中，加密：

$$L_i = R_{i-1}$$

$$R_i = L_{i-1} \oplus F(R_{i-1}, k_i)$$

解密：

$$R_{i-1} = L_i$$

$$L_{i-1} = R_i \oplus F(R_{i-1}, k_i) = R_i \oplus F(L_i, k_i)$$

在给出 Feistel 的网络定义后，下面介绍 DES 算法。

DES 是一种对二元数据进行加密的算法，数据分组长度为 64 bit(8 Byte)，密文分组长度也是 64 bit，没有数据扩展，密钥长度为 64 bit，其中有 8 bit 奇偶校验，有效密钥长度为 56 bit。DES 的整个体制是公开的，系统的安全性全靠密钥保密。DES 算法的构成框图如图 4.2.3 所示。

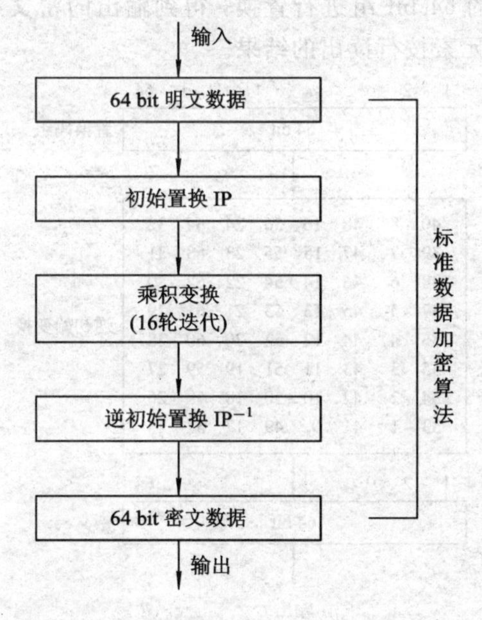

图 4.2.3　DES 算法的构成框图

算法主要包括：初始置换 IP、16 轮迭代的乘积变换、逆初始置换 IP^{-1} 以及 16 个子密钥产生器。下面分别予以介绍。

1. 初始置换 IP

初始置换将 64 bit 明文的位置进行交换，得到一个乱序的 64 bit 明文组，而后分成两段，每段为 32 bit，分别以 L_0 和 R_0 表示，如图 4.2.4 所示。由图 4.2.4 可知，IP 中各列元素的位置号数相差 8，实质上，其排列方法为：先将 64 bit 按行排列为 8×8 的矩阵，选择其中第 2、4、6、8、1、3、5、7 列重新排成 8×8 矩阵，再将该矩阵顺时针旋转 90°即得初始置换 IP，相当于将原明文的各字节按列读出以构成置换输出。

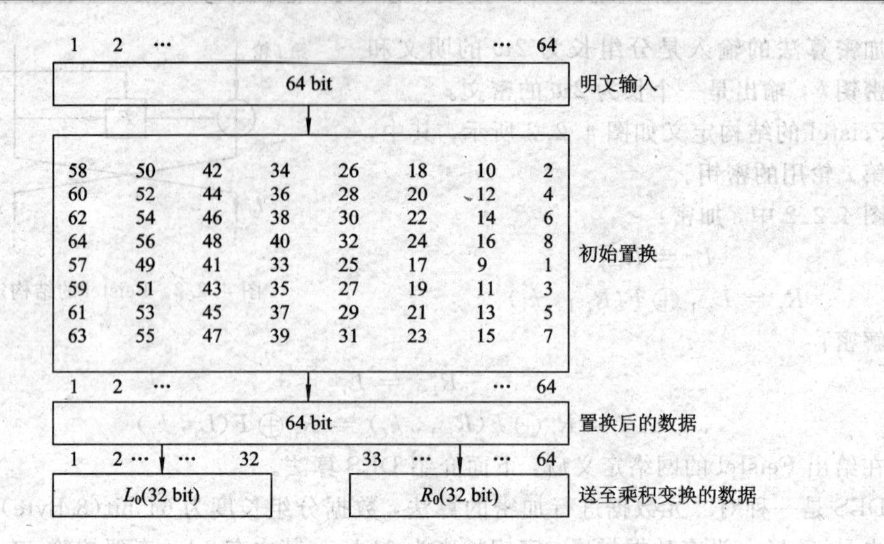

图 4.2.4 初始置换 IP

2. 逆初始置换 IP^{-1}

将 16 轮迭代后给出的 64 bit 组进行置换，得到输出的密文组，如图 4.2.5 所示。图 4.2.5 中，输出为矩阵中元素按行读出的结果。

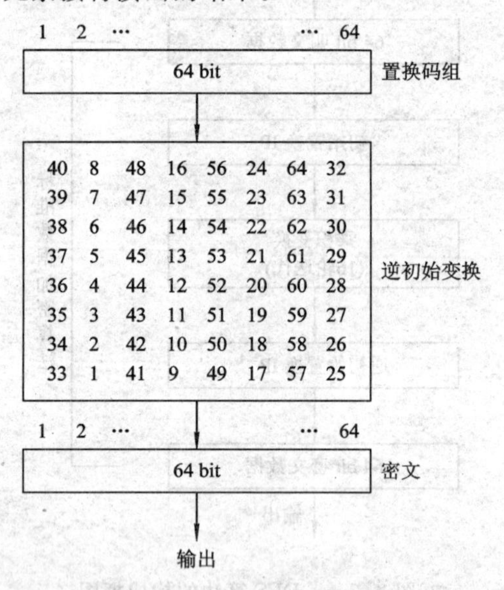

图 4.2.5 逆初始变换 IP^{-1}

3. 乘积变换

图 4.2.6 给出了乘积变换的框图，它是 DES 算法的核心部分，将经过 IP 置换后的数据分成 32 bit 的左、右两组，在迭代过程中彼此交换位置。每次迭代时只对右边的 32 bit 进行一系列的加密变换，在此轮迭代即将结束时，把左边的 32 bit 与右边得到的 32 bit 逐位模 2 相加，作为下一轮迭代时右边的段，并将原来右边未经变换的段直接送到左边的寄存器中作为下一轮迭代时左边的段。在每一轮迭代时，右边的段要经过选择扩展运算 E、密钥加密运算、选择压缩运算 S、置换运算 P。

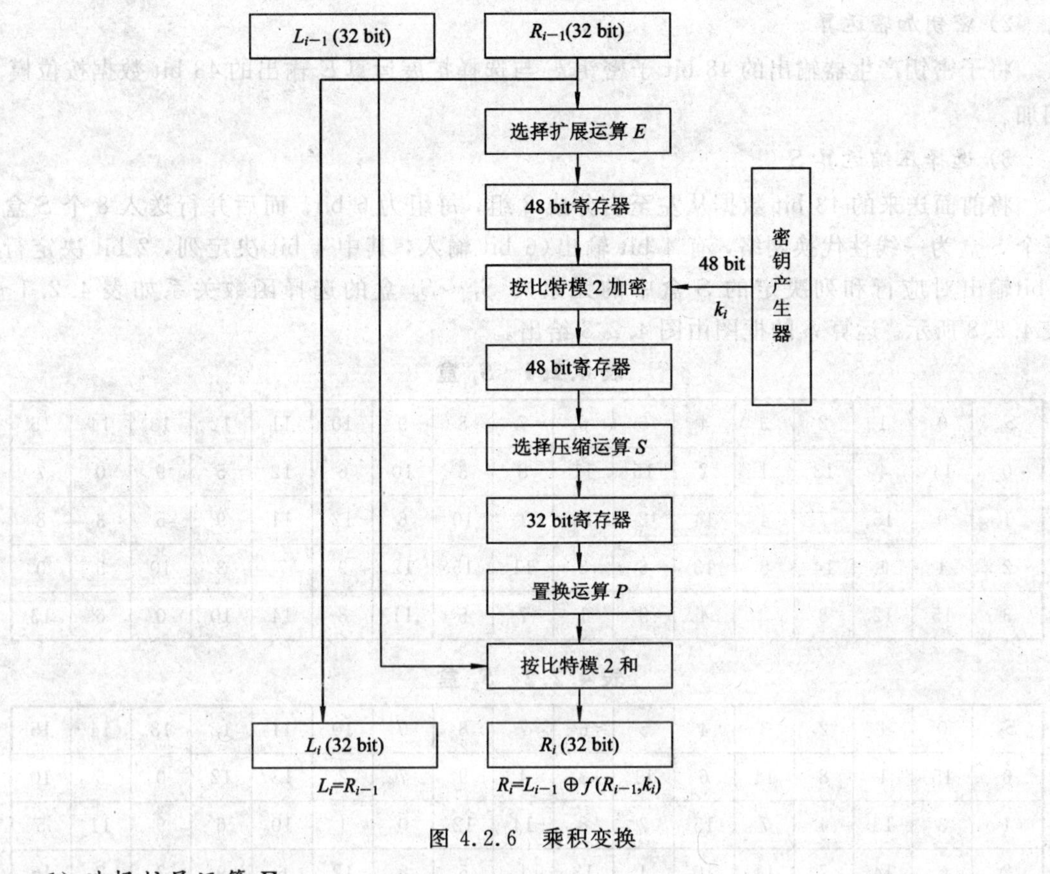

图 4.2.6　乘积变换

1）选择扩展运算 E

将输入的 32 bit R_{i-1} 扩展成 48 bit 的输出，其变换表在图 4.2.7 中给出。令 s 表示 E 原输入数据比特的原下标，则 E 的输出是将原下标 $s\equiv 0$ 或 1(mod4)的各比特重复一次得到的，即对原第 32、1、4、5、8、9、12、13、16、17、20、21、24、25、28、29 各位都重复一次，亦即第一列和最后一列重复，实现数据扩展。将表中数据按行读出，则得到 48 bit 输出。

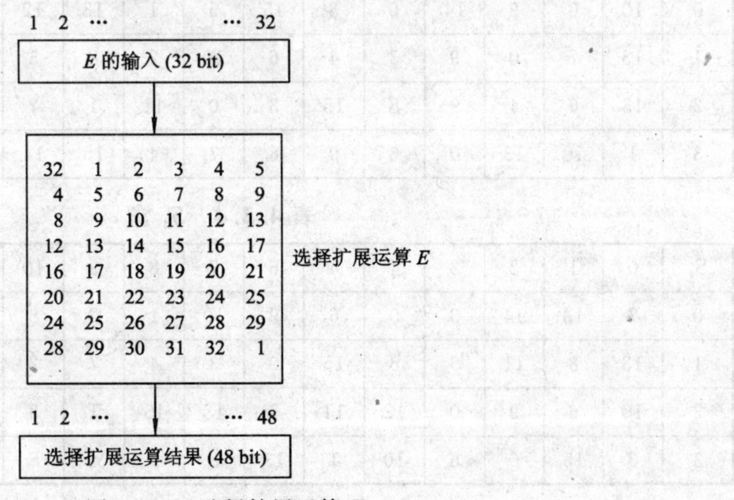

图 4.2.7　选择扩展运算 E

2）密钥加密运算

将子密钥产生器输出的 48 bit 子密钥 k_i 与选择扩展运算 E 输出的 48 bit 数据按位模 2 相加。

3）选择压缩运算 S

将前面送来的 48 bit 数据从左至右分成 8 组，每组为 6 bit。而后并行送入 8 个 S 盒，每个 S 盒为一线性代换网络，有 4 bit 输出(6 bit 输入，其中 4 bit 决定列，2 bit 决定行；4 bit输出对应行和列决定的 S 盒中的元素)。$S_1 \sim S_8$ 盒的选择函数关系如表 4.2.1～表 4.2.8 所示。运算 S 的框图由图 4.2.8 给出。

表 4.2.1　S_1 盒

S_1	0	1	2	3	4	5	6	7	8	9	10	11	12	13	14	15
0	14	4	13	1	2	15	11	8	3	10	6	12	5	9	0	7
1	0	15	7	4	14	2	13	1	10	6	12	11	9	5	3	8
2	4	1	14	8	13	6	2	11	15	12	9	7	3	10	5	0
3	15	12	8	2	4	9	1	7	5	11	3	14	10	0	6	13

表 4.2.2　S_2 盒

S_2	0	1	2	3	4	5	6	7	8	9	10	11	12	13	14	15
0	15	1	8	14	6	11	3	4	9	7	2	13	12	0	5	10
1	3	13	4	7	15	2	8	14	12	0	1	10	6	9	11	5
2	0	14	7	11	10	4	13	1	5	8	12	6	9	3	2	15
3	13	8	10	1	3	15	4	2	11	6	7	12	0	5	14	9

表 4.2.3　S_3 盒

S_3	0	1	2	3	4	5	6	7	8	9	10	11	12	13	14	15
0	10	0	9	14	6	3	15	5	1	13	12	7	11	4	2	8
1	13	7	0	9	3	4	6	10	2	8	5	14	12	11	15	1
2	13	6	4	9	8	15	3	0	11	1	2	12	5	10	14	7
3	1	10	13	0	6	9	8	7	4	15	14	3	11	5	2	12

表 4.2.4　S_4 盒

S_4	0	1	2	3	4	5	6	7	8	9	10	11	12	13	14	15
0	7	13	14	3	0	6	9	10	1	2	8	5	11	12	4	15
1	13	8	11	5	6	15	0	3	4	7	2	12	1	10	14	9
2	10	6	9	0	12	11	7	13	15	1	3	14	5	2	8	4
3	3	15	0	6	10	1	13	8	9	4	5	11	12	7	2	14

表 4.2.5　S_5 盒

S_5	0	1	2	3	4	5	6	7	8	9	10	11	12	13	14	15
0	2	12	4	1	7	10	11	6	8	5	3	15	13	0	14	9
1	14	11	2	12	4	7	13	1	5	0	15	10	3	9	8	6
2	4	2	1	11	10	13	7	8	15	9	12	5	6	3	0	14
3	11	8	12	7	1	14	2	13	6	15	0	9	10	4	5	3

表 4.2.6　S_6 盒

S_6	0	1	2	3	4	5	6	7	8	9	10	11	12	13	14	15
0	12	1	10	15	9	2	6	8	0	13	3	4	14	7	5	11
1	10	15	4	2	7	12	9	5	6	1	13	14	0	11	3	8
2	9	14	15	5	2	8	12	3	7	0	4	10	1	13	11	6
3	4	3	2	12	9	5	15	10	11	14	1	7	6	0	8	13

表 4.2.7　S_7 盒

S_7	0	1	2	3	4	5	6	7	8	9	10	11	12	13	14	15
0	4	11	2	14	15	0	8	13	3	12	9	7	5	10	6	1
1	13	0	11	7	4	9	1	10	14	3	5	12	2	15	8	6
2	1	4	11	13	12	3	7	14	10	15	6	8	0	5	9	2
3	6	11	13	8	1	4	10	7	9	5	0	15	14	2	3	12

表 4.2.8　S_8 盒

S_8	0	1	2	3	4	5	6	7	8	9	10	11	12	13	14	15
0	13	2	8	4	6	15	11	1	10	9	3	14	5	0	12	7
1	1	15	13	8	10	3	7	4	12	5	6	11	0	14	9	2
2	7	11	4	1	9	12	14	2	0	6	10	13	15	3	5	8
3	2	1	14	7	4	10	8	13	15	12	9	0	3	5	6	11

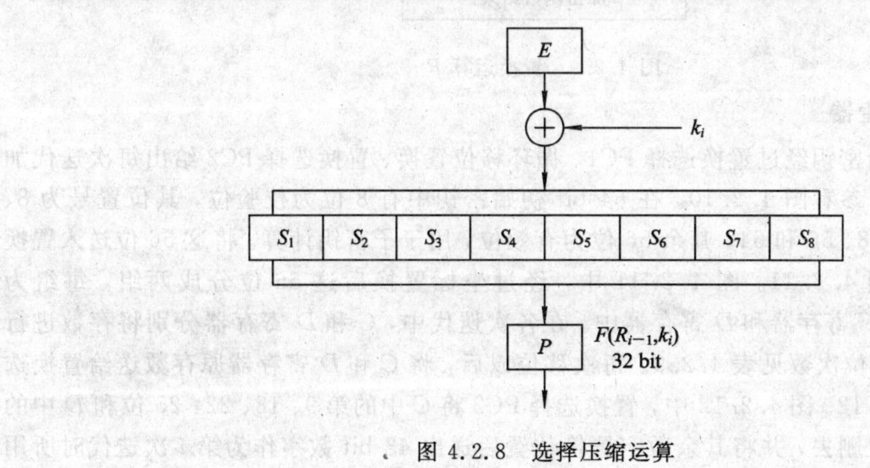

图 4.2.8　选择压缩运算

设一个 S 盒的输入为 6 比特串 $m=(m_1, m_2, m_3, m_4, m_5, m_6)$，输出为 4 比特串 $c=(c_1, c_2, c_3, c_4)$，将比特串 m_1m_6、$m_2m_3m_4m_5$、$c_1c_2c_3c_4$ 都用十进制数来表示，则在表中位于 m_1m_6 行、$m_2m_3m_4m_5$ 列的数就是 S 盒的输出 $c_1c_2c_3c_4$。

例如，对于 S_8，设输入为 100111，则对应第 3 行、第 3 列的 7，即 0111 为输出。

每一个 S 盒的每一行数字都是 0～15 的一个排列。换句话说，每一个 S 盒，当输入值 m_1m_6 固定时，输出值 $c_1c_2c_3c_4$ 都是输入值 $m_2m_3m_4m_5$ 的可逆函数。

DES 所使用的 S 盒已经是现代几乎所有分组密码算法不可缺少的部件。S 盒的作用是获得高非线性度。DES 的 S 盒的设计细节始终没有公布，因此被人们怀疑其存在陷门(即密码设计者为自己预留的破译通道)。这种不透明的设计曾经严重地影响了商用市场。然而，这一缺点却引出了商用分组密码设计的一个准则——“透明性”，即密码的使用者能够确知该密码的安全强度。

4) 置换运算 P

对 S_1～S_8 盒输出的 32 bit 数据进行坐标变换，如图 4.2.9 所示。置换运算 P 起混淆的作用。置换运算 P 输出的 32 bit 数据与左边 32 bit(R_{i-1})按位模 2 相加，将所得到的 32 bit作为下一轮迭代用的右边的数字段，并将 R_{i-1} 并行送到左边的寄存器作为下一轮迭代用的左边的数字段。

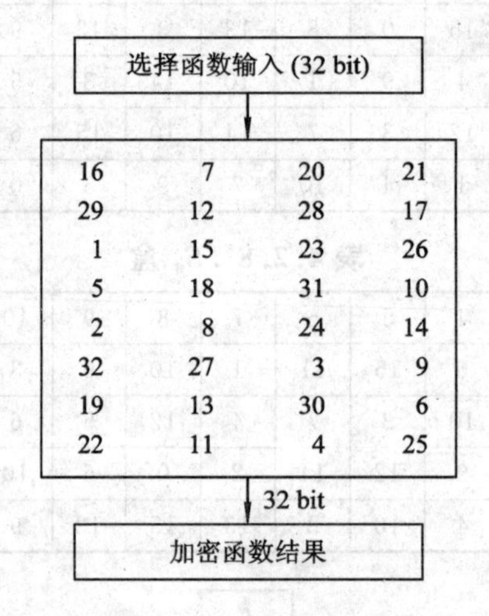

图 4.2.9 置换运算 P

4. 子密钥产生器

将 64 bit 初始密钥经过置换选择 PC1、循环移位置换、置换选择 PC2 给出每次迭代加密用的子密钥 k_i，参看图 4.2.10。在 64 bit 初始密钥中有 8 位为校验位，其位置号为 8、16、24、32、40、48、56 和 64，其余 56 位为有效位，用于子密钥计算。将这 56 位送入置换选择 PC1，参看图 4.2.11。图 4.2.11 中，经过坐标置换后这 56 位分成两组，每组为 28 bit，分别送入 C 寄存器和 D 寄存器中。在各次迭代中，C 和 D 寄存器分别将存数进行循环左移变换，移位次数见表 4.2.9。每次移位以后，将 C 和 D 寄存器原存数送给置换选择 PC2，见图 4.2.12。图 4.2.12 中，置换选择 PC2 将 C 中的第 9、18、22、25 位和 D 中的第 7、9、15、26 位删去，并将其余数字置换位置后送出 48 bit 数字作为第 i 次迭代时所用的子密钥 k_i。

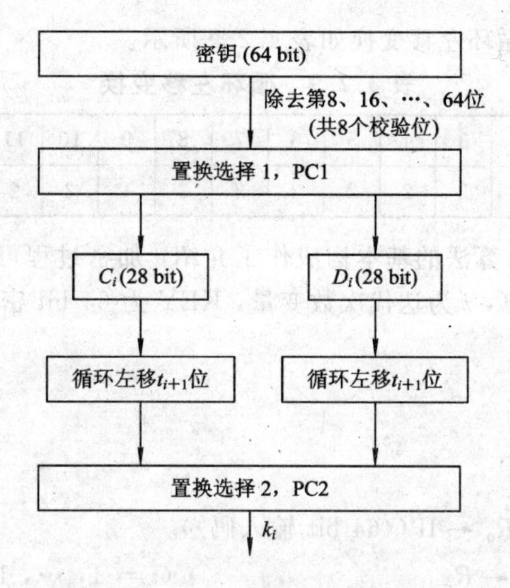

图 4.2.10　子密钥产生器框图

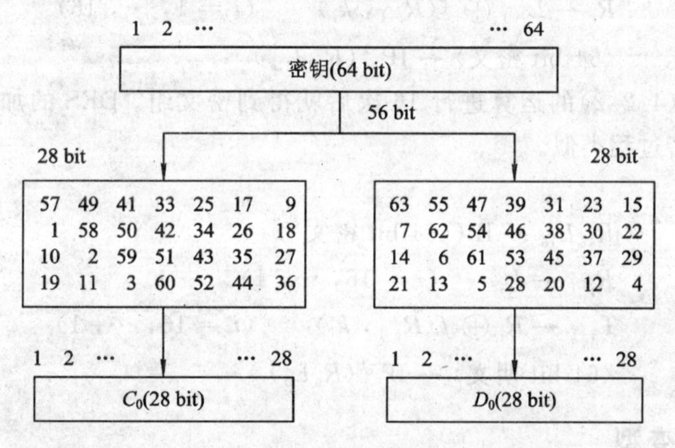

图 4.2.11　置换选择 PC1

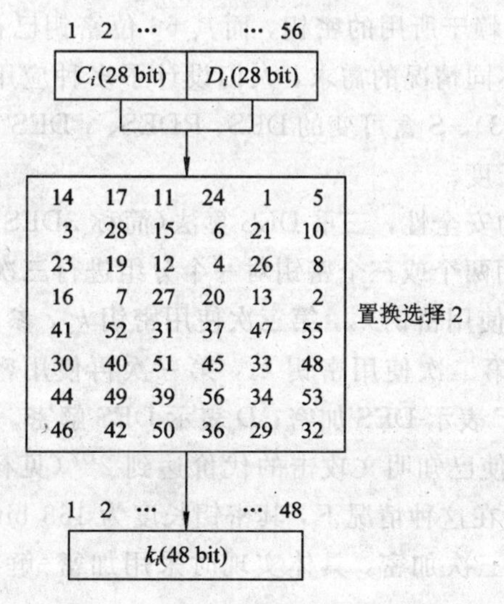

图 4.2.12　置换选择 PC2

图 4.2.10 中所用的循环左移变换如表 4.2.9 所示。

表 4.2.9 循环左移变换

第 i 次迭代	1	2	3	4	5	6	7	8	9	10	11	12	13	14	15	16
循环左移次数	1	1	2	2	2	2	2	2	1	2	2	2	2	2	2	1

至此，我们已对 DES 算法的基本构成作了介绍，加密过程可归结如下：令 IP 表示初始置换，KS 表示密钥运算，i 为迭代次数变量，KEY 为 64 bit 密钥，f 为加密函数，$\oplus$表示逐位模 2 求和。

4.2.3 加解密过程

加密过程：

$$L_0R_0 \leftarrow \text{IP}(\langle 64\text{ bit 输入码}\rangle)$$

$$L_i \leftarrow R_{i-1} \qquad (i=1,\cdots,16) \tag{4.2.1}$$

$$R_i \leftarrow L_{i-1} \oplus f(R_{i-1},k_i) \qquad (i=1,\cdots,16) \tag{4.2.2}$$

$$\langle 64\text{ bit 密文}\rangle \leftarrow \text{IP}^{-1}(R_{16}L_{16})$$

将式(4.2.1)和式(4.2.2)的运算进行 16 次后就得到密文组。DES 的加密运算是可逆的，其解密过程与加密过程类似。

解密过程：

$$R_{16}L_{16} \leftarrow \text{IP}(\langle 64\text{ bit 密文}\rangle)$$

$$R_{i-1} \leftarrow L_i \qquad (i=16,\cdots,1) \tag{4.2.3}$$

$$L_{i-1} \leftarrow R_i \oplus f(R_{i-1},k_i) \qquad (i=16,\cdots,1) \tag{4.2.4}$$

$$\langle 64\text{ bit 明文}\rangle \leftarrow \text{IP}^{-1}(R_0L_0)$$

4.2.4 DES 的变型

DES 的安全性完全依赖于所用的密钥，而其 56 位密钥已被证明是不安全的。为了提高 DES 的安全性和适应不同情况的需求，人们设计了多种应用 DES 的方式，如独立子密钥方式、DESX、CRYPT(3)、S 盒可变的 DES、RDES、s^nDES^i、xDES^i、GDES 等，其主要目的是增加 DES 的密钥长度。

为了提高 DES 算法的安全性，三重 DES 算法(简称 3DES)是经常使用的一种 DES 变型算法。在 3DES 中，使用两个或三个密钥对一个分组进行三次加密。使用三个密钥时，第一次使用密钥 k_1，第二次使用密钥 k_2，第三次使用密钥 k_3，参见图 4.2.13；使用两个密钥时，第一次使用密钥 k_1，第二次使用密钥 k_2，第三次再使用密钥 k_1，参见图 4.2.14。图 4.2.13 和图 4.2.14 中，E 表示 DES 加密；D 表示 DES 解密。

三个密钥的 3DES 可使已知明文攻击的代价达到 2^{112}(见杨波编写的《现代密码学(第二版)》的 3.2 节)。但是，在这种情况下，其密钥长度为 168 bit，显得笨重。一种实用的方法就是采用两个密钥进行三次加密，具体实现时采用加密-解密-加密方式，如图 4.2.14 所示。

两个密钥的 3DES 目前已被密钥管理标准 ANS X.917 和 ISO 8732 采用。

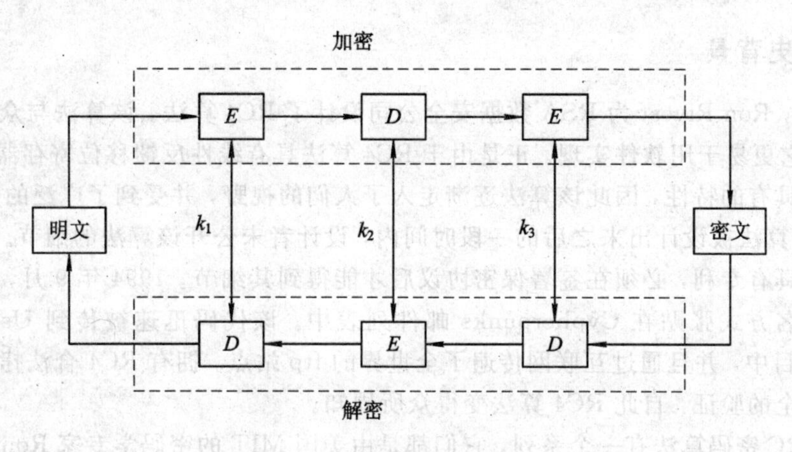

图 4.2.13 三个密钥的 3DES 原理框图

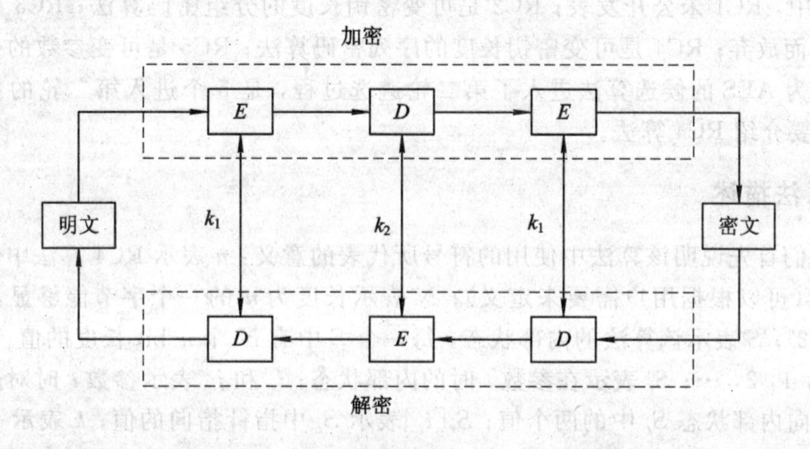

图 4.2.14 两个密钥的 3DES 原理框图

尽管目前国内外已经基本不再简单地使用 DES 了，但 3DES 还是比较好的算法，国内许多安全标准在规定对称加密算法时，基本都将 3DES 作为其中一个选项。这足以说明 3DES 的安全性还是得到了认可的。但是，我们也要清楚地认识到，3DES 的密钥长度是 112 位，而不是 128 位。128 位是目前普遍认可的安全密码算法的最小密钥长度。是否采用 3DES 作为分组算法，需要根据应用环境、业务重要性、安全性要求等因素综合考虑。

4.3 RC4 算法

在早期的标准文本 IEEE 802.11 和增补的文本 IEEE 802.11(i)中，WEP 协议和 TKIP 协议所使用的分组算法就是 RC4 算法。现在的笔记本电脑，如果具有无线上网功能，则基本都嵌入了 WEP 协议，当然也包含 RC4 算法。RC4 算法的应用非常广泛，很多领域的安全模块中都使用了该算法。该算法被应用于 SSL 协议中，以保护互联网传输中的保密性，它还被集成于 Microsoft Windows、Lotus Notes、Apple AOCE、Oracle Secure SQL 等中，其他很多应用领域也使用该算法。另外，该算法还被选为蜂窝数字数据包规范的一部分。

4.3.1 历史背景

1987年，Ron Rivest为RSA数据安全公司设计了RC4算法。该算法与众多流密码的算法不同，它更易于用软件实现。正是由于RC4算法具有线性反馈移位寄存器等其他流密码算法所不具有的特性，因此该算法逐渐走入了人们的视野，并受到了广泛的关注。

在RC4算法被设计出来之后的一段时间内，设计者未公开该算法的细节。在开始的七年中该算法具有专利，必须在签署保密协议后才能得到其细节。1994年9月，有人把它的源代码以匿名方式张贴在Cypherpunks邮件列表中。该代码迅速被传到Usenet新闻组sci.crypt栏目中，并且通过互联网传遍了全世界的ftp站点。拥有RC4合法拷贝的用户对它进行了完全的验证，自此RC4算法变得众所周知。

其实，RC密码算法有一个系列，它们都是由美国MIT的密码学专家Ron Rivest教授设计的。其中，RC1未公开发表；RC2是可变密钥长度的分组密码算法；RC3因在开发过程中被攻破而放弃；RC4是可变密钥长度的序列密码算法；RC5是可变参数的分组密码算法；RC6作为AES的候选算法进入了第二轮遴选过程，是5个进入第二轮的候选算法之一。下面主要介绍RC4算法。

4.3.2 算法描述

下面我们首先说明该算法中使用的符号所代表的意义：n表示RC4算法中使用的一个字节的长度(可以根据用户需要来定义)；N表示长度为n的一个字节能够显示的值的总量，即$N=2^n$；S表示该算法的内部状态，每一个S中有N个n bit长度的值；t表示一个参数，$t=0, 1, 2, \cdots$；S_t表示在参数t时的内部状态；i_t和j_t表示参数t时对应的两个指针，它们指向内部状态S_t中的两个值；$S_t[i_t]$表示S_t中指针指向的值；k表示一个密钥；l是密钥k包含的字节数，即$l=k$的比特数$/n$；Z_t表示每一个t对应的伪随机数生成器的输出值。

RC4算法是参数n决定的一系列算法(实际中使用的是$n=8$的情形)。在每一个S_t中，包含N个n bit字节，$S_t=(S_t[i])_{i=0}^{2^n-1}$，且包含2个$n$ bit字节的指针i_t和j_t。这样，占用内存大小为$M=\mathrm{lb}(2^n!)+2n$，lb是以2为底的对数。选择一个任意长度的密钥，通过密钥方案算法KSA，我们可以得到初始状态S_0，然后该算法有选择地改变这个状态(交换两个值)来产生一个输出值。

RC4算法包含两个部分：伪随机数生成算法PRGA和密钥方案算法KSA。

PRGA首先将两个指针i_t和j_t初始化为0，i_t和j_t作为两个随机变化的指针，然后交换状态S_{t-1}中i_t和j_t指向的值，该过程的输出值为$S_t[i_t]+S_t[j_t]$位置的值。具体过程如下：

初始化：

$$i_0=0$$
$$j_0=0$$

生成过程：

$$i_t=i_{t-1}+1$$
$$j_t=j_{t-1}+S_{t-1}[i_t]$$

$$S_t[i_t]=S_{t-1}[j_t]$$
$$S_t[j_t]=S_{t-1}[i_t]$$
$$Z_t=S_t[S_t[i_t]+S_t[j_t]]$$

KSA 包含 2^n 步操作，每一步操作都与 PRGA 非常相似。该过程将内部状态 S 初始化，并将指针 i_t 和 j_t 位置设为 0。具体过程如下：

初始化：

$$\text{For } i=0, 1, \cdots, 2^n-1$$
$$S_0[i]=i$$
$$j_0=0$$

操作过程：

$$\text{For } i=0, 1, \cdots, 2^n-1$$
$$j_t=j_{t-1}+S_t[i]+K[i \bmod l]$$
$$S_t[i]=S_{t-1}[j_t]$$
$$S_t[j_t]=S_{t-1}[i]$$

该算法中，所有的“+”运算都是模 2^n 的加法，在每次更新中，除了相互交换的两个字之外，其他的都保持不变，输出的 n 比特串的序列 $Z=(Z_t)_{t=1}^{\infty}$。加密时，每个 Z_t 和长度为 n 的明文异或，产生密文。

4.3.3　WEP 协议和 TKIP 协议

RC4 的应用很广，我们这里只介绍影响较大的 WEP 协议和 TKIP 协议，希望能够为读者设计安全协议提供一些参考。

1. WEP 协议

无线局域网的 IEEE 802.11 标准规定了两部分安全机制：一是访问认证机制；二是数据加密机制(WEP 协议，Wired Equivalency Privacy)。它们是无线局域网系统中安全机制的主要形态和基础。

WEP 协议的核心是 WEP 帧的加解密，下面分别予以介绍。

1) WEP 帧的数据加密过程

发送端构造 WEP 帧的加密过程如图 4.3.1 所示。

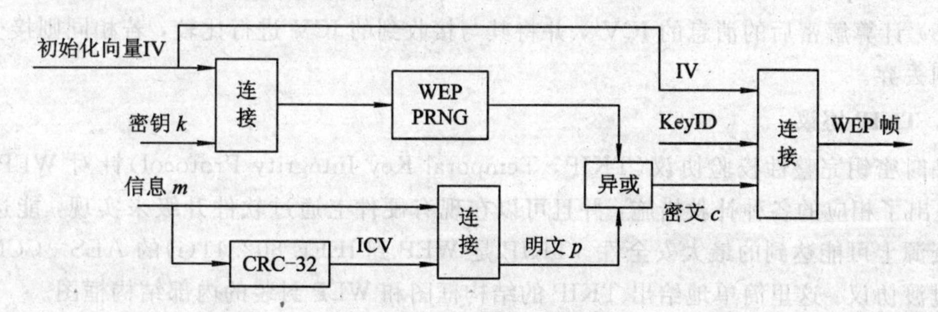

图 4.3.1　WEP 帧的加密过程

WEP 机制用加密密钥与初始化向量 IV 连接产生种子密钥，然后把种子密钥送入伪随机产生器 PRNG 以产生密钥流，密钥流与明文进行异或生成密文。

WEP 帧的加密过程如下：

(1) 消息 m 通过 CRC-32 循环冗余校验生成校验值 ICV，将其记做 $c(m)$，将 m 与 $c(m)$ 连接生成明文 $p=(m, c(m))$。

(2) 选择初始化向量 IV，将其记做 v，将初始化向量与密钥 k 连接作为种子密钥，种子密钥作为 RC4 算法的输入生成伪随机密钥流，记为 RC4(v, k)。

(3) 将明文 p 与伪随机密钥流 RC4(v, k) 进行异或生成密文，记为 $c=p\oplus \text{RC4}(v, k)$。

之后发送端把密文加上初始化向量 IV 和报头形成 WEP 帧并进行传输。WEP 帧格式如图 4.3.2 所示。

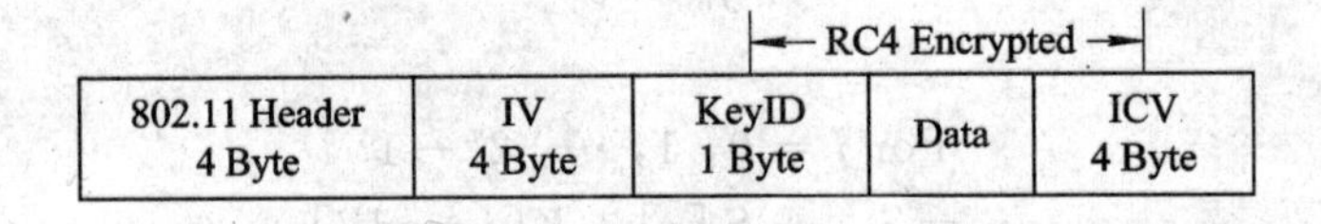

图 4.3.2　WEP 帧格式

2) WEP 帧的数据解密过程

接收端 WEP 帧的解密过程如图 4.3.3 所示。

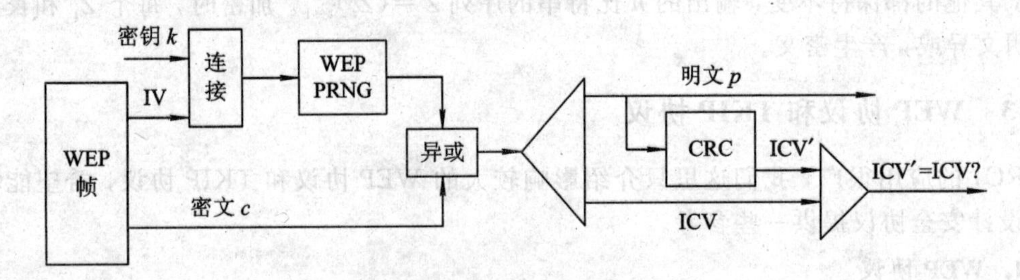

图 4.3.3　WEP 帧的解密过程

解密过程如下：

(1) 把接收到的初始向量 v 和共享密钥 k 连接作为种子密钥，种子密钥作为 RC4 算法的输入生成密钥流 RC4(v, k)。

(2) 将密钥流 RC4(v,k) 与密文进行异或以生成明文：$c\oplus \text{RC4}(v,k)=(p\oplus \text{RC4}(v,k))\oplus \text{RC4}(v, k)=p$。

(3) 计算解密后的消息的 ICV′，并将其与接收到的 ICV 进行比较，若相同则接受，若不同则丢弃。

2. TKIP 协议

临时密钥完整性校验协议(TKIP，Temporal Key Integrity Protocol)针对 WEP 的攻击，提出了相应的各种补救措施，并且可以在现有硬件上通过软件升级来实现，能达到在现存资源上可能达到的最大安全性。TKIP 是 WEP 到 IEEE 802.11(i)的 AES-CCMP 协议的过渡协议。这里简单地给出 TKIP 的结构框图和 WEP 封装的内部结构框图。

1) TKIP 的结构框图

图 4.3.4 所示为 TKIP 的结构框图，它主要由 5 部分组成：阶段一密钥混合、阶段二密钥混合、MIC、分段和 WEP 封装。

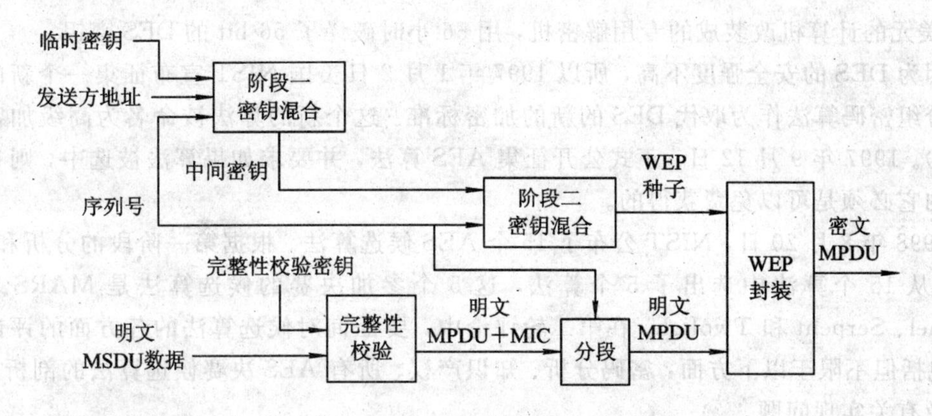

图 4.3.4 TKIP 的结构框图

2) WEP 封装的内部结构框图

WEP 封装的内部结构框图如图 4.3.5 所示。

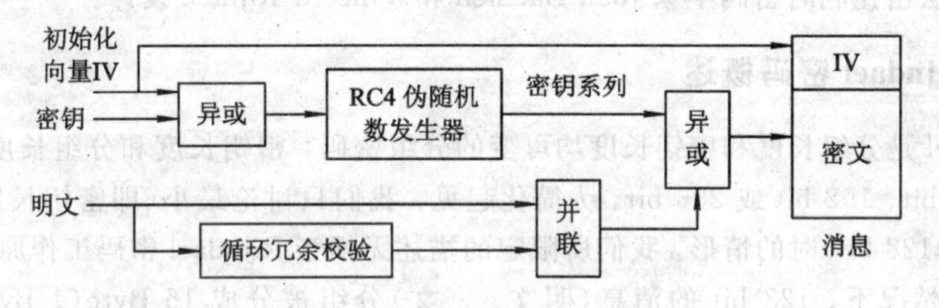

图 4.3.5 WEP 封装的内部结构框图

图 4.3.5 中，密钥部分的输入是阶段二的混合函数产生的种子密钥，初始化向量就是前面提到的 48 bit 的初始化向量，明文就是分段后的 MPDU 单元。该协议的安全性集中取决于 RC4 算法产生的密钥流数据的随机性。虽然 RC4 算法有较多的弱密钥，但是因为种子密钥的随机性，使得基于弱密钥的攻击失效，同时改变了 WEP 中固定 IV 和不变密钥形成种子的模式，从而填补了 WEP 中的漏洞，提高了安全性。

4.4 AES 算法

高级加密标准(AES, Advanced Encryption Standard)又称 Rijndael 加密算法，是美国联邦政府采用的一种分组加密标准。这个标准用来替代原先的 DES，已经过多方分析且广为全世界所使用。经过五年的甄选流程，高级加密标准由美国国家标准与技术协会 NIST 于 2001 年 11 月 26 日发布于 FIPS PUB 197(美国联邦信息处理标准)中，并在 2002 年 5 月 26 日成为有效的标准。自 2006 年起，高级加密标准已然成为对称密钥加密中最流行的算法之一。在 IEEE 802.11(i)标准中，AES 算法被用在 AES-CCMP 协议中。

4.4.1 历史背景

DES 的安全性一直受到质疑，RSA 数据安全公司曾提供 10 000 美元奖金作为悬赏来破译 DES。DESCHALL 小组经过近四个月的努力，通过 Internet 搜索了 3×10^{16} 个密钥，找出了 DES 的密钥，恢复出了明文。1998 年 5 月，美国 EFF 也宣布，他们以一台价值

20 万美元的计算机改装成的专用解密机，用 56 小时破译了 56 bit 的 DES 密钥。

因为 DES 的安全强度不高，所以 1997 年 1 月 2 日美国 NIST 宣布征集一个新的对称密钥分组密码算法作为取代 DES 的新的加密标准。这个新的算法被命名为高级加密标准(AES)。1997 年 9 月 12 日，正式公开征集 AES 算法，并要求如果算法被选中，则在世界范围内它必须是可以免费获得的。

1998 年 8 月 20 日，NIST 公布了 15 个 AES 候选算法。根据第一阶段的分析和评论，NIST 从 15 个算法中选出了 5 个算法，这 5 个参加决赛的候选算法是 MARS、RC6、Rijndael、Serpent 和 Twofish。在第二轮评论中，要征询对候选算法的各方面的评论和分析，包括但不限于以下方面：密码分析、知识产权、所有 AES 决赛候选算法的剖析、综合评价及有关实现问题。

2000 年 5 月 15 日，第二轮公众分析期结束以后，NIST 研究了所有可得到的信息，以便于为 AES 作出选择。2000 年 10 月 2 日，NIST 宣布已经选中了 Rijndael 并建议作为 AES。该算法由比利时密码学家 Joan Daemen 和 Vincent Rijmen 设计。

4.4.2 Rijndael 密码概述

Rijndael 是分组长度和密钥长度均可变的分组密码，密钥长度和分组长度可以独立地指定为 128 bit、192 bit 或 256 bit。为简化起见，我们只讨论最小(即密钥长度为 128 bit，分组长度为 128 bit)时的情形。我们所限定的描述无损于 Rijndael 密码工作原理的一般性。

在这种情况下，128 bit 的消息(明文、密文)分组被分成 16 Byte(1 Byte 是 8 bit)，记为

$$\text{InputBlock} = m_0, m_1, \cdots, m_{15}$$

密钥分组也是这样，即

$$\text{InputKey} = k_0, k_1, \cdots, k_{15}$$

内部数据结构的表示是一个 4×4 矩阵：

$$\text{InputBlock} = \begin{pmatrix} m_0 & m_4 & m_8 & m_{12} \\ m_1 & m_5 & m_9 & m_{13} \\ m_2 & m_6 & m_{10} & m_{14} \\ m_3 & m_7 & m_{11} & m_{15} \end{pmatrix}$$

$$\text{InputKey} = \begin{pmatrix} k_0 & k_4 & k_8 & k_{12} \\ k_1 & k_5 & k_9 & k_{13} \\ k_2 & k_6 & k_{10} & k_{14} \\ k_3 & k_7 & k_{11} & k_{15} \end{pmatrix}$$

同 DES(以及最现代的对称密钥分组密码)一样，Rijndael 算法也是由基本的变换单位——“轮”多次迭代而成的。在消息分组长度和密钥分组均为 128 bit 的最小情况下，轮数是 10。当消息分组长度和密钥长度变大时，轮数也应该相应增加。

Rijndael 中的轮变换记为

$$\text{Round(State, RoundKey)}$$

这里 State 是轮消息矩阵，既被看做输入，也被看做输出；RoundKey 是轮密钥矩阵，它是

由输入密钥通过密钥表导出的。一轮的完成将导致 State 的元素改变(也就是改变它的状态)。对于加密(解密)，输入到第一轮中的 State 就是明文(密文)消息矩阵 InputBlock，而最后一轮中输出的 State 就是密文(明文)消息矩阵 InputKey。

轮(除了最后一轮)变换由四个不同的变换组成，这些变换是后面将要介绍的内部函数，即

```
Round(State, RoundKey) {
    SubBytes(State);
    ShiftRows(State);
    MixColumns(State);
    AddRoundKey(State, RoundKey);
}
```

最后一轮记为

```
FinalRound(State, RoundKey)
```

它等于不使用 MixColumns 函数的 Round(State，RoundKey)，这类似于 DES 中最后一轮的情形，即在输出的两半数据分组之间再做一次交换。

轮变换是可逆的，以便于解密，相应的逆轮变换分别记为

Round^{-1}(State，RoundKey)和 $\mathrm{FinalRound}^{-1}$(State，RoundKey)

下面描述的四个内部函数都是可逆的。

4.4.3 Rijndael 密码的内部函数

因为 Rijndael 密码的四个内部函数都是可逆的，所以为了实现 Rijndael 的解密，我们只需要在相反的方向使用它们各自的逆就可以了。下面我们仅就加密方向来描述这些函数。

Rijndael 密码的内部函数是在有限域上实现的，F_2 上的所有多项式模不可约多项式：

$$f(x) = x^8 + x^4 + x^3 + x + 1$$

就得到了这个域。明确地说，Rijndael 密码所用的域是 $F_2[x]_{x^8+x^4+x^3+x+1}$，这个域中的元素就是 F_2 上次数小于 8 的多项式，运算是模 $f(x)$ 运算，通常我们把这个域称为“Rijndael 域”。由于同构关系，我们经常用 F_{2^8} 来表示这个域，这个域中有 $2^8=256$ 个元素。

Rijndael 算法涉及的域运算如下：

(1) 整数字节和域元素之间的映射；

(2) 两个域元素之间的加法；

(3) 两个域元素之间的乘法。

在 Rijndael 密码中，一个消息分组(一个状态)和一个密钥分组被分成字节，这些字节可以看成是域元素并由以下 Rijndael 内部函数所作用。

1. 内部函数 SubBytes(State)

SubBytes(State)函数为 State 的每一字节(也就是 x)提供了一个非线性代换，任一非零字节 $x \in (F_{2^8})^*$ 被下面的变换所代换：

$$y = \boldsymbol{A}x^{-1} + \boldsymbol{b} \tag{4.4.1}$$

这里：

$$A=\begin{pmatrix}1&0&0&0&1&1&1&1\\1&1&0&0&0&1&1&1\\1&1&1&0&0&0&1&1\\1&1&1&1&0&0&0&1\\1&1&1&1&1&0&0&0\\0&1&1&1&1&1&0&0\\0&0&1&1&1&1&1&0\\0&0&0&1&1&1&1&1\end{pmatrix},\quad \boldsymbol{b}=\begin{pmatrix}1\\1\\0\\0\\0\\1\\1\\0\end{pmatrix}$$

如果 x 是零字节，那么 $y=\boldsymbol{b}$ 就是 SubBytes 变换的结果。

注意：在式(4.4.1)中变换的非线性仅来自于逆 x^{-1}，如果这个变换直接作用于 x，那么在式(4.4.1)中的仿射方程将绝对是线性的。

因为 8×8 常数矩阵 $\boldsymbol{A}$ 是可逆的(也就是说，它的行在 F_{2^8} 中是线性无关的)，所以在式(4.4.1)中的变换是可逆的，即函数 SubBytes(State)是可逆的。

2. 内部函数 ShiftRows(State)

ShiftRows(State)函数在 State 的每行上运算，对于 128 bit 分组长度的情形，它就是下面的变换：

$$\begin{pmatrix}s_{0,0}&s_{0,1}&s_{0,2}&s_{0,3}\\s_{1,0}&s_{1,1}&s_{1,2}&s_{1,3}\\s_{2,0}&s_{2,1}&s_{2,2}&s_{2,3}\\s_{3,0}&s_{3,1}&s_{3,2}&s_{3,3}\end{pmatrix}\rightarrow\begin{pmatrix}s_{0,0}&s_{0,1}&s_{0,2}&s_{0,3}\\s_{1,1}&s_{1,2}&s_{1,3}&s_{1,0}\\s_{2,2}&s_{2,3}&s_{2,0}&s_{2,1}\\s_{3,3}&s_{3,0}&s_{3,1}&s_{3,2}\end{pmatrix}\tag{4.4.2}$$

这个运算实际上是一个换位密码，它只是重排了元素的位置，而不改变元素本身。对于在第 $i(i=0, 1, 2, 3)$行的元素，位置重排就是循环向右移动 $4-i$ 个位置。

既然换位密码仅仅重排行元素的位置，那么这个变换当然是可逆的。

3. 内部函数 MixColumns(State)

MixColumns(State)函数在 State 的每列上作用，所以对于式(4.4.2)右边矩阵中的四列 State，MixColumns(State)迭代四次。下面只描述了对一列的作用，一次迭代的输出仍是一列。

首先，令

$$\begin{pmatrix}s_0\\s_1\\s_2\\s_3\end{pmatrix}$$

是式(4.4.2)中右边矩阵中的一列。注意：为了表述清楚，这里我们已经省略了列数。

把这一列表示为 3 次多项式：

$$s(x)=s_3x^3+s_2x^2+s_1x+s_0$$

因为 $s(x)$的系数是字节，也就是说它们是 F_{2^8} 中的元素，所以这个多项式是在 F_{2^8} 上的，因此不是 Rijndael 中的元素。

列 $s(x)$ 上的运算定义为将这个多项式乘以一个固定的3次多项式 $c(x)$，然后模 x^4+1：

$$c(x) \cdot s(x) \bmod (x^4+1) \tag{4.4.3}$$

这里固定的多项式是：

$$c(x) = c_3x^3 + c_2x^2 + c_1x + c_0 = \text{'03'}x^3 + \text{'01'}x^2 + \text{'01'}x + \text{'02'}$$

$c(x)$ 的系数也是 F_{2^8} 中的元素(以十六进制表示字节或域元素)。

我们应该注意到，式(4.4.3)中的乘法不是 Rijndael 域中的运算，$c(x)$ 和 $s(x)$ 甚至不是 Rijndael 域中的元素，而且因为 x^4+1 在 F_2 上可约($x^4+1=(x+1)^4$)，所以式(4.4.3)中的乘法甚至不是任何域中的运算。进行乘法模一个4次多项式的唯一理由是使运算输出一个3次多项式。也就是说，为了获得一个从一列(3次多项式)到另一列(3次多项式)的变换，这个变换可以看做是使用已知密钥的一个多表代换(乘积)密码。

读者可以验证在 F_2 上计算的方程(注意，在这个环中，减法与加法等同)：

$$x^i \bmod (x^4+1) = x^{i(\bmod 4)}$$

因此，在式(4.4.3)的乘积中，$x^i(i=0, 1, 2, 3)$ 的系数一定是满足 $j+k=i(\bmod 4)$ 的 c_js_k 的和(这里 $j, k=0, 1, 2, 3$)。例如，在乘积中 x^2 的系数是：

$$c_2s_0 + c_1s_1 + c_0s_2 + c_3s_3$$

因为乘法和加法都在 F_{2^8} 中，所以很容易验证，式(4.4.3)中的多项式乘法可由下面的线性代数式给出：

$$\begin{pmatrix} d_0 \\ d_1 \\ d_2 \\ d_3 \end{pmatrix} = \begin{pmatrix} c_0 & c_3 & c_2 & c_1 \\ c_1 & c_0 & c_3 & c_2 \\ c_2 & c_1 & c_0 & c_3 \\ c_3 & c_2 & c_1 & c_0 \end{pmatrix} \begin{pmatrix} s_0 \\ s_1 \\ s_2 \\ s_3 \end{pmatrix} = \begin{pmatrix} \text{'02'} & \text{'03'} & \text{'01'} & \text{'01'} \\ \text{'01'} & \text{'02'} & \text{'03'} & \text{'01'} \\ \text{'01'} & \text{'01'} & \text{'02'} & \text{'03'} \\ \text{'03'} & \text{'01'} & \text{'01'} & \text{'02'} \end{pmatrix} \begin{pmatrix} s_0 \\ s_1 \\ s_2 \\ s_3 \end{pmatrix} \tag{4.4.4}$$

因为在 F_2 上 $c(x)$ 与 x^4+1 是互素的，所以在 $F_2[x]$ 中逆 $c(x)^{-1}(\bmod\ x^4+1)$ 是存在的。也就是说，矩阵(即式(4.4.4)中的变换)是可逆的。

4. 内部函数 AddRoundKey(State, RoundKey)

AddRoundKey(State, RoundKey)函数仅仅是逐字节、逐比特地将 RoundKey 中的元素与 State 中的元素相加，这里的"加"是 F_2 中的加法(也就是逐比特异或)，是平凡可逆的，逆就是自身相"加"。

RoundKey 比特已经被列成表。也就是说，不同轮的密钥比特是不同的，它们由使用一个固定的(非秘密的)"密钥表"方案的密钥导出。

至此，我们已经完成了 Rijndael 内部函数的描述，因此也完成了加密运算的描述。

综上所述，四个内部函数都是可逆的，因此解密仅仅是在相反的方向反演加密，也就是运行 AddRoundKey(State, RoundKey)$^{-1}$、MixColumns(State)$^{-1}$、ShiftRows(State)$^{-1}$、SubBytes(State)$^{-1}$。

注意：Feistel 密码的加密和解密可以使用同样的电路(硬件)和代码(软件)，而 Rijndael 密码的加密和解密必须分别使用不同的电路和代码。

四个内部函数的功能小结如下：

(1) SubBytes 的目的是得到一个非线性的代换密码。对于分组密码的抗差分分析来说，非线性是一个重要的性质。

(2) ShiftRows 和 MixColumns 的目的是获得明文消息分组中不同位置上的字节的混合。比如，由于在自然语言和商业数据中包含高冗余而导致明文消息在消息空间有一个低熵分布(也就是说，典型的明文集中在整个消息空间中一个较小的子空间中)，而消息分组中不同位置上的字节的混合导致消息在整个消息空间中有更广的分布。这本质上就是香农提出的混合特性。

(3) AddRoundKey 给出了消息分布所需的秘密随机性。

这些函数重复多次(对于 128 bit 密钥和数据长度的情形，至少重复 10 次)以后，就构成了 Rijndael 密码。

4.4.4 快速而安全的实现

Rijndael 的内部函数是非常简单的，它们在很小的代数空间上进行运算，因此可以高效地实现这些内部函数。由对 Rijndael 内部函数的描述可以看出，只有 SubBytes 和 MixColumns 有非平凡的代数运算，因此可以考虑它们的快速实现。

首先，在 SubBytes 中，利用“查表法”能够有效计算 x^{-1}，即可以一次建立一个有 $2^8=256$ 个字节对的小表，用来长期使用(也就是说，这个表可以“固化”嵌入硬件或者通过软件实现)。在这个由对组成的表中，零字节与零字节对应，表中的其余 255 项是(x, x^{-1})对的 255 种情况，其中逆在域 F_{2^8} 中运算。“查表法”是非常有效的，它还能抗定时分析攻击(Timing Analysis Attack)，这种攻击根据观察不同数据的运算时间差异，就能够暗示出一个运算是在比特 0 上进行还是在比特 1 上进行。

因为式(4.4.1)中的矩阵 $\boldsymbol{A}$ 和向量 $\boldsymbol{b}$ 是常量，所以“查表法”实际上可以完全包括式(4.4.1)的整个变换。也就是说，256 项的表是由(x, y)对组成的，其中 $x, y\in F_{2^8}$，而$(0, b)$是(x, y)的特殊情况。

显然，只要使用逆元表就可以得到逆元，因此，SubBytes 可以用两个小表来实现，其中每个表有 256 个字节。

在 MixColumns 中，F_{2^8} 中元素间的乘法(即 $c(x)$和 $s(x)$系数间的乘法)，或者更准确地说，固定矩阵的元素与式(4.4.3)中列向量元素间的乘法，可以通过“查表法”实现，即 $z=x\cdot y$(域乘法)，这里 $x\in\{$‘01’，‘02’，‘03’$\}$，$y\in F_{2^8}$。注意，字节‘01’只不过是域中的乘法单位元，即‘01’$\cdot y=y$，因此这个乘法表的实现(无论是在软件中还是在硬件中)只需要 $2\times256=512$ 项。由此可知，这个实现不仅很快，而且还能够减少定时分析攻击的危险。

式(4.4.4)中的线性代数运算和它的逆也有一个快速的“固化”实现法。

4.4.5 AES 对应用密码学的积极影响

AES 的引入为应用密码学带来了积极影响。

首先，多重加密(例如三重 DES)随着 AES 的出现而成为不必要的了。加长和可变的密钥及 128 bit、192 bit 和 256 bit 的数据分组长度为各种应用要求提供了大范围可选的安全强度。由于多重加密要多次使用密钥，那么避免使用多重加密就意味着现实中必须使用的密钥数目的减少，因此可以简化安全协议和系统的设计。

其次，AES 的广泛使用促进了同样强度的新的杂凑函数的出现。在某些情形下，分组密码加密算法与杂凑函数密切相关，分组密码加密算法经常被用来作为单向杂凑函数，这已经成为一种标准应用。UNIX 操作系统的登录认证协议(即 UNIX 口令方案的实现中 DES 函数的典型的“单向变换”用法)就是一个典型的例子。另一个典型例子是利用分组密码加密算法来实现(加密的)单向杂凑函数。现实中，杂凑函数也经常被用作分组密码算法来生成密钥的伪随机数函数，由于 AES 的密钥可变、加长且数据分组需要类似长度的杂凑函数，又由于平方根攻击，杂凑函数的长度应该是分组密码密钥或数据分组长度的两倍，因此需要与 128 bit、192 bit 和 256 bit 的 AES 长度相匹配的 256 bit、384 bit 和 512 bit 输出长度的新的杂凑函数。

另外，像 DES 标准吸引了许多试图攻破该算法的密码分析家的注意，随之促进了分组密码分析认识水平的发展一样，作为新的分组密码标准的 AES 也将促进分组密码分析中高水平研究兴趣的再次兴起，这必将使得该领域的认识水平得到进一步提高。

4.5 IDEA 算法

国际数据加密算法简记为 IDEA(International Data Encryption Algorithm)，目前在欧洲应用广泛。IDEA 是一种非常优秀的算法。IDEA 没有成为 AES 的候选算法，主要是因为其设计人员没有将其向 AES 征集处投稿，而不是算法本身的原因。

4.5.1 概述

IDEA 算法是 X. Lai 和 J. Massey 两人于 1990 年发表的，当时的名称是 PES(Proposed Encryption Standard)，作为 DES 的更新换代产品的候选方案。1991 年以色列数学家 E. Biham 和 A. Shamir 发表差分密码分析方法后，为了抵抗这种强有力的攻击方法，IDEA算法设计者更新了该算法，增强了算法的安全强度，并将新算法更名为 IPES (Improved Proposed Encryption Standard)。1992 年该算法再次更名为 IDEA。

IDEA 算法是一种分组密码算法，每个分组长度为 64 位，密钥长度为 128 位，同一个算法既可用于加密，又可用于解密。IDEA 算法的设计原则是：基于 3 个代数群的混合运算，这 3 个代数群是异或运算、模 2^{16} 加和模 $2^{16}+1$ 乘，并且所有运算都在 16 位子分组上进行。因此，该算法无论用硬件还是用软件都易于实现，尤其有利于 16 位处理器的处理。

4.5.2 算法原理

1. 算法强度

由于混淆和扩散能够增强密码的安全性，因此和其他分组密码一样，IDEA 在设计上既采用混淆，又采用扩散。具体来讲，IDEA 采用三种不同的代数群，将其混合应用，获得了良好的非线性，起到了增强安全性的效果。

混淆是通过使用以下三种运算而获得的。这三种运算分别构成代数群，都有两个 16 bit 的输入和一个 16 bit 的输出。

(1) $\oplus$：16 位按位异或(或逐位 mod 2 和)。

(2) $\odot$：16 位整数作 $\bmod(2^{16}+1)$ 整数相乘，其输入、输出中除 16 位全为 0 作 2^{16} 处理外，其余都作 16 位无符号整数处理。例如：

$$0000000000000000 \odot 1000000000000000 = 1000000000000001$$

这是因为

$$2^{16} \times 2^{15} \bmod (2^{16}+1) = 2^{15}+1$$

在此运算下全体小于 $2^{16}+1$ 的正整数构成群。

(3) ⊞：16 位整数作 mod 2^{16} 相加，其输入和输出作 16 位无符号整数处理。在此运算下，全体小于 2^{16} 的非负整数构成群。因为 $2^{16}+1$ 是素数，所以在 mod($2^{16}+1$)整数乘运算 ⊙下，全体小于 $2^{16}+1$ 的正整数构成乘法群。这个乘法群中不包含 0 元素，但包含 2^{16}，这与按位异或和 mod 2^{16} 加法群的元素不一致。我们不妨把乘法群中的元素 2^{16} 与加法群中的 0 元素对应，并把整数与它们的二进制表示视为等同，那么这三种运算就统一到一个集合中。这样一来，这三种运算可看做同一集合上的运算而交替复合进行。

表 4.5.1 给出了操作数为 2 bit 时三种运算的运算表。在此意义下，这三种运算是不兼容的。

表 4.5.1　IDEA 中的三种运算(操作数为 2 bit)

X	Y	X ⊞ Y	X ⊙ Y	X ⊕ Y
0　00	0　00	0　00	1　01	0　00
0　00	1　01	1　01	0　00	1　01
0　00	2　10	2　10	3　11	2　10
0　00	3　11	3　11	2　10	3　11
1　01	0　00	1　01	0　00	1　01
1　01	1　01	2　10	1　01	0　00
1　01	2　10	3　11	2　10	3　11
1　01	3　11	0　00	3　11	2　10
2　10	0　00	2　10	3　11	2　10
2　10	1　01	3　11	2　10	3　11
2　10	2　10	0　00	0　00	0　00
2　10	3　11	1　01	1　01	1　01
3　11	0　00	3　11	2　10	3　11
3　11	1　01	0　00	3　11	2　10
3　11	2　10	1　01	1　01	1　01
3　11	3　11	2　10	0　00	0　00

(1) 三种运算中任意两种都不满足分配律，例如：

$$a \boxplus (b \odot c) \neq (a \boxplus b) \odot (a \boxplus c)$$

(2) 三种运算中任意两种都不满足结合律，例如：

$$a \boxplus (b \oplus c) \neq (a \boxplus b) \oplus c$$

三种运算结合起来使用可对算法的输入提供复杂的变换，从而使得对 IDEA 的密码分析比对仅使用异或运算的 DES 更为困难。

算法中的扩散是由称为乘/加(M/A, Multipli-cation/Addition)结构(如图4.5.1所示)的基本单元实现的。该结构的输入是两个16 bit的子段和两个16 bit的子密钥，输出也为两个16 bit的子段。实现以16 bit为字长的非线性S盒，是IDEA实现中的关键非线性构件。这是因为组成乘/加结构的两种运算分别属于两个不同的群，对于另一个群来说它们都是非线性的。另外，在层函数的结构中注意了使任一运算的输出都不作为同一运算的输入，从而增加了非线性度。这一结构在算法中重复使用了8次，获得了有效的扩散效果。

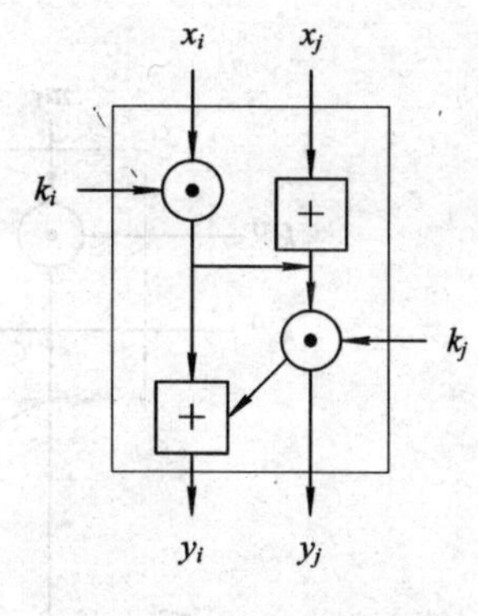

图 4.5.1　M/A 结构

2. 实现

(1) 软件实现：采用子段结构，以16bit为字长进行处理，采用简单运算，三种运算易于用编程实现加、移位等。

(2) 硬件实现：由于加、解密相似，差别仅为使用密钥的方式，类似于DES，具有对合性，因此可用同一器件实现；又由于采用规则的模块结构，因此易于通过设计ASIC来实现。

3. 加密过程

IDEA算法框图如图4.5.2所示，它由8轮迭代和一个输出变换组成。

由图4.5.2可知，IDEA每轮开始时有一个变换，该变换的输入是四个子段和四个子密钥，变换中的运算有两个加法和两个乘法，输出的四个子段经过异或运算而形成了两个16 bit的子段并作为M/A结构的输入。M/A结构也有两个输入的子密钥，输出是两个16 bit的子段。

64位的明文分为4个子块，每块16位，分别记为m_1、m_2、m_3、m_4。64位的密文也分为4个子块，每块16位，分别记为c_1、c_2、c_3、c_4。128位的密钥经过子密钥生成算法产生出52个16位的子密钥。每一轮迭代使用6个子密钥，输出变换也使用6个子密钥。记$k_i^{(r)}$为第r轮迭代使用的第i个子密钥($r=1, 2, \cdots, 8$; $i=1, 2, \cdots, 6$)，$k_i^{(9)}$为输出变换使用的第i个子密钥($i=1, 2, 3, 4$)。具体步骤如下：

(1) $m_1 \odot k_1^{(r)}$　($r=1, 2, \cdots, 8$)；

(2) $m_2 \boxplus k_2^{(r)}$；

(3) $m_3 \boxplus k_3^{(r)}$；

(4) $m_4 \odot k_4^{(r)}$；

(5) 将第(1)步和第(3)步的结果异或；

(6) 将第(2)步和第(4)步的结果异或；

(7) 将第(5)步的结果乘以$k_5^{(r)}$；

(8) 将第(6)步和第(7)步的结果相加；

(9) 将第(8)步的结果乘以$k_6^{(r)}$；

(10) 将第(7)步和第(9)步的结果相加；

(11) 将第(1)步和第(9)步的结果异或；

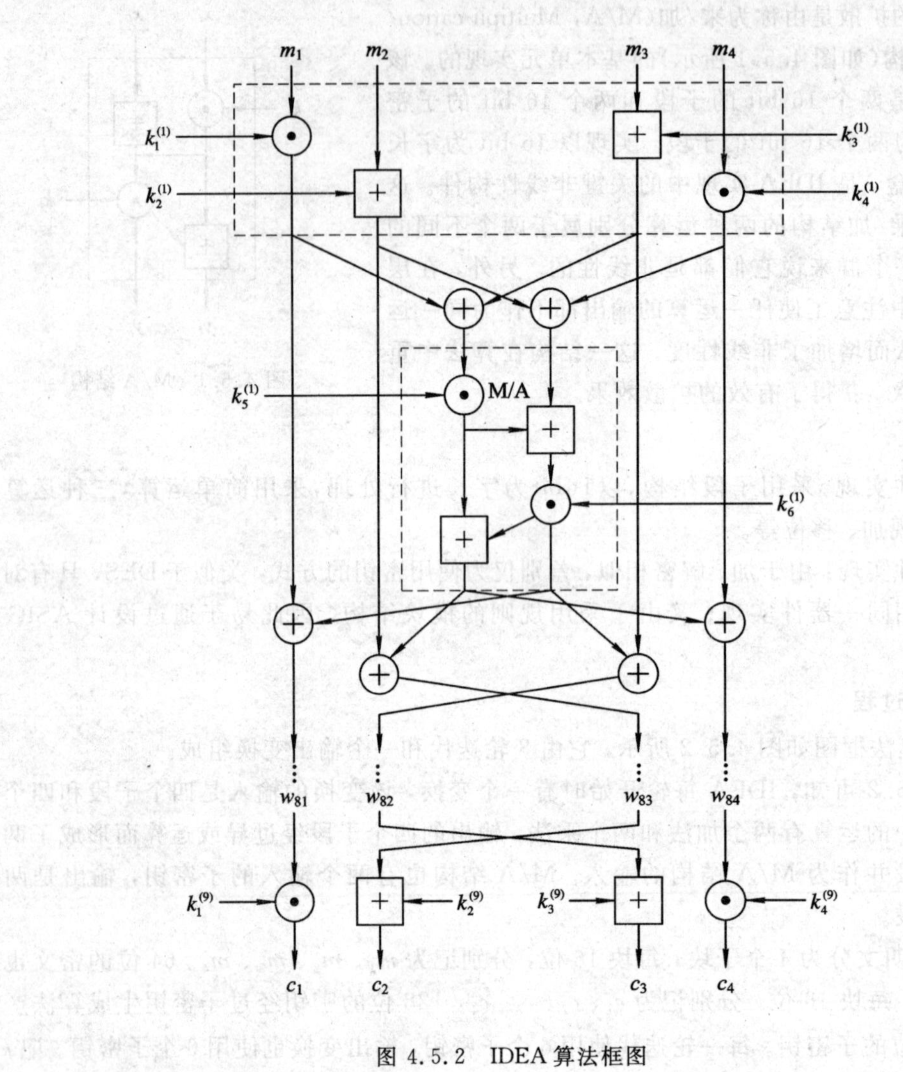

图 4.5.2 IDEA 算法框图

(12) 将第(3)步和第(9)步的结果异或;

(13) 将第(2)步和第(10)步的结果异或;

(14) 将第(4)步和第(10)步的结果异或。

除了第 8 轮迭代外，将中间两个输出块的交换位置作为下一轮加密迭代的输入。

经过 8 轮迭代后，得到的中间输出 w_{81}、w_{82}、w_{83}、w_{84} 还要经过输出变换。把 c_1、c_2、c_3、c_4 四个输出子块连接在一起便得到最后的密文。

输出变换如下：

(1) $c_1 = w_{81} \odot k_1^{(9)}$;

(2) $c_2 = w_{82} \boxplus k_2^{(9)}$;

(3) $c_3 = w_{83} \boxplus k_3^{(9)}$;

(4) $c_4 = w_{84} \odot k_4^{(9)}$。

4. 特殊运算

IDEA 把三种运算统一到一个集合中，在具体计算时作如下处理规定：

$a\odot b$ 时，如果 $a=0$ 或 $b=0$，则在计算模乘之前先用 2^{16} 将其代替。如果乘得的结果为 2^{16}，则用 0 代替 2^{16}。

可以利用以下方法高效地实现 $a\odot b$ 运算。对于 $0\leqslant c_L$，$b\geqslant 2^{16}$，令

$$c = a \cdot b = c_0 2^{32} + c_H 2^{16} + c_L \qquad c_0 \in \{1, 0\},\ 0 \leqslant c_L,\ c_H < 2^{16}$$

欲求 $c^* = c \bmod (2^{16}+1)$，首先通过正常乘法得到 c_L、c_H，注意到当 $a=b=2^{16}$ 时，$c_0=1$ 且 $c_L=c_H=0$，于是有 $c^*=(-1)\times(-1)=1$，这是因为 $2^{16}=-1 \bmod (2^{16}+1)$，否则 $c_0=0$。因此：

$$c^* = \begin{cases} c_L - c_H + c_0 & c_L \geqslant c_H \\ c_L - c_H + (2^{16}+1) & c_L < c_H \end{cases}$$

5. 子密钥生成

IDEA 加密过程中共有 52 个子密钥，每一个子密钥有 16 bit，由 128 bit 密钥生成。子密钥将 128 bit 分成 8 组，每组 16 bit，得到 $k_1^{(1)}$，$k_2^{(1)}$，…，$k_8^{(1)}$，将这 128 bit 循环左移 25 位后作 16 bit 分组，得到子密钥 $k_1^{(2)}$，$k_2^{(2)}$，…，$k_8^{(2)}$，再将这 128 bit 循环左移 25 位后作同样的分组得到子密钥 $k_1^{(3)}$，$k_2^{(3)}$，…，$k_8^{(3)}$，如此继续，直至所有子密钥都生成。由于 IDEA 加密算法中每一轮需要 6 个子密钥，而密钥产生器中每轮移位后给出 8 个子密钥，因此算法中每轮所用子密钥将从 128 bit 会话密钥移存器中的不同位置取出。

6. 解密过程

IDEA 算法是对合运算，所以 IDEA 的解密过程与加密过程基本相同，只是使用的子密钥不同。IDEA 加密、解密子密钥表如表 4.5.2 所示。

表 4.5.2　IDEA 加密、解密子密钥表

轮数	加密子密钥	解密子密钥
1	$k_1^{(1)}, k_2^{(1)}, k_3^{(1)}, k_4^{(1)}, k_5^{(1)}, k_6^{(1)}$	$k_1^{(9)-1}, -k_2^{(9)}, -k_3^{(9)}, k_4^{(9)-1}, k_5^{(8)}, k_6^{(8)}$
2	$k_1^{(2)}, k_2^{(2)}, k_3^{(2)}, k_4^{(2)}, k_5^{(2)}, k_6^{(2)}$	$k_1^{(8)-1}, -k_3^{(8)}, -k_2^{(8)}, k_4^{(8)-1}, k_5^{(7)}, k_6^{(7)}$
3	$k_1^{(3)}, k_2^{(3)}, k_3^{(3)}, k_4^{(3)}, k_5^{(3)}, k_6^{(3)}$	$k_1^{(7)-1}, -k_3^{(7)}, -k_2^{(7)}, k_4^{(7)-1}, k_5^{(6)}, k_6^{(6)}$
4	$k_1^{(4)}, k_2^{(4)}, k_3^{(4)}, k_4^{(4)}, k_5^{(4)}, k_6^{(4)}$	$k_1^{(6)-1}, -k_3^{(6)}, -k_2^{(6)}, k_4^{(6)-1}, k_5^{(5)}, k_6^{(5)}$
5	$k_1^{(5)}, k_2^{(5)}, k_3^{(5)}, k_4^{(5)}, k_5^{(5)}, k_6^{(5)}$	$k_1^{(5)-1}, -k_3^{(5)}, -k_2^{(5)}, k_4^{(5)-1}, k_5^{(4)}, k_6^{(4)}$
6	$k_1^{(6)}, k_2^{(6)}, k_3^{(6)}, k_4^{(6)}, k_5^{(6)}, k_6^{(6)}$	$k_1^{(4)-1}, -k_3^{(4)}, -k_2^{(4)}, k_4^{(4)-1}, k_5^{(3)}, k_6^{(3)}$
7	$k_1^{(7)}, k_2^{(7)}, k_3^{(7)}, k_4^{(7)}, k_5^{(7)}, k_6^{(7)}$	$k_1^{(3)-1}, -k_3^{(3)}, -k_2^{(3)}, k_4^{(3)-1}, k_5^{(2)}, k_6^{(2)}$
8	$k_1^{(8)}, k_2^{(8)}, k_3^{(8)}, k_4^{(8)}, k_5^{(8)}, k_6^{(8)}$	$k_1^{(2)-1}, -k_3^{(2)}, -k_2^{(2)}, k_4^{(2)-1}, k_5^{(1)}, k_6^{(1)}$
输出变换	$k_1^{(9)}, k_2^{(9)}, k_3^{(9)}, k_4^{(9)}$	$k_1^{(1)-1}, -k_2^{(1)}, -k_3^{(1)}, k_4^{(1)-1}$

表 4.5.2 中的子密钥满足以下关系：

$$k_i \odot k_i^{-1} = 1 \bmod (2^{16}+1)$$

$$-k_i \boxplus k_i = 0 \bmod 2^{16}$$

因为 $2^{16}+1$ 是一个素数，所以每一个不大于 2^{16} 的非 0 整数都有一个唯一的模 $2^{16}+1$ 乘法

逆元。

下面我们简单地证明 IDEA 算法的对合性(张焕国、王张宜编著的《密码学引论(第二版)》一书的 3.3.2 节中有专门介绍)。根据图 4.5.2，可以把 IDEA 的算法分解成以下三个基本运算。我们分别证明它们都是对合运算。

1) 输出变换结构

输出变换和每一层的输入变换部分都采用图 4.5.3 所示的结构。

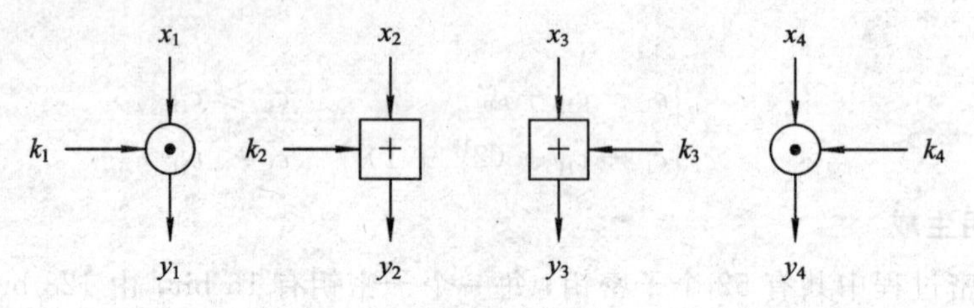

图 4.5.3 IDEA 的一种对合结构

我们首先要证明这种结构是对合的。假设加密时 8 轮迭代加密后加到输出变换部分的数据为 $x_1=m_1$，$x_2=m_2$，$x_3=m_3$，$x_4=m_4$，密钥为 $k_1=k_1^{(9)}$，$k_2=k_2^{(9)}$，$k_3=k_3^{(9)}$，$k_4=k_4^{(9)}$，于是密文为

$$y_1 = m_1 \odot k_1^{(9)}$$
$$y_2 = m_2 \boxplus k_2^{(9)}$$
$$y_3 = m_3 \boxplus k_3^{(9)}$$
$$y_4 = m_4 \odot k_4^{(9)}$$

我们把 y_1、y_2、y_3、y_4 加到第一层的输入进行解密运算，这个时候的密钥为 $k_1=k_1^{(9)-1}$，$k_2=-k_2^{(9)}$，$k_3=-k_3^{(9)}$，$k_4=k_4^{(9)-1}$，于是：

$$y_1 \Leftarrow y_1 \odot k_1^{(9)-1} = (m_1 \odot k_1^{(9)}) \odot k_1^{(9)-1} = m_1$$
$$y_2 \Leftarrow y_2 \boxplus (-k_2^{(9)}) = (m_2 \boxplus k_2^{(9)}) \boxplus (-k_2^{(9)}) = m_2$$
$$y_3 \Leftarrow y_3 \boxplus (-k_3^{(9)}) = (m_3 \boxplus k_3^{(9)}) \boxplus (-k_3^{(9)}) = m_3$$
$$y_4 \Leftarrow y_4 \odot k_4^{(9)-1} = (m_4 \odot k_4^{(9)}) \odot k_4^{(9)-1} = m_4$$

由此可见，数据被还原了。这说明输出变换结构是对合的，只是加、解密所使用的子密钥互逆。

2) 基于 M/A 单元的结构

在 IDEA 的 8 轮迭代中都采用了基于 M/A 单元的结构，如图 4.5.4 所示。

以下证明这种结构也具有对合性。假设输入为 $x_1=m_1$，$x_2=m_2$，$x_3=m_3$，$x_4=m_4$，密钥为 k_1 和 k_2，则有：

$$y_1 = m_1 \oplus \mathrm{MA_R}(m_1 \oplus m_3,\ m_2 \oplus m_4,\ k_1,\ k_2) \tag{4.5.1}$$
$$y_2 = m_2 \oplus \mathrm{MA_L}(m_1 \oplus m_3,\ m_2 \oplus m_4,\ k_1,\ k_2) \tag{4.5.2}$$
$$y_3 = m_3 \oplus \mathrm{MA_R}(m_1 \oplus m_3,\ m_2 \oplus m_4,\ k_1,\ k_2) \tag{4.5.3}$$
$$y_4 = m_4 \oplus \mathrm{MA_L}(m_1 \oplus m_3,\ m_2 \oplus m_4,\ k_1,\ k_2) \tag{4.5.4}$$

其中，$\mathrm{MA_R}(u,\ v,\ k)$表示 M/A 单元的右边输出；$\mathrm{MA_L}(u,\ v,\ k)$表示 M/A 单元的左边输出。

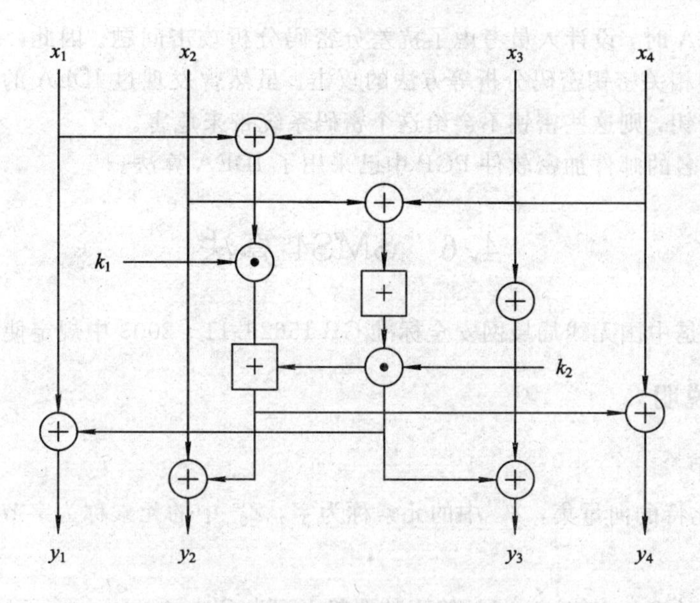

图 4.5.4　IDEA 的另一种对合结构

由式(4.5.1)～式(4.5.4)可得：

$$y_1 \oplus y_3 = m_1 \oplus m_3 \tag{4.5.5}$$

$$y_2 \oplus y_4 = m_2 \oplus m_4 \tag{4.5.6}$$

接着把 y_1、y_2、y_3、y_4 送入这种结构中，并使用逆密钥 k_1^{-1}、k_2^{-1} 进行解密，于是有：

$$y_1 \Leftarrow y_1 \oplus \mathrm{MA_R}(y_1 \oplus y_3,\ y_2 \oplus y_4,\ k_1^{-1},\ k_2^{-1}) \tag{4.5.7}$$

$$y_2 \Leftarrow y_2 \oplus \mathrm{MA_L}(y_1 \oplus y_3,\ y_2 \oplus y_4,\ k_1^{-1},\ k_2^{-1}) \tag{4.5.8}$$

$$y_3 \Leftarrow y_3 \oplus \mathrm{MA_R}(y_1 \oplus y_3,\ y_2 \oplus y_4,\ k_1^{-1},\ k_2^{-1}) \tag{4.5.9}$$

$$y_4 \Leftarrow y_4 \oplus \mathrm{MA_L}(y_1 \oplus y_3,\ y_2 \oplus y_4,\ k_1^{-1},\ k_2^{-1}) \tag{4.5.10}$$

由式(4.5.1)、式(4.5.5)～式(4.5.7)可得：

$$y_1 \Leftarrow (m_1 \oplus \mathrm{MA_R}(m_1 \oplus m_3, m_2 \oplus m_4, k_1, k_2)) \oplus \mathrm{MA_R}(m_1 \oplus m_3, m_2 \oplus m_4, k_1^{-1}, k_2^{-1}) = m_1$$

同理可得：

$$y_2 \Leftarrow m_2,\ y_3 \Leftarrow m_3,\ y_4 \Leftarrow m_4$$

以上证明了这种结构也具有对合性。

3）交换数据位置

层函数结构中使用了交换中间两个数据位置的运算，该运算很明显是对合的。

由以上证明可以看出，构成 IDEA 算法结构中的每个部件都是对合的，因此 IDEA 算法整体也是对合的。

4.5.3　IDEA 的安全性

IDEA 的密钥长度是 128 位，比 DES 密钥长度的两倍还长。假如穷举搜索法(蛮力攻击)是有效的，那么计算出 IDEA 密钥需要进行 $2^{128} \approx 10^{38}$ 次运算。如果设计出能在每秒钟测试 10^9 个密钥的 VLSI 专用芯片，并且设计出能够同时使用 10^9 个这种专用芯片的计算机，那么推导出 IDEA 的密钥需要 10^{13} 年。

在设计 IDEA 时，设计人员考虑了抗差分密码分析攻击问题。因此，该算法能够抵抗差分密码分析和相关密钥密码分析等方法的攻击。虽然曾发现过 IDEA 的一些弱密钥，但如果随机选取密钥，则这些密钥不会给这个密码系统带来危害。

目前，在著名的邮件加密软件 PGP 中已采用了 IDEA 算法。

4.6 SMS4 算法

SMS4 算法是中国无线局域网安全标准 GB 15629.11－2003 中规定使用的加密算法。

4.6.1 术语说明

1. 字与字节

Z_2^e 表示 e 比特的向量集，Z_2^{32} 中的元素称为字，Z_2^{16} 中的元素称为字节。

2. *S* 盒

S 盒为固定的 8 bit 输入、8 bit 输出的置换，记为 Sbox(·)。

3. 基本运算

在 SMS4 算法中采用了以下基本运算：

(1) $\oplus$：32 bit 异或。

(2) $<<<i$：32 bit 循环左移 i 位。

4. 密钥及密钥参量

加密密钥长度为 128 bit，表示为 $MK=(MK_0, MK_1, MK_2, MK_3)$，其中 $MK_i\ (i=0, 1, 2, 3)$为字。

轮密钥表示为$(rk_0, rk_1, \cdots, rk_{31})$，其中 $rk_i\ (i=0, \cdots, 31)$为字。轮密钥由加密密钥生成。

$FK=(FK_0, FK_1, FK_2, FK_3)$为系统参数，$CK=(CK_0, CK_1, \cdots, CK_{31})$为固定参数，用于密钥扩展算法，其中 $FK_i\ (i=0, \cdots, 3)$、$CK_i\ (i=0, \cdots, 31)$为字。

4.6.2 轮函数 *F*

SMS4 算法采用非线性迭代结构，以字为单位进行加密运算，通常称一次迭代运算为一轮变换。设输入为$(x_0, x_1, x_2, x_3)\in(Z_2^{32})^4$，轮密钥为 $rk\in Z_2^{32}$，则轮函数 F 为

$$F(x_0, x_1, x_2, x_3, rk) = x_0 \oplus T(x_1 \oplus x_2 \oplus x_3 \oplus rk)$$

1. 合成置换 *T*

$T: Z_2^{32}\to Z_2^{32}$，是一个可逆变换，由非线性变换 τ 和线性变换 L 复合而成，即 $T(\cdot)=L(\tau(\cdot))$。

1) 非线性变换 τ

τ 由 4 个并行的 S 盒构成。

设输入为 $A=(a_0, a_1, a_2, a_3)\in(Z_2^8)^4$，输出为 $B=(b_0, b_1, b_2, b_3)\in(Z_2^8)^4$，则

$$(b_0, b_1, b_2, b_3) = \tau(A) = (\mathrm{Sbox}(a_0), \mathrm{Sbox}(a_1), \mathrm{Sbox}(a_2), \mathrm{Sbox}(a_3))$$

2）线性变换 L

非线性变换 τ 的输出是线性变换 L 的输入。设输入 $B \in Z_2^{32}$，输出 $C \in Z_2^{32}$，则

$$C = L(B) = B \oplus (B <<< 2) \oplus (B <<< 10) \oplus (B <<< 18) \oplus (B <<< 24)$$

2. S 盒

S 盒中的数据均采用十六进制表示，如表 4.6.1 所示。

表 4.6.1　S 盒中的数据

	0	1	2	3	4	5	6	7	8	9	a	b	c	d	e	f
0	d6	90	e9	fe	cc	e1	3d	b7	16	b6	14	c2	28	fb	2c	05
1	2b	67	9a	76	2a	be	04	c3	aa	44	13	26	49	86	06	99
2	9c	42	50	f4	91	ef	98	7a	33	54	0b	43	ed	cf	ac	62
3	e4	b3	1c	a9	c9	08	e8	95	80	df	94	fa	75	8f	3f	a6
4	47	07	a7	fc	f3	73	17	ba	83	59	3c	19	e6	85	4f	a8
5	68	6b	81	b2	71	64	da	8b	f8	eb	0f	4b	70	56	9d	35
6	1e	24	0e	5e	63	58	d1	a2	25	22	7c	3b	01	21	78	87
7	d4	00	46	57	9f	d3	27	52	4c	36	02	e7	a0	c4	c8	9e
8	ea	bf	8a	d2	40	c7	38	b5	a3	f7	f2	ce	f9	61	15	a1
9	e0	ae	5d	a4	9b	34	1a	55	ad	93	32	30	f5	8c	b1	e3
a	1d	f6	e2	2e	82	66	ca	60	c0	29	23	ab	0d	53	4e	6f
b	d5	db	37	45	de	fd	8e	2f	03	ff	6a	72	6d	6c	5b	51
c	8d	1b	af	92	bb	dd	bc	7f	11	d9	5c	41	1f	10	5a	d8
d	0a	c1	31	88	a5	cd	7b	bd	2d	74	d0	12	b8	e5	b4	b0
e	89	69	97	4a	0c	96	77	7e	65	b9	f1	09	c5	6e	c6	84
f	18	f0	7d	ec	3a	dc	4d	20	79	ee	5f	3e	d7	cb	39	48

例如，输入‘ef’，则经 S 盒后的值为表中第 e 行、第 f 列的值，即 Sbox(‘ef’)= ‘84’。

4.6.3　加解密算法

定义反序变换 R 为

$$R(A_0, A_1, A_2, A_3) = (A_3, A_2, A_1, A_0) \qquad A_i \in (Z_2^{32})^4 \qquad (i = 0, 1, 2, 3)$$

设明文输入为$(x_0, x_1, x_2, x_3) \in (Z_2^{32})^4$，密文输出为$(y_1, y_1, y_2, y_3) \in (Z_2^{32})^4$，轮密钥为 $\mathrm{rk}_i \in (Z_2^{32})^4$ $(i=0, 1, 2, \cdots, 31)$，则本算法的加密变换为

$$x_{i+4} = F(x_i, x_{i+1}, x_{i+2}, x_{i+3}, \mathrm{rk}_i) = x_i \oplus T(x_{i+1} \oplus x_{i+2} \oplus x_{i+3} \oplus \mathrm{rk}_i) \qquad (i = 0,1,2,\cdots,31)$$

$$(y_0, y_1, y_2, y_3) = R(x_{32}, x_{33}, x_{34}, x_{35}) = (x_{35}, x_{34}, x_{33}, x_{32})$$

SMS4 算法的解密变换与加密变换的结构相同，不同的仅是轮密钥的使用顺序。

加密时轮密钥的使用顺序为：$(rk_0, rk_1, \cdots, rk_{31})$。

解密时轮密钥的使用顺序为：$(rk_{31}, rk_{30}, \cdots, rk_0)$。

4.6.4 密钥扩展算法

SMS4 算法中加密算法的轮密钥由加密密钥通过密钥扩展算法生成。

加密密钥 $MK=(MK_0, MK_1, MK_2, MK_3)$，$MK_i \in Z_2^{32}(i=0, 1, 2, 3)$。令 $k_i \in Z_2^{32}$ $(i=0, 1, \cdots, 35)$，轮密钥为 $rk_i \in Z_2^{32}(i=0, 1, \cdots, 31)$，则轮密钥的生成方法如下：

首先：

$$(k_0, k_1, k_2, k_3) = (MK_0 \oplus FK_0, MK_1 \oplus FK_1, MK_2 \oplus FK_2, MK_3 \oplus FK_3)$$

然后，对 $i=0, 1, 2, \cdots, 31$，计算：

$$rk_i = k_{i+4} = k_i \oplus T'(k_{i+1} \oplus k_{i+2} \oplus k_{i+3} \oplus CK_i)$$

说明：

(1) T'变换与加密算法轮函数中的 T 基本相同，只是将其中的线性变换 L 修改为以下的 L'：

$$L'(B) = B \oplus (B <<< 13) \oplus (B <<< 23)$$

(2) 系统参数 FK 的取值采用十六进制表示：

$$FK_0 = (A3B1BAC6)$$
$$FK_1 = (56AA3350)$$
$$FK_2 = (677D9197)$$
$$FK_3 = (B27022DC)$$

(3) 固定参数 CK 的取值方法为：设 $ck_{i,j}$ 为 CK_i 的第 j 字节$(i=0, 1, \cdots, 31; j=0, 1, 2, 3)$，即 $CK_i=(ck_{i,0}, ck_{i,1}, ck_{i,2}, ck_{i,3}) \in (Z_2^8)^4$，则 $ck_{i,j}=(4i+j)\times 7 \pmod{256}$。32 个固定参数 CK_i 采用十六进制表示为

00070e15，1c232a31，383f464d，545b6269，
70777e85，8c939aa1，a8afb6bd，c4cbd2d9，
e0e7eef5，fc030a11，181f262d，343b4249，
50575e65，6c737a81，888f969d，a4abb2b9，
c0c7ced5，dce3eaf1，f8ff060d，141b2229，
30373e45，4c535a61，686f767d，848b9299，
a0a7aeb5，bcc3cad1，d8dfe6ed，f4fb0209，
10171e25，2c333a41，484f565d，646b7279

4.6.5 加密实例

以下为 SMS4 算法在 ECB 工作模式(见 4.7.1 节)下的运算实例，用以验证密码算法实现的正确性。其中，数据采用十六进制表示。

【例 4.6.1】 对一组明文用密钥加密一次。

明文：01 23 45 67 89 ab cd ef fe dc ba 98 76 54 32 10。

加密密钥：01 23 45 67 89 ab cd ef fe dc ba 98 76 54 32 10。

轮密钥与每轮输出状态：

rk[0] = f12186f9 X[0] = 27fad345
rk[1] = 41662b61 X[1] = a18b4cb2
rk[2] = 5a6ab19a X[2] = 11c1e22a
rk[3] = 7ba92077 X[3] = cc13e2ee
rk[4] = 367360f4 X[4] = f87c5bd5
rk[5] = 776a0c61 X[5] = 33220757
rk[6] = b6bb89b3 X[6] = 77f4c297
rk[7] = 24763151 X[7] = 7a96f2eb
rk[8] = a520307c X[8] = 27dac07f
rk[9] = b7584dbd X[9] = 42dd0f19
rk[10] = c30753ed X[10] = b8a5da02
rk[11] = 7ee55b57 X[11] = 907127fa
rk[12] = 6988608c X[12] = 8b952b83
rk[13] = 30d895b7 X[13] = d42b7c59
rk[14] = 44ba14af X[14] = 2ffc5831
rk[15] = 104495a1 X[15] = f69e6888
rk[16] = d120b428 X[16] = af2432c4
rk[17] = 73b55fa3 X[17] = ed1ec85e
rk[18] = cc874966 X[18] = 55a3ba22
rk[19] = 92244439 X[19] = 124b18aa
rk[20] = e89e641f X[20] = 6ae7725f
rk[21] = 98ca015a X[21] = f4cba1f9
rk[22] = c7159060 X[22] = 1dcdfa10
rk[23] = 99e1fd2e X[23] = 2ff60603
rk[24] = b79bd80c X[24] = eff24fdc
rk[25] = 1d2115b0 X[25] = 6fe46b75
rk[26] = 0e228aeb X[26] = 893450ad
rk[27] = f1780c81 X[27] = 7b938f4c
rk[28] = 428d3654 X[28] = 536e4246
rk[29] = 62293496 X[29] = 86b3e94f
rk[30] = 01cf72e5 X[30] = d206965e
rk[31] = 9124a012 X[31] = 681edf34

密文：68 1e df 34 d2 06 96 5e 86 b3 e9 4f 53 6e 42 46。

【例 4.6.2】 利用相同的加密密钥对一组明文反复加密 1 000 000 次。

明文：01 23 45 67 89 ab cd ef fe dc ba 98 76 54 32 10。

加密密钥：01 23 45 67 89 ab cd ef fe dc ba 98 76 54 32 10。

密文：59 52 98 c7 c6 fd 27 1f 04 02 f8 04 c3 3d 3f 66。

4.7 加密模式

分组密码每次加密的明文数据量是固定的分组长度 n，而实际应用中待加密消息的数据量是不定的，数据格式可能是多种多样的。因此需要做一些变通，灵活地运用分组密码。另一方面，即使有了安全的分组密码算法，也需要采用适当的工作模式来隐蔽明文的统计特性、数据的格式等，以提高整体的安全性，降低删除、重放、插入和伪造成功的机会。所采用的工作模式应当力求简单、有效和易于实现。

下面描述六种常用的运行模式：电码本(ECB)模式、密码分组链接(CBC)模式、密码反馈(CFB)模式、输出反馈(OFB)模式、补偿密码本(OCB)模式和计数器(CTR)模式。因为这些模式都或多或少存在问题，所以我们还将介绍两种安全实用的运行模式，可以将其称为混合模式。在实际开发中，我们直接使用任意一种混合模式即可，这两个混合模式要么被证明是安全的，要么在长期应用中没有被发现任何问题，都是值得信赖的。

在描述中将使用下面的记号：

· $\varepsilon(\ )$：基本分组密码的加密算法。

· $\upsilon(\ )$：基本分组密码的解密算法。

· n：基本分组密码算法的消息分组的二进制长度(在所有考虑的分组密码中，明文和密文消息空间是一样的，所以 n 既是分组密码算法输入的分组长度，也是输出的分组长度)。

· $p_1, p_2, \cdots, p_m$：输入到运行模式中的明文消息的 m 个连续分段。

— 第 m 分段的长度可能小于其他分段的长度，在这种情况下，可对第 m 分段进行添加，使其与其他分段长度相同；

— 在某些运算模式中，消息分段的长度等于 n (分组长度)，而在其他运算模式中，消息分段的长度是任意小于或等于 n 的正数。

· $c_1, c_2, \cdots, c_m$：从运算模式输出的密文消息的 m 个连续分段。

· $\mathrm{LSB}_u(B)$，$\mathrm{MSB}_v(B)$：分别是分组 B 中的最低 u 位比特和最高 v 位比特。例如：

$$\mathrm{LSB}_2(1010011)=11$$

$$\mathrm{MSB}_5(1010011)=10100$$

· $A \parallel B$：数据分组 A 和 B 的链接。例如：

$$\mathrm{LSB}_2(1010011) \parallel \mathrm{MSB}_5(1010011)=11 \parallel 10100=1110100$$

4.7.1 电码本(ECB)模式

加密(或解密)一系列连续排列的消息段的一个最直接方式就是将它们逐个分别加密(或解密)，在这种情况下，消息分段恰好是消息分组。由于类似于在电报密码本中指定码字，因此将其命名为电码本(ECB)模式。ECB模式的定义如下：

ECB加密：

$$c_i \leftarrow \varepsilon(p_i) \quad (i=1, 2, \cdots, m)$$

ECB解密：

$$p_i \leftarrow \upsilon(c_i) \quad (i=1, 2, \cdots, m)$$

ECB 模式是确定性的。也就是说，如果在相同的密钥下将 p_1，p_2，…，p_m 加密两次，那么输出的密文分组也是相同的。在应用中，数据通常有部分可猜测的信息，例如，薪水的数目就有一个可猜测的范围。如果明文消息是可猜测的，那么由确定性加密方案得到的密文就会使攻击者通过使用试凑法猜测出明文。例如，如果知道由 ECB 模式加密产生的密文是一个薪水数字，那么攻击者只需进行少量试验就可以恢复出这个数字。通常，我们不希望使用确定性密码，因此在大多数应用中不要使用 ECB 模式。

4.7.2　密码分组链接(CBC)模式

密码分组链接(CBC)模式是用于一般数据加密的一个普通的分组密码算法。使用 CBC 模式时，输出的是 n 比特密码分组的一个序列，这些密码分组链接在一起，使得每个密码分组不仅依赖于所对应的原文分组，而且依赖于所有以前的数据分组。CBC 模式有下面的运算：

CBC 加密：输入为 IV，p_1，p_2，…，p_m，输出为 IV，c_1，c_2，…，c_m，则

$$c_0 \leftarrow \text{IV}$$

$$c_i \leftarrow \varepsilon(p_i \oplus c_{i-1}) \qquad (i = 1, 2, \cdots, m)$$

CBC 解密：输入为 IV，c_1，c_2，…，c_m，输出为 p_1，p_2，…，p_m，则

$$c_0 \leftarrow \text{IV}$$

$$p_i \leftarrow \upsilon(c_i) \oplus c_{i-1} \qquad (i = 1, 2, \cdots, m)$$

第一个密文分组 c_1 的计算需要一个特殊的输入分组 c_0，习惯上称之为"初始向量"(IV)。IV 是一个随机的 n bit 分组，每次会话加密时都要使用一个新的随机 IV。由于 IV 可看做密文分组，因此无需保密，但必须是不可预知的。由加密过程可知，由于 IV 的随机性，第一个密文分组 c_1 被随机化，同样，依次后续的输出密文分组都将被前面紧接着的密文分组随机化，因此，CBC 模式输出的是随机化的密文分组。发送给接收者的密文消息应该包括 IV，因此，对于 m 个分组的明文，CBC 模式将输出 $m+1$ 个密文分组。

令 q_1，q_2，…，q_m 是对密文分组 c_0，c_1，c_2，…，c_m 解密得到的数据分组输出，则由

$$q_i = \upsilon(c_i) \oplus c_{i-1} = (p_i \oplus c_{i-1}) \oplus c_{i-1} = p_i$$

可知，的确正确进行了解密。图 4.7.1 所示为 CBC 模式。

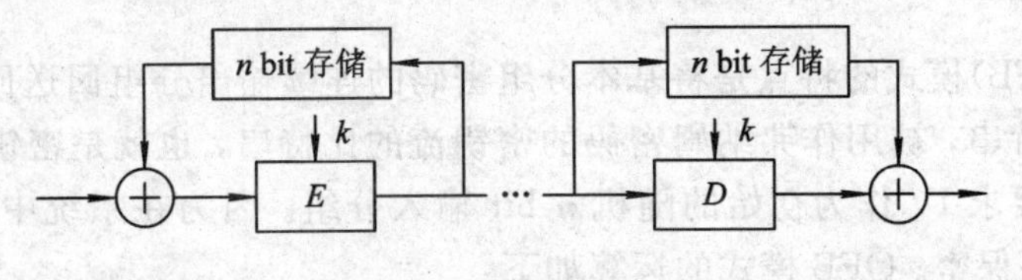

图 4.7.1　CBC 模式

4.7.3　密码反馈(CFB)模式

密码反馈(CFB)模式的特点在于反馈相继的密码分段，这些分段从模式的输出返回作为基础分组密码算法的输入。消息(明文或密文)分组长为 s，且 $1 \leqslant s \leqslant n$。CFB 模式要求 IV 作为初始的 n bit 随机输入分组，因为在系统中 IV 在密文的位置，所以它不必保密。CFB 模式有下面的运算：

CFB加密：输入为IV，p_1，p_2，…，p_m，输出为IV，c_1，c_2，…，c_m，则

$$I_1 \leftarrow \mathrm{IV}$$

$$I_i \leftarrow \mathrm{LSB}_{n-s}(I_{i-1}) \parallel c_{i-1} \quad (i=2, \cdots, m)$$

$$O_i \leftarrow \varepsilon(I_i) \quad (i=1, 2, \cdots, m)$$

$$c_i \leftarrow p_i \oplus \mathrm{MSB}_s(O_i) \quad (i=1, 2, \cdots, m)$$

CFB解密：输入为IV，c_1，c_2，…，c_m，输出为p_1，p_2，…，p_m，则

$$I_1 \leftarrow \mathrm{IV}$$

$$I_i \leftarrow \mathrm{LSB}_{n-s}(I_{i-1}) \parallel c_{i-1} \quad (i=2, \cdots, m)$$

$$O_i \leftarrow \varepsilon(I_i) \quad (i=1, 2, \cdots, m)$$

$$p_i \leftarrow c_i \oplus \mathrm{MSB}_s(O_i) \quad (i=1, 2, \cdots, m)$$

在CFB模式中，基本分组密码的加密函数用在加密和解密的两端，因此，基本密码函数E可以是任意(加密的)单向变换，例如单向杂凑函数。CFB模式可以考虑作为流密码的密钥流生成器，加密变换是作用在密钥流和消息分段之间的弗纳姆密码。类似于CBC模式，密文分段是前面所有的明文分段的函数值和IV。图4.7.2所示为CFB模式。

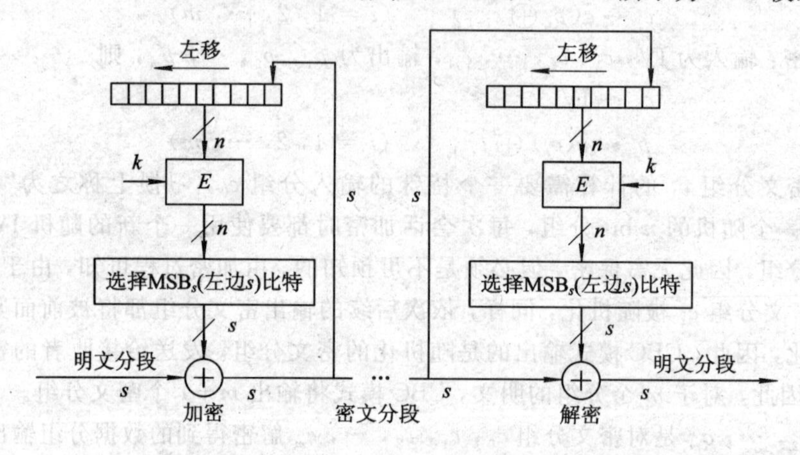

图 4.7.2 CFB模式

4.7.4 输出反馈(OFB)模式

输出反馈(OFB)模式的特点是将基本分组密码的连续输出分组回送回去。这些反馈分组构成了一个比特串，被用作弗纳姆密码的密钥流的比特串，也就是密钥流与明文分组相异或。OFB模式要求IV作为初始的随机n bit输入分组。因为在系统中，IV在密文的位置，所以它不需要保密。OFB模式的运算如下：

OFB加密：输入为IV，p_1，p_2，…，p_m，输出为IV，c_1，c_2，…，c_m，则

$$I_1 \leftarrow \mathrm{IV}$$

$$I_i \leftarrow O_{i-1} \quad (i=2, \cdots, m)$$

$$O_i \leftarrow \varepsilon(I_i) \quad (i=1, 2, \cdots, m)$$

$$c_i \leftarrow p_i \oplus O_i \quad (i=1, 2, \cdots, m)$$

OFB解密：输入为IV，c_1，c_2，…，c_m，输出为p_1，p_2，…，p_m，则

$$I_1 \leftarrow \mathrm{IV}$$

$$I_i \leftarrow O_{i-1} \quad (i = 2, \cdots, m)$$
$$O_i \leftarrow \varepsilon(I_i) \quad (i = 1, 2, \cdots, m)$$
$$p_i \leftarrow c_i \oplus O_i \quad (i = 1, 2, \cdots, m)$$

在OFB模式中，加密和解密是相同的，都是将输入消息分组与由反馈电路生成的密钥流相异或。反馈电路实际上构成了一个有限状态机，其状态完全由基础分组密码算法的加密密钥和IV决定。所以，如果密码分组发生了传输错误，那么只有相应位置上的明文分组会发生错乱。因此，OFB模式适宜于不可能重发的消息加密，如无线电信号。类似于CFB模式，基础分组密码算法可用加密的单向杂凑函数代替。图4.7.3所示为OFB模式。

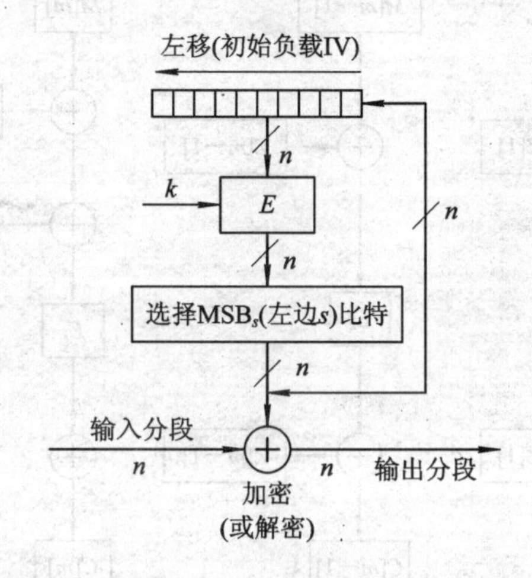

图4.7.3　OFB模式

4.7.5　补偿密码本(OCB)模式

补偿密码本(OCB)模式是一种鉴别-加密模式，可提供信息的完整性检验，即在把明文M转化成密文C的过程中，同时完成加密和鉴别两个过程。这需要首先选择一个用于加密的分组加密算法和一个鉴别中的重要参数——校验码(tag)长度。OCB模式的特点是：① 可并行处理数据；② 无加密长度限制，明文M的长度不必是分组长度n的倍数；③ 在加密/解密过程的开始与结束部分需增加两个加密调用，适于短消息加密；④ 所有的操作过程只需要一个密钥；⑤ 初始向量IV无需保密，但不能重复；⑥ 适于不同数据格式的要求；⑦ 不需要单独计算MAC。

明文M分组为$M[1]$，$M[2]$，…，$M[m-1]$，$M[m]$，其中$|M_i|=n$，$i=1, 2, m-1$。分组长度是n比特，r是校验消息位T的长度，E_k是基于密钥k的加密算法。$m=\max\{1, \mathrm{ceil}(|M_i|/n)\}$表示基于$n$的最大分组数，ceil($X$)表示不小于$X$的整数，$|M|$表示$M$的长度，ntz($i$)表示$i$的二进制表示中0的个数，如ntz(4)=2，ntz(8)=3。

在GF(128^2)域中，$n=128$，OCB模式的加密过程(见图4.7.4)如下：

$$L[-1] = \begin{cases} L >> 1 & (L\text{ 的最高比特位为 }0) \\ (L >> 1) \oplus 0^{120}10000111 & (L\text{ 的最高比特位为 }1) \end{cases}$$

$$L[i] = \begin{cases} E_k(0) & (i = 0) \\ L[i-1] \oplus L(\mathrm{ntz}(i)) & (i \geqslant 1) \end{cases}$$

$$Z[i]=\begin{cases}L[0]\oplus E_k(L[0]\oplus N) & (i=1)\\ Z[i-1]\oplus L(\mathrm{ntz}(i)) & (i\geqslant 2)\end{cases}$$

$$Y[m]=E_k(\mathrm{len}(M[m])\oplus L[-1]\oplus Z[m])$$

$$C[i]=\begin{cases}E_k(M[i]\oplus Z[i])\oplus Z[i] & (i=1, 2, \cdots, m-1)\\ Y[m]\oplus M[i] & (i=m)\end{cases}$$

其中，“>>”表示比特位右移，在最高位补入 0；len 表示 n 比特字符串的长度；N 是加密方选用的一个初始向量 IV，无需保密 IV，但对于每条消息必须有一个不同的 IV。

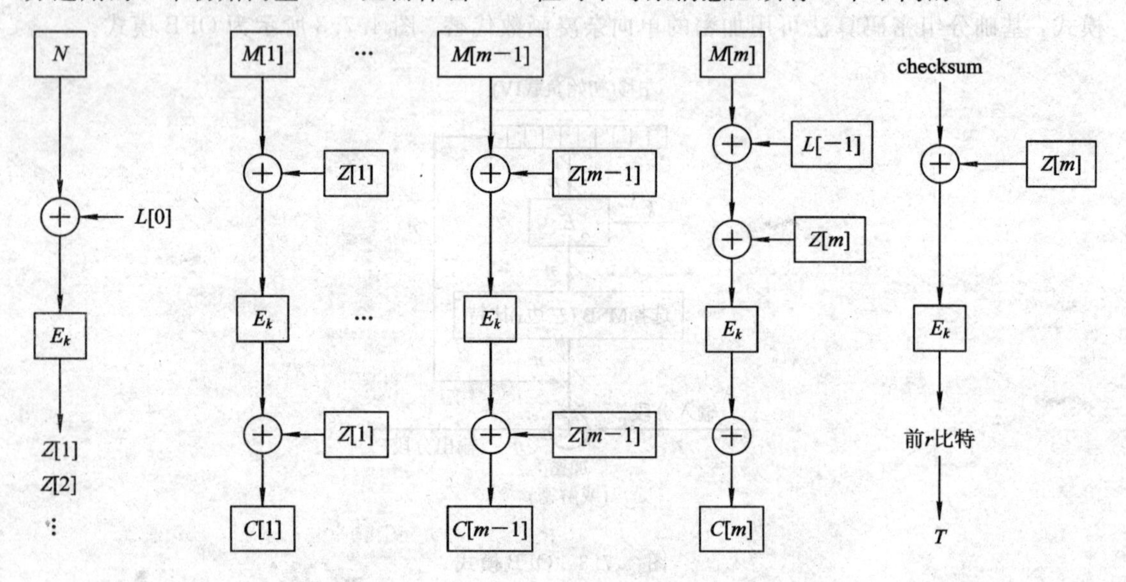

图 4.7.4　OCB 模式的工作原理

OCB 鉴别算法如下：

$$\mathrm{checksum}=M[1]\oplus M[2]\oplus\cdots\oplus M[m-1]\oplus C[m]0^{*}\oplus Y[m]$$

$$C=C[1]C[2]\cdots C[m-1]C[m]T$$

其中，$C[m]0^{*}$表示在密文组 $C[m]$右边补充 0，生成 n 比特的长度，称为检验和(checksum)。

4.7.6　计数器(CTR)模式

计数器(CTR)模式的特征是将计数器从初始值开始计数所得到的值馈送给基础分组密码算法。随着计数的增加，基础分组密码算法输出连续的分组来构成一个比特串，该比特串被用作弗纳姆密码的密钥流，也就是密钥流与明文分组相异或。CTR 模式的运算如下(这里 Ctr_1 是计数器初始的非保密值)：

CTR 加密：输入为 Ctr_1，p_1，p_2，…，p_m，输出为 Ctr_1，c_1，c_2，…，c_m，则

$$c_i\leftarrow p_i\oplus\varepsilon(\mathrm{Ctr}_i)\qquad (i=1, 2, \cdots, m)$$

CTR 解密：输入为 Ctr_1，c_1，c_2，…，c_m，输出为 p_1，p_2，…，p_m，则

$$p_i\leftarrow c_i\oplus\varepsilon(\mathrm{Ctr}_i)\qquad (i=1, 2, \cdots, m)$$

因为没有反馈，所以 CTR 模式的加密和解密能够同时进行，这是 CTR 模式比 CFB 模式和 OFB 模式优越的地方。

4.7.7 工作模式比较

这六种加密方式得到了广泛应用，表 4.7.1 所示为其工作原理和功能的总结。

表 4.7.1 分组密码的工作模式

模式	原 理	功 能
电码本(ECB)模式	每个明文组独立地以同一密钥加密	单个数据加密(如一个加密密钥)
密码分组链接(CBC)模式	将前一组密文与当前明文组逐位异或后再进行分组加密	加密，认证
密码反馈(CFB)模式	每次只处理 k bit 数据，将上一次的密文反馈到输入端，从加密器的输出取 k bit，与当前的 k bit 明文逐位异或，产生相应密文	对一般传送的数据流进行加密、认证
输出反馈(OFB)模式	类似于 CFB 模式，以加密器输出的 k bit 随机数字直接反馈到加密器的输入	对有扰信道传送的数据流进行加密(如卫星数传)
补偿密码本(OCB)模式	采用 offset 序列进行分组加密和鉴别过程中的补偿，计算过程转化为简单的移位和异或运算	对一般传送的数据流进行加密与鉴别
计数器(CTR)模式	类似于 CBC 模式，将计数器值加密后与当前明文组逐位进行异或加密	对一般传送的数据流进行加密

4.7.8 两种安全实用的混合模式

对称密码已经被广泛应用于数据的保密和数据完整性认证。在具体运用每一种不同算法的分组密码时，都会选择一种具体的操作模式。4.7.6 节介绍的几种模式对于明文长度为分组大小整数倍的应用均是安全的。如果明文长度不是分组大小的整数倍，则需要进行填充，使之成为分组大小的整数倍。现在已有很多文献证明，已知的各种填充方式都是不安全的，均存在漏洞。另外，前面给出的应用模式仅提供加密服务，而不提供鉴别服务，但有些应用中除了需要加密服务外还要求鉴别服务，这也是上述单一模式无法提供的。

鉴于以上安全缺陷和应用限制，IEEE 802.11(i)率先采用了一种混合模式，即 CCM (Counter with Cipher Block Chaining - Message Authentication Code)模式，它表示 CBC＋CTR 模式；中国无线局域网安全标准 WAPI 随之也采用了 CBC＋OFB 模式。前者被各种文献证明是安全的，后者没有被证明是安全的，但也没有人找到其漏洞。由于这两种模式均属于现有模式的组合，因此，可以称其为混合模式。

1. CCM 模式

目前，和 CCM 模式一起使用的加密算法主要是 AES，因此，很多时候也称 CCM 模式为"AES 加密算法的 CCM 模式"。这也是 IEEE 802.11(i)命名其安全协议为"AES - CCMP"的原因。

CCM 模式是由 D. Whiting、N. Ferguson 和 R. Housley 提出的，是一种同时提供加密和鉴别服务的全新操作模式。CCM 模式具有许多优秀的性质，它提供了带鉴别的加密服务，并且不会发生"错误传播"(Error Propagation)。另外，CCM 模式还具有同步性(Synchronization)和一定程度的并行性(Parallelizability)，即在加密过程具有并行性，而在鉴别过程没有。因此，相对于其他模式，CCM 模式更具优势。

CCM 模式中，加密服务由计数模式(Counter Mode)提供，而鉴别服务由 CBC - MAC (Cipher Block Chaining - Message Authentication Code)算法提供。我们可以理解为 CCM 模式结合了计数模式与 CBC 模式两者各自的优点。

使用 CCM 模式的基本条件包括：发送方和接收方定义相同的分组密码算法(这里为 AES 算法)、密钥 k、计数器发生函数(Counter Generation Function)、格式化函数 $F()$ (Formatting Function)和鉴别标记长度 Tlen。在 CCM 模式下，发送者的输入包括随机值 Nonce、有效载荷和附加鉴别数据，分别记为 N、P、A。计算步骤如下：

(1) 计算格式化函数 $F(N, A, P)$，产生数据块序列 $B_0, B_1, \cdots, B_r$(每块为 128 bit)。

(2) $Y_0 = E_k(B_0)$。

(3) For $i = 1$ to r, do $Y_j = E_k(B_i \oplus Y_{i-1})$。

(4) $T = \mathrm{MSB}_{\mathrm{Tlen}}(Y_r)$(取二进制串 Y_r 的左边 Tlen 个二进制位)。

(5) 计算计数器发生函数，产生计数块(the Counter Blocks) $\mathrm{Ctr}_0, \mathrm{Ctr}_1, \cdots, \mathrm{Ctr}_m$，$m = \mathrm{Plen}/128$。

(6) For $j = 0$ to m, do $s_j = E_k(\mathrm{Ctr}_j)$。

(7) $s = s_1 \| s_2 \| \cdots \| s_m$("$\|$"表示链接运算)。

(8) Return $C = (P \oplus \mathrm{MSB}_{\mathrm{Plen}}(s)) \| (T \oplus \mathrm{MSB}_{\mathrm{Tlen}}(s_0))$。

经过以上步骤后，最终产生发送方加密后发送的密文 c。一般来说，接收方得到 N、A 和 c 后，首先对密文 c 进行解密以恢复有效载荷和 MAC 值 T；然后接收方再利用 CBC - MAC 算法对 N、A 和解密的有效载荷重新计算 CBC - MAC 值 T_1，并与从密文中恢复的 MAC 值 T 进行对比认证。如果认证通过，则接收方从密文中解密得到的有效载荷 P 是真实有效的；否则，将得到一个无效的有效载荷，这时就要求发送方重新加密并发送该有效载荷。即使后一种情况真的发生，除了一个"错误"的 T 值以外，接收方将不会泄漏任何其他信息(包括解密的密文、正确的 T 值和其他一些入侵者"感兴趣"的信息)。

IEEE 802.11(i)中 CCM 模式的详细处理流程如图 4.7.5 所示。

在图 4.7.5 中，数据包头内容只需实现完整性，数据载荷内容需要实现完整性和保密性。

除了在 IEEE802.11(i)中的应用，CCM 模式还主要用于 IPSec 中。IPSec 是一个负责 IP 安全协议和密钥管理的安全体系，需要对 IP 传输提供数据保密、数据完整性保护、身份认证和反重放保护，以达到保护网络安全通信的目的。由于常规的操作模式仅提供数据加密服务，因此在 IPSec 应用中存在安全漏洞。数据完整性保护、身份认证和反重放保护都需要鉴别服务。

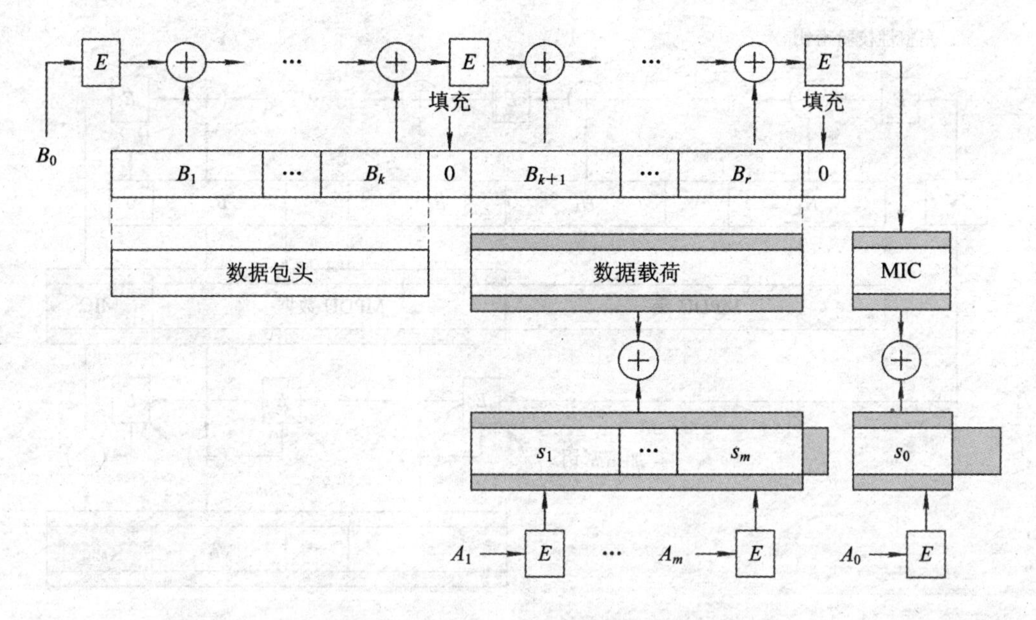

图 4.7.5 IEEE 802.11(i)中的 CCM 模式

之前，IPSec 只支持正式 CBC 模式和 CTR 模式，而 CCM 模式却能够同时提供加密和鉴别服务，不会发生“错误传播”，具有同步性和一定程度的并行性，因此，CCM 模式相对于其他模式在 IPSec 应用中更具优势。

D. Whiting、N. Ferguson 和 R. Housley 通过严格的证明过程证明了 CCM 的安全性。

2. CBC+OFB 模式

在 WAPI 协议中，CBC－MAC 用于实现数据完整性，OFB 模式用于实现数据保密性，它们分别采用不同的密钥。下面以 WAPI 协议为例说明该模式的使用。令数据明文信息包含明文信息内容和明文长度两部分；字段 802.11 头/密钥索引/ 保留/序号属于帧结构内容，只需要进行完整性保护，而不需要加密保护。

图 4.7.6 所示为一个 WAPI 帧结构。

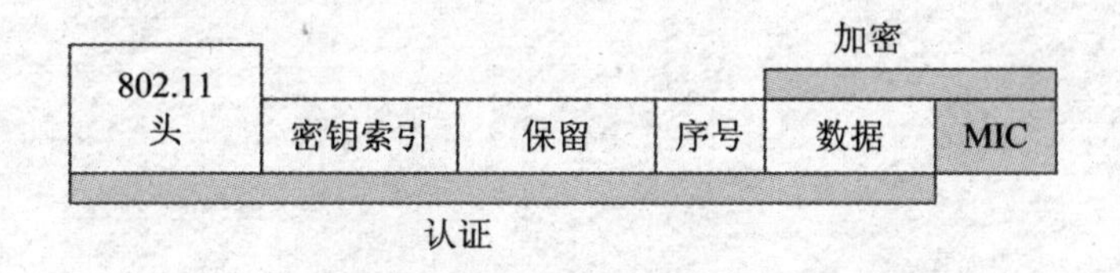

图 4.7.6 WAPI 帧结构

图 4.7.6 中，字段 802.11 头/密钥索引/保留/序号的内容只需实现完整性。加密过程为：首先求取完整性校验码 MIC，它是利用 CBC－MAC 算法对 802.11 头 ‖ 密钥索引 ‖ 保留 ‖ 序号 ‖ 数据共同计算得到的；接着进行加密，利用 OFB 模式对数据 ‖ MIC 进行加密，得到密文信息 $C=E$(数据 ‖ MIC)；最后，加密得到的 WAPI 帧内容为 802.11 头 ‖ 密钥索引 ‖ 保留 ‖ 序号 ‖ C。解密过程正好相反，比较简单，这里不再赘述。

图 4.7.7 所示为 WAPI 中的 CBC+OFB 模式的详细处理流程。

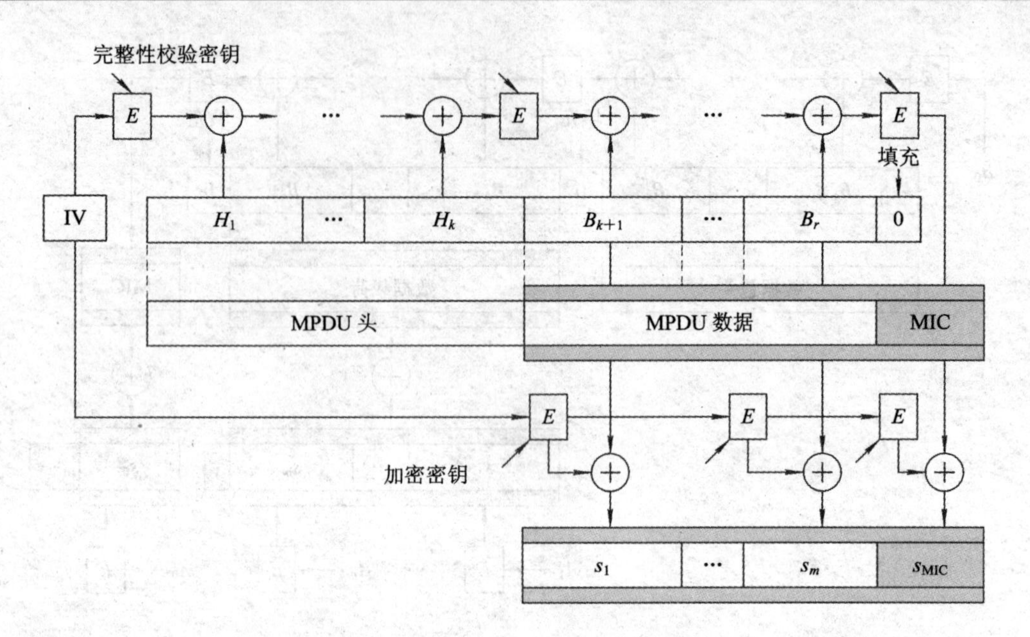

图 4.7.7　WAPI 中的 CBC＋OFB 模式

图 4.7.7 中，MPDU 头即为图 4.7.6 中的字段 802.11 头/密钥索引/保留/序号，MPDU 数据为上述数据明文信息。

到现在为止，包括 IEEE 在内，还没有任何人或组织证明 CBC＋OFB 混合模式是不安全的。

第5章　公钥密码算法

本章将介绍公钥密码机制的基本原理，并介绍一些常用的公钥算法，如 Diffie-Hellman 密钥交换算法、RSA 加密算法、ElGamal 加密算法、Rabin 加密算法、NTRU 算法、ECC 体制、1：n 公钥体制、(t, n)门限密码共享体制等。

5.1　公钥密码技术

5.1.1　公钥密码算法的基本原理

尽管对称密码技术有一些很好的特性，但它也存在着明显的缺陷，主要在于其密钥的管理。

(1) 进行安全通信前需要以安全方式进行密钥交换。这一步骤在某些情况下是可行的，但在某些情况下会变得非常困难，甚至无法实现。

(2) 密钥规模复杂。例如，A 与 B 两人之间的密钥必须不同于 A 和 C 两人之间的密钥，否则 A 给 B 的消息的安全性就会受到威胁。在 10 000 个用户的团体中，A 需要保持至少 9999 个密钥(更确切地说是 10 000 个，如果他需要留一个密钥给自己加密数据)。对于该团体中的其他用户，此种情况同样存在。这样，这个团体一共需要将近 5000 万个不同的密钥！推而广之，n 个用户的团体需要 $n^2/2$ 个不同的密钥。

公钥密码算法是指加密和解密数据使用两个不同的密钥，即加密和解密的密钥是不对称的，这种密码系统也称为公钥密码系统(PKC，Public Key Cryptosystem)。公钥密码学的概念首先是由 Diffie 和 Hellman 两人在 1976 年发表的一篇著名论文《密码学的新方向》中提出的，并引起了很大的轰动。该论文曾获得 IEEE 信息论学会的最佳论文奖。

与对称密码算法不同的是，公钥密码算法将随机产生两个密钥：一个用于加密明文，其密钥是公开的，称为公钥；另一个用来解密密文，其密钥是秘密的，称为私钥。图 5.1.1 表示了公钥密码算法的基本原理。

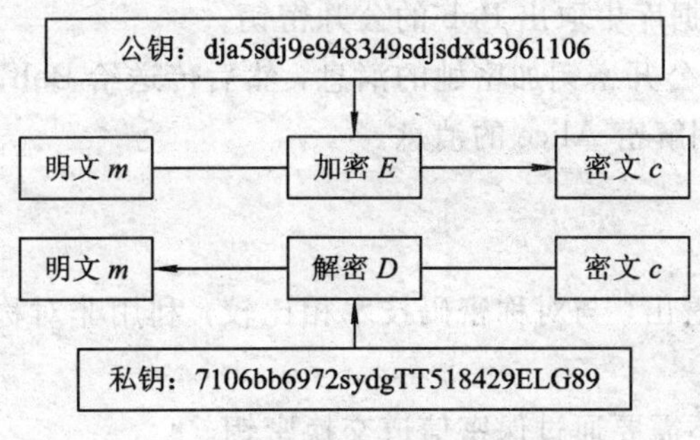

图 5.1.1　公钥密码算法的基本原理

如果两个人使用公钥密码算法传输机密信息，则发送者首先要获得接收者的公钥，并使用接收者的公钥加密原文，然后将密文传输给接收者。接收者使用自己的私钥才能解密密文。由于加密密钥是公开的，不需要建立额外的安全信道来分发密钥，而解密密钥是由用户自己保管的，与对方无关，因而避免了在对称密码系统中容易产生的任何一方单方面密钥泄露问题以及分发密钥时的不安全因素和额外的开销。公钥密码算法的特点是安全性高，密钥易于管理；缺点是计算量大，加密和解密速度慢。因此，公钥密码算法比较适合于加密短信息。在实际应用中，通常采用由公钥密码算法和对称密码算法构成的混合密码系统，以发挥各自的优势。使用对称密码算法来加密数据，加密速度快；使用公钥密码算法来加密对称密码算法的密钥，可形成高安全性的密钥分发信道，同时还可以用来实现数字签名和身份验证机制。

在公钥密码算法中，最常用的是 RSA 算法。在密钥交换协议中，经常使用 Diffie-Hellman 算法。

5.1.2 基本概念

公钥密码算法要求从公钥很难推断出私钥。持有公钥的任何人都可以加密消息，但无法解密，只有持有私钥的人才能够解密。

公钥加/解密的基本步骤如图 5.1.2 所示。

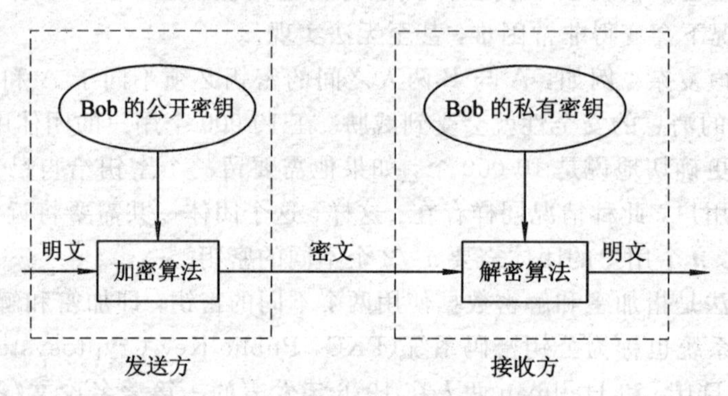

图 5.1.2 公钥加/解密的基本步骤

一般情况下，网络中的用户约定一个共同的公开密钥密码系统，每个用户都有自己的公钥和私钥，并且所有的公钥都保存在某个公开的数据库中，任何用户都可以访问此数据库。因此，加密协议如下：

(1) Alice 从公开数据库中取出 Bob 的公开密钥；

(2) Alice 用 Bob 的公开密钥加密她的消息，然后传送给 Bob；

(3) Bob 用他的私钥解密 Alice 的消息。

5.1.3 公钥的优点

从以上介绍中可以看出，与对称密码技术相比较，利用非对称密码技术进行安全通信有以下优点：

(1) 通信双方事先不需要通过保密信道交换密钥。

(2) 密钥持有量大大减少。在 n 个用户的团体中进行通信时，每一用户只需要持有自己的私钥，而公钥可放置在公共数据库上，供其他用户取用。这样，整个团体仅需拥有 n 对密钥，就可以满足相互之间进行安全通信的需求。实际中，因安全方面的考虑，每一用户可能持有多个密钥，分别用于数字签名、加密等。事实上这也是必须的，对于同一个公、私钥对，不能既用于签名，又用于加密，这也是目前本领域所公认的一个原则。此种情况下，整个团体拥有的密钥对数为 n 的倍数。但即使如此，与使用对称密码技术时需要 $n^2/2$ 个不同的密钥相比，需要管理的密钥数量仍有显著减少。

(3) 非对称密码技术还提供了对称密码技术无法或很难提供的服务。例如，与杂凑函数联合运用可生成数字签名(第6章和第7章将分别予以介绍)。

5.1.4　基本服务

公钥算法的基本服务包括以下内容：

(1) 加密/解密：发送方可以用接收方的公钥加密消息。

(2) 数字签名：发送方用其私钥“签署”消息，通过对消息或作为消息函数的小块数据应用加密算法来进行签署。

(3) 密钥交换：两方通过互相合作可以进行会话密钥的交换。

5.1.5　理论基础

一个公开密钥密码系统必须满足的条件如下：

(1) 通信双方A和B容易通过计算产生出一对密钥(公开密钥 k_1 和私有密钥 k_2)。

(2) 在知道公钥 k_1 和待加密报文 m 的情况下，对于发送方A，很容易通过计算产生对应的密文：$c=E_{k_1}(m)$。

(3) 接收方B使用私钥能够很容易地对所接收到的密文进行解密计算以恢复原来的报文：$m=D_{k_2}(c)=D_{k_2}[E_{k_1}(m)]$。

(4) 除A和B以外的其他人即使知道公钥 k_1，要确定私钥 k_2 在计算上也是不可行的。

(5) 除A和B以外的其他人即使知道公钥 k_1 和密文 c，要想恢复原来的明文 m 在计算上也是不可行的。

这些要求最终可以归结为设计一个单向陷门函数。5.2节我们将介绍单向陷门函数。

5.2　单向陷门函数

公钥(双钥)体制于1976年由W. Diffie和M. Hellman提出，同时R. Merkle在1978年也独立提出了这一体制。这一体制的最大特点是采用两个密钥，将加密和解密功能分开：一个公开作为加密密钥；另一个为用户专用，作为解密密钥。要从公开的公钥或密文分析出私钥或明文在计算上是不可行的。若以公钥作为加密密钥，以用户专用钥作为解密密钥，则可实现多个用户加密的消息只能由一个用户解读；反之，以用户专用钥作为加密密钥而以公钥作为解密密钥，则可实现由一个用户加密的消息使多个用户解读。前者可用于保密通信，后者可用于数字签名。这一体制的出现在密码学史上具有划时代的意义，它为解决计算机信息网中的安全问题提供了新的理论和技术基础。

自1976年以来，双钥体制有了飞速发展，不仅提出了多种算法，而且出现了不少安全产品，有些已得到了广泛应用。本章后面内容将介绍其中的一些主要体制，特别是那些既有安全性，又有实用价值的算法。

双钥密码系统的安全性主要取决于构造双钥算法所依赖的数学问题，要求加密函数具有单向性，即求逆具有困难性。因此，设计双钥体制的关键是要寻求一个合适的单向函数。

5.2.1 单向函数的定义

定义 5.2.1 令函数 f 是集 A 到集 B 的映射，以 $f: A\to B$ 表示。若对任意 $x_1\neq x_2$，$x_1, x_2\in A$，有 $f(x_1)\neq f(x_2)$，则称 f 为单射，也称为 1-1 映射或可逆函数。

f 为可逆的充要条件是：存在函数 $g: B\to A$，使对所有 $x\in A$ 有 $g[f(x)]=x$。

定义 5.2.2 一个可逆函数 $f: A\to B$，若它满足：

(1) 对所有 $x\in A$，易于计算 $f(x)$；

(2) 对"几乎所有 $x\in A$"，由 $f(x)$ 求 x"极为困难"，以至于实际上不可能做到，则称 f 为单向(One-Way)函数。

定义中的"极为困难"是对现有的计算资源和算法而言的。Massey 曾称此为视在困难性(Apparent Difficulty)，相应函数称为视在单向函数。以此来和本质上(Essentially)的困难性相区分。

【例 5.2.1】 令 f 为有限域 GF(p)中的指数函数，其中 p 是大素数，即

$$y = f(x) = a^x \tag{5.2.1}$$

式中，$x\in \mathrm{GF}(p)$，x 为满足 $0\leqslant x\leqslant p-1$ 的整数，其逆运算是 GF(p)中定义的对数运算，即

$$x = \log_a a^x \quad (0\leqslant x\leqslant p-1) \tag{5.2.2}$$

显然，由 x 求 y 是容易的，即使当 p 很大(如 $p\approx 2^{100}$)时也不难实现。为方便计算，以下令 $a=2$。所需的计算量为 $\mathrm{lb}p$ 次乘法，存储量为$(\mathrm{lb}p)^2$ bit，例如 $p=2^{100}$时，需作 100 次乘法。利用高速计算机由 x 计算 a^x 可在 0.1 ms 内完成。但是相对于当前 GF(p)中对数计算最好的算法，要从 a^x 计算 x 所需的存储量大约为$(3/2)\times\sqrt{p}\ \mathrm{lb}p$ bit 且运算量大约为$(1/2)\times\sqrt{p}\ \mathrm{lb}p$ 次。当 $p=2^{100}$时，所需的计算量为$(1/2)\times 2^{50}\times 100\approx 10^{16.7}$次，以计算指数一样快的计算机进行计算需时约 $10^{10.7}$秒(1 年$\approx 10^{7.5}$秒，故约为 1600 年！其中假定存储量的要求能够满足)。可见，当 p 很大时，GF(p)中 $f(x)=a^x$ $(x<p-1)$是个单向函数。

Pohlig 和 Hellman 在 1978 年对 $p-1$ 无大素因子时给出了一种快速求对数的算法。特别是当 $p=2^n+1$ 时，从 a^x 求 x 的计算量仅需$(\log p)^2$ 次乘法。对于 $p=2^{160}$，在高速计算机上大约仅需时 10 ms。因此，在这种情况下，$f(x)=a^x$ 就不能被认为是单向函数。

由此可以得出，对于素数 p，当 $p-1$ 有大的素因子时，GF(p)上的函数 $f(x)=a^x$ 是一个视在单向函数。寻求在 GF(p)上求对数的一般快速算法是当前密码学研究中的一个重要课题。

5.2.2 单向陷门函数的定义

单向函数是求逆困难的函数，而单向陷门函数(Trapdoor One-Way Function)是在不知陷门信息的情况下求逆困难的函数，当知道陷门信息后，求逆是易于实现的。这是 Diffie

和 Hellman 于 1976 年引入的有用概念。

号码锁在不知预设号码时很难开启，但若知道所设号码则容易开启。太平门从里面向外出容易，若无钥匙则反向难进。但如何给陷门单向函数下定义则很棘手，因为：

(1) 陷门函数其实就不是单向函数。这是因为单向函数在任何条件下求逆都是困难的。

(2) 陷门可能不止一个，通过试验，一个个陷门就可容易地找到逆。如果陷门信息的保密性不强，那么求逆也就不难。

定义 5.2.3　单向陷门函数是一类满足下述条件的单向函数：$f_z: A_z \rightarrow B_z$，$z \in Z$，Z 是陷门信息集。

(1) 对所有 $z \in Z$，在给定 z 的情况下容易找到一对算法 E_z 和 D_z，使对所有 $x \in A$，易于计算 f_z 及其逆，即

$$f_z(x) = E_z(x) \tag{5.2.3}$$

$$D_z(f_z(x)) = x \tag{5.2.4}$$

而且在给定 z 后容易找到一种算法 F_z(称其为可用消息集鉴别函数)，对所有 $x \in A$，易于检验是否 $x \in A_z (A_z \subset A)$，$A_z$ 是可用的明文集。

(2) 对"几乎"所有 $z \in Z$，当只给定 E_z 和 F_z 时，对"几乎所有"$x \in A_z$，"很难"(即"实际上不可能")从 $y = F_z(x)$ 算出 x。

第(1)条让我们注意识别 x 是在允许的定义范围内。当集 A 未划分时，这不难做到。但是当集 A_z 与 z 有关时，则应当能确信检验 x 是在 A 中(这容易做到)的同时，是否在不知 z 的情况下也能检验 x 是在 A_z 之中，因为当人们在不知 z 的情况下使用算法 E_z 时就需要解决此问题。

第(2)条半精确地定义了陷门单向函数为一单向函数。它表明在给定算法 E_z、D_z 时，对"几乎所有"$x \in A_z$，至少对"大多数"$z \in Z$ 和"大多数"$x \in A_z$，在"计算上"不可能求出逆。即使已知有限明密文对(x_i, y_i)，$i = 1, 2, \cdots, n$，也难以轻易地从 $F_z(x)$ 算出 x。其中，$x \in A_z$，但不在已知的明密文对中。

(3) 对任一 z，集 A_z 必须是保密系统的明文集中的一个"方便"集，即便于实现明文到它的映射(在 PKC 中是默认的条件)。Diffie 和 Hellman 定义的陷门函数中，$A_z = A$，对所有 z 成立，而实际中 A_z 取决于 Z。

5.2.3　公钥系统

在一个公钥系统中，所有用户共同选定一个单向陷门函数、加密运算 E 及可用消息集鉴别函数 F。用户 i 从陷门集中选定 z_i，并公开 E_{zi} 和 F_{zi}。任一向用户 i 发送机密消息者，可用 F_{zi} 检验消息 x 是否在许用明文之中，而后送 $y = E_{zi}(x)$ 给用户 x 即可。

在仅知 y、E_{zi} 和 F_{zi} 的情况下，任一用户都不能得到 x。但用户 i 利用陷门信息 z_i，易于得到 $D_{zi}(y) = x$。

定义 5.2.4　对 $z \in Z$ 和任意 $x \in X$，$F_i(x) \rightarrow y \in Y = X$。若

$$F_j(F_i(x)) = F_i(F_j(x)) \tag{5.2.5}$$

成立，则称 F 为可换单向函数。

5.2.4 用于构造双钥密码的单向函数

下面给出一些单向函数的例子。目前多数双钥体制是基于这些问题构造的。

1. 多项式求根

有限域 GF(p)上的一个多项式

$$y = f(x) = x^n + a_{n-1}x^{n-1} + \cdots + a_1 x + a_0 \bmod p$$

当给定 a_0，a_1，…，a_{n-1}，p 及 x 时，易于求 y，利用 Honer's 法则，即

$$f(x) = (\cdots(x + a_{n-1})x + a_{n-2})x + a_{n-3})x + \cdots + a_1)x + a_0)\bmod p \qquad (5.2.6)$$

最多有 n 次乘法和 $n-1$ 次加法。反之，已知 y，a_0，a_1，…，a_{n-1}，要求解 x 需能对高次方程求根。这至少要$\lfloor n^2(\text{lb}p)^2\rfloor$次乘法，$\lfloor a\rfloor$表示不大于 a 的最大整数，当 n、p 很大时求根很难。

2. 离散对数

给定一大素数 p，$p-1$ 含另一大素数因子 q。可构造一乘群 Z_p^*，它是一个 $p-1$ 阶循环群。其生成元为整数 g，$1<g<p-1$。已知 x，求 $y=g^x \bmod p$ 容易，只需$\lfloor \text{lb}x\rfloor-1$ 次乘法。

已知 y、g、p，求 $x=\log_g y \bmod p$ 为离散对数问题。最快求解法运算次数的渐近值为

$$L(p) = O(\exp\{(1+o(1))\sqrt{\ln p \ln(\ln p)}\}) \qquad (5.2.7)$$

$p=512$ 时，$L(p)=2^{256}\approx 10^{77}$。

3. 大整数分解

判断一个大奇数 n 是否为素数的有效算法，大约需要的计算量是$\lfloor \text{lb}n\rfloor^4$。当 n 为 256 或 512 位二元数时，用当前计算机可在 10 分钟内完成。已知大整数分解(FAC)属于 NP (Non - deterministic Polynomial)完全问题(CONP)，即 FAC⊆CONP。

若已知两个大素数 p 和 q，求 $n=p\cdot q$ 只需一次乘法，但由 n 求 p 和 q，则是几千年来数论专家的攻关对象。

RSA 问题是 FAC 问题的一个特例。n 是两个素数 p 和 q 之积，给定 n 后求素因子 p 和 q 的问题称为 RSAP。求 $n=p\cdot q$ 的分解问题有以下几种形式：

(1) 分解整数 n 为 p 和 q；

(2) 给定整数 M 和 C，求 d 使 $C^d \equiv M \bmod n$；

(3) 给定整数 e 和 C，求 M 使 $M^e \equiv C \bmod n$；

(4) 给定整数 x 和 C，决定是否存在整数 y 使 $x \equiv y^2 \bmod n$(二次剩余问题)。

4. 背包问题

背包问题是于 1972 年由 Karp 提出的。已知向量 $\boldsymbol{A}=(a_1, a_2, \cdots, a_N)$，$a_i$ 为正整数，通常称 $\boldsymbol{A}$ 为背包向量。给定向量 $\boldsymbol{x}=(x_1, x_2, \cdots, x_N)$，$x_i\in\{0, 1\}$，求和式 $S = f(x) = \sum_{i=1}^{N} x_i a_i$，$x_i \in [0, 1]$ 容易，只需 $N-1$ 次加法。但已知 $\boldsymbol{A}$ 和 S 求 $\boldsymbol{x}$ 则非常困难，称其为背包问题，又称做子集和(Subset - Sum)问题，是个 NP - C 问题。用穷举搜索法时，有 2^N 种可能。当 N 较大时，运算相当困难。

5. Diffie－Hellman 问题

给定素数 p，令 α 为 Z_p^* 的生成元，若已知 α^a 和 α^b，则求 α^{ab} 的问题为 Diffie－Hellman 问题，简记为 DHP。若 α 为循环群 G 的生成元，且已知 α^a 和 α^b 为 G 中的元素，则求 α^{ab} 的问题为广义 Diffie－Hellman 问题，简记为 GDHP。

6. 二次剩余问题

给定一个奇合数 n 和整数 a，决定 a 是否为 mod n 的平方剩余，这就是二次剩余问题。

5.3　Diffie－Hellman 密钥交换协议

Diffie－Hellman(DH)密钥交换协议主要用于通信双方的密钥交换(或称密钥协商过程)，使用该协议进行密钥交换时只需要在该协议的基础上增加消息认证性以抵抗中间人攻击即可。其应用非常简单，而且具有前向保密性的安全特性，能够满足当前本领域对信息安全系统的最新安全要求。中国无线局域网安全标准 WAPI 就采用 DH 密钥交换协议来实现接入点 AP 和终端 STA 之间的密钥协商。

5.3.1　历史背景

对于对称密码系统，在进行保密通信之前，必须向通信双方分别递送一个密钥。在公钥密码体制出现之前，通信双方建立共享密钥一直是一个比较困难的问题，这是因为这个过程需要一条安全的信道，通常这样的信道意味着要由专门的信使以物理方式传送。与对称密码体制相比，公钥密码体制的一个显著优点就是远程通信各方无需安全信道就能实现相互交换密钥。

W. Diffie 与 M. Hellman 在 1976 年提出了一个奇妙的密钥交换协议，称为 DH 密钥交换协议/算法(DH Key Exchange/Agreement Algorithm)。这个机制的巧妙之处在于需要安全通信的双方可以用这个方法确定对称密钥，然后用这个密钥进行加密和解密。但需注意，这个密钥交换协议/算法只能用于密钥的协商，而不能进行消息的加密和解密。双方确定要用的密钥后，要使用其他对称密钥操作加密算法来加密和解密消息。

此算法是最早的公钥算法。它实质上是一个通信双方进行密钥协定的协议：两个实体中的任何一个使用自己的私钥和另一实体的公钥，得到一个对称密钥，其他实体都计算不出这一对称密钥。DH 算法的安全性基于有限域上计算离散对数的困难性。离散对数的研究现状表明，所使用的 DH 密钥至少需要 1024 位，才能保证有足够的中、长期安全。

5.3.2　协议描述

协议 5.3.1　DH 密钥交换协议：

共同输入：(p, q)。其中，p 为大素数，g 为 F_p^* 的生成元。

输出：Alice 和 Bob 共享 F_p^* 中的一个元素。

(1) Alice 选择 $a \in_U [1, p-1)$，计算 $g_a \leftarrow g^a \pmod{p}$，发送 g_a 给 Bob。

(2) Bob 选择 $b \in_U [1, p-1)$，计算 $g_b \leftarrow g^b \pmod{p}$，发送 g_b 给 Alice。

(3) Alice 计算 $k \leftarrow g_b^a \pmod{p}$。

(4) Bob 计算 $k \leftarrow g_a^b \pmod p$。

系统范围内的所有用户可以共用公开参数 p 和 g。

由协议 5.3.1 不难看出，对于 Alice：

$$k = g^{ba} \pmod p$$

对于 Bob：

$$k = g^{ab} \pmod p$$

注意：由于 $ab \equiv ba \bmod (p-1)$，因此双方计算得到的值是相同的。这就是 DH 密钥交换协议在通信双方之间实现了一个共享密钥的原因。

5.3.3　算法说明

在执行和应用 DH 密钥交换协议的时候，我们应该注意如下细节：

(1) 共同的输入 p 应该为一个素数(或素数的幂)，满足 $p-1$ 有足够大的素因子 p'，这里"足够大"意味着 $p' > 2^{160}$。

(2) 共同的输入 g 不必是 F_p^* 的生成元，但 g 应该是 F_p^* 中高阶子群的一个生成元。例如，阶为 p' 的子群，则 p' 也应该是这个协议共同输入的一部分。

(3) Alice(Bob)应该验证 $g_b \neq 1 \pmod p$ ($g_a \neq 1 \pmod p$)。对于他们各自取自 $(1, p')$ 中的指数，这个验证将确保共享的密钥 g^{ab} 是 F_p 的 p' 阶子群中的一个元素，也就是说，是一个高阶子群中的一个元素。

(4) 在这个协议结束之后，Alice(Bob)应该立即删除她的指数 a(他的指数 b)。这样在通信结束后，如果他们都正确地处理了交换密钥 g^{ab}，那么对于这个交换密钥，他们将会拥有前向保密的性质。

5.3.4　安全性分析

应该注意，DH 密钥交换协议不支持对协商密钥的认证功能。处于 Alice 和 Bob 通信中间的主动攻击者能够操纵这个协议的消息以实现成功攻击，称为中间人攻击(Man-in-the-middle Attack)。攻击 5.3.1 说明了这种攻击。

攻击 5.3.1　对 DH 密钥交换协议的中间人攻击(见图 5.3.1)：

共同输入：同协议 5.3.1。

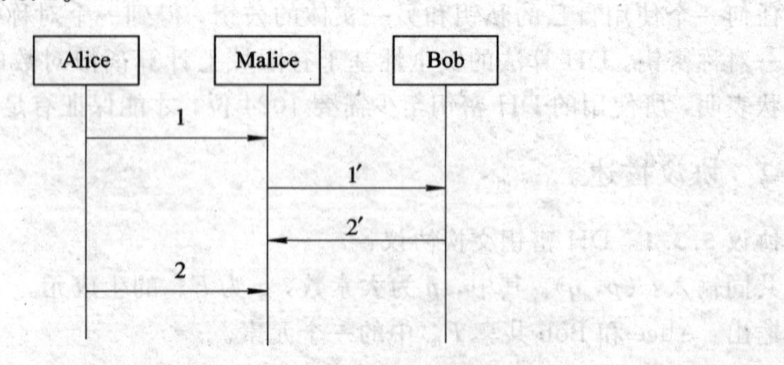

图 5.3.1　中间人攻击过程

(1) Alice 选择 $a \in_U [1, p-1]$，计算 $g_a \leftarrow g^a \pmod p$，发送 g_a 给 Malice("Bob")。

Malice("Alice")对某个 $m \in [1, p-1]$，计算 $g_m \leftarrow g^m \pmod p$，发送 g_m 给 Bob。

(2) Bob 选择 $b \in_U [1, p-1)$，计算 $g_b \leftarrow g^b \pmod p$，发送 g_b 给 Malice(“Alice”)。

Malice(“Bob”)向 Alice 发送 g_m。

(3) Alice 计算 $k_1 \leftarrow g_m^a \pmod p$（由于 Malice 能够计算 $k_1 \leftarrow g_m^a \pmod p$，因此这个密钥由 Alice 和 Malice 共享）。

(4) Bob 计算 $k_1 \leftarrow g_m^a \pmod p$（由于 Malice 能够计算 $k_2 \leftarrow g_m^b \pmod p$，因此这个密钥由 Bob 和 Malice 共享）。

在对协议运行的攻击当中，Malice（坏家伙）截获 Alice 发送给 Bob 的第一条消息 g_a，并伪装成 Alice 向 Bob 发送消息。

Malice(“Alice”)发送给 Bob：$g_m (\overset{\text{def}}{=} g^m) \pmod p$。

Bob 将按照协议的规则回复 g_b 给 Malice(“Alice”)。这意味着这个发送的数值再一次被 Malice 截获。现在 Malice 和 Bob 协商了一个密钥 $g^{bm} \pmod p$，而 Bob 以为这个密钥就是他和 Alice 所共享的密钥。

类似地，Malice 可以伪装成 Bob，并同 Alice 协商另一个密钥 g^{am}。以上两个过程完成之后，Malice 用这两个密钥就可以在 Alice 和 Bob 之间阅读或转发“保密”通信，或者对于其中一方，伪装成另一方。

由于这个协议没有提供对协议消息源的认证服务，因此对 Diffie - Hellman 密钥交换协议的中间人攻击是可能的。为了协商一个仅由 Alice 和 Bob 专门共享的密钥，在协议的运行过程中，参与者必须确定收到的消息的确来自目标参与者。关于参与者身份的认证问题，我们将在后面章节进行讲述。

5.3.5 DH 协议应用的典型案例

DH 协议应用的典型实例是在中国无线局域网安全标准 WAPI 中采用 DH 密钥交换协议来实现接入点 AP 和终端 STA 之间的密钥协商，即在实现 STA 和 AP 认证的同时，产生它们共享的基密钥 BK。BK 可以用来进一步协商通信过程中的会话密钥等。图 5.3.2 为 STA 和 AP 的认证过程，其中 AS 表示后台认证服务器。

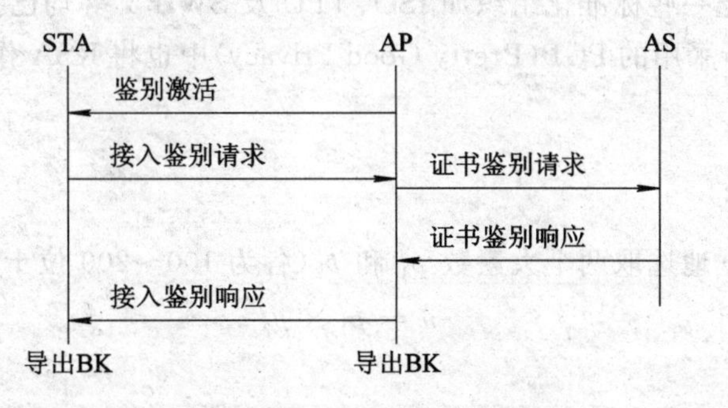

图 5.3.2 STA 和 AP 的认证过程

图 5.3.3 为 STA 和 AP 认证过程的具体实现。

图 5.3.3 中，SN 和 N.. 均为一次性随机数；Cert.. 为数字证书；Sig.. 为数字签名；ID.. 表示实体身份信息；KD - HMAC - SHA - 256() 为密钥导出函数；k_{SP} 和 k_{AP} 分别为 STA 和 AP 选取的 DH 交换公钥信息；k_{SS} 和 k_{AS} 分别为 STA 和 AP 选取的 DH 交换私钥信息（这里 DH 协议是在椭圆曲线上实现的。协议的结果是 STA 和 AP 共享一个 BK。该协议

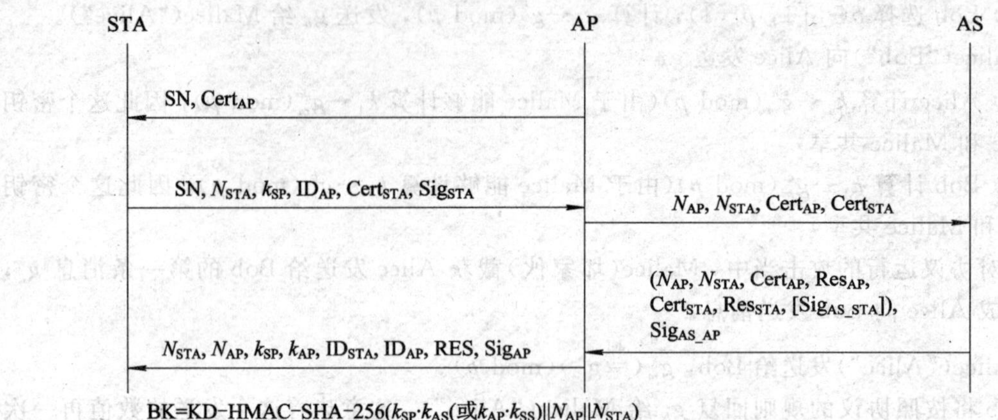

图 5.3.3 STA 和 AP 认证过程的具体实现

具有前向保密性，即使 STA 和 AP 的私钥泄露，也不会影响之前它们协商的密钥 BK 的安全性。

5.4 RSA 算法

RSA 是第一个比较完善的公钥密码算法，既可用于加密数据，又可用于数字签名，并且比较容易理解和实现。RSA 算法经受住了多年的密码分析的攻击，具有较高的安全性和可信度。RSA 算法简单实用，几乎可以满足任何应用场合。

5.4.1 历史背景

MIT 三位年轻数学家 R. L. Rivest、A. Shamir 和 L. Adleman 于 1978 年和 1979 年发现了一种用数论构造双钥的方法，称做 MIT 算法，后来被广泛称为 RSA 算法。该算法既可用于加密，又可用于数字签字，易懂且易于实现，是目前仍然安全并且逐步被广泛应用的一种算法。国际上一些标准化组织如 ISO、ITU 及 SWIFT 等均已接受 RSA 算法作为标准。在 Internet 中所采用的 PGP(Pretty Good Privacy)中也将 RSA 作为传送会话密钥和数字签字的标准算法。

5.4.2 算法描述

系统参数：独立地选取两个大素数 p_1 和 p_2(各为 100～200 位十进制数字)，计算：

$$n = p_1 \times p_2 \tag{5.4.1}$$

其欧拉函数值：

$$\varphi(n) = (p_1 - 1)(p_2 - 1) \tag{5.4.2}$$

随机选一整数 e，$1 < e < \varphi(n)$，$(\varphi(n), e) = 1$。因而在模 $\varphi(n)$下，e 有逆元，即

$$d = e^{-1} \bmod \varphi(n) \tag{5.4.3}$$

取公钥为 n、e，秘密钥为 d。(p_1、p_2 不再需要，可以销毁。)

加密：用 x 和 y 分别表示明文和密文，则

$$y = x^e \bmod n \tag{5.4.4}$$

解密：

$$x = y^d \bmod n \tag{5.4.5}$$

证明：$y^d=(x^e)^d=x^{de}$，因为 $de\equiv 1 \bmod \varphi(n)$，而 $de=q\varphi(n)+1$。由欧拉定理，$(x, n)=1$ 意味着 $x^{\varphi(n)}\equiv 1 \bmod n$，故有

$$y^d = x^{de} = x^{q\varphi(n)+1} \equiv x \cdot x^{q\varphi(n)} = x \cdot 1 = x \bmod n$$

陷门函数：

$$Z = (p_1,\ p_2,\ d)$$

5.4.3　算法说明

RSA 加密实质上是一种 $Z_n \to Z_n$ 上的单表代换，给定 $n=p_1 \cdot p_2$ 和合法明文 $x\in Z_n$，其相应密文 $y=x^e \bmod n\in Z_n$。对于 $x\neq x'$，必有 $y\neq y'$。Z_n 中的任一元素（0、p_1、p_2 除外）是一个明文，但它也是与某个明文相对应的一个密文。因此，RSA 是 $Z_n\to Z_n$ 的一种单表代换密码，其关键在于 n 极大且不知陷门信息的情况下极难确定这种对应关系，而用模指数算法又易于实现一种给定的代换。正是由于这种一一对应性使 RSA 不仅可以用于加密，也可以用于数字签名。

5.4.4　RSA 实现方法

RSA 有硬件和软件两种实现方法。不论何种实现方法，RSA 的速度总是比 DES 慢得多(其实任何公钥运算的复杂度都大于私钥运算)。因为 RSA 的计算量要大于 DES，所以在加密和解密时需要做大量的模数乘法运算。例如，RSA 在加密或解密一个 200 位十进制数时大约需要做 1000 次模数乘法运算，因此提高模数乘法运算的速度是解决 RSA 效率的关键所在。

硬件实现方法采用专用的 RSA 芯片，以提高 RSA 的加密和解密速度。生产 RSA 芯片的公司有很多，如 AT&T、Alpha、英国电信、CNET、Cylink 等。同样使用硬件实现时，DES 比 RSA 快大约 1000 倍。

软件实现方法的速度要更慢一些，与计算机的处理能力和速度有关。同样使用软件实现时，DES 比 RSA 快大约 100 倍。表 5.4.1 为多年前在 SPARC Ⅱ工作站上测试 RSA 软件实现的处理速度实例，该数据现在可能已经没有参考价值，这里主要借用它来说明各种操作之间的运算速度快慢。

表 5.4.1　RSA 软件实现的处理速度实例(在 SPARC Ⅱ工作站上)

操作功能	512 位	768 位	1024 位
加密	0.03 秒	0.05 秒	0.08 秒
解密	0.16 秒	0.48 秒	0.93 秒
签名	0.16 秒	0.52 秒	0.97 秒
认证	0.02 秒	0.07 秒	0.08 秒

在实际应用中，RSA 算法很少用于加密大块的数据，通常在混合密码系统中用于加密会话密钥，或者用于数字签名和身份认证，它们都是短消息加密的应用，以避免加密大量

信息而降低通信系统的实时性。

5.4.5 RSA 的安全性

在 RSA 问世后的 30 多年中，有很多密码专家和研究机构对 RSA 进行了大量的研究和分析，迄今为止还未找到破译 RSA 的有效方法。这就是我们现在还可以放心使用 RSA 的原因。

对于破译 RSA，穷举搜索法并不是有效的方法，通常主要采用分解因子的方法来分解 n。因为破译者手中有公钥 e 和模数 n，所以要找到解密密钥 d，则必须分解 n。分解因子问题是众所周知的数学难题，迄今为止还未找到分解因子的有效算法，这就是 RSA 算法的安全性基础。

然而，RSA 在理论上还存在一定的空白点，也就是不能确切地证明它的安全性，破译 RSA 不会比分解因子问题更困难，并且不排除这种可能性：可以找到一种破译 RSA 密码的有效算法，但找不到相应分解因子的快速算法。

另外，一些攻击者专门对 RSA 实现系统进行攻击，它们并不攻击 RSA 算法本身，而是设法攻击 RSA 实现上的弱点。根据一些成功的攻击经验，RSA 在使用上存在如下限制：

(1) 知道了对于一个给定模数的一个加/解密密钥指数对，攻击者就能分解这个模数。

(2) 知道了对于一个给定模数的一个加/解密密钥指数对，攻击者无需分解 n 就能计算出其他的加/解密密钥对。

(3) 在网络环境下应用时，基于 RSA 的网络协议不应当使用公共模数。

(4) 消息应当使用随机数填充，以避免对加密指数的攻击。

(5) 解密指数应当足够大。

对于一个密码应用系统来说，密码算法、使用密码算法的协议以及使用协议的应用系统都必须是安全的，三者之中的任何一个环节出现弱点都会危及整个系统的安全。因此，RSA 实现的细节也是很关键的，应当给予足够的重视。

5.5 ElGamal 算法

一般来说，一个工程问题需要使用公钥加密算法时，我们印象中的不二选择一定会是 RSA 加密算法。这没有什么问题，因为 RSA 不仅安全，而且容易实现。然而，众所周知，RSA 算法是一个确定性算法，对同一明文加密多次，其密文都是相同的，这本身没有安全漏洞，但是，如果工程应用的安全性很高，则为了避免攻击者搜集明密文对进行攻击，我们就必须选取一些随机加密算法。本节给出一个和 RSA 一样简单安全的公钥算法，即 ElGamal 算法。这一算法由 ElGamal 于 1984 年和 1985 年提出，是一种基于离散对数问题的双钥密码算法。该算法既可用于加密，又可用于签字，是一种随机加密算法。

5.5.1 算法描述

系统参数：令 Z_p 是一个有 p 个元素的有限域，p 是一个素数，令 g 是 Z_p^*（Z_p 中除去 0 元素）中的一个本原元或其生成元。明文集 M 为 Z_p^*，密文集 C 为 $Z_p^* \times Z_p^*$。

公钥：选定 g（$g<p$ 的生成元），计算得公钥

$$\beta = g^{\alpha} \bmod p \tag{5.5.1}$$

秘密钥：

$$\alpha < p$$

加密：选择随机数 $k \in Z_{p-1}$，且 $(k, p-1)=1$，计算

$$y_1 = g^k \bmod p \quad \text{（随机数 } k \text{ 被加密）} \tag{5.5.2}$$

$$y_2 = M\beta^k \bmod p \quad \text{（明文被随机数 } k \text{ 和公钥 } \beta \text{ 加密）} \tag{5.5.3}$$

其中，M 是发送明文组。密文由上述两部分 y_1、y_2 级联构成，即密文组 $C=y_1 \| y_2$。

特点：密文由明文和所选随机数 k 来确定，因而是非确定性加密，一般称为随机化(Randomized)加密；对同一明文，由于不同时刻的随机数 k 不同，因而给出不同的密文，代价是使数据扩展一倍。

解密：收到密文组 C 后，计算得

$$M = y_2 / y_1^{\alpha} = M\beta^k / g^{k\alpha} = (Mg^{k\alpha} / g^{k\alpha}) \bmod p \tag{5.5.4}$$

5.5.2　安全性

ElGamal 算法基于 Z_p^* 中有限群上离散对数的困难性。Haber 和 Lenstra 曾指出，mod p 生成的离散对数密码可能存在有陷门，有些"弱"素数 p 下的离散对数较容易求解。但 Gordon 已于 1992 年证明，不难发现这类陷门，从而可以避免选用这类素数。

此外，McCurely 将 ElGamal 方案推广到 Z_n^k 上的单元群，并证明其破译难度至少相当于分解 n，破译者即使知道了 n 的分解，也还要解决模 n 的因子的 Diffie－Hellman 问题。

可见，ElGamal 算法的安全性是得到认可的，如果工程问题需要随机加密，则 ElGamal 算法是一个不错的选择。

5.6　Rabin 算法和 Williams 算法

下面介绍著名的公钥算法：Rabin 算法和 Williams 算法。

5.6.1　Rabin 算法

1979 年 Rabin 利用合数模下求解平方根的困难性构造了一种安全公钥算法，即令 p 和 q 是两个素数，在模 4 下与 3 同余，以 $n=p \cdot q$ 为公钥。

加密：设 m 为待加密消息，计算密文

$$c = m^2 \bmod n \qquad (0 \leqslant m \leqslant n) \tag{5.6.1}$$

解密：计算

$$m_1 = c^{(p+1)/4} \bmod n$$

$$m_2 = p - c^{2(p+1)/4} \bmod n$$

$$m_3 = c^{(q+1)/4} \bmod n$$

$$m_4 = q - c^{(q+1)/4} \bmod n$$

其中必有一个与 m 相同，若 m 是文字消息，则易于识别；若 m 是随机数字流，则无法确定哪一个 m_i 是正确的消息。

安全性：等价于分解大整数。

5.6.2 Williams 算法

Williams 在 1980 年提出了克服上述解密不确定性的方法。选 $p \equiv -1 \bmod 4$，$q \equiv -1 \bmod 4$，令 $n = p \cdot q$，选小整数 s 使 $J(s, n) = -1$(Jacobi 符号)，公布 n 和 s。秘密钥 $k = (1 + (p-1)(q-1))/4/2$。

加密：给定消息，计算 c_1 使 $J(m, n) = (-1)^{c_1}$，$c_1 \in [0, 1]$，并有

$$m' \equiv s^{c_1} \times m \bmod n \tag{5.6.2}$$

$$c \equiv (m')^2 \bmod n \tag{5.6.3}$$

$$c_2 \equiv m' \bmod 2 \tag{5.6.4}$$

密文为(c, c_1, c_2)。

解密：计算 m''，有

$$c^k \equiv \pm m'' \bmod n$$

其中，k 是秘密钥。

由 c_2 给出 m''的适当符号，最后得

$$m = s^{-c_1} \times (-1)^{c_2} \times m'' \bmod n \tag{5.6.5}$$

Williams 的修正方案用 m^3 代替 m^2，p、q 在 mod 3 下皆为 1；否则，公钥和秘密钥相同。

5.7 NTRU 算法

NTRU(Number Theory Research Unit)公开密钥算法是由三位美国数学家 J. Hoffstein、J. Pipher 和 J. H. Silver-man 于 1996 年底提出的，它的发明是计算机密码学的一个重大成果。由于该公钥算法只使用了简单的模乘法和模求逆运算，因此它的加解密速度很快，密钥生成速度也很快，是迄今为止已知的最快的公钥密码算法。NTRU 算法具有重要的研究价值和应用价值。

5.7.1 NTRU 算法参数

NTRU 密码算法依赖于 3 个参数(N, p, q)和 $N-1$ 次整系数多项式的 4 个集合 L_f、L_g、L_r、L_m，其中 p、q 不必是素数，但需满足$(p, q)=1$，一般假设 $q > p$。这里我们记：

$$L(d_1, d_2) = \{F \in R；F \text{ 的 } d_1 \text{ 个系数为 } 1，d_2 \text{ 个系数为 } -1，\text{余下系数为 } 0\}$$

则有如下多项式集合：

$$L_f = L(d_f, d_{f-1})$$

$$L_g = L(d_g, d_g)$$

$$L_r = L(d_r, d_r)$$

$$L_m = \left\{m \in R：m \text{ 的系数位于区间} -\frac{1}{2}(p-1) \sim \frac{1}{2}(p-1)\right\}$$

表 5.7.1 是 NTRU 安全等级参数表。

表 5.7.1　NTRU 安全等级参数表

	N	p	q	d_f	d_g	d_r
一般安全	107	64	3	15	12	5
高安全	167	128	3	61	20	18
最高安全	503	256	3	216	72	55

(1) NTRU 密码算法的工作空间为多项式环 $R=Z[x]/(x^N-1)$，可见：

$$R=\left\{\sum_{i=0}^{N-1} F_i x^i \mid F_i \in Z,\ i=0,1,\cdots,N-1\right\}$$

对任意 $F\in R$，可以记成 $F=\sum_{i=0}^{N-1} F_i x^i=[F_0, F_1, \cdots, F_{N-1}]$。

(2) 对 $\forall f, g\in R$，$f=[f_0, f_1, \cdots, f_{N-1}]$，$g=[g_0, g_1, \cdots, g_{N-1}]$，令：

$$h=f*g=\left(\sum_{i=0}^{N-1} f_i x^i\right)\left(\sum_{i=0}^{N-1} g_i x^i\right) \bmod x^{N-1}=\sum_{i+j\equiv k \bmod N} f_i g_j x^k$$

称为星乘法。

(3) 对 $\forall f\in R$，$f=[f_0, f_1, \cdots, f_{N-1}]$，定义：

$$f \bmod p=[f_0 \bmod p, f_1 \bmod p, \cdots, f_{N-1} \bmod p]$$

称为多项式模运算。

5.7.2　NTRU 密码算法

1. 密钥生成

Bob 任意选取两个次数不超过 $N-1$ 的多项式 $f(x)$ 和 $g(x)$，其中多项式的系数取自集合 $\{0,+1,-1\}$。验证 $f(x)$ 和 $g(x)$ 关于 $(\bmod p, \bmod x^N-1)$ 和 $(\bmod q, \bmod(x^N-1))$ 是否可逆，如果不可逆，重新选取 $f(x)$ 和 $g(x)$。计算 $h(x)=f(x)^{-1}g(x)(\bmod q, \bmod(x^N-1))$，则公钥为 $h(x)$，私钥为 $(f(x), g(x))$。

2. 加密

明文 $m(x)$ 是系数为 GF(p) 的次数不超过 $N-1$ 次的多项式。Alice 任意选取一工作密钥 $r(x)$，其中 $r(x)$ 是系数为 GF(p) 的次数不超过 $N-1$ 次的多项式。Alice 计算密文 $c(x)=m(x)+pr(x)h(x)(\bmod q, \bmod(x^N-1))$。

3. 解密

Bob 计算：

$$\begin{aligned} d(x)&=f(x)c(x)(\bmod q, \bmod(x^N-1))\\ &=f(x)m(x)+pr(x)g(x)(\bmod q, \bmod(x^N-1)) \end{aligned}$$

注意到 $f(x)$、$m(x)$、$r(x)$ 和 $g(x)$ 的系数都很小，所以多项式 $f(x)m(x)+pr(x)g(x)(\bmod q, \bmod(x^N-1))$ 的系数以很大概率在区间 $(-q/2, q/2]$ 中，即 $d(x)=f(x)m(x)+pr(x)g(x)(\bmod q, \bmod(x^N-1))$。

Bob 继续计算：

$$\begin{aligned} d(x)f(x)^{-1}(\bmod p, \bmod(x^N-1))&=f(x)f(x)^{-1}m(x)(\bmod p, \bmod(x^N-1))\\ &=m(x) \end{aligned}$$

最后，我们指出当多项式 $f(x)m(x)+pr(x)g(x)\mathrm{mod}(x^N-1)$ 的系数有一个不在区间 $(-q/2, q/2]$ 时，解密会出现失败的情况。NTRU 的提出者已经分析得出解密失败的概率非常小(当 $N=251$ 时，失败的概率小于 2^{-80}，当 N 变大时还可以使得概率更小)。

【例 5.7.1】 取参数 $N=11$，$p=32$，$q=3$，$d_f=4$，$d_g=3$，$d_r=3$。

根据 d_f、d_g 值随机选择满足互逆的两个多项式 f、g：

$$f=(1, 1, 1, 0, -1, 0, 1, 0, 0, 1, -1)$$

$$g=(1, 0, 1, 0, 1, 0, 0, 1, 0, 0, 1)$$

求出：

$$h=(5, 9, 23, 30, 21, 22, 7, 29, 26, 23, 0)$$

设 Bob 的公开密钥为 h，一对私人密钥为 (f, g)。

Alice 要发送信息给 Bob 时，先根据 d_r 值随机选择一个多项式 r：

$$r=(1, 0, 1, 1, 0, 1, 0, -1, 0, 0, -1)$$

设 Alice 要发送的明文多项式 m 为

$$m=(1, 0, 1, 1, 1, 0, 0, 1, 1, 0, 1)$$

Alice 使用 Bob 的公开密钥 h 对 m 进行加密得到密文 e：

$$e=(18, 16, 8, 0, 24, 22, 28, 21, 8, 31, 23)$$

Bob 收到 Alice 的密文 e 后，用自己的私人密钥分别对 e 进行解密得：

$$a=(6, -3, -4, 5, -6, 4, 2, -1, 5, 4, 7, -7)$$

$$b=(0, 0, -1, -1, 0, 1, -1, 0, 1, 1, -1)$$

$$c=(1, 0, 1, 1, 1, 0, 0, 1, 1, 0, 1)$$

c 就是 Alice 发送给 Bob 的明文 m。

5.7.3 安全性

NTRU 算法的安全性是基于数论中在一个维数非常大的格中寻找一个很短向量的数学难题。就目前来说，NTRU 的安全性和目前最有影响的 RSA 算法、椭圆曲线密码体制 ECC 等是一样安全的。在相同安全级别的前提下，NTRU 算法的速度要比其他公开密钥算法的速度快得多，用 Tumbler 软件工具包执行 NTRU 时的速度比 RSA 快 100 多倍。用 NTRU 算法产生密钥的速度也很快，其密钥的比特数较小。NTRU 算法的优点意味着可以降低对带宽、处理器、存储器的性能要求，这也扩大了 NTRU 公开密钥算法的应用范围。

5.8 椭圆曲线密码体制(ECC)

椭圆曲线密码体制 ECC 是目前公钥体制中每比特密钥安全强度最高的一种密码体制。在相同安全强度条件下，椭圆曲线密码体制具有密钥长度较短，计算量、存储量、带宽较少等优点，而且椭圆曲线密码体制已经得到非常广泛的应用，主要用于如智能卡等性能较低的设备。在中国无线局域网安全标准 WAPI 中，ECC 已被采用，见 5.3.5 节。

5.8.1　基本原理

1985 年，N. Koblitz 和 V. Miller 分别独立提出了椭圆曲线密码体制(ECC)，其依据就是定义在椭圆曲线点群上的离散对数问题的难解性。

为了用椭圆曲线构造密码系统，首先需要找到一个单向陷门函数，椭圆曲线上的数量乘就是这样的单向陷门函数。

椭圆曲线的数量乘是这样定义的：设 E 为域 K 上的椭圆曲线，G 为 E 上的一点，这个点被一个正整数 k 相乘的乘法定义为 k 个 G 相加，因而有：

$$kG = G + G + \cdots + G \qquad (\text{共有 } k \text{ 个 } G)$$

若存在椭圆曲线上的另一点 $N \neq G$，满足方程 $kG = N$，则容易看出，给定 k 和 G，计算 N 相对容易，而给定 N 和 G，计算 $k = \log_G N$ 相对困难。这就是椭圆曲线离散对数问题。

离散对数求解是非常困难的。椭圆曲线离散对数问题比有限域上的离散对数问题更难求解。对于当椭圆曲线上的有理点的数目有大素数因子时的椭圆离散对数问题，目前还没有十分有效的攻击方法。

下面我们详细介绍密码椭圆曲线的基本算法。

5.8.2　基础知识

1. 平行线

我们很早就知道，平行线是永不相交的。不过到了近代这个结论遭到了质疑，平行线会不会在很远很远的地方相交了？事实上没有人见到过，所以“平行线永不相交”只是假设(大家想想初中学习的平行公理，是没有证明的)。既然可以假设平行线永不相交，就可以假设平行线在很远很远的地方相交了，即平行线相交于无穷远点 P_∞，如图 5.8.1 所示。

图 5.8.1　平行线在无穷远处相交

直线上出现 P_∞ 点，所带来的好处是所有的直线都相交了，且只有一个交点。这就把直线的平行与相交统一了。为与无穷远点相区别，把原来平面上的点叫做平常点。

无穷远点具有如下性质。

(1) 直线 L 上的无穷远点只能有一个。

(2) 平面上一组相互平行的直线有公共的无穷远点。

(3) 平面上任何相交的两直线 L_1 和 L_2 有不同的无穷远点。

(4) 平面上的全体无穷远点构成一条无穷远直线。

(5) 平面上的全体无穷远点与全体平常点构成射影平面。

2. 射影平面坐标系

射影平面坐标系是普通平面直角坐标系(见图 5.8.2)的扩展。我们知道，普通平面直角坐标系没有为无穷远点设计坐标，不能表示无穷远点。为了表示无穷远点，于是产生了射影平面坐标系。当然，射影平面坐标系同样能很好地表示旧有的平常点(数学上也是“向下兼容”的)。

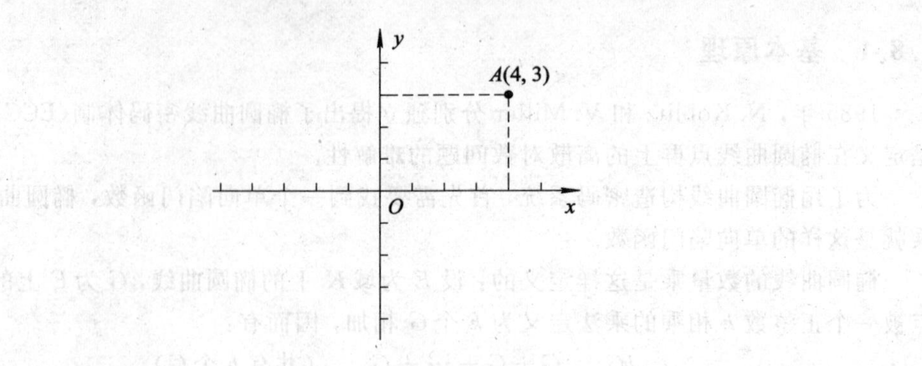

图 5.8.2　直角坐标系

我们对普通平面直角坐标系上的点 A 的坐标(x, y)做如下改造：令 $x=X/Z$，$y=Y/Z$，$Z\neq0$，则 A 点可以表示为$(X:Y:Z)$。这样就变成了有三个参量的坐标点，也就是对平面上的点建立了一个新的坐标体系。

【例 5.8.1】　求点(1，2)在新的坐标体系下的坐标。

解：因 $X/Z=1$，$Y/Z=2$，$Z\neq0$，故 $X=Z$，$Y=2Z$，所以坐标为$(Z:2Z:Z)$，$Z\neq0$，即(1:2:1)、(2:4:2)、(1.2:2.4:1.2)等都是(1，2)在新的坐标体系下的坐标。

根据平行线的知识，我们知道无穷远点是两条平行直线的交点，那么如何求两条直线的交点坐标呢？设平行直线的方程是：$aX+bY+c_1Z=0$，$aX+bY+c_2Z=0$，$c_1\neq c_2$。

求交点的方法是：将两个方程联立，求解，有 $c_2Z=c_1Z=-(aX+bY)$，因 $c_1\neq c_2$，故 $Z=0$，$aX+bY=0$，所以无穷远点就用$(X:Y:0)$的形式表示。

注意：平常点 $Z\neq0$，无穷远点 $Z=0$，因此无穷远直线对应的方程是 $Z=0$。

【例 5.8.2】　求平行线 L_1：$X+2Y+3Z=0$ 与 L_2：$X+2Y+Z=0$ 相交的无穷远点。

解：因为 $L_1 /\!/ L_2$，所以有 $Z=0$，$X+2Y=0$，交点坐标为$(-2Y:Y:0)$，$Y\neq0$，即(−2:1:0)、(−4:2:0)、(−2.4:1.2:0)等都表示这个无穷远点。

因此，这个新的坐标体系能够表示射影平面上所有的点，通常称其为射影平面坐标系。

5.8.3　椭圆曲线

5.8.2 节建立了射影平面坐标系，本节将在这个坐标系下建立椭圆曲线方程。因为坐标中的曲线是可以用方程来表示的(比如单位圆方程是 $x^2+y^2=1$)，椭圆曲线是曲线，所以椭圆曲线也有方程。

定义 5.8.1　一条椭圆曲线是在射影平面上满足方程：

$$Y^2Z+a_1XYZ+a_3YZ^2=X^3+a_2X^2Z+a_4XZ^2+a_6Z^3 \qquad (5.8.1)$$

的所有点的集合，且曲线上的每个点都是非奇异(或光滑)的。

说明：

(1) 式(5.8.1)是 Weierstrass 方程(该方程由 Karl Theodor Wilhelm Weierstrass 提出)，它是一个齐次方程。

(2) 椭圆曲线的形状并不是椭圆的。只是因为椭圆曲线的描述方程类似于计算一个椭圆周长的方程，故得名。图 5.8.3 给出了椭圆曲线示意图。

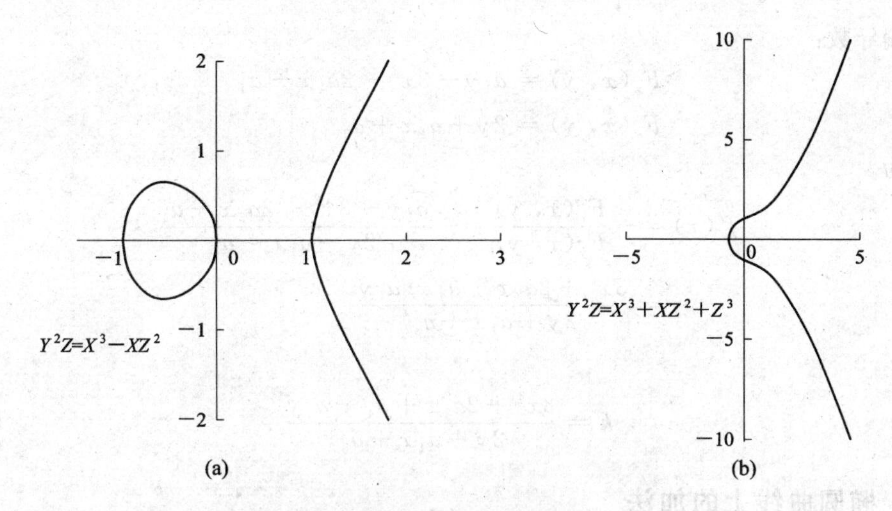

图 5.8.3　椭圆曲线示意图

(3) 所谓"非奇异"或"光滑"的，在数学中是指曲线上任意一点的偏导数 $F_x(x, y, z)$、$F_y(x, y, z)$、$F_z(x, y, z)$不能同时为 0，即满足方程的任意一点都存在切线。图 5.8.4 中的两个方程都不是椭圆曲线，尽管它们是方程式(5.8.1)的形式，因为它们在(0∶0∶1)点处(即原点)没有切线。

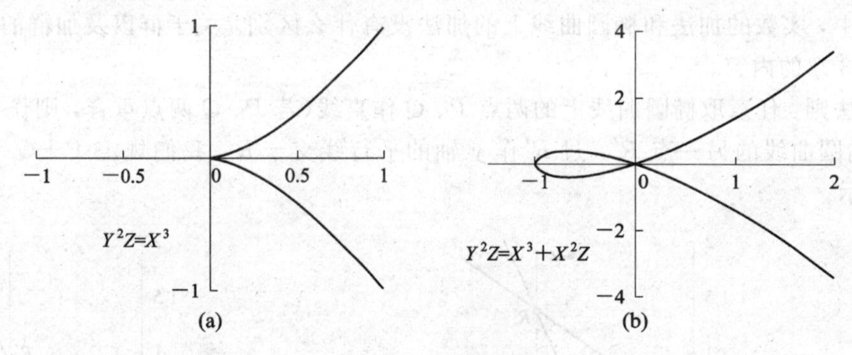

图 5.8.4　非椭圆曲线

(4) 椭圆曲线上有一个无穷远点 O_∞(0∶1∶0)，因为这个点满足方程式(5.8.1)。

知道了椭圆曲线上的无穷远点，我们就可以把椭圆曲线放到普通平面直角坐标系上。因为普通平面直角坐标系只比射影平面坐标系少无穷远点，所以在普通平面直角坐标系上，求出椭圆曲线上所有平常点组成的曲线方程，再加上无穷远点 O_∞(0∶1∶0)，就构成了椭圆曲线。

设 $x=X/Z$，$y=Y/Z$，代入方程(5.8.1)得到：

$$y^2+a_1xy+a_3y=x^3+a_2x^2+a_4x+a_6 \tag{5.8.2}$$

也就是说，满足方程(5.8.2)的光滑曲线加上一个无穷远点 O_∞，就组成了椭圆曲线。

下面讨论求椭圆曲线一点的切线斜率问题。由椭圆曲线的定义可以知道，椭圆曲线是光滑的，所以椭圆曲线上的平常点都有切线。切线最重要的一个参数是斜率 k。

【例 5.8.3】　求椭圆曲线方程 $y^2+a_1xy+a_3y=x^3+a_2x^2+a_4x+a_6$ 上，平常点 $A(x, y)$ 的切线的斜率 k。

解：令 $F(x, y)=y^2+a_1xy+a_3y-x^3-a_2x^2-a_4x-a_6$

求偏导数：

$$F_x(x, y) = a_1 y - 3x^2 - 2a_2 x - a_4$$

$$F_y(x, y) = 2y + a_1 x + a_3$$

则导数为

$$f'(x) = -\frac{F_x(x, y)}{F_y(x, y)} = -\frac{a_1 y - 3x^2 - 2a_2 x - a_4}{2y + a_1 x + a_3} = \frac{3x^2 + 2a_2 x + a_4 - a_1 y}{2y + a_1 x + a_3}$$

所以

$$k = \frac{3x^2 + 2a_2 x + a_4 - a_1 y}{2y + a_1 x + a_3} \tag{5.8.3}$$

5.8.4 椭圆曲线上的加法

5.8.3 节中，我们已经看到了椭圆曲线的图像，但点与点之间好像没有什么联系，那么能不能建立一个类似于实数轴上加法的运算法则呢？天才的数学家找到了这一运算法则。自从近世纪代数学引入了群、环、域的概念，就使得代数运算达到了高度的统一。比如，数学家总结了普通加法的主要特征，提出了加群(也叫交换群或 Abel(阿贝尔)群)。在加群的眼中，实数的加法和椭圆曲线上的加法没有什么区别。关于群以及加群的具体概念请参考第 3 章的内容。

运算法则：任意取椭圆曲线上的两点 P、Q 作直线(若 P、Q 两点重合，则作 P 点的切线)交于椭圆曲线的另一点 R'，过 R' 作 y 轴的平行线交于 R。我们规定 $P+Q=R$，如图 5.8.5 所示。

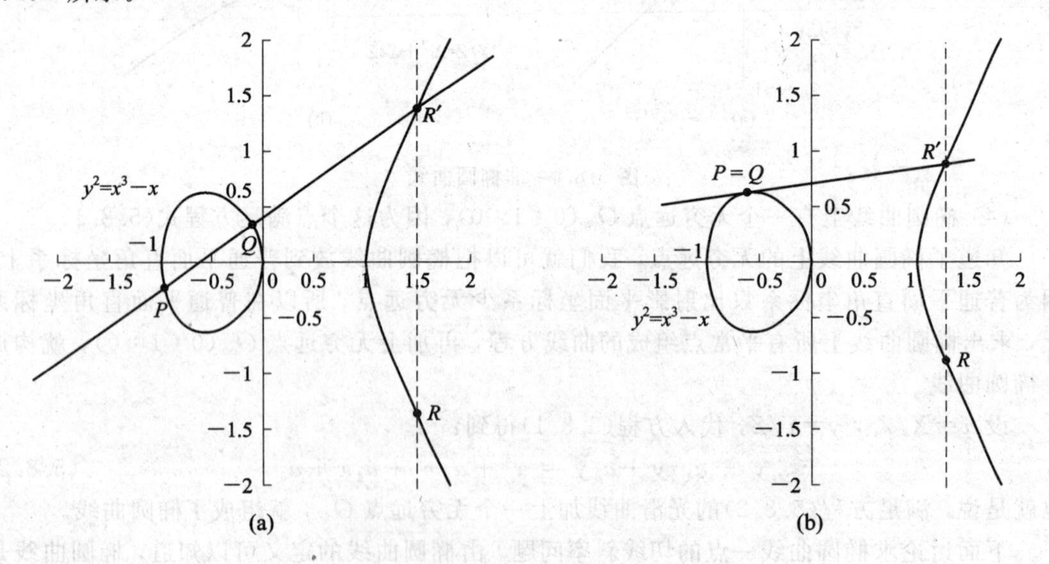

图 5.8.5 加法示意图

说明：

(1) 这里的“+”不是实数中普通的加法，而是从普通加法中抽象出来的加法，它具备普通加法的一些性质，但具体的运算法则显然与普通加法不同。

(2) 根据这个法则可以知道，椭圆曲线的无穷远点 O_∞ 与椭圆曲线上一点 P 的连线交于 P'，过 P' 作 y 轴的平行线交于 P，所以有 $O_\infty+P=P$。这样，无穷远点 O_∞ 的作用与普通加法中零的作用相当(0+2=2)，我们把无穷远点 O_∞ 称为零元，同时把 P' 称为 P 的负元(简称为负 P，记做 $-P$)，如图 5.8.6 所示。

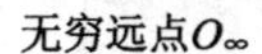

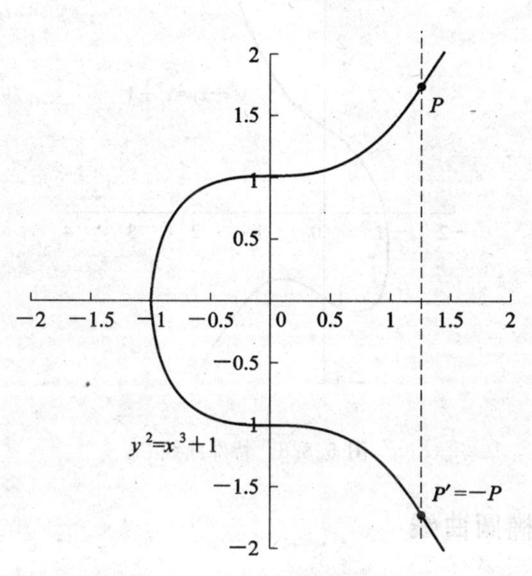

图 5.8.6　负点示意图

(3) 根据这个法则可以得到如下结论：如果椭圆曲线上的三个点 A、B、C 处于同一条直线上，那么它们的和等于零元，即 $A+B+C=O_\infty$。

(4) k 个相同的点 P 相加，我们记做 kP，如图 5.8.7 中，$P+P+P=2P+P=3P$。

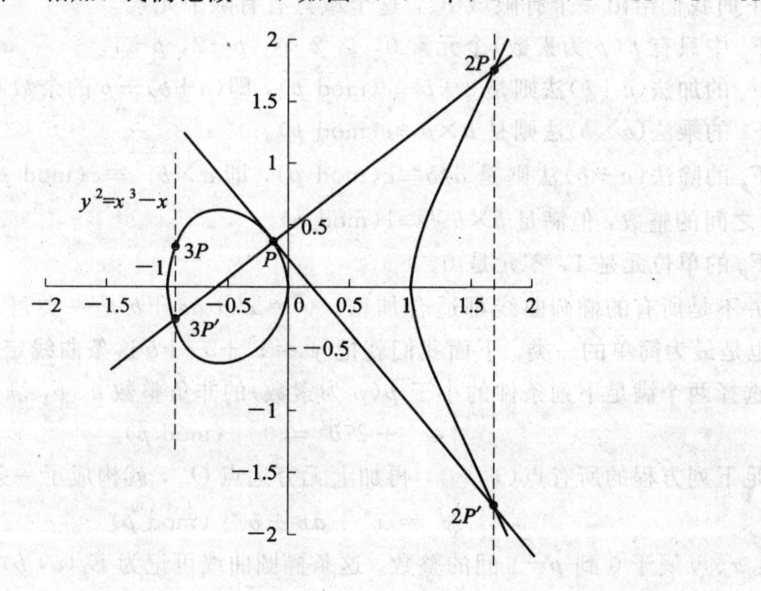

图 5.8.7　多点相加示意图

(5) 椭圆曲线不一定是关于 x 轴对称的，如图 5.8.8 中，$y^2-xy=x^3+1$。

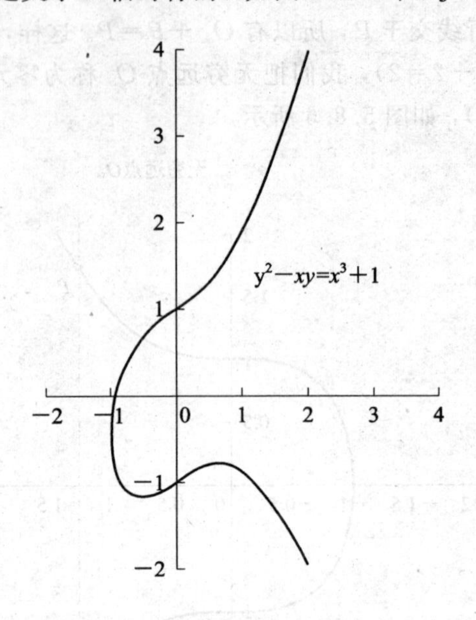

图 5.8.8　特殊曲线

5.8.5　密码学中的椭圆曲线

我们现在基本上对椭圆曲线有了初步的认识。但是，前面看到的椭圆曲线都是连续的，并不适合用于加密，所以我们必须把椭圆曲线变成离散的点。

椭圆曲线都是连续的，这是因为椭圆曲线上点的坐标是实数，实数是连续的，从而导致了曲线的连续。因此，我们要把椭圆曲线定义在有限域上。

下面我们给出一个有限域 F_p，这个域只有有限个元素。

F_p 中只有 p(p 为素数)个元素 0，1，2 …，$p-2$，$p-1$。

F_p 的加法($a+b$)法则是 $a+b\equiv c(\text{mod } p)$，即($a+b$)$\div p$ 的余数和 $c\div p$ 的余数相同。

F_p 的乘法($a\times b$)法则是 $a\times b\equiv c(\text{mod } p)$。

F_p 的除法($a\div b$)法则是 $a/b\equiv c(\text{mod } p)$，即 $a\times b^{-1}\equiv c(\text{mod } p)$。$b^{-1}$ 也是一个 0 到 $p-1$ 之间的整数，但满足 $b\times b^{-1}\equiv 1(\text{mod } p)$。

F_p 的单位元是 1，零元是 0。

并不是所有的椭圆曲线都适合加密。$y^2=x^3+ax+b$ 是一类可以用来加密的椭圆曲线，也是最为简单的一类。下面我们就把 $y^2=x^3+ax+b$ 这条曲线定义在 F_p 上。

选择两个满足下列条件的小于 p(p 为素数)的非负整数 a、b，满足：

$$4a^3+27b^2\neq 0 \quad (\text{mod } p)$$

则满足下列方程的所有点(x，y)，再加上无穷远点 O_∞，就构成了一条椭圆曲线：

$$y^2=x^3+ax+b \quad (\text{mod } p)$$

其中：x、y 属于 0 到 $p-1$ 间的整数。这条椭圆曲线可记为 $E_p(a，b)$。

图 5.8.9 所示为 $y^2=x^3+x+1(\text{mod } 23)$的图像。

说明： 椭圆曲线在不同的数域中会呈现出不同的样子，但其本质仍是一条椭圆曲线。

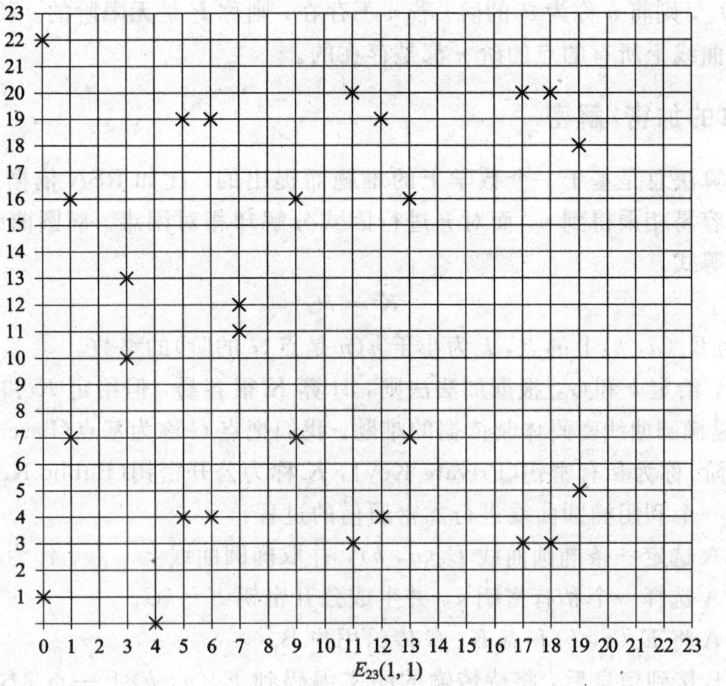

图 5.8.9　$y^2=x^3+x+1 \pmod{23}$的图像

F_p 上的椭圆曲线同样有加法，但已经不能给出几何意义上的解释。不过，加法法则和实数域上的差不多，请读者自行对比。

(1) 无穷远点 O_∞ 是零元，有 $O_\infty+O_\infty=O_\infty$，$O_\infty+P=P$。

(2) $P(x, y)$的负元是 $(x, -y)$，有 $P+(-P)=O_\infty$。

(3) $P(x_1, y_1)$、$Q(x_2, y_2)$和 $R(x_3, y_3)$有如下关系：

$$x_3 \equiv k^2 - x_1 - x_2 \pmod p$$

$$y_3 \equiv k(x_1 - x_3) - y_1 \pmod p$$

其中，若 $P=Q$，则 $k=(3x^2+a)/2y_1$；若 $P \neq Q$，则 $k=(y_2-y_1)/(x_2-x_1)$。

【例 5.8.4】 已知 $E_{23}(1, 1)$上两点 $P(3, 10)$、$Q(9, 7)$，求 $-P$、$P+Q$ 和 $2P$。

解：(1) $-P$ 的值为$(3, -10)$。

(2) $k=(7-10)/(9-3)=-1/2$，2 的乘法逆元为 12。因为 $2\times 12\equiv 1 \pmod{23}$，$k\equiv -1\times 12 \pmod{23}$，故 $k=11$，于是：

$$x = 11^2 - 3 - 9 = 109 \equiv 17 \pmod{23}$$

$$y = 11\times[3-(-6)] - 10 = 89 \equiv 20 \pmod{23}$$

故 $P+Q$ 的坐标为$(17, 20)$。

(3)
$$k=\frac{3\times 3^2+1}{2\times 10}=\frac{1}{4}\equiv 6 \pmod{23}$$

$$x = 6^2 - 3 - 3 = 30 \equiv 20 \pmod{23}$$

$$y = 6\times(3-7) - 10 = -34 \equiv 12 \pmod{23}$$

故 $2P$ 的坐标为$(7, 12)$。

最后介绍一下椭圆曲线上的点的阶。如果椭圆曲线上一点 P，存在最小的正整数 n，使得数乘 $nP=O_\infty$，则将 n 称为 P 的阶；若 n 不存在，则称 P 是无限阶的。事实上，在有限域上定义的椭圆曲线上所有的点的阶 n 都是存在的。

5.8.6 简单的加密/解密

公开密钥算法总是基于一个数学上的难题而提出的。比如 RSA 依据的是：给定两个素数 p、q，很容易相乘得到 n，而对 n 进行因式分解却相对困难。椭圆曲线上有什么难题呢？考虑如下等式：

$$K = kG$$

其中，K、G 为 $E_p(a, b)$上的点，k 为小于 n(n 是点 G 的阶)的整数。

不难发现，给定 k 和 G，根据加法法则，计算 K 很容易，但给定 K 和 G，求 k 就相对困难了。这就是椭圆曲线密码体制依据的难题。我们把点 G 称为基点(Base Point)，k($k<n$，n 为基点 G 的阶)称为私有密钥(Private Key)，K 称为公开密钥(Public Key)。

下面描述一个利用椭圆曲线进行加密通信的过程：

(1) 用户 A 选定一条椭圆曲线 $E_p(a, b)$，并取椭圆曲线上一点，作为基点 G。

(2) 用户 A 选择一个私有密钥 k，并生成公开密钥 $K=kG$。

(3) 用户 A 将 $E_p(a, b)$和点 K、G 传给用户 B。

(4) 用户 B 接到信息后，将待传输的明文编码到 $E_p(a, b)$上一点 M(编码方法很多，这里不作讨论)，并产生一个随机整数 r($r<n$)。

(5) 用户 B 计算点 $C_1=M+rK$，$C_2=rG$。

(6) 用户 B 将 C_1、C_2 传给用户 A。

(7) 用户 A 接到信息后，计算 C_1-kC_2，结果就是点 M，因为

$$C_1 - kC_2 = M + rK - k(rG) = M + rK - r(kG) = M$$

再对点 M 进行解码就可以得到明文。

在这个加密通信中，如果有一个偷窥者 H，那么他只能看到 $E_p(a, b)$、K、G、C_1、C_2，而通过 K、G 求 k 或通过 C_2、G 求 r 都是相对困难的。因此，H 无法得到 A、B 间传送的明文信息，如图 5.8.10 所示。

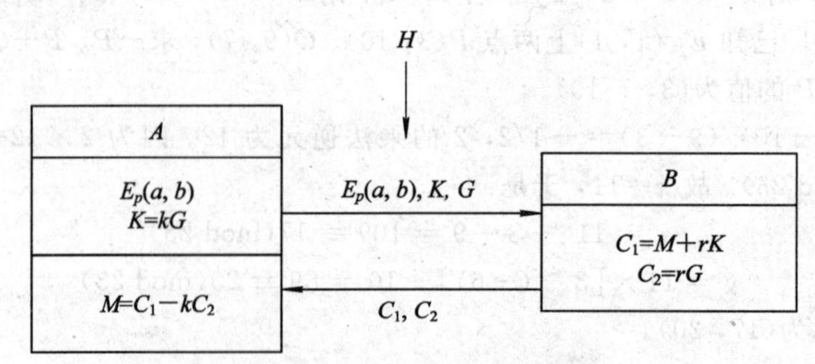

图 5.8.10 ECC 加密通信模型

密码学中，描述一条 F_p 上的椭圆曲线，常用到六个参量，即六元组 $T=(p,a,b,G,n,h)$。其中：p、a 和 b 用来确定一条椭圆曲线；G 为基点；n 为点 G 的阶；h 是椭圆曲线上所有点的个数 m 与 n 相除的整数部分。这几个参量取值的选择会直接影响加密的安全性。参量

值一般要求满足以下几个条件：

(1) p 当然越大越安全，但越大，计算速度会变慢，200 位左右可以满足一般的安全要求。

(2) $p \neq n \times h$。

(3) $p^t \neq 1 \pmod{n}$，$1 \leqslant t < 20$。

(4) $4a^3 + 27b^2 \neq 0 \pmod{p}$。

(5) n 为素数。

(6) $h \leqslant 4$。

5.8.7　ECC 与 RSA 的比较

与 RSA 相比，ECC 在许多方面都有绝对优势，主要体现在以下方面：

(1) 抗攻击性强。相同的密钥长度，其抗攻击性要比 RSA 强很多倍。

(2) 计算量小，处理速度快。ECC 总的速度比 RSA、DSA 要快得多。

(3) 存储空间占用小。ECC 的密钥尺寸和系统参数与 RSA、DSA 相比要小得多，这意味着它所占的存储空间要小得多。这对于加密算法在 IC 卡上的应用具有特别重要的意义。

(4) 带宽要求低。当对长消息进行加/解密时，RSA、DSA 和 ECC 有相同的带宽要求，但应用于短消息时 ECC 的带宽要求却低得多。带宽要求低使得 ECC 在无线网络领域具有广泛的应用前景，例如 ECC 已被用于 WAPI 协议。

ECC 的这些特点使它必将能够取代 RSA，成为通用的公钥加密算法。例如，SET 协议的制定者已把它作为下一代 SET 协议中缺省的公钥密码算法。

表 5.8.1 和表 5.8.2 所示为 RSA 和 ECC 的安全性和速度的比较。

表 5.8.1　RSA 和 ECC 安全性的比较

攻破时间(MIPS 年)	RSA/DSA(密钥长度)	ECC 密钥长度	RSA/ECC 密钥长度比
10^4	512	106	5∶1
10^8	768	132	6∶1
10^{11}	1024	160	7∶1
10^{20}	2048	210	10∶1
10^{78}	21 000	600	35∶1

表 5.8.2　RSA 和 ECC 速度的比较

功能	Security Builder 1.2	BSAFE 3.0
	163 位 ECC(ms)	1023 位 RSA(ms)
密钥对生成	3.8	4708.3
签名	2.1(ECNRA) 3.0(ECDSA)	228.4
认证	9.9(ECNRA) 10.7(ECDSA)	12.7
Diffie - Hellman 密钥交换	7.3	1654.0

5.9　1∶n 公钥体制

在第 2 章我们提到过，根据加密算法的密钥个数，密码体制可以分为单钥、双钥体制以及本节将要介绍的多钥体制(为了描述方便，我们将其称为 1∶n 公钥体制)。1∶n 公钥体制指的是有一个加密者和 n 个解密者的加密体制，其中 $n+1$ 个参与者均具有自己唯一的私钥。该方案对于安全组播、安全广播非常有效。

5.9.1　历史背景

众所周知，广播通信具有很多优点：① 可以提高通信效率，实现点对多点通信；② 相对来说节约能量，适合如无线传感器网络(WSN)等能量敏感的网络；③ 适合无反向信道的通信系统。因此，广播一直以来都受到人们的重视，而如何实现安全广播已成为当前的研究热点之一，也是无线局域网(WLAN)、无线城域网(WMAN)、WSN 等多种形式的无线网络和有线网络中尚未妥善解决的主要问题之一。

例如，在 WLAN 的安全解决方案 IEEE 802.11(i)或中国的 WAPI 协议中，广播/组播密钥(B_K)都是由接入点(AP)使用其与各移动终端(STA)共享的单播会话密钥(U_K)来加密发送的，效率非常低。下面我们以 WAPI 为例来说明这个问题，见图 5.9.1。

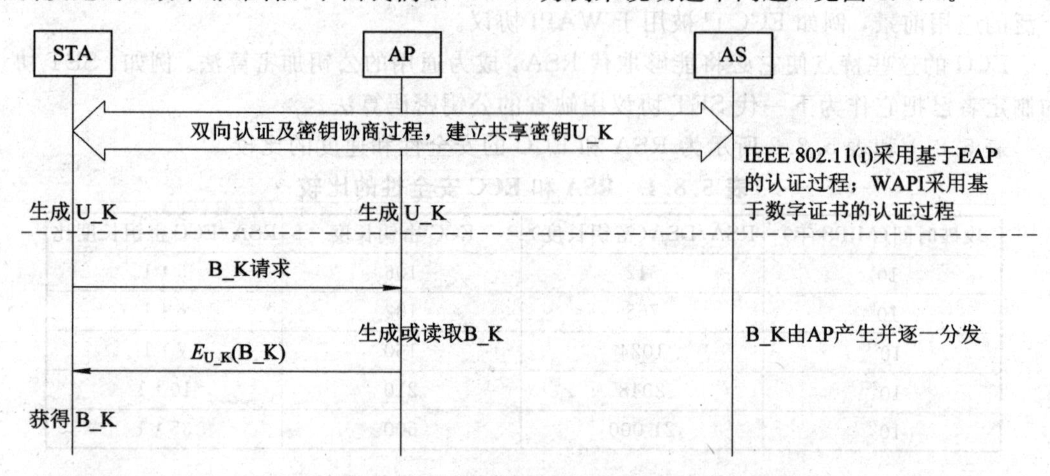

图 5.9.1　WAPI 的组播/广播密钥分发过程

图 5.9.1 中，首先 STA 和 AP 通过 AS 进行双向认证及密钥协商过程，获取共享的单播会话密钥 U_K；然后，AP 将自己选取的组播/广播会话密钥 B_K 使用 U_K 进行加密并发送给 STA，以完成组播/广播会话密钥的分发。IEEE 802.11(i)中的组播/广播会话密钥的分发过程和 WAPI 相似。

这里，假设有 n 个 STA_i($i=1, \cdots, n$)，每个 STA_i 与 AP 都共享一个单播会话加密密钥，记为 sk_i($i=1, \cdots, n$)。AP 为了分发一个广播/组播密钥 B_K，需要使用每一个密钥 sk_i 加密 B_K，并将加密后的密文发送给相应的 STA_i。由于 AP 加密次数多，对一个 STA 就要加密一次，因此 AP 计算量大。很显然，这种方案的效率和实时性随着 STA 数目的增加而降低，难以满足实际应用需求。

IEEE 802.11(i)和 WAPI 的安全广播在性能上存在一些缺陷。为此，我们提出一种新的设计思想：

(1) 以每个 STA 的单播密钥为组播/广播解密私钥。

(2) AP 可以任意选取一个组播/广播加密私钥。

(3) AP 利用广播加密私钥加密组播/广播密钥，并将密文广播给所有 STA。

(4) 每一个 STA 可以利用自己的单播密钥解密出相同的组播/广播密钥。

这种思想的好处是：广播密钥的分发可以利用广播信道，只需一次广播即可，无需逐一加密分发；更新和分发过程均为一次广播。

如果能有一种加密方案，发送者只加密一次，而每个接收者都可以使用自己独有的解密私钥进行解密，得到同样的明文信息，那么就能有效地实现上述设计思想。这样的加密方法的特征是具有一个加密者和多个接收者的公钥加密方案，即我们所说的 1∶n 公钥体制。该体制最早是由 Baudron、Bellare 等人分别提出的，他们的方案均是对现有公钥体制的扩展。

由于公钥体制运算量大，对其进行扩展的 1∶n 公钥体制的运算性能也较低，因此，这里我们不再基于公钥体制进行扩展，而是分别基于对称算法和单向杂凑(Hash)函数(杂凑函数见第 7 章)在 ECC 上提出 1∶n 公钥体制的两种实现，以供读者参考。

5.9.2　基于分组算法的 1∶n 公钥体制

首先，我们介绍一下双线性变换。双线性变换是现代密码学中一个非常重要的工具，本节以及后面章节的某些内容都会用到双线性变换。

定义 5.9.1　设$(G_1,+)$和$(G_2,\cdot)$为两个阶数均为素数 p 的循环群，其中前者为加法群，后者为乘法群，令 p 为 G_1 的生成元，称变换 e: $G_1\times G_1\to G_2$ 为双线性变换。双线性变换满足下面的性质：

(1) 双线性：对任意 P_1、P_2 和 $Q\in G_1$，有 $e(P_1+P_2, Q)=e(P_1, Q)e(P_2, Q)$及 $e(Q, P_1+P_2)=e(Q, P_1)e(Q, P_2)$成立。

(2) 非退化性：存在 $P\in G_1$，即 $e(P, P)\neq 1$，也就是说 $e(P, P)$是 G_2 的生成元。

(3) 可计算性：对任意 P_1、$P_2\in G_1$，存在有效的算法计算 $e(P_1, P_2)$。

下面我们来介绍一个基于分组算法的 1∶n 公钥体制。该体制包括以下三部分内容。

1. 系统参数

设$(G_1,+)$和$(G_2,\cdot)$为两个阶均为 p 的循环群，其中前者为加法群，后者为乘法群，p 为素数，且满足 G_1 中 DH 计算问题为困难问题。令 p 为 G_1 的生成元，e 为 G_1 和 G_2 上的双线性变换，即 e: $G_1\times G_1\to G_2$，(E_k, D_k)为某安全的对称密码算法的加、解密算法，其中 k 为对称密钥，$h(\cdot)$是一个单向 Hash 函数，$h_k(\cdot)$是一个由密钥 k 控制的钥控单向 Hash 函数。要求假设所选的对称加密算法和 Hash 函数在密码学上是安全的。

假设系统中有一个消息发送方(即加密者)S 和 n 个消息接收方(即解密者)R_1, R_2, …, R_n。

首先，消息发送者 S 随机选取两个正整数 a 和 b，并在 Z_q^* 中随机选择 $a+bn$ 个不同的元素，构成以下 $n+1$ 个向量：$\boldsymbol{S}=\{\overbrace{v_{0,1}, \cdots, v_{0,a}}^{a\text{个元素}}\}$，$\boldsymbol{R}_i=\{\overbrace{v_{i,1}, \cdots, v_{i,b}}^{b\text{个元素}}\}(i=1, 2, \cdots, n)$。

接着，消息发送者 S 随机选取自己的加密主密钥 $S_S\in Z_q^*$，并计算 $Q_S=S_SP\in G_1$。

然后，S随机选择两个元素 Q_1，$Q_2 \in G_1$ 以及一个 $a+b-1$ 次多项式 $f(x) \in Z_p[x]$ 满足 $f(0)=S_S$，并计算如下信息：

$$\boldsymbol{S}^* = f(\boldsymbol{S})P = \{f(v_{0,1})P, \cdots, f(v_{0,a})P\} \quad (5.9.1)$$

$$\boldsymbol{R}_i^* = f(\boldsymbol{R}_i)(Q_1+Q_2) = \{f(v_{i,1})(Q_1+Q_2), \cdots, f(v_{i,b})(Q_1+Q_2)\} \quad (5.9.2)$$

式中，$i=1, 2, \cdots, n$。

到此为止，建立的系统参数表示如下：

(1) $(p, G_1, G_2, e, P, Q_S, Q_1, Q_2, \boldsymbol{S}, \boldsymbol{R}_1, \cdots, \boldsymbol{R}_n, \boldsymbol{S}^*)$为系统公共参数。

(2) S_S 为消息发送者S的加密主密钥。

(3) $\boldsymbol{R}_i^*$ 为消息接收方 R_i 的解密私钥($i=1, 2, \cdots, n$)。

2. 加密过程

假设发送者S需要向接收者 R_1，R_2，…，R_n 发送信息 m。S的加密过程如下：

(1) 随机选择秘密整数 $r \in Z_p^*$ 并计算 $P^*=rP$，$Q_1^*=rQ_1$。

(2) 计算 $k=(k_1, k_2)=h(\boldsymbol{S} \| \boldsymbol{R}_1 \| \cdots \| \boldsymbol{R}_n \| S_S \| r)$。其中，密钥 k_1、k_2 的长度需要满足方案所使用的对称加密算法和钥控 Hash 函数的密钥长度要求。

(3) 计算 $c=E_{k_1}(m)$，$I=h_{k_2}(m)$和 $U=e(Q_S, Q_2)^r k$。

(4) 计算 $\boldsymbol{S}^{**}=r\boldsymbol{S}^*=\{rf(v_{0,1})P, \cdots, rf(v_{0,a})P\}$。

最后，发送者S产生的关于 m 的密文信息为：$(P^*, Q_1^*, U, c, I, \boldsymbol{S}^{**})$。

3. 解密过程

任意一个接收者 R_i($i=1, 2, \cdots, n$)都可以利用自己的解密密钥解密密文(P^*，Q_1^*，U，c，I，$\boldsymbol{S}^{**}$)以获取明文信息 m。解密步骤如下：

(1) 使用$\boldsymbol{S}$和自己拥有的 $\boldsymbol{R}_i$ 中的所有分量值构造 Γ，即 $\Gamma=\{v_{0,1}, \cdots, v_{0,a}, v_{i,1}, \cdots, v_{i,b}\}$。同时，计算每一个 $\sigma_{v_{0,j},\Gamma}(0)$($i=1, 2, \cdots, a$)和 $\sigma_{v_{i,j},\Gamma}(0)$($j=1, 2, \cdots, b$)，其中 $\sigma_{x_i,\Gamma}(x) \triangleq \prod_{x_j \in \Gamma, j \neq i} \frac{x-x_j}{x_i-x_j}$。

(2) 使用如下方法计算 k'：

$$k'=(k'_1, k'_2)$$

$$=\frac{e(Q_1^*, Q_S)U}{e\left(Q_1+Q_2, \sum_{i=1}^{a}(\sigma_{v_{0,i},\Gamma}(0) \cdot \mathrm{Value}(\boldsymbol{S}^{**}, i))\right)e\left(\sum_{j=1}^{b}(\sigma_{v_{i,j},\Gamma}(0) \cdot \mathrm{Value}(\boldsymbol{R}_i^*, j)), P^*\right)} \quad (5.9.3)$$

其中：符号 Value(X, i)表示返回向量(或数组)X 中的第 i 个分量(或元素)的值。

(3) 计算 $m'=D_{k'_1}(c)$和 $I'=h_{k'_2}(m)$。

(4) 判断 I'和 I 是否相等。如果相等，则接收 m'为合法明文，否则拒绝 m'。

很显然，在本节方案中，消息 m 的保密性和完整性分别通过对称加密算法和钥控 Hash 函数实现。因为我们假设所选的对称加密算法和钥控 Hash 函数在密码学上是安全的，所以，整个系统的安全性取决于密钥 k 的安全性，而密钥 k 如何在接收者中进行安全分发以及能否正确进行恢复是方案正确性的关键。这里，接收者在解密过程的第(2)步所计算的密钥 k'恒等于加密过程中所使用的密钥 k。关于这一点，我们可以通过下面的定理来说明。

定理 5.9.1　在解密过程的第(2)步所计算的密钥k'满足$k'\equiv k$，其中k为加密过程中所使用的对称密钥。

证明：

$$\frac{e(Q_1^*,Q_S)U}{e\left(Q_1+Q_2,\ \sum_{i=1}^{a}(\sigma_{v_{0,i}\Gamma}(0)\cdot \mathrm{Value}(S^{**},i))\right)e\left(\sum_{j=1}^{b}(\sigma_{v_{i,j}\Gamma}(0)\cdot \mathrm{Value}(R_i^*,j)),P^*\right)}$$

$$\overset{(+)}{=}\frac{e(Q_1^*,Q_S)U}{e\left(Q_1+Q_2,\ \sum_{i=1}^{a}\sigma_{v_{0,i}\Gamma}(0)rf(v_{0,i})P\right)e\left(\sum_{j=1}^{b}\sigma_{v_{i,j}\Gamma}(0)f(v_{i,j})(Q_1+Q_2),\ P^*\right)}$$

$$\overset{(+)}{=}\frac{e(rQ_1,Q_S)e(Q_S,Q_2)^r k}{e\left(Q_1+Q_2,\ \sum_{i=1}^{a}rf(v_{0,i})\sigma_{v_{0,i}\Gamma}(0)P\right)e\left(\sum_{j=1}^{b}f(v_{i,j})\sigma_{v_{i,j}\Gamma}(0)(Q_1+Q_2),\ rP\right)}$$

$$\overset{(-)}{=}\frac{e(Q_1,Q_S)^r e(Q_2,Q_S)^r k}{e\left(Q_1+Q_2,\ rP\sum_{i=1}^{a}f(v_{0,i})\sigma_{v_{0,i},\Gamma}(0)\right)e\left(Q_1+Q_2,\ rP\sum_{j=1}^{b}f(v_{i,j})\sigma_{v_{i,j},\Gamma}(0)\right)}$$

$$\overset{(*)}{=}\frac{e(Q_1,Q_S)^r e(Q_2,Q_S)^r k}{e\left(Q_1+Q_2,\ P\left(\sum_{i=1}^{a}(f(v_{0,i})\sigma_{v_{0,i},\Gamma}(0))+\sum_{j=1}^{b}(f(v_{i,j})\sigma_{v_{i,j},\Gamma}(0))\right)\right)^r}$$

$$\overset{(-)}{=}\frac{e(Q_1,Q_S)^r e(Q_2,Q_S)^r k}{e(Q_1+Q_2,PS_S)^r}$$

$$\overset{(-)}{=}\frac{e(Q_1,Q_S)^r e(Q_2,Q_S)^r k}{e(Q_1+Q_2,Q_S)^r}$$

$$\overset{(-)}{=}\frac{e(Q_1,Q_S)^r e(Q_S,Q_2)^r k}{e(Q_1,Q_S)^r e(Q_2,Q_S)^r}$$

$$\equiv k$$

其中，在上述证明过程中标注为(＋)的变换依据为等量代换；标注为(＊)的变换依据为Lagrange 插值变换；标注为(－)的变换依据为椭圆曲线双线性变换。

5.9.3　基于 Hash 函数的 1∶n 公钥体制

假设系统中有一个消息发送方(即加密者)S 和n个消息接收方(即解密者)R_1，R_2，…，R_n。该方案同样包括三部分内容。

1. 系统参数

设$(G_1,+)$和$(G_2,\cdot)$为两个阶均为p的循环群，其中p为素数，P为G_1的生成元，e: $G_1\times G_1\rightarrow G_2$为$G_1$和$G_2$上的双线性变换。

首先，发送者 S 随机选取一个正整数m(m为后面所用的多项式的次数)，并在Z_q^*中随机选择$m+n$个不同的元素，构成向量$\boldsymbol{S}=\{v_1,\cdots,v_m\}$和整数$v_{m+j}(j=1,2,\cdots,n)$。接着，S 随机选取自己的加密主密钥$S_S\in Z_q^*$，并计算$Q_S=S_SP\in G_1$。随后，S 随机选择两个元素$Q_1,Q_2\in G_1$以及一个$m$次多项式$f(x)\in Z_p[x]$并满足$f(0)=S_S$，再计算如下信息：

$$S^* = f(S)P = \{f(v_1)P, \cdots, f(v_m)P\} = \{S_1^*, \cdots, S_m^*\} \tag{5.9.4}$$

$$V_j = f(v_{m+j})(Q_1 + Q_2) \quad (j = 1, 2, \cdots, n) \tag{5.9.5}$$

其中，$(p, G_1, G_2, e, P, Q_S, Q_1, Q_2, S, v_{m+1}, \cdots, v_{m+n}, S^*)$为系统公共参数；$S_S$ 为消息发送者 S 的加密主密钥；V_j 为接收者 R_j 的解密私钥$(j=1, 2, \cdots, n)$。

令 $h_1: G_2 \to \{0, 1\}^{l_1}$ 和 $h_2: \{0, 1\}^* \to \{0, 1\}^{l_2}$ 为两个公开的单向 Hash 函数。

2. 加密过程

为了加密 $M \in G_2$，S 随机选取 $W \in G_2$ 和 $r \in Z_p^*$，并计算密文 C 如下：

$$C = (P^*, Q_1^*, U, c, I, S^{**}) = (rP, rQ_1, e(Q_S, Q_2)^r W, M \oplus h_1(W), h_2(W, M, P^*, Q_1^*, U, c), rS^*) \tag{5.9.6}$$

3. 解密过程

任意接收者 $R_j(j=1, 2, \cdots, n)$可以解密 C 以获取信息 m。首先，构造 $\Gamma = S \cup \{v_{m+j}\} = \{v_1, \cdots, v_m, v_{m+j}\}$，并对每个 $v_k \in \Gamma$ 计算 $\sigma_{k,\Gamma}(0)$，其中 $\sigma_{x_i,\Gamma}(x) \triangleq \prod\limits_{x_j \in \Gamma, j \neq i} \dfrac{x - x_j}{x_i - x_j}$。然后计算：

$$W' = \frac{e(Q_1^*, Q_S)U}{e(Q_1 + Q_2, \sum\limits_{i=1}^{m} \sigma_{v_i,\Gamma}(0) S_i^{**}) e(\sigma_{v_{m+j},\Gamma}(0) V_j, P^*)} \tag{5.9.7}$$

$$m' = c \oplus h_1(W') \tag{5.9.8}$$

式(5.9.7)中，令$\{S_1^{**}, \cdots, S_m^{**}\} = S^{**}$，以方便清晰描述。

最后，判断 $h_2(W', m', P^*, Q_1^*, U, c) \stackrel{?}{=} I$ 是否成立。如果成立，接受 m'为合法明文，否则拒绝 M'。

该方案的正确性证明请参考 5.9.2 节。

1∶n 公钥体制是一种新的设计思想，目前还缺少简单实用的成熟方案。基于分组算法的 1∶n 公钥体制和基于 Hash 函数的 1∶n 公钥体制这两个方案可以说是概念介绍的价值大于其实际应用价值，只是为工程设计人员提供一种新的思维方式。

5.10　(t,n)秘密共享体制

在第 1 章，我们介绍“可用性”概念的时候说过，可用性很难使用现有的加密机制来实现。我们可以通过加密方式防止攻击者读取信息，但很难防止攻击者破坏密文，即使合法用户也无法从被破坏的密文中读取明文信息，因为信息的可用性已经被破坏了。目前，保证信息可用性的方法有两种：一种是物理备份机制，采用主、辅服务器相结合的方法，其特点是两个服务器上的信息是相同的；另一种是数学上的逻辑备份方法，即(t, n)门限秘密共享机制，其特点是各单元的信息数据是完全不同的。下面简单介绍(t, n)门限秘密共享机制。

5.10.1　历史背景

在当今信息化时代，信息安全问题日趋突出，信息泄密、网络犯罪以及系统入侵等案

件数目也日益上升，如何堵住网络的安全漏洞、消除安全隐患以及对重要或敏感信息进行保护已受到学术界乃至全社会的高度关注。

密码学为解决信息安全问题提供了许多实用技术。比如在保密通信中，为了实现信息的安全保密，可以采用加密的手段来保护信息，但是，仅仅通过加密技术还不足以完全保护信息安全。一方面，由于加密的核心问题是密钥的安全保密，而密钥的安全性要求远比一般数据高，仅通过加密技术很难达到其安全保密要求。密钥的管理直接影响着通信系统的安全，而如何有效地管理密钥也是目前密码学中十分重要的课题。另外，数据在传输和存储过程中很容易遭到毁坏、改变或丢失，当这种情况发生时，即使拥有正确解密密钥的合法用户也会一筹莫展，数据并不像人们通常所认为的那样可靠。比如软磁盘就非常容易受损，目前一般的软磁盘还都不能用来保存超过十年的数据。事实上，纸质存储的数据往往可以保存上百年，甚至更长时间。再者，即使加密过的信息也不能保证总是安全的，比如智能卡(Smart Card)就可能会被别有用心的人盗走，它所存储的秘密数据可以通过反向工程或其他分析方法恢复出来。可见，仅仅使用加密、签名、认证等常见密码技术并不能完全解决问题。要解决好信息安全这一问题，必须注意三个方面：保证信息不会丢失，保证信息不被破坏，保证信息不被非法获取。

数据在传输和存储过程的脆弱性已成为信息科学领域目前必须着重解决的问题之一，信息安全问题也会影响到电子商务应用的发展和普及。门限技术是解决信息安全问题的一个非常有效的方法。目前，密码学中的门限技术一般包括秘密共享技术和门限数字签名技术。利用秘密共享技术保管秘密，一方面有利于防止权力过分集中而被滥用；另一方面可保证秘密的安全性和完整性。在一个(t, n)门限秘密共享方案中，即使攻击者设法获取了一定数目(不多于$t-1$份)的子秘密(或称份额)，也不能恢复出所共享的秘密；即使由于自然灾害或其他人为因素导致部分(不多于$n-t$个)保存子秘密的设备被毁坏或丢失，也不会影响到合法用户恢复秘密。所谓的(t, n)门限数字签名方案，就是在一般签名方案的基础上，利用秘密共享技术将签名密钥以门限方式分散给多人管理，使得只有参与签名的成员数目大于或等于规定的门限值t时才能生成有效的群签名，而少于t个时则不能进行有效的签名。将密钥以门限方式分散给多人管理，可以解决密钥管理中的密钥泄漏和遗失问题，提高系统的安全性和稳健性，同时能够防止权力滥用等问题。

秘密共享是现代密码学领域一个非常重要的分支，也是信息安全方向一个重要的研究内容。秘密共享技术在信息安全方面的重要作用使其在密钥管理、数据安全、银行网络管理以及导弹控制发射等方面有着非常广泛的应用。另外，秘密共享技术与密码学的其他技术也有紧密联系，如它与数字签名、身份认证等技术相结合可形成具有广泛应用价值的密码算法和安全协议。秘密共享的研究具有很重要的理论意义和广泛的应用价值。

秘密共享概念最早是由 Shamir 和 Blakley 于 1979 年独立提出的，同时，他们分别基于 Lagrange 插值算法和多维空间点的性质提出了第一个(t, n)门限秘密共享方案。因为 Shamir 门限方案的应用和推广比较广泛，限于篇幅，这里仅介绍 Shamir 的门限方案。

5.10.2　Shamir 的门限秘密共享方案

Shamir 的(t, n)门限秘密共享方案是基于 Lagrange 插值公式构造的。该方案的具体算法如下：

1. 初始化阶段

秘密分发者 D 随机地从 GF(q)(q 为素数且 $q>n$)中选取 n 个不同的非零元素 x_1, x_2, …, x_n。D 将 x_i 分配给 U_i($i=1, 2, \cdots, n$)，且 x_i 的值是公开的。

2. 秘密分发阶段

如果 D 打算让 n 个参与者 U_1, U_2, …, U_n 共享秘密 $s\in$ GF(q)，那么 D 随机地选择 GF(q)中的 $t-1$ 个元素 a_1, a_2, …, a_{t-1}，构造 $t-1$ 次多项式 $f(x)=s+a_1x+a_2x^2+\cdots+a_{t-1}x^{t-1}$，计算 $y_i=f(x_i)$，$1\leqslant i\leqslant n$，并将 y_i 安全地分配给参与者 U_i 并作为他的子秘密。

3. 秘密恢复阶段

不妨设 n 个参与者中的任意 t 个为 U_1, U_2, …, U_t，由他们的子秘密得 t 个点对 (x_1, y_1), (x_2, y_2), …, (x_t, y_t)，这样就可以重构多项式 $f(x)$和共享的秘密值 s：

$$f(x)=\sum_{i=1}^{t} y_i \prod_{j=1,\, j\neq i}^{t} \frac{x-x_j}{x_i-x_j} \tag{5.10.1}$$

$$s=\sum_{i=1}^{t} y_i \prod_{j=1,\, j\neq i}^{t} \frac{x_j}{x_j-x_i} \tag{5.10.2}$$

Shamir 的(t, n)门限秘密共享方案只是一个简单的实现，在实际应用中存在一些问题，例如，如何安全分发子份额，如何共享多个秘密，等等。因此，Shamir 的门限方案必须和其他密码机制结合起来使用。下面我们通过实例来进行说明。这个实例的基本思想是基于签密技术来实现子份额的分发。

5.10.3 Zheng 的签密方案及其改进

1. Zheng 的签密方案及分析

本节我们将简单地介绍 Zheng 提出的签密方案。为了简单清晰起见，我们将与安全性无关的时戳等信息略去。

1) 系统参数

令 p 为一个大素数，$q\in Z_p^*$ 为 $p-1$ 的一个大素因子，$h(\cdot)$是一个单向 Hash 函数，$h_k(\cdot)$是一个带密钥的钥控单向 Hash 函数，(E_k, D_k)为某安全对称密码算法的加、解密算法，$g\in Z_p^*$ 为 q 阶元素，$(x_a, y_a=g^{x_a} \bmod q)$为 Alice 的公、私钥对(其中，$x_a$ 由 Alice 随机从 Z_p^* 中选取)，$(x_b, y_b=g^{x_b} \bmod q)$为 Bob 的公、私钥对。

2) 签密过程

假设 Alice 要向 Bob 传递秘密信息 m，Alice 的执行过程如下：

(1) 随机选取 $x\in Z_p^*$，计算 $k=(k_1, k_2)=h(y_b^x \bmod q)$。

(2) 计算 $c=E_{k_1}(m)$，$r=h_{k_2}(m)$和 $s=\dfrac{x}{r+x_a} \bmod q$。

(3) 发送签密密文(c, r, s)给 Bob。

3) 解密过程

Bob 收到 Alice 发送的签密密文(c, r, s)后，执行如下解密过程来获取信息 m。

(1) 计算 $k=(k_1, k_2)=h((y_a g^r)^{sx_b} \bmod p)$。

(2) 计算 $m=D_{k_1}(c)$。

(3) 计算 $h_{k_2}(m)$，并判断 $h_{k_2}(m)\overset{?}{=}r$ 是否成立。如果成立，接受 m，否则拒绝 m。

下面简单地对该协议是否具备前向保密性进行分析。所谓前向保密性，是指在发送者的私钥泄漏时，攻击者仍然不能从以前发送过的签密密文中恢复出消息。很显然，Zheng 的签密方案不具备前向保密性。对此，我们通过下面的定理来说明。

定理 5.10.1　Zheng 的签密方案不具备前向保密性。

证明：假设在 Zheng 的方案中，发送者 Alice 的私钥 x_a 泄漏之前，Alice 向 Bob 通过该协议传送了秘密信息 m。这时如果 x_a 被泄漏，那么攻击者可以由等式 $s=x/(r+x_a) \bmod q$ 变形得到 $x=s(r+x_a) \bmod q$。由于 s 和 r 为签密密文的部分信息，而 x_a 为发送者 Alice 已经泄露的私钥，因此攻击者可以正确地计算出 x 的值，从而结合接收者 Bob 的公钥很容易计算出 $k=(k_1, k_2)=h(y_b^x \bmod p)$，进而就可以解密得到 $m=D_{k_1}(c)$。因此，Zheng 的签密方案不具备前向保密性。

2. 改进的签密方案

因为 Zheng 提出的签密方案不具备前向保密性，所以当发送者的私钥泄漏后，他们之前传送的任意秘密信息都可以被计算出来，方案的应用受到了一定影响。这里我们将对 Zheng 的方案进行改进，提出一个具有前向保密性的新方案。新方案的系统参数和原方案相同。

1) 签密过程

假设 Alice 要向 Bob 传递秘密信息 m，Alice 的执行过程如下：

(1) 随机选取 $x\in Z_p^*$，计算 $k=(k_1, k_2)=h(y_b^x \bmod p)$。

(2) 计算 $r=h_{k_2}(m)$，$c=E_{k_1}(m\parallel r)$，$R=g^r$ 和 $s=x/(r+x_a) \bmod q$。

(3) 发送签密密文 (c, s, R) 给 Bob。

2) 解密过程

Bob 收到 Alice 的签密密文 (c, s, R) 后，解密过程如下：

(1) 计算 $k=(k_1, k_2)=h((y_a R)^{sx_b} \bmod p)$。

(2) 计算 $m\parallel r=D_{k_1}(c)$ 和 $h_{k_2}(m)$。

(3) 判断 $h_{k_2}(m)\overset{?}{=}r$ 是否成立。如果成立，则接受 m，否则拒绝 m。

3) 方案分析

这里主要将新方案与原方案进行比较，从安全性、计算性能及可用性等方面进行分析。

(1) 安全性。新方案的正确性很容易得到证明，这里主要分析其前向保密性。假设发送者 Alice 的私钥 x_a 已经被泄漏。在新方案中，由 R 计算 r 面临求解离散对数的问题。若不知道 r 的值，也就无法从 $s=x/(r+x_a) \bmod q$ 中求出 x，从而不可能由 $h(y_b^x \bmod p)$ 或 $h((y_a R)^{sx_b} \bmod p)$ 计算出密钥 $k=(k_1, k_2)$，因此，在发送者私钥泄漏的情况下并不会暴露秘密信息 m，从而证明了新方案具有前向保密性。

(2) 计算性能。新方案比起原方案在计算上增加了一个指数运算，计算量有所增加，但该指数运算主要用于保护方案中的信息 r，从而使得即使发送方的私钥被泄露，攻击者

在不知道 r 的情况下无法计算出密钥 $k=(k_1, k_2)$。因此，新方案具有前向保密性，更安全、更符合应用需求。

(3) 可用性。Zheng 的签密方案是非常经典的一个协议，已经得到了广泛的应用。为了增加系统的前向保密性而对系统的实现做较大的改动往往令人难以接受。为此，在改进的协议中，保持系统参数及参与者双方之间的接口不变，仅对局部实现进行了改进，使得新方案具有较高的可用性并能够很容易被用户接受。

下面我们基于 ID 的密码体制，将签名方案和 Shamir 的门限方案结合使用，提出一种基于 ID 的秘密共享方案，以说明 Shamir 门限方案的应用方法。

5.10.4 基于 ID 的秘密共享方案

1. 系统参数

在基于身份 ID 的公钥密码系统中(关于基于 ID 的密码体制，我们将在第 9 章介绍)，用户的公钥就是用户的身份信息 ID 或由 ID 产生的信息。系统参数由可信第三方公钥生成中心 PKG 选取，其中，$(G_1, +)$和$(G_2, \cdot)$为两个 q 阶的循环群；P 为 G_1 的生成元；e 为 G_1 和 G_2 上的双线性变换，即 $e: G_1 \times G_1 \to G_2$；$h_0: \{0,1\}^* \to G_1$ 和 $h_1: \{0, 1\}^* \to Z_p^*$ 为两个单向 Hash 函数；$h_k(\cdot)$为一个带密钥的钥控单向 Hash 函数；$f(x,y)$为 Z_p^* 上的一个双变量单向函数；(E_k, D_k)为某对称密码算法的加、解密算法。PKG 随机选取自己的私钥 $S_{\text{PKG}} \in Z_p^*$，其对应公钥为 $Q_{\text{PKG}} = S_{\text{PKG}} P \in G_1$；参与者 $u_i(i=1, 2, \cdots, n)$的公、私钥对为 $Q_i = h_0(\text{ID}_i)$ 和 $S_i = S_{\text{PKG}} Q_i$；秘密分发者 d 的公、私钥对为 $Q_d = h_0(\text{ID}_d)$和 $S_d = S_{\text{PKG}} Q_d$。在本节提出的秘密共享方案中，参与者的私钥将作为其主秘密份额来实现对子秘密份额的分发。

2. 具体设计

1) 秘密分发

为了在这 n 个参与者中共享秘密信息 $m \in Z_p^*$，至少 t 个参与者合作才可以重构该秘密。秘密分发者可以执行如下算法：

(1) 随机地从 Z_p^* 中选取 n 个秘密随机数 $m_1, m_2, \cdots, m_n$ 和公开随机数 $m_0 \in Z_p^*$，并计算 $M_i = f(m_0, m_i)(i=1, 2, \cdots, n)$。其中，$m_i$ 将作为对应参与者 $u_i(i=1, 2, \cdots, n)$的子秘密份额，并用于秘密恢复。

(2) 使用 $n+1$ 个数值对$(h_1(\text{ID}_i), M_i)(i=1, 2, \cdots, n)$和$(0, m)$构造 n 次 Lagrange 插值多项式：

$$F(x) = m \times \prod_{i=1}^{n} \frac{x - h_1(\text{ID}_j)}{-h_1(\text{ID}_j)} + \sum_{i=1}^{n} M_i \frac{x}{h_1(\text{ID}_i)} \prod_{j=1, j\neq i}^{n} \frac{x - h_1(\text{ID}_j)}{h_1(\text{ID}_i) - h_1(\text{ID}_j)} \bmod q \tag{5.10.3}$$

(3) 随机选取 $x_i \in Z_p^*$，计算 $k_i = (k_{i,1}, k_{i,2}) = h(e(Q_i, Q_{\text{PKG}})^{x_i})(i=1, 2, \cdots, n)$。

(4) 计算 $r_i = h_{k_{i,2}}(m_i)$，$c_i = E_{k_{i,1}}(m_i \parallel r_i)$，$R_i = r_i Q_d$ 和 $s_i = x_i Q_{\text{PKG}} - r_i S_d \in G_1$，并将$(c_i, s_i, R_i)$发送给参与者 $u_i(i=1, 2, \cdots, n)$。

(5) 从$[1, q-1] - \{h_1(\text{ID}_i) | i=1, 2, \cdots, n\}$中选取 $n-t+1$ 个最小整数 d_i 并计算 $F(d_i)(i=1, 2, \cdots, n-t+1)$。最后，将它们通过广播形式公开。

2) 秘密恢复

任意 t 个参与者可以合作来恢复所共享的秘密 m。不失一般性，下面以 t 个参与者的集合 $\{u_1, u_2, \cdots, u_t\}$ 为例来说明秘密重构过程。秘密重构过程如下：

(1) 参与秘密重构的每个参与者 $u_i(i=1, 2, \cdots, t)$ 获取信息 (c_i, s_i, R_i)，计算 $k_i=(k_{i,1}, k_{i,2})=h(e(Q_i, s_i)e(s_i, R_i))$。

(2) 每个参与者 $u_i(i=1, 2, \cdots, t)$ 解密获得 $m_i \parallel r_i=E_{k_{i,1}}(c_i)$。如果等式 $r_i=h_{k_{i,2}}(m_i)$ 成立，则说明秘密分发成功；否则，秘密分发过程有误，向秘密分发者提供错误报告。

(3) 每个参与者 $u_i(i=1, 2, \cdots, t)$ 计算 $M_i=f(m_0, m_i)$，并将其提交给指定的秘密计算者 DC(Designated Combiner)。其中，m_0 为公开信息。

(4) 秘密计算者收到这 t 个信息 $M_i(i=1, 2, \cdots, t)$ 后，利用参与者的身份信息可以构造 t 个数值对 $(h_1(\mathrm{ID}_i), M_i)(i=1, 2, \cdots, t)$，同时，从 $[1, q-1]-\{h_1(\mathrm{ID}_i)\mid i=1, 2, \cdots, n\}$ 中选取 $n-t+1$ 个最小整数 d_i 并构成 $n-t+1$ 个数值对 $(d_i, F(d_i))(i=1, 2, \cdots, n-t+1)$。

(5) 使用所得到的这 $n+1$ 个数值对 $(h_1(\mathrm{ID}_i), M_i)(i=1, 2, \cdots, t)$ 和 $(d_i, F(d_i))(i=1, 2, \cdots, n-t+1)$ 重构 n 次 Lagrange 插值多项式：

$$\begin{aligned}F(x) = &\sum_{i=1}^{t} M_i\left(\prod_{j=1,\, j\neq i}^{t}\frac{x-h_1(\mathrm{ID}_j)}{h_1(\mathrm{ID}_i)-h_1(\mathrm{ID}_j)}\prod_{j=1}^{n-t+1}\frac{x-d_j}{h_1(\mathrm{ID}_i)-d_j}\right)\\ &+\sum_{i=1}^{n-t+1} F(d_i)\left(\prod_{j=1,\, j\neq i}^{n-t+1}\frac{x-d_j}{d_i-d_j}\prod_{j=1}^{t}\frac{x-h_1(\mathrm{ID}_j)}{d_i-h_1(\mathrm{ID}_j)}\right)\end{aligned} \tag{5.10.4}$$

(6) 计算所共享的秘密 $m=F(0)$。

3) 共享多个秘密

本节提出的秘密共享方案具有多重秘密共享方案的特性，即只需每个参与者保存一个秘密份额，该秘密份额就可以用于多次秘密共享过程中，而无需进行更新。对于本节提出的方案来说，一个秘密分发者在 n 个参与者中共享第一个秘密，秘密分发算法和秘密恢复算法如上所述。如果还需要进一步共享其他秘密，则其算法可以做一些改进以提高系统性能。

为了提高秘密共享系统的性能，在第一次秘密分发过程后，秘密分发者和各参与者保存相应的秘密数据 $m_1, m_2, \cdots, m_n$，以便在后续秘密共享过程中使用。后续的秘密分发和秘密恢复过程可以简化如下：在秘密分发过程中，秘密分发者只需执行第(1)、(2)、(5)步即可，其中，在第(1)步秘密分发者不再重新选取秘密数据 $m_1, m_2, \cdots, m_n$，仅需重新选取随机数 m_0，并计算 $M_i=f(m_0, m_i)(i=1, 2, \cdots, n)$；在秘密恢复过程中，合作的参与者只需执行第(3)～(6)步即可，其中，在第(3)步，秘密数据 $m_1, m_2, \cdots, m_n$ 同样取值为上次秘密共享过程中的数值。

第6章　数字签名

本章将介绍数字签名的基本概念以及各种常用数字签名体制，如 RSA、Rabin、ElGamal、Schnorr、DSS 等，同时，通过实例介绍目前在群体密码中非常流行的门限签名，最后介绍一些非常有研究价值的特殊数字签名的概念，如委托签名、指定证实人签名、一次性签名等。

6.1　数字签名的相关概念

随着计算机通信网的发展，人们希望通过电子设备实现快速、远距离的交易，数字(或电子)签名技术应运而生，并开始用于商业通信系统，如电子邮递、电子转账以及办公自动化等系统。

类似于手书签名，数字签名也应满足以下要求：

(1) 收方能够确认或证实发方的签名，但不能伪造，简记为 R1-条件。

(2) 发方发出签名的消息给收方后，就不能再否认他所签发的消息，简记为 S-条件。

(3) 收方对已收到的签名消息不能否认，即有收报认证，简记为 R2-条件。

(4) 第三方可以确认收发双方之间的消息传送，但不能伪造这一过程，简记为 T-条件。

数字签名与手书签名的区别在于：手书签名是模拟的，且因人而异；数字签名是 0 和 1 的数字串，因消息而异。

数字签名与消息认证的区别在于：消息认证使收方能验证消息发送者及所发消息内容是否被篡改过。当收发双方之间没有利害冲突时，消息认证对于防止第三者的破坏来说已经足够安全了；当收者和发者之间有利害冲突时，单纯用消息认证技术无法解决他们之间的纠纷，此时必须借助满足上述要求的数字签名技术。

为了实现签名目的，发方必须向收方提供足够的非保密信息，使其能验证消息的签名，但又不能泄露用于产生签名的机密信息，以防止他人伪造签名。因此，签名者和证实者可公用的信息不能太多。任何一种产生签名的算法或函数都应当满足这两个条件，而且从公开的信息很难推测出用于产生签名的机密信息。此外，任何一种数字签名的实现都依赖于设计仔细的通信协议。

数字签名有两种：一种是对整体消息的签名，它是消息经过密码变换的被签消息整体；另一种是对压缩消息的签名，它是附加在被签名消息之后或某一特定位置上的一段签名图样。

若按明文和密文的对应关系划分，每一种签名又可分为两个子类：一类是确定性(Deterministic)数字签名，其明文与密文一一对应，它对特定消息签名后，签名结果不发生变化，如RSA、Rabin等；另一类是随机化的(Randomized)或概率式数字签名，它对同一消息的签名是随机变化的，取决于签名算法中随机参数的取值。一个明文可能有多个合法的数字签名，如ElGamal等。

一个签名体制一般含有两个组成部分：签名算法(Signature Algorithm)和验证算法(Verification Algorithm)。对M的签名简记为$\mathrm{Sig}(M)=S$，而对S的验证简记为$\mathrm{Ver}(S)=\{真，伪\}=\{0，1\}$。

签名算法和签名密钥是秘密的，只有签名人掌握；验证算法应当公开，以便于他人进行验证。

一个签名体制可由量$(M，S，K，V)$来表示。其中，M是明文空间；S是签名的集合；K是密钥空间；V是验证函数的值域，由真、伪组成。

设$m\in M$为任一消息，对于每一$k\in K$，有一签名算法，易于计算：

$$s=\mathrm{Sig}_k(m)\in S \tag{6.1.1}$$

验证算法：

$$\mathrm{Ver}_k(s，m)\in\{真，伪\} \tag{6.1.2}$$

对每一$m\in M$，有签名$\mathrm{Sig}_k(m)\in S$(为$M\to S$的映射)。从m、s可以验证s是否为m的签名，即

$$\mathrm{Ver}_k(m，s)=\begin{cases}真 & (当\ s=\mathrm{Sig}(m)\ 时)\\ 伪 & (当\ s\neq\mathrm{Sig}(m)\ 时)\end{cases} \tag{6.1.3}$$

签名体制的安全性在于：从明文m和其签名s难以推出k或伪造一个m'，使m'和s可被验证为真。

消息签名与消息加密有所不同，消息加密和解密可能是一次性的，它要求在解密之前是安全的，而一个签名的消息可能作为一个法律上的文件，如合同等，很可能在对消息签署多年之后才验证其签名，且可能需要多次验证此签名。因此，签名的安全性和防伪造的要求更高一些，且要求证实速度比签名速度还要快一些，特别是在联机在线实时验证的情况下。

随着计算机网络的发展，过去依赖于手书签名的各种业务都可用这种电子数字签名代替，它是实现电子贸易、电子支票、电子货币、电子购物、电子出版及知识产权保护等系统安全的重要保证。

6.2 数字信封和数字签名

公钥密码体制在实际应用中包含数字签名和数字信封两种方式。

数字信封(Digital Envelop)的功能类似于普通信封。普通信封在法律的约束下保证只有收信人才能阅读信的内容；数字信封则采用密码技术保证了只有规定的接收人才能阅读信息的内容。

数字信封中采用了单钥密码体制和公钥密码体制。信息发送者首先利用随机产生的对

称密钥加密信息，再利用接收方的公钥加密对称密钥。用公钥加密后的对称密钥称为数字信封。在传递信息的过程中，信息接收方要解密信息时，必须先用自己的私钥解密数字信封，得到对称密钥，才能利用对称密钥解密，从而得到原始信息。这样就保证了数据传输的不可抵赖性。

数字签名是指用户用自己的私钥对原始数据的杂凑值进行加密所得的数据。信息接收者使用信息发送者的公钥对附在原始信息后的数字签名进行解密后获得杂凑值，并通过与自己收到的原始数据产生的杂凑值对照，便可确信原始信息是否被篡改。这样就保证了消息来源的真实性和数据传输的完整性。

6.2.1 数字签名原理

文件上的手写签名长期以来被用作作者身份的证明或表明签名者同意文件的内容。实际上，签名体现了以下几个方面的保证：

(1) 签名是可信的。签名使文件的接收者相信签名者是慎重地在文件上签名的。

(2) 签名是不可伪造的。签名证明是签名者而不是其他人在文件上签名。

(3) 签名不可重用。签名是文件的一部分，不可能将签名移动到不同的文件上。

(4) 签名后的文件是不可变的。在文件签名以后，文件就不能改变了，否则签名失效。

(5) 签名是不可抵赖的。签名和文件是不可分离的，签名者事后不能声称他没有签过这个文件。

在计算机上进行数字签名，并使这些保证能够继续有效，还存在一些问题。

首先，计算机文件易于复制，即使某人的签名难以伪造，但是将有效的签名从一个文件剪切和粘贴到另一个文件上是很容易的。这就使这种签名失去了意义。

其次，文件在签名后也易于修改，并且不会留下任何修改的痕迹。

有几种公开密钥算法都能用作数字签名，这些公开密钥算法的特点是不仅用公开密钥加密的消息可以用私钥解密，而且反过来用私钥加密的消息也可以用公开密钥解密。其基本协议如下：

(1) Alice 用她的私钥对文件加密，从而对文件签名。

(2) Alice 将签名后的文件传给 Bob。

(3) Bob 用 Alice 的公钥解密文件，从而验证签名。

在实际过程中，这种做法的效率太低了。为了节省时间，数字签名协议常常与单向散列函数(即杂凑函数，见第 7 章)一起使用。Alice 并不对整个文件签名，而是只对文件的散列值签名。

在下面的协议中，单向散列函数和数字签名算法是事先协商好的。

(1) Alice 产生文件的单向散列值。

(2) Alice 用她的私钥对散列值加密，以此表示对文件的签名。

(3) Alice 将文件和散列签名发送给 Bob。

(4) Bob 用 Alice 发送的文件产生文件的单向散列值，同时用 Alice 的公钥对签名的散列值解密。如果签名的散列值与自己产生的散列值匹配，则签名是有效的。

数字签名协议原理如图 6.2.1 所示。

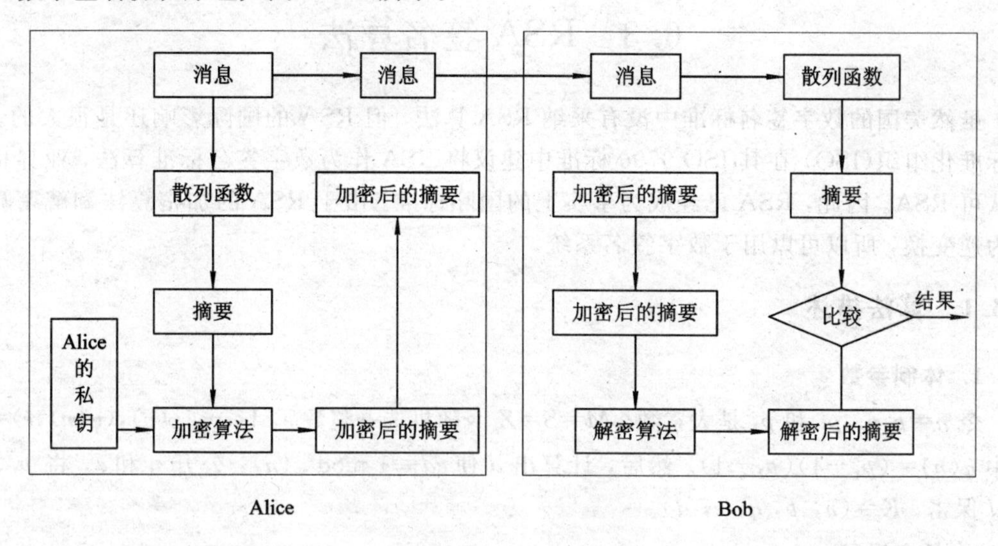

图 6.2.1 数字签名协议原理

由于两个不同的文件具有系统的 160 位散列值的概率为 $1/2^{160}$，所以在这个协议中使用散列函数的签名与使用文件的签名是一样安全的。

6.2.2 数字签名应用实例

现在 Alice 向 Bob 传送数字信息，为了保证信息传送的保密性、真实性、完整性和不可否认性，需要对要传送的信息进行数字加密和数字签名。Alice 向 Bob 传送数字信息的过程如下：

(1) Alice 准备好要传送的数字信息(明文)。

(2) Alice 对数字信息进行哈希(Hash)运算，得到一个信息摘要。

(3) Alice 用自己的私钥(SK)对信息摘要进行加密得到 Alice 的数字签名，并将其附在数字信息上。

(4) Alice 随机产生一个加密密钥(DES 密钥)，并用此密钥对要发送的信息进行加密，形成密文。

(5) Alice 用 Bob 的公钥(PK)对刚才随机产生的加密密钥进行加密，将加密后的 DES 密钥连同密文一起传送给 Bob。

(6) Bob 收到 Alice 传送过来的密文和加密过的 DES 密钥，先用自己的私钥(SK)对加密的 DES 密钥进行解密，得到 DES 密钥。

(7) Bob 用 DES 密钥对收到的密文进行解密，得到明文的数字信息，然后将 DES 密钥抛弃(即 DES 密钥作废)。

(8) Bob 用 Alice 的公钥(PK)对 Alice 的数字签名进行解密，得到信息摘要。

(9) Bob 用相同的 Hash 算法对收到的明文再进行一次 Hash 运算，得到一个新的信息摘要。

(10) Bob 将收到的信息摘要和新产生的信息摘要进行比较，如果一致，则说明收到的信息没有被修改过。

6.3　RSA 签名算法

虽然美国的数字签名标准中没有采纳 RSA 算法，但 RSA 的国际影响还是很大的。国际标准化组织(ISO) 在其 ISO 9796 标准中建议将 RSA 作为数字签名标准算法，业界也广泛认可 RSA。因此，RSA 已经成为事实上的国际标准。由于 RSA 的加密算法和解密算法互为逆变换，所以可以用于数字签名系统。

6.3.1　算法描述

1. 体制参数

令 $n=p_1p_2$，p_1 和 p_2 是大素数，$M=S=Z_n\Rightarrow$随机选一整数 e，$1<e<\varphi(n)$，$(\varphi(n),e)=1$，其中 $\varphi(n)=(p_1-1)(p_2-1)$。然后，计算出 d 使 $ed\equiv 1 \bmod \varphi(n)$，公开 n 和 e，将 p_1、p_2 和 d 保密，$K=(n, p, q, e, d)$。

2. 签名过程

对消息 $m\in Z_n$，定义：

$$s=\mathrm{Sig}_k(m)=m^d \bmod n \tag{6.3.1}$$

为对 m 的签名。

3. 验证过程

对给定的 m、s，可按下式验证：

$$\mathrm{Ver}_k(m, s)=\text{真} \Leftrightarrow m\equiv s^e \bmod n \tag{6.3.2}$$

图 6.3.1 表示 RSA 签名体制的基本框图。

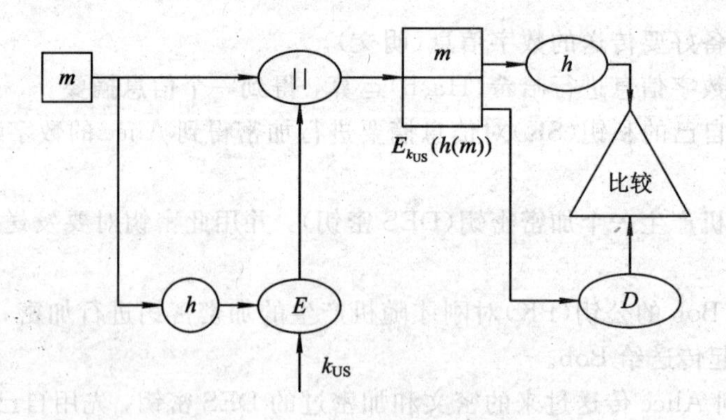

图 6.3.1　RSA 签名体制的基本框图

图 6.3.1 中，h 为 Hash 运算，m 为消息，E 为加密，D 为解密，k_{US}为用户秘密钥，k_{UP}为用户公开钥。

6.3.2　安全性

在 RSA 算法中，由于只有签名者知道 d，因此其他人不能伪造签名，但可以很容易地证实所给的任意 m、s 对是否符合消息 m 和相应签名构成的合法对。如第 5 章中所述，RSA 体制的安全性依赖于 $n=p_1p_2$ 分解的困难性。

ISO/IEC 9796 和 ANSI X9.30－199X 在 1997 年已将 RSA 作为建议的数字签名标准算法，这说明 RSA 签名具有足够的安全性。

6.4　ElGamal 签名算法

ElGamal 签名算法由 T. ElGamal 在 1985 年给出，其修正形式已被美国 NIST 作为数字签名标准 DSS。该算法专门用于签名。该算法的安全性基于求离散对数的困难性。我们将会看到，它是一种非确定性的双钥体制，即对同一明文消息，由于所选择的随机参数不同，因而有不同的签名。

6.4.1　算法描述

1. 体制参数

p：一个大素数，可使在 Z_p 中求解离散对数成为困难问题。

g：是 Z_p 中乘群 Z_p^* 的一个生成元或本原元素。

M：消息空间，为 Z_p^*。

S：签名空间，为 $Z_p^* \times Z_{p-1}$。

x：用户秘密钥，$x \in Z_p^*$。

y：用户公开钥，且

$$y = g^x \bmod p \tag{6.4.1}$$

K：密钥空间，$K=(p, g, x, y)$。其中，p、g、y 为公钥，x 为秘密钥。

2. 签名过程

给定消息 m，发端用户进行下述工作。

(1) 选择秘密随机数 $k \in Z_p^*$。

(2) 计算 $h(m)$：

$$r = g^k \bmod p \tag{6.4.2}$$

$$s = (h(m) - xr)k^{-1} \bmod (p-1) \tag{6.4.3}$$

(3) 以 $\mathrm{Sig}_k(m, k) = S = (r \| s)$ 作为签名，将 m、$(r \| s)$ 发送给对方。

3. 验证过程

收信人收到 m、$(r \| s)$，先计算 $h(m)$，并按下式验证：

$$\mathrm{Ver}_k(h(m)), r, s) = 真 \Leftrightarrow y^r r^s \equiv g^{h(m)} \bmod p \tag{6.4.4}$$

这是因为 $y^r r^s \equiv g^{rx} g^{sk} \equiv g^{(rx+sk)} \bmod p$。

由(6.4.3)式有：

$$(rx + sk) \equiv h(m) \bmod (p-1) \tag{6.4.5}$$

故有：

$$\mathrm{Ver}_k(m, s) = 真 \Leftrightarrow m'' = m' \tag{6.4.6}$$

在此方案中，对同一消息 m，由于随机数 k 不同，因而有不同的签名值 $S=(r \| s)$。

【例 6.4.1】 选 $p=467$，$g=2$，$x=127$，则有 $y \equiv g^x \equiv 2^{127} \equiv 132 \bmod 467$。

若待发送消息为 m，其杂凑值为 $h(m)=100$，选随机数 $k=213$(注意：$(213, 466)=1$

且 213^{-1} mod 466＝431)，则有 $r \equiv 2^{213} \equiv 29$ mod 467，$s \equiv (100-127\times 29)431 \equiv 51$ mod 466。

验证：收信人先算出 $h(m)=100$，而后验证 $132^{29}29^{51} \equiv 189$ mod 467，$2^{100} \equiv 189$ mod 467。

6.4.2　安全性

(1) 不知明文密文对攻击。攻击者在不知用户秘密钥 x 的情况下，若想伪造用户的签名，可选 r 的一个值，然后试验相应 s 的取值，因此必须计算 $\log_r g^x s^{-r}$。也可先选一个 s 的取值，而后求出相应 r 的取值，试验在不知 r 的条件下分解方程：

$$y^r r^s ab \equiv g^m \bmod p$$

这些都是离散对数问题。至于能否同时选出 a 和 b，然后解出相应 m，这仍面临求离散对数的问题，即需计算 $\log_g y^r r^s$。

(2) 已知明文密文对攻击。假定攻击者已知($r \| s$)是消息 m 的合法签名。令 h、i、j 是整数，其中 $h\geqslant 0$，i，$j\leqslant p-2$，且$(hr-js,\ p-1)=1$。攻击者可计算：

$$r' = r^h y^i \bmod p \tag{6.4.7}$$

$$s' = s\lambda(hr-js)^{-1} \bmod (p-1) \tag{6.4.8}$$

$$m' = \lambda(hm+is)(hr-js)^{-1} \bmod (p-1) \tag{6.4.9}$$

则($r' \| s'$)是消息 m'的合法签名。但这里的消息 m 并非由攻击者选择的利于他的消息。如果攻击者想对其选定的消息得到相应的合法签名，则仍然面临解离散对数的问题。如果攻击者掌握了同一随机数 r 下的两个消息 m_1 和 m_2，以及合法签名($a_1 \| b_1$)和($a_2 \| b_2$)，则由

$$m_1 = r_1 k + s_1 r \bmod (p-1) \tag{6.4.10}$$

$$m_2 = r_2 k + s_2 r \bmod (p-1) \tag{6.4.11}$$

就可以解出用户的秘密钥 x。因此，在实际应用中，对每个消息的签名，都应变换随机数 k，而且对某消息 m 签名所用的随机数 k 不能泄露，否则将解出用户的秘密钥 x。

ANSI X9.30－199X 已将 ElGamal 签名体制作为签名标准算法。随着椭圆曲线密码体制的提出，研究人员也给出了一些关于基于椭圆曲线的 ElGamal 签名。

6.5　Schnorr 签名算法

Schnorr 签名体制是 C. Schnorr 于 1989 年提出的，它是 ElGamal 体制的一种变形。

6.5.1　算法描述

1. 系统参数

p，q：大素数，$q|p-1$，q 是大于等于 160 bit 的整数，p 是大于等于 512 bit 的整数，保证 Z_p 中求解离散对数困难。

g：Z_p^* 中的元素，且 $g^q \equiv 1 \bmod p$。

x：用户密钥，$1<x<q$。

y：用户公钥，$y \equiv g^x \bmod p$。

消息空间 $M=Z_p^*$，签名空间 $S=Z_p^*\times Z_q$，密钥空间：

$$K = \{(p,\ q,\ g,\ x,\ y):\ y \equiv g^x \bmod p\} \tag{6.5.1}$$

2. 签名过程

令待签消息为 m，对给定的 m 进行下述运算。

(1) 发端用户任选一秘密随机数 $k \in Z_q$。

(2) 计算：

$$r \equiv g^k \bmod p \tag{6.5.2}$$

$$s \equiv k + xe \bmod p \tag{6.5.3}$$

式中：

$$e = h(r \| m) \tag{6.5.4}$$

(3) 将消息 m 及其签名 $S = \mathrm{Sig}_k(m) = (e \| s)$ 送给收信人。

3. 验证过程

收信人收到消息 m 及签名 $S = (e \| s)$ 后，进行如下运算。

(1) 计算：

$$r' \equiv g^s y^e \bmod p \tag{6.5.5}$$

而后计算 $h(r' \| m)$。

(2) 验证：

$$\mathrm{Ver}(m, r, s) \Leftrightarrow h(r' \| m) = e \tag{6.5.6}$$

因为若 $(e \| s)$ 是 m 的合法签名，则有

$$g^s y^e \equiv g^{k-xe} g^{xe} \equiv g^k \equiv r \bmod p \tag{6.5.7}$$

等号必成立。

6.5.2 Schnorr 签名与 ElGamal 签名的不同点

(1) 在 ElGamal 体制中，g 为 Z_p 的本原元素；在 Schnorr 体制中，g 为 Z_p 中子集 Z_q^* 的本原元素，它不是 Z_p 的本原元素。显然，ElGamal 的安全性要高于 Schnorr。

(2) Schnorr 的签名较短，由 $|q|$ 及 $|h(m)|$ 决定。

(3) 在 Schnorr 签名中，$r = g^k \bmod p$ 可以预先计算，k 与 m 无关，因而签名只需一次 $\bmod q$ 乘法及减法。Schnorr 签名所需计算量少，速度快，适用于智能卡。

6.6 Rabin 签名算法

Rabin 于 1978 年提出了一种双钥体制的数字签名算法。

6.6.1 算法描述

1. 系统参数

令 $n = pq$，其中 p 和 q 为素数；密钥空间 $K = (n, p, q)$，其中 n 是公钥，p、q 是私钥；$M = S = QR_p \cap QR_q$，其中 QR 为二次剩余集，M 和 S 分别为消息空间和签名空间。

2. 签名过程

明文消息 m，$0 < m < n$，设 $m \in QR_p \cap QR_q$（若 m 不满足此条件，可将其映射成 $m' = f(m)$，使 $m' \in QR_p \cap QR_q$），求 m' 的平方根，作为对 m 的签名 s，即

$$s = \mathrm{Sig}_k(m) = (m')^{1/2} \bmod n \tag{6.6.1}$$

3. 验证过程

任何人可计算：

$$m'' = s^2 \bmod n \tag{6.6.2}$$

并检验：

$$\mathrm{Ver}_k(m, s) = 真 \Leftrightarrow m'' = m' \tag{6.6.3}$$

6.6.2 安全性

攻击者选一 x，求出 $x^2 = m \bmod n$，送给签名者签名，签名者将签名 s 回送给攻击者。若 $s \neq \pm x$(其概率为 1/2)，则攻击者有 1/2 的机会分解 n，从而可破译此系统。因此，一个系统若可证明(如二次剩余体制)等于大整数分解的困难性，则要小心使用，否则不安全。RSA 的安全性“被认为等于”大整数分解的困难性(无法证明)，因而无上述缺点。

ISO/IEC 7996 于 1997 年曾将 Rabin 算法作为建议的数字签名标准算法。

6.7 DSS 签名算法

6.7.1 概况

DSS(Digital Signature Standard)签名标准是 1991 年 8 月由美国 NIST 公布、1994 年 5 月 19 日正式公布、1994 年 12 月 1 日正式采用的美国联邦信息处理标准。其安全性基于解离散对数的困难性，它是在 ElGamal 和 Schnorr (1991 年)两个方案的基础上设计的(见 FIPS 186，1994 年)。DSS 中所采用的算法简记为 DSA(Digital Signature Algorithm)。此算法由 D. W. Kravitz 于 1993 年设计。

这类签名标准具有较大的兼容性和适用性，已成为网络安全体系的基本构件之一。

6.7.2 基本框图

图 6.7.1 表示 DSS 签名体制的基本框图。

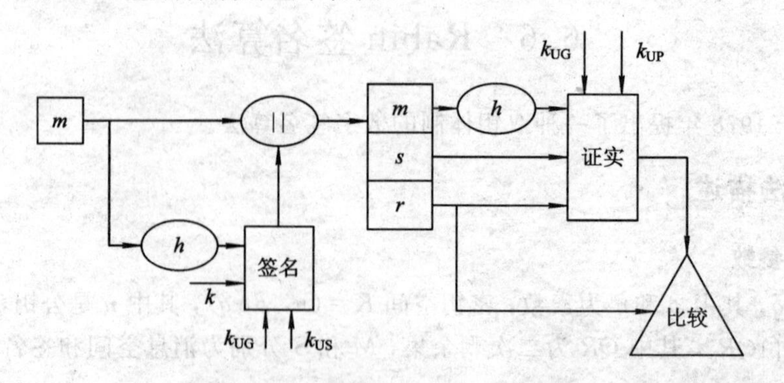

图 6.7.1 DSS 签名体制的基本框图

图 6.7.1 中，h 为 Hash 运算，m 为消息，k_{US} 为用户秘密钥，k_{UP} 为用户公开钥，k_{UG} 为部分或全局用户公钥，k 为随机数。

6.7.3 算法描述

1. 系统参数

(1) (p, q, g)：全局公钥。其中：

p：$2^{L-1} \sim 2^{L}$ 中的大素数，$512 \leqslant L \leqslant 1024$，按 64 bit 递增。

q：$p-1$ 的素因子，且 $2^{159} < q < 2^{160}$，即字长 160 bit。

g：g 为 $H^{p-1} \bmod p$，且 $1 < H < p-1$，使 $H^{(p-1)/q} \bmod p > 1$。

(2) x：用户秘密钥，为在 $0 \sim q$ 内的随机或拟随机数。

(3) y：用户公钥，$y = g^{x} \bmod p$。

(4) k：用户每个消息用的秘密随机数，为在 $0 \sim q$ 内的随机或拟随机数。

2. 签名过程

对消息 $m \in M = Z_p^*$，其签名为

$$s = \mathrm{Sig}_k(m, k) = (r, s) \tag{6.7.1}$$

其中：

$$s \in S = Z_q \times Z_q$$

$$r \equiv (g^{k} \bmod p) \bmod q \tag{6.7.2}$$

$$s \equiv [k^{-1}(h(m) + xr)] \bmod q \tag{6.7.3}$$

3. 验证过程

计算：

$$w = s^{-1} \bmod q$$

$$u_1 = [h(m)w] \bmod q$$

$$u_2 = rw \bmod q$$

$$v = [(g^{u}y^{u}2) \bmod p] \bmod q$$

$$\mathrm{Ver}(m, r, s) = 真 \Leftrightarrow v = r \tag{6.7.4}$$

6.7.4 DSS 签名和验证框图

图 6.7.2 示出了 DSS 签名和验证框图。

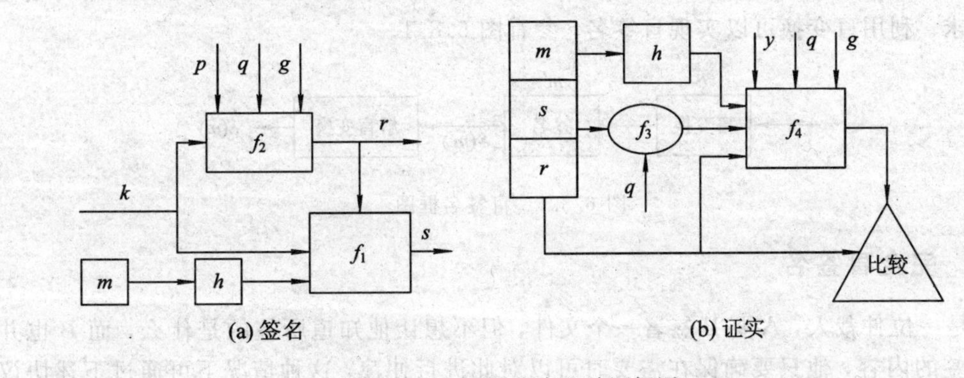

图 6.7.2 DSS 签名和验证框图

6.7.5 相关说明

RSA Data Security Inc(DSI)想以 RSA 算法作为标准，因而对 DSS 的反对非常强烈，在标准公布之前就指出采用公用模可能使政府能够进行伪造签名。许多大的软件公司早已得到 RSA 的许可证，因而反对 DSS。主要批评意见有：

(1) DSA 不能用于加密或密钥分配。

(2) DSA 由 NSA 开发的，算法中可能设有陷门。

(3) DSA 比 RSA 慢。

(4) RSA 已是一个实际上的标准，而 DSS 与现行国际标准不相容。

(5) DSA 未经公开选择过程，还没有足够的时间进行分析证明。

(6) DSA 可能侵犯了其他专利(Schnorr 签名算法和 Diffie - Hellman 的公钥密钥分配算法)。

(7) 由 512 bit 所限定的密钥量太小，尽管现已改为 512～1024 中可被 64 除尽的即可供使用。

关于 DSA 的速度需要说明的是，可以通过增加预计算来提高计算速度(随机数 r 与消息无关，选一数串 k，预先计算出其 r)。对 k^{-1} 也可这样做。预计算能够大大加快 DSA 的速度。

NIST 在 1994 年曾给出一种求 DSA 体制所需素数的建议算法，这一体制是在 ElGamal 体制的基础上构造的。有关 ElGamal 体制安全性的讨论亦涉及 DSA。例如，秘密随机数 k 若重复使用，则有被破译的危险性；大范围用户采用同一公共模会成为众矢之的；Simmons在 1993 年还发现 DSA 可能会提供一个潜信道。此外，还有很多人提出了对 DSA 的各种修正方案，这里不再赘述。

6.8 盲　签　名

一般数字签名中，总是要先知道文件内容而后才签署，这正是通常所需要的。但有时我们需要某人对一个文件签字，但又不让他知道文件内容，通常称之为盲签名(Blind Signature)，它是由 Chaum 在 1983 年最先提出的。在选举投票和数字货币协议中将会碰到这类要求。利用盲变换可以实现盲签名，参看图 6.8.1。

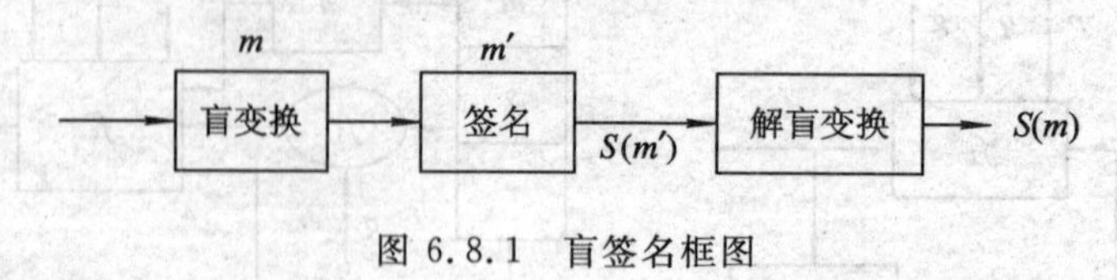

图 6.8.1　盲签名框图

6.8.1 完全盲签名

B 是一位仲裁人，A 要 B 签署一个文件，但不想让他知道所签的是什么，而 B 也并不关心所签的内容，他只要确保在需要时可以对此进行仲裁，这种情况下可通过下述协议完全盲签名协议实现。

(1) A 取一文件并以一随机值乘之，此随机值称为盲因子(Blinding Factor)。

(2) A将此盲文件送给B。

(3) B对盲文件签名。

(4) A以盲因子除之，得到B对原文件的签名。

若签名函数和乘法函数是可换的，则上述做法成立，否则要采用其他方法(而不是乘法)修改原文件。

安全性讨论：

B可以欺诈吗？是否可以获取有关文件的信息？若盲因子完全随机，则可保证B不能由协议(2)中所看到的盲文件得出原文件的信息。即使B将协议(3)中所签盲文件复制，他也不能(对任何人)证明在此协议中所签的真正文件，而只是知道其签名成立，并可证实其签名。即使他签了100万个文件，也无从得到所签文件的信息。

完全盲签名具有如下特点：

(1) B对文件的签名合法，它证明B签了该文件，且具有以前介绍过的普通签名的属性。

(2) B不能将所签文件与实际上签的文件联系起来，即使他保存所有曾签过的文件，也不能决定所签文件的真实内容，窃听者所得信息更少。

6.8.2 盲签名的应用

完全盲签名使A可以让B签任何他所想要的文件，例如，“B欠A 1000万元”等，因而这种协议不可能真正实用。

采用分割-选择(Cut - and - Choose)技术，可使B知道他所签的，但仍可保留盲签名的一些有用特征。

下面我们借用王育民、刘建伟编著的《通信网的安全——理论与技术》一书中给出的例子来说明盲签名的应用。

【例 6.8.1】 每天有许多人进入某国，海关想知道他们是不是贩毒者，于是海关用概率方法而不是检查每个人来实现这一目的。对入关者抽取1/10进行检查。贩毒者在多数情况下将可逃脱，但有1/10机会被抓获。为了有效惩治贩毒，一旦抓获，法院对其的罚金将大于其他9次的获利。要想增加捕获率，必须检查更多的人，因此利用搜查概率值可以成功地控制抓获贩毒分子的协议。

【例 6.8.2】 反间谍组织成员的身份必须保密，甚至连反间谍机构也不知道他是谁。反间谍机构的头目要给每个成员一个签名的文件，文件上注明：持此签署文件人××(为某掩蔽的成员名字)有充分外交豁免权。每个成员都有自己的掩蔽名单，使反间谍机构不能恰好提供出签名的文件。成员们不想将他们的掩蔽名单送给反间谍机构，敌人也可能会破坏反间谍机构的计算机。另一方面，反间谍机构也不会对成员给他的任何文件都进行盲签名。例如，一个聪明的成员可能用“成员(名字)已退休，并每年发给100万退休金”进行消息代换后，请总统先生签名。此种情况下，盲签名可能有用。

假定每个成员有10个可能的掩蔽名字，他们可以自行选用，别人不知道。假定成员们并不关心在那个掩蔽名字下他们得到了外交豁免权，并假定机构的计算机为Agency's Intelligent Computing Engine，简记为AICE，则可利用下述协议实现。

协议 6.8.1

(1) 每个成员准备 10 份文件，各用不同的掩护名字，以得到外交豁免权。

(2) 成员以不同的盲因子盲化每个文件。

(3) 成员将 10 个盲文件送给 AICE。

(4) AICE 随机选择 9 个，并询问成员每个文件的盲因子。

(5) 成员将适当的盲因子送给 AICE。

(6) AICE 从 9 个文件中移去盲因子，确信其正确性。

(7) AICE 将所签署的 10 个文件送给成员。

(8) 成员移去盲因子，并读出他的新掩护名字："The Crimson Streak"，在该名字下这份签署的文件给了他外交豁免权。

这一协议在抗反间谍成员欺诈上是安全的，他必须知道哪个文件不被检验才可进行欺诈，其机会只有 10%。当然，他可以送更多的文件。AICE 对所签的第 10 个文件比较有信心，虽然未曾检验。这具有盲签性，保存了所有匿名性。

反间谍成员可以按下述方法进行欺诈：他生成两个不同的文件，AICE 只愿签其中之一，B 找两个不同的盲因子将每个文件变成同样的盲文件。这样若 AICE 要求检验文件，则 B 将原文件的盲因子给他；若 AICE 不要求看文件并签名，则可用盲因子转换成另一蓄意制造的文件。以特殊的数学算法可以将两个盲文件做得几乎一样，显然，这仅在理论上是可能的。

6.8.3 信封

D. Chaum 将盲变换看做信封，盲化文件是对文件加个信封，而去掉盲因子的过程就是打开信封。文件在信封中时无人可读它，在盲文件上签名相当于在复写纸信封上签名，这样就得到了对(信封内)真文件的签名。

6.8.4 盲签名算法

D. Chaum 在 1985 年曾提出第一个实现盲签名的算法，他采用了 RSA 算法。令 B 的公钥为 e，秘密钥为 d，模为 n。

(1) A 要对消息 m 进行盲签名，选 $1<k<n$ 且 $(k, n)=1$，作

$$t \equiv mk^e \bmod n \rightarrow \text{B} \tag{6.8.1}$$

(2) B 对 t 签名：

$$t^d \equiv (mk^e)^d \bmod n \rightarrow \text{A} \tag{6.8.2}$$

(3) A 计算 $s \equiv t^d/k \bmod n$ 得：

$$s \equiv m^d \bmod n \tag{6.8.3}$$

这是 B 对 m 按 RSA 体制的签名。

证明：

$$t^d = (mk^e)^d \equiv m^d k \bmod n \Rightarrow t^d/k \equiv m^d k/k \equiv m^d \bmod n \tag{6.8.4}$$

任何盲签名都必利用分割-选择原则。Chaum 在 1987 年给出了一种更复杂的算法来实现盲签名，他还提出了一些更复杂、但更灵活的盲签名算法。

6.9 门限数字签名

数字签名方案的安全性取决于签名密钥，签名密钥的泄漏意味着签名安全性的丧失。通过门限秘密共享技术，将一个团体的签名密钥以门限方式分散给多人管理，可以分散责任，妥善解决密钥管理中的密钥泄漏和遗失问题，提高系统的安全性。在一个(t, n)门限签名方案中，只有参与签名的成员数目大于或等于规定的门限值t时才能生成有效的群签名，小于t时不能生成有效的群签名，而任何人都可以利用公开的群公钥来验证群签名的正确性。

目前流行的门限签名方案一般可以分为需要可信中心和不需要可信中心两类。对于需要可信中心的门限签名方案来说，由于维护一个可信中心往往会增加系统的实现代价和复杂度，而且在许多特定的应用环境下，一个可被所有小组成员信任的可信中心并不存在，因此不需要可信中心的门限签名方案就显得很有吸引力。

这里我们通过实例来说明无可信中心门限签名方案的原理。

6.9.1 系统参数

一个(t, n)门限签名方案表明n个签名者中任何t个能够代表所有签名者对消息m进行签名，而$t-1$个或更少的签名者合作不能完成对m的有效签名。不失一般性，假设$U=\{U_1, U_2, \cdots, U_n\}$是$n$个签名者的集合。首先，系统中的所有成员需要协商选定公共参数：安全的大素数p和q以及元素g，其中$q|(p-1)$，并且g在素域Z_p上的阶为q；$h(\cdot)$为一个强的密码哈希函数(见第7章)。接着，每个成员U_i对外公开自己的唯一标识号u_i，它可以唯一地代表签名者U_i。

6.9.2 密钥生成协议

密钥生成协议主要完成各签名者的公钥、私钥以及群公钥的生成。在该过程中，每个签名者$U_i(i=1, 2, \cdots, n)$需要执行如下步骤：

(1) 在$[1, q-1]$中随机选取一个整数d_i。d_i需要安全保护，不能泄漏给其他任何人。

(2) 随机构造一个$t-1$次多项式$f_i(x)=f_{i,0}+f_{i,1}x+\cdots+f_{i,t-1}x^{t-1} \bmod q$，其中多项式的系数$f_{i,0}, f_{i,1}, \cdots, f_{i,t-1}$为$Z_q$中的元素，并满足$f_i(0)=d_i$且$f_{i,t-1}\neq 0$。

(3) 对集合U中每一个签名者$U_j(j\neq i)$，计算$f_i(u_j)$，并将计算结果通过安全信道发送给U_j。同时，计算多项式系数的公开校验信息$g^{f_{i,l}} \bmod p(l=0, 1, \cdots, t-1)$，并将其向系统中所有成员广播。这里所说的安全信道只要求是保密信道即可，而不要求其为认证信道，可以通过预共享密钥或任何公钥密码技术来建立。

当签名者U_j收到U_i发送的$f_i(u_j)$后，可以通过下面的等式来验证其有效性：

$$g^{f_i(u_j)} = \prod_{l=0}^{t-1} (g^{f_{i,l}})^{(u_j)^l} \bmod p \tag{6.9.1}$$

如果上面的等式成立，那么$f_i(u_j)$是有效的；否则，是无效的。

(4) 如果U_i已经收到集合U中其他每个签名者$U_j(j \neq i)$如上计算的$f_j(u_i)$并验证有效，则U_i计算私钥$X_i = \sum_{j=1}^{n} f_j(u_i) \bmod q$，公钥$Y_i = g^{X_i} \bmod p$，以及群公钥$Y_U = \prod_{i=1}^{n} g^{f_{i,0}} \bmod p$，并将公钥和群公钥以任何认证的方式向系统中所有成员进行广播。

(5) 计算$Y_i^{d_i} \bmod p$以及$R_i = g^{d_i} \bmod p$并将它们以任何认证的方式向系统中所有成员进行广播。

6.9.3 个体签名生成协议

U中任何t个或t个以上的签名者合作才可以生成某个消息m的有效群签名。不失一般性，下面以U中t个签名者$U_1, U_2, \cdots, U_t$为例来说明该协议。每个签名者$U_i(i=1, 2, \cdots, t)$需要执行如下步骤：

(1) 在$[1, q-1]$中随机选取一个整数w_i。然后计算$W_i = g^{w_i} \bmod p$以及$z_i = g^{w_i d_i^{-1}} \bmod p$。其中，$d_i$为$U_i$在密钥生成阶段选择的随机数，$d_i^{-1}$为$d_i$在素域$Z_q$上的逆元。接着，$U_i$将$W_i$和$z_i$以任何认证的方式向系统中所有成员进行广播。

(2) 在收到其他参与签名的成员发送的z_i后，U_i计算：

$$r = \prod_{i=1}^{t} z_i \bmod p \tag{6.9.2}$$

$$s_i = X_i a_i h(m) - r w_i d_i^{-1} \bmod q \tag{6.9.3}$$

其中，$a_i = \prod_{j=1, j \neq i}^{t} \left(\frac{u_j}{u_j - u_i} \right)$。

(3) U_i将$\{r, s_i\}$作为自己对m的签名，并将其发送给指定的群签名生成者。

6.9.4 群签名生成协议

群签名生成者在收到U_i的个体签名$\{r, s_i\}$时，可以通过验证等式$R_i^{s_i} W_i^r = (Y_i^{d_i})^{h(m) a_i} \bmod p$是否成立来验证其签名是否有效。如果等式成立，那么$U_i$的个体签名是正确的；否则无效。当收到$t$个有效的个体签名$\{r, s_i\}$ $(i=1, 2, \cdots, t)$后，群签名生成者计算群签名$\{r, s\}$，其中：

$$s = \sum_{i=1}^{t} s_i \bmod q \tag{6.9.4}$$

6.9.5 群签名验证协议

任何群签名的接收者都可以通过验证下面的等式是否成立来验证群签名$\{r, s\}$是否有效：

$$g^s r^r = Y_U^{h(m)} \bmod p \tag{6.9.5}$$

6.9.6 安全性分析

本节签名方案的安全性基于离散对数问题的难解性，它主要面临以下方面的攻击。下面通过对这些攻击进行分析来说明该方案的安全性。

(1) 在密钥生成协议中，一个签名者 U_i 可能会发送给其他签名者 $U_j(i\neq j)$一个假的信息 $f_i'(u_j)$，以试图欺骗 U_j 而不被发现。

分析：在本签名方案中，可以使用等式 $g^{f_i(u_j)}=\prod_{l=0}^{t-1}(g^{f_{i,l}})^{(u_j)^l} \bmod p$ 来验证 $f_i(u_j)$的有效性。因为 $g^{f_{i,l}}(l=0, 1, \cdots, t-1)$已知，所以它们可以唯一确定多项式 $f_i(x)$。因此，任何假的信息 $f_i'(u_j)$都不会使得该等式的验证成立。

(2) 在计算签名时，签名者 U_i 可能会提供假的个体签名$\{r, s_i\}$来欺骗群签名计算者。

分析：通过算法可知，群签名计算者收到某个签名者 U_i 的个体签名$\{r, s_i\}$后，可以通过验证等式 $R_i^{s_i}W_i^r=(Y_i^{d_i})^{h(m)a_i} \bmod p$ 是否成立来验证 U_i 提交的个体签名$\{r, s_i\}$的真伪。由于除 s_i 外其他的信息都是公开的或可直接利用公开信息计算的，因此，要找到一个假的 s_i 并满足等式是不可行的。故该攻击无法奏效。

(3) 攻击者试图由签名者 U_i 的公钥 Y_i 来推导他的私钥 X_i。

分析：攻击者由 U_i 的公钥 Y_i 来推导他的私钥 X_i 将面临求解离散对数问题的困难性，这在计算上是不可行的，而且在密钥生成阶段，签名者之间使用的都是安全信道，因此，该攻击无法奏效。

(4) 在个体签名产生阶段，攻击者试图冒充某个签名者 U_i 伪造其个体签名。

分析：由攻击(3)的分析可知，攻击者无法得到签名者 U_i 的私钥 X_i。攻击者为了伪造 U_i 的个体签名，首先必须选择一个随机数 w_i'使得 $1\leqslant w_i'\leqslant q-1$，然后计算并广播 $W_i'=g^{w_i'} \bmod p$。这时，他面临着计算一个 s_i' 并满足 $R_i^{s_i'}W_i'^{r}=(Y_i^{d_i})^{h(m)a_i} \bmod p$ 的困难性，即求解离散对数问题的困难性。根据攻击(2)的分析可知，假的个体签名不能通过群签名计算者的验证。因此，这种攻击无法奏效。

(5) 攻击者试图通过获得一个合法群签名来为自己选定的一条消息伪造一个有效的群签名。

分析：假设一个攻击者已获得消息 m 的合法群签名$\{r, s\}$，并选定一条消息 m'，注意到 $R_i(i=1, 2, \cdots, n)$是固定的，下面我们来分析一下攻击者是否有可能伪造一个合法群签名$\{r', s'\}$。因为 $s=\sum_{i=1}^{t}s_i=\sum_{i=1}^{t}(X_ia_ih(m)-rw_id_i^{-1}) \bmod q$，在其两端同时乘以 $h^{-1}(m)h(m')$，可以得到：

$$h^{-1}(m)h(m')s=\sum_{i=1}^{t}X_ia_ih^{-1}(m)-h^{-1}(m)h(m')r\sum_{i=1}^{t}w_id_i^{-1} \bmod q$$

令 $h^{-1}(m)h(m')s=s'$，要使群签名验证成立，攻击者需要根据下面的等式：

$$g^{\sum_{i=1}^{t}X_ia_ih^{-1}(m)-h^{-1}(m)h(m')r\sum_{i=1}^{t}w_id_i^{-1}}r'^{r'}=Y_U^{h(m')} \bmod p \tag{6.9.6}$$

求出 r'。等式中的 $\sum_{i=1}^{t}w_id_i^{-1}$ 对攻击者来说是未知的，因此攻击者只能够通过猜测来求一个满足上面等式的 r'。这在计算上是不可行的，故该攻击无法奏效。

6.10　门限签名-门限验证签名

在上述(t, n)门限数字签名方案中，t个或更多的签名者合作可以生成有效的群签名，而任何人都可以利用群公钥来验证该签名的有效性。最近，学者们提出了一种新的门限签名方案，其特点为：签名验证不是由一个人完成的，而是由m个验证者中的至少k个合作完成的。因此，这种方案也称为(t, n)签名-(k, m)验证的门限签名方案。本节给出了一个(t, n)签名-(k, m)验证的门限签名方案的实现来说明这种门限签名的原理。

6.10.1　系统参数

不失一般性，假设$U_s=\{U_{s1}, U_{s2}, \cdots, U_{sn}\}$是$n$个签名者的集合，$U_v=\{U_{v1}, U_{v2}, \cdots, U_{vm}\}$是$m$个验证者的集合。首先，$U_s$中所有成员需要选定公共参数：安全的大素数$p_s$和$q_s$；元素$g_s$满足$q_s|(p_s-1)$且$g_s$在素域$GF(p_s)$上的阶为$q_s$；$U_v$中所有成员选定类似的公共参数$p_v$、$q_v$及$g_v$等；$h(x)$为一个安全的密码杂凑函数；$u_{si}$为签名者$U_{si}$的公开身份信息；$u_{vi}$为验证者$U_{vi}$的公开身份信息。

6.10.2　密钥生成协议

集合U_s或U_v中所有成员可以通过以下过程协商密钥。下面仅以集合U_s为例说明该协议，每个$U_{si}(i=0, 1, \cdots, n)$执行以下过程：

首先，在$[1, q_s-1]$中随机选取一个秘密整数d_{si}，并随机构造一个$t-1$次多项式$f_{si}(x)=f_{si,0}+f_{si,1}x+\cdots+f_{si,t-1}x^{t-1} \bmod q_s$。其中，$t$为事先规定的门限值；$f_{si,0}=d_{si}$且$f_{si,t-1}\neq 0$。然后，对$U_s$中每个$U_{sj}(j\neq i)$计算$f_{si}(u_{sj})$并将其通过保密信道秘密地发送给$U_{sj}$。同时，计算$g_s^{f_{si,l}} \bmod p_s(l=0, 1, \cdots, t-1)$，并将其以任何认证的方式进行广播。$U_{sj}$收到$f_{si}(u_{sj})$后，可以利用等式$g_s^{f_{si}(u_{sj})}=\prod_{l=0}^{t-1}(g_s^{f_{si,l}})^{(u_{sj})^l} \bmod p_s$来验证其有效性。

如果U_{si}已经正确地收到集合U_s中对每个$U_{sj}(j\neq i)$计算的$f_{sj}(u_{si})$，则这时U_{si}计算私钥$X_{si}=\sum_{j=1}^{n}f_{sj}(u_{si}) \bmod q_s$，公钥$Y_{si}=g_s^{X_{si}}$，$U_s$的群公钥$Y_{U_s}=\prod_{i=1}^{n}g_s^{f_{si,0}} \bmod p_s$。同时，计算$Y_{si}^{d_{si}}$和$D_{si}=g_s^{d_{si}} \bmod p_s$，并将计算结果和公钥一起以任何认证的方式进行广播。

利用上述同样的过程，集合U_v中所有验证者可以协商他们的密钥：每个U_{vi}的私钥$X_{vi}=\sum_{j=1}^{m}f_{vj}(u_{vi}) \bmod q_v$，公钥$Y_{vi}=g_v^{X_{vi}}$，集合$U_v$的群公钥$Y_{U_v}=\prod_{i=1}^{m}g_v^{f_{vi,0}} \bmod p_v$，并将每个参与者的公钥和群公钥以任何认证的方式进行广播。

6.10.3　个体签名生成协议

U_s中任意t个签名者可以对一个消息m进行签名，不妨以$U_{s1}, U_{s2}, \cdots, U_{st}$为例来说明该协议。每个$U_{si}(i=1, 2, \cdots, t)$可以利用下面的过程生成自己的个体签名。

首先，U_{si} 需要从 $[1, q_s-1]$ 中随机选取一个整数 w_{si}，计算 $W_{si}=g_s^{w_{si}}$ 和 $z_{si}=g_s^{w_{si}d_{si}^{-1}} \bmod p_s$ 并将其以任何认证的方式进行广播。这里 d_{si} 为 U_{si} 在密钥生成阶段选择的随机数，d_{si}^{-1} 为 d_{si} 在 $GF(p_s)$ 上的逆元。

当 U_{si} 收到其他 $t-1$ 个参与签名的签名者广播的信息后，计算 $r=\prod_{i=1}^{t} z_{si} \bmod p_s$ 和 $s_{si}=X_{si}a_{si}h(m)-rw_{si}d_{si}^{-1} \bmod q_s$，其中 $a_{si}=\prod_{j=1,\ j\neq i}^{t}\left(\frac{u_{sj}}{u_{sj}-u_{si}}\right)$，之后将 $\{r, s_i\}$ 作为自己对 M 的个体签名提交给指定的群签名生成者。

6.10.4　群签名生成协议

当群签名生成者收到 U_{si} 提交的个体签名 $\{r, s_i\}$ 时，可以通过验证等式 $D_{si}^{s_i}(W_{si})^r=(Y_{si}^{d_{si}})^{h(m)a_{si}} \bmod p_s$ 是否成立来验证 U_{si} 提交的个体签名 $\{r, s_i\}$ 的有效性，这是因为 $D_{si}^{s_i}(W_{si})^r=(g_s^{d_{si}})^{X_{si}a_{si}h(m)-rw_{si}d_{si}^{-1}}(g_s^{w_{si}})^r=(Y_{si}^{d_{si}})^{h(m)a_{si}} \bmod p_s$。

当收到 t 个有效的个体签名 $\{r, s_i\}(i=1, 2, \cdots, t)$ 后，群签名生成者首先计算 $s=\sum_{i=1}^{t} s_i \bmod q_s$。然后从 $[1, q_v-1]$ 中随机选取一个秘密整数 w，计算 $B=g_v^w$ 和 $C=MY_{U_v}^w$，并利用 U_v 中每个验证者 U_{vi} 的公开信息计算 $R_{vi}=g_v^{Y_{vi}^w} \bmod p_v(i=1, 2, \cdots, m)$。最后，将 $\{B, C, r, s\}$ 作为 m 的群签名进行发布。

6.10.5　群签名验证协议

U_v 中任意 k 个验证者可以合作验证 $\{B, C, r, s\}$ 是否为 m 的有效群签名。下面不妨以 $U_{v1}, U_{v2}, \cdots, U_{vk}$ 为例来说明该协议。

首先，每个 $U_{vi}(i=1, 2, \cdots, k)$ 利用其私钥计算 $E_{vi}=B^{X_{vi}} \bmod p_v$ 并将其提交给指定的签名验证者，他可以是 k 个签名者中的任意一个，例如 U_{v1}。

当签名验证者收到 U_{vi} 发送的 E_{vi} 时，可以利用等式 $g_v^{E_{vi}}=R_{vi} \bmod p_v$ 来验证其有效性，这是因为 $g_v^{E_{vi}}=g_v^{B^{X_{vi}}}=g_v^{g_v^{wX_{vi}}}=g_v^{Y_{vi}^w}=R_{vi} \bmod p_v$。如果 E_{vi} 是有效的，则计算 $e_{vi}=E_{vi}^{a_{vi}}$，其中 $a_{vi}=\prod_{j=1,\ j\neq i}^{k}\left(\frac{u_{vj}}{u_{vj}-u_{vi}}\right)$。当得到 k 个 $e_{vi}(i=1, 2, \cdots, k)$ 后，计算 $m'=\frac{C}{\prod_{i=1}^{k} e_{vi} \bmod p_v}$。

最后，验证等式 $g_s^s r^r=Y_{U_s}^{h(m')} \bmod p_s$ 是否成立。如果该等式成立，那么 $\{B, C, r, s\}$ 为 m 的有效签名；否则该签名是无效的。

另外有一点值得说明，在本节给出的 (t, n) 签名-(k, m) 验证的门限签名方案中，尽管要求签名者集合 U_s 和验证者集合 U_v 分别选取自己的系统参数，这是为了强调这两个组之间的相互独立性，然而，即使这两个组采用了相同的系统参数，也不会影响本签名方案的安全性。

6.11 动态门限签名

前面我们给出的门限签名体制存在一个共同的问题：门限值是固定的。但在实际应用中，有时会要求门限值是可变的，即签名者的数目取决于被签名文件的重要性，比如，对比较重要的文件签名，需要较多的签名者，而对于普通的文件签名，少数签名者就够了。针对该问题，2001 年，Lee 设计了一个可变门限群签名体制，可以用不同的门限值进行门限签名，但该体制不能防止联合欺诈行为，因为借助于公布的 $n-1$ 个公共信息，任何 $(t-1)(1<t\leqslant n)$ 个或更少的签名者可以伪造门限值为 $l(t\leqslant l\leqslant n)$ 的门限群签名。

Lee 的方案需要可信中心。下面给出一个无可信中心的动态门限群签名方案，以说明动态门限签名的原理。

6.11.1 改进的 ElGamal 签名方案

本节方案所基于的数字签名方案是 Agnew 等提出的改进的 ElGamal 签名方案。下面对该方案做一简单介绍。

首先选择一个大素数 p 和素域 Z_p 上的生成元 g，签名者 U_i 从[1, $p-1$]中选一个数 x_i 作为其私钥，相应的公钥为 $y_i=g^{x_i} \bmod p$。

如果签名者 U_i 要对消息 m 签名，他首先从[1, $p-1$]中选取一个随机数 k_i，计算 $r_i=g^{k_i} \bmod p$，然后计算 $s_i=x_ih(m)-k_ir_i \bmod (p-1)$，其中，$s_i\in[1, p-2]$，$h(x)$是一个单向无碰撞的 Hash 函数，则$\{r, s_i\}$为 U_i 对消息 m 签名。

任何人可以应用等式$(y_i)^{h(m)}\equiv r_i^{r_i}g^{s_i} \bmod p$ 来验证 U_i 对消息 m 签名的有效性。

6.11.2 系统参数

由于没有可信中心，群密钥由所有签名者共同协商，因此，每个签名者都相当于一个秘密分发者。令 $U=\{U_1, U_2, \cdots, U_n\}$为 n 个签名者的集合。首先由所有成员选定如下公共参数：

(1) 安全的大素数 p 和 $q_0<q_1\leqslant\cdots<q_{n-1}$，其中每个 $q_i(0\leqslant i\leqslant n-1)$满足 $q_i|(p-1)$(为保证素域 F_p 中求解离散对数的困难性，$q_i(0\leqslant i\leqslant n-1)$的位长大于等于 160 bit，$p$ 的位长大于等于 512 bit)。

(2) 元素 $g_0, g_1, \cdots, g_{n-1}$中每个 $g_i(0\leqslant i\leqslant n-1)$为 F_p 上阶为 q_i 的生成元。

(3) $h(x)$是一个单向无碰撞的 Hash 函数。

(4) u_i 表示签名者 U_i 的公开身份信息，它可以唯一地代表该签名者。

下面将分四个阶段来描述本节提出的 DTSSDC 方案。

6.11.3 密钥产生协议

不失一般性，假设群体中存在 n 个签名策略，对每个签名策略存在一个相应的群公钥 $Y_l(1\leqslant l\leqslant n)$和一个不同的门限值 l。签名者集合 U 中所有签名者都可以通过以下过程协商密钥。

(1) 每个签名者 $U_i(i=1, 2, \cdots, n)$按如下步骤构造一个 $n-1$ 次多项式 $f_i(x)$。

① 令 $a_{i,0}=0$，再任意选择 $n-1$ 个不同的整数 $a_{i,1}$，$a_{i,2}$，…，$a_{i,n-1}$，满足 $a_{i,j}<q_j$ $(1\leqslant j\leqslant n-1)$，并令 $f_{i,0}$ 为下面一组同余式的解：

$$\begin{cases}X\equiv a_{i,0} \bmod q_0\\ X\equiv a_{i,1} \bmod q_1\\ \quad\vdots\\ X\equiv a_{i,n-1} \bmod q_{n-1}\end{cases}$$

② 对于 $j=1, 2, \cdots, n-1$，计算系数 $f_{i,j}=b_{i,j}c_{i,j}\prod\limits_{k=0}^{j-1}q_k \bmod H$。其中，$H=\prod\limits_{i=0}^{n-1}q_i$，$b_{i,j}$ 是从$[1, q_j-1]$上选择的随机数，$c_{i,j}$ 是一个随机非零整数。

③ 构造一个 $n-1$ 次多项式 $f_i(x)=f_{i,0}+f_{i,1}x+\cdots+f_{i,n-1}x^{n-1}$，这样每个门限值 $l\,(l=1, 2, \cdots, n)$对应一个 $l-1$ 阶的多项式 $f_{i,l}(x)=f_i(x) \bmod q_{l-1}$。显然，当门限值为 1 时，$f_{i,l}(x)=0$。

(2) U_i 计算校验信息 $g_{n-1}^{f_{i,0}}$，$g_{n-1}^{f_{i,1}}$，…，$g_{n-1}^{f_{i,n-1}}$；然后，在素域 F_p 中随机选取一个非零秘密整数 d_i，对于每个门限值 $l(l=1, 2, \cdots, n)$，计算：

$$D_{i,l}=g_{l-1}^{d_i} \tag{6.11.1}$$

并以任何认证的方式将 $g_{n-1}^{f_{i,0}}$，$g_{n-1}^{f_{i,1}}$，…，$g_{n-1}^{f_{i,n-1}}$ 和 $D_{i,1}$，$D_{i,2}$，…，$D_{i,n}$向系统中所有成员广播。

(3) 对 U 中其他每个签名者 $U_j\,(1\leqslant j\leqslant n, j\neq i)$，$U_i$ 计算 $f_i(u_j) \bmod H$ 并将其结果发送给 U_j。签名者 U_j 收到 $f_i(u_j)$后，可以通过下式来验证 $f_i(u_j)$的有效性：

$$g_{n-1}^{f_i(u_j)}\equiv\prod_{l=0}^{n-1}(g_{n-1}^{f_{i,l}})^{(u_j)^l} \bmod p \tag{6.11.2}$$

若式(6.11.2)成立，那么 $f_i(u_j)$是有效的；否则 $f_i(u_j)$无效。

(4) 在所有签名者都完成上述步骤并正确地接收到其他签名者计算的信息后，每个签名者 U_i 计算其私钥 X_i：

$$X_i=d_i+\sum_{j=1}^{n}f_j(u_i) \tag{6.11.3}$$

对每个门限值 $l(l=1, 2, \cdots, n)$，每个 U_i 计算他自己相应的公钥 $Y_{i,l}$和群公钥 Y_l，以及验证信息 $Z_{i,l}$和 $D_{N,l}$：

$$Y_{i,l}=g_{l-1}^{X_i} \bmod p \tag{6.11.4}$$

$$Y_l=\prod_{i=1}^{n}D_{i,l}\prod_{i=1}^{n}g_{l-1}^{f_{i,0}} \bmod p \tag{6.11.5}$$

$$Z_{i,l}=Y_{i,l}^{d_i} \bmod p \tag{6.11.6}$$

$$D_{N,l}=\prod_{i=1}^{n}D_{i,l}^{-1} \tag{6.11.7}$$

将它们一起以任何认证的方式向系统中所有成员广播。式(6.11.7)中，$D_{i,l}^{-1}$ 为 $D_{i,l}$ 在素域 F_p 上的逆元。

6.11.4 个体签名产生协议

假设 $l(1\leqslant l\leqslant n)$个签名者构成的子集 $B=\{U_1, U_2, \cdots, U_l\}(B\subset U)$同意代表整个团体对消息 m 进行门限值为 l 的签名。其中，每个签名者 $U_i\,(i=1, 2, \cdots, l)$可以应用下面的过

程生成自己的个体签名。

首先，每个签名者 U_i 需要从$[1, q_{l-1}-1]$中随机选取一个秘密整数 w_i，计算：

$$W_i = g_{l-1}^{w_i} \bmod p \tag{6.11.8}$$

$$z_i = g_{l-1}^{w_i d_i^{-1}} \bmod p \tag{6.11.9}$$

并将它们以认证的方式向其他所有签名者进行广播。这里，d_i 为 U_i 在密钥生成阶段选择的秘密随机数，d_i^{-1} 为 d_i 在素域 $F_{q_{l-1}}$ 上的逆元。

当每个 U_i 收到其他 $l-1$ 个签名者广播的信息后，计算：

$$r = \prod_{i=1}^{l} z_i \bmod p \tag{6.11.10}$$

$$s_i = X_i c_i h(m) - r w_i d_i^{-1} \bmod q_{l-1} \tag{6.11.11}$$

其中，$c_i = \prod_{j=1, j\neq i}^{l} \frac{u_j}{u_j - u_i}$。

最后，U_i 将$\{r, s_i\}$作为自己对 m 的个体签名提交给指定的群签名生成者 DC (Designated Combiner)。

6.11.5 群签名产生协议

DC 在收到每个 $U_i(1\leqslant i\leqslant l)$提交的个体签名$\{r, s_i\}$后，可以通过验证下式是否成立来验证其签名是否有效：

$$D_{i,l}^{s_i}(W_i)^r \equiv (Z_{i,l})^{h(m)c_i} \bmod p \tag{6.11.12}$$

如果式(6.11.12)成立，那么 U_i 的个体签名是有效的，否则无效。

当收到 l 个有效的个体签名$\{r, s_i\}(i=1, 2, \cdots, l)$后，DC 计算如下：

$$D_{A,l} = \prod_{i=1}^{l}(D_{i,l}^{c_i}) \tag{6.11.13}$$

$$s = \sum_{i=1}^{l} s_i \bmod q_{l-1} \tag{6.11.14}$$

然后，DC 以$\{r, s, D_{A,l}, D_{N,l}\}$作为消息 m 的群签名进行发布。

6.11.6 群签名验证协议

任何群签名的接收者都可以通过验证下面的等式是否成立来验证群签名$\{r,s,D_{A,l},D_{N,l}\}$是否为 m 的有效签名：

$$g_{l-1}^{s} r^{r} \equiv (Y_l D_{A,l} D_{N,l})^{h(m)} \bmod p \tag{6.11.15}$$

如果等式(6.11.15)成立，那么$\{r, s, D_{A,l}, D_{N,l}\}$为 m 的有效签名；否则，该签名是无效的。

6.12 其他数字签名

除了上述签名方案外，还存在其他一些类型的签名方案，但这些方案不常用，其研究价值大于应用价值，因此，这里我们只简单介绍其定义，具体实现请读者查阅相关资料。

6.12.1 代理签名

代理(Proxy)签名是某人授权其代理进行的签名。在不将其签名秘密钥交给代理人的条件下代理签名是如何实现的呢？Mambo等人在1995年提出了一种解决办法，能够使代理签名具有如下特点：

(1) 不可区分性(Distinguishability)：代理签名与某人通常的签名不可区分。

(2) 不可展延拓性(Unforgeability)：只有原来的签名人和所托付的代理签名人可以建立合法的代理签名。

(3) 代理签名的差异(Deviation)：代理签名者不可能制造一个合法的代理签名，而不被检测出来。

(4) 可证实性(Verifiability)：签名验证人可以相信代理签名就是原签名人认可的签名消息。

(5) 可识别性(Identifiability)：原签名人可以从代理签名确定出其代理签名人的身份。

(6) 不可抵赖性(Undeniability)：代理签名人不能抵赖他所建立的已被接受的代理签名。

有时可能需要更强的可识别性，即任何人可以从代理签名确定出代理签名人的身份，具体实现算法请参看Mambo等人于1995年提出的研究成果。

6.12.2 指定证实人的签名

一个机构中指定一个人负责证实所有人签的字，任何成员所签的文件都具不可否认性，但证实工作均由指定人完成，这种签名称做指定证实人的签名(Designated Confirmer Signatures)。指定证实人的签名是普通数字签名和不可否认数字签名的折中，签名人必须限定由谁才能证实他的签名；另一方面如果让签名人完全控制签名的实施，则他可能以肯定或否定的方式拒绝合作，他可能为此宣布密钥丢失，或可能根本不提供签名。指定证实人的签名给签名人以一种不可否认签名的保护，而不会让他滥用这类保护。这种签名也有助于防止签名失效，例如，在签名人的签名密钥确实丢失，或在他休假、病倒甚至已去世时都能对其签名提供保护。

这种签名可以用公钥体制结合适当设计的协议来实现，证实人相当于仲裁角色，他将自已的公钥公开，任何人对某文件的签名可以通过他来证实。具体算法可参见相关研究成果(Chaum，1994年；Okamoto，1994年)。

6.12.3 一次性数字签名

若数字签名机构至多可用来对一个消息进行签名，否则签名就可被伪造，则称之为一次性(One-time)签名体制。在公钥签名体制中要求对每个消息都用一个新的公钥作为验证参数。一次性数字签名的优点是：产生和证实都较快，特别适用于要求计算复杂度低的芯片卡。目前已提出几种实现方案，如Rabin一次性签名方案(1978年)、Diffie-Lamport方案(1979年)、Merkle一次性签名方案(1989年)(Bleichenbacher等于1994年对其进行了推广)、GMR一次性签名方案(Goldwasser等，1988年)、Bos和Chaum的一次性签名方案(1994年)。这类方案多与可信赖的第三方相结合，并通过认证树结构实现(Menezes等，1997年；Merkle，1980年和1989年)。

第7章 杂凑函数

杂凑函数也称为哈希函数，是密码学和信息安全领域重要的构成元素，目前已经被用于如数字签名、密钥管理、密钥导出、身份认证等应用中。本章将讲述杂凑函数的基本概念，以及常用的几种典型的杂凑函数，如 MD-5、SHA（也称为 SHA-1)、SHA-256 等，同时本章还将讲述实现数据完整性的基本方法。

7.1 概 述

7.1.1 杂凑函数的定义

杂凑(Hash)函数是将任意长的数字串 m 映射成一个较短的定长输出数字串 H 的函数，以 h 表示，为便于计算也可表示为 $h(m)$。通常称 $H=h(m)$ 为 m 的杂凑值，也称为杂凑码、杂凑结果、哈希值或简称杂凑。

该定义包含两个层面的意思：① 这个 H 无疑打上了输入数字串的烙印，因此又称其为输入 m 的数字指纹(Digital Finger Print)；② h 是多对一映射，因此不能从 H 求出原来的 m，但可以验证任一给定序列 m' 是否与 m 有相同的杂凑值。因此，我们经常将杂凑函数称为单向杂凑函数。

杂凑函数还可按其是否有密钥控制划分为两大类：一类有密钥控制，以 $h(k, m)$ 表示，为密码杂凑函数或钥控杂凑函数；另一类无密钥控制，为一般杂凑函数或非钥控杂凑函数。

无密钥控制的单向杂凑函数其杂凑值只是输入字串的函数，任何人都可以计算，因而不具有身份认证功能，只用于检测接收数据的完整性，如篡改检测码 MDC 用于非密码计算机应用中。有密钥控制的单向杂凑函数要满足各种安全性要求，其杂凑值不仅与输入有关，而且与密钥有关，只有持此密钥的人才能计算出相应的杂凑值，因而具有身份验证功能，如消息认证码 MAC，此时的杂凑值也称做认证符(Authenticator)或认证码。

说明：

(1) 尽管杂凑函数根据是否带有密钥分为两类，但这两类在应用中是可以相互转换的，因此事实上在设计杂凑算法时，一般不会根据是否带密钥而设计两套算法。对于一个钥控杂凑函数，我们随机选取一个密钥并将其公开，这时该钥控杂凑函数就失去了密钥的意义，从而变成了一个非钥控杂凑函数。对于一个非钥控杂凑函数，我们要求通信双方在使用杂凑函数时，将他们共享的某个密钥作为杂凑函数的一个参数，这时该杂凑函数实质上等价于一个钥控杂凑函数。可见，两类杂凑函数在本质上是完全一致的。

(2) 根据杂凑函数所带密钥的个数也可以进行分类。例如，上面所说的钥控杂凑函数只带一个密钥，则称其为单变量杂凑函数；如果带两个独立密钥，则称其为双变量杂凑函数。

下面给出双变量杂凑函数的定义。

定义 7.1.1 双变量杂凑函数。$f(r, s; m)$表示一个有两个变量的杂凑函数，能够将任意长的消息 m 在密钥 r 和 s 的控制下，映射为固定长的函数值 $f(r, s; m)$。该函数具有以下性质：

(1) 已知 r 和 s，$f(r, s; m)$易于计算。

(2) 已知 s 和 $f(r, s; m)$，求 r 在计算上是不可行的。

(3) 在 s 未知的情况下，对于任意的 r，难以计算 $f(r, s; m)$。

(4) 已知 s 的情况下，找到不同的 r_1 和 r_2 满足 $f(r_1,s;m)=f(r_2,s;m)$是不可行的。

(5) 已知 r 和 $f(r, s; m)$，求 s 在计算上是不可行的。

(6) 已知任意多个$(r_i, f(r_i, s); m)$对，求 $f(r', s; m)$是不可行的，其中 $r' \neq r_i$。

双变量杂凑函数在多秘密共享技术中有重要应用，能够提高秘密共享的效率。另外，我们也可以将定义 7.1.1 进行扩展，给出 n 变量杂凑函数的定义，这里不再赘述。

杂凑函数在实际中有广泛的应用，在密码学和信息安全技术中，它是实现有效、安全、可靠的数字签名和认证的重要工具，是安全认证协议中的重要模块。由于杂凑函数应用的多样性和其本身的特点，它有很多不同的名字，其含义也有差别，如压缩(Compression)函数、紧缩(Contraction)函数、数据认证码(Data Authentication Code)、消息摘要(Message Digest)、数字指纹、数据完整性校验(Data Integity Check)、密码检验和(Cryptographic Check Sum)、消息认证码(MAC, Message Authentication Code)、篡改检测码(MDC, Manipulation Detection Code)等。

7.1.2 对杂凑函数的攻击方法

密码学上的杂凑函数是一种将任意长度的消息压缩到某一固定长度的消息摘要的函数。杂凑函数可用于数字签名、消息的完整性检测、消息的起源认证检测等。安全的杂凑函数的存在性依赖于单项函数的存在性。也就是说，已知杂凑函数值，构造一个消息，使其杂凑函数值相同，应具有计算复杂性意义下的不可行性。

评价杂凑方案的一个办法是看一下找到一对碰撞消息所花的代价有多高。攻击杂凑函数的主要目标是找到一对或更多对碰撞消息。在目前已有的攻击杂凑方案中，一些是一般的方法，可攻击任何类型的杂凑方案，例如生日攻击方法；另一些是特殊的方法，只能用于攻击某些特殊类型的杂凑方案，例如适用于攻击具有分组链结构的杂凑方案的中间相遇攻击和适用于攻击基于模算术的杂凑函数的修正分组攻击。

生日攻击方法没有利用杂凑函数的结构和任何代数的弱安全性，它只依赖于消息摘要的长度，即杂凑值的长度。这种攻击对杂凑函数提出了一个必要的安全条件，即消息摘要必须足够长。“生日攻击”这个术语来自于所谓的生日问题，即在一个教室中最少应有多少学生才使得至少有两个学生的生日在同一天的概率不小于1/2。这个问题的答案为23。下面详细描述生日攻击的方法。

设 $h: X \to Y$ 是一个杂凑函数，X 和 Y 都是有限的，并且$|X| \geqslant 2|Y|$，记$|X|=m$，$|Y|=n$。显然，至少有 n 个碰撞，问题是如何去找到这些碰撞。一个很自然的方法是随机选择 k 个不同的元素 $x_1, x_2, x_3, \cdots, x_k \in X$，计算 $y_i=h(x_i)$，$1 \leqslant i \leqslant k$，然后确定是否有一个碰撞发生。这个过程类似于把 k 个球随机地扔到 n 个箱子里，然后查看是否某一箱子

里边至少有两个球。k 个球对应于 k 个随机数 $x_1, x_2, x_3, \cdots, x_k$，$n$ 个箱子对应于 Y 中的 n 个可能的元素。下面我们将计算用这种方法找到一个碰撞的概率的下界，该下界只依赖于 k 和 n，而不依赖于 m。

因为我们关心的是碰撞概率的下界，所以可以假定对所有 $y \in Y$，有 $|h^{-1}(y)| \approx m/n$。这个假定是合理的，这是因为如果原像集 $h^{-1}(y)(y \in Y)$ 不是近似相等的，那么找到一个碰撞的概率将增大。

因为原像集 $h^{-1}(y)(y \in Y)$ 的个数都近似相等，并且 $x_i(1 \leqslant i \leqslant k)$ 是随机选择的，所以可将 $y_i = h(x_i)(1 \leqslant i \leqslant k)$ 视为 Y 中的随机元素（$y_i(1 \leqslant i \leqslant k)$ 未必不同）。但计算 k 个随机元素 $y_1, y_2, \cdots, y_k \in Y$ 为不同的概率是一件容易的事情。依次考虑 $y_1, y_2, \cdots, y_k$，y_1 可任意选择，$y_2 \neq y_1$ 的概率为 $1-1/n$，$y_3 \neq y_1, y_2$ 的概率为 $1-2/n$，以此类推，$y_k \neq y_1, y_2, \cdots, y_{k-1}$ 的概率为 $1-(k-1)/n$。

因此，没有碰撞的概率是 $(1-1/n)(1-2/n)\cdots(1-(k-1)/n)$。如果 x 是一个比较小的实数，那么 $1-x \approx \mathrm{e}^{-x}$，这个估计可由下式推出：

$$\mathrm{e}^{-x} = 1 - x + \frac{x^2}{2!} - \frac{x^3}{3!} + \cdots$$

现在估计没有碰撞的概率 $(1-1/n)(1-2/n)\cdots(1-(k-1)/n)$ 约为 $1-\mathrm{e}^{-k(k-1)/(2n)}$。设 ε 是至少有一个碰撞的概率，则 $\varepsilon \approx 1-\mathrm{e}^{-k(k-1)/(2n)}$，从而有：

$$k^2 - k \approx n \ln\left(\frac{1}{(1-\varepsilon)^2}\right)$$

去掉 $-k$ 这一项，有：

$$k^2 \approx n \ln\left(\frac{1}{(1-\varepsilon)^2}\right)$$

即

$$k \approx \mathrm{sqrt}\left(n \ln\left(\frac{1}{(1-\varepsilon)^2}\right)\right)$$

如果取 $\varepsilon = 0.5$，那么 $k \approx 1.17\ \mathrm{sqrt}(n)$。这表明仅 $\mathrm{sqrt}(n)$ 个 X 的随机元素就能以 50% 的概率产生一个碰撞。注意：ε 的不同选择将导致一个不同的常数因子，但 k 与 $\mathrm{sqrt}(n)$ 仍成正比例。

如果 X 是一个教室中所有学生的集合，Y 是一个非闰年的 365 天的集合，$h(x)$ 表示学生 x 的生日，这时 $n=365$，$\varepsilon=0.5$，则由 $k \approx 1.17\ \mathrm{sqrt}(n)$ 可知，$k \approx 22.4$。因此，此生日问题的答案为 23。

生日攻击隐含着消息摘要的长度的一个下界。一个 40 bit 长的消息摘要是很不安全的，因为仅仅用 2^{20}（大约 100 万）次随机杂凑可至少以 1/2 的概率找到一个碰撞。为了抵抗生日攻击，通常建议消息摘要的长度至少应取为 128 bit，此时生日攻击需要约 2^{64} 次杂凑。安全杂凑标准的输出长度选为 160 bit 正是出于这种考虑。

中间相遇攻击是生日攻击的一种变形，它不比较杂凑值，而是比较链中的中间变量。这种攻击主要适用于攻击具有分组链结构的杂凑方案。中间相遇攻击的基本原理为：将消息分成两部分，对伪造消息的第一部分从初始值开始逐步向中间阶段产生 r_1 个变量；对伪造消息的第二部分从杂凑结果开始逐步退回中间阶段产生 r_2 个变量。在中间阶段有一个匹配的概率与生日攻击成功的概率一样。

在修正分组攻击中，为了修正杂凑结果并获得期望的值，伪造消息和一个分组级联。

这种攻击通常应用于最后一个组，因此也称为修正最后分组攻击。差分分析是攻击分组密码的一种方法。这种攻击也可用来攻击某些杂凑算法。

针对杂凑算法的一些弱点，可对杂凑算法进行攻击，可利用杂凑算法的代数结构及其所使用的分组密码的弱点来攻击一些杂凑方案。例如，针对DES的一些弱点(即互补性、弱密钥、密钥碰撞等)，可攻击基于DES的杂凑方案。

7.1.3 杂凑函数的性质

杂凑函数是一个确定的函数，它将任意长的比特串映射为固定长比特串的杂凑值。设h表示一个杂凑函数，其固定的输出长度用$|h|$表示。我们希望h具有以下性质：

(1) 混合变换(Mixing - transformation)：对于任意的输入x，输出的杂凑值$h(x)$应当和区间$[0, 2^{|h|})$中均匀的二进制串在计算上是不可区分的。

(2) 抗碰撞攻击(Collision Resistance)：找两个输入x和y，且$x \neq y$，使得$f(x)=f(y)$在计算上是不可行的。为使这个假设成立，要求h的输出空间应当足够大。$|h|$最小为128，其典型值为160。

(3) 抗原像攻击(Pre - image Resistance)：已知一个杂凑值H，找一个输入串x，使得$H=h(x)$，这在计算上是不可行的。这个假设同样也要求h的输出空间足够大。

(4) 实用有效性(Practical Efficiency)：给定一个输入串x，$h(x)$的计算可以在关于x的长度规模的低阶多项式(理想情况是线性的)时间内完成。

密码学中所用的杂凑函数必须满足安全性的要求，要能防伪造，并能抗击各种类型的攻击，如生日攻击、中途相遇攻击等。为此，必须深入研究杂凑函数的性质，从中找出能满足密码学需要的杂凑函数。

7.2 MD-5算法

MD(Message Digest)函数和SHA函数都是国际上曾经非常著名的两大系列算法。MD-5由国际著名密码学家、图灵奖获得者Rivest设计，SHA由美国标准技术协会NIST与美国国家安全局NSA设计。在2004年8月召开的国际密码学会上，当王小云教授宣布MD-5的破译结果后，国外密码学家利用王小云等人提供的MD-5碰撞，伪造出了符合国际标准的数字证书，这项研究进一步表明MD-5的破译不仅仅停留在理论研究层面，而且可能导致实际的攻击。但是MD系列算法代表了一种设计思想，因此有必要进行介绍。MD算法包括MD-2、MD-3、MD-4和MD-5。其中，MD-5是MD-4的改进版，两者采用相类似的设计思想和原则，对于输入的消息都产生128位散列值输出，但MD-5比MD-4复杂，安全性更高。

7.2.1 算法步骤

MD-5算法的步骤如下(参看图7.2.1)：

(1) 对明文输入按512 bit分组，最后填充使其成为512 bit的整数倍，且最后一组的后64 bit用来表示消息长在mod 2^{64}下的值K，故填充位数为1～512 bit，填充数字图样为

(100…0)，得 Y_0，Y_1，…，Y_{L-1}。其中，Y_1 为 512 bit，即 16 个长为 32 bit 的字，按字计消息长 $N=L\times16$。

(2) 每轮输出为 128 bit，可用下述 4 个 32 bit 字表示：A、B、C、D。其初始存数以十六进制表示为：$A=01234567$，$B=89ABCDEF$，$C=FEDCBA98$，$D=76543210$。

(3) 对 512 bit(16 个 32 bit 字)组进行运算，Y_q 表示输入的第 q 组 512 bit 数据，在各轮中参加运算。$T[1, \cdots, 64]$为 64 个元素表，分四组参与不同轮的计算。$T[i]$为 $2^{32}\times$ abs(sine(i))的整数部分，i 是弧度。$T[i]$可用 32 bit 二元数表示，T 是 32 bit 随机数源。

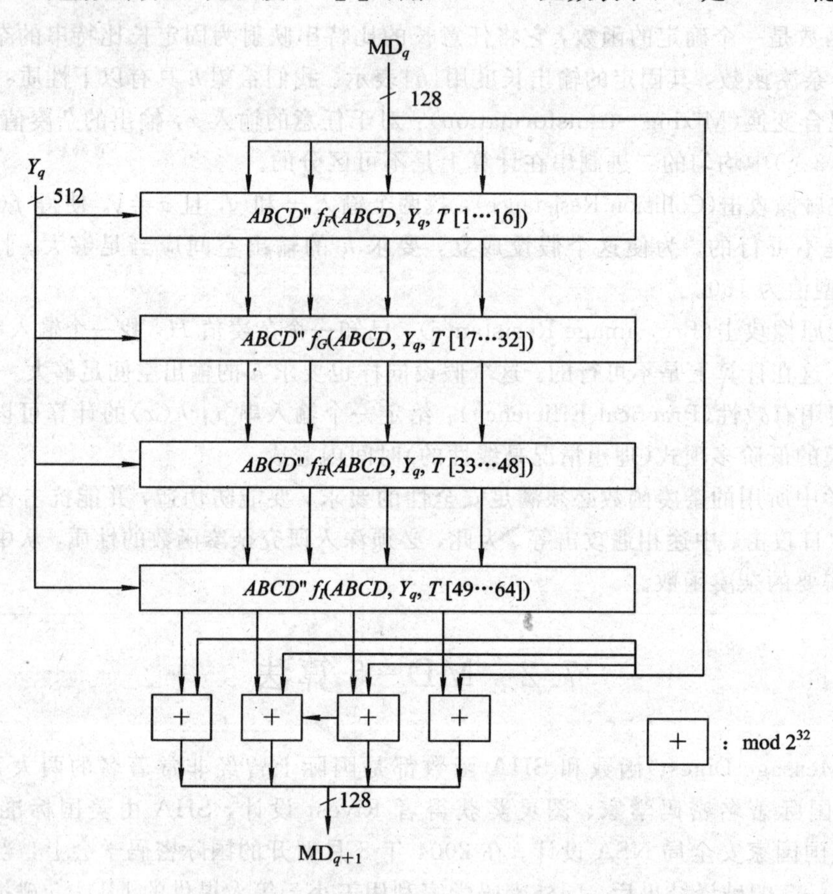

图 7.2.1 MD-5 的一个 512 bit 组的处理

MD-5 是 4 轮运算，各轮的逻辑函数不同，每轮又要进行 16 步迭代运算，因此 4 轮共需 64 步完成。每步完成(参看图 7.2.2)：

$$a \leftarrow b+\mathrm{CLS}_s(a+g(B, C, D)+X[k]+T[i])$$

其中：a，b，c，d 为缓存器中的四个字，按特定次序变化；g 为基本逻辑函数 F、G、H，I 中的一个，算法的每一轮用其中之一；CLS_s 表示 32 bit 存数循环左移 s 位；$X[k]=M[q\times16+k]$为消息的第(q - 512) bit 组的第 k 个 32 bit 字；$T[i]$为矩阵 $\boldsymbol{T}$ 中的第 i 个 32 bit 字；+表示模 2^{32} 加法。

各轮的逻辑函数如表 7.2.1 所示。表中，·、∨、¯、⊕分别表示与、或、非、异或四个逻辑运算。逻辑函数的真值表如表 7.2.2 所示。

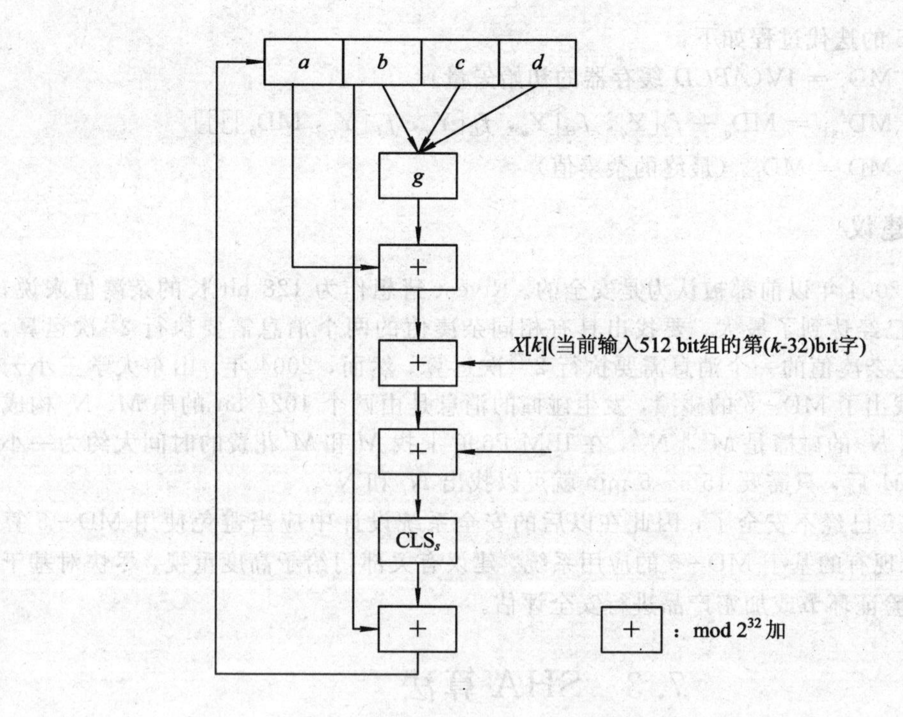

图 7.2.2　MD-5 的基本运算

$T[i]$由 sine 函数构造，如图 7.2.3 所示。图中，每个输入的 32 bit 字被采用 4 次，每轮用一次，而 $T[i]$中每个元素恰只用一次。每一次，$ABCD$ 中只有 4 个字节更新，共更新 16 次，在最后第 17 次产生此组的最后输出。

表 7.2.1　各轮的逻辑函数

轮	基本函数 g	$g(b, c, d)$
f_F	$F(b, c, d)$	$(b \cdot c) \vee (\bar{b} \cdot d)$
f_G	$G(b, c, d)$	$(b \cdot d) \vee (c \cdot \bar{d})$
f_H	$H(b, c, d)$	$b \oplus c \oplus d$
f_I	$I(b, c, d)$	$c \oplus (b \cdot \bar{d})$

表 7.2.2　逻辑函数的真值表

b	c	d	F	G	H	I
0	0	0	0	0	0	1
0	0	1	1	0	1	0
0	1	0	0	1	1	0
0	1	1	1	0	0	1
1	0	0	0	0	1	1
1	0	1	0	1	0	1
1	1	0	1	1	0	0
1	1	1	1	1	1	0

```
unsigned int T[64]=(
0xD76AA478, 0xE8C7B756, 0x242070DB, 0xC1BDCEEE, 0xF57C0FAF, 0x4787C62A, 0xA8304613, 0xFD469501,
0x698098D8, 0x8B44F7AF, 0xFFFF5BB1, 0x895CD7BE, 0x6B901122, 0xFD987193, 0xA679438E, 0x49B40821,
0xF61E2562, 0xC040B340, 0x265E5A51, 0xE9B6C7AA, 0xD62F105D, 0x02441453, 0xD8A1E681, 0xE7D3FBC8,
0x21E1CDE6, 0xC33707D6, 0xF4D50D87, 0x455A14ED, 0xA9E3E905, 0xFCEFA3F8, 0x676F02D9, 0x8D2A4C8A,
0xFFFA3942, 0x8771F681, 0x6D9D6122, 0xFDE5380C, 0xA4BEEA44, 0x4BDECFA9, 0xF6BB4B60, 0xBEBFBC70,
0x289B7EC6, 0xEAA127FA, 0xD4EF3085, 0x04881D05, 0xD9D4D039, 0xE6DB99E5, 0x1FA27CF8, 0xC4AC5665,
0xF4292244, 0x432AFF97, 0xAB9423A7, 0xFC93A039, 0x655B59C3, 0x8F0CCC92, 0xFFEFF47D, 0x85845DD1,
0x6FA87E4F, 0xFE2CE6E0, 0xA3014314, 0x4E0811A1, 0xF7537E82, 0xBD3AF235, 0x2AD7D2BB, 0xEB86D391 );
```

图 7.2.3　MD-5 所使用的 $T[i]$(i=1～64)值

(4) MD－5 的迭代过程如下：

$$MD_0 = IV(ABCD\text{ 缓存器的初始矢量})$$

$$MD_{q+1} = MD_q + f_I[Y_q, f_H[Y_q, f_G[Y_q, f_F[Y_q, MD_q]]]]$$

$$MD = MD_{L-1}(\text{最终的杂凑值})$$

7.2.2 安全建议

MD－5 在 2004 年以前都被认为是安全的。Rivest 猜想作为 128 bit 长的杂凑值来说，MD－5 的强度已经达到了最大，要找出具有相同杂凑值的两个消息需要执行 2^{64} 次运算，要找出具有给定杂凑值的一个消息需要执行 2^{128} 次运算。然而，2004 年，山东大学王小云教授等成功地找出了 MD－5 的碰撞，发生碰撞的消息是由两个 1024 bit 的串 M、N_i 构成的，设消息 $M \| N_i$ 的碰撞是 $M' \| N_i'$，在 IBM P690 上找 M 和 M' 花费的时间大约为一小时，找出 M 和 M' 后，只需要 15 s～5 min 就可以找出 N_i 和 N_i'。

由于 MD－5 已经不安全了，因此在以后的安全系统设计中应当避免使用 MD－5 算法。另外，对于现有的基于 MD－5 的应用系统，建议有关部门给予高度重视，尽快对基于 MD－5 的信息验证环节或加密产品进行安全评估。

7.3 SHA 算法

SHA(Secure Hash Algorithm，安全杂凑)算法是美国国家标准与技术协会 NIST 在安全杂凑标准(SHS)中提出的一种单向杂凑函数。该算法可以与数字签名标准一起使用，也可以应用于其他需要 SHA 的场合。

在 SHS 中，定义了用于保证 DSA 安全的单向杂凑函数 SHA。当一个长度小于 2^{64} 位的消息输入时，SHA 产生一个 160 位的杂凑输出，称为消息摘要(Message Digest)，然后将摘要输入到 DSA 中，对该摘要进行签名。由于消息摘要比消息小得多，因此可以提高签名的处理效率。SHA 还增强了数字签名的安全性。

SHA 采用了与 MD－4 类似的设计原则和算法思想，但 SHA 产生一个 160 位的杂凑值比 MD－5 的杂凑值(128 位)长。SHA 具有较高的安全性，其基本框架与 MD－4 类似。

7.3.1 SHA 家族

SHA 是由美国国家安全局 (NSA) 设计，并由美国国家标准与技术协会(NIST)发布的一系列密码杂凑函数。SHA 家族的第一个成员 SHA－0 发布于 1993 年。1995 年，SHA－1 发布(一般 SHA 指的就是 SHA－1)。另外，还有四种变体：SHA－224、SHA－256、SHA－384 和 SHA－512(它们有时也被称做 SHA－2)，用以提升输出范围和更变一些细微设计的算法。

SHA－1、SHA－224、SHA－256、SHA－384 和 SHA－512 都被需要安全杂凑算法的美国联邦政府所应用，他们也使用其他密码算法和协定来保护敏感的未保密资料。美国联邦信息处理标准 FIPS PUB 180－1 也鼓励私人或商业组织使用 SHA－1 加密。弗里茨芯片 Fritz－chip 将很可能使用 SHA－1 杂凑函数来实现个人电脑上的数字内容版权管理。

7.3.2 算法描述

消息经填充成为 512 bit 的整数倍。填充先加“1”后跟许多“0”，且最后 64 bit 表示填充前的消息长度，故填充值为1～512 bit。以5个32 bit变量作为初始值(十六进制数表示)：A=67 45 23 01，B=EF CD AB 89，C=98 BA DC FE，D=10 32 54 76，E=C3 D2 E1 F0。

1. 主环路

消息Y_0，Y_1，…，Y_L为512 bit分组，每组有16个32 bit字，每送入512 bit，先将A，B，C，D，$E \Rightarrow AA$，BB，CC，DD，EE，进行四轮迭代，每轮完成20个运算，每个运算对A，B，C，D，E中的三个进行非线性运算，而后进行移位运算(类似于MD-5)，如图7.3.1所示。每轮有一常数K_t，实际上仅用4个常数，即

$$0 \leqslant t \leqslant 19\text{ 时，} K_t = \text{5A827999}$$
$$20 \leqslant t \leqslant 39\text{ 时，} K_t = \text{6ED9EBA1}$$
$$40 \leqslant t \leqslant 59\text{ 时，} K_t = \text{8F1BBCDC}$$
$$60 \leqslant t \leqslant 79\text{ 时，} K_t = \text{CA62C1D6}$$

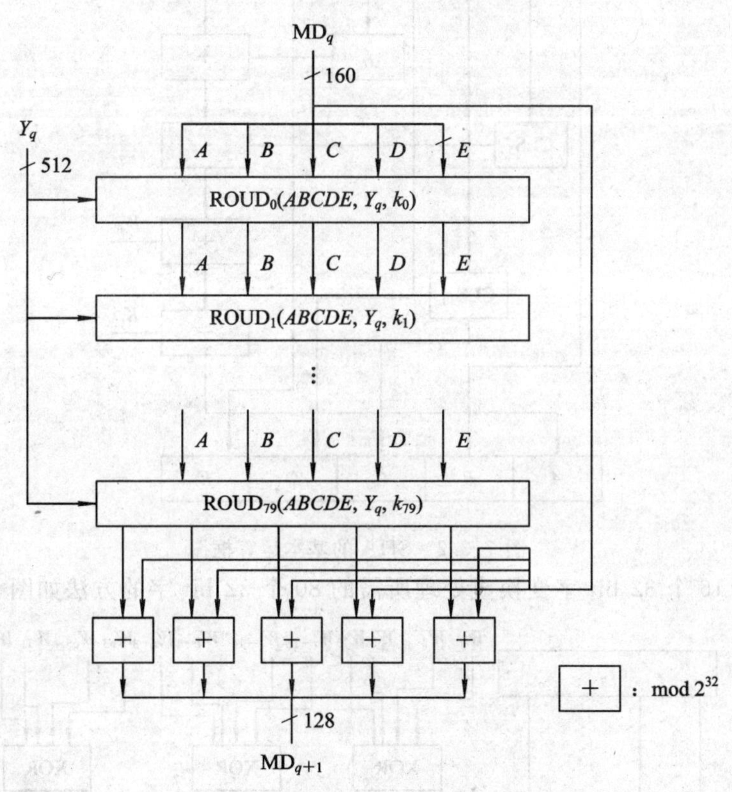

图7.3.1 SHA各512 bit组的处理

各轮的基本运算如表7.3.1所示。

表7.3.1 各轮的基本运算

轮	$f_t(B, C, D)$
$0 \leqslant t \leqslant 19$	$(B \cdot C) \vee (\bar{B} \cdot D)$
$20 \leqslant t \leqslant 39$	$B \oplus C \oplus D$
$40 \leqslant t \leqslant 59$	$(B \cdot C) \vee (B \cdot D) \vee (C \cdot D)$
$60 \leqslant t \leqslant 79$	$B \oplus C \oplus D$

表中：·、∨、¯、⊕分别是与、或、非、异或四个逻辑运算。

2. SHA 的基本运算

如图 7.3.2 所示，每轮基本运算如下：

$$A, B, C, D, E \leftarrow (\mathrm{CLS}_5(A) + f_t(B, C, D) + E + W_t + K_t), A, \mathrm{CLS}_{30}(B), C, D$$

$$W_t = M_t(\text{输入的相应消息字}) \quad (0 \leqslant t \leqslant 15)$$

$$W_t = W_{t-3} \text{ XOR } W_{t-8} \text{ XOR } W_{t-14} \text{ XOR } W_{t-16} \quad (16 \leqslant t \leqslant 79)$$

其中：A, B, C, D, E 为五个 32 bit 存储单元(共 160 bit)；t 为轮数，$0 \leqslant t \leqslant 79$；$f_t$ 为基本逻辑函数(如表 7.3.1 所示)；CLS_s 表示循环左移 s 位；W_t 由当前输入导出，为一个 32 bit 字；K_t 为常数；＋表示 mod 2^{32} 加。

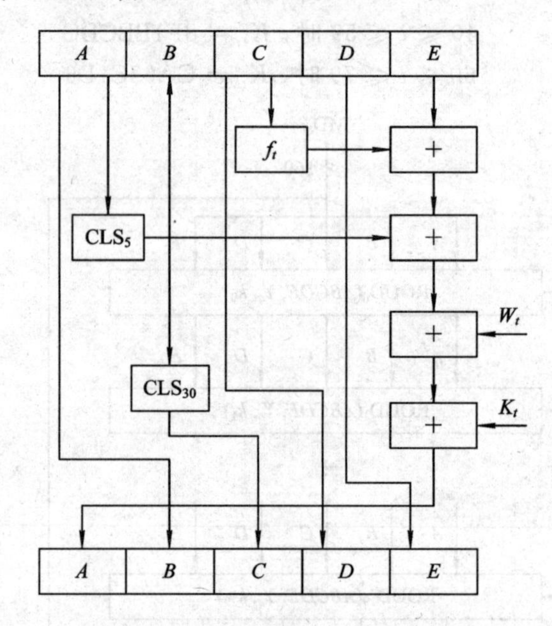

图 7.3.2　SHA 的基本运算框图

由输入的 16 个 32 bit 字变换成处理所需的 80 个 32 bit 字的方法如图 7.3.3 所示。

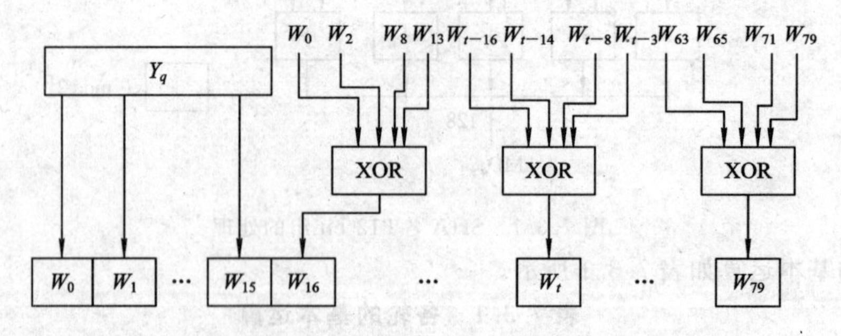

图 7.3.3　SHA 处理一个输入组时产生的 80 个 32 bit 字

MD 的迭代过程如下：

$\mathrm{MD}_0 = \mathrm{IV}$，$ABCD$ 缓存器的初始值。

$\mathrm{MD}_{q+1} = \mathrm{SUM}_{32}(\mathrm{MD}_q, ABCDE_q)$ mod 2^{32} 加。其中，$ABCDE_q$ 是上一轮第 q 消息组处理输出的结果；SUM_{32} 是对输入按字分别进行 mod 2^{32} 加。

$MD = MD_{L-1}$，L 是消息填充后的总组数，MD 是最后的杂凑值。

7.3.3 SHA 与 MD-4 和 MD-5 的比较

SHA 与 MD-4 和 MD-5 的比较如表 7.3.2 所示。

表 7.3.2 SHA 与 MD-4 和 MD-5 的比较

	MD-4	SHA	MD-5
杂凑值/bit	128	160	128
分组处理长/bit	512	512	512
基本字长/bit	32	32	32
步数	48(3×16)	80(4×20)	64(4×16)
消息长/bit	$\leqslant 2^{64}$	$\leqslant 2^{64}$	不限
基本逻辑函数	3	3(第2、4轮相同)	4
常数个数	3	4	64
速度	—	约为 MD-4 的 3/4	约为 MD-4 的 1/7

总之，它们之间的比较可简单地表示如下：

SHA＝MD-4＋扩展变换＋外加一轮＋更好的雪崩

MD-5＝MD-4＋改进的比特杂凑＋外加一轮＋更好的雪崩

7.4 SHA-256 算法

自从 2004 年王小云提出一种新的碰撞攻击方法后，杂凑函数的安全性就受到了很大的挑战，目前 MD-5 和 SHA-1 一般都不建议再使用。为了安全起见，应该使用更长的杂凑算法，目前 SHA-256 算法很受青睐。中国无线局域网国家安全标准 WAPI 就采用了 SHA-256 算法。自 2005 年起，IEEE 802.11(i)也认为仅支持 SHA-1 很难满足一些高安全性要求的应用，并决定将 SHA-256 作为其中一个算法选项。下面我们简单介绍一下 SHA-256 算法。

SHA-256 是一个 MD 结构的迭代杂凑函数，它将任意长度的消息压缩成 256 bit 的杂凑值。杂凑值由 8 个 32 bit 的寄存器连接构成。对一个消息求杂凑值，要执行以下 3 个步骤($\oplus$表示模 2 加，$+$表示模 2^{32} 加)：

(1) 填充消息块。使消息块的长度为 512 bit 的整数倍。

(2) 消息扩展。填充之后的 N 个 512 bit 的消息块记为 $M^{(1)}$，$M^{(2)}$，…，$M^{(N)}$，每个消息块又分为 16 个 32 bit 字 M_0^i，…，M_{15}^i，然后将这 16 个消息块扩展为 80 个消息块 W_0，…，W_{15}，W_{16}，…，W_{79}。其中：

$$W_i = M_i \qquad (i = 0, \cdots, 15)$$

$$W_i = \sigma_1(W_{i-2}) + W_{i-7} + \sigma_0(W_{i-15}) + W_{i-16} \qquad (i = 16, \cdots, 79)$$

这里 σ_0 和 σ_1 是线性函数，其定义如下：

$$\sigma_0(X) = \mathrm{ROTR}^7(X) \oplus \mathrm{ROTR}^{18}(X) \oplus \mathrm{SHR}^3(X)$$

$$\sigma_1(X) = \mathrm{ROTR}^{17}(X) \oplus \mathrm{ROTR}^{19}(X) \oplus \mathrm{SHR}^{10}(X)$$

其中，POTR 表示循环右移，SHR 表示逻辑移位。

(3) 函数更新。

for $i = 0$ to 79

$$T_{1i}=H_i+\Sigma_1(E_i)+\mathrm{Ch}(E_i, F_i, G_i)+K_i+W_i$$

$$T_{2i}=\Sigma_0(A_i)+\mathrm{Maj}(A_i, B_i, C_i)$$

$$H_{i+1}=G_i, G_{i+1}=F_i, F_{i+1}=E_i, E_{i+1}=D_i+T_{1i}$$

$$D_{i+1}=C_i, C_{i+1}=B_i, B_{i+1}=A_i, A_{i+1}=T_{1i}+T_{2i}$$

end for

这里 K_i 是常数，Ch、Maj、Σ_0、Σ_1 都是具有 32 bit 字输入、32 bit 字输出的函数，其表达式为

$$\mathrm{Ch}(X, Y, Z) = (X \wedge Y) \oplus (X \wedge Z)$$

$$\mathrm{Maj}(X, Y, Z) = (X \wedge Y) \oplus (X \wedge Z) \oplus (Y \wedge Z)$$

$$\Sigma_0(X) = \mathrm{ROTR}^2(X) \oplus \mathrm{ROTR}^{13}(X) \oplus \mathrm{ROTR}^{22}(X)$$

$$\Sigma_1(X) = \mathrm{ROTR}^6(X) \oplus \mathrm{ROTR}^{11}(X) \oplus \mathrm{ROTR}^{25}(X)$$

压缩函数的更新如图 7.4.1 所示。

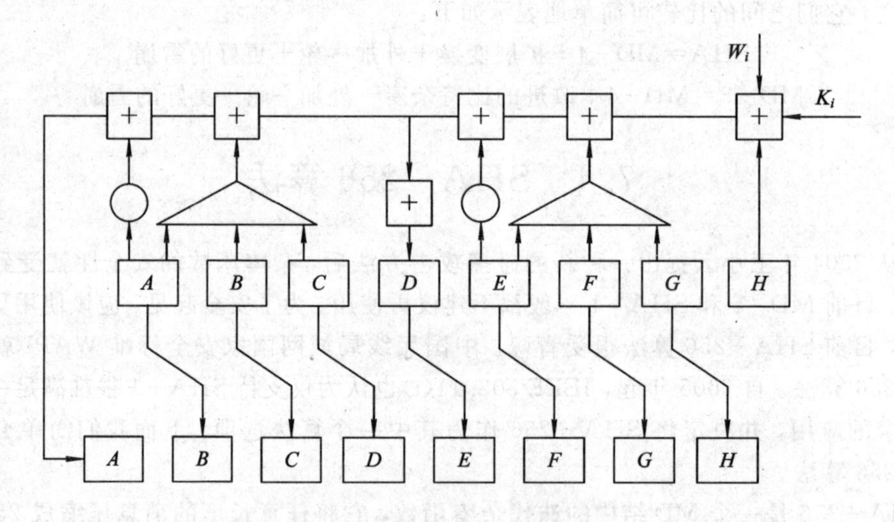

图 7.4.1　SHA－256 的压缩函数

7.5　杂凑函数的应用

杂凑函数的应用主要包括三个方面：一是消息完整性校验；二是密钥导出；三是基于预共享密钥的认证。下面我们逐一进行介绍。

7.5.1　MAC 算法

MAC(Message Authentication Code)是一种与密钥相关的单向杂凑函数，称为消息鉴别码。MAC 除了具有与上述单向杂凑函数同样的性质外，还包括一个密钥。只有拥有相同密钥的人才能鉴别这个杂凑值，这对于在没有保密的情况下提供消息的可鉴别性是非常有用的。

MAC既可用于验证多个用户之间数据通信的完整性，也可用于单个用户鉴别磁盘文件的完整性。对于后者，用户首先计算磁盘文件的MAC，并将MAC存放在一个表中。如果用户的磁盘文件被黑客或病毒修改，则可以通过计算和比较MAC来鉴别。同时，由于MAC受到密钥的保护，黑客并不知道该密钥，因而防止了对原来MAC的修改。如果使用单纯的杂凑函数，则黑客在修改文件的同时，也可能重新计算其杂凑值，并替换原来的杂凑值，这样磁盘文件的完整性就得不到有效的保护。

将单向杂凑函数转换成MAC可以通过对称加密算法加密杂凑值来实现。相反，将MAC转换成单向杂凑函数只需将密钥公开即可。

MAC算法有很多种，常用的MAC是基于分组加密算法和单向杂凑函数组合的实现方案。有两种组合方案：一是先对消息求杂凑值，然后加密杂凑值；二是先加密消息，然后对密文求杂凑值。两者相比，前者的安全性要高得多。例如，在CBC-MAC方法中，首先使用分组加密算法的CBC或CFB模式加密消息，然后计算最后一个密文分组的杂凑值，再用CBC或CFB模式加密该杂凑值。CBC-MAC方法被ISO 8731-1、ISO 9797和ANSI X9.9等国际标准所采纳。

7.5.2 基于密钥杂凑函数的消息完整性校验码MAC

密码杂凑函数为数据完整性的一种密码原型。在共享密钥的情况下，杂凑函数将密钥作为它的一部分输入，另一部分输入为需要认证的消息。因此，为了认证一个消息 m，发送者计算：

$$\mathrm{MAC} = h(k \parallel m) \tag{7.5.1}$$

其中，k 为发送者和接收者的共享密钥，“$\parallel$”表示比特串的链接。

依据杂凑函数的性质，我们可以假设，为了用杂凑函数关于密钥 k 和消息 m 生成一个有效的MAC，该主体必须拥有正确的密钥和正确的消息。与发送者共享密钥 k 的接收者应当由所接收的消息 m 重新计算出MAC，并检验同所收到的MAC是否一致。如果一致，就可以相信该消息来自所声称的发送者。

由于这样的MAC是使用杂凑函数构造的，因此也称为HMAC(用杂凑函数构造的MAC)。为谨慎起见，HMAC通常通过下面的形式进行计算：

$$\mathrm{HMAC} = h(k \parallel m \parallel k) \tag{7.5.2}$$

也就是说，密钥是要认证消息的前缀和后缀，这是为了阻止攻击者利用某些杂凑函数的“轮函数迭代”结构。如果不用密钥保护消息的两端，则某些杂凑函数具有的这样的已知结构，使得攻击者不必知道密钥 k 就可以选择一些数据用作消息前缀或后缀来修改消息。

7.5.3 完整性校验与数据源认证的区别

认证这一概念可以分为三个子概念：数据源认证(Data-origin Authentication)、实体认证(Entity Authentication)和认证的密钥建立(Authenticated Key Establishment)。第一个概念主要涉及验证消息的某个声称属性；第二个概念则更多地涉及验证消息发送者所声称的身份；第三个概念进一步致力于产生一条安全信道，用于后继的应用层安全通信会话。

数据源认证(也称为消息认证，Message Authentication)与数据完整性密切相关。早期的密码和信息安全教程认为这两个概念没有本质区别。这种观点考虑到使用被恶意修改过的信息和使用来源不明的消息具有相同的风险。

然而，数据源认证和数据完整性是两个差别很大的概念。这两个概念在很多方面都是可以区分的。

首先，数据源认证必然涉及通信。它是一种安全服务，消息接收者用它来验证消息是否来源于所声称的消息源。数据完整性则不一定包含通信过程，该安全服务还可以用于存储的数据。

其次，数据源认证必然涉及消息源的识别，而数据完整性则不一定涉及该过程。

再次，也是最重要的一点，数据源认证必然涉及确认消息的新鲜性(Fressness)，而数据完整性却无此必要，即一组老的数据可能有完善的数据完整性。为了获得数据源认证服务，消息的接收者应该验证该消息是否是在新近发送的(也就是说，消息的发送和接收之间的时间间隔应该足够小)。接收者认定的在新近发送的消息通常称为新鲜的消息。要求消息的新鲜性是符合常识的，即新鲜的消息意味着在通信双方存在着一个良好的通信，并且进一步意味着对等的通信方、通信设备、系统或者消息本身遭到阻挠或破坏的可能性很小。

7.5.4 杂凑函数的使用模式

杨波(《现代密码学(第二版)》)对杂凑函数在数据完整性校验方面的基本使用进行了非常全面的归纳，共有以下6种方式。

(1) 消息与杂凑码链接后用单钥算法加密。由于所用密钥 k 仅为收发双方A、B共享，因此可保证消息的确来自A并且未被篡改。同时由于消息和杂凑码都被加密，因此这种方式还提供了保密性，见图7.5.1。

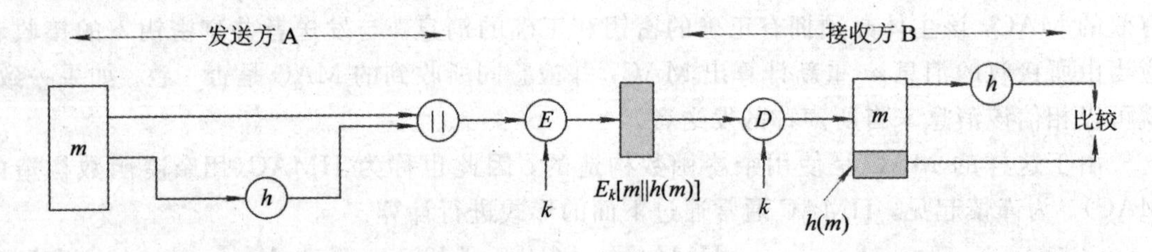

图 7.5.1 方式一

(2) 用单钥加密算法仅对杂凑码加密。这种方式用于不要求保密性的情况下，可减少处理负担。注意：这种方式和图7.5.1所示的MAC结果完全一样，即将 $E_k[h(m)]$ 看做一个函数，函数的输入为消息 m 和密钥 k，输出为固定长度的密文，见图7.5.2。

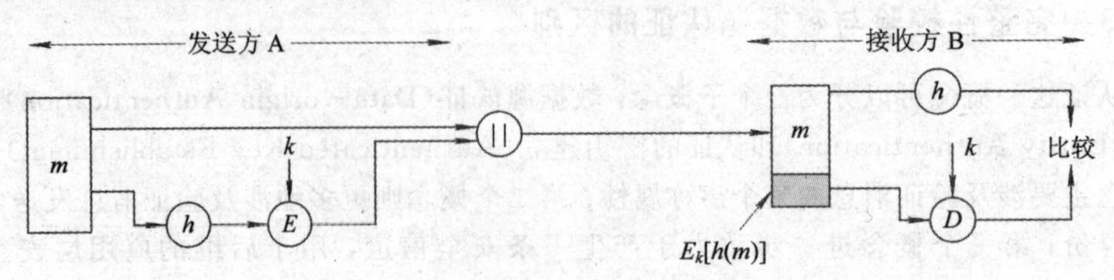

图 7.5.2 方式二

(3) 用公钥加密算法和发送方的私钥仅加密杂凑码。和方式二一样，这种方式提供认证性，又由于只有发送方能产生加密的杂凑码，因此这种方式还对发送方发送的消息提供了数字签名，事实上这种方式就是数字签名，见图7.5.3。

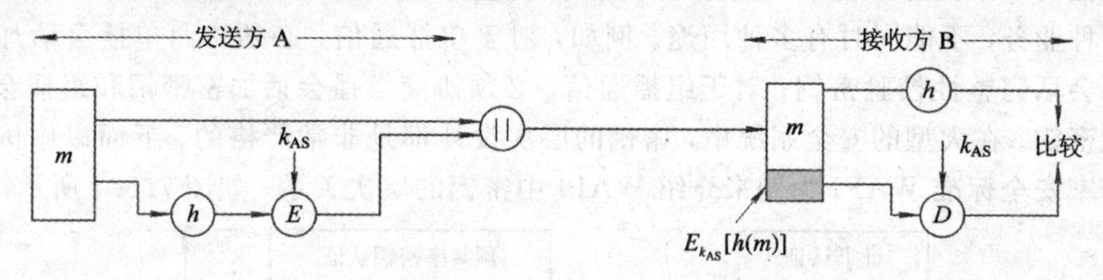

图 7.5.3 方式三

(4) 消息的杂凑值用公钥加密算法和发送方的私钥加密后与消息链接，再对链接后的结果用单钥加密算法加密，这种方式提供了保密性和数字签名，见图7.5.4。

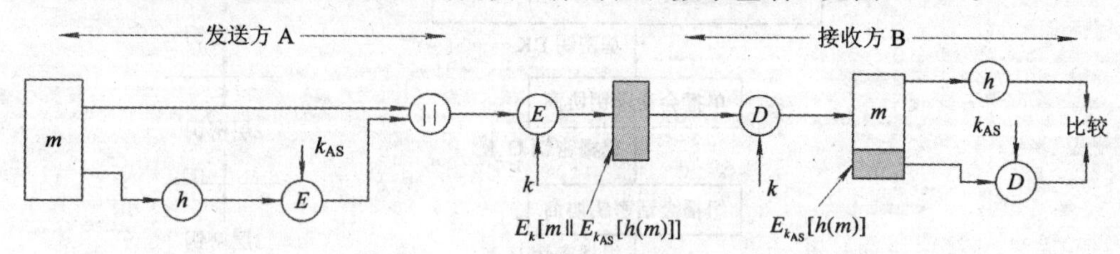

图 7.5.4 方式四

(5) 使用这种方式时要求通信双方共享一个秘密值 s，A 计算消息 m 和秘密值 s 链接在一起的杂凑值，并将此杂凑值附加到 m 后发往 B。因 B 也知 s，所以可重新计算杂凑值以对消息进行认证。由于秘密值 s 本身未被发送，因此敌手无法对截获的消息加以篡改，也无法产生假消息。这种方式仅提供认证，见图7.5.5。

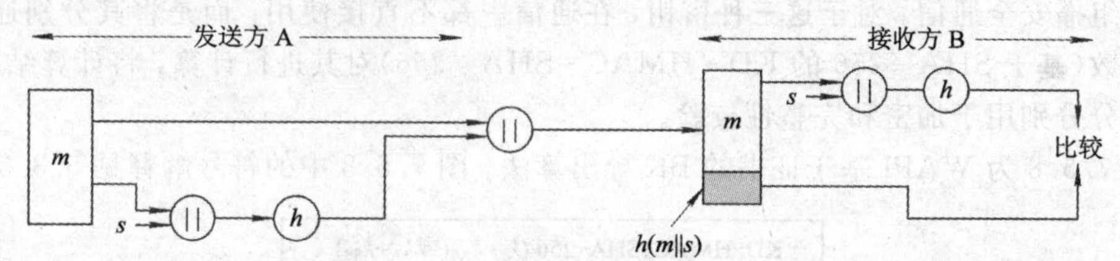

图 7.5.5 方式五

(6) 这种方式是在方式五中消息与杂凑值链接以后再增加单钥加密运算，从而又可提供保密性，见图7.5.6。

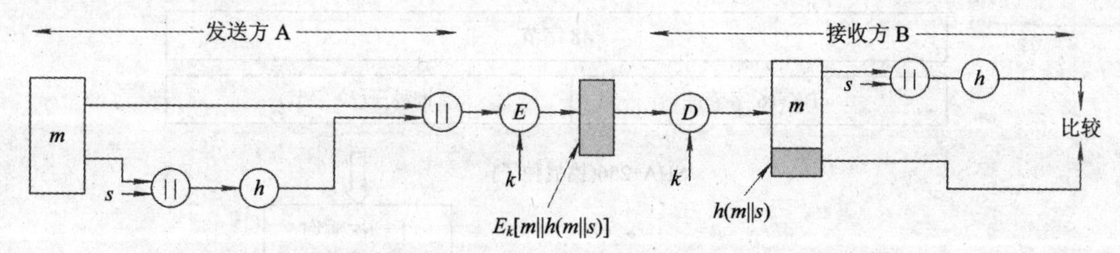

图 7.5.6 方式六

由于加密运算的速度较慢，代价较高，而且很多加密算法还受到专利保护，因此在不要求保密性的情况下，方式二、三比其他方式更具优势。

7.5.5 基于杂凑函数的密钥导出

在任何一个信息系统中，密钥的安全性都是整个系统安全的核心所在。一个密钥只能对应一种业务，不能同时有多种用途。例如，对于单播通信，必须协商单播会话加密密钥和单播会话完整性校验密钥；对于组播通信，必须协商组播会话加密密钥和组播会话完整性校验密钥。在大型的安全系统中，密钥的层次设计都是非常严格的。下面以中国无线局域网国家安全标准 WAPI 为例来介绍 WAPI 中密钥的层次关系，如图 7.5.7 所示。

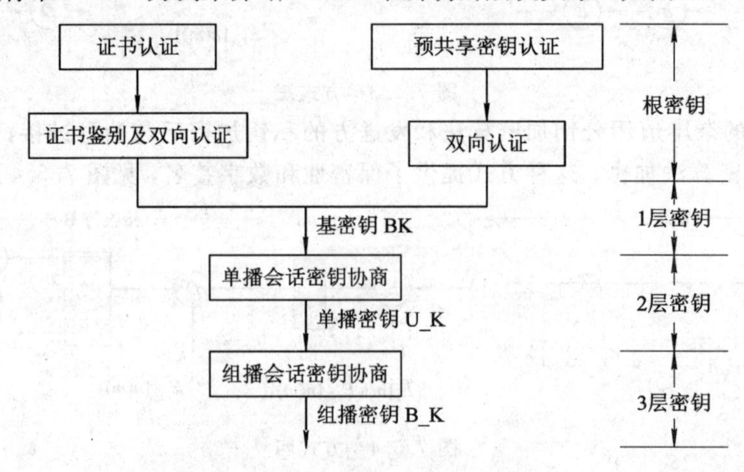

图 7.5.7　WAPI 鉴别协议框架

由图 7.5.7 可知，除了初始密钥(即根密钥)外，WAPI 本身有三个层次的密钥：基密钥 BK、单播会话密钥 U_K 和组播会话密钥 B_K。它们的功能分别是身份鉴别、单播安全通信和组播安全通信。对于这三种密钥，在通信中都不直接使用，而是将其分别通过密钥导出函数(基于 SHA-256 的 KD-HMAC-SHA-256)对其进行计算，将计算结果的前、后半部分分别用于加密和完整性校验。

图 7.5.8 为 WAPI 基于证书的 BK 导出算法。图 7.5.8 中的符号解释见 5.3.5 节。

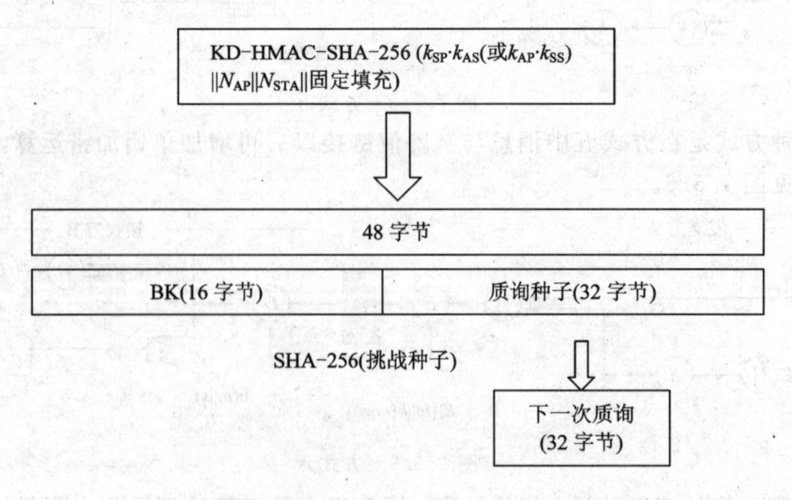

图 7.5.8　基于证书的 BK 导出

图 7.5.9 为 WAPI 基于预共享密钥的 BK 导出算法。

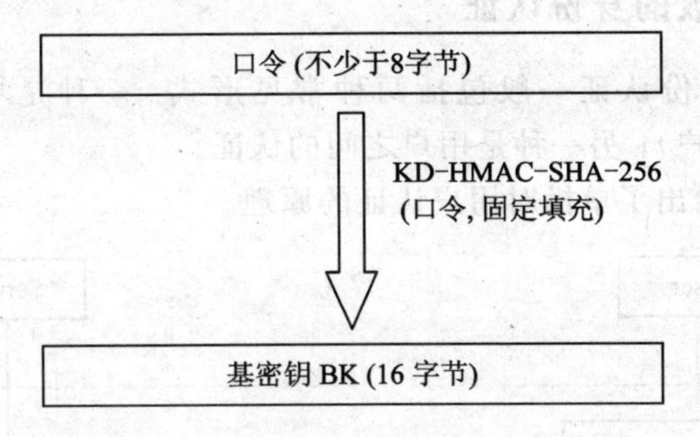

图 7.5.9　基于预共享密钥的 BK 导出

图 7.5.10 为 WAPI 单播(Unicast)密钥的导出算法。

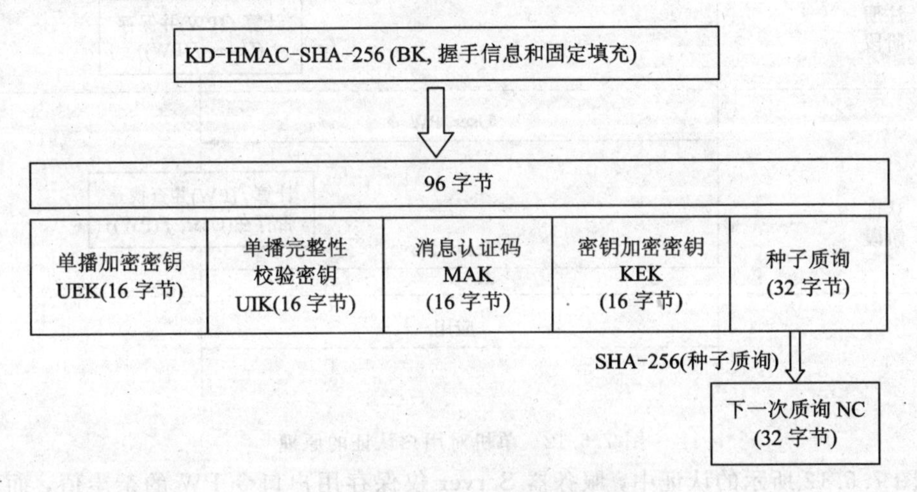

图 7.5.10　WAPI 单播密钥的导出

图 7.5.11 为 WAPI 组播(Multicast)密钥的导出算法。

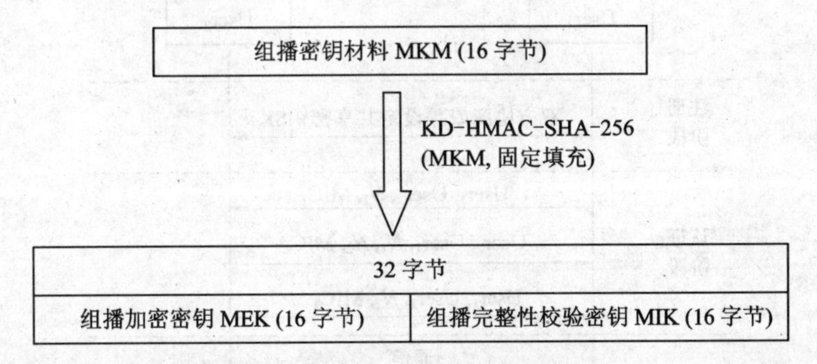

图 7.5.11　WAPI 组播密钥的导出

以上算法是 WAPI 协议中所有关于密钥导出的算法。可以看出，杂凑函数的密钥导出功能在信息安全系统的设计和实现中占据很重要的地位。

另外，杂凑函数除了可以用于密钥导出外，还可以用于随机数的产生。值得注意的是，在进行随机数生成时，必须以某个私钥作为参数或随机种子。这种方式产生的随机数对于私钥拥有者之外的其他用户来说是不可预知的和随机的。

7.5.6 基于杂凑函数的身份认证

基于杂凑函数的身份认证一般包括两种常见形式：一种是单机对用户的认证（如Windows登录时认证用户）；另一种是用户之间的认证。

图 7.5.12 简单地给出了单机对用户认证的原理。

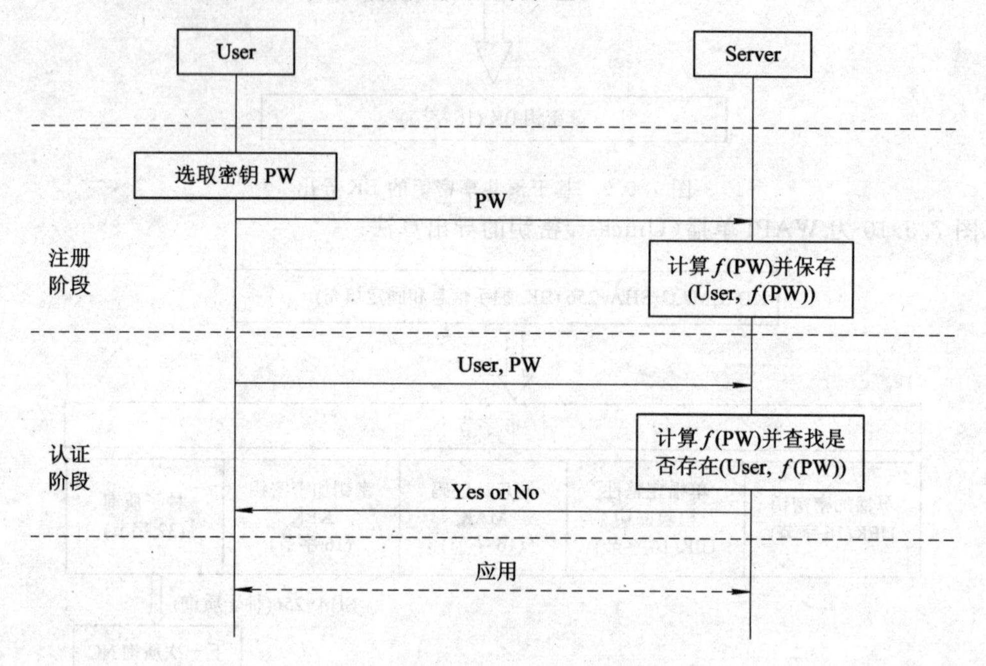

图 7.5.12 单机对用户认证的原理

在图 7.5.12 所示的认证中，服务器 Server 仅保存用户口令 PW 的杂凑值，而不保存 PW 明文。图 7.5.13 简单地给出了用户之间认证的原理。

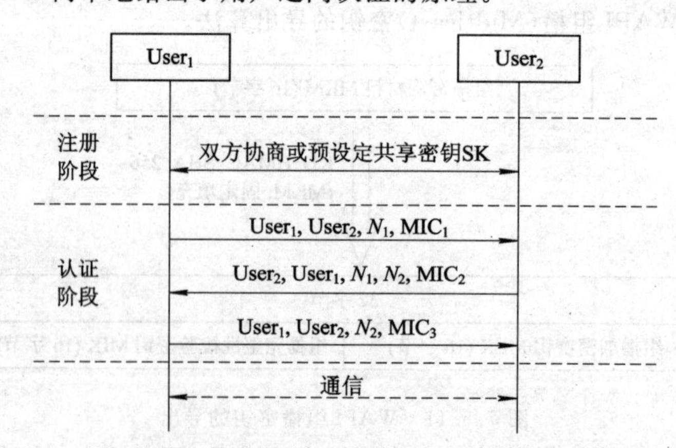

图 7.5.13 用户之间认证的原理

在图 7.5.13 所示的认证中，N_1 和 N_2 分别是 $User_1$ 和 $User_2$ 随机选取的随机数，MIC_1、MIC_2 和 MIC_3 分别是使用杂凑函数对所在协议消息的其他字段内容及共享密钥 SK 求取的完整性校验值。图 7.5.13 所示的认证过程是一个双向认证方案，很容易将其分拆为单向认证。

7.6 其他算法

除了上述MD和SHA系列的杂凑算法外，还有一些非常有名的算法，下面简单做一介绍。

7.6.1 GOST杂凑算法

GOST杂凑算法由俄罗斯国家标准GOST R34.11-94给出，于1995年1月1日合法使用。它是利用分组大小为64 bit的GOST 28147-89分组密码构造的256 bit杂凑算法，密钥k、消息分组M_i和杂凑值的长度均为256 bit，是GOST R34.10-94的一个重要组成部分。

算法要点：

$$H_i = f(M_i, H_{i-1})$$

(1) 由M_i、H_{i-1}和一些常数的线性组合产生4个GOST加密密钥。

(2) 用每个密钥在ECB模式下对H_{i-1}的各64 bit组加密，将所得的新的256 bit作为暂时变量S存储。

(3) H_i是S、M_i和H_{i-1}的复杂的线性函数。消息M的杂凑值并非最后一次迭代的结果H_t，而是由H_t、所有消息组的异或值Z、消息总长L按下式来确定的：

$$h(M) = f(Z \oplus M', f(L, f(M', H_t)))$$

其中，M'是M经过填充后的最后一组。

7.6.2 SNEFRU算法

(1) SNEFRU算法是R. Merkle设计的一种适于32 bit处理器实现的单向杂凑算法，它将任意长消息压缩成128 bit或256 bit。

(2) 消息分成块$M_1, M_2, \cdots, M_i, \cdots, M_t$，每一个长为$(512-m)$bit，$m$是杂凑值的长度。若$m$=128 bit，则块为384 bit；若$m$=256 bit，则块为256 bit，参看图7.6.1。图中，初始组$(512-m)$bit与m bit“0”串链接。最后一段若不足512 bit的整数倍，则填充足够多的“0”。最后一组之后，在前m bit附加上消息长度的二元表示，再做最后一次计算。

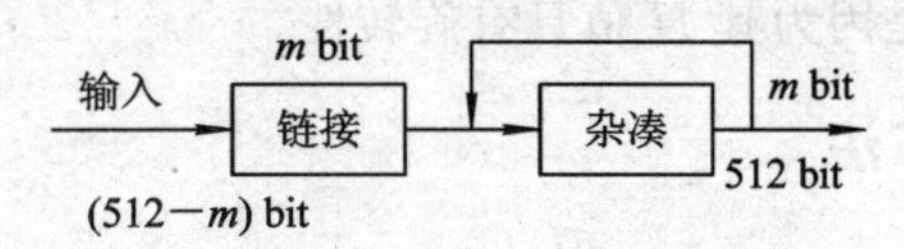

图7.6.1 SNEFRU杂凑算法

SNEFRU算法的杂凑函数基于迭代函数E，它是512 bit的可逆分组密码函数，而H值是E输出的后m bit与前m bit异或的结果。SNEFRU杂凑算法的安全性归于E，而E是多回合(pass)的随机化数据运算，每一回合由64轮随机化组成，每一轮都以数据的一个不同字节作为32 bit S盒的输入。S盒的输出字和消息的两个相邻字异或。S盒的构造类似于Khafre，内部还有一些旋转，而原Khafre只有2回合。

(3) 其非线性函数分析类似于DES的S盒，可用差值分析法。Biham和Shamir曾证明，2回合SNEFRU(128 bit)可找出两个不同消息有相同杂凑值，且找到了四个消息有相同杂凑值。用微机发现一对消息有相同杂凑值只要3分钟，而对给定杂凑值找到另一个消息具有此杂凑值需 1 小时左右。

(4) 少于 4 回合是不安全的，生日攻击 128 bit SNEFRU 需要 2^{64} 次运算。差值分析发现，一对消息有相同杂凑值在 3 回合下要 $2^{28.5}$ 次运算，在 4 回合下要 $2^{44.5}$ 次运算。求一个消息具有给定杂凑值，穷举法要用 2^{128} 次运算，差值分析要用 2^{56} 次运算(3 回合)和 2^{88} 次运算(4 回合)。

对于长杂凑值，差值分析亦优于穷举法。生日攻击 224 bit 杂凑值要求 2^{112} 次运算，差值分析找到一对消息有相同杂凑值可用 $2^{12.5}$ 次运算(2 回合)、2^{33} 次运算(3 回合)和 2^{81} 次运算(4 回合)。Merkle 最近推荐至少用 8 回合，这样就比 MD-5 或 SHA 慢多了。

7.6.3 RIPE-MD 算法

RIPE-MD 算法是欧共体计划(RACE 1992)下开发的杂凑算法，为 MD-4 的变型，是针对已知的密码攻击设计的。其杂凑值为 128 bit，修正了 MD-4 的旋转和消息的次序；所用常数也不同于 MD-4，且采用并行方式；每组之后，两种情况的输出都加于链接变量上。RIPE-MD 的改进型为 RIPEMD-160(Dobbertin 等，1996 年)。

7.6.4 HAVAL 算法

HAVAL 算法是一种变长杂凑函数，由 Y. Zheng、J. Pieprzyk 和 J. Seberry 提出，是 MD-5 的一种修正形式。该算法有 8 个 32 bit 链接变量，其长度为 MD-5 的杂凑值的两倍，轮数亦可变(3～5 轮，每轮 16 步)。杂凑值可取 n=128，160，192，224，256 bit。

该算法以更高阶的具有 7 个变量的非线性函数代替 MD-5 的简单非线性函数，每轮用一个函数，而每步对输入采用不同的置换，每步有新的消息次序，除了第一轮外各步均采用不同的常数，也有两个旋转。

HAVAL 算法的核心是：

$\text{TEMP}=(f(j, A, B, C, D, E, F, G)<<<7)+(H<<<11)+M[i][r(j)]+K(j)$

$H=G, G=H, F=E, E=D, D=C, C=B, B=A, A=\text{TEMP}$

HAVAL 算法的运算速度较 MD-5 快，在 3 轮时要快 60%，4 轮、5 轮时快 15%。该算法提供了 15 种不同的轮数和变长的组合形式。Den Boeo 和 Bosselaers 对 MD-5 的攻击法不能用于 HAVAL，这是因为其 H 值具有旋转性。

7.6.5 RIPE-MAC 算法

RIPE-MAC 算法由 B. Preneel 提出并被 RIPE 采用，基于 ISO 9797，以 DES 作为基本迭代函数。该算法有两种型号：RIPE-MAC1 和 RIPE-MAC3。前者用一个 DES，后者用三个 DES。该算法是先将消息填充为 64 bit 的倍数，而后划分成 64 bit 的组，最后在密钥的控制下对消息进行杂凑。

7.6.6 其他算法

利用模 n 运算构造的杂凑算法，如 MASH-1(Modular Arithmetic Secure 杂凑，Algorithm-1)已作为 ISO/IEC 标准(草案)(ISO/IEC10118-4，Girault 1987)。MAA 算法也采用模 n 整数运算，并已成为 ISO 银行标准(ISO 8731-2)。

第 8 章　公钥基础设施

本章将主要介绍公钥基础设施 PKI，主要内容包括 PKI 的基本概念、基本功能、基本原理及特点。

8.1　概　　述

8.1.1　基础设施

基础设施就是一个普适性基础，它在一个大环境里起着基本框架的作用。基础设施需要实现“应用支撑”的功能，从而让“应用”正常工作。

基础设施具有以下特性：

(1) 具有易于使用、众所周知的界面。

(2) 基础设施提供的服务可以预测并且有效。

(3) 应用设备无需了解基础设施的工作原理。

在电子通信网络中，凡是用以连接不同的计算机，使之可以互联互通的一切基础元素都属于网络基础设施，它是包括所有硬件、软件、人员、策略和规程的总和，也可以把它具体地当作一堆集线器、路由器和网线等。无线应用中，手机、寻呼机、PDA 等移动设备同样组成了无线的分布网络，它们所需要的基站、无线网桥甚至卫星等也同样属于基础设施的范畴。

8.1.2　安全基础设施的内容

安全基础设施必须依照同样的原理，提供基础服务，也就是说要具有普适性。它为整个组织提供的是保证安全的基本框架，并且可以被组织内任何需要安全的应用和对象使用。安全基础设施的“接入点”必须是统一的、便于使用的(就像墙上的插座一样)。只有这样，那些需要使用这种基础设施的对象在使用安全服务时，才不会遇到太多的麻烦。

具有普适性的安全基础设施首先应该是适用于多种环境的框架。这个框架避免了零碎的、点对点的，特别是没有互操作性的解决方案，引入了可管理的机制以及跨越多个应用和计算平台的一致的安全性。

安全基础设施能够保证应用程序增强数据和资源的安全性，保证增强与其他数据和资源进行交换时的安全性。安全基础设施还必须具有同样友好的接入点，应用程序无需了解基础设施提供安全服务的原理，只要能得到服务即可。对于安全基础设施来说，能够提供一致、有效的安全服务是最重要的。

安全基础设施提供的服务主要包含以下几个方面。

1. 安全登录

在访问网络资源或者使用某些应用程序的时候，用户往往会被要求首先“登录”或者“注册”。在这一步骤中，典型的操作过程包括用户输入身份信息以及认证信息。如果除了合法用户外没有人能够获取用户的认证信息，那么采用这种方法能够安全地允许合法用户进入系统或者指定的应用程序。

登录是广泛使用的一种保护措施，但是它所带来的问题也是显而易见的。比如，当一个网页要求用户进行登录时，由于这个用户是远程的，所以口令信息会在未受保护的网络上传递，这就非常容易被截取或监听。所谓重放攻击，是通过中途截取来实施的。即使口令已经被加密，也无法防范重放攻击。所以，要选用“好”的口令(所谓“好”的口令，就是具有足够的长度，并且没有规律，不容易被熟悉或不熟悉拥有该口令的用户的人轻易猜测到)，还得记住而不是写下口令，并且按照本地的安全策略要求，经常修改口令，这对用户来说并不容易。这正是安全基础设施提供的服务之一，它可以解决这些问题。

2. 完全透明的服务

用户使用安全基础设施时，基础设施只是一个黑盒子，他们需要的是服务，而不是如何提供服务的细节。换句话说，服务细节对终端用户是完全透明的，这是普适性基础设施的一个极其重要但经常被忽略的特征。对于用户来说，基础设施如何提供服务，应该是彻底被封装起来的。一个合理设计的基础设施必须做到：所有的安全隐藏在用户的后面，无需额外地干预，无需用户注意密钥和算法，不会因为用户的错误操作对安全造成危害。

以上都是基于安全基础设施工作正常的情况。在“黑盒子”原则中存在两个例外的情形：用户需要知道第一次与基础设施连接的情况(在一些初始化过程中)，以及何时安全基础设施无法提供服务，何时认证没有成功，何时无法与远程用户建立安全通信通道，正如用户需要知道何时远程服务器正在维护、不能接收IP包，何时电力公司限制用电一样。简单地说，基础设施提供的透明性意味着用户相信基础设施正在正常地工作，能够提供安全服务。每当处理失败时，必须马上通知用户，因为缺乏安全通常会改变用户的行为。

3. 全面的安全性

作为一个普适性安全基础设施，最大的益处是在整个环境中实施的是单一的、可信的安全技术，所以它能够提供跟设备无关的安全服务，能够保证数目不受限制的应用程序、设备和服务器无缝地协调工作，安全地传输、存储和检索数据，安全地进行事务处理，安全地访问服务器等。无论是电子邮件应用、Web浏览器、防火墙、远程访问设备、应用服务器、文件服务器、数据库，还是更多的其他设备，都能够用一种统一的方式理解和使用安全基础设施提供的服务。这种环境不仅极大地简化了终端用户使用各种设备和应用程序的方式，而且简化了设备和应用程序的管理工作，保证它们遵循同样级别的安全策略。

使基础设施达到全面安全性所采取的重要机制之一就是保证大范围的组织实体和设备采用统一的方式使用、理解和处理密钥。为解决Internet的安全问题，世界各国对其进行了多年的研究，初步形成了一套完整的Internet安全解决方案，即目前被广泛采用的PKI(Public Key Infrastructure，公钥基础设施)技术。PKI技术采用证书管理公钥，通过第三方的可信任机构——认证中心(CA，Certificate Authority)，把用户的公钥和用户的其他标识信息(如名称、E-mail、身份证号等)捆绑在一起，在Internet上验证用户的身份。

目前，通用的办法是采用建立在 PKI 基础之上的数字证书，通过对要传输的数字信息进行加密和签名，保证信息传输的机密性、真实性、完整性和不可否认性，从而保证信息的安全传输。

8.1.3　安全基础设施在信息基础设施中的地位

对信息基础设施的攻击一般采用两种形式：攻击数据和攻击控制系统。攻击数据主要是窃取或破坏数据、拒绝服务，大多数针对 Internet 及计算机的攻击都属于这一类型，如窃取信用卡信息、毁坏网站和阻塞服务等。攻击控制系统是毁掉或掌握维护物理设施的权限，如控制供水、供电网络及铁路系统的“分布式控制系统(DCS)”。黑客通常是通过电话拨号来远程入侵控制系统的。这类系统常利用 Internet 传输数据或将内部网通过防火墙接入 Internet，而防火墙则有时可以被攻破。这些攻击可以在不造成伤亡的情况下带来巨大危害。

许多事实已经证明，一定要有一个共同的基础设施来提供一致的安全特性，这就明确了安全基础设施在信息基础设施中的重要性。公钥基础设施 PKI 就是这样一个基于公开密钥体制理论和技术建立起来的安全体系，是提供信息安全服务的具有普适性的安全基础设施，其核心是解决网络空间中的信任问题，确定网络空间各行为主体身份的唯一性、真实性。随着全球经济一体化的进展，世界各国都已经意识到 PKI 对国家和社会信息化的重要性，纷纷推进与 PKI 相关的法律、法规、标准、应用、技术和相关组织等的建设进程。

一些安全服务提供商和应用软件提供商也已经合作推出遵循标准的安全电子商务解决方案。这些服务的目标是实现安全的信息传递，安全的外部网、内部网、电子交易网站和安全的文档管理。它们可以提供一个开放的互联网基础设施。这一基础设施能够更加安全和可靠地完成电子商务的处理。比如，IBM 的 Tivoli Risk Manager 中就有一项叫做“心跳”的功能可以事先显示安全基础设施中可能发生的故障，从而使管理员能够采取预防措施。目前我国安全基础设施的建设也呈现出良好的发展势头，成立了专门的组织机构，众多厂商和 IT 企业投资建设，以满足各个行业和部门的安全需要。

8.1.4　公钥基础设施的定义

公钥基础设施是一个用非对称密码算法原理和技术实现，并提供安全服务的、具有通用性的安全基础设施，遵循相应的标准为电子商务、电子政务提供一整套安全保障。用户可利用 PKI 平台提供的安全服务进行安全通信。PKI 这种遵循标准的密钥管理平台能够为所有网络应用透明地提供使用加密和数字签名等密码服务所需要的密码和证书管理。

使用基于公开密钥技术平台建立安全通信信任机制的基础是：网上进行的任何需要安全服务的通信都是建立在公钥基础之上的，而与公钥成对的私钥只掌握在与之通信的对方手中。这个信任的基础是通过使用公钥证书来实现的。公钥证书就是用户的身份和与之所持有的公钥的绑定，在绑定之前，由一个可信任的权威机构——认证中心 CA 来证实用户的身份，然后由可信任的 CA 对该用户身份及对应公钥相绑定的证书进行数字签名，用来证明证书的有效性。

PKI 首先必须具有可信任的认证机构，并在公钥加密技术基础上实现证书的产生、管理、存档、发放以及撤销管理等功能；其次要包括实现这些功能的硬件、软件、人力资源、相关政策和操作规范；还要为PKI体系中的各成员提供全部的安全服务，如身份认证、数据保密性、完整性以及不可否认性等服务。

8.2 公钥基础设施的必要性

我们是否真的需要PKI? PKI究竟有什么用? 我们为什么需要PKI? 只有明白了这些问题，才能更好地使用PKI。

下面通过一个案例来一步步地剖析这个问题。甲想将一份合同文件通过Internet发给远在国外的乙，此合同文件对双方非常重要，不能有丝毫差错，而且此文件绝对不能被其他人得知其内容。如何才能实现这个合同的安全发送呢?

要直接回答这个问题可能不太容易，为此，我们将该问题划分成一些子问题来逐一解答。这些问题也是我们在设计安全方案时经常考虑的问题。

问题8.2.1 针对该案例，最自然的想法是，甲必须对文件加密才能保证不被其他人查看其内容，那么，到底应该用什么加密技术才能使合同传送既安全又快速呢?

回答： 可以采用一些成熟的对称加密算法，如采用3DES、AES等对文件加密，其特点是文件加密和解密使用相同的密钥。

问题8.2.2 如果黑客截获此文件，是否用同一算法就可以解密此文件呢?

回答： 不可以。因为对称加密和解密均需要两个组件：加/解密算法和对称密钥，算法是公开的，但解密需要用一个对称密钥来解密，而黑客并不知道此密钥。

问题8.2.3 乙怎样才能安全地得到其密钥呢? 用电话通知，电话可能被窃听，通过Internet发此密钥给乙，可能被黑客截获，怎么办?

回答： 方法是用非对称密钥算法加密对称密钥后进行传送。甲乙双方各有一对公/私钥，公钥可在Internet上传送，私钥自己保存。这样甲就可以用乙的公钥加密问题8.2.1中提到的对称加密算法中的对称密钥。即使黑客截获了此密钥，也会因为黑客不知乙的私钥而得不到对称密钥，因此也解不开密文，只有乙才能解开密文。

问题8.2.4 既然甲可以用乙的公钥加密其对称密钥，为什么不直接用乙的公钥加密其文件呢? 这样不仅简单，而且省去了用对称加密算法加密文件的步骤。

回答： 不可以这么做。因为非对称密码算法有两个缺点：① 加密速度慢，为对称加密算法加密速度的1/100～1/10，所以只可用其加密小数据(如对称密钥)；② 加密后会导致得到的密文变长。因此一般采用对称加密算法加密其文件，然后用非对称算法加密对称算法所用到的对称密钥。

问题8.2.5 如果黑客截获到密文，同样也截获到用公钥加密的对称密钥，那么由于黑客无乙的私钥，因此他得不到对称密钥，但如果他用对称加密算法加密一份假文件，并用乙的公钥加密这份假文件的对称密钥，并发给乙，则乙会以为收到的是甲发送的文件，会用其私钥解密假文件，并很高兴地阅读其内容，却不知已经被替换。换句话说，乙并不知道这不是甲发给他的，怎么办?

回答： 用数字签名证明其身份。甲可以对文件用自己的私钥进行数字签名，而乙可通过甲的公钥进行验证。这样不仅解决了证明发送人身份的问题，同时还解决了文件是否被篡改的问题。

问题 8.2.6　通过对称加密算法加密其文件，再通过非对称算法加密其对称密钥，又通过数字签名证明发送者身份和信息的正确性，这样是否就万无一失了？

回答：答案是否定的。问题在于乙并不能肯定他所用的所谓甲的公钥一定是甲的，解决办法是用数字证书来绑定公钥和公钥所属人。

数字证书是一个经证书授权中心进行数字签名的包含公开密钥拥有者身份信息以及公开密钥的文件，是网络通信中标识通信各方身份信息的一系列数据，它提供了一种在 Internet 上验证身份的方式，其作用类似于司机的驾驶执照或日常生活中的身份证，人们可以在交往中用它来识别对方的身份。

最简单的证书包含一个公开密钥、名称以及证书授权中心的数字签名。一般情况下，证书中还包括密钥的有效时间、发证机关(证书授权中心)名称、该证书的序列号等信息。证书是由一个权威机构——认证中心(CA)发放的。CA 作为可信第三方，承担公钥体系中公钥的合法性检验的责任。CA 中心为每个使用公开密钥的用户发放一个数字证书，数字证书的作用是证明证书中列出的用户合法拥有证书中列出的公开密钥。CA 机构的数字签名使得攻击者不能伪造和篡改证书。CA 是 PKI 的核心，负责管理 PKI 结构下的所有用户(包括各种应用程序)的证书，把用户的公钥和用户的其他信息捆绑在一起，在网上验证用户的身份。

数字证书是公开的，就像公开的电话簿一样，在实际应用中，发送者(即甲)会将一份自己的数字证书的拷贝连同密文、摘要等放在一起发送给接收者(即乙)，而乙则通过验证证书上 CA 的签名来检查此证书的有效性(只需用那个可信的权威机构的公钥来验证该证书上的签名即可)。如果证书检查一切正常，那么就可以相信包含在该证书中的公钥的确属于列在证书中的那个人(即甲)。

问题 8.2.7　甲虽将合同文件发给乙，但甲拒不承认在签名所显示的那一时刻签署过此文件(数字签名就相当于书面合同的文字签名)，并将此过错归咎于电脑，进而不履行合同，怎么办？

回答：解决办法是采用可信的时间戳(Time - Stamp)服务(由权威机构提供)，即由可信的时间源和文件的签名者对文件进行联合签名。在书面合同中，文件签署的日期和签名一样，均是十分重要的，是防止文件被伪造和篡改的关键性内容(例如合同中一般规定在文件签署之日起生效)。在电子文件中，由于用户桌面时间很容易改变(不准确或可人为改变)，由该时间产生的时间戳不可信赖，因此需要一个第三方来提供时间戳服务(数字时间戳服务(DTS)是网上安全服务项目，由专门的机构提供)。此服务能提供电子文件发表时间的安全保护。

时间戳产生的过程为：用户首先将需要加时间戳的文件用杂凑函数计算形成摘要，然后将该摘要发送到 DTS，DTS 在加入了收到文件摘要的日期和时间信息后再对该文件加密(数字签名)，然后送回用户。因此时间戳是一个经加密后形成的凭证文档，它包括三个部分：需加时间戳的文件的摘要、DTS 收到文件的日期和时间、DTS 的数字签名。由于可信的时间源和文件的签名者对文件进行了联合签名，进而阻止了文件签名的那一方(即甲方)在时间上欺诈的可能性，因此具有不可否认性。

问题 8.2.8　有了数字证书将公/私钥和身份绑定，又有权威机构提供时间戳服务使其具有不可否认性，是不是就万无一失了？不，仍然有问题。乙还是不能证明对方就是甲，因为完全有可能是别人盗用了甲的私钥(如别人趁甲不在使用甲的电脑)，然后以甲的身份来和乙传送信息，这怎么解决呢？

回答：解决办法是使用强口令、认证令牌、智能卡和生物特征等技术对使用私钥的用户进行认证，以确定其是私钥的合法使用者。

解决这个问题之前我们先来看看目前实现的基于 PKI 的认证通常是如何工作的。下面以浏览器或者其他登记申请证书的应用程序为例进行说明。在第一次生成密钥的时候会创建一个密钥存储，浏览器用户会被提示输入一个口令，该口令将被用于构造保护该密钥存储所需的加密密钥。如果密钥存储只有脆弱的口令保护或根本没有口令保护，那么任何一个能够访问该电脑浏览器的用户都可以访问那些私钥和证书。在这种场景下，又怎么可能信任用 PKI 创建的身份呢？正因为如此，一个强有力的 PKI 系统必须建立在对私钥拥有者进行强认证的基础之上，现在主要的认证技术有：强口令、认证令牌、智能卡和生物特征（如指纹、眼膜等认证）。

假设用户的私钥被保存在后台服务器的加密容器里，要访问私钥，用户必须先使用认证令牌认证（如用户输入账户名、令牌上显示的通行码和 PIN 等），如果认证成功，则该用户的加密容器就下载到用户系统并解密。

通过解决以上问题，就基本满足了安全发送文件的需求。下面总结一下这个过程。对甲而言，整个发送过程如下：

(1) 创建对称密钥（相应软件生成，并且是一次性的），用其加密合同，并用乙的公钥加密对称密钥。

(2) 创建数字签名，对合同进行杂凑算法（如 SHA－1 算法）并产生原始摘要，甲用自己的私钥加密该摘要（公/私钥既可自己创建，也可由 CA 提供）。

(3) 甲将加密后的合同、打包后的密钥、加密后的摘要以及甲的数字证书（由权威机构 CA 签发）一起发给乙。

乙接收加密文件后，需要完成以下动作：

(1) 接收后，用乙的私钥解密得到对称密钥，并用对称密钥解开加密的合同，得到合同明文。

(2) 通过甲的数字证书获得属于甲的公钥，并用其解开摘要（称做摘要 1）。

(3) 对解密后的合同使用和发送者同样的杂凑算法来创建摘要（称做摘要 2）。

(4) 比较摘要 1 和摘要 2，若相同，则表示信息未被篡改，且来自于甲。

甲乙传送信息的过程看似并不复杂，但实际上它由许多基本成分组成，如对称/非对称密码技术、数字证书、数字签名、认证中心、公开密钥的安全策略等，这其中最重要、最复杂的是认证中心 CA 的构建。

8.3 PKI 的基本构成

8.3.1 PKI 的主要内容

一个 PKI 系统主要包括以下内容：

(1) 认证机构：证书的签发机构，它是 PKI 的核心，是 PKI 应用中权威的、可信任的、公正的第三方机构。

(2) 证书库：证书的集中存放地，提供公众查询。

(3) 密钥备份及恢复系统：对用户的解密密钥进行备份，当丢失时进行恢复，而签名密钥不能备份和恢复。

(4) 证书撤销处理系统：证书由于某种原因需要作废、终止使用时，可通过证书撤销列表(CRL)来实现。

(5) PKI 应用接口系统：为各种各样的应用提供安全、一致、可信任的方式与 PKI 交互，确保所建立起来的网络环境安全可靠，并降低管理成本。

综上所述，PKI 基于公钥密码技术，通过数字证书建立信任关系。PKI 是利用公钥技术实现网络服务安全的一种体系，是一种基础设施，可以保证网络通信、网上交易的安全。

PKI 公钥基础设施是提供公钥加密和数字签名服务的系统或平台，其目的是管理密钥和数字证书。一个机构通过采用 PKI 框架管理密钥和证书可以建立一个安全的网络环境。一个典型、完整、有效的 PKI 应用系统至少应包括以下部分。

(1) 认证中心(CA)：是 PKI 的核心，负责管理 PKI 结构下所有用户(包括各种应用程序)的数字证书，把用户的公钥和用户的其他信息捆绑在一起，在网上验证用户的身份，还负责用户证书撤销列表登记和撤销列表发布。

(2) X. 500 目录服务器：用于发布用户的证书和证书撤销列表信息，用户可通过标准的轻量目录访问协议(LDAP，Lightweight Directory Access Protocol)协议查询自己或其他人的证书和下载证书撤销列表信息。

(3) Web(安全通信平台)：有 Web Client 端和 Web Server 端两部分，分别安装在客户端和服务器端，通过具有高强度密码算法的 SSL 协议保证客户端和服务器端数据的机密性、完整性、身份验证。

(4) 自开发安全应用系统：指各行业自主开发的各种具体应用系统，例如银行、证券的应用系统等。

完整的 PKI 还包括认证政策的制定(包括遵循的技术标准、各 CA 之间的上下级或同级关系、安全策略、安全程度、服务对象、管理原则和框架等)、认证规则、运作制度、所涉及的各方法律关系以及技术的实现。

8.3.2　认证中心

保证网上数字信息的传输安全，除了在通信传输中采用更强的加密算法等措施之外，还必须建立一种信任及信任验证机制，即参加电子商务的各方必须有一个可以被验证的标识，这就是数字证书。数字证书是各实体(持卡人/个人、商户/企业、网关/银行等)在网上进行的信息交流及商务交易活动中的身份证明。数字证书具有唯一性，它将实体的公开密钥同实体本身联系在一起。为实现这一目的，必须使数字证书符合 X. 509 国际标准。同时，数字证书的来源必须是可靠的。

这就意味着应有一个网上各方都信任的机构，专门负责数字证书的发放和管理，确保网上信息的安全，这个机构就是 CA 认证机构。各级 CA 认证机构的存在组成了整个电子商务的信任链。如果 CA 机构不安全或发放的数字证书不具有权威性、公正性和可信赖性，电子商务就根本无从谈起。

认证中心是电子商务体系中的核心环节，是电子交易中信赖的基础。它通过自身的注册审核体系，检查并核实进行证书申请的用户身份和各项相关信息，使网上交易的用户属性的客观真实性与证书的真实性一致。认证中心作为权威的、可信赖的、公正的第三方机构，专门负责发放并管理所有参与网上交易的实体所需的数字证书。

概括地说，认证中心的功能有证书发放、证书更新、证书撤销和证书验证。CA 的核心功能就是发放和管理数字证书，具体描述如下：

(1) 接收、验证最终用户数字证书的申请。

(2) 确定是否接受最终用户数字证书的申请——证书的审批。

(3) 向申请者颁发或拒绝颁发数字证书——证书的发放。

(4) 接收、处理最终用户的数字证书更新请求——证书的更新。

(5) 接收最终用户数字证书的查询、撤销请求。

(6) 产生和发布证书撤销列表(CRL)。

(7) 数字证书归档。

(8) 密钥归档。

(9) 历史数据归档。

CA 的数字签名保证了证书的合法性和权威性。主体的公钥有如下两种产生方式。

(1) 用户自己生成密钥对，然后将公钥以安全的方式传给 CA。该过程必须保证用户公钥的可验证性和完整性。

(2) CA 替用户生成密钥对，然后将私钥以安全的方式传送给用户。该过程必须确保密钥的机密性、完整性和可验证性。该方式下由于用户的私钥为 CA 所产生，因此对 CA 的可信性有更高的要求。CA 必须在事后销毁用户的私钥，或作解密密钥备份。

公钥密码有验证数字签名和加密信息两大用途，相应地，系统中需要用于数字签名/验证的密钥对和用于数据加密/解密的密钥对，这里分别称为签名密钥对和加密密钥对。这两对密钥对于密钥管理有不同的要求。

(1) 签名密钥对。签名私钥具有日常生活中公章、私章的作用，为了保证其唯一性，签名私钥绝对不能作备份和存档，丢失后需重新生成新的密钥对，原来的签名可以使用旧公钥的备份来进行验证。验证公钥是需要存档的，用于验证旧的数字签名。用作数字签名的这一对密钥一般可以有较长时间的生命期。

(2) 加密密钥对。为了防止密钥丢失时丢失数据，解密私钥应该进行备份，同时还需要存档，以便在任何时候解密历史密文数据。加密公钥无需备份和存档，加密公钥丢失时，只需重新产生密钥对。

由此可以看出，这两对密钥的密钥管理机制要求存在相互冲突的地方，因此，系统必须针对不同的作用使用不同的密钥对，同一密钥对不能同时用作签名和加密。

为了实现其功能，认证中心主要由以下 3 部分组成。

(1) 注册服务器通过 Web Server 建立的站点：可为客户提供每天 24 小时的服务。因此客户可在自己方便的时候在网上提出证书申请和填写相应的证书申请表，免去了排队等候等烦恼。

(2) 证书申请受理和审核机构：负责证书的申请和审核，其主要功能是接受客户证书申请并进行审核。

(3) 认证中心服务器：数字证书生成、发放的运行实体，同时提供发放证书的管理、证书撤销列表(CRL)的生成和处理等服务。

8.3.3　证书签发

证书的发放分为两种方式：一是离线方式发放，即面对面发放，特别是企业高级证书，最好采用面对面的离线方式发放；二是在线方式发放，即通过 Internet 使用 LDAP，在 X.500 目录服务器上下载证书。

1. 离线方式发放

离线方式发放证书的步骤如下：

(1) 一个企业级用户证书的申请被批准注册以后，审核授权部门 RA(Registry Authority)端的应用程序初始化申请者信息，在 LDAP 目录服务器中添加企业证书申请人的有关信息。

(2) RA 将申请者信息初始化后传给 CA，CA 为申请者产生一个参照号和一个认证码。参照号 Ref. number 及认证码 Auth. code 在 PKI 中有时也称做 user ID 或 Password。参照号是一次性密钥。RA 将 Ref. number 和 Auth. code 使用电子邮件或打印在保密信封中，通过可靠途径传递给企业高级证书的申请人。企业高级证书的申请人输入参照号及认证码，在 RA 处面对面领取证书。证书介质可以存入软盘或者存放于 IC 卡中。

2. 在线方式发放

在线方式发放证书的步骤如下：

(1) 个人证书申请者将个人信息写入 CA 的申请人信息数据库中，RA 端即可接收到从 CA 发放的 Ref. number 和 Auth. code，并将在屏幕上显示的参照号和授权码打印出来，当面提交给证书申请人。

(2) 证书申请人回到自己的微机上，登录到网站，通过浏览器安装 Root CA 证书(根 CA 证书)。

(3) 申请人在网页上按提示填入参照号和授权码，自助下载自己的证书。

8.3.4　证书撤销

证书废止的原因如下：

(1) 密钥泄密：证书的私钥泄密。

(2) 从属变更：某些关于密钥的信息变更，如机构从属变更等。

(3) 终止使用：该密钥对已不再用于原用途。

(4) CA 本身的原因：由于 CA 系统的私钥泄密，因此在更新自身密钥和证书的同时，必须用新的私钥重新签发所有它发放的下级证书。

CA 所发证书要定期归档，以备查询。除用于用户的签名密钥外，对证书的所有数据信息都要进行归档处理。CA 使用符合 X.500 标准的目录服务器系统存储证书和证书撤销列表。目录和数据库备份可以根据组织机构的安全策略执行归档，保存期最长可以达到 7 年。数据库还保存审计和安全记录。对于用户密钥对，CA 通过专用程序自动存储和管理密钥历史及密钥备份。

在证书的有效期内，由于私钥丢失、泄密等原因，必须废除证书。此时证书持有者要提出证书撤销申请。注册管理中心一旦收到证书撤销请求，就可以立即执行证书撤销，并同时通知用户，使之知道特定证书已被撤销。PKI(CA)提供了一套成熟、易用和基于标准的证书撤销系统。从安全角度来说，每次使用证书的时候，系统都要检查证书是否已被提出撤销请求。为了保证执行这种检查，证书撤销是自动进行的，而且对用户是透明的。

根据申请人的协议，规定申请人可以在任何时间以任何理由对其拥有的证书提出撤销请求。撤销申请必须先向 CA 或者 RA 提交。提出撤销的理由是证书持有人的密钥泄露，私钥介质和公钥证书介质的安全受到危害。

CA 可由于以下原因撤销证书：

(1) 知道或者有理由怀疑证书持有人私钥已经被破坏，或者证书细节不真实、不可信。

(2) 证书持有者没有履行其职责和登记人协议。

(3) 证书持有者死亡、违反电子交易规则或者已经被判定犯罪。CA 撤销证书首先要制定撤销程序。证书持有者通过各种通信手段向 RA 提出撤销申请，再由 RA 提交给 CA。CA 暂时"留存"证书，等最后确认后再真正撤销使之失效。提交申请与最后确认处理要规定有效期。通常将已经撤销的证书存于 CRL 中。撤销与发布 CRL 之间的时间间隔要有明确规定。

8.3.5 密钥的生成、备份和恢复

用户由于某种原因丢失了解密数据的密钥，将无法打开被加密的密文，造成数据的丢失。为了避免这种情况的发生，PKI 提供了密钥备份与解密密钥的恢复机制，这就是密钥备份和恢复系统。

在一个可操作的 PKI 环境中，在证书的生命周期内，都会有一小部分用户丢失他们的私钥，通常的原因如下：

(1) 遗失或者忘记口令。虽然用户的加密私钥在物理上是存在的，但实际上不可使用。

(2) 介质的破坏。例如，硬盘和 IC 卡遭到破坏。

在很多环境中，特别是在一些企业中，由于丢失密钥造成被保护数据的丢失是不可接受的。例如，某项业务的重要文件被对称密钥保护起来，而对称密钥又被某个用户的公钥加密起来，假如该用户的解密私钥丢失了，则无法恢复这些文件，可能会对这次业务造成严重损失，甚至导致业务停止，这是不可接受的事情。

解决上述问题的一个通用可行的方法就是对密钥进行备份并及时恢复。密钥的备份与恢复应该由可信机构 CA 来完成，但值得强调的是，密钥备份与恢复只能针对解密密钥，而签名密钥是不能作备份的。

密钥的备份与恢复形成了 PKI 定义的重要部分。

一个证书的生命周期主要包括 3 个阶段，即证书初始化注册阶段、颁发阶段和撤销阶段。证书密钥的备份与恢复就发生在初始注册阶段和证书的颁发阶段。

1. 密钥生成

在密钥/证书的生命周期中，终端用户实体在使用 PKI 的支持服务之前，必须经过初始化进入 PKI。该阶段由以下几步组成：

(1) 终端实体注册。

(2) 密钥对产生。

(3) 证书创建。

(4) 证书分发。

(5) 密钥备份。

一旦私钥和公钥证书产生即可进入颁发阶段。该阶段主要包括以下内容：

(1) 证书检索：远程资料库的证书检索。

(2) 证书验证：确定一个证书的有效性。

(3) 密钥恢复：不能正常解读加密文件时，从 CA 中恢复。

(4) 密钥更新：当一个合法的密钥对将要过期时，新的公/私钥对自动产生并颁发。

2. 密钥备份

用户在申请证书的初始阶段，如果注册声明公/私钥对是用于数据加密，出于对数据的机密性安全需要，则在初始化阶段可信第三方机构 CA 即可对该用户的密钥和证书进行备份。当然，一个用户的密钥是否由可信第三方机构 CA 备份，是一个安全管理策略的问题。一般 CA 机构的安全策略能满足用户的可信任的需求。备份设备的位置可以从一个 PKI 域变到另一个 PKI 域，密钥备份功能可以由颁发相应证书的 CA 机构执行。

注意：用户用于数字签名目的的私钥是绝对不能备份的。因为数字签名用于支持不可否认性服务，不可否认性服务要与时间戳服务相结合，即数字签名有时间性要求，所以私钥不能备份和恢复。

3. 密钥恢复

密钥恢复功能发生在密钥管理生命周期的颁发阶段，是指对终端用户因为某种原因而丢失的加密密钥给以恢复。这种恢复由可信的密钥恢复中心或者 CA 来完成。密钥恢复的手段可以是从远程设备恢复，也可以通过本地设备恢复。为了实现可扩展性，减小 PKI 管理员和终端用户的负担，这个恢复过程必须尽可能最大限度地自动化、透明化。任何具有综合功能的管理协议都必须包括对这个能力的支持。

8.3.6　证书撤销列表处理

证书撤销列表(CRL，Certificate Revocation List)中记录着尚未过期但已声明作废的用户证书序列号，供证书使用者在认证对方证书时查询使用。

证书撤销是指在正常过期之前由于密钥泄露或者证书所有者状态改变等情况导致证书颁发机构使证书作废。所以，PKI 必须提供一种允许用户检查证书的撤销状态的机制。目前的 X.509 允许下列 3 种情况：

(1) 证书不可撤销。

(2) 颁发证书的认证机构撤销该证书。

(3) 颁发证书的认证机构授予其他机构撤销权限并由其他机构撤销该证书。

X.509 说明的撤销机制使用了证书撤销列表(CRL)，该规范也允许使用其他机制。

8.3.7　信息发布

证书和证书撤销信息的发布可能会出现很多情形。

1. 私下分发

最简单的分发机制是私下分发。私下分发模型中，撤销信息的交换是非正式和不可靠的。撤销通知可以通过电话或者 E-mail 来传送，但不能保障撤销的消息被可靠地传送到每一个相关的个体，也不存在一个软件可以在用户收到撤销消息的时候帮用户决定下一步最合适的活动。

虽然私下分发可行的环境确实存在，但对于企业级用户，它是不合适的，至少存在 3 个关键的问题：

(1) 私下分发不具有可扩展性。也就是说，它只能可信地支持一个较小的用户群。

(2) 撤销信息的专门分发是内在不可靠的。例如，在一个足够大的群体内，如 1000 个用户甚至更多，非正式的撤销通知不太可能到达所有的依赖方。

(3) 以用户为中心的信任模型与大多数企业范围内的操作模型不太相容，后者往往需要对用户动作的集中式控制。

2. 信息发布

最普遍的证书和证书撤销信息分发的方法是信息发布。信息发布是指将 PKI 的信息放在一个大家都知道的、公开且容易访问的地点。对于大范围的用户群，信息发布的吸引力是很大的。一般来说，这个群体内的人们互相之间并不认识。也就是说，PKI 的信息是没有必要分发给每个人的。

8.4 核心 PKI 服务

8.4.1 PKI 服务

PKI 服务由以下内容组成。

1. 认证

认证指确认一个实体确实是其向他人声明的那个实体。在应用程序中通常会出现下述两种情形：

(1) 实体鉴别：服务器认证实体本身以及实体想要进行的活动。

(2) 数据源鉴别：鉴定某个指定的数据是否来源于某个特定的实体。这是为了确定被鉴别的实体与一些特定数据有着静态的不可分割的联系。这样的过程可以用来支持不可否认服务。

采用 PKI 进行远程认证的优势如下：

(1) 不需要事先建立共享密钥。

(2) 不必在网上传递口令或者指纹等敏感信息。

采用 PKI 进行远程认证基于公钥技术，采用响应协议和信息签名的方式进行认证。

PKI 提供的认证服务与其他机制所提供的认证相比，具有以下优点：

(1) 使用 PKI 的认证可以进行实体强鉴别。

(2) 实体可用自己的签名私钥向本地或远程环境的实体认证自己的身份，实现了网络环境身份鉴别。

(3) 签名和私钥可用于数据源认证。

2. 完整性

数据完整性就是确认没有被篡改，即无论是传输还是存储过程中的数据经过检查都没有被修改。在商业和电子交易环境中，这种确认非常重要。

3. 保密性

保密性就是确保数据的秘密性，即除了指定的实体外，无人能读出这段数据。

保密性产生于如下需求：

(1) 数据存储到可能被未经授权个体读取的媒介上(如计算机硬盘)。

(2) 数据备份在可能会落入未经授权个体手中的磁带上。

(3) 数据在未受保护的网络中传输。

(4) 高度敏感的数据只能到达明确的“需要知道”的实体手中。

8.4.2 PKI 服务的作用

随着信息化、电子化的来临，商务流程的自动化已超过了企业本身的范畴，电子化的通信方式替代了纸张或人员面对面开会的互动方式，整个商务流程变得更加迅速、高效，并且能够避开时间与地点的限制。但是，新形态下的破坏行为也随之产生，交易本身以及通信过程均需受到保护。PKI 技术提供了验证、加密、完整性、不可否认性等服务，而具有互通性及多功能的电子签名和凭证技术，正是电子商务安全需要的基本要素。

8.4.3 PKI 服务的意义

PKI 作为一个全面的安全基础设施，与一系列特定应用程序或设备的点对点的解决方案相比，具有以下优势：

(1) 节省费用。在一个大型组织中实施单一安全的解决方案，与实施多个有限的解决方案相比，毫无疑问要节省费用。

(2) 互操作性(企业内)。多个点对点的解决方案无法实现互操作，因为这些解决方案是独立开发的，具有互不兼容的操作流程和基本假设。相反，基础设施具有很好的互操作性，每个应用程序和设备以相同的方式访问和使用基础设施。

(3) 互操作性(企业间)。任何技术的早期采用者通常都希望在将来能和其他企业间实现互操作。一个基于开放的、国际标准公认的基础设施技术比一个专有的点对点的技术方案更可信，何况点对点的技术方案不能处理多域间的复杂性。

(4) 一致的解决方案。安全基础设施为所有的应用程序和设备提供了可靠的、一致的解决方案，与互不兼容的解决方案相比，这种一致性的解决方案在组织内更易于安装、管理和维护。所以说，管理开销小和简单是基础设施解决方案的重要优点。

(5) 实际获得安全的可能性。安全基础设施为各种应用程序和设备之间的安全交互提供了可能，因为所有交互采用一致的处理方式。更进一步讲，可以验证基础设施的操作和交互是否正确。独立的点对点解决方案之间的安全性是很差的，尽管每一个解决方案都经过严格测试，但方案之间的交互并没有进行过大规模测试。

(6) 提供者的选择。基础设施的提供者既可以是在组织机构内的特别组，也可以从外面的候选者中选择。无论何种情况，选择提供者应当取决于其专业程度、价格、功能、名望、长期性和许多其他因素。由于在各个应用程序或设备中采用点对点解决方案集成了安全功能，所以对于一个组织来说，纯粹为了安全做出购买决定是十分困难的(因为实际应用的功能才是最需要的)。

8.5　PKI 信任模型

8.5.1　信任的相关概念

2000 年版的 X.509 对信任的定义为：一般来说，如果一个实体假定另一个实体会严格地像它期望的那样行动，那么就称它信任那个实体(X.509，3.3.54)。其中，实体是指在网络或分布式环境中具有独立决策和行动能力的终端、服务器或智能代理等。

信任包含了双方的一种关系以及对该关系的期望，而期望是一个主观的概念。这种假设或者期望可以使用信任水平(即信任度)的概念来表示。信任水平与双方的位置有直接的关系。位置是对双方"靠近"程度的"感觉"或"度量"。双方离得越远，或者一方对另一方行为方式了解得越少，信任水平就越低。信任度描述了信任的一方对另一方的信任程度。在双方离得远、信任水平低的情况下，可能需要引入第三方。信任模型中，你听从于自己信任的第三方，它可以向你保证另一方可信任并且提高你的信任水平，这就是认证中心的作用。

信任涉及假设、预期和行为。这意味着信任是与风险相联系的，而且信任的建立不可能总是全自动的。信任模型规定了 PKI 中最初信任的建立，它允许对基础结构的安全性以及被这种结构所强加的限制进行更详尽的推理。特别是在 PKI 上下文中，如果一个终端实体相信 CA 能够建立并维持一个准确的对公钥属性的绑定，则该实体信任 CA。

此外，"信任"还通过另一种有用的方式被频繁使用，即 PKI 文献中经常提到的可信公钥(Trusted Public Key)。"信任"并不描述关于行为的假设和预期。如果 Alice 相信与某一公钥相对应的私钥仅仅正当而有效地被某一特定的实体所拥有，则 Alice 就说该公钥是可信的。典型的是该实体的名字或鉴别信息在证书中与公钥一起出现，但是 Alice 也可以通过其他方式知道该名字(例如，它可以是根 CA 的身份，而 Alice 是被该根 CA 初始化进入 PKI 的)。

人所处的环境会影响他对其他人的信任。在一个集体中，已有的人事关系和运作模式使你给予它较高的信任。如果集体中所有的个体都遵循同样的规则，那么称集体在单信任域中运作。信任域是公共控制下或服从一组公共策略的系统集。策略可以明确地规定，也可以由操作过程指定。

识别信任域及其边界对构建 PKI 很重要。使用其他信任域中 CA 签发的证书通常比使用与你同信任域中 CA 签发的证书复杂得多。

在同一信任域中，基于严格层次结构信任模型来构建 CA 非常合适。

在一个企业中，信任域可以按照组织或地理界限来划分。例如，公司可以被划分成独立运作的实体或部门，每个实体或部门有很大程度的自治权。

一个组织完全可以存在多个信任域，其中有的信任域会发生重叠。多数情况下，确立公共操作请求的一组高级策略可以把不同信任域联合起来，形成一个整体来运作。对于建成包括认证机构在内的 IT 基础设施而言，能否建立一个可确定本地信任模型的广泛策略的桥信任域，与 PKI 运作的成败有重大关系。

由于信任的建立实质上取决于人们之间的关系，因此在定义信任边界和信任关系时，政策常常比技术起更重要的作用。在公司中，各部门要求独立运作，他们不采用层次结构的信任关系，因为层次结构的信任关系会使他们成为信任域中其他实体的附属。为满足这些要求，必须建立对等信任模型中的信任关系。在对等信任模型中，影响信任关系的决定可以有更大的自主性。

要建立跨越不同组织的信任关系就更复杂了。不同组织的目标、期望及文化决定了很难建立起高度信任水平的信任关系，因此建立跨组织或信任域的信任模型成了一个难度很大的问题。

信任模型中，当可以确定一个身份或者有一个足够可信的身份签发证书证明其身份时，我们才能做出信任那个身份的决定。这个可信的实体称为信任锚。

确定一个符合该条件的可信实体有多种方法。例如，你可能对某些个体有一些直接的了解，通过问一些相关的问题可以相信他们就是他们所声称的人。对于这种情况，你直接验证身份，不需要外部信任锚。换言之，信任的决定对你而言是局部的，因此你就是信任锚。

如果被识别的个体不在你直接交往的熟人圈子中，那事情就有点复杂了。如果你的熟人中有人认识他，那么你采用传递信任的形式——根据你对熟人的信任和熟人与该个体已经建立的信任关系，可以信任该个体。这里的信任锚就是你的熟人，他证明了待识别个体的身份，可能也向该个体证明了你的身份。这种情况下，这个信任锚离你很近。如果你直接交往的熟人中没人认识该个体，但别的很多你不是很熟悉的人都打算证明该个体的身份，那么你可能信任该个体。有的信任模型遵从这种规则，PGP 协议就采用这种方式。我们通常不推崇这种方式，因为这些证明人可能相互勾结。

如果有一个高度可信而且离你很远的实体，虽然你并不直接认识它，但是你却认为它有足够可信的声誉，那么你就可能会信任它，如发放驾驶执照的机动车辆管理局(所)。如果该实体证明了一个个体的身份，那么你就可以信任该个体。在这种情况下，信任锚与你并无关系，但它的良好声誉使你有足够的信心信任那个实体。

8.5.2　信任关系

证书用户找到一条从证书颁发者到信任锚的路径，可能需要建立一系列的信任关系。在公钥基础设施中，当两个认证机构中的一方给对方的公钥或双方给对方的公钥颁发证书时，二者之间就建立了这种信任关系。用户在验证实体身份时，沿这条路径就可以追溯到他的信任关系的信任锚。

信任模型描述了建立信任关系的方法以及寻找和遍历信任路径的规则。信任关系可以是双向的或单向的，多数情况下是双向的。信任关系只在一个方向上延续时会出现一些特殊情形。

跨越信任域边界时，信任关系的建立会很难，而且会遇到信任能否扩展的问题。在规模不断扩展时，信任域中各方之间越来越难达到高度的信任，因此信任域的扩展会受到限制。这将导致这样的感觉，即维持各参与方之间较短的距离更有利于在信任关系中形成较高的信任水平。

要实现电子商务，必须在世界范围内建立可信的身份，由许多不同的信任域来证明全球各种人的身份。即使忽略对普通百姓的身份认证工作量，只考虑公司中的证书用户，也需要和数十万个信任域及潜在的数百万个身份打交道。这会导致在大量人群中建立信任关系的必要性和建立信任关系时保持较少中间人的矛盾(中间人越少，信任的局部性就越高，最终关系中，你的信任水平就越高)。要实际完成身份验证，持证人到信任锚间的信任路径上的中间人数目必须较少，而PKI要保证在大量人群中易于建立可信身份。

为解决上述矛盾，必须能够构造出信任模型，而这些信任模型应该可以划分人群，允许验证建立信任关系时的那些明确规则，这些规则使得建立的信任验证路径最短。

首先，考虑对大量用户进行划分的一个通用模型。该模型中有两类认证机构：子CA向最终实体颁发证书；中介CA对子CA或其他中介CA颁发证书。

通用层次结构是建立组织用户分区或身份空间分区的一些关系的一种有效方法。为达到目的，假设每个子CA都可以颁发10 000张最终实体证书。此外，中介CA可以证明多达100个其他的CA。有一个中介CA作为这种层次结构或倒置树的根，该CA具有和其他中介CA一样的属性。

在这种情况下，提供了四层认证机构：一层是子CA，提供最终实体证书；另外三层是中介CA。认证机构可以容纳100亿张最终实体证书。

8.5.3 信任模型

1. 严格层次结构

认证机构(CA)的严格层次结构可以描绘为一棵倒置的树，在这棵倒置的树上，根代表一个对整个PKI域所有实体都有特别意义的CA，通常叫做根CA，作为信任的根或“信任锚”。在根CA的下面是零层或多层中间CA(也称做子CA)，这些CA由中间节点代表，从中间节点再伸出分支。与非子CA的PKI实体相对应的树叶通常称做终端实体或终端用户。严格层次结构如图8.5.1所示。

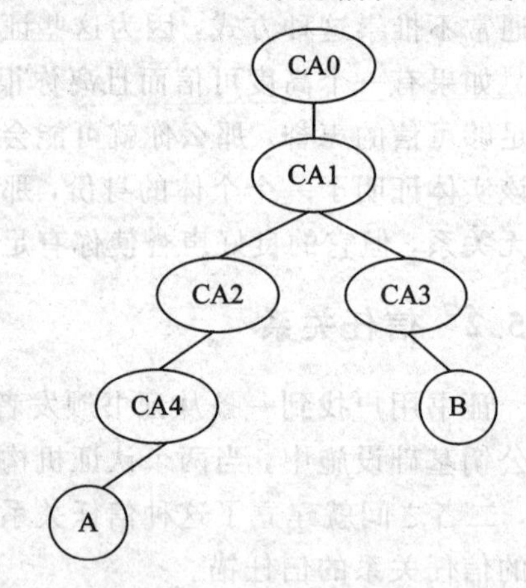

图8.5.1 严格层次结构

术语“根”通常被想象为一个具有众多分支和树叶的大树结构的始点，但实际上它描述了一些更基本的内容。根不仅是网络、通信或子结构的始点，它还是信任的始点。系统中所有实体(终端实体和所有的子CA)都以该公钥作为它们的信任锚，也就是它们对所有证书验证决策的信任始点或终点。这样即使某个结构中没有子CA或某个结构用其他方式描述，称这个密钥为“根”仍是准确的。

在这个模型中，层次结构的所有实体都信任唯一的根CA。这个层次结构按如下规则建立：

(1) 根CA认证直接在它下面的CA。

(2) 这些CA中的每个都认证零个或多个直接在它下面的CA。

(3) 倒数第二层的CA认证终端实体。

层次结构中的每个实体都必须拥有根CA的公钥。根CA公钥的安装是所有通信实体进行证书处理的基础。因此，必须通过安全的带外方式来完成。

注意：在一个多层的严格层次结构中，终端实体被在其上面的 CA 直接认证，但是它们的信任锚仍然是根 CA。在没有子 CA 的较浅的层次结构中，对所有的终端实体来说，根和证书颁发者是相同的，这种层次结构称为可信颁发者层次结构。

一个持有一份可信的根 CA 公钥的终端实体 Alice，可以通过下述方法检验另一个终端实体 Bob 的证书：

假设 Bob 的证书是由 CA2 签发的，CA2 的证书是由 CA1 签发的，CA1 的证书是由 CA 签发的。Alice(拥有根 CA 的公钥 k_R)能够验证 CA1 的公钥 k_1，因此可以提取出可信的 CA1 公钥。然后，用这个公钥验证 CA2 的公钥，类似地就可以得到 CA2 的可信公钥 k_2。再用公钥 k_2 来验证 Bob 的证书，从而得到 Bob 的可信公钥 k_B。Alice 现在就可以根据密钥的类型来使用密钥 k_B，如对发给 Bob 的消息加密，验证据称是由 Bob 所签的数字签名。简而言之，按照这个过程，Alice 和 Bob 能够实现安全通信。

2. 分布式信任结构

严格层次结构中，PKI 系统中的所有实体都信任唯一的 CA，相反，分布式信任结构把信任分散到两个或更多个 CA 上。更准确地说，Alice 把 CA1 的公钥作为她的信任锚，而 Bob 把 CA2 作为他的信任锚。因为这些 CA 的密钥都作为信任锚，因此相应的 CA 必须是整个 PKI 群体的一个子集所构成的严格层次结构的根 CA(CA1 是包括 Alice 在内的层次结构的根，CA2 是包括 Bob 在内的层次结构的根)。

如果这些层次结构都是浅层的可信颁发者，那么称该总体结构为完全同位体结构，因为所有的 CA 实际上都是相互独立的同位体。另一方面，如果所有的层次结构都是多层结构，那么最终的结构就叫做满树结构，但是每个根又是一个或多个子 CA 的上级。混合结构也是可能的，这种结构具有一个或多个可信颁发者层次结构和一个或多个多层树形结构。

一般地，完全同位体结构适合于在单一的组织范围内实施，而满树结构和混合结构则适合于在不同组织范围内已经存在的相互独立的 PKI 进行互联。

1) 网状配置

在网状配置中，所有的根 CA 之间都有可能交叉认证，特别是在任何两个根 CA 之间需要安全通信时，它们就要交叉认证。在完全连接的情况下，如果有 n 个根 CA，那么就需要 C_n^2 个交叉认证协议。当然，在实际应用中总希望建立比完全连接少的连接。

2) 中心辐射配置

在中心辐射配置中，每一个根 CA 都与一个用作相互连接的处于中心地位的 CA 进行交叉认证。这个处于中心地位的 CA 有时叫做中心 CA，呈辐射状与其他 CA 相连(这就是该配置方式的由来)。中心 CA 有时也称做桥 CA，用来沟通任何一对根 CA 之间的联系。这种配置的吸引力在于：对于 n 个根 CA 来说，完全连接时仅需 n 个交叉认证协议(因为每个根 CA 只要与中心进行交叉认证)。

注意：不应将中心 CA 视为通过它进行交叉认证系统的根，中心辐射配置并未建立一个层次结构。这两种信任模型之间的差别在于终端实体持有谁的密钥：在严格层次结构中，所有的实体都以根 CA 的可信密钥作为锚(更准确地说，是证书路径处理的起点或终点)；在中心辐射配置中，没有实体以中心 CA 的密钥作为锚，而是每个终端实体持有它所在域的根 CA 的密钥，通过证书路径处理取得中心 CA 的密钥，然后取得目标终端实体所在域的一个 CA 的密钥，最后取得目标终端实体的密钥。

3. Web 模型

Web 模型的名字来源于 WWW，依赖于流行的浏览器，例如 Netscape 公司的 Navigator 和 Microsoft 公司的 Internet Explorer。在这种模型中，将许多 CA 的公钥预装在正在使用的标准浏览器上。这些公钥确定了一组 CA，浏览器用户最初信任这些 CA，并把它们作为证书检验的根。

注意：尽管这组根密钥可以被用户修改，然而很少有用户对于 PKI 和安全问题精通到可以理解和修改浏览器的程度。

这种模型与分布式信任结构模型相似，但从根本上讲其与 CA 的严格层次结构模型更相像。Web 模型通过与相关域进行互联，而不是扩大现有的主体群体，使 Alice 成为在浏览器中所给出的所有域的依托方。实际上，每个浏览器厂商都有自己的根，并且有由厂商认证嵌入到浏览器中的“根”CA。唯一真正的不同是：根 CA 并不被浏览器厂商的根所认证，而是物理地嵌入到软件内发布，作为对 CA 名字和它的密钥的安全绑定。实质上，这是一种有隐含根的严格层次结构。

Web 模型 CA 层次结构如图 8.5.2 所示。

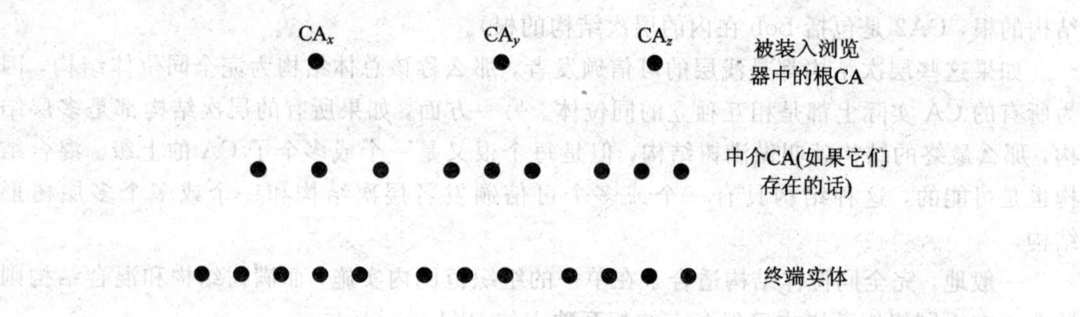

图 8.5.2 Web 模型 CA 层次结构

Web 模型在方便性和简单互操作性方面具有明显优势。做出实施决策时，应该考虑这个模型的许多安全问题。例如，浏览器用户自动地信任预安装的所有公钥，所以即使这些根 CA 中只有一个是“坏”的，安全性也将被完全破坏。因此，Alice 将把任何声称是 Bob 的证书信任为 Bob 的合法证书，即使它实际上只是由其公钥被嵌入到浏览器中的 CA 签署的挂在 Bob 名下的 Eve 的公钥。这样，Alice 就可能无意间向 Eve 透漏机密，或接受 Eve 伪造的数字签名。这种假冒能够成功的原因是：Alice 一般不知道给定的引入证书是由哪一个根密钥验证的，在嵌入到她的浏览器中的 20 个或更多根密钥中，Alice 可能只认可所给出的一些 CA，其他的 CA 她并不了解。

其他信任模型也可能出现类似情况。例如，在分布式结构中，Alice 或许不能认可一个特定的 CA，但是她的软件在相关的交叉认证是有效的情况下却信任她的密钥。问题是，Web 模型可能更为糟糕。在分布式信任结构中，Alice 在 PKI 安全方面相信她的局部 CA “做正确的事”。在 Web 模型中，Alice 通常因为与安全无关的多种原因而获得了一个特定的浏览器，所以，她也没有任何理由假定这个浏览器持有“正确的”CA 密钥。

如果 Alice 精通 PKI，并且她所用的浏览器支持这一点，那么她可以理解并努力检查一个引入的给定证书是由哪个根密钥验证的。如果她愿意，她还可以决定不信任她不认可的CA所签发的证书，然而即使这样也不能产生预期的效果。例如，Alice可能认可和信任"CA Company, Inc."的密钥，但是如果坏CA自称为"CA Company, Ltd."，那么Alice再区分可信与不可信证书就是不可能的了。即使Alice所用浏览器的厂商为有相似名称的不同CA嵌入密钥，但Alice信任名为"Foo"的CA和名为"Bar"的公司，而另有名为"Fred"的CA发给一个无赖公司证书称该公司为"Bar"的情况仍有可能出现。在没有严格验证的情况下，Alice就会简单地认可"Bar"的证书，并认为一切正常。

另一个与Web模型有关的安全问题是，没有实用的机制来撤销嵌入到浏览器中的根密钥。如果发现一个根密钥是"坏的"（就像前面讨论的那样），或者与根公开密钥相应的私钥被泄露了，则使全世界数百万个浏览器都有效地废止那个密钥是不可能的。一方面，每个站点都要得到一个相应的消息实际上很困难；另一方面，浏览器本身并没有设计可以理解这些消息的机制。因此，从浏览器中去除坏密钥，要求全世界的每个用户都有明确的行动。这个行动要求全世界立即采取，否则一些用户是安全的，而另一些用户仍处于危险之中。可以肯定，这样一个全世界范围的及时行动是绝不会发生的。

Web模型基本上不可能在用户和浏览器所给出的CA之间达成合适的协议或合同。浏览器可以自由地从不同站点下载，或者预装在操作系统中。CA不知道它的依托方是谁，并且用户一般不能期望对可能的证书颁发机构有足够的了解以至于与CA直接接触。这样，无论什么环境，所有的责任或许都由依托方负责，并且不能转移到CA或任何其他方。

4. 以用户为中心的信任模型

以用户为中心的信任模型中，每个用户自己负责信赖哪个证书，拒绝哪个证书。尽管最初的可信密钥集通常包括一个特定用户认识的朋友、家人或同事的密钥，但这个决定可以被许多因素所影响。以用户为中心的信任模型如图8.5.3所示。

著名的安全软件程序PGP是典型的以用户为中心的信任模型，特别是对它的更新实现。在PGP中，一个用户通过担当CA（签署其他实体的公钥）和使他的公钥被其他人所认证来建立所谓的"信任网(Web of Trust)"。当Alice稍后收到一个号称属于Bob的证书时，她发现这个证书是由她所不认识的David签署的，但是David的证书是由她的确认识并且信任的Catherine（例如，Catherine有由Alice自己签署的证书）签署的。Alice于是可以决定信任Bob的密钥（通过信任从Catherine到David再到Bob的密钥链），也可以决定不接受Bob的密钥。

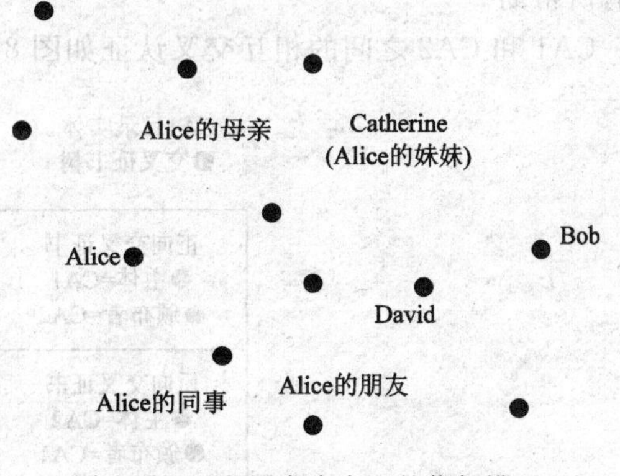

图 8.5.3 以用户为中心的信任模型

PGP模型是现实生活中信任关系的反映，依赖于用户的行为和决策，但是对一般群体（它的许多用户极少或者没有安全方面的知识或PKI的概念）是不现实的。这种模型一般在公司、金融或政府环境下是不合适的，因为在这些环境下通常希望或需要对用户的信任实行某种控制（更准确地说，这些环境可能希望在组织的基础上使特定的一个密钥或一组密钥有效或无效)。这样的组织信任策略在以用户为中心的模型中不能用任何一种自动的和可实施的方式来实现。

8.5.4 交叉认证

前面提到的交叉认证是一种把以前的无关的CA连接在一起的有用机制，从而使得在它们各自主体群之间的安全通信成为可能。除了最后交叉认证的主体和颁发者都是CA(而非主体是终端实体)外，交叉认证的实际构成方法(例如具体的交换协议报文)与认证相同。

下面区分域内交叉认证和域间交叉认证。

(1) 如果两个CA同属于相同的域(例如，一个组织的CA层次结构中某层的一个CA认证下面一层的一个CA)，则这种处理被称做域内交叉认证。

(2) 如果两个CA属于不同的域(例如，一家公司中的CA认证了另一家公司中的CA)，则这种处理被称做域间交叉认证。

交叉认证可以是单向的，也可以是双向的。也就是说，CA1可以交叉认证(即签署了身份和公钥)CA2，而CA2没有交叉认证CA1；CA1和CA2也可以互相交叉认证。单向交叉认证会导致单个交叉证书，前面提到的CA层次结构就是一个典型的实际应用；相互交叉认证会导致两个不同的交叉证书，并且更为常见，例如，在想使安全通信成为可能的公司之间和它们的雇员之间。

根据X.509标准中给出的术语，从CA1的观点来看，为它颁发的证书(也就是说，CA1作为主体，而其他CA作为颁发者)叫做“正向交叉证书”，被它颁发的证书则叫做“反向交叉证书”。如果一个X.509目录被用作证书资料库，那么正确的正向和反向交叉证书可以被存储在每个相关的CA目录项中的交叉证书对结构中。这个结构对促进证书路径构造有所帮助。

CA1和CA2之间的相互交叉认证如图8.5.4所示。

CA1目录实体 ●交叉证书树	CA2目录实体 ●交叉证书树
正向交叉证书 ●主体=CA1 ●颁布者=CA2	正向交叉证书 ●主体=CA2 ●颁布者=CA1
反向交叉证书 ●主体=CA2 ●颁布者=CA1	反向交叉证书 ●主体=CA1 ●颁布者=CA2

图8.5.4 CA1和CA2之间的相互交叉认证

交叉认证机制可以在不同的依托群体中扩展信任，特别是在两个CA之间的交叉认证，CA可以承认另一个CA在名字空间(或其中给定的一部分)中被授权颁发证书(对于分布式信任结构来说，这是基本的信任扩展，对于Web模型同样适用。交叉认证机制也可以在以用户为中心的信任模型中用来描述任何扩展，因为在该模型中每个用户实际上是作为自己的CA)。这样，交叉认证允许不同的PKI域建立互操作路径。另一个(不合乎需要的)

可供选择的办法是交换根 CA 的密钥，并且用外部域的根 CA 密钥填充每个终端实体的软件或硬件令牌。

例如，Alice 已经被 CA1 认证持有一份 CA1 的公钥，Bob 已经被 CA2 认证并持有可信的一份 CA2 的公钥。最初，Alice 只信任其证书由 CA1 签署的实体，因为她能够验证这些证书。她不能验证 Bob 的证书(因为她没有持一份可信的 CA2 的密钥)，类似地，Bob 也不能检验 Alice 的证书。然而，在 CA1 和 CA2 交叉认证之后，Alice 的信任能够扩展到 CA2 的主体群(包括 Bob)，因为她能够用她可信的 CA1 的公钥验证 CA2 的证书，然后用她现在信任的 CA2 的公钥验证 Bob 的证书。

然而，交叉认证使用一个或多个为交叉认证定义的标准扩展，带给信任扩展的明显优势是控制，如名字约束、策略约束、路径长度约束。CA1 可以交叉认证 CA2，因此以 CA1 为信任依托的主体群将信任以 CA2 为信任依托的主体群。在 CA1 的域内，信任可以在组织的基础上为了最合适的、明确的目的，扩展到最合适的、确定的个体和最合适的、确定的组织等。这种由 CA1 的管理者决定的对信任扩展的组织控制在 Web 模型或以用户为中心的信任模型中是困难的或不可能的。在严格层次结构的模型中，信任扩展是不具实际意义的(因为只有一个域，没有信任能够被扩展到其他域)。

策略约束证书扩展提供了限制证书使用目的的方法。名字约束可以指出来自特定公司的所有证书是“可接受的”，但是策略约束限制可接受的使用方法是 E-mail(以便来自另一家公司的任意用户的证书不能用来验证在一个法律合同上的签名)。

路径长度约束(部分基本约束证书扩展)能够用来限制出现在一个有效的证书路径中的交叉证书的数目。例如，CA1 可以明确地决定由 CA2 颁发证书的实体是可接受的，但禁止由与 CA2 交叉认证的其他 CA 所颁发的证书。

8.6 证书管理

8.6.1 证书

证书类似于现实生活中的个人身份证。身份证将个人的身份信息(姓名、出生日期、地址和其他信息)同个人的可识别特征(照片或者指纹)绑定在一起。个人身份证是由国家权威机关(公安部)签发的，该证件的有效性和合法性是由权威机关的签名或签章保障的。因此身份证可以用来验证持有者的合法身份信息，称为身份鉴定。

同样，公钥证书是将证书持有者的身份信息和其所拥有的公钥进行绑定的文件。证书文件还包含签发该证书的权威机构(即认证中心 CA)对该证书的签名。

通过签名可保障证书的合法性和有效性。证书包含的持有者公钥和相关信息的真实性和完整性也是通过 CA 的签名来保障的。这使得证书发布依赖于对证书本身的信任，也就是说证书提供了基本的信任机制。证书(和相关的私钥)可以提供诸如身份认证、完整性、机密性和不可否认性等安全服务。证书中的公钥可用于加密数据或者验证对应私钥的签名。

目前定义和使用的证书有很大的不同，如 X. 509 证书、WTLS 证书(WAP)和 PGP 证书等。但是大多数情况下使用的证书是 X. 509 v3 公钥证书。属性证书在 X. 509 v3 中就已经提出了，但是直到 X. 509 v4 才具有实用价值。

8.6.2 X.509 证书

1988 年，ITU－T X.509（过去的 CCITT X.509）和 ISO/IEC ITU 9594－8 定义了标准证书格式[X.509]，它首先作为 X.500 目录服务系统推荐的一部分出版。1988 年，标准的证书格式称为版本 1（v1）格式。1993 年的版本称为版本 2（v2）格式，它增加了额外的两个字段，以支持目录服务系统的存取控制。

1993 年出版的 Internet 保密电子邮件（PEM）RFCs 包含在 X.509 v1 证书[RFC1422]的公开密钥基础设施说明文件中。在使用 RFC1422 的过程中获得的经验明确表明，v1 和 v2 证书格式存在一些不足。最重要的是，在 PEM 设计和应用中需要携带更多的信息来满足安全需求。面对这些新的要求，ISO IEC/ITU 和 ANSI X9 开发了 X.509 版本 3（v3）证书格式。v3 格式在 v2 的基础上通过扩展添加了额外的字段（称为扩展字段），特殊的扩展字段类型可以在标准中或者由任何组织或社区定义和注册。1996 年 6 月完成了基本 v3 格式的标准化[X.509]。

同时，ISO IEC/ITU 和 ANSI X9 在 v3 扩展字段[X.509][X9.55]中使用可扩展的标准范围。这些扩展能表达主题确认信息、密钥属性信息、策略信息和证书路径约束。

RFC2459 中提出的公开密钥证书概要发展了可由双方共同操作和可重用的 PKI 体系。它基于 X.509 v3 证书标准格式，并在[X.509]上定义标准证书扩展。ISO IEC/ITU 文件使用 1993 版本的 ASN.1 语法，RFC2459 使用 1988 ASN.1 语法，但是证书编码和标准扩展是等同的，它们都支持 Internet 社区 PKI 体系的私有扩展。

证书可以在很多应用环境中使用，包括以双方互操作为目标，更进一步范围的操作和认证。

X.509 v3 定义了公钥证书的标准项和扩展项。X.509 v3 公钥证书包含版本号、序列号、签发者唯一标志名（DN）、申请者唯一标志名和公钥、证书有效期以及扩展项。认证中心（CA）对上述文件进行签名。

X.509 v3 允许使用扩展项给证书增加附加信息。扩展项包含 3 个域：type、criticality 和 value。扩展项数据格式和扩展项类型 type 有关。扩展项的关键标志是一比特标志位，用来表明该扩展项是否允许被应用，如果应用不能解析该标志位是关键的扩展项，则该应用就不能使用该证书。扩展项值是该扩展项的实际值。

X.509 v3 公钥证书的适用性非常广。为了提供不同 X.509 v3 系统之间的互操作性，一般都定义了针对 X.509 v3 的证书概要，例如 Internet 工作小组（IETF）的公钥基础设施（PKIX）工作小组定义的 RFC2459 证书概要。RFC2459 证书概要的扩展项定义了 WWW、E-mail 和 IPSec 应用。这些扩展项包括以下内容：

（1）密钥用途：定义和限制证书中公钥（和相对应的私钥）的用途。这些用途可分为如下方式：数字签名、不可否认性、密钥协商、证书签名、CRL 签名、仅用于加密和仅用于解密。

（2）扩展密钥用途：一个或多个对象标识符（OID，Object Identifier）定义证书中公钥的扩展用途。RFC2459 定义了几种 OID，包括 SSL 或 TLS 服务器和客户端验证、代码签名、E-mail 保护和时间戳服务。

（3）证书策略：一个或多个对象标识符 OID 和可选标识符。如果该扩展被标记为关键，则该证书的使用必须符合证书策略。RFC2459 定义了两种标准：证书操作说明(CPS)和用户声明(用于指向外部的声明)。

(4) 申请者可选名：证书拥有者的可选名称，例如 E-mail 地址和 IP 地址。X. 509 v3 允许通过附加的私有扩展来提供额外信息。

证书在 Windows 环境下的显示如图 8. 6. 1 所示，这是一份签发个人数字证书的 CA 证书。

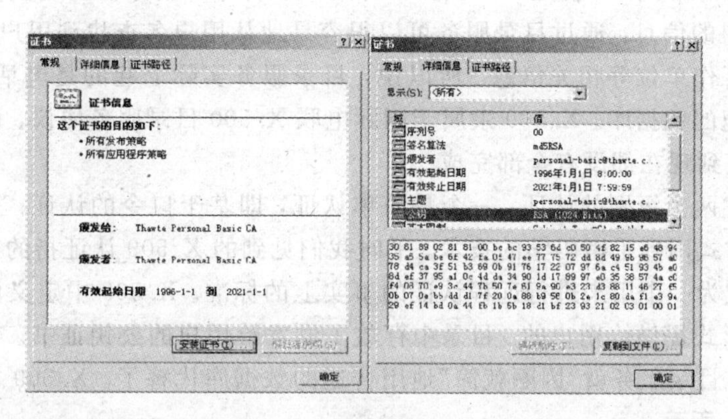

图 8. 6. 1　Windows 环境下的 CA 证书图示

8. 6. 3　证书管理标准

IETF 安全领域的一个工作组专门负责公开密钥基础设施，通常称为 PKIX 工作组，成立于 1995 年，旨在开发基于 X. 509 标准的 PKI。现在 PKIX 的工作范围已经超出了当初的目标，它不但遵守国际电信联盟的 PKI 标准，也开发一些在 Internet 上使用的基于 X. 509 的 PKI 标准。

这些标准包括：

(1) RFC2459：X. 509 v3 证书和 V2CRL 概览，属性证书概览。

(2) RFC2510：证书管理协议。

(3) RFC2511：证书请求消息格式。

(4) RFC2527：X. 509 公钥基础设施证书策略和认证惯例框架。

(5) RFC2560：在线证书状态协议。

(6) RFC2585：使用 FTP 和 HTTP 传输的 PKI 操作。

(7) RFC2587：用 LDAP v2 存储证书和 CRL。

(8) RFC2797：在 CMS 上的证书管理消息。

(9) RFC3161：时间戳协议。

其中，证书管理的标准主要包括证书管理协议(CMP，Certificate Management Protocol)(RFC2510) 和证书请求消息格式 (CRMF，Certificate Request Message Format)(RFC2511)。

证书管理协议为创建和管理证书定义了协议消息，包括 PKI 管理概览、对管理的假定和限制的讨论、用于 PKI 管理消息的数据结构定义、定义与实现相一致的 PKI 管理所完成的功能、描述传送 PKI 消息的简单协议，其附录指定了适于实现的 PKI 管理概览，并提供了该规范定义的所有消息的 ASN.1 语法模型。证书请求消息格式定义了证书请求的消息格式，包括摘要介绍、证书请求消息语法、拥有私钥的证明、控制语法、对象标识符等。

8.6.4 X.509 标准与 PKIX 标准的差异

国际电信联盟(ITU)在其推荐标准中定义了一个认证服务的框架，这种框架由一个“目录”表示。所谓“目录”，就是一个或多个并列的服务器，服务器上用类似数据库的方式保存了有关用户的信息，通过目录服务可以很容易地从用户名查找到用户的电话号码、电子邮件地址和工作单位等相关信息。所以说，目录服务实际上起的是电话号码簿的作用，相当于一个快速的数据库。X.509 隶属于国际电联 X.500 目录服务协议，而 X.500 是一个庞然大物，一直到现在都没有全部完成。

X.509 描述两个级别的认证：一个是简单认证，即基于口令的认证；另外一个是强认证，这种认证方式用到了密码学的技术。平时我们见到的 X.509 认证指的就是第二种认证方式，它已经成为一个用来进行远程认证的事实上的标准。X.509 中定义的认证服务是以 X.500 目录的形式提供给用户的。目录中存放了颁发给用户的公钥证书。在国内的一些证书服务产品中，目录服务就“因陋就简”地用普通的数据库代替了。X.509 系列版本的证书格式如图 8.6.2 所示。

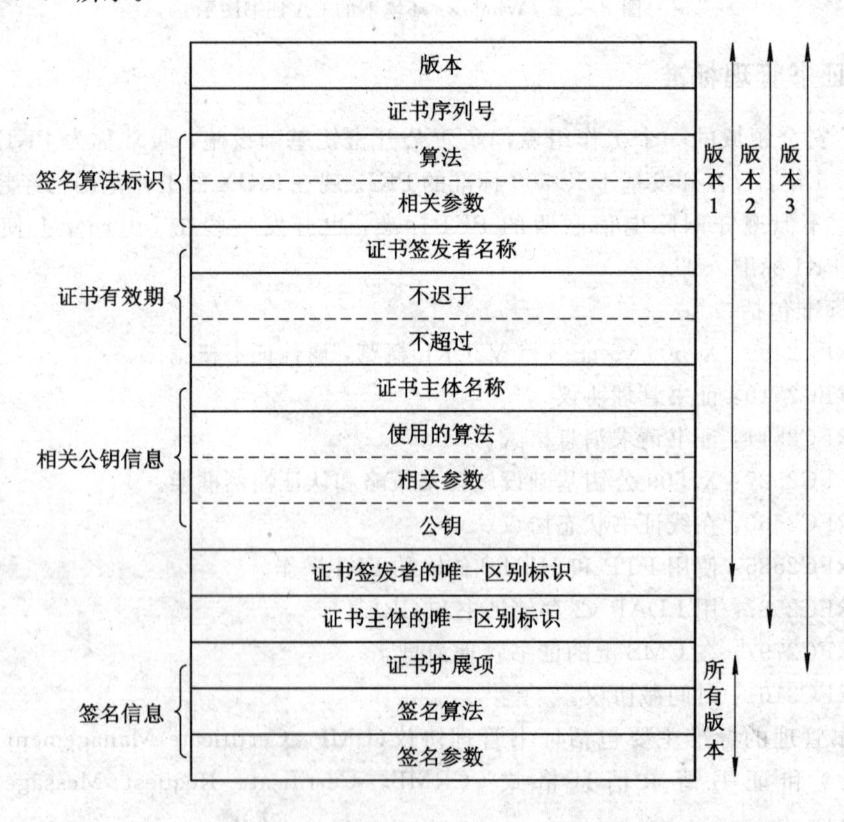

图 8.6.2 X.509 系列版本的证书格式

PKIX 是 IETF(Internet 标准指定组织)制定的一个关于公钥基础设施的标准，可以看成是一种对 X.509 进行加工、裁剪、改进而成的标准。

PKIX 已经开发出多个普遍采用的国际信息规范的标准文件，其中和 PKIX 成立之初目标相关的有 RFC 2459(X.509 v3 的证书格式)、RFC 2587(X.509 v2 的证书与证书撤销列表的 LDAP 存储)、RFC 3039(X.509 PKI 合格证书格式)、RFC 2527(X.509 PKI 证书策略和认证实施框架)等。

PKIX 延伸其既定目标所拟定出的标准文件包括 RFC 2510(证书管理协议)、RFC 2560(在线证书状态通信协议)、RFC 2511(证书管理请求格式)、RFC 3161(时间戳协议)、RFC 2585(使用 FTP 及 HTTP 进行 PKI 传输)。

表 8.6.1 给出了有关 PKIX 技术标准的收录情况。

表 8.6.1　PKIX 标准的收录情况

内　容	RFC
X.509 v3 公钥证书和 X.509 v2 证书作废链表	RFC 2459
PKIX 证书管理协议	RFC 2510
相关操作协议	RFC 2559，RFC 2585，RFC 2560
证书策略和应用框架	RFC 2527
时间戳和日期认证服务	目前只是 IETF 草案阶段

概括起来，X.509 标准和 PKIX 标准的区别为：X.509 主要提供了一个总的鉴别框架，PKIX 利用这个鉴别框架对公钥进行管理，同时 PKIX 对 X.509 的一些具体实现细节进行了修改和增补，对公钥管理所依赖的网络及其他一些协议进行了定义。

8.7 基于 PKI 的双向认证

在使用 PKI 和数字证书进行身份认证时，一个关键问题是认证者如何获得被认证者数字证书的状态信息，如证书过期、证书被吊销等。如果忽视这个关键问题，那么认证者就可能会通过对无效证书拥有者的身份认证，这个后果有时候是非常严重的。为了避免出现这种情况，认证者一般需要首先验证被认证者的状态信息，这就需要认证者时刻与 CA 保持信息同步，以便时刻更新自己的证书撤销列表信息。除此之外，认证者还可以采用在线证书状态协议(OCSP)，在认证时，及时查阅被认证者的证书状态。但这些都会给认证者带来功能上的负担，增加实现代价，而且一般认证过程中，认证者本来也是一般功能的实体，不一定都是如各种应用服务器那样功能强大的实体，要求其能够及时与 CA 保持联系以查阅证书状态信息也是不太现实的。下面以中国无线局域网国家安全标准 WAPI 为实例，介绍一种基于 PKI 的双向认证方法。

1. 基于 PKI 的双向认证实例

在 WAPI 中，STA 和 AP 之间通过 PKI 及证书机制实现双向身份认证。对于 AP 来说，访问 CA 以查询证书状态信息还是有可能的；对于 STA 来说，这是不可能的，因为在认证通过之前，STA 是无法通过 AP 访问网络的。下面是 WAPI 中采用的一种认证方案，如图 8.7.1 所示。

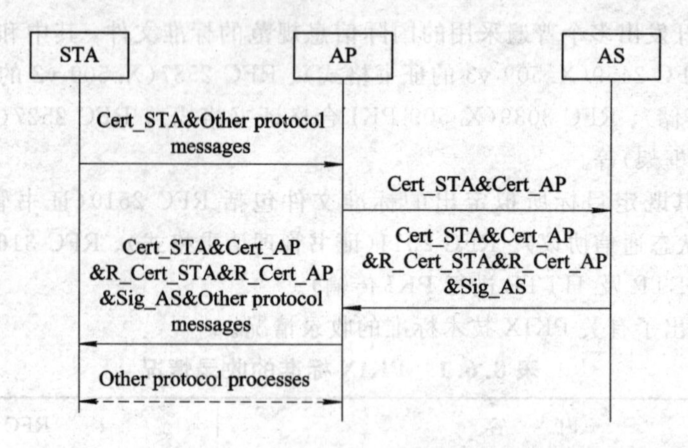

图 8.7.1　基于 PKI 的双向身份认证

图 8.7.1 中，用户 STA 和 AP 要通过 PKI 公钥体制进行身份认证（这里只保留了 WAPI 的身份认证功能所需的协议信息，其他信息略去，因为这不会影响我们对其认证过程的理解）；Cert_STA 和 Cert_AP 分别表示 STA 和 AP 的数字证书；AS 为后台服务器，它拥有 CA 功能。基于 PKI 的身份认证协议过程如下：

(1) 通信发起方 STA 将自己的数字证书 Cert_STA 及其他协议信息发送给 AP。

(2) 收到 STA 的认证请求后，AP 将自己和 STA 的数字证书一起发送给 AS，让 AS 给出数字证书验证结果。

(3) AS 对 STA 和 AP 的数字证书进行验证，给出其证书有效性验证结果 R_Cert_STA 和 R_Cert_AP，同时给出自己的数字签名 Sig_AS。

(4) 当 AP 收到 AS 发送的信息后，可以验证 AS 的签名有效性。如果 AS 签名有效，再确认 STA 数字证书的有效性。同时将 AS 发来的信息以及自己的协议消息内容一起发送给 STA。

(5) 当 STA 收到 AP 发送的信息后，可以验证 AS 的数字签名以确认 AP 数字证书的有效性。

(6) 如果 STA 和 AP 的数字证书都有效，则他们可以进一步完成协议的其他功能。如果有一方的数字证书无效，则需要终止协议。

WAPI 协议完成的是 STA 和 AP 之间地位平等的双向身份认证过程。为了进一步理解“平等”的含义，我们将通过其与 IEEE 802.11(i)中的 Radius 认证协议进行比较来进行说明。下面给出 IEEE 802.11(i)中的 Radius 认证协议的框架。

2. 基于 Radius 的身份认证实例

IEEE 802.11(i)中的身份认证协议如图 8.7.2 所示。

图 8.7.2 中，用户 STA 和 AP 的身份认证是借助于 STA 和 Radius Server 间的身份认证实现的。具体认证协议过程如下：

(1) STA 和 Radius Server 之间通过 EAP(可扩展的认证协议)实现单向或双向身份认证，并协商共享的密钥 BK。这里 AP 的作用是在它们之间传递信息。

(2) Radius Server 通过事先建立的安全信道将 BK 安全发送给 AP。

(3) STA 和 AP 通过对密钥 BK 进行验证以确认对方身份的有效性。

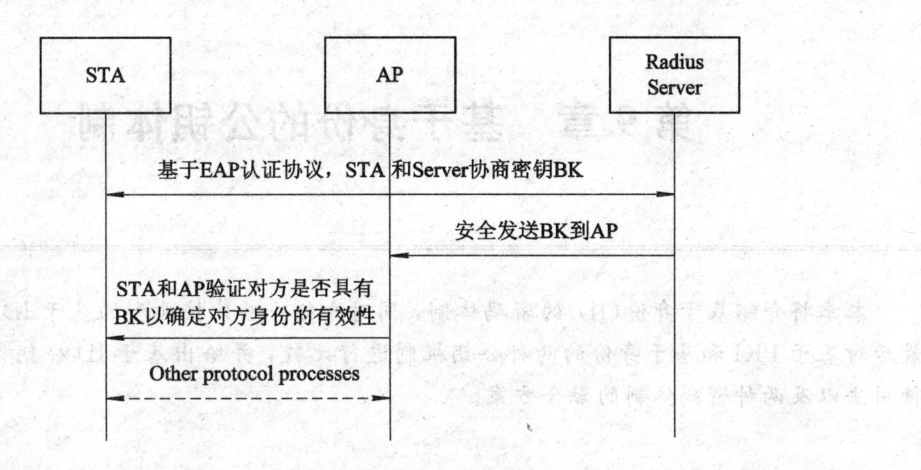

图 8.7.2　基于 Radius 的身份认证

(4) 当 STA 和 AP 都确认对方是有效实体时，他们可以进一步完成协议的其他功能，否则，需要终止协议。

3. 两种方案的比较

表 8.7.1 所示为上述两种方案的异同。

表 8.7.1　两种方案的比较

属性	WAPI 基于 PKI 的认证	IEEE 802.11(i)基于 EAP 的认证
认证类型	双向认证	双向认证或单向认证
身份凭证	数字证书	各种用户信息标识模块
认证实体	STA 和 AP	先 STA 和 Radius Server，再 STA 和 AP
主次关系	STA 和 AP 平等	STA 和 AP 不平等，AP 属于服务器端
AP 身份	AP 具有确定的身份信息	AP 不具备身份信息
AP 唯一性	唯一的	有效的 AP 依赖于 Radius Server 的选择
安全假设	无	AP 和 Radius Server 事先建立安全信道
安全性	安全	安全
兼容性	较强，仅兼容基于 PKI 的协议	兼容性强，因 EAP 是可扩展的

第9章　基于身份的公钥体制

本章将介绍基于身份(ID)的密码体制，同时介绍一些比较典型的基于ID的密码体制，最后对基于PKI和基于身份的两种公钥机制进行比较，并给出基于ID公钥体制的一种独特用法以及两种密码体制的融合方案。

9.1　基本概念

9.1.1　历史背景

就通常的公钥密码而言，密钥的生成过程始终包含如下步骤：

$$\text{public-key} = F(\text{private-key}) \tag{9.1.1}$$

其中，F是一个从私钥空间映射到公钥空间的有效的单向函数。由于函数F具有单向性(一个好的混合变换)，因此由私钥计算所得的公钥总包含一段看似随机的成分。

由于每一个公钥都包含着一段看似随机的成分，因此有必要让主体(用户)的公钥以一种可验证的和可信的方式与主体(用户)的身份信息相关。很显然，为了传递一条用公钥加密的秘密消息，发送者必须确信这个看似随机的公钥的确属于所声称的签名人。

通常，在实际应用中为了应用公钥密码系统，我们需要一个能够简单验证公钥与主体身份相关的验证机制。这样的机制可以在认证框架中实现，即公钥的拥有者可以向系统认证。

式(9.1.1)所示的一般公钥密码学意义下的密钥生成过程导致了所有公钥的随机化。因此，在认证过程中，把一个主体的公钥与他的身份消息结合起来是十分必要的。这样的结合可以通过一个公钥认证框架来实现，例如可用树状层次公钥证书基础设施(如X.509公钥证书框架，见第8章)来实现。然而，为了建立和维护这种树状层次结构，PKI会导致系统复杂度异常大和成本过高。因此，人们一直希望标准的公钥认证框架能够简化。

有理由认为，如果公钥看起来不随机，那么这个系统的复杂度与建立和维护该公钥认证框架的代价就会减小。可以想象，如果一个主体的公钥本身就显然地与该主体的身份信息(如名字、电子邮件和邮政地址等附属信息)相联系，那么在本质上就不需要认证该主体的公钥，例如，邮政系统就是按这种方式工作的。

9.1.2　基于ID的密码功能

在通常意义下的公钥密码中，Bob运用Alice的公钥来验证Alice的签名，同时他也应该验证Alice公钥的真实性。例如，Bob可以通过验证Alice的公钥证书(Alice的公钥与她的身份相关联)来验证Alice公钥的真实性，即Bob应该确信与Alice的密钥信道已经正确地建立。

在基于 ID 的签名方案中，意识到 Bob 不需要执行一个基于密钥信道建立的认证，这点是十分重要的。当 Bob 验证签名为 True 时，同时表明以下两个问题：

(1) Alice 用基于她的 ID 的私钥生成签名。

(2) Alice 的 ID 已经被可信中心认证，她的 ID 证书使得 Alice 可以生成签名。

在一个逻辑步骤内能够同时验证两件事是基于 ID 签名方案所提供的一个很好的特征，能够避免从签名者到验证者的证书传递，节约通信带宽。这种特性给基于 ID 的密码体制带来了另一个名字——非交互式的公钥密码体制(Non - interactive Public Key Cryptography)。非交互式的公钥密码体制在基于 ID 的加密系统中有非常重要的意义。

9.1.3　两个挑战

基于 ID 密码的用户的密钥生成过程如下：

$$\text{private - key} = F(\text{master - key}, \text{public - key}) \tag{9.1.2}$$

在这个用户私钥的提取方法中，用户提交他所选择的公钥。这是个危险的模型，用户可能就是潜在的恶意者，然而可信中心 Trent 必须无条件地计算并把私钥 private - key 返回给用户。

注意： 为了使密码系统是一个基于 ID 的密码系统，或者说是没有交互的或无证书的密码系统，函数 F 必须是确定性的(Deterministic)。这样，用户的密钥生成过程就不含随机输入。换句话说，每个用户的私钥 private - key 是主密钥 master - key 的一个确定的像。通常认为这个计算(对抵制 master - key 的密码分析而言)是一个具有潜在不安全性的运算。在了解 Goldwasser - Micali 对 Diffie - Hellman 的确定性陷门函数模型的批评之后，可以很容易地理解这个不安全性。在标准的公钥密码应用中，Trent 通过增加随机输入广泛地避免了这种不安全性。

研究具有随机私钥的基于 ID 的公钥密码是一件有意义的事，这是第一个公开问题。

第二个具有挑战性的问题就是设计一个基于 ID 的具有非交互身份撤销特点的密码系统。如果用户的私钥被泄露，则有必要撤销他的身份。

9.2　Shamir 的基于 ID 的签名方案

9.2.1　方案描述

在 Shamir 的基于身份的签名方案中有以下四个算法：

(1) 建立：由 Trent 运行建立算法以生成系统参数和主密钥，Trent 为可信中心。

(2) 用户密钥的生成：这个算法也由 Trent 执行，输入为主密钥和一条任意的比特串 $\text{id} \in \{0, 1\}^*$，输出与 id 对应的私钥，这是式(9.1.2)的一个实例。

(3) 签名：签名算法的输入为一条消息和签名者的私钥，输出一个签名。

(4) 验证：签名的验证算法的输入为一个消息-签名对和 id，输出 True 或 False。

Shamir 的基于身份的签名方案如下所述。

1. 系统参数的建立

Trent 建立如下参数：

(1) N：两个大素数的乘积。

(2) e：一个整数且满足 $\gcd(e, \phi(N))=1$。(N, e)是系统范围内用户采用的公开参数。

(3) d：一个整数且满足 $ed\equiv 1(\bmod\ \phi(N))$。$d$ 是 Trent 的主密钥 master-key。

(4) h：$\{0, 1\}^* \to Z_{\phi(N)}$。$h$ 是一个强单向杂凑函数。

Trent 秘密保存系统的私钥 d(master-key)，并公开系统参数(N, e, h)。

2. 用户的密钥生成

假设 ID 表示用户 Alice 唯一可以识别的身份。在进行 Alice 身份的物理验证和确认 ID 具有唯一性之后，Trent 生成的密钥如下：

$$g \leftarrow \mathrm{ID}^d (\bmod\ N)$$

3. 签名的生成

一条消息 $m\in\{0, 1\}^*$，Alice 随机选择一个数 $r\in_U Z_N^*$，并计算：

$$t \leftarrow r^e (\bmod\ N)$$

$$s \leftarrow g \cdot r^{h(t \| m)} (\bmod\ N)$$

所得到的签名为(t, s)。

4. 签名的验证

已知消息 m 和签名(t, s)，Bob 用 Alice 的身份 ID 按以下过程验证签名的正确性：如果 $s^e\equiv \mathrm{ID}\cdot t^{h(t\|m)}(\bmod\ N)$，那么，Verify(ID, s, t, m)＝True。

9.2.2 方案说明

如果签名验证为 True，则表明 Alice 拥有 $\mathrm{ID}\cdot t^{h(t\|m)}$ 和 $\mathrm{ID}\cdot t^{h(t\|m)}$ 模 N 唯一确定的 e 次方根（$\mathrm{ID}\cdot t^{h(t\|m)}$ 模 N 的 e 次方根就是 s，其唯一性由 $\gcd(e, \phi(N))=1$ 保证）。

$\mathrm{ID}\cdot t^{h(t\|m)}$ 的构造不是一件困难的事。例如，可以选择一个随机数 t，构造 $h(t\|m)$，然后计算 $t^{h(t\|m)}(\bmod\ N)$并乘以身份 ID，最后得到结果 $\mathrm{ID}\cdot t^{h(t\|m)}$。因为在构造过程中引入了密码杂凑函数，所以所构造的值是可识别的，但要求出所构造的值的 e 次方根是困难的。因此，假设 Alice 拥有身份 ID 的 e 次方根，这是 Trent 发给 Alice 的私钥，她能够使用该密钥构造一个签名对。

9.3 Girault 的自证实公钥方案

9.3.1 自证实公钥

假设(s, P)是一公、私钥对，公钥认证框架提供了一个密钥对和一种保证书 G，将 P 与身份 I 联系起来。

在一个基于 PKI 的公钥认证框架中，保证书 G 上有 CA 对(I, P)的数字签名。这个认证框架由四个不同的属性值(s, I, P, G)构成。其中的三个属性值(I, P, G)是公开的，且可以在公共目录上获得。当一个主体需要 I 的公钥时，他可以得到公开的三元组(I, P, G)，用 CA 的公钥验证 G 之后，可利用 P 来认证用户。

在基于身份的认证框架(例如 9.2 节中 Shamir 的方案)中，公钥就是身份 I。因此，$P=I$，并且这个认证框架由两个属性值(s, I)构成。我们知道，当一个主体需要认证 Alice 的公钥 I 时，就必须验证她的签名，结果为 True 则表明这个公钥是真实的。所以，保证书就是他的私钥，即 $G=s$。

Girault 建议的公钥认证框架方案介于基于证书方案和基于身份方案之间。在 Girault 方案中，保证书等于公钥，即 $G=P$，所以可以说它是自证实的，每个用户都有三个属性(s, P, I)。在 Girault 方案中，用户的私钥可以由用户选择。

9.3.2 方案描述

Girault 方案仍然需要一个可信赖的机构 Trent 来建立系统参数，并帮助用户建立她/他的密钥属性。

1. 系统密钥数据

Trent 生成的 RSA 密钥数据如下：

(1) 一个公开模数 $N=PQ$，其中 P、Q 是长度相等的大素数，例如$|P|=|Q|=512$。

(2) 一个公开指数 e 且与 $\phi(N)$互素，其中 $\phi(N)=(P-1)(Q-1)$。

(3) 一个秘密指数 d 且满足 $ed\equiv 1(\phi(N))$。

(4) 一个公开元素 $g\in Z_N^*$ 具有最大的乘法阶。为了计算 g，Trent 以 g_P 作为模 P 的生成元和 g_Q 作为模 Q 的生成元，然后 Trent 可以运用中国剩余定理来构造 g。

Trent 公开系统参数(N, e, g)，并秘密保存系统私钥 d。

2. 用户的密钥数据

Alice 随机选择一个长度为 160 bit 的整数 s_A 作为私钥，计算：

$$v\leftarrow g^{-s_A}\pmod N$$

并把 v 发送给 Trent。然后，她运用协议向 Trent 证明她知道 s_A 且不泄漏 s_A，并发送她的身份 I_A 给 Trent。

Trent 创建 Alice 的公钥为 $v-I_A$ 的 RSA 签名：

$$P_A\leftarrow(v-I_A)^d\pmod N$$

Trent 发送 P_A 给 Alice 作为 Alice 公钥的一部分。因此，下面的等式成立：

$$I_A\equiv P_A^e-v\pmod N \tag{9.3.1}$$

表面看来，在密钥的建立过程中，由于 P_A 和 v 是 Z_N^* 的两个随机数，因此看起来构造式(9.3.1)似乎不困难。例如，Alice 随机选取 P_A 并根据式(9.3.1)用 P_A^e 和 I_A 计算 v。然而，如果按这种方式来计算 v，则 Alice 就不能知道以 g 为底模 N 的离散对数。

Alice 能够证明她知道以 g 为底模 N 的离散对数，即值$-s_A$，这就保证了 P_A 是由 Trent 发行的。

3. 密钥交换协议

假设(s_A, P_A, I_A)是 Alice 的公钥数据，(s_B, P_B, I_B)是 Bob 的公钥数据。他们可以通过协商简单地交换一个认证的密钥：

$$k_{AB}\equiv(P_A^e+I_A)^{s_B}\equiv(P_B^e+I_B)^{s_A}\equiv g^{-s_A s_B}\pmod N$$

在这个密钥协商中，Alice 计算$(P_B^e+I_B)^{s_A}\pmod N$，Bob 计算$(P_A^e+I_A)^{s_B}$。因此，这的确

是一个 Diffie-Hellman 密钥协商协议。如果双方能够协商相同的密钥，那么他们就知道另一方已经证明了她/他的身份。

9.3.3 方案说明

Girault 的自证实公钥拥有 Shamir 的基于身份的公钥的一个特点，即不需要对可信赖的第三方发给密钥所有者的密钥证书进行验证。这个验证是暗含的，并且与验证密钥所有者的密码能力同时进行。

验证者除了需要一个身份，还需要一个独立的公钥，即除了 I 外还需要 P，前者不能由后者得到，这就意味着验证者在使用密钥所有者的公钥之前，必须向其发出使用公钥的请求。这是一个额外的通信步骤。因此，Girault 的自证实公钥不是非交互的公钥密码体制，这是自证实公钥的一个缺陷。

9.4 SOK 密钥共享系统

9.4.1 方案描述

像 Shamir 的基于 ID 的签名方案一样，Sakai、Ohgishi 和 Kasahara 的基于 ID 的密钥共享系统(简称为 SOK 密钥共享系统)也需要一个可信的机构 Trent 来操作密钥建立中心。

这个 SOK 密钥共享系统包含下面三个组成部分：

(1) 系统参数建立：Trent 运行这个算法来建立全局系统参数和主密钥。

(2) 用户密钥生成：Trent 运行这个算法，其输入为主密钥和一个任意比特串 $\mathrm{id} \in \{0, 1\}^*$，输出相应于 id 的私钥，这是式(9.1.2)的一个实例。

(3) 密钥共享方案：两个端用户以非交互的方式执行该方案，该方案以用户的私钥和意定通信方的公钥(id)为输入，最后该方案输出一个由这两个用户共享的密钥。

这三个组成部分可通过以下步骤实现。

1. 系统参数建立

在开放密钥生成中心为用户生成服务之前，Trent 首先建立系统参数。在系统参数的生成过程中，Trent 执行如下步骤：

(1) 生成阶数为素数 p 的两个群 $(G_1, +)$ 和 $(G_2, \cdot)$，同时生成修正的 Weil 对 $e: (G_1, +)^2 \to (G_2, \cdot)$。任意选取一个生成元 $P \in G_1$。

(2) 选取 $l \in Z_p$，令 $P_{\mathrm{pub}} \leftarrow l \cdot P$，其中 l 作为主密钥。

(3) 选择一个强密码杂凑函数 $f: \{0,1\}^* \to G_1$，该杂凑函数把用户的 id 映射到 G_1 中的一个元素。

Trent 公布系统参数：

$$(G_1, G_2, e, P, P_{\mathrm{pub}}, f)$$

把 l 作为系统的密钥保存。由于 Trent 是整个系统都知道的主体，因此系统中的所有用户都知道这些公开的系统参数(例如这些参数可能被固化到使用本方案的每个应用中)。注意，主密钥 l 的秘密性由 G_1 上 DLP 的困难性保证。

2. 用户密钥生成

假设 ID_A 表示 Alice 的唯一可识别的身份，且 ID_A 包含足够多的冗余以至于系统中其他用户不可能以 ID_A 作为她/他的身份。在对 Alice 的身份进行物理识别并确定 ID_A 的唯一性之后，Trent 的密钥生成服务如下：

(1) 计算 $P_{ID_A} \leftarrow f(ID_A)$，这是 G_1 中的一个元素，并且是 Alice 的基于 ID 的公钥。

(2) Alice 的私钥为 S_{ID_A}，且满足 $S_{ID_A} \leftarrow l \cdot P_{ID_A}$。

3. 密钥共享方案

对于用户 Alice 和 Bob 而言，ID_A 和 ID_B 分别是他们的身份信息且他们都相互知道对方的身份。因此，各自的公钥分别为 $P_A = f(ID_A)$和 $P_B = f(ID_B)$，而且他们彼此也知道。

Alice 通过计算：

$$k_{AB} \leftarrow e(S_{ID_A}, P_{ID_B})$$

可以产生一个共享的密钥 $k_{AB} \in (G_2, \cdot)$。

Bob 通过计算：

$$k_{BA} \leftarrow e(S_{ID_B}, P_{ID_A})$$

可以产生一个共享的密钥 $k_{BA} \in (G_2, \cdot)$。

注意：根据双线性特性，我们可以得到：

$$k_{AB} = e(S_{ID_A}, P_{ID_B}) = e(l \cdot P_{ID_A}, P_{ID_B}) = e(P_{ID_A}, P_{ID_B})^l$$

同理：

$$k_{BA} = e(P_{ID_B}, P_{ID_A})^l$$

因此，即使 Alice 和 Bob 不交互信息，他们也确实能够共享一个密钥。

9.4.2　方案说明

对于除 Alice、Bob 和 Trent 之外的另一方而言，由公共数据(P，P_{ID_A}，P_{ID_B}，P_{pub})求 k_{AB} 是一个双线性 Diffie - Hellman 问题(Bilinear Diffie - Hellman Problem)，它本质上是一个 CDH(Computational Diffie - Hellman)问题。

当 Bob 收到一条用 k_{AB} 认证的消息时，只要这条消息不是他本人发送的，他就确切地知道 Alice 是这条消息的所有者。然而，因为 Bob 同样具有构建这个消息的密码的能力，所以尽管 Alice 向指定验证者 Bob 证明了消息的来源，她仍然可以在第三方面前否认她参与通信。考虑 Alice 和 Bob 是间谍的情况，当他们联系时，他们必须向对方认证自己。然而，作为一个双重代理，Alice 可能担心 Bob 也是一个双重代理。因此，一个对间谍的认证方案必须有一个绝对不可否认的认证特性。SOK 密码共享系统恰好具有这样的特性，它是一个基于公钥的系统，即认证不需要基于在线的可信第三方。

9.5　Boneh 和 Franklin 的基于 ID 的密码体制

9.5.1　方案描述

Boneh 和 Franklin 的基于 ID 的密码体制由以下四个算法组成：

(1) 系统参数的建立：Trent 运行该算法来生成系统的全局参数和主密钥。

(2) 用户密钥的生成：Trent 运行该算法，其输入为主密钥和一个任意的比特串 id∈{0, 1}*，输出相应于 id 的私钥。

(3) 加密：这是个概率算法，用公钥 id 来加密消息。

(4) 解密：把密文和私钥输入该算法，最后返回相应的明文。

下面详细说明 Boneh 和 Franklin 的基于 ID 的密码体制。

1. 系统参数的建立(由 Trent 执行)

(1) 生成阶数为素数 p 的两个群$(G_1, +)$和$(G_2, \cdot)$，一个对映射 e：$(G_1, +)^2 \to (G_2, \cdot)$，任意选择一个生成元 $P \in G_1$。

(2) 选取 $s \in_U Z_p$ 并令 $P_{pub} = s \cdot P$，s 作为主密钥。

(3) 选择一个强密码杂凑函数 f：$\{0,1\}^* \to G_1$，这个杂凑函数把用户的身份 id 映射为 G_1 中的一个元素。

(4) 选择一个强密码杂凑函数 h：$G_2 \to \{0, 1\}^n$，这个杂凑函数决定 M(明文空间)是$\{0,1\}^n$。

Trent 把 s 作为系统的私钥保存，并公开系统参数和对它们的描述$(G_1, G_2, e, n, P, P_{pub}, f, h)$。

2. 用户密钥的生成

假设 ID 表示用户 Alice 的唯一可识别的身份。对 Alice 进行物理鉴定以确信 ID 具有唯一性。Trent 的密钥生成方式如下：

(1) 计算 $Q_{ID} \leftarrow f(ID)$，这是 G_1 中的一个元素，并且也是 Alice 的基于身份的公钥。

(2) Alice 的私钥为 d_{ID}，且满足 $d_{ID} \leftarrow s \cdot Q_{ID}$。

3. 加密

为了发送秘密消息给 Alice，Bob 要首先获得公开参数$(G_1, G_2, e, n, P, P_{pub}, f, h)$。运用这些参数，Bob 计算：

$$Q_{ID} = f(ID)$$

假设消息被分成 n 比特块，为了加密 $M \in \{0, 1\}^n$，Bob 选取一个数 $r \in_U Z_p$，并计算 $g_{ID} = e(Q_{ID}, r \cdot P_{pub}) \in G_2$，$C \leftarrow (r \cdot P, M \oplus h(g_{ID}))$。因此，所得的密文 $c = ([r]P, M \oplus h(g_{ID}))$。

4. 解密

假设 $c = (U, V) \in C$ 是用 Alice 的公钥 ID 加密的密文。为了用它的密钥 $d_{ID} \in G_1$ 来解密 C，Alice 计算：

$$V \oplus h(e(d_{ID}, U))$$

9.5.2 方案说明

可以证明，9.5.1 节所描述的系统的确是一个密码系统。我们注意到：

$$\begin{aligned} e(d_{ID}, U) &= e(s \cdot Q_{ID}, r \cdot P) = e(Q_{ID}, r \cdot P)^s \\ &= e(Q_{ID}, r \cdot s \cdot P) = e(Q_{ID}, r \cdot P_{pub}) = g_{ID} \end{aligned}$$

因此，在解密过程中，Alice 输入杂凑函数 h 的值实际上是 g_{ID}，即与 Bob 在加密过程中输入的杂凑函数的值一样。又因为异或运算是自取逆，所以

$$V \oplus h(e(d_{ID}, U)) = M \oplus h(g_{ID}) \oplus h(g_{ID}) = M$$

Boneh 和 Franklin 也曾给出了对基于 ID 的加密方案的安全性的形式化证明。

9.6　Boneh－Franklin 体制的扩展

9.6.1　方案描述

在系统中，Trent 能够解密发给每个主体的密文消息，因此，Boneh 和 Franklin 的基本方案不适合在开放式系统中应用。然而，他们的基本方案可以扩展到适合于开放式系统的应用。本节描述一个扩展的方法，该方法是 Boneh 和 Franklin 的方法的一个简单变体。其基本思想是使用多个 Trent，然而只有在不引起单个用户 ID 的数量爆炸，也不引起密文长度增加的情况下，这种做法才是有意义的。下面描述两个 Trent 的情况，多个 Trent 的情况很容易扩展得到。

1. 系统参数的建立

假设参数$(G_1, G_2, e, n, P, h, f)$的定义同 9.5 节，进一步有：

$$P_1 \leftarrow s_1 \cdot P$$
$$P_2 \leftarrow s_2 \cdot P$$

满足，三元组(P, P_1, P_2)起 9.5 节中(P, P_{pub})的作用。也就是说，s_1 和 s_2 分别是 $Trent_1$ 和 $Trent_2$ 的主密钥。

因此，$(G_1, G_2, e, n, P, h, f)$是系统的公共参数，这些参数被固化在应用中。

2. 用户密钥的生成

假设 ID 表示用户 Alice 唯一可识别的身份，对于 $i=1, 2$，$Trent_i$ 按如下方式生成密钥：

(1) 计算 $Q_{ID} \leftarrow F(ID)$，Q_{ID} 是 G_1 中的一个元素，同时它也是 Alice 唯一基于 ID 的公钥。

(2) 设置 Alice 的私钥为 $d_{ID}^{(i)} \leftarrow s_i \cdot Q_{ID}$。

最后，Alice 的私钥为

$$d_{ID} = d_{ID}^{(1)} + d_{ID}^{(2)}$$

如果这两个 Trent 不勾结，那么他们就不知道这个私钥。

注意：Alice 有唯一的公钥 ID。

3. 加密

为了发送一条秘密消息给 Alice，Bob 首先获得系统参数$(G_1, G_2, e, n, P, h, f)$，然后，利用这些参数计算：

$$Q_{ID} = f(ID)$$

假设消息被分成 n 比特的块，为了加密 $m \in \{0, 1\}^n$，Bob 选取一个数 $r \in_U Z_p$，并计算：

$$g_{ID} \leftarrow e(Q_{ID}, r(P_1 + P_2))$$
$$c \leftarrow (r \cdot P, m \oplus h(g_{ID}))$$

这个密文就是 c。因此，密文是由 G_1 中的一个点和 $\{0,1\}^n$ 中的一个比特串组成的对，即密文空间 $C \in G_1 \times \{0,1\}^n$。

4. 解密

假设 $c=(U,V)\in C$ 是用 Alice 的公钥 ID 加密的密文，为了用她的私钥 $d_{ID}\in G_1$ 解密密文 c，Alice 计算：

$$V \oplus h(e(d_{ID}, U))$$

其中：

$$\begin{aligned} e(d_{ID},U) &= e(s_1 \cdot Q_{ID} + s_2 \cdot Q_{ID}, r \cdot P) \\ &= e(s_1 \cdot Q_{ID}, r \cdot P)e(s_2 \cdot Q_{ID}, r \cdot P) \\ &= e(Q_{ID}, r \cdot s_1 \cdot P)e(Q_{ID}, r \cdot s_2 \cdot P) \\ &= e(Q_{ID}, r(P_1 + P_2)) \\ &= g_{ID} \end{aligned}$$

因此，Alice 恢复了 g_{ID}。因为比特异或是自取逆运算，所以 Alice 能够解密：

$$V \oplus h(e(d_{ID}, U)) = M \oplus h(g_{ID}) \oplus h(g_{ID}) = M$$

9.6.2 方案说明

有以下问题值得讨论：

(1) 与一个 Trent 时的情况相比，加密和解密需要双倍的计算量，但是 Alice 的 ID 数目没有增加，密文的长度也没有增加。

(2) 勾结的 Trent 能够联合起来解密，但是他们中任何单个人都不能解密。当使用多个 Trent 时，对无勾结的信心就增大了。很容易看到，增加 Trent 的数目，Alice 的 ID 数目和密文的长度保持不变，然而，加密和解密所需要的计算量随着 Trent 的数目的增加而线性增加。

(3) 当使用几个 Trent 时，要对用户的密文解密，需要所有的 Trent 勾结。如果相信至少一个 Trent 是可信赖的，那么就可以防止 Trent 的搭线窃听。因此，这个扩展的 IBE 方案适合于开放环境下的应用。

9.7 基于 ID 公钥体制在 WSN 中的应用举例

无线传感器网络（WSN，Wireless Sensor Networks）可以看做是一种特殊的无线 Ad hoc 网络。与传统的 Ad hoc 网络相比，无线传感器网络具有快速展开和抗毁性的优点，但存在节点能量、通信和存储等资源受限的不足。同时，根据无线传感器网络的设计初衷，网络的布置往往在敌控区，节点毁坏、节点失效及节点被俘等安全事件也时有发生。在数据信息经过一个或若干个节点向目标节点传送的过程中，如果某个中间节点是已经被俘的节点或存在潜在危害的恶意节点，那么网络通信就会受到安全攻击，甚至会影响到整个任务的完成。如何保证有效节点只与合法节点建立安全通信信道，以及被传输的消息内容只被意定的接收者获悉，是解决这种安全问题的关键，这涉及到认证和保密问题。由于包括

Ad hoc 网络在内的传统无线网络安全机制都没有考虑 WSN 节点性能问题，因此，很难或根本无法应用到无线传感器网络中。我们必须在安全性和协议性能方面做一个合理的折中，提出适合无线传感器网络技术特点的安全认证及密钥协商协议。目前 Haodong W 等已提出基于椭圆曲线密码的传感器网络访问机制的设计思想。本节主要介绍基于 ID 公钥体制在 WSN 中的应用，提出了一个基于身份的椭圆曲线双线性对上的安全认证协议。

9.7.1　基于身份的签密方案

这里给出一个签密方案，它是后面认证及密钥协商协议的基础，包括以下三部分。

1. 系统参数

在基于身份 ID 的公钥密码系统中，用户的公钥就是用户的身份信息 ID 或由 ID 产生的信息。系统参数由可信第三方密钥生成中心 PKG 选取，包括：两个 q 阶的循环群 $(G_1,+)$ 和 $(G_2,\cdot)$；P 为 G_1 的生成元；e 为 G_1 和 G_2 上的双线性变换，即 e: $G_1\times G_1\to G_2$；h_0：$\{0,1\}^*\to G_1$ 和 h_1：$\{0,1\}^*\to Z_q^*$ 为两个单向 Hash 函数；$h_k(\cdot)$ 为一个带密钥的钥控单向 Hash 函数；$E_k(\cdot)$ 和 $D_k(\cdot)$ 为对称加密和解密算法，其中 k 为密钥。PKG 随机选取自己的私钥 $S_{\text{PKG}}\in Z_q^*$，其对应公钥为 $Q_{\text{PKG}}=S_{\text{PKG}}P\in G_1$；参与者 i 的公、私钥对为 $Q_i=h_0(\text{ID}_i)$ 和 $S_i=S_{\text{PKG}}Q_i$。

2. 签密过程

假设节点 A 要向节点 B 发送秘密信息 m，执行以下步骤：

(1) 随机选取 $r\in Z_q^*$，计算 $K=(k_1,k_2)=h(e(Q_b,Q_{\text{PGK}})^r)$。

(2) 计算 $c=E_{k_1}(m)$，$s=rQ_{\text{PKG}}-S_a$ 和 $I=h_{k_2}(c\parallel s)$。

(3) 将 (c,s,I) 作为密文发送给 B。

3. 解签密过程

当节点 B 收到 A 发送的密文 (c,s,I) 后，执行以下步骤来解签密：

(1) 计算 $K=(k_1,k_2)=h(e(Q_b,s)e(Q_a,S_b))$。

(2) 判断等式 $I=h_{k_2}(c\parallel s)$ 是否成立。如果不成立，丢弃该消息，否则，执行下一步。

(3) 解密消息 $m=D_{k_1}(c)$。

9.7.2　节点之间双向认证及密钥协商协议

我们知道，基于 ID 的密码机制是非交互式的，只要通信双方知道对方的身份信息，在保密通信之前就无需进行身份认证以及私钥验证等过程。在传统网络中，这样不会存在问题，但是在无线传感器网络中，应重新考虑这个问题。如果节点 1 向其下一个节点 2 发送信息之前，不进行身份认证，则节点 1 会默认节点 2 是有效节点，并认为自己到节点 2 的路由是通的，这时就很可能选取通过节点 2 的一些路由，在以后通信中源源不断地向节点 2 发送信息。假设节点 2 不是合法节点，尽管不会对消息的保密性造成威胁，但这会耗费带宽资源和设备能量。同时，也很可能造成网络黑洞攻击。如果节点 2 是攻击者设置的节点，那么它会在收集到通信数据后，以节点 2 的身份作为公钥，设法骗取第三方密钥生成中心 PKG 为其生成私钥，从而获取通信明文。另外，由于节点数目庞大，每对节点之间的各种控制、命令和数据通信也更为频繁，因此频繁地使用同一加密密钥是不安全的，必须进行定期更新，而基于身份直接计算的密钥无法更新，这也可能造成安全问题。事实上，很少有系统直接使用基于身份直接计算的密钥作为会话密钥，而只是把基于身份直接计算的密钥用于身份认证和进一步的会话密钥协商。因此，不管是从安全性考虑，还是从性能方面考虑，在无线传感器网络中，都必须在节点通信之前进行节点认证和会话密钥协商。

下面介绍节点认证及密钥协商协议。假设节点 A 需要和节点 B 进行双向身份认证，他们可以执行以下协议，包括两轮消息。

首先由 A 发送给 B 如下消息：

$$\text{Message1} = \{\text{ID}_a, \text{ID}_b, \text{Nonce}, \text{CKey}\} \tag{9.7.1}$$

其中：ID_a 和 ID_b 分别表示节点 A 和 B 的身份信息；Nonce 表示由 A 选取的一次性随机数；CKey 表示由 A 选取的密钥 Key 的签密密文(c, s, I)。加密方式见 9.7.1 节的签密过程，所不同的是 $c=E_{k_1}(\text{Key})$和 $I=h_{k_2}(\text{ID}_a \| \text{ID}_b \| \text{Nonce} \| c \| s)$。

当节点 B 收到 A 发送的 Message1 后，首先根据 9.7.1 节的解签密过程计算密钥 $K=(k_1, k_2)$，然后判断等式 $I=h_{k_2}(\text{ID}_a \| \text{ID}_b \| \text{Nonce} \| c \| s)$是否成立。如果不成立，则丢弃该消息；如果成立，那么 B 认为 A 的身份是合法的，通过对 A 的认证验证。然后，继续解密获得密钥 Key，并由 Key 导出一个会话加密密钥 EK 和消息完整性密钥 IK(密钥导出实例参见 7.5.5 节)。最后，构造如下消息发送给 A：

$$\text{Message2} = \{\text{ID}_b, \text{ID}_a, \text{Nonce}, \text{MIC}\} \tag{9.7.2}$$

其中：ID_b 和 ID_a 分别表示节点 B 和 A 的身份信息；Nonce 表示由 A 选取的一次性随机数，应与 Message1 中的 Nonce 值相等；MIC 为以 IK 为密钥对 MIC 之前的三个字段进行计算的消息完整性校验码。

当节点 A 收到 B 发送的 Message2 后，首先，判断 Nonce 是否为自己选取的随机数。如果不是，丢弃该分组；否则，使用 Key 导出一个会话加密密钥 EK 和消息完整性密钥 IK。然后，利用 IK 重新计算 MIC，并将其与接收到的 MIC 进行比较。如果相等，则表示通过对 B 的身份认证；否则，认为 B 不是合法节点。

结论：通过 Message1 和 Message2 的交互，节点 A 和 B 可以实现对对方身份的有效性验证，同时，可在它们之间协商出用于后续会话的加密密钥 EK 和消息完整性密钥 IK。

9.7.3　安全性分析

1. 重放攻击

在 9.7.2 节的协议中，协议的每一次执行都由协议的发起方随机选取一个随机数 Nonce 来标识，如果收到两次或两次以上使用相同 Nonce 的协议分组，则将其视为重放消息而丢弃。

2. 消息认证

在构造 Message1 消息时，发送方 A 会使用自己的私钥和 B 的公钥计算一个和 B 共享的完整性校验密钥，并对传送的消息计算完整性校验码。由 Diffie - Hellman 密钥交换安全机制可知，只有 A 和 B 可以计算该完整性密钥，这样 B 就可以通过验证确认该消息是 A 发送的。Message2 由 A 和 B 共享的密钥进行完整性保护，同样，A 可以验证 B 是否正确获取自己传送的密钥，从而确定 B 的有效性。

3. 抗伪造性

一个恶意攻击者除非设法获取发送者的私钥或接收方的私钥，否则，无法构造合法消息通过最后的完整性验证。攻击者要在之前协议的条件下，通过消息内容获取合法参与者的私钥，等同于攻破椭圆曲线离散对数问题，这在计算上是不可行的。

4. 私钥验证

由上述分析可知，如果没有发送者的私钥，则无法构造消息来使接收方验证成功，接收方可以通过签密方案中的验证方法来验证发送者的私钥有效性；如果接收方没有正确的解密密钥，那么他将无法正确解密密钥 Key，从而无法构造有效的 Message2，因此，发送方通过验证 Message2 的有效性，可以验证接收方的私钥有效性。

9.7.4 性能分析

无线传感器网络节点之间的安全认证及密钥协商协议采用了基于身份的公钥密码系统的特点，使方案的实施避免了传统公钥系统中复杂的公钥管理难题。用户的公钥就是用户的身份信息或由身份信息生成的信息。用户不需要管理公钥簿。协议消息的构造和解析过程不再需要证书的传递和验证，只要接收者和发送者的身份信息和一些系统参数即可。接收者和发送者最耗时的运算均为 1 次双线性映射，这样就大大降低了对终端节点的计算、存储能力的需求和系统密钥管理的通信开销。

另外，椭圆曲线上双线性对的使用能使方案以较短的密钥得到同等安全强度，而且非超奇异椭圆曲线离散对数问题的难度远远超过有限域 F_p 上离散对数问题(DLP)的难度，这使得椭圆曲线密码可使用长度小得多的密钥。例如，在同等安全的前提下，160 bit 的椭圆曲线密码相当于 1024 bit 的 RSA，而加密和解密速度比 RSA 快很多。这样可使文中的方案以更少的计算量和数据传输量达到同等的安全要求。目前基于椭圆曲线双线性对的安全协议已成为一些低性能设备的首选，如智能卡等。

相比之下，已有的无线网络安全协议，如 IEEE 802.11(i)和 WAPI 等，都基于传统公钥密码体系，其方案的实施要依赖于代价昂贵的传统公钥基础设施，用户要面临公钥及其证书的管理、传递和验证等繁琐问题，而且密钥长度相对较长，从而所需的计算量、传输量和存储量也更大。接收者和发送者最耗时的运算为 1 次双线性映射，而无需存储对方的公钥及数字证书，因此，基于身份和双线性对的安全协议在计算和存储性能上相当高效，能够满足无线传感器网络的安全性和性能要求。

9.7.5 安全性增强

对于无线传感器网络来说，一个好的安全协议不仅仅要求具有高的安全性，一般更要求具有较好的性能，能够适合无线传感器网络节点的应用。现有的绝大多数安全认证协议对计算、通信、存储等资源要求较大，不适合无线传感器网络。在设计无线传感器网络安全协议时，必须在安全性和性能要求方面做一折中。9.7.2 节中给出的安全协议是一个 2 轮协议，而且计算性能较高，但是其安全性仅仅能够满足基本的安全性要求。例如，在一些网络协议中，要求所协商的密钥由协议双方共同提供密钥材料，不能只由协议某一方单独决定；在更高的安全要求下，安全协议往往要求具备完备的前向保密性，也就是说，即使协议双方的私钥全部泄露，也不会影响之前所协商的会话密钥。显然，9.7.2 节中的协议不能满足这些要求，但是，如果愿意牺牲一些计算性能，那么可以很容易地将协议进行改进。

改进一：在 9.7.2 节的协议中，如果在 A 通过 Message1 向 B 发送密钥 Key 的同时增加一条消息，那么由 B 通过相同构成的 Message1 向 A 也发送一个密钥 Key1。最终协商的主密钥为 Key 和 Key1 的异或值，从而导出会话加密密钥 EK 和消息完整性密钥 IK。这样，协议双方共同决定了最终协商的密钥。这里，A 和 B 只需分别向对方发送 Message1 即可，而不再需要发送 Message2。该协议也是一个 2 轮协议。

改进二：为了使得协议具有完备的前向保密性，可以在上面改进方法的基础上再做一些修改。A 在选取 Key 时，随机选取一个秘密整数 x，令 Key＝xP；B 在选取 Key1 时，随机选取一个秘密整数 y，令 Key1＝yP。在执行完协议后，协议双方可以计算相同的主密钥 MK＝e(Key，y)＝e(x，Key1)，然后利用 MK 作为种子，导出所需的会话加密密钥 EK 和消息完整性密钥 IK。即使 A 和 B 的私钥都被泄露，由于攻击者不知道 x 和 y 的值，因此他也无法计算出 MK，这是由双线性 Diffie－Hellman 问题(BDH 问题)决定的。

9.8　两种公钥体制比较

9.8.1　历史背景

通常在实际应用中为了应用公钥密码系统，需要一个能够简单验证公钥与主体身份相关的验证机制，即要求公钥的拥有者可以向系统证实该公钥就是他自己的公钥。

目前，我们可以使用两种不同的方法来实现公钥证实问题：一种是使用证书的公钥基础设施(PKI，Public Key Infrastructure)；另一种是基于身份的公钥密码学(Identity－Based Public－Key Cryptography)。

9.8.2　两种公钥体制的异同点

不管是基于 PKI 还是基于身份的密码，都是公钥算法，都能够完成签名、密钥分配、加密等功能，在实施中都需要一个可信中心支持，但是他们所采用的机制不同，在实际应用中有不同的应用场景。

相比于 PKI 技术，基于身份的密码技术具有以下优点：

(1) 系统存储负担小。在 PKI 中，每个用户需要由可信中心 CA 为其颁发一个数字证书，并将其安全保存。在认证过程中，该用户需要向其他用户出示自己的证书。另外，如果需要和其他用户进行通信，则必须事先设法获得其数字证书。每个用户需要保存自己和其他用户的多个数字证书。在基于 ID 的密码中，用户的公钥和身份信息是一致的，无需数字证书支持。

因此，在实现时，基于 ID 的密码系统可以节约存储空间。

(2) 系统实现代价小。基于 PKI 的密码系统需要很大的代价来实现公钥基础设施平台，该平台一般都由运营商管理。基于身份的公钥密码系统的使用减小了建立和管理公钥基础设施 PKI 的代价。

基于 PKI 的应用大多是大规模应用，而对于小的家庭应用、应急环境等场合，基于 ID 的密码系统更为适合。

(3) 系统通信量较小。基于 PKI 的密码系统中，在认证时，用户需要和通信方交换和传递数字证书，并通过几轮消息交互来实现对用户公钥的验证，而且 为了验证证书是否过期等问题，需要和可信第三方 CA 进行交互，处理比较复杂。基于身份的公钥密码系统中，不存在证书传输和公钥验证问题，协议相对简单。

对于系统带宽较窄和处理能力较弱的应用场景，基于 ID 的密码技术较 PKI 更为合适。

(4) 能够避免证书盗用问题。证书是公开信息，不能从证书内容验证其与拥有者之间的关联关系。在 PKI 中，由于协议设计问题通常会导致攻击者冒用合法用户的证书来接入系统，一般这样的系统实现的是只认证、不加密功能。PKI 中的数字证书及其拥有者之间的关联关系是必须通过私钥验证来确认的，这往往会诱使攻击者设法避开私钥验证过程从而实施攻击。基于 ID 的密码技术中，公钥本身就是其拥有者的身份，天然地将公钥及其拥有者绑定起来，无需进行验证，因此，冒用别人身份 ID 是没有意义的，协议一开始就能够被对方识别出来。

基于 PKI 协议的设计漏洞往往可以导致证书盗用，而基于 ID 的密码可以避免这种问题。

在大规模应用中，基于 PKI 的密码系统能够很好地实现密钥管理、证书更新、密钥更新等问题，但其实现代价较大，开发周期较长，使之对于一些小规模应用、应急任务等场合是不适合的。基于 ID 的密码系统却非常适合小规模应用、应急任务等场合。

另外，比起 PKI 技术，基于 ID 的密码系统也存在固有的缺点，就是身份更新和密钥更新问题。身份一般是唯一的，不能随便变动，对于身份更新，我们可以采用用户身份信息和一个随时间更新的、公开的、确定的信息作为用户公钥；对于密钥更新问题，在公钥不变的情况下，每个用户需要和可信中心交互进行私钥更新。如果是大规模应用，这些都会带来不便，但是在小规模、临时性、应急任务中，这些问题都被弱化了，不会影响系统的应用。

9.8.3　基于 ID 公钥体制的特殊用法

除了 9.8.2 节所述的差异外，基于 PKI 的公钥体制和基于 ID 的公钥体制在应用中还存在一些差别。

在基于 PKI 的公钥体制中，通信双方必须事先选取自己的公钥，并将自己的私钥在可信第三方处进行注册和公证，即申请数字证书。在通信之前，通信双方除了要设法获取对方的公钥外，还要通过其证书验证对方公钥的有效性。只有完成通信验证，通信双方才可以进行安全通信。

对于基于 ID 的公钥体制来说，一方面可以和基于 PKI 的公钥体制一样，事先由可信第三方为其计算私钥，接着通信双方可以以对方的身份 ID 为公钥进行保密通信。

另一方面，对于基于 ID 的公钥体制来说，通信双方不一定必须在通信开始之前到可信第三方处获取自己的私钥，他们完全可以直接根据对方的身份 ID 作为公钥先进行保密通信。通信的接收方收到密文信息后，只有当他真的需要读取明文信息时，才需要向可信第三方出示自己的身份证明，以获取私钥。利用该私钥可以解密所获取的密文。基于 ID 的通信流程如图 9.8.1 所示。

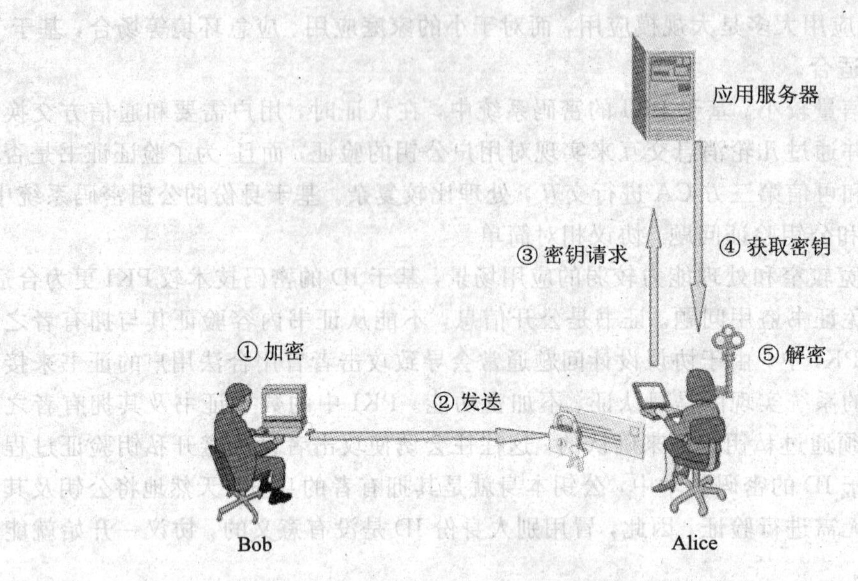

图 9.8.1　基于 ID 的通信流程

图 9.8.1 中，当左边的用户 Bob 给右边用户 Alice 通过加密方式发送信息时，Alice 还没有从应用服务器(可信第三方)获取密钥，甚至她根本不知道存在这种应用。这种方式有很重要的应用，很像中国移动的彩信业务，任何人都可以给你发送彩信，具有接收彩信功能的手机可以接收彩信消息，但只有开通了 GPRS 网络服务的手机才可以下载彩信。如果用户已开通了 GPRS 网络及各种所需服务，则可以直接下载并读取彩信内容。如果用户没有开通这些功能，那么这时他有两种选择：一是对彩信内容不感兴趣，直接删除；二是注册开通 GPRS 网络及各种所需服务以便读取彩信内容。也许这种应用的安全解决方案可以借鉴基于 ID 公钥体制的独特用法。

另外，图 9.8.1 所示的这种应用模式还适合这种情况：假设 Alice 已经从应用服务器获取了自己的私钥，这时 Bob 给 Alice 发送信息时，不必使用 Alice 的身份作为公钥，他可以选取一个可公开的杂凑函数 f，并随机选取一个随机数 N，使用“$f(\text{Alice}) \| N$”作为公钥加密信息。通信时，Bob 会将密文及公钥 $f(\text{Alice}) \| N$ 一起发送给 Alice。Alice 收到 Bob 发送的密文及公钥 $f(\text{Alice}) \| N$ 后，将自己的身份 Alice 和 $f(\text{Alice}) \| N$ 一起发送给应用服务器以索取解密私钥。应用服务器收到 Alice 的密钥索取请求后，首先验证 Alice 身份是否有效，然后验证公钥的前半部分是否等于 Alice 身份的杂凑值 $f(\text{Alice})$。如果都验证通过，则应用服务器计算公钥 $f(\text{Alice}) \| N$ 对应的私钥，并将其以 Alice 的身份作为公钥加密发送给 Alice。Alice 收到应用服务器发送的信息后，用自己的私钥解密，获取公钥 $f(\text{Alice}) \| N$ 对应的私钥，从而解密得到 Bob 发送的明文信息。这样就可以避免普通用户之间直接使用身份作为公钥加密，降低了公钥的使用次数。这一点很重要，因为基于 ID 的公钥体制不支持身份更新，而密钥使用一段时间或若干次加密操作后，安全性就降低了，需要更新密钥，但这对于基于 ID 的公钥体制来说又是不可能的。因此，这样做可以减少用户 ID 的使用次数，从而确保用户 ID 更长的使用期。另外，迫使接收者到应用服务器验证自己的身份、权限等信息，避免了接收者身份已经失效而给发送者带来损失(往往发送者是不知情的)。

9.8.4　两种公钥体制的融合

前面充分论述了两种方案的异同，其实两种方案各有优缺点。基于 PKI 的公钥体制易于进行身份验证、身份更新、身份管理等，但需要证书支持；基于 ID 的公钥体制不需要公钥验证、证书支持等，但无法处理 ID 更新、ID 有效性验证等。这里我们给出一种融合思想，供读者在工程实践中参考。图 9.8.2 为两种公钥体制的融合思路。

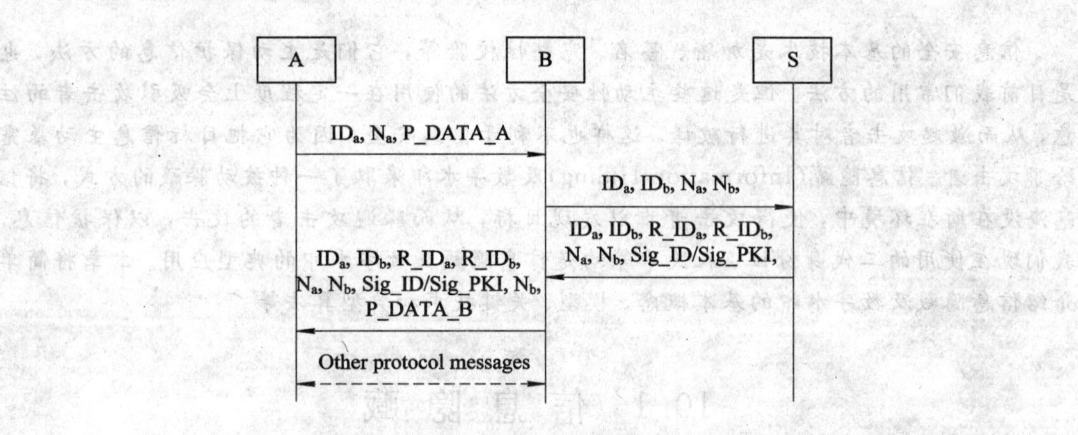

图 9.8.2　两种公钥体制的融合技术

图 9.8.2 中，用户 A 和 B 要通过基于 ID 的公钥体制进行某种安全协议，ID_a 和 ID_b 分别表示他们的身份信息，即他们的公钥；S 为后台服务器，用于验证用户身份，维护合法用户列表及其权限、时效等信息；N_a 和 N_b 表示随机数，用于实现协议消息的新鲜性验证。协议过程如下：

(1) 通信发起方 A 将自己的身份 ID_a、随机选取的随机数 N_a、协议消息内容 P_DATA _A 发送给 B。

(2) 收到 A 的协议请求后，B 将自己和 A 的身份一起发送给 S，让 S 给出身份验证结果。

(3) S 根据自己维护的用户、权限、时效等信息，给出 A 和 B 身份有效性验证结果 R_ID_a 和 R_ID_b，同时给出自己的签名信息，可以是基于 ID 的签名 Sig_ID，也可以是基于 PKI 的签名 Sig_PKI。

(4) 当 B 收到 S 发送的信息后，可以验证 S 的签名以确认 A 的身份有效性。如果 A 的身份有效，则将 S 发来的信息以及自己的协议消息内容 P_DATA_B 一起发送给 A。

(5) 当 A 收到 B 发送的信息后，可以验证 S 的签名以确认 B 的身份有效性。

(6) 如果 A 和 B 的身份都有效，则他们可以进一步完成协议的其他功能。如果有一方身份无效，则需要终止协议。

第10章 信息隐藏与数字水印

信息安全的基本技术是加密、签名、完整性校验等，它们是主动保护信息的方法，也是目前我们常用的方法。但是这些主动性安全方法的使用在一定程度上会吸引攻击者的注意，从而激起攻击者对其进行破译，这样也不利于信息安全，因为它把目标信息主动暴露给了攻击者。信息隐藏(Information Hiding)及数字水印采取了一种被动躲藏的方式，将信息淹没在所在环境中，使得攻击者难以发现目标，从而躲避攻击者的攻击，以保护信息。我们现在使用的二代身份证、人民币等均是信息隐藏及数字水印的典型应用。本章将简单介绍信息隐藏及数字水印的基本概念、模型、关键技术和典型算法等。

10.1 信息隐藏

多媒体数据的数字化为多媒体信息的存取提供了极大的便利，同时也极大地提高了信息表达的效率和准确性。随着因特网的日益普及，多媒体信息的交流已达到了前所未有的深度和广度，其发布形式也更加丰富了。如今人们可以通过因特网发布自己的作品、重要信息和进行网络贸易等，但是随之出现的问题也十分严重：作品侵权更加容易，篡改也更加方便。因此，如何既充分利用因特网的便利，又能有效地保护知识产权，已受到人们的高度重视。这标志着一门新兴的交叉学科——信息隐藏学的正式诞生。如今信息隐藏学作为隐蔽通信和知识产权保护等的主要手段，正得到广泛的研究与应用。

10.1.1 信息隐藏模型

信息隐藏不同于传统的密码技术。密码技术主要研究如何将机密信息进行特殊编码，以形成不可识别的密码形式（密文）进行传递；信息隐藏则主要研究如何将某一机密信息秘密隐藏于另一公开的信息中，然后通过公开信息的传输来传递机密信息。对加密通信而言，可能的监测者或非法拦截者可通过截取密文，并对其进行破译，或将密文进行破坏后再发送，从而影响机密信息的安全；对信息隐藏而言，可能的监测者或非法拦截者则难以从公开信息中判断机密信息是否存在，难以截获机密信息，从而保证了机密信息的安全。

信息隐藏的例子层出不穷，从中国古代的藏头诗，到中世纪欧洲的栅格系统，从古希腊的蜡板藏书到德国间谍的密写术等，这些都是典型的例子。多媒体技术的广泛应用为信息隐藏技术的发展提供了更加广阔的领域。图10.1.1所示为一个信息隐藏的通用模型。

待隐藏的信息称为秘密信息（Secret Message），它可以是版权信息或秘密数据，也可以是一个序列号；公开信息称为载体信息(Cover Message)，如视频、音频片段。这种信息隐藏过程一般由密钥(Key)来控制，即通过嵌入算法(Embedding Algorithm)将秘密信息隐藏于公开信息中，而隐蔽载体(隐藏有秘密信息的公开信息)则通过信道(Communication

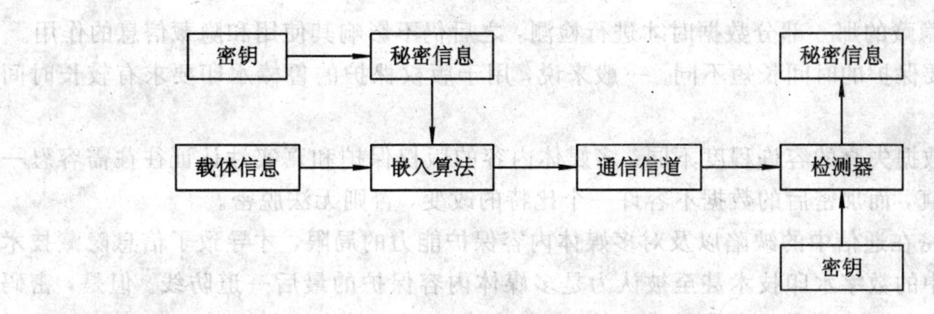

图 10.1.1　信息隐藏的通用模型

Channel)传递，然后检测器(Detector)利用密钥从隐蔽载体中恢复/检测出秘密信息。

信息隐藏技术主要由下述两部分组成：

(1) 信息嵌入算法：利用密钥来实现秘密信息的隐藏。

(2) 隐蔽信息检测/提取算法(检测器)：利用密钥从隐蔽载体中检测/恢复出秘密信息。在密钥未知的前提下，第三者很难从隐蔽载体中得到、删除或发现秘密信息。

10.1.2　信息隐藏的特点

信息隐藏不同于传统的加密，因为其目的不在于限制正常的资料存取，而在于保证隐藏数据不被侵犯和发现，所以，信息隐藏技术必须考虑正常的信息操作所造成的威胁，即要使机密资料对正常的数据操作技术具有免疫能力。这种免疫能力的关键是要使隐藏信息部分不易被正常的数据操作（如通常的信号变换操作或数据压缩)所破坏。根据信息隐藏的目的和技术要求，信息隐藏具有以下特性：

(1) 鲁棒性(Robustness)：指不因图像文件的某种改动而导致隐藏信息丢失的能力。这里所谓的“改动”，包括传输过程中的信道噪音、滤波操作、重采样、有损编码压缩、D/A 或 A/D 转换等。

(2) 不可检测性(Undetectability)：指隐蔽载体与原始载体具有一致的特性，如具有一致的统计噪声分布等，以便使非法拦截者无法判断是否有隐蔽信息。

(3) 透明性(Invisibility)：利用人类视觉系统或人类听觉系统的属性，经过一系列隐藏处理，使目标数据没有明显的降质现象，而隐藏的数据却无法人为地看见或听见。

(4) 安全性(Security)：指隐藏算法有较强的抗攻击能力，即它必须能够承受一定程度的人为攻击，从而使隐藏信息不会被破坏。

(5) 自恢复性：经过一些操作或变换后，可能会使原图产生较大的破坏，只从留下的片段数据仍能恢复隐藏信号，而且恢复过程不需要宿主信号，这就是所谓的自恢复性。

信息隐藏学是一门新兴的交叉学科，在计算机、通信、保密学等领域有着广阔的应用前景。数字水印技术及其在多媒体领域的重要应用，已受到人们越来越多的重视。

10.1.3　信息隐藏与数据加密的区别和联系

(1) 隐藏的对象不同。加密是隐藏内容，而信息隐藏主要是隐藏信息的存在性。隐蔽通信比加密通信更安全，因为它隐藏了通信的发方、收方以及通信过程的存在，不易引起怀疑。

(2) 保护的有效范围不同。传统的加密方法对内容的保护只局限在加密通信的信道中或其他加密状态下，一旦解密，则毫无保护可言；信息隐藏不影响宿主数据的使用，只是在需要检测隐藏的那一部分数据时才进行检测，之后仍不影响其使用和隐藏信息的作用。

(3) 需要保护的时间长短不同。一般来说，用于版权保护的鲁棒水印要求有较长时间的保护效力。

(4) 对数据失真的容许程度不同。多媒体内容的版权保护和真实性认证往往需容忍一定程度的失真，而加密后的数据不容许一个比特的改变，否则无法脱密。

由于加密在通信中的缺陷以及对多媒体内容保护能力的局限，才导致了信息隐藏技术的发展，其中的数字水印技术甚至被认为是多媒体内容保护的最后一道防线。但是，密码学中的很多思想可以借鉴到信息隐藏中来(如数字水印系统的安全性应建立在密钥的基础上，不能通过对算法保密来得到安全性)，而且信息隐藏(如数字水印)的应用系统往往要借助密码体制才能实现。

10.2 数字水印

10.2.1 概述

随着多媒体技术与网络技术的飞速发展和广泛应用，对图像、音频、视频等多媒体内容的保护成为迫切需要解决的问题。对多媒体内容的保护分为两个部分：一是版权保护；二是内容完整性(真实性)保护，即认证。

密码学中的认证方法对多媒体内容的保护无能为力：一方面由于多媒体内容的真实性认证往往需容忍一定程度的失真，而密码学中的认证方法不容许一个比特的改变；另一方面，用于多媒体认证的认证信息往往需要直接嵌入多媒体内容中，不另外保存认证信息，但密码学中的认证方法则需另外保存消息鉴别码 MAC。

由于密码学对多媒体内容保护能力的局限，一种新的保护途径应运而生，即数字水印技术。数字水印技术是将与多媒体内容相关或不相关的一些标示信息直接嵌入多媒体内容中，但不影响原内容的价值，并不能被人的知觉系统觉察或注意到。通过这些隐藏在多媒体内容中的信息，可以确认内容创建者、购买者或者多媒体内容是否真实完整。

用于版权保护的数字水印一般称为鲁棒水印(Robust Watermarking)，可利用这种水印技术在多媒体内容的数据中嵌入创建者或所有者的标示信息，或者嵌入购买者的标示信息(即序列号)。在发生版权纠纷时，创建者或所有者的信息用于标示数据的版权所有者，而序列号用于标示违反协议、为盗版提供多媒体数据的用户。用于版权保护的数字水印要求有很强的鲁棒性，除了要求在一般图像处理(如滤波、加噪声、替换、压缩等)中生存外，还要求能抵抗一些恶意攻击。目前，尚无能十分有效用于实际版权保护的鲁棒水印算法。

用于多媒体内容真实性鉴定(即认证)的水印一般称为易损水印(Fragile Watermarking)。这种水印同样是在内容数据中嵌入信息，当内容发生改变时，这些水印信息会发生一定程度的改变，从而可以鉴定原始数据是否被篡改。易损水印应对一般图像处理(如滤波、加噪声、替换、压缩等)有较强的鲁棒性，同时又要求有较强的敏感性，即既允许一定程度的失真，又要能将失真情况探测出来。

数字水印还有其他用途，如在多媒体内容中嵌入注释信息、隐蔽通信等。

10.2.2　典型数字水印系统模型

图 10.2.1 为水印信号嵌入模型，用于完成将水印信号加入原始数据中；图 10.2.2 为水印信号恢复模型，用于从水印数据中提取出水印信号；图 10.2.3 为水印信号检测模型，用于判断某一数据中是否含有指定的水印信号。图 10.2.2 和图 10.2.3 中的虚框部分表示在提取或判断水印信号时原始载体数据不是必要的。

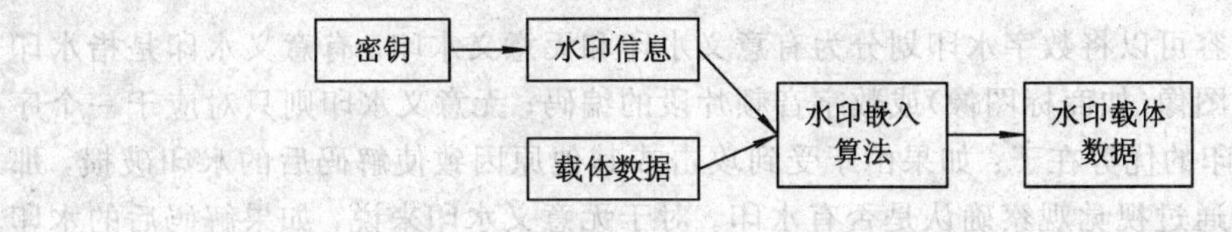

图 10.2.1　水印信号嵌入模型

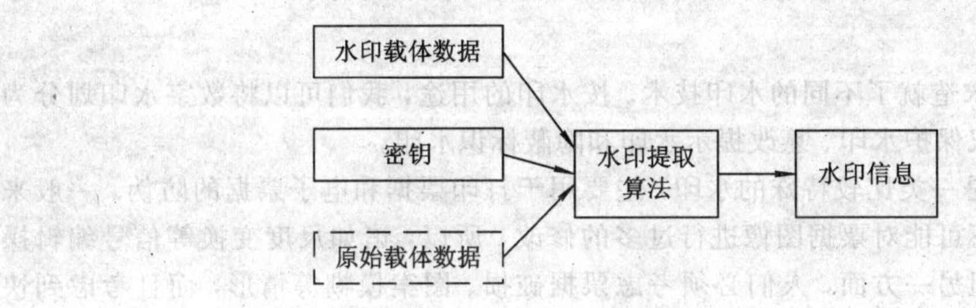

图 10.2.2　水印信号恢复模型

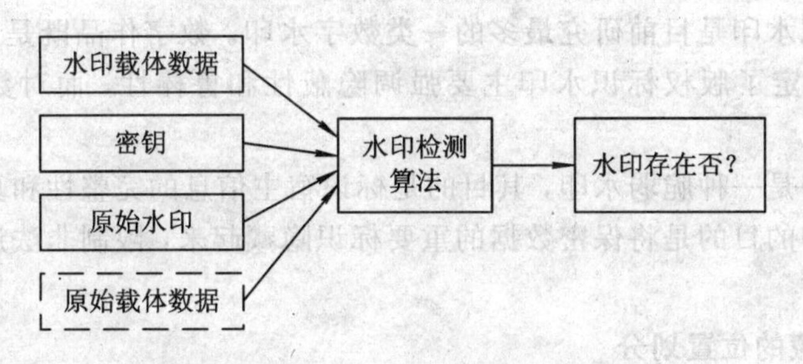

图 10.2.3　水印信号检测模型

10.2.3　数字水印的分类

数字水印技术可以从不同的角度进行划分。

1. 按特性划分

按水印的特性可以将数字水印分为鲁棒数字水印和脆弱数字水印两类。鲁棒数字水印主要用于在数字作品中标识著作权信息，如作者、作品序号等，它要求嵌入的水印能够经受各种常用的编辑处理；脆弱数字水印主要用于完整性保护，与鲁棒数字水印的要求相反，脆弱数字水印必须对信号的改动很敏感，人们根据脆弱数字水印的状态就可以判断数据是否被篡改过。

2. 按水印所附载的媒体划分

按水印所附载的媒体可以将数字水印划分为图像水印、音频水印、视频水印、文本水印以及用于三维网格模型的网格水印等。随着数字技术的发展，会有更多种类的数字媒体出现，同时也会产生相应的水印技术。

3. 按检测过程划分

按水印的检测过程可以将数字水印划分为明文水印和盲水印。明文水印在检测过程中需要原始数据，而盲水印的检测只需要密钥，不需要原始数据。一般来说，明文水印的鲁棒性比较强，但其应用受存储成本的限制。目前学术界研究的数字水印大多数是盲水印。

4. 按内容划分

按水印的内容可以将数字水印划分为有意义水印和无意义水印。有意义水印是指水印本身是某个数字图像(如商标图像)或数字音频片段的编码；无意义水印则只对应于一个序列号。有意义水印的优势在于：如果由于受到攻击或其他原因致使解码后的水印破损，那么人们仍然可以通过视觉观察确认是否有水印。对于无意义水印来说，如果解码后的水印序列有若干码元错误，则只能通过统计决策来确定信号中是否含有水印。

5. 按用途划分

不同的应用需求造就了不同的水印技术。按水印的用途，我们可以将数字水印划分为票据防伪水印、版权保护水印、篡改提示水印和隐蔽标识水印。

票据防伪水印是一类比较特殊的水印，主要用于打印票据和电子票据的防伪。一般来说，伪币的制造者不可能对票据图像进行过多的修改，所以，诸如尺度变换等信号编辑操作是不用考虑的。但另一方面，人们必须考虑票据破损、图案模糊等情形，而且考虑到快速检测的要求，用于票据防伪的数字水印算法不能太复杂。

版权保护标识水印是目前研究最多的一类数字水印。数字作品既是商品，又是知识作品，这种双重性决定了版权标识水印主要强调隐蔽性和鲁棒性，而对数据量的要求相对较小。

篡改提示水印是一种脆弱水印，其目的是标识宿主信息的完整性和真实性。

隐蔽标识水印的目的是将保密数据的重要标识隐藏起来，限制非法用户对保密数据的使用。

6. 按水印隐藏的位置划分

按数字水印的隐藏位置，我们可以将其划分为时(空)域数字水印、频域数字水印、时/频域数字水印和时间/尺度域数字水印。

时(空)域数字水印是直接在信号空间上叠加水印信息，而频域数字水印、时/频域数字水印和时间/尺度域数字水印则分别是在DCT变换域、时/频变换域和小波变换域上隐藏水印。

随着数字水印技术的发展，各种水印算法层出不穷，水印的隐藏位置也不再局限于上述四种。应该说，只要构成一种信号变换，就有可能在其变换空间上隐藏水印。

10.2.4　数字水印的主要应用领域

1. 版权保护

数字作品的所有者可用密钥产生一个水印，并将其嵌入原始数据，然后公开发布他的水印版本作品。当该作品被盗版或出现版权纠纷时，所有者即可将从盗版作品或水印版作品中获取的水印信号作为依据，从而保护所有者的权益。

2. 加指纹

为避免未经授权的拷贝制作和发行，出品人可以将不同用户的ID或序列号作为不同的水印(行业常称之为“指纹”)嵌入作品的合法拷贝中。一旦发现未经授权的拷贝，就可以根据此拷贝所恢复出的指纹来确定它的来源。

3. 标题与注释

这种应用是将作品的标题、注释等内容(如一幅照片的拍摄时间和地点等)以水印形式嵌入该作品中，这种隐式注释不需要额外的带宽，且不易丢失。

4. 篡改提示

当数字作品被用于法庭、医学、新闻及商业时，常需确定它们的内容是否被修改、伪造或经过特殊处理。为实现该目的，通常可将原始图像分成多个独立块，再将每个块加入不同的水印。同时可通过检测每个数据块中的水印信号来确定作品的完整性。与其他水印不同的是，这类水印必须是脆弱的，并且检测水印信号时，不需要原始数据。

5. 使用控制

这种应用的一个典型例子是DVD防拷贝系统，即将水印信息加入DVD数据中，这样DVD播放机即可通过检测DVD数据中的水印信息来判断其合法性和可拷贝性，从而保护制造商的商业利益。

10.3 数字水印的关键技术

近年来，认知科学的飞速发展为数字水印技术奠定了生理学基础，人眼的色彩感觉和亮度适应性、人耳的相位感知缺陷都为信息隐藏的实现提供了可能的途径。另一方面，信息论、密码学等相关学科又为数字水印技术提供了丰富的理论资源，多媒体数据压缩编码与扩频通信技术的发展也为数字水印提供了必要的技术基础。

数字水印是一个涉及多个领域、涵盖多种技术的研究方向。

10.3.1 三个研究层次

与其他技术类似，数字水印的研究也可以分为基础理论研究、应用基础研究和应用研究三个层次。

1. 基础理论研究

数字水印基础理论研究的目的是建立数字水印的理论框架，解决水印信量分析、隐蔽性描述等基本理论问题。

数字水印源自古老的密写技术。长久以来，密写技术由于缺乏理论依据，始终没有发展成为一门学科。但在认知科学和信号处理理论的基础上，充分借鉴密码学的成果，我们完全可以建立数字水印技术的理论框架，分析数据量与隐蔽性之间的关系，使得在给定需要保护的数据后，有一套可靠的标准来选择水印方案，并能综合评判各种数字水印算法的优劣。

2. 应用基础研究

应用基础研究主要是针对图像、声音、视频等多媒体信号，研究相应的水印隐藏与解码算法，以及能抵御仿射变换、滤波、重采样、色彩抖动、有损压缩的鲁棒数字水印技术。

3. 应用研究

应用研究以水印技术的实用化为目的，研究各种标准多媒体数据文件格式的水印算法。水印应用研究特别要面向 Internet 上广为使用的各种数据文件，包括 JPEG 压缩图像、MPEG－2 压缩视频、音频文件(WAV、MIDI、MP3)、AVI 及三维动画文件、PS 和 PDF 标准文本、多媒体邮件格式(voice-mail 或 video-mail)。

另外，还必须注意研究针对尚未形成标准的多媒体数据文件的水印算法，如新一代视频压缩标准 MPEG－4、各种流媒体文件等。

票据防伪也是数字水印的一个重要应用领域，各种防伪票据水印的研究也不容忽视。

10.3.2　理论模型与信量分析

在信息论中，香农(Shannon)的信道公式与保密通信公式一直是通信科学发展的指南针，虽然信息论中的许多结论都是在大量假设的前提下得出的，其中一些假设与实际情况还相去甚远，但它们对通信技术发展的指导作用却是不可否认的。数字水印在应用中也要解决一些关键的理论问题，但至今还没有产生像香农公式那样能够指导学科发展的基本理论。

数字水印的容量分析要回答这样一个问题：给定需要保护的数据文件和隐蔽性指标，可以加入多少隐藏的水印信息？只有解决了这一问题，才能科学地设计水印标识的数据格式。

目前，通过对傅立叶变换域和 DCT 变换域系数的统计分布进行建模，并借助一些信号检测理论，学术界已经得出了一些典型数字水印算法的容量估计结果，但作为一个完整的理论描述，这些结果还缺乏说服力。

10.3.3　典型算法

数字水印技术横跨信号处理、数字通信、密码学、模式识别等多种学科，各专业领域的研究者均有独特的研究角度，其算法可谓是五花八门，各具特点。数字水印的典型算法有以下几种。

1. 最低有效位算法(LSB)

最低有效位算法(LSB)是 L. F. Turner 和 R. G. van Schyndel 等人提出的第一个数字水印算法，是一种典型的空间域信息隐藏算法。

LSB 算法使用特定的密钥通过 m 序列发生器产生随机信号，然后按一定的规则排列成二维水印信号，并逐一插入到原始图像相应像素值的最低几位。由于水印信号隐藏在最低位，相当于叠加了一个能量微弱的信号，因而在视觉和听觉上很难察觉。LSB 水印的检测是通过待测图像与水印图像的相关运算和统计决策实现的。StegoDOS、White Noise Storm、S－Tools 等早期数字水印算法都采用了 LSB 算法。

LSB 算法虽然可以隐藏较多信息，但隐藏的信息可以被轻易移去，无法满足数字水印的鲁棒性要求，因此现在的数字水印软件已经很少采用 LSB 算法了。不过，作为一种大数据量的信息隐藏方法，LSB 在隐蔽通信中仍占据着相当重要的地位。

2. Patchwork 算法

Patchwork 算法是麻省理工学院媒体实验室 Walter Bander 等人提出的一种数字水印算法，主要用于打印票据的防伪。

Patchwork 数字水印隐藏在特定图像区域的统计特性中，其鲁棒性很强，可以有效地抵御剪切、灰度校正、有损压缩等攻击，其缺陷是数据量较低，对仿射变换敏感，对多拷贝平均攻击的抵抗力较弱。

3. 纹理块映射编码

纹理块映射将水印信息隐藏在图像的随机纹理区域中，利用纹理间的相似性掩盖水印信息。该算法对滤波、压缩和扭转等操作具有抵抗能力，但需要人工干预。

4. 文本微调算法

文本微调算法用于在 PS 或 PDF 文档中隐藏数字水印，主要是通过轻微改变字符间距、行间距和字符特征等方法来嵌入水印。这种水印能抵御攻击，其安全性主要靠隐蔽性来保证。

5. DCT 变换域数字水印算法

DCT 变换域数字水印是目前研究最多的一种数字水印，它具有鲁棒性强、隐蔽性好的特点。其主要思想是在图像的 DCT 变换域上选择中低频系数叠加水印信息。之所以选择中低频系数，是因为人眼的感觉主要集中在这一频段，攻击者在破坏水印的过程中，不可避免地会引起图像质量的严重下降，一般的图像处理过程也不会改变这部分数据。

由于 JPEG、MPEG 等压缩算法的核心是在 DCT 变换域上进行数据量化，所以通过巧妙地融合水印过程与量化过程，就可以使水印抵御有损压缩。此外，DCT 变换域系数的统计分布有比较好的数学模型，可以从理论上估计水印的信息量。

6. 直接序列扩频水印算法

扩频水印算法是扩频通信技术在数字水印中的应用。与传统的窄带调制通信方法不同，扩频通信将待传递的信息通过扩频码调制后散布于非常宽的频带中，使其具有伪随机特性。收信方通过相应的扩频码进行解扩，获得真正的传输信息。

扩频通信具有抗干扰性强、高度保密的特性，在军事上应用广泛。事实上，扩频通信也可以看做是一种无线电密写方法。从感知的角度考虑，扩频通信之所以具有保密性，就在于它将信息伪装成信道噪声，使人无法分辨。

扩频水印方法与扩频通信类似，是将水印信息经扩频调制后叠加在原始数据上。从频域上看，水印信息散布于整个频谱，无法通过一般的滤波手段恢复。如果要攻击水印信息，则必须在所有频段上加入大幅度噪声，这无疑会严重损害原始数据的质量。

7. 其他变换域数字水印算法

变换域数字水印并不局限于 DCT 变换域或傅立叶谱，只要能很好地隐藏水印信息，一切信号变换都是可行的。近年来，有很多学者尝试用小波变换或其他时/频分析的手段，在时间/尺度域或时/频域中隐藏数字水印信息，取得了比较好的效果。

10.3.4　数字水印算法的特点

(1) 水印要直接嵌入数据中，而不是将水印放在数据文件的头部或尾部等位置。

(2) 不易觉察或不易被注意到(或称为“透明性”)。不影响原数据的使用价值(如不影响图像的视觉效果、真实性)，不容易被人的知觉系统觉察，不易引起人的注意。

(3) 鲁棒性。不同的应用对鲁棒性要求不一样，一般都应能抵抗正常的图像处理，如滤波、直方图均衡等。用于版权保护的鲁棒水印需要最强的鲁棒性，需要抵抗恶意攻击，而易损水印、注释水印不需抵抗恶意攻击。

(4) 安全性。一个水印体制要走向商业应用，其算法必须公开。算法的安全性完全取决于密钥，而不是对算法进行保密以取得安全性。所以，密钥空间需足够大，而且分布比较均匀。另外，鲁棒水印需要能抵抗各种恶意攻击，易损水印要能抵抗“伪认证”攻击。

(5) 提取水印不需要原始数据。很多应用场合无法确定原始数据(如在Internet上搜索很多图像的非法拷贝)，或者根本没有原始数据(如可用于数码相机的易损水印)，但也有一些场合可以利用原始数据，以提高提取水印的准确性。

(6) 计算复杂度。不同应用对水印嵌入算法和提取算法的计算复杂度有不同的要求。例如，指纹水印要求嵌入算法速度快，而对检测算法则不需要很快；其他水印一般对嵌入算法的速度要求不高，但要求检测算法的速度很快。

(7) 比特率。不同应用对嵌入水印的比特率有不同的要求。一般来说，注释水印要求有较高的嵌入比特率，鲁棒水印次之，而易损水印在这方面的要求不是重点。

10.3.5　攻击与测试

与密码学类似，数字水印也是一个对抗性的研究领域。正是因为有水印攻击的存在，才有水印研究的不断深入。另外，为了实现数字水印的标准化，必须对各种数字水印算法进行安全性测试。水印测试者既要熟悉水印算法，又要熟悉水印攻击算法，还要从水印算法的理论入手进行水印信息量和鲁棒性的定量分析。

1. 水印攻击的分类

水印攻击与密码攻击一样，包括主动攻击和被动攻击。主动攻击的目的并不是破解数字水印，而是篡改或破坏水印，使合法用户也不能读取水印信息。被动攻击的目的是试图破解数字水印算法。相比之下，被动攻击的难度要大得多，但一旦成功，则所有经该水印算法加密的数据全都会失去安全性。主动攻击的危害虽然不如被动攻击的危害大，但其攻击方法往往十分简单，易于广泛传播。无论是密码学还是数字水印，主动攻击都是一个令人头疼的问题。对于数字水印来说，绝大多数攻击属于主动攻击。

值得一提的是，主动攻击并不等于肆意破坏。例如，如果将嵌入了水印的数字艺术品弄得面目全非，那么对攻击者也没有好处，因为遭受破坏的艺术品是无法销售的；对于票据防伪水印来说，过度损害数据的质量是没有意义的。真正的主动水印攻击应该是在不过多影响数据质量的前提下，除去数字水印。

密码攻击一般分为唯密文攻击(Ciphertext Only Attack)、选择明文攻击(Chosen Plaintext Attack)和已知明文攻击(Known Plaintext Attack)。参照密码学的概念，可以定义水印攻击的几种情形。

1）唯密写攻击(Stego Only Attack)

唯密写攻击是指攻击者只得到了含有水印的数据，并不了解水印的内容，这是最常见的情形。

2）已知掩蔽信息攻击(Known Cover Attack)

已知掩蔽信息攻击是指攻击者不仅得到了含有水印的数据，而且还得到了不含有水印的原始数据，这显然是攻击者所希望的。

3）已知水印攻击(Known Message Attack)

有些攻击者为了破解水印，常常冒充合法使用者，得到一些已知水印内容的数据，然后分析水印隐藏的位置。这种攻击与密码学中的已知明文攻击非常相似。

4）选择密写攻击(Chosen Stego Attack)

如果攻击者得到了水印嵌入软件，那么就可以尝试在媒体数据中嵌入各种信息，从而构成选择密写攻击。这是一种最有希望破解数字水印算法的攻击。

2. 典型的主动水印攻击方法

如前所述，破解数字水印算法十分困难，在实际应用中，水印主要面临的是主动攻击。

各种类型的数字水印算法都有自己的弱点，例如，时域扩频隐藏对同步性的要求严格，破坏其同步性(如数据内插)，就可以使水印检测器失效。典型的主动水印攻击方法有如下几种。

1）多拷贝平均

多拷贝平均指对同一幅作品的多个发行版本进行数值平均，利用水印的随机性去除水印。针对频域水印算法，可以构造具有特定频率特性的线性滤波器，攻击频域上隐藏的水印信息。

2）几何变形攻击

通过轻微的几何变形，可以破坏数据的同步性，同时也不过分影响数据质量，但却对许多直扩序列调制类的数字水印算法构成了威胁。

3）非线性滤波

中值滤波或其他各种顺序统计滤波既可以改变信号的频域特性，又可以破坏同步性，是一种复合攻击。

4）拼接攻击

拼接攻击是将含有水印的数字作品分割成若干小块，形成若干独立的文件，然后在网页上拼接起来。由于各种数字水印算法都有一定的解码空间，只靠少量的数据无法读取水印，所以很难抵御拼接攻击。

5）二次或多次水印攻击

攻击者使用自己的算法在数字作品中加入水印，即使这种操作不能破坏真正的水印，也会造成水印标识的混乱，从而给司法鉴定带来困难。尤其是对于没有原始数据作证的盲水印系统，一般很难判断哪一个水印操作在前，哪一个在后。

3. 水印测试

为了最终确定水印的技术标准，信息安全测评机构必须对大量公开的水印算法进行测试。

这种测试不仅要通过实验，而且还要进行理论分析，以免由于样本选择错误造成以偏概全。

面对大量而且繁琐的测试实验，数字水印自动测试系统的研究显得十分必要。剑桥大学开发的 StirMark 软件就是一个典型的数字水印测试系统，它集成了几十种水印攻击算法，可以比较全面地测试水印算法的鲁棒性。

对于一个有希望成为标准的数字水印，至少要测试如下几个方面。

1）隐蔽性

数字水印的信息量与隐蔽性之间存在矛盾，随着水印信息量的增加，作品的质量必然下降。隐蔽性测试需要对水印算法的信息量与能见度进行评估，给出水印信量与数据降质之间的准确关系。

对于图像、声音等多媒体数据质量的评估，不能仅依据信噪比、峰值信噪比等信号处理中的指标，还必须依赖视觉和听觉的生理模型，否则就不具有科学性。这不仅是数字水印也是数据压缩的基本准则之一。

2）鲁棒性

鲁棒性测试实际上是一个主动攻击过程，主要测试数字水印对数据同步的依赖程度、抗各种线性和非线性滤波的能力，以及抵御几何变换等其他攻击的能力。

3）安全性

安全性测试主要是对破解水印算法的时间及复杂性进行评估，以此作为水印安全性的指标。

数字水印技术从一开始就是一个多种技术相互综合的研究领域，来自通信、模式识别、信息安全等领域的研究人员各自从不同的研究角度进行探索，形成了百花齐放、百家争鸣的局面。作为一个新的研究领域，数字水印还有大量的理论和工程问题需要解决。相信随着研究工作的深入，数字水印会逐渐成熟，并最终形成一门颇具特色的独立技术学科。

10.4 数字水印与版权保护

中国古代印刷术的发明第一次使数字作品的大规模复制成为可能，印刷技术在世界范围内的广泛传播最终导致了现代版权制度的建立。综观版权制度发展的历史可以发现，版权制度与传播技术之间总是存在着微妙的互动关系。一方面，传播技术的革命和传播方式的进步始终是推动版权制度不断发展的重要力量；另一方面，版权制度又对保护和促进传播技术的推广与发展起着不可估量的作用。

一个世纪以来，无线电广播、电视、录像等新技术的产生都曾在一定程度上造成过版权保护的困难，但最终都被版权制度所吸收和规范。近年来，数字化技术和 Internet 的飞速发展，在最大限度地拓宽权利人利益范围的同时，也带来了版权的危机。数字化技术精确、廉价、大规模的复制功能和 Internet 的全球传播能力都给现有版权制度带来了前所未有的冲击，数字作品的版权保护成为困扰各国政府、法律界、艺术界和计算机科学家的难题。

10.4.1 数字技术与 Internet 的挑战

现代版权制度最突出的特点之一是出现了专门的版权保护技术。在版权保护方面，法律与技术之间存在着密切的互补关系，当法律的威慑力不足以制止侵权行为时，技术手段就用来弥补法律的不足。随着多媒体技术特别是声像数据压缩技术的发展，CD 音乐、VCD/DVD 影碟、电脑动画等数字化产品走进了人们的生活，Internet 的迅猛发展更为数字作品的广泛传播创造了条件。相对于其他版权保护对象而言，数字作品有一系列突出特点。这些特点使得它很难得到现有版权制度的保护。

1. 低廉的复制代价

绘画、雕塑、书法等传统艺术品的复制是一项专业性很强的技术，以至于一些赝品本身也具有相当高的艺术价值。但对于数字作品来说，即使是大批量复制，也不过是举手之劳。一幅辛辛苦苦创作出来的电脑绘画作品，只要成为网页的一部分，在短时间内就会产生成千上万份拷贝，以至于无法分清谁是创作者，谁是复制者。廉价的复制不仅导致了盗版的猖獗，也给追查侵权行为造成了困难。

2. 司法鉴定的困难

针对纸质文书和传统艺术品的真伪辨别，目前的司法鉴定技术有一套完整的解决方案，如纸张鉴定、笔迹鉴定等。对于数字作品来说，原作品与复制品百分之百相同，在理论上就不存在鉴别的可能。虽然文件本身还会携带诸如修改时间、所有者姓名、读/写密码等附加信息，但这些信息很容易被篡改，只能构成一种脆弱的保护。原创者不仅可能“有理讲不清”，而且可能反遭诬告。因此，数字作品侵权的取证工作已经成为知识产权执法过程中一个棘手的问题。

3. 篡改方便

对传统艺术品来说，篡改或引用是非常困难的，然而数字作品几乎允许一切可能形式的编辑，这就使原作品的完整性受到了严重威胁，同时也模糊了侵权使用与合理使用之间的界线。

4. 网页保护的难题

电子商务的兴起使 Internet 成为企业的生命线，网页的保护十分重要。除了作为企业的网上门户之外，网页本身还凝结着设计者的智慧和劳动，这种智慧和劳动直接关系着企业的经济利益。因此，网页的保护既是知识产权保护，又是商业利润保护，它必然包含两方面的内容：一是防篡改，二是防盗用。目前的网络安全技术还缺乏对于网页篡改的自动侦测机制，加之一些网站疏于管理，往往一个网页被黑客篡改了数小时后才被发现，严重损害了企业的经济利益和企业形象。对于网页资源的盗用，目前也没有很好的解决方案。

10.4.2　基于数字水印的版权保护

数字水印技术之所以在近几年以惊人的速度发展，除了军事、安全方面的原因外，最主要的原动力就是数字作品版权保护的需要。为了解决日趋复杂的版权纠纷问题，现代版权法中出现了“技术措施”和“权利管理信息”两个新概念。技术措施和权利管理信息是版权人采取的权利保护及标示措施。这两个新概念出现在版权法中，是版权保护制度在新技术条件下的发展。数字水印不仅可以作为版权保护的技术措施，而且还提供了对版权管理信息及我国特有的“行政管理信息”的全面支持。

1. 篡改提示与完整性保护

脆弱水印作为数字水印的一个重要研究分支，可以用于保护数字作品的完整性。脆弱水印是由数字作品的原始数据通过一个散列函数得到的，隐藏在公开发布的数字作品中。图像、声音、视频等数字化媒体一旦遭到篡改攻击，哪怕是很小的改动，都会破坏脆弱数字水印。完整性检测程序通过读取数字作品中的水印就可以判断数据是否已经被篡改。

对于网页保护来说，可以定时检测隐藏在网页中的数字水印，如果遭受攻击，系统就能及时报警或自动修复。

2. 充当权利管理信息

权利管理信息是指作品上标示的权利人姓名、创作时间等信息，主要用于保护版权人的经济利益。版权法对权利管理信息的保护客观上起到了保护署名权的作用。

在数字作品上直接标示权利管理信息会明显损害作品的质量，而利用文件的附加信息标示版权又很不安全。相比之下，在不过多损害作品质量的前提下，使用数字水印技术将权利管理信息秘密嵌入数据中，是一个非常理想的解决方案。首先，数字水印是不可见或不可听的，因而对消费者的利益不构成侵害；其次，数字水印具有几乎不可破译性，偷换水印的难度非常大，权利管理信息非常安全。此外，随着数字水印技术研究的深入，数字水印抗各种信号变形的能力越来越强，若想通过主动攻击去除权利管理信息，则不得不以严重损害作品的质量为代价，从而难以对权利人的经济利益构成威胁。

3. "行政管理信息"与数字水印

对我国的法律制度来说，权利管理信息还是新概念，但我国现有的"行政管理信息"可以在一段时间内和一定程度上起到保护署名权的作用。与权利管理信息不同，行政管理信息的标注不是著作者完成的，而是一种国家行为。早在1995年，我国就规定国内激光数码存储盘片的复制生产单位必须在其生产模具上刻蚀"来源识别码"，即SID码。

与权利管理信息相同，数字水印也是对数字作品标注行政管理信息的理想技术途径。

10.4.3 标准化

作为一项关系司法认证的技术，尤其是作为标示行政管理信息的手段，数字水印的标准化工作十分重要。从市场经济的角度看，水印技术标准化还意味着相应产品的垄断，即谁的技术成为法律认可的标准，谁就理所当然地享有巨大的市场份额。正因如此，IBM、NEC等信息产业巨头一直都积极参与有关版权保护水印技术标准的制定工作。

1998年，美国版权保护技术组织(CPTWG)成立了数据隐藏小组(DHSG)，着手制定版权保护水印的技术标准。在来自各大公司的7份技术方案中，DHSG确定了其中三个作为候选标准。这三个方案是：

(1) IBM与NEC共同制定的技术方案。

(2) Macrovision、Digimarc和Philips联合制定的方案。

(3) Hitachi、Pioneer和Sony共同制定的方案。

虽然DHSG进行了大量的技术调研，但它并没有制定技术标准的权利，最终决定数字水印标准的是美国版权保护顾问委员会(CPAC)。IBM、HP、Apple、Microsoft、Intel、Zoran、ATI Tech.、Mediamatics和STMicroelectronics等多家知名企业都是该委员会的会员。

另外，设在伦敦的国际摄影行业联盟(IFPI)和数字视听委员会(DAVIC)也开始了数字水印标准的制定。

尽管至今还没有形成数字水印的最终技术标准，但DHSG已经明确了用于版权保护的数字水印必须满足的一些基本条件，包括：

(1) 隐藏于数字作品中且不可感知。

(2) 可以被专用的数字电路识别。

(3) 不必获取完整数据，仅从数据流中即可检测到数字水印。

(4) 可以标记“未曾复制”、“只可复制一次”和“不能再复制”等复制信息。

(5) 漏检概率低，对于常用的信号处理过程具有鲁棒性。

(6) 水印内容(字段)的设计必须合理。

(7) 必须使用成熟的技术嵌入或检测水印。

在我国，知识产权问题是一个敏感的话题，只有深入开展数字水印技术的研究，尽快制定我国的版权保护水印标准，才能使我们在未来可能的国际知识产权纠纷中取得主动权。

10.5 数字水印与电子交易

伴随着Internet的飞速发展，电子商务异军突起，成为时代的潮流。然而，在由传统商务向电子商务转化的过程中，配送体系一直是一个难以克服的瓶颈。

事实上，许多数字化产品完全可以通过Internet直接交易，从而回避配送问题。对于数字化的书籍、杂志和声像作品，Internet具有其他发行渠道所无法比拟的优势。数字作品的电子化发行省去了印刷、包装、库存、邮寄等许多环节，允许用户购买作品的指定片段，不仅大幅度降低了成本，拓宽了发行渠道，而且给用户以更大的选择空间。数字作品电子交易系统是实现这一目标的手段。

10.5.1 系统设计原则

从消费者的角度考虑，数字作品电子交易系统首先应该是易于使用的，其次要有丰富的功能，除了传统意义上的买卖功能外，还应该支持诸如定制、转让等服务。

从技术上讲，这个系统至少要包含如下组成部分。

1. 数据压缩引擎

经营数字作品面临的第一个问题就是数据压缩。对于一个具有相当规模的网络音像商店来说，数据压缩算法直接关系到存储成本和作品质量。无论是为了保证作品的质量而牺牲存储空间，还是为了降低存储成本而牺牲作品质量，都不是最明智的做法。为了适应用户的多层次需要，数据压缩引擎应当采用可控质量的压缩算法。

2. 完整性保护

为了保证存储的数字作品不被破坏，必须建立一个由脆弱水印及密码方法共同构建的完整性保护机构。

3. 安全的支付系统

必须建立一套安全协议，以增强数字作品电子交易过程中用户在线支付的安全性。

4. 版权标识机制

版权标识是数字作品电子交易系统的核心。数字水印是版权标识的主要技术手段，与之相配合的是著作者标识管理系统和作品标识管理系统，相当于传统发行系统中的ISBN体制。

10.5.2 对数字水印技术的要求

数字作品电子交易系统中的数字水印技术必须和数据压缩算法配合使用，最基本的要求是数据压缩不能破坏数字水印。

与一切商业系统类似，数字作品电子交易系统处在复杂的网络环境中，面临各种可能的攻击，因此数字水印必须具有足够的抗攻击能力。比如，为了抗拼接攻击，水印的长度不能太长，要有相当程度的冗余。此外，为了适应在线服务的需求，水印解读的速度要快，水印嵌入的算法也不能太复杂。

可行的数字水印方案有以下三种。

1. 在原始数据中嵌入水印

在原始数据中嵌入数字水印的优势在于可以使用各种标准的文件格式和大量的数字水印研究成果，因为大多数研究性的数字水印算法都与文件格式无关。这种方式的缺点也很明显，系统的设计者必须在水印算法与压缩算法之间权衡。

2. 在压缩数据流中嵌入水印

这是另一种极端的解决方案，它与媒体信号的类型无关，数字水印的嵌入不会影响信号的内容，也不会影响传输速率。这种算法不可能很复杂，因此也容易被破解。另外，这种算法不能抗D/A转换等信号处理过程的攻击。

3. 与数据压缩算法相结合

从理论上讲，将数字水印与数据压缩融合在一起是最佳的解决方案。对于JPEG和MPEG压缩来说，这一方案很容易实现。JPEG与MPGE算法都包含了DCT变换和变换系数量化过程，压缩的质量很大程度上取决于量化。目前很多数字水印算法也是在DCT变换系数上隐藏信息，所以，只要在变换系数量化的同时考虑数据压缩与数字水印两方面的需求，就可以将压缩过程与水印过程合二为一。

10.5.3 商业模型及其应用实例

IMPRIMATUR是欧盟委员会的一个研究项目，主要研究电子商务中的知识产权保护方案，其目标是使欧盟成员国在数字作品电子交易方面达成协议。

IMPRIMATUR提出了所谓的“版权敏感作品”网上交易的商业模型，同时开发了一个电子版权管理系统(ECMS)。

1. IMPRIMATUR商业模型

所谓商业模型，就是要定义交易过程中的基本角色和核心剧情。对于数字作品电子交易系统来说，基本角色包括作品提供者、媒体发行人、作品购买者和知识产权持有者。

数字作品的创作者将作品交给作品提供者进行包装和出版，作品提供者成为知识产权的持有者；媒体发行者从作品提供者那里购买数字作品，存储于服务器中，通过WWW服务器进行广告宣传；购买者使用电子支付系统在线购买数字作品；版权持有者通过媒体发行者的服务器监控其作品的销售情况，并取得版税收入。这就是IMPRIMATUR商业模型的核心内容(如图10.5.1所示)。

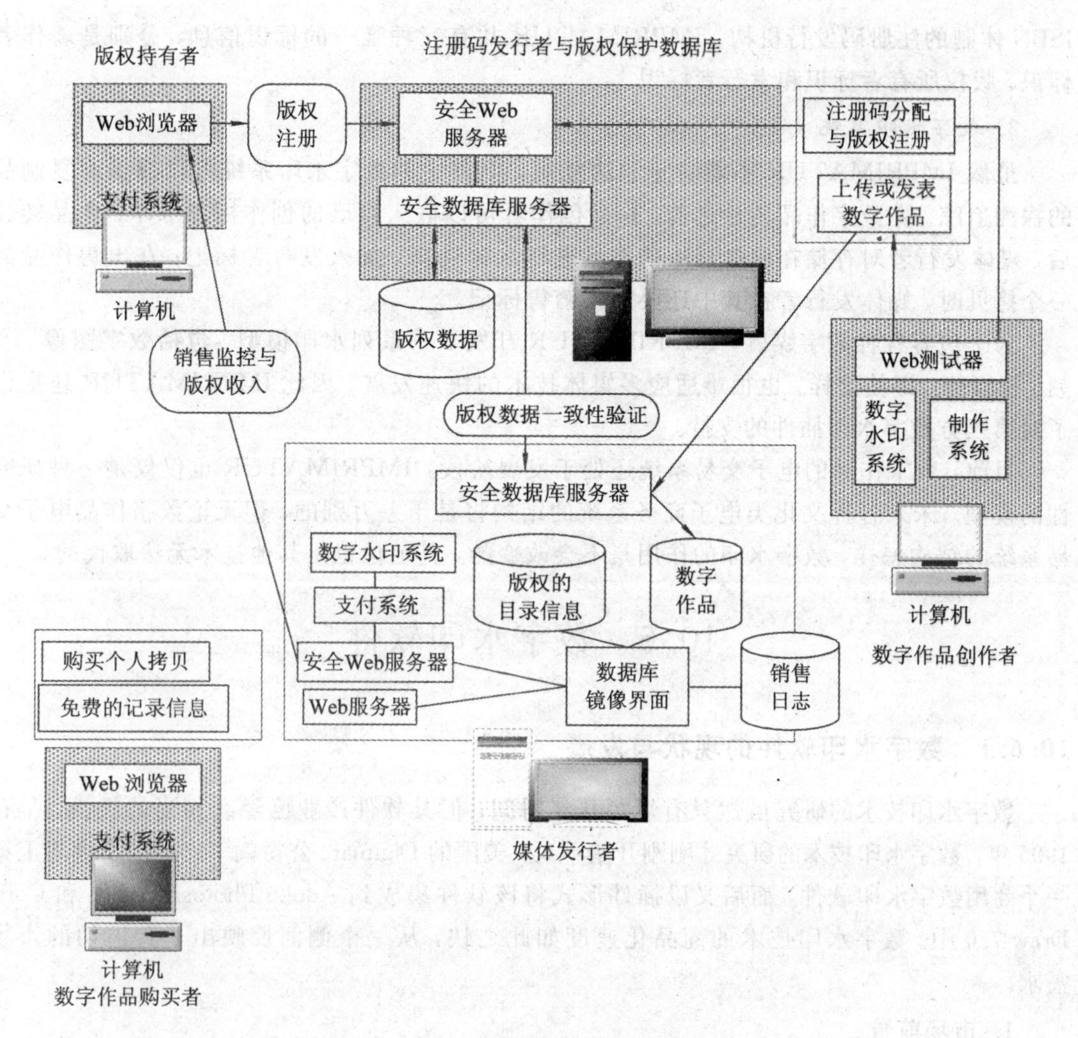

图 10.5.1　IMPRIMATUR 商业模型

2. 电子版权管理系统

电子版权管理系统是 IMPRIMATUR 的核心，也是该模型要验证的主要部分。

1）传输安全与认证

在实际应用中，数字作品电子交易系统面临着各种攻击和欺骗，所以对电子版权管理系统的第一要求是可靠。此外，还要提供与数字作品创作者之间的交互认证界面。除了版权敏感信息之外，电子版权管理系统还要安全地传输其他重要数据。比如，为了计算版税，创作者需要得到反映数字作品销售情况的统计数字。为了保护消费者的利益，带有版权信息的媒体数据在网络上传输时也需要进行安全保护。

为了满足传输安全的需要，IMPRIMATUR 采用了标准的 SSL 安全协议，既满足了客户端应用程序的开放性要求，又实现了基于公钥体制的客户/服务器认证和传输数据加密。目前，大多数网络浏览器都支持 SSL 协议和公钥体制，因此在应用中不会给用户带来麻烦。

2）唯一标识

为了明确数字作品交易系统中的各种权益关系，电子版权管理系统提供了一个类似于

ISBN体制的注册码发行机构。IMPRIMATUR共有三种唯一的标识信息，分别是著作者标识、版权所有者标识和发行者标识。

3）数字水印系统

虽然IMPRIMATUR不能防止非法复制，但其中的数字水印系统可以提供对复制品的探测追踪。在数字作品转让之前，作品创作者可以嵌入自己的创作标志水印；作品转让后，媒体发行者对存储在服务器中的作品进行水印处理，加入发行者标记；在出售作品的一个拷贝时，媒体发行者在其中还要加入销售标记。

为了包容各种数字媒体，IMPRIMATUR开发了一系列水印模型，包括数字图像、音频、视频等。即使这样，也很难适应多媒体技术的快速发展，因此IMPRIMATUR还提供了对第三方数字水印插件的支持。

目前，数字作品的电子交易系统还处于发展阶段，IMPRIMATUR也仅仅是一种研究性的模型。未来各种文化类电子商务系统的结构将是千差万别的，但无论数字作品电子交易系统的结构怎样，数字水印的作用是不会改变的，其地位也是其他技术无法取代的。

10.6 数字水印软件

10.6.1 数字水印软件的现状与发展

数字水印技术的研究虽然只有短短几年时间，但其软件产业已经有相当的规模。早在1995年，数字水印技术的研究才刚刚开始不久，美国的Digimarc公司就率先推出了世界上第一个商用数字水印软件，而后又以插件形式将该软件集成到Adobe Photoshop 4.0和Corel Draw 7.0中。数字水印技术的商品化速度如此之快，从一个侧面反映出了其迫切的市场需求。

1. 市场前景

数字化技术和Internet的发展正改变着文化传播的载体和方式，数字图书馆、网上发行等新概念层出不穷，MIDI、CD、VCD、DVD、MP3等数字化产品让人目不暇接。仅靠密码技术是不能完成对多媒体数据的加密、认证和保护的，所以数字水印技术在数据安全中处于不可替代的地位。

与军事、金融领域不同，数字视听产品是公开销售的，经销商们关心的是盗版，而不是盗用。版权就意味着利益，版权标识也因此而成为数字水印软件的最大市场。仅以DVD为例，参与研究其版权保护水印的就有包括IBM、NEC、Sony在内的数十家IT企业。

网络安全是近几年来的热门话题，保护网页不被篡改的水印产品已经开始崭露头角，并且毫无疑问地将成为数字水印软件新的增长点。

先进的技术往往首先应用于军事和国家安全领域，数字水印技术也不例外。美国陆军实验室是最早进行数字水印研究的机构之一，各种军用影像数据的隐蔽标识与篡改提示是已经公开了的数字水印应用研究项目。作为数字时代的密写技术，用于隐蔽通信的大数据量信息隐藏技术也已引起了各国情报部门的注意。数字水印一旦成为国防建设的急需，就会带来巨大的商业利润。除此之外，数字水印正在成为数字作品创作者的宠儿，其作为个人消费软件的潜在市场也是不容忽视的。

2. 软件分类

从技术上讲，目前的数字水印软件可以分成两类：时(空)域数字水印软件和变换域数字水印软件。

1) 时(空)域数字水印软件

所谓时(空)域数字水印，是指将通过密钥产生的随机序列直接加入声音、图像或视频信号中作为水印。由于嵌入信号的能量很低，所以不会被人的视觉和听觉所察觉。

常用的时(空)域数字水印技术有 LSB 和扩展频谱两种。LSB 方法对于要加入水印的信号是有一定要求的。以图像为例，如果原图的调色板不连续，则 LSB 方法会导致明显的色彩失真。所以，这类软件一般都建议用户使用具有连续调色板的灰度或真彩色图像。对于索引色图像，一般要变换到真彩色空间中去隐藏水印，因此要求原图的颜色种类不要太多，否则从真彩色空间变换回索引色时会丢失水印信息。

时(空)域上的扩频隐藏方法是指通过扩频码将水印信息调制成类似噪声的信号，这种信号的能量散布在整个频带上，难以通过频域滤波恢复。这种方法实际上就是扩谱通信系统的软件实现。

时(空)域数字水印技术的优点是隐藏的数据量大，而且可以根据信号的局部特性进行自适应；其缺点是太脆弱，常用的信号处理过程，如信号的缩放、剪切等，都可以破坏水印。此外，这类软件与具体的文件格式相关，经过这类软件处理的声像文件不能进行有损压缩。

2) 变换域数字水印软件

变换域数字水印软件首先将原始的图像或声音信号进行 DCT 或小波变换，在变换域上嵌入水印信息，然后经反变换输出。在检测水印时，也要首先对信号作相应的数学变换，然后通过相关运算来进行检测。

DCT 变换域上的数字水印具有很强的鲁棒性，可以抗各种信号变形。由于 JPEG、MPEG 等数据压缩方法也是在 DCT 变换域上操作的，所以 DCT 变换域数字水印具有与生俱来的抗有损压缩能力。不过，DCT 变换域水印方法不能做到对图像、声音等信号内容的自适应，因此往往会造成对图像亮度等特征的明显损害。

小波变换域上的数字水印方法兼具时(空)域方法和 DCT 变换域方法的优点，是一种既有自适应功能，又有鲁棒性的技术，其缺点是计算量大。

3. 发展趋势

数字水印软件的发展速度非常快，起初仅仅作为图像处理软件的插件，而今已经开始向大型商业化软件发展，呈现出面向 Internet、多种技术集成的发展趋势。数字水印软件的主要发展方向体现在以下几方面：

(1) 结合智能体技术，开发水印 Agent 和自动追踪版权标志。

(2) 面向电子商务，提供服务器端的完整性保护和客户端的数据认证。

(3) 建立水印认证中心，提供各种网上服务。

(4) 开发基于数字水印技术的数字作品电子销售系统，提供完整的安全与版权保护机制。

(5) 为各种付费点播服务提供基于流技术的数字水印产品。

(6) 面向更广泛的数字媒体，如三维动画、数字地图等，开发基于数字水印的安全保护产品。

(7) 与密码技术，尤其是数字签名技术相结合，构造综合的数据安全系统。

(8) 使用各种生物认证技术(如指纹、视网膜)构造专人标识水印。

数字水印软件作为数据安全领域中的新生事物，具有很高的技术含量和很强的生命力，同时也孕育着巨大的商机。

10.6.2 典型的数字水印软件

目前，数字水印软件既有商品化产品，也有供研究用的免费软件。

1. 商品化软件

提供商品化数字水印软件的公司如下所述。

1) Digimarc 公司 (http://www.digimarc.com)

美国 Digimarc 公司成立于 1995 年，是最早从事数字水印软件开发的企业之一，其产品主要面向多媒体版权保护、认证和电子商务等领域。Digimarc 公司的产品如下：

(1) PictureMarc。PictureMarc 是与 Adobe Photoshop、CorelDRAW、CorelPHOTO PAINT、Micrografx Wedbtricity、Micrografx Graphics Suite 和 Micrografx Picture Publisher 等图像处理和图形绘制软件捆绑销售的数字水印插件。PictureMarc 可以在图像中加入著作权 ID、发行权 ID 和复制权 ID。

(2) ReadMarc。ReadMarc 是与 PictureMarc 配套使用的数字水印阅读器，是一个可以自由下载的免费软件，可在 Windows 95/NT 和 Macintosh Power PC 平台上运行。

(3) BatchMarc Pro。BatchMarc Pro 是专门用于批量添加图像水印的软件。

(4) Digimarc Watermarking SDK。Digimarc Watermarking SDK 是一个数字水印软件开发包，提供 C/C++调用界面，可以实现图像水印的嵌入、检测和阅读。

(5) Marc Centre。Marc Centre 是一个基于 Internet 的水印认证服务系统，可以管理大规模的著作权 ID 数据库，并提供各种在线服务。

(6) Marc Spider。Marc Spider 是一个水印 Agent，它可以根据用户的著作权管理信息，自动地在 Internet 上搜索数字作品的非法拷贝，然后以报表形式将相关网址提供给用户。

2) Signum 技术公司(http://www.signumtech.com/index_ns.html)

这家英国公司成立于 1997 年，所开发的 SureSign 系列数字水印产品主要面向数字摄影、多媒体、网络发行、电子商务和医学影像等领域。SureSign 水印产品包括两个系列：SureSign Fingerprints 和 SureSign Fingerprint Detection。其中，SureSign Fingerprints 系列为水印嵌入软件，SureSign Fingerprint Detection 系列为免费的水印检测软件。

SureSign Fingerprints 系列包括为 Photoshop 开发的数字水印插件 SureSign Writer、批量水印书写软件 SureSign Pro 和水印开发包 SureSign SDK。

SureSign Fingerprint Detection 系列包括为 Photoshop 开发的水印检测插件 SureSign Detector 和为 Netscape Navigator 开发的水印检测插件 CyberSleuth。

SureSign 水印产品允许用户嵌入著作者标识和作品标识两种水印信息。在图像类型方面，SureSign 水印产品没有特殊的要求，支持真彩色、灰度和索引色图像。在存储格式方面，SureSign 水印产品支持压缩比小于 30 的 JPEG 格式。SureSign 还可以从打印作品的扫描图像中读取水印。

3) Aliroo有限公司(http://www.aliroo.com)

该公司成立于1993年12月，主要开发各种基于密码学的网络安全产品和数字水印软件。Aliroo公司与Digimarc公司达成了一系列技术协议，其开发的数字水印软件ScarLet可以直接使用Digimarc公司的认证服务。

ScarLet提供了所谓的"descarring"功能，即在确认用户密码后，可以消除水印并恢复原图。这种功能在数字水印产品中是不多见的。

4) Alpha技术公司(http://www.generation.net/~pitas/)

Alpha公司是专门从事计算机图形学、图像处理、计算机视觉等专业软件开发的企业，其开发的数字水印产品EIKONAmark在技术上有很多特色，非常适于数字图像的版权保护。

EIKONAmark比较好地解决了多次图像水印问题，可以添加50个以上不同的水印。当然，每个水印都会在一定程度上损害图像的质量。EIKONAmark还允许将添加了水印的图像保存为高压缩比的JPEG格式，解码时也不需要原始图像。

5) MediaSec技术公司(http://www.mediasec.com)

该公司是一家专业的信息隐藏技术公司，其开发的SysCop系列产品主要面向数字水印、隐蔽标识和隐蔽通信。SysCop系列产品最突出的特点是允许在图像(PPM/PGM/PBM、GIF、TIFF和JPEG格式)和视频信号(MPEG Ⅰ和MPEG Ⅱ)中灵活地隐藏各种长度的信息。

SysCop系列包括水印开发包SysCop API、水印嵌入工具SysCop Writer、水印批量处理工具SysCop Batch和水印阅读工具SysCop Reader。这些产品可以在Unix(SUN Solaris、HP-Ux、SGI IRIX)和Windows(NT 3.51、NT4.0、95/98)环境下运行。

2. 供研究用的软件

Internet上有许多为验证算法而编写的数字水印软件，其中一些体现了非常宝贵的设计思想，具有较高的参考价值。以下是其中较为典型的几个软件。

1) S-Tools

(ftp://idea.sec.dsi.unimi.it/pub/security/crypt/code/s-tools4.zip)

S-Tools是一个时(空)域数字水印软件，支持.wav格式的音频文件和.gif、.bmp等格式的数字图像文件。S-Tools处理24位真彩色图像的速度很快，对于索引色图像，根据用户的选择，可以通过还原成真彩色图像或削减颜色数量来添加水印。

2) Hide and Seek

(4.1版：ftp://ftp.csua.berkeley.edu/pub/cypherpunk/steganography/hdsk41b.zip)

(5.0版：http://www.rugeley.demon.co.uk/security/hdsk50.zip)

(ver1.0 for Windows95版：http://www.cypher.net/products/)

Hide and Seek是时(空)域数字水印软件，它对图像的限制较多，只能处理256色图像，图像尺寸被限制为320×320、320×400、320×480、640×400、1024×768。

3) Hide4PGP

(http://www.rugeley.demon.co.uk/security/hide4pgp.zip)

Hide4PGP是一个典型的使用LSB算法的数字水印软件，用于在8位或24位BMP图像中嵌入水印。对于24位真彩色图像，可选的隐藏位数为1、2、4、8。对于8位索引色图像，Hide4PGP引入的噪声很明显。

4) StegoDOS

(ftp://ftp.csua.berkeley.edu/pub/cypherpunks/steganography/stegodos.zip)

StegoDOS是早期的运行在DOS下的水印软件，使用的也是LSB方法，效果比较差。

5) White Noise Storm

(ftp://ftp.csua.berkeley.edu/pub/cypherpunks/steganography/wns210.zip)

White Noise Storm是典型的基于扩展频谱技术的数字水印软件，隐藏效果非常好，但数据量偏小。

6) Mandelsteg

(ftp://idea.sec.dsi.unimi.it/pub/security/crypt/code/)

Mandelsteg是一个提供源代码的时(空)域数字水印软件。

7) Jsteg Jpeg

(ftp://ftp.funet.fi/pub/crypt/steganography)

Jsteg Jpeg是专门针对JPEG图像格式开发的数字水印软件，水印隐藏在DCT变换域上。从处理后的图像上很难看出隐藏数据的痕迹，但对比添加水印前后的DCT谱可以发现，嵌入水印后图像的DCT变换系数有明显的阶梯效应。

8) UnZign

(http://altern.org/watermark/)

UnZign是早期(1997年)的数字水印测试工具。

9) StirMark

(http://www.cl.cam.ac.uk/～fapp2/watermarking/image_watermarking/stirmark)

StirMark是一个在数字水印研究领域非常有名的测试工具，由剑桥大学开发，其版本更新速度很快。StirMark可以从多方面测试水印算法的鲁棒性，用于测试的攻击手段包括线性滤波、非线性滤波、剪切/拼接攻击、同步性破坏攻击等。许多公开发表的数字水印方面的论文都以StirMark的攻击结果作为衡量水印算法好坏的标准。

10.7 数字水印应用实例

在数字版权管理体系中，常常采用数字水印技术来保护数字产品的版权，阻止盗版、侵权行为。本节介绍南开大学研究人员针对eBook网络出版中的版权保护问题提出的一个应用于网络出版各个流程的版权保护解决方案。

10.7.1 研究背景及现状

相比图像水印，文本水印的研究尚处于起步阶段。基于网络出版与数字图书馆潜在的巨大发展前景，为了解决其中的数字版权保护问题，需要深入研究文本水印，设计一个较为完善的版权保护方案，在方案中应对水印信息内容、各版权实体的权利及各阶段嵌入水印策略与技术做出一定要求，并进行有效管理。

1. 对水印信息内容的要求

水印信息的内容应该体现数字作品的属性和版权实体的属性，见表 10.7.1。

表 10.7.1 文本水印信息的格式与内容

条目	内　　容	条目	内　　容
应用类型	文本、图像、音频、视频	版权实体间契约	应用的协议
承载介质	标志及序列号		相关协商信息签名
文件信息	书号		应用的算法标识
	书名		对协商时间的签名
	属性(词典、科技文档、小说等)		保留
	版本号	水印算法标识	水印硬件或软件序列号
	开本		水印算法标识
	字数		保留
	目的(商用、政府用、民用等)	对时戳的签名	签名算法标识
	保留		对嵌入水印时间的签名
版权实体属性	名称(作者/译者、出版者、发行者、分销者、用户)及其唯一的标志信息		保留
	代号或序列号	控制信息	水印信息校验(CRC)
	地址、网址等		标志字段
	印数(如果名称为发行者)	信息摘要	摘要算法标识(MD5)
	责任编辑(如果名称含译者)		摘要
	公钥信息(加密算法标识、签名算法标识)		
	权限		
	保留		

2. 设计相关协议

版权保护方案中要设计水印信息管理协议、水印密钥生成协议、水印嵌入协议、水印检测协议、版权实体间协议等。

水印信息管理协议的目的是为各版权实体生成不同级别、不同权限的水印信息，并在嵌入和检测水印时提供执行控制的规则，为多个水印的嵌入规定严格的顺序。

水印密钥生成协议的目的是生成水印密钥信封。一个水印密钥信封包含一个加密的随机的水印密钥和一个法律承认的由使用者的标志信息生成的独一无二的标识。另外，还要在提取水印时不泄漏私钥，以防影响到其他用该私钥嵌入水印的作品。

水印嵌入协议的目的是在网络出版的不同阶段，确定应用的水印嵌入方案。

水印检测协议的目的是阅读器(阅读软件)与水印系统相互验证后，依据不同要求准确地检测版权实体的水印。

设计版权实体间协议的基本思想是：给每个版权实体提供独一无二的标志信息，版权拥有者的上一级不能得到生成这些信息的钥匙，版权实体间靠协商信息来相互制约。

3. 参考模型

文本数字水印系统参考模型如图 10.7.1 所示。

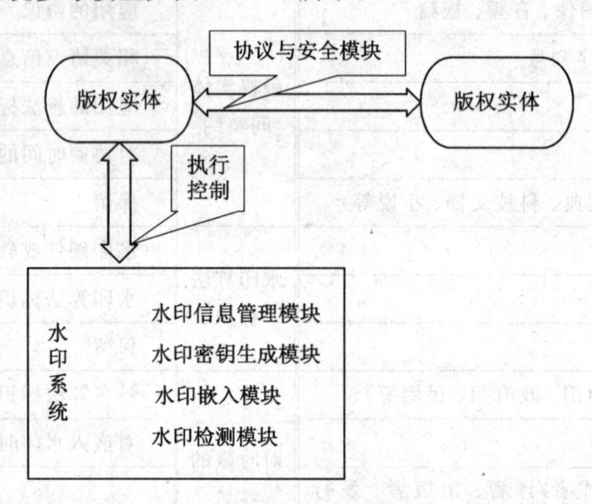

图 10.7.1　文本数字水印系统参考模型

图 10.7.1 中，版权实体间协议以及版权实体对水印系统的访问，可使用可靠的对内容的加密技术。应用相关协议可将从密钥信封中抽取的水印密钥嵌入到文本中。对同一作品多次嵌入水印时，水印信息管理模块会根据版权实体的标识管理水印的嵌入与检测。

10.7.2　方案描述

1. 方案

数字水印并非要限制或控制数据的获取，而是确保水印能不受侵犯并可恢复地留在数据中，从而确认所有权和跟踪侵权行为。采用文本水印技术，可在网络出版的各个环节保护数字版权。

网络出版有多种模式，这里按照作者、出版商、发行商、用户的顺序来定义版权实体的顺序。密钥信封由水印系统的公钥或专门硬件生成。如果是作者与用户间直接协议嵌入水印，那么作者为用户的上一级版权实体，标记为 O，用户为另一版权实体，标记为 C；如果是出版商与发行商之间协议嵌入水印，则出版商为发行商的上一级版权实体，标记为 O，发行商为另一版权实体，标记为 C(通常上一级版权实体标记为 O，另一个版权实体标记为 C)。下面介绍 O 嵌入 C 的文本水印信息的过程：

(1) O 与 C 协商有关嵌入水印的信息，并对协商信息签名，C 将其密钥信封(内含其签名的标识信息和水印密钥 w_k)签名后，用 O 的公钥加密传送给 O。

(2) O 验证签名后，将 C 的有关信息(比如序列号或代号)以及协商的有关信息连同密钥信封输入水印系统。

(3) 水印系统的密钥生成模块抽取 C 的密钥 k_C，水印信息管理模块生成 C 对于数字作品的水印信息，嵌入模块用 k_C 将水印信息用不可逆水印方案嵌入数字作品中。如果是发行商和用户的信息，则还需要方案能够容忍合谋攻击。

(4) 水印系统返回其公钥、水印密钥信封和单向哈希函数标识 ref$=\langle E_{HA}, w_k, h(V)\rangle$，并对其签名。

(5) O 保存该信息，并将水印作品、水印系统返回的信息 ref 及签名的协商信息发送给 C。

(6) C 将其签名的密钥信封输入水印系统，或输给含有水印检测模块的 PC 阅读器/手持阅读器，其签名及 O 传送过来的 ref 被验证后，水印检测模块检测水印(提取水印)。

按照这样的过程可以依次将每个版权实体的水印嵌入到数字作品中。

2. 算法

在给出算法之前，下面先介绍一下基于自然语言的文本数字水印的定义。

t 为自然语言文本，w 为比 t 小得多的字符串，希望生成自然语言文本 t'，条件如下：

(1) t'在本质上与 t 有相同的意义。

(2) t'包含秘密水印 w，w 的存在能够在法庭上举证。

(3) 没有密钥，水印 w 不能从 t'中读取。

(4) 水印嵌入文本 t 中而获得 t'的过程并不是秘密的，其安全性由密钥来保证。

(5) 当两个人购买了同一文本的不同水印版本时，内有抵抗碰撞机制。也就是说，假设 A 有 t'_A，w_A 使用一个 A 不知道的关键字嵌入其中。同理，假设 B 有 t'_B，w_B 使用一个 B 不知道的关键字嵌入其中。即使 A 和 B 共享所有的信息，他们也不能由 t'_A 和 t'_B 读取和删除水印。

在网络出版的各个阶段所采用的文本水印算法应采用基于特征的语义级文本水印算法。此算法类似于图像水印的变换域算法，鲁棒性较好。由水印信息的内容可以判断出电子出版物处于哪个阶段，然后使用相应的水印算法嵌入水印信息。

水印系统根据版权实体的标识选择单向哈希函数。作者与出版商的信息应用的是基于特征的不可逆水印算法，该算法用于确认所有权。

在其他环节嵌入的是由发行商及用户(卡/电子出版物)的序列号经 MD－5 算法后的数字指纹，且使用合谋安全指纹算法。应用 C－安全码可获得合谋安全指纹。在构造的合谋安全码字中，能获得一个跟踪算法，用以跟踪盗版行为。

3. 方案实施

方案实施包括水印的嵌入与水印的检测和抽取。

首先，水印信息生成模块按照输入的有关信息生成前面所述格式的水印信息。水印信息生成后还要对其进行预处理：设 n 为“，”(即两个“，”间记为一个句子)，a 为水印信息的位数，b 为每个语句存放水印信息的位数(现 $b=1$)，k 为水印密钥，待加水印文本有 n 个语句 $s_1, s_2, \cdots, s_n$，d_i 为 s_i 经密钥 k 加密(C2_ECBC 算法)后的 s_i，HD_i 为 d_i 经散列(MD－5、SHA、C2_H)后的值(不同的阶段应用不同的散列函数)。

然后，对 HD_i 做升序排序。接着，平均或随机地在整个 HD_i 分布的区域划分出不重叠的 $n/(a/b)$个区域，尽量使这些区域之间的间隙比较大，以便在修改个别语句时对语句分布造成的影响最小。最后，对预处理过的水印进行嵌入。

在每个子区域语句分布最密集的部分，找到离固定位置最近的语句，在该语句嵌入 b 位水印信息，并且在该语句前后的固定分布百分比距离处分别嵌入相同的水印信息，作为水印信息的保卫信息。这样可在提取水印信息时容易找到偏离固定分布位置的嵌入信息，而且还能提高抗攻击能力。

水印的检测和抽取的办法是：在每个子区域语句分布最密集的附近，找到连续 2 个（或中间只有一个间隔语句）嵌入相同水印信息的语句，根据映射层算法，在该语句中提取 b 位水印信息。这种水印技术是非盲水印技术，需要有原作和嵌入密钥，或者在手持阅读器中插入密钥卡才可读取秘密水印，而不知道密钥的人无法读取水印。

图 10.7.2 和图 10.7.3 分别为嵌入一次水印的结果和嵌入两次水印的结果。

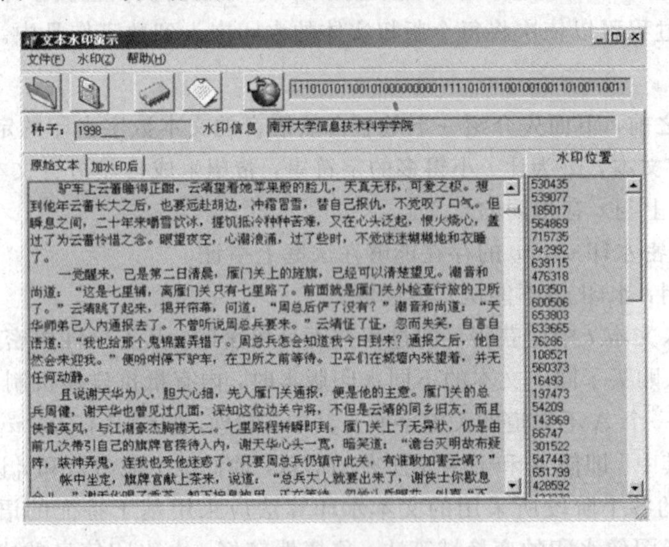

图 10.7.2　嵌入一次水印

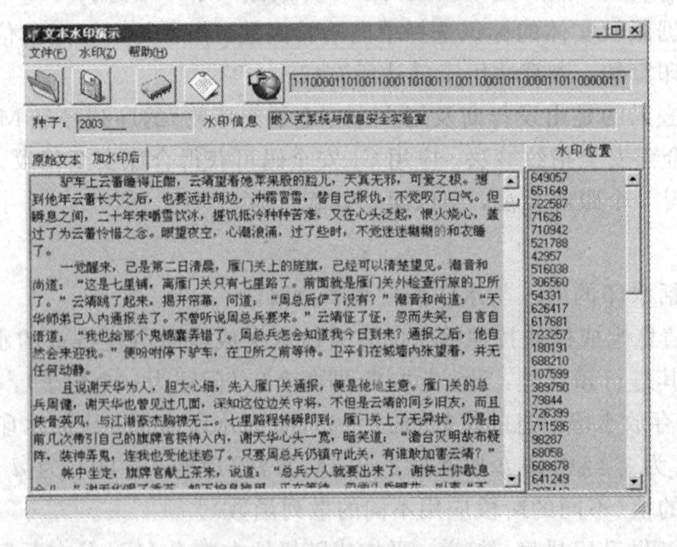

图 10.7.3　嵌入两次水印

图 10.7.2 和图 10.7.3 中，水印信息分别为“南开大学信息技术科学学院”和“嵌入式系统与信息安全实验室”。从实验结果可以看出，嵌入水印后对原文改动很小（只有很少的几个“的”字替换成了“地”字），而且没有改变句意，不影响数字作品的使用。该显示结果为第 23 页第 13 行的“的”字替换成了“地”字，为该文本中第一个改变的字。

10.8　数字水印的研究动态与展望

由于大公司的介入和美国军方及财政部的支持，数字水印技术研究的发展速度非常快。1998 年以来，《IEEE 图像处理》、《IEEE 会报》、《IEEE 通信选题》、《IEEE 消费电子学》等许多国际重要期刊都组织出版了数字水印的技术专刊或专题新闻报道。

在美国，以麻省理工学院媒体实验室为代表的一批研究机构和企业已经申请了数字水印方面的专利。1998 年，美国政府报告中出现了第一份有关图像数据隐藏的 AD 报告。目前，已支持或开展数字水印研究的机构既有政府部门，也有大学和知名企业，包括美国财政部、美国版权工作组、美国空军研究院、美国陆军研究实验室、德国国家信息技术研究中心、日本 NTT 信息与通信系统研究中心、麻省理工学院、伊利诺斯大学、明尼苏达大学、剑桥大学、瑞士洛桑联邦工学院、西班牙 Vigo 大学、IBM 公司 Watson 研究中心、微软公司剑桥研究院、朗讯公司贝尔实验室、CA 公司、Sony 公司、NEC 研究所以及荷兰菲利浦公司等。

1996 年 5 月 30 日～6 月 1 日，在英国剑桥牛顿研究所召开了第一届国际信息隐藏学术研讨会，至今已举办了三届。SPIE 和 IEEE 的一些重要国际会议也开辟了相关的专题。

我国学术界对数字水印技术的反应也非常快，目前已经有相当一批有实力的科研机构投入到这一领域的研究中。为了促进数字水印及其他信息隐藏技术的研究和应用，1999 年 12 月，我国信息安全领域的何德全院士、周仲义院士、蔡吉人院士与有关应用研究单位联合发起召开了我国第一届信息隐藏学术研讨会。2000 年 1 月，由国家“863”智能机专家组和中科院自动化所模式识别国家重点实验室组织召开了数字水印学术研讨会。从这次会议反应的情况来看，我国相关学术领域的研究与世界水平相差不远，而且有自已独特的研究思路。

通过对现有技术的分析，数字水印技术今后可能的研究方向如下：

(1) 算法分析：通过对现有的数字水印算法的鲁棒性、安全性、抗攻击性等特性的研究，并结合数字信号处理技术，寻找出它们之间的关系，从而发现更好的数字水印技术。

(2) 基于特征的数字水印技术：由于基于统计特征的数字水印技术容易受到非线形等变换方法的攻击，而基于特征的数字水印技术(如基于边界信息等)则具有较好的鲁棒性，因此后者可能成为今后的研究重点。

(3) 公钥数字水印系统：即使用一个专有的密钥来叠加水印信号，而任何人均可通过一个公开的密钥来检测出水印信号，但是用公开的密钥来推导专有密钥和用公开的密钥来去除水印信号这两个过程都非常困难。目前，该领域还未取得突破性进展。

(4) 数字水印代理(Agent)：其核心思想是将数字水印技术与 TSA(Trusted Spotting Agent)相结合。这种数字水印代理在网络上的服务器之间漫游，扮演着基于数字水印检测、验证和追踪非法拷贝的侦探角色。

(5) 其他数字水印技术：如对基于图形、矢量图和动画等媒体的数字水印技术以及基于三角面片几何图形的水印嵌入算法。这也是今后数字水印技术的一个研究方向。

除此之外，未来值得关注的研究领域还将有以下几个方面：

(1) 数字水印的标准化研究；

(2) 数字水印的网络应用研究；

(3) 与其他领域先进技术的结合研究。

第 11 章　基于生物的认证技术

传统密码技术局限在数字领域解决安全问题，而生物技术提供了一种在模拟领域解决安全问题的思想。生物认证技术由来已久，随着通信与计算机科学技术的不断发展，特别是计算机图像处理和模式识别等学科的发展，逐步形成了一门前沿学科，已经成为国内外的热门研究方向。本章将针对生物认证技术的最新研究成果和发展方向进行分析和总结，对生物认证系统总体做出概述和性能评测，重点介绍自动指纹识别技术与人脸检测和识别技术，同时对其他生物认证技术进行简单介绍，最后介绍生物加密、生物认证等相关技术。

11.1　生物认证技术简介

11.1.1　生物认证的引入

如今人类社会已经进入信息时代。信息技术的飞速发展推动了整个社会的进步，随之现代社会对信息技术又提出了更新、更高的要求。计算机使整个社会实现了信息化和网络化，而信息化和网络化的社会又对各种信息系统的安全性提出了更高的要求。身份认证成为人们加强信息系统安全性的基本方法之一，于是系统、科学的生物认证技术由此诞生，并逐步发展起来。

1. 生物认证技术的必要性

人们生活在社会中，身份认证必不可少。传统的身份认证有以下两种方式：

(1) 通过对用户所拥有的各种物品(称为标识物(token)，如钥匙、证件等)来进行认证，这种方式称为基于标识物的身份认证。比如，进门开锁，进入图书馆时工作人员检查证件等。

(2) 对用户所拥有的某种知识(如密码、卡号等)进行认证，这种方式称为基于知识的身份认证。比如，进入计算机操作系统时要求输入密码，在互联网上进入自己的电子邮箱时要求输入密码等，只有通过这一步的身份认证，才能够进行下一步的操作。

除此之外，有的系统为了进一步加强其安全性能，将这两种认证方式结合起来，即同时对标识物和知识进行认证，如银行 ATM 机系统要求用户同时提供银行卡和密码，缺一不可。

显然，这些传统的认证方法具有很多缺陷。例如：

(1) 不方便。基于标识物的身份识别系统中，证件、钥匙等携带不方便，容易丢失和伪造。另外，证件等标识物随着使用次数的增多会造成不同程度的磨损，例如身份证具有有效期，于是会造成整个认证系统的安全性能下降。

(2) 不安全。基于知识的身份认证系统中，由于密码等知识难以记忆，因此很可能被遗忘或者造成记忆混淆。同时，网络黑客可能蓄意盗取用户账号、密码等信息，从而影响整个系统的安全性。据统计，每年因密码被盗、证件丢失或伪造等给银行、通信公司、政府部门等造成的损失达几十亿美元。

(3) 不可靠。传统的身份识别系统所认证的大都是“身外之物”，而不是对本人进行识别，所以很难区分经过授权的本人和通过欺诈等恶意手段得到的授权标识或指示的冒充者，所以具有“天生的缺陷”。

正是基于传统身份识别的种种缺陷，人们必须寻找一种能对人体本身进行认证的身份识别技术，于是生物认证技术走进历史舞台，开始发挥其巨大的优越性。

2. 生物认证技术的可行性

生物认证技术是为了进行身份认证而采用自动技术测量其身体的特征或者个人的行为特点，并将这些特征或特点与数据库的模板数据进行比较，完成认证的一种解决方案。

生物认证技术是一项十分安全与方便的技术，它不需要记住账号和密码，也不必随身携带各种卡片，生物测定就是人本身，没有什么比这个更安全或者更方便的了。人本身的生物特征具有终生不变的特性，并且不会被盗、丢失或者遗忘，也很难伪造或者模仿，所以在加强系统和信息的安全性方面，生物识别技术能有效地克服传统身份识别的缺陷。由于生物识别技术以人的现场参与作为验证的前提和特点，且基本不受人为的验证干扰，因此较之传统的钥匙、磁卡、门卫等安全验证模式具有不可比拟的优势，更由于其软件、硬件设施的普及率上升、价格下降等因素，其应用范围越来越广泛，其作用也越来越重要。

另外，生物认证技术除了能够实现身份验证，即判断是否是某人之外，还能实现身份的辨别，即从多个人中辨认出某个人。这个特点使得生物认证技术的应用范围得到了极大的扩展，使之能应用于传统身份识别方法不能应用的场合。

11.1.2　生物认证技术的发展和特点

1. 生物认证技术的发展历史、现状和趋势

生物认证技术随着人类的诞生而诞生，近几个世纪以来发展迅速，其里程碑式的事件如下：

1686 年，意大利 Bologna 大学的学者 Marcello Malpighi 用显微镜发现了指纹的涡型。

1880 年，科学家发现每个人的指纹独一无二，并意识到指纹作为身份识别的可行性。

20 世纪，指纹技术在司法方面得到了世界范围的广泛应用。

1978 年，销售出第一台生物识别设备。

1986 年，从事掌纹识别的 Recognition System Inc. 成立。

1987 年，研究发现没有两个人的虹膜是相似的，这一理论申请了专利。

1990 年，从事签字识别的 PenOp Inc. 在英国成立，从事指纹识别的 SAC Technologies Inc. 成立。

1994 年，Dr. Daugman 获得第二项基础科技的专利权——IriScan 许可证。

由于能用计算机辨识复杂模式的算法的发展，Drs. Atick 和 Griffin 成立了从事面部识别的 Visionics Corp.。

1996 年，从事签字识别的 Cyber Sign 在美国加州成立，从事指纹识别的 Biometric Identification Inc. 成立。

1999 年，Biometrics 宣布参与 FBI 的 AFIS（北美犯罪用自动指纹辨识系统）项目，其活体指纹采集系统已经应用于 FBI 总部。

近年来，生物认证技术发展势头迅猛，市场份额大幅度持续增长。据国际生物识别集团（International Biometric Group）统计，2005 年全球生物识别技术产品的市场已经超过 15 亿美元，预计到 2014 年这个数字将会超过 93 亿美元。图 11.1.1 所示为国际生物识别集团对 2009～2014 年生物识别领域的市场预测。

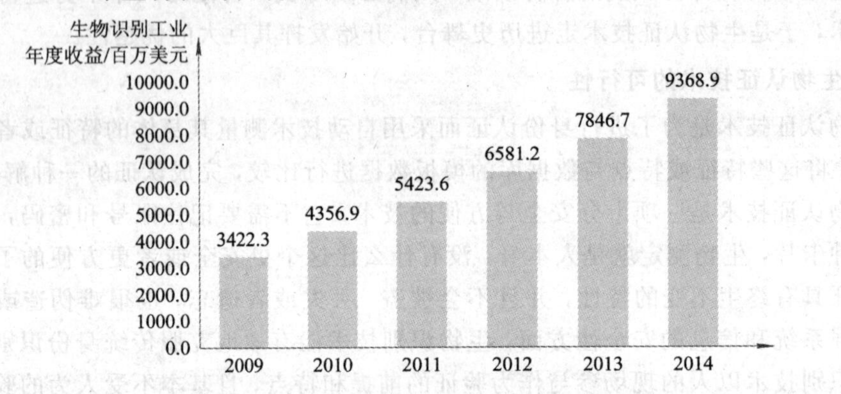

图 11.1.1　2009～2014 年生物识别领域的市场预测

据国内有关专家估计，在今后我国也将形成高达 100 亿元人民币的生物识别技术市场。

另据 2004 年国际生物识别集团统计，全球市场上主要的生物认证技术产品包括指纹识别、声音识别、人脸识别、签名识别、手形识别、虹膜识别以及多种生物特征识别。其中，指纹识别和人脸识别总共占据高达 60%的市场份额，如图 11.1.2 所示。

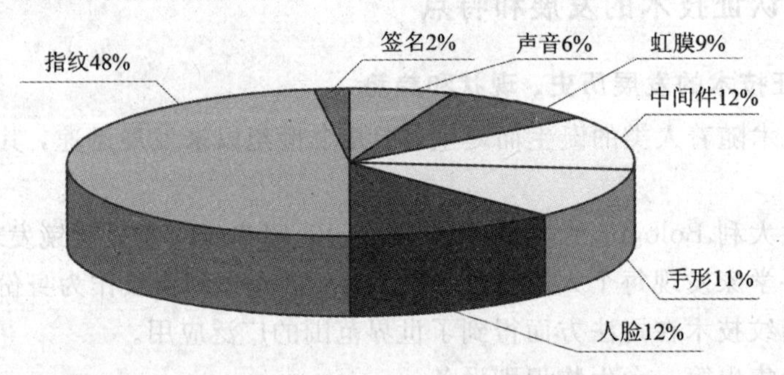

图 11.1.2　2004 年全球市场上生物认证技术产品份额统计

2004 之后，除指纹识别和人脸识别外，其他识别技术也有所发展。据国际生物识别集团统计，在 2006 年度，指纹识别和人脸识别的市场占有额有所下降，但也占据高达 55%以上的市场份额。

每种生物特征都有自己的适用范围，在一些对安全有严格要求的应用领域，人们往往需要融合多种生物特征来实现高精度的识别。数据融合是一种通过集成多知识源的信息和不同专家的意见以产生一个决策的方法。将数据融合方法用于身份鉴别，结合多种生理和行为特征进行身份鉴别，以提高鉴别系统的精度和可靠性，这无疑是身份鉴别领域和生物认证领域发展的必然趋势。

2. 生物认证技术的特点

生物认证技术是一门利用人生理上的特征来识别人的科学。与传统方法的不同之处在于，生物特征识别方法依据的是我们本身所拥有的东西，是我们的个体特性。理论上，任何生理特征都可以用来进行识别和认证，但事实上，人体有很多生物特征，并不是每一种都可以用来识别身份。可以用于身份识别和认证的人体生物特征必须满足以下几个基本条件：

(1) 普遍性：是指每个人都必须具有的特征。

(2) 独特性：是指每个人的某特征都不相同，任何两个人都可以用该特征进行区分。

(3) 永久性：是指某特征应该具有足够的稳定性，即不会随着时间或者环境的变化而发生大的改变。

(4) 可采集性：是指某特征可以较为方便地被采集和量化。

(5) 可接受性：是指基于某特征的识别系统应该比较容易被用户接受。

(6) 性能要求：是指基于某特征的系统应该能获得足够高的识别精度，并且对资源和环境的要求都应该在一个合理的范围之内。

(7) 安全性：是指某特征不容易被伪造或者模仿，也不会对人体造成物理伤害。

概括而言，用于身份识别和认证的人体生物特征必须具有“人人拥有，人各不同，长期不变”的特点。

遗憾的是，到目前为止，还没有一种单项生物特征可以满足上述全部要求。各种不同生物特征的身份鉴别系统各有优缺点，所以分别适用于不同的范围。但是，对于不同的生物特征身份鉴别系统，应该有统一的评价标准，对于具体的应用范围和系统要求，要分情况对待。

11.1.3　生物认证的分类和比较

1. 生物认证技术的分类

人体生物特征分为两大类，即生理特征和行为特征。

生理特征是指对人体某部分进行直接测量所获得的数据。当前，常用的人体生理特征归纳如下：

(1) DNA。DNA 即脱氧核糖核酸，是人体内的遗传物质，主要存在于人体细胞核的染色体上，控制着人体生长、发育的全过程。但是现在其应用领域受到严重限制，主要用于刑侦和司法领域。

(2) 耳廓。人的耳廓是个体形态的组成部分，耳廓上的耳轮、耳屏、耳垂等多个部位的宽度、弧度、位置、形态及其相互关系构成了个体耳廓所固有的、相对稳定的特征。

(3) 体味。体味即人体气味，指人体不间断地向环境散发出的能使鼻子和大脑皮层产生某种嗅觉的挥发性物质。体味是人体固有的、相对稳定的内源性气味。

(4) 人脸。在人脸识别中，用得最多的人脸特征有两类：一类是面部基本构件的位置、形状和它们的空间拓扑关系；另一类是将每个人脸用一系列标准人脸的加权和来表示，从而得到人脸的全局特征。

(5) 指纹。研究表明，人的指纹是终生不变的，在指纹识别中最常用的特征是乳突纹的细节点，因为其精度较高。

(6) 掌纹。手掌上也布满了和指纹一样的乳突纹，同时还具有一些掌纹线特征，这些特征均可以实现身份识别。

(7) 热辐射。人体散发出来的热辐射能反映一个人的特征信息，并且可以很方便地用红外相机采集到，因而可以用于身份识别。

(8) 虹膜。虹膜上丰富而稳定的纹理特征具有很强的区分能力，从而使之成为最可靠的人体生物特征之一。

(9) 视网膜。视网膜上有丰富的脉管，这些脉管具有复杂并且稳定的结构，可以实现高精度的身份认证。

(10) 手形。手形特征主要是指手的三维几何特征，如手掌的宽度和厚度、各个手指的长度和宽度等。

(11) 手上的静脉血管。静脉血管的结构信息可用来实现身份识别。

行为特征是对一个人的习惯动作的度量，是对人体特征的间接性测量。常用的人体行为特征归纳如下：

(1) 手写签名。每个人手写签名时都有自己特有的方式，因而可以应用于生物认证领域。

(2) 声纹。声纹既是行为特征，也是生理特征。声音是气流作用于人的声带、嘴、鼻腔、嘴唇等部件形成的，通过声音可以估算出这些部件的位置、形状、大小等信息。

(3) 步态。步态是指每个人走路时特有的姿态，可实现远距离身份识别。

(4) 击键打字。每个人击键打字都有自己的习惯，从而可以在一定程度上反映一个人的身份信息。

2. 生物认证技术的比较

表 11.1.1 所示为各种生物特征的简单比较。

表 11.1.1 各种人体生物特征的比较

生物特征	普遍性	独特性	永久性	可采集性	性能要求	可接受性	安全性
DNA	高	高	高	低	高	低	低
耳廓	中	中	高	中	中	高	中
人脸	高	低	中	高	低	高	高
热辐射	高	高	低	高	中	高	低
指纹	中	高	高	中	高	中	中
步态	中	低	低	高	低	高	中
手形	中	中	中	高	中	中	中
静脉血管	中	中	中	中	中	中	低
虹膜	高	高	高	中	高	低	低
击键打字	低	低	低	中	低	中	中
体味	高	高	高	低	低	中	低
掌纹	中	高	高	中	高	中	中
视网膜	高	高	中	低	高	低	低
手写签名	低	低	低	高	低	高	高
声纹	中	低	低	中	低	高	高

在选取生物特征作为生物认证对象时，除了要考虑其性能要求、可采集性外，最重要的是要考虑其可接受性。如果一个技术不能被用户接受，那么就没有存在的价值和意义了。从图11.1.2中可以看出，综合评估指纹是最容易被采纳的一种识别对象。

11.2　生物认证系统及其性能测评

生物认证技术的应用是通过系统来实现的。生物认证系统能否被接受并得到应用，不仅依赖于它的可操作性、技术性等特征，还要考虑到最终的应用情况和费用等。所以，构建一个好的系统至关重要。

长期以来，由于不同生物认证技术研发组织采用的算法不同以及评测的侧重点不同，生物认证系统性能的测评方法存在很大的差异。生物认证系统性能的测试和评估一直是未能解决的问题。本节旨在介绍最基本的评测概念和术语。目前生物认证技术的迅速发展迫切要求建立标准测试数据库，并提出了公认的系统评测标准。

11.2.1　系统要求

一个好的生物特征识别与认证系统应该包括以下几个方面。

1. 可靠性

在一个需要密码的认证系统中，提供正确的密码总是能够得到正确的结果，并且这个系统能拒绝其他任何错误的密码。然而，生物认证系统不能保证一个认证总是正确的，原因在于采集器的噪声和处理方法的限制，更重要的是生物特征的变化及表现形式的变化。另外，一个生物特征识别系统的准确性依赖于它所适用的人口数量。为了能把生物特征识别系统成功地应用到个人身份认证中，理解和评估这种技术的应用场合和人口数量是非常重要的。可靠性在大型生物认证系统中是非常重要的，因此在这种情况下准确性就变得次要了。

2. 易用性

在生物认证系统中，复杂性和安全等级之间存在一个实际的平衡点。为了能使得一个生物认证系统得以应用，应该明确说明使用和学习这个系统与系统的应用环境及潜在用户的困难。

3. 用户接受性

用户接受性主要由生物认证系统的强迫性和干扰性所确定，对用户来说是主观的。用户绝对不会接受一个令人讨厌的系统。然而，在安全要求高的应用环境中，一个难以应用的生物认证系统也有可能受到用户的欢迎，只要这个系统足够安全。

4. 易施性

为了提高生物认证技术并将其广泛应用，应该使该技术易于系统集成和实行。现在利用和集成生物认证技术还不是一件容易的事情，原因之一就是缺乏广泛的工业标准。为了能把生物认证技术推向主流的身份认证市场，鼓励其在现实环境中的评估，促进其在终端解决方案中的集成，都是非常重要的。

5. 费用

尽管已经把生物认证应用到商业解决方案中，但仍然存在一些总体成本的考虑，包括涉及到的设备、安装、调试、培训等花费，软件和硬件的维护也应该加入成本预算里。

11.2.2 系统模型

生物认证系统实际上是一个模式识别系统，通常情况下，系统首先通过传感器获取人体生物信号，然后利用模式识别的方法对该信号进行识别。

总体来说，任何一个生物认证系统都包括如下步骤。

(1) 信号获取。生物认证系统的信号(一维波形或二维图像等)是由一个采集设备来获取的。所获取的原始信号的质量非常重要，它是后继处理的输入数据。

(2) 预处理。在这个阶段，对信号/图像进行优化，包括传输、增强、分割、压缩、去噪、旋转和平移等。

(3) 特征提取。在这个阶段，要提取稳定的、区分能力强的特征，即要求所提取的这些特征能满足类内距离小，类间距离大。

(4) 特征匹配。在该阶段，将待识别的特征与模板库中的模板进行匹配，从而得到识别结果。

11.2.3 系统的操作模式

一个生物认证系统通常包括如下三种操作模式：注册(enrollment)、身份验证(verification)和身份辨识(identification)。对于身份验证和身份辨识，很多系统仅仅包括其中之一。

1. 注册

在进行验证或者辨识之前，用户需要首先将自己的身份注册到生物认证系统中。注册的具体过程如下：

(1) 接受用户提供的人体生物信号和他个人的标识(如 ID 号等)。

(2) 对所获取的人体生物信号进行预处理和特征提取。

(3) 将所提取的特征作为模板连同用户的个人标识储存到模板库或卡中。

2. 身份辨识

身份辨识是指在事先对用户的身份完全不清楚的情况下，根据他的生物特征来辨识出该用户的身份，以回答“他是谁”的问题，也称为一对多匹配(one to many matching)。其具体过程如下：

(1) 系统接受用户提供的人体生物信号。

(2) 对所获取的人体生物信号进行预处理和特征提取，并将提取的特征与系统模板库中所有或者部分模板进行匹配。

(3) 根据匹配结果得到最为相近的模板，则该模板对应的 ID 就是这个用户的身份。

3. 身份验证

身份验证需要用户首先声明自己的身份(通过 ID 号等)，然后根据用户的生物特征来回答问题“他是他自称的那个 ID 吗?”，也称为一对一匹配(one to one matching)。其具体过程如下：

(1) 系统接受用户提供的人体生物信号和他个人的标识(如 ID 号等)。

(2) 对所获取的人体生物信号进行预处理和特征提取。

(3) 根据用户提供的 ID，从系统模板库中提出相应的模板，并将其与上一步提取的特征进行匹配，进而判断该用户是否为其声称的合法用户(genuine)。

11.2.4 系统的层次框架

从研究的角度出发，所有生物认证系统的设计可以分为四个不同的层次：系统层、算法层、评估层和应用层，如图 11.2.1 所示。

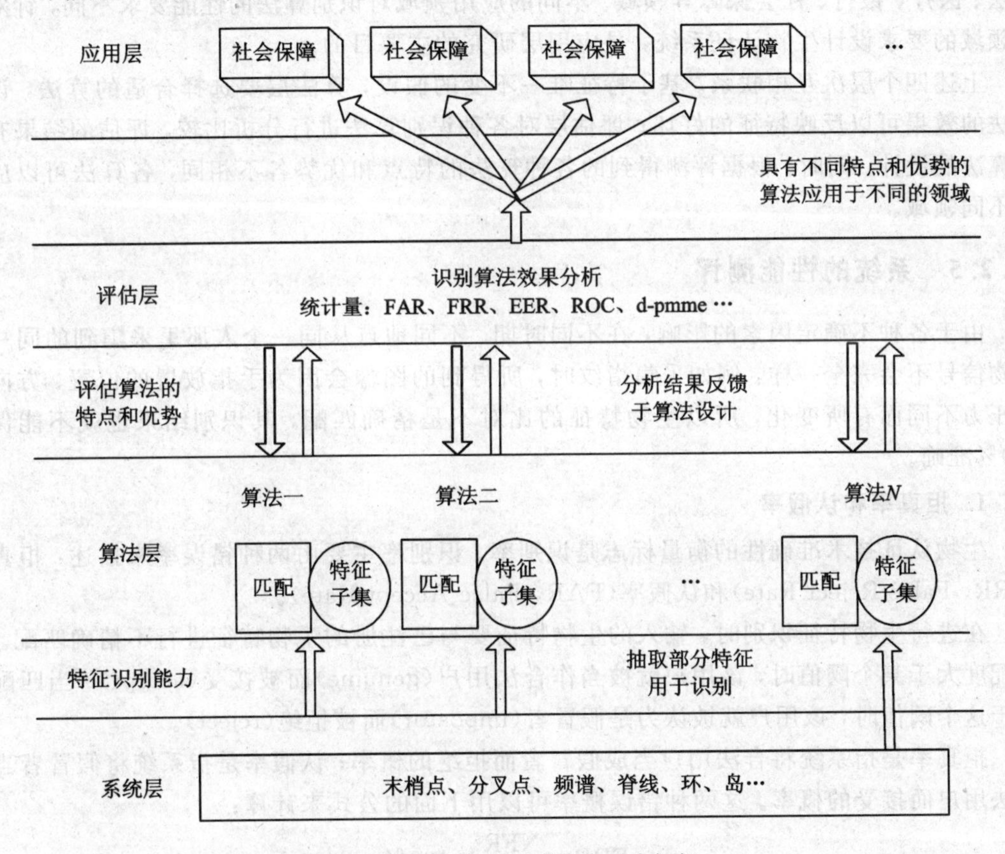

图 11.2.1 生物认证系统的层次框架

1. 系统层

生物认证系统中，系统层关心的问题是：哪一种生物特征应该被使用，哪一种操作模式更好，怎样获得一个生物特征识别的数字表示，系统的层次结构如何，以及其他的问题，如生物工程、物理大小、电能供应、花费、管理和维护费用、对环境的影响等。

2. 算法层

若已经给出了生物认证系统层的具体规划和实际应用要求，则在算法层的主要任务是特征的提取和匹配。特征的提取是指从输入的原始数据中提取出特征来表示整个数据。特征的匹配是指确定两个特征集是否来自于同一个数据源。算法层设计也包括其他的模板，如数据库管理、质量监控、加密、用户界面等。

3. 评估层

评估层主要研究的问题是：采用何种方法，使用哪些统计量可以评价和识别算法的准确性。该层可以使不同算法间具有可比性。由于算法评估标准必须具有先进性、通用性和有效性，并要得到世界各国的认同，因此形成标准仍是一项艰巨的任务。目前，国际上对生物认证尚未形成统一的标准，很多国际组织正在积极地进行标准的制定。

4. 应用层

应用层主要研究和开发具有全面、准确、真实、客观等特点的生物认证系统，应用于司法、医疗、银行、社会保障等领域。不同的应用领域对识别算法的性能要求不同，针对不同领域的要求设计生物认证系统，是应用层研究的主要目的。

上述四个层次互相联系。基于特征唯一不变的假设，算法层要选择合适的算法，识别算法的效果可以反映特征的好坏；评估层对各种识别算法进行分析比较，评估的结果有益于算法的设计。同时，根据评测得到的各种算法的特点和优势各不相同，各算法可以应用于不同领域。

11.2.5 系统的性能测评

由于各种不确定因素的影响，在不同时期、不同地点从同一个人那里采集到的同一个生物信号不会完全一样，例如采集指纹时，所得到的图像会因为手指放置的位置、方向以及压力不同而有所变化，所以生物特征的比对不是精确匹配，其识别结果也就不能保证100%准确。

1. 拒真率和认假率

生物认证技术准确性的衡量标志是识别率。识别率主要由两种错误率来描述：拒真率(FRR，False Reject Rate)和认假率(FAR，False Accept Rate)。

在进行生物特征识别时，输入的生物特征要与已注册的生物特征进行不精确匹配。当匹配度大于某个阈值时，该用户就被当作合法用户(genuine)而被接受(accept)；当匹配度小于这个阈值时，该用户就被认为是假冒者(impostor)而被拒绝(reject)。

拒真率是指系统将合法用户当成假冒者而拒绝的概率；认假率是指系统将假冒者当成合法用户而接受的概率。这两种错误概率可以用下面的公式来计算：

$$\mathrm{FRR}=\frac{\mathrm{NFR}}{\mathrm{NAA}}\times 100\%$$

$$\mathrm{FAR}=\frac{\mathrm{NFA}}{\mathrm{NIA}}\times 100\%$$

式中，NAA和NIA是合法用户和假冒者分别尝试的总次数；NFR和NFA是错误拒绝和错误接受的次数。当FAR=FRR时，FAR/FRR称为等误率(EER，Equal Error Rate)。

拒真率和认假率反映了一个生物认证系统两个不同方面的特性。

FAR越低，假冒者被接受的可能性越低，从而系统的安全性越高；FRR越低，合法用户被拒绝的可能性越低，从而系统的易用性越好。

对于任何一个生物认证系统来说，FAR和FRR越小越好。

但是，这两个指标是矛盾的，二者不可能同时降低，其中任何一项的降低，必将引起另一项的升高。所以，应该根据不同的应用来折中调节 FAR 和 FRR：对于安全性能要求较高的系统，如某些军事系统中，安全最重要，因此应该降低 FAR；对于安全性不是很高的系统，如很多民用系统中，易用性很重要，这时应该相应降低 FRR。

2. ROC 曲线

ROC 曲线(Receive Operating Characteristic Curve)是一种已经被广泛接受的匹配算法测试指标。它给出了随着阈值的不同 FAR 和 FRR 之间的关系。如图 11.2.2 所示，ROC 曲线可以清楚地反映一个生物识别系统中 FAR 和 FRR 的变化关系，并且有利于不同生物认证系统之间的性能比较。因而，ROC 曲线能够有效地描述一个生物认证系统的性能，从而成为评判生物认证技术的标准之一。

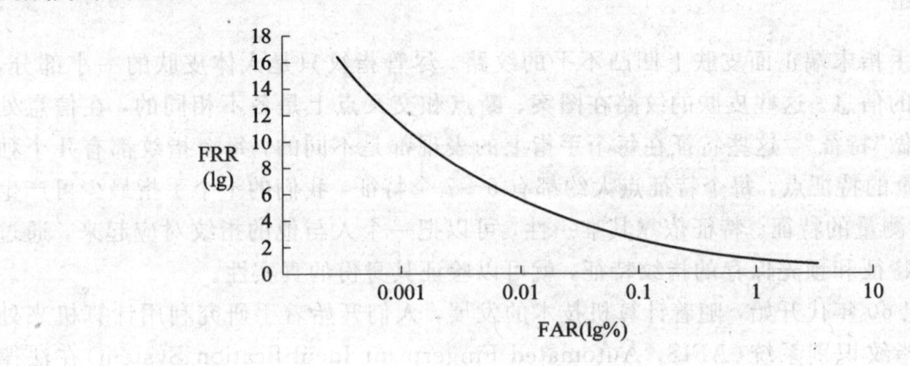

图 11.2.2　ROC 曲线

3. 注册失败和拒登率

如果系统不能在限定的时间内通过某个个体的身份注册，则认为是一次“注册失败”。注册失败具体包括以下三种情况：

(1) 注册时不能生成质量较好的生物特征图。

(2) 生成的生物特征图不能提取出必要的生物特征。

(3) 注册验证不能稳定地与模板匹配。

在样本生物特征库中，注册失败的比例叫做拒登率，用百分比表示，当然，这个比例越小越好。

11.2.6　性能评估的影响因素

在实际应用中，有许多因素影响生物认证系统性能的评估结果，归纳如下：

(1) 测试数据库。数据库中的数据是具有代表性的，因此数据库越大，评估结果就越准确。

(2) 数据质量的相关信息。测试数据库的图像质量越好，评估算法的准确性和稳定性就越高，因此测试数据库中的图像质量应该具有代表性，能真实反映实际应用中图像的普遍效果。

(3) 评估指标的科学性。设计的评估方案不同，性能测试的结果也不一样。科学、严谨的统计评估方法能够反映识别算法真实的总体特征，会成为评估标准而在实践中被人们接受。

(4) 识别算法和算法的参数。如果在测试时使用的数据库在容量、质量方面各不相同，且测试方案差别较大，则不可避免地会造成系统性能评价混乱和无序，而且系统间也不存在可比性。

因此，如何避免以上系统性能评估的弊端是今后研究的任务和方向。

11.3 指纹识别技术

前面提过，指纹识别的市场占有率最高，最容易被用户接受，因此，本节我们着重介绍指纹识别技术。

11.3.1 概述

指纹是指手指末端正面皮肤上凹凸不平的纹路。尽管指纹只是人体皮肤的一小部分，却蕴含着大量的信息。这些皮肤的纹路在图案、断点和交叉点上是各不相同的，在信息处理中将它们称做“特征”。这些特征在每个手指上的表现都是不同的，每个指纹都有几个独一无二、可测量的特征点，每个特征点大约都有5～7个特征，我们的十个手指最少可产生4900个独立可测量的特征。特征依靠其唯一性，可以把一个人与他的指纹对应起来，通过比较他的指纹特征和预先保存的指纹特征，就可以验证其身份的真实性。

从20世纪60年代开始，随着计算机技术的发展，人们开始着手研究利用计算机来处理指纹，自动指纹识别系统（AFIS，Automated Fingerprint Identification System）在法律实施方面的研究和应用在世界上许多国家展开。20世纪80年代，个人电脑、光学扫描这两项技术的革新，使得它们作为指纹取像的工具成为现实，从而使得指纹识别在更广泛的领域中得以应用。20世纪90年代后期，低价位取像设备的引入和飞速发展，以及可靠的比对算法的实现，为个人身份识别应用的增长提供了舞台。随着科技的进步，指纹识别技术已经开始走入了我们的日常生活之中。目前世界上许多公司和研究机构都在指纹识别技术的研究领域中取得了突破性进展，从而推出了许多新产品，这些产品已经开始在诸多领域中得以运用。

11.3.2 指纹的特征与类型

指纹的特征主要从两个方面展开：总体特征和局部特征。

1. 总体特征

总体特征是指那些用人的眼睛直接可以观察到的特征。总体特征包括如下内容：

（1）纹形：根据脊线的走向与分布情况一般将指纹分为斗形(loop)、弓形(arch)和螺旋形(whorl)三大类型，见图11.3.1。

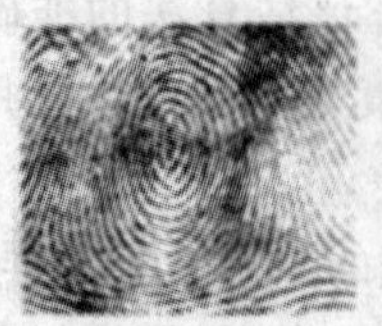
(a) 斗形纹

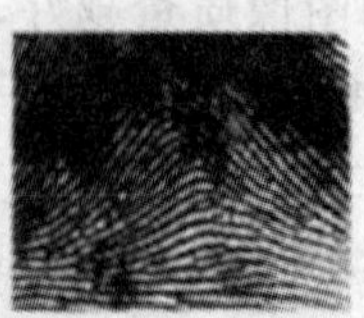
(b) 弓形纹

(c) 左旋弧形纹

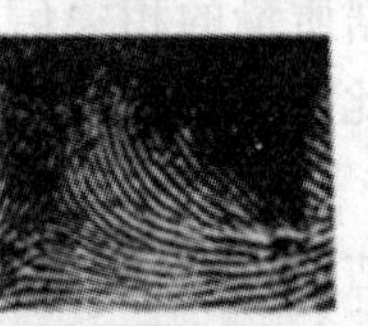
(d) 右旋弧形纹

图 11.3.1 指纹的分类

(2) 模式区(pattern area)：是指指纹上包括总体特征的区域。从模式区就能够分辨出指纹属于哪一种类型。

(3) 核心点(core point)：位于指纹纹路的渐进中心，它在读取指纹和比对指纹时作为参考点。许多算法是基于核心点的，即只能处理和识别具有核心点的指纹。

(4) 三角点(deta)：位于从核心点开始的第一个分叉点或者断点，或者两条纹路的会聚处、孤立点、转折处，或者指向这些奇异点。三角点是指纹纹路计数跟踪的始点。

(5) 纹数(ridge count)：是指模式区内指纹纹路的数量。在计算指纹的纹数时，一般先连接核心点和三角点，这条连线与指纹纹路相交的数量即可以认为是指纹的纹数。

2. 局部特征

局部特征是指指纹上节点的特征，这些具有某种特征的节点称为细节特征或特征点。局部特征包括如下内容：

(1) 终节点(ending)：一条纹路在此终结。

(2) 分叉点(bifurcation)：一条纹路在此分开成为两条或更多的纹路。

(3) 分歧点(ridge divergence)：两条平行的纹路在此分开。

(4) 孤立点(dot or island)：一条特别短的纹路，以至于成为一点。

(5) 环点(enclosure)：一条纹路分开成为两条之后立即又合并成为一条，这样形成的一个小环称为环点。

(6) 短纹(short ridge)：一段较短但不至于成为一点的纹路。

在指纹图像中，具有一定宽度和走向的纹线称为脊线，脊线根据自始至终的走势所呈现的基本形态，可以分为直行线、波浪线、弧形线、弓形线、箕形线、环形线、螺旋线等。

按照各种脊线分布的位置和走向以及它们的形状，又可以分为内部脊线、外围脊线和根基脊线。三类脊线常汇合在一处，构成三角状，称为三角区。每幅指纹图像中一般有1～2 个三角区。脊线的中心定点称为指纹的中心点。中心点与三角区是指纹识别中两个非常重要的特征。

11.3.3　指纹识别的过程

指纹识别技术一般涉及指纹图像采集、指纹图像处理、细节匹配等过程，其流程图如图 11.3.2 所示。

图 11.3.2　指纹识别流程

图 11.3.2 中，细节匹配又包括指纹图像的特征提取、保存数据、特征值的匹配等过程。

首先，通过指纹读取设备读取人体指纹的图像，并对原始图像进行初步处理，使之更清晰。然后，运用指纹识别算法建立指纹的数字表示——特征数据，这是一种单方向的转换，只能从指纹转换到特征数据。特征文件存储的是从指纹图像上找到的被称为“细节点(Minutiae)”的数据点，也就是那些指纹纹路的分叉点或者末梢点。这时算法会处理整幅指纹图像或其中部分图像。这些数据通常称为模板，保存为1KB大小的记录。最后，通过计算机模糊比较的方法，把两个指纹的模板进行比较，计算出它们的相似程度，最终得到两个指纹的匹配结果。

1. 指纹图像的获取

指纹图像的采集是自动指纹识别系统的重要组成部分。早期的指纹采集都是通过油墨按压在纸张上产生的。20世纪80年代，随着光学技术和计算机技术的发展，现代化的采集设备开始出现。

传感器是一种能把物理量或化学量变成便于利用的电信号的器件。在测量系统中它是一种前置部件，它是被测量信号输入后的第一道关口，是生物认证系统中的采集设备。

这些传感器根据探测对象的不同，可分为光学传感器、热敏传感器和超声传感器；根据器件的不同，可分为CMOS器件传感器和CCD器件传感器。它们的工作原理都是：将生物特征经过检测后转化为系统可以识别的图像信息。在生物认证系统中，可靠和廉价的图像采集设备是系统运行正常、可靠的关键。

2. 指纹图像的增强

采集获得的指纹图像通常都伴随着各种各样的噪声：一部分是由于采集仪器造成的，如采集仪器上有污渍，参数设置不恰当等；另外一部分是由于手指的状态造成的，如手指过干、过湿、伤疤、脱皮等。第一类噪声相对来说是固定的系统误差，比较容易恢复。第二类噪声与个体手指密切相关，较难恢复。指纹增强在指纹图像的识别过程中是最为重要的一环，这部分算法的优劣将对整个系统产生至关重要的影响。

采集到的指纹图像要经过预处理。预处理指的是在指纹图像进行增强之前使用一些简单的图像处理手段对图像进行初加工的过程。常见的预处理方法如下：

(1) 采用灰度的均衡化，可以消除不同图像之间对比度的差异。

(2) 使用简单的低通滤波消除斑点噪声、高斯噪声。

(3) 计算出图像的边界，进行图像的裁剪，这样可以减少多余的计算量，提高系统的速度。

指纹图像的增强就是对指纹图像采用一定的算法进行处理，使其纹线结构清晰化，尽量突出和保留固有的特征信息，避免产生伪特征信息，其目的是保证特征信息提取的准确性和可靠性。

常用图像增强算法具体包括以下几种：

(1) 基于傅里叶滤波的低质量指纹增强算法；

(2) 基于Gabor滤波的增强方法；

(3) 多尺度滤波方法；

(4) 改进的方向图增强算法；

(5) 基于知识的指纹图像增强算法；

(6) 非线性扩散模型及其滤波方法；

(7) 改进的非线性扩散滤波方法。

另外，指纹图像的分割也是预处理阶段非常重要的一个步骤。对一些光学仪器采集到的指纹，分割相对容易；对一些电容传感器采集到的指纹图像，分割则比较困难。

目前最新的分割算法有以下几种：

(1) 基于正态模型进行的指纹图像分割算法；

(2) 基于马尔科夫随机场的指纹图像分割算法；

(3) 基于数学形态学闭运算的灰度方差法；

(4) 基于方向场的指纹图像分割算法。

3. 指纹特征的提取

指纹特征的提取是基于11.3.2节介绍的指纹特征来进行的。用计算机语言完整地描述稳定而又有区别的指纹特征是实现自动指纹识别的一个关键问题，选择什么特征及如何表示既关乎指纹本身的特点，又与具体的指纹匹配算法密切联系。某种提取指纹的算法在什么情况下才能达到最佳的识别效果是人们关心的问题，因此应选择一组好的特征，这些特征不仅能够达到身份识别的基本要求，而且对噪声、畸变和环境条件不敏感。

近年来，新的指纹特征提取算法主要包括以下几种：

(1) 基于Gabor滤波方法对指纹局部特征的提取算法。

(2) 基于CNN通用编程方法对指纹特征的提取算法。

(3) 基于IFS编码的图像数字化技术，即建立IFS模型，计算源图像与再生图像之间的相似性，快速提取指纹图像的特征。

(4) 基于脊线跟踪的指纹图像特征点提取算法。该算法可以直接从灰度指纹图像中有效提取细节点和脊线骨架信息。

(5) 基于小波变换和ART(自适应共振理论)神经网络的指纹特征提取算法。

4. 指纹图像的分类与压缩

利用指纹技术识别一个人的时候，需要将他的指纹与数据库中的所有指纹作比较才能做出判断。在某些民用或者刑侦场合，数据库可能非常大，在这种情况下，识别需要耗费很长的时间，从而降低了识别技术的可用性。这一问题可以通过减少必须执行的匹配次数以提高速度来解决。在某些情况下，加入与个体相关的信息(诸如性别、年龄等)能显著降低搜索数据库的范围，然而这些信息并不总是存在的。通常的策略是将指纹数据库划分成几个子类，这样指纹识别时只需将此类指纹与数据库中同一类的指纹作比较，这就是指纹分类技术。指纹分类就是研究如何以稳定而可靠的方式将指纹划为某一类别。

常用的指纹分类技术有以下几种：

(1) 基于规则的方法，即根据指纹奇异点的数目和位置分类。

(2) 基于句法的方法。这种方法的语法复杂，推导语法的方法复杂、不固定。这种方法已经逐渐被淘汰了。

(3) 结构化的方法，即寻找低层次的特征到高层次的结构之间相关联的组织。

(4) 统计的方法。

(5) 结合遗传算法和BP神经元网络的方法。

(6) 多分类器方法。

指纹压缩技术也是自动指纹识别系统中的一项重要技术。在大量的指纹库中，为了节省存储空间，必须对指纹图像进行压缩储存，使用时再进行解压缩。图像压缩编码的目的是以尽量少的比特数表示图像，同时保持原图像的质量，使它符合预定应用场合的要求。

常用的压缩算法有以下两种：

(1) 图像压缩编码方法：包括无损压缩(熵编码)和有损压缩(量化)。

(2) 基于小波变换的指纹压缩算法：包括 WSQ 算法、DjVu 算法、改进的 EZW 算法等。

指纹压缩方法在很大程度上得益于图像压缩领域的发展。相信在不久的将来，指纹压缩技术将为指纹识别技术在大容量数据库级别上的应用提供更有利的支持。

5. 指纹图像的匹配

指纹图像匹配指的是通过对两个指纹特征集之间的相似性进行比较来判断对应的指纹图像是否来自于同一手指的过程，它是一种非常经典而又亟待解决的模式识别问题。

传统的指纹匹配算法有很多种，例如：

(1) 基于点模式的匹配方法：如基于 Hough 变换的匹配算法、基于串距离的匹配算法、基于 N 邻近的匹配算法等。

(2) 图匹配及其他方法：如基于遗传算法的匹配、基于关键点的初匹配等。

(3) 基于纹理模式的匹配：如 PPM 匹配算法等。

(4) 混合匹配方法等。

近几年，又出现了如下新的匹配算法：

(1) 基于指纹分类的矢量匹配。该法首先利用指纹分类的信息进行粗匹配，然后利用中心点和三角点的信息进一步匹配，最后以待识别图像和模板指纹图像的中心点为基准点，将中心点与邻近的 36 个细节点形成矢量，于是指纹的匹配就转变为矢量组数的匹配。

(2) 基于 PKI(Public Key Infrastructure，公钥基础设施)的开放网络环境下的指纹认证系统。

(3) 实时指纹特征点匹配算法。该算法的原理是：通过由指纹分割算法得到圆形匹配限制框和简化计算步骤来达到快速匹配的目的。

(4) 一种基于 FBI(Federal Bureau of Investigation)细节点的二次指纹匹配算法。

(5) 基于中心点的指纹匹配算法。该算法利用奇异点或指纹有效区域的中心点寻找匹配的基准特征点对和相应的变换参数，并将待识别指纹相对于模板指纹作姿势纠正，最后采用坐标匹配的方式实现两个指纹的比对。

11.3.4 指纹识别技术的优缺点

指纹识别技术的优点如下：

(1) 指纹是人体独一无二的特征，它们的复杂度足以提供用于鉴别的特征。

(2) 如果要增加可靠性，只需登记更多的指纹，鉴别更多的手指即可。

(3) 扫描指纹的速度很快，使用非常方便。

(4) 读取指纹时，用户必须将手指与采集头相互接触。这种可靠的方法是指纹识别技术能够占领大部分市场份额的一个主要原因。

(5) 指纹采集头可以更加小型化，并且价格会更加低廉。

指纹识别技术的缺点如下：

(1) 某些人或者某些群体的指纹由于指纹特征很少，因而很难成像。

(2) 过去在犯罪记录中使用指纹，使得某些人害怕“将指纹记录在案”(实际上现在的指纹鉴别技术都可以保证不存储任何含有指纹图像的数据，而只是从指纹中得到加密的指纹特征数据）。

(3) 每一次使用指纹时，都会在指纹采集器上留下用户的指纹痕迹，而这些指纹痕迹存在被用来复制的可能性。

综上所述，指纹识别技术是目前最方便、可靠的生物认证技术解决方案，同时又兼具非侵害性和价格便宜的优点，有着很大的应用和市场潜力。

11.4　人脸分析技术

目前，人脸分析技术主要分为两个大的模块：人脸检测和人脸识别。

11.4.1　人脸检测

1. 概述

对于一个人脸自动处理和分析系统而言，人脸检测是关键性的一步，人脸检测算法的精度直接影响着整个系统的性能。

人脸检测问题一般可以描述为：给定静止或动态图像，判断其中是否有人脸存在，若有，则将所有人脸从背景中分割出来，并确定每个人脸在图像中的位置和大小。人脸检测问题从不同的角度可以有多种分类方法，如表 11.4.1 所示。

表 11.4.1　人脸检测问题的分类

<table>
<tr><th colspan="2">分类依据</th><th colspan="2">类　别</th></tr>
<tr><td>图像类型</td><td>图像来源</td><td>静止图像（包括数字化的照片、数码相机拍摄的图片等，目前考虑的主要问题是算法的适应性和鲁棒性，算法的速度在其次）</td><td>动态图像（即视频序列，包括工作台前的人脸序列、保安监控录像、影视资料等，往往和人脸跟踪问题交织在一起，对算法的速度有较高的要求）</td></tr>
<tr><td rowspan="4">图像前景</td><td>颜色信息</td><td>彩色</td><td>灰度</td></tr>
<tr><td>镜头类型</td><td>头、肩部图像</td><td>半身、全身图像</td></tr>
<tr><td>人脸姿态</td><td>正面（包括端正及平面内的旋转）</td><td>侧面（包括俯仰、侧影及旋转）</td></tr>
<tr><td>人脸数目</td><td>单人（又称为人脸定位，是人脸检测问题在已知人脸数目情况下的特例）</td><td>未知（需要判定图像中是否存在人脸、人脸的数目以及各个人脸的尺度和位置，即完全的检测问题）</td></tr>
<tr><td colspan="2">图像背景复杂程度</td><td>简单背景（指无背景或背景的特征被严格约束，在该条件下只利用人脸的轮廓、颜色、运动等少量特征就能够进行准确检测）</td><td>复杂背景（指背景的类型和特征不受约束，某些区域可能在色彩、纹理等特征上与人脸相似，必须利用较多的人脸特征才能做到准确检测）</td></tr>
<tr><td colspan="2">应用领域</td><td colspan="2">人脸信息处理系统（验证、识别、表情分析等）、视频会议或远程教育系统、视觉监视与跟踪、基于内容的图像与视频检索等</td></tr>
</table>

除了以上分类方法以外，根据所利用的人脸知识的不同，人脸检测问题可以分为基于特征(feature-based)的方法和基于图像(image-based)的方法两大类。由于人脸检测问题的复杂性，无论哪一类方法都无法适应所有的情况，一般都针对人脸检测领域内某个或某些特定的问题。

虽然人脸检测方法不断涌现出来，但是现有的算法一般都只能适应于一定的环境，无约束环境下的人脸检测问题仍没有得到很好的解决。归纳起来，人脸检测不同于一般物体检测的困难主要表现在以下几个方面：

(1) 人脸构件及纹理的变化，如眼睛的闭合和展开、嘴部的形状、皱纹斑点、化妆等带来的纹理特征的差异。

(2) 人脸表面的某些变化，如各种样式的胡须、头发、眼睛等结构特征，或不同年龄、不同性别的人的毛发差异。

(3) 无约束背景下不可预知的成像条件，如光照和拍摄视角的变化等。

(4) 遮挡，如墨镜、围巾等。

所有这些未知因素都会造成实际人脸检测的困难，也使人脸检测问题成为一个极富挑战性的研究课题。

2. 人脸检测算法

人脸检测问题所包含的内容十分广泛，从不同的角度可以有多种分类方式。下面将按照基于特征的人脸检测、基于图像的人脸检测、基于活动轮廓模型的单人脸检测和多人脸检测等算法展开叙述。

1) 基于特征的人脸检测算法

基于特征的人脸检测算法主要利用人脸的明显特征，如几何特征、肤色、纹理等，将人脸图像视为一个高维向量，从而将人脸检测问题转化为高维空间中分布信号的检测问题。这是人脸检测中最常见的方法，研究的人最多，成果也最丰富。该算法的优点是直观，易于被人们所接受；其缺点是依赖于固定的先验模式，适应变化的能力较差。这种算法主要包括以下几个方面：

(1) 低层特征分析方法：包括灰度特征、纹理特征、颜色特征、运动特征等。其基本思想是利用这些图像的像素特征对视觉信息进行分割，一般适用于约束条件较强的情况(如简单背景、头肩图像等)下。

(2) 组群特征：同时利用不同种类的特征进行组群分析。根据特征的组合形式，分析方法可分为特征搜索和星群分析两类。

(3) 变换模型方法：主要包括三种形式，即弹性模板、点分布模型和活动轮廓模型。

2) 基于图像的人脸检测算法

基于图像的人脸检测算法是把人脸检测问题视为一个广义的模式识别问题，通过训练过程将样本分为人脸和非人脸两类。其具体算法主要包括以下几个方面：

(1) 线性子空间方法：主要包括主元分析法(PCA，Principal Component Analysis)、线性判别分析法(LDA，Linear Discriminant Analysis)和因素分析法(FA，Factor Analysis)等。

(2) 神经网络方法：利用神经网络的学习能力和分类能力，可以对人脸样本集和非人脸样本集进行学习，以产生分类器，从而达到人脸检测的目的。其中用到的技术主要有时延神经网络（TDNN，Time Delay Neural Networks）、FloatBug 选择性神经网络、小波变换、基于小波的多尺度分解、多层感知器（MLP，Multi - Layer Perception）网络、BP 网络等。

（3）其他统计方法：包括隐马尔科夫模型法（HMM，Hidden Markov Models）、基于 Kuback 信息理论的方法、支持向量机方法（SVM，Support Vector Machine）、Bayes 决策方法（包括稀疏网络法和 Winnow 训练法）以及 AdaBoost 方法等。

3）*基于活动轮廓模型的检测算法*

活动轮廓模型是求解曲线进化的一种重要的数学工具，它是定义在图像域上的曲线或曲面，能够在由曲线或曲面自身相关的内力以及由图像数据定义的外力的作用下移动。活动轮廓模型特别适合于建模和提取任意形状的变形轮廓。

基于活动轮廓模型的单人脸检测算法包括：

（1）基于梯度向量流的单人脸检测方法。其基本思想是将人脸轮廓的椭圆性约束算子加入到梯度向量流活动轮廓模型中，使模型能够最终收敛到图像中的椭圆目标边缘，然后根据图像中人脸的先验知识进行进一步验证，以确定人脸轮廓在图像中的位置。

（2）基于 Chan - Vese 模型的单人脸检测方法。其基本思想是借助于 Chan - Vese 模型能够检测模糊或离散状边缘的强大优势，将人脸形状的椭圆性约束作为算子嵌入到该模型中，从而使改进的模型能够快速收敛到图像中的椭圆目标边缘，然后根据图像中人脸的先验知识进行进一步验证，以确定人脸轮廓在图像中的位置。

（3）基于变形垂足曲线的单人脸检测方法。其基本思想是借助于变形垂足曲线能同时表示全局形状和局部形变的能力，将人脸形状的先验知识嵌入到该模型中，同时利用变形水平集方法进行数值求解，从而自然地处理曲线的拓扑变化。

基于活动轮廓模型的多人脸检测算法包括：

（1）基于多相 Chan - Vese 模型的多人脸检测方法。其基本思想是首先采用多相 Chan - Vese 模型对图像进行多区域分割，然后计算分割得到的闭合曲线与人脸先验形状之间的 Hausdorff 距离，根据 Hausdorff 距离和预先设定的阈值判断该闭合曲线是否为人脸轮廓，以此得到图像中人脸所在的位置。

（2）人脸数目已知时的多人脸检测方法。其基本思路是将常规 Chan - Vese 模型进行扩展，使之能够进行多区域分割。

3. 性能测评

人脸检测系统的输出准确与否需要一个客观的标准进行评价。长期以来，研究人员虽然提出了大量的算法，但是检测时往往使用不同的测试集，因此，对算法的性能评测是一件很困难的事。另一方面，对于不同的训练集和样本规模，尤其是一些基于图像的人脸检测方法，其对测试结果的影响也是巨大的。

一般性能评价标准可以通过如下两种概率得到：

（1）检测正确率：反应系统检测出真实人脸的能力，表示为

$$\text{检测正确率}=\frac{\text{正确检测到的人脸数目}}{\text{测试集中包含的人脸数目}}\times 100\%$$

（2）错误报警率：反应系统将不是人脸的区域错误地认为是人脸的概率，表示为

$$\text{错误报警率}=\frac{\text{错误报警数目}}{\text{处理的检测窗口数目}}\times 100\%$$

另外，前面提到的ROC曲线也可提供很多信息。

总体而言，由于众多变化因素的影响，对不同的数据库，各种方法检测的效果很不相同，目前还没有一个公认的评估标准。为了有效评估各检测算法的性能，应采取如下措施：

(1) 建立一个标准的测试集，而且可根据不同的用途划分子集。

(2) 大多数人脸检测算法都依赖于人脸的准确定位，所以检测位置的偏差是衡量算法性能的另一个重要指标。

(3) 大多数应用是面向实时处理的，因此算法的复杂度和系统运行速度也是一个重要的衡量指标。

11.4.2 人脸识别

1. 概述

人脸识别可以说是人们日常生活中最常用的身份确认手段，也是当前最热门的生物认证技术研究课题之一。人脸识别就是捕捉人的面部特征，同时把捕捉到的人脸与预先录入的人员库中的人脸进行比较识别，最后得到结果的技术。因为人们对这种技术没有任何排斥心理，所以从理论意义上来讲，人脸识别可以成为一种最友好的生物特征身份认证技术。

目前人脸识别的主流技术有：特征面孔扫描技术、特征分析面孔扫描技术、神经网络定位面孔扫描技术、自动面孔处理扫描技术等。人脸识别的核心技术在于“局部特征分析”和“图形识别算法”，这些算法利用面部各种器官及特征部位的方位关系，与形成的识别参数和数据库中的原始参数进行比较、判断、确认，在很短的时间内迅速给出判断结果。

人脸识别技术主要针对面部不易产生变化的部分进行图像处理，其中包括眼眶轮廓、颧骨的周围区域及嘴的边缘区域等。由于人们在利用人脸确认身份的时候除了使用眉毛、眼睛、鼻子和嘴等面部特征外，通常还要用到大量的上下文信息，没有这些上下文信息，很难做到高置信度的识别，因此如何在识别过程中结合这些上下文信息是人脸识别的主要难题之一。

在过去的二十多年中，学术界对人脸识别已经做了大量研究，并取得了一定的进展，市场上也出现了一些人脸识别系统，如BAC公司生产的One-On-One人脸识别系统。20世纪90年代后期，由于计算机处理速度的飞速提高及图形识别算法的革命性改进，人脸识别技术以其独特的方便性、经济性及准确性，越来越受到世人的关注，特别是在1996年以后，该技术在世界范围内被广泛采用，应用领域日趋广泛。其中部分产品已经开始在美国移民、司法、医疗、社会福利等政府机构中使用，同时也在PAROLL银行的ATM自动取款机、马来西亚“兰卡威”机场登陆控制系统、英国伦敦警事监控系统、巴以加沙地带的出入控制系统等方面开始实际应用，并且取得了良好的效果。按照业内人士的说法，21世纪最普及和方便的安全钥匙将是您自已的脸！(Your face is your key!)

2. 人脸识别的一般框架结构

人脸识别属于典型的模式识别问题，主要由在线匹配和离线学习两个过程组成，其框架结构如图11.4.1所示。

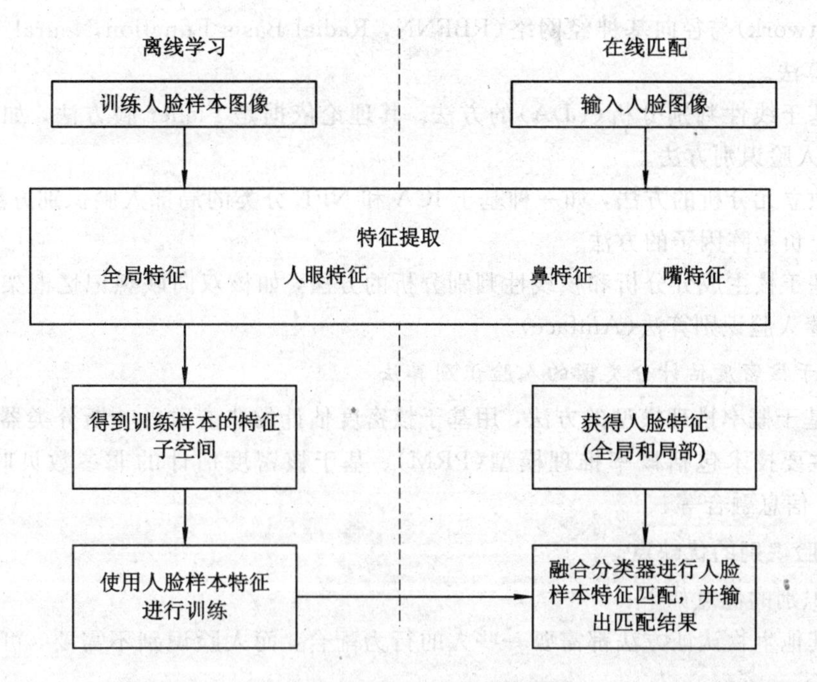

图 11.4.1　人脸识别的框架结构

在人脸识别中，特征的分类能力、算法的复杂度和可实现性是确定特征提取算法时需要考虑的因素，所提取特征对最终分类结果有着决定性的影响。分类器所能实现的识别率上限就是各类特征间的最大可区分度。因此，人脸识别的实现需要综合考虑特征选择、特征提取和分类器设计。

3. 人脸识别算法

1）*基于局部特征的人脸识别算法*

人们在日常生活中识别人脸时，不仅会从全局上扫视概貌，也会对细节特征做仔细观察。因此，局部特征在人脸识别中具有重要价值。其主要算法包括：

(1) 基于面部几何特征的方法，其特征提取以人脸的面部特征点(如眼睛、眉毛、鼻子、嘴巴等)的形状和几何关系为基础。

(2) 基于模板匹配的方法。

(3) 基于 Voronoi 域积分的三维人脸识别方法。

(4) 基于小波包分解的方法。

(5) 基于弹性图匹配的方法。

(6) 基于全局模式下的局部特征分析的方法。

2）*基于子空间分析方法的人脸识别算法*

通常得到的图像空间维数都非常高，子空间分析的思想就是根据一定的性能目标来寻找一个线性或非线性的空间变换，把原始信号数据压缩到一个低维子空间，使数据在子空间中的分布更加紧凑，这样计算的复杂度得以大大降低。其中主要算法包括：

(1) 基于主成分分析的方法。其理论依据是主成分分析(PCA)或 K-L 变换，如一种基于自适应主分量提取神经网络(APCENN，Adaptive Principal Components Extraction

Neural Network)与径向基神经网络(RBFNN, Radial Basis Function Neural Network)的人脸识别算法。

(2) 基于线性判别分析(LDA)的方法。其理论依据是Fisher脸方法，如基于KFD-Isomap的人脸识别方法。

(3) 独立元分析的方法，如一种基于ICA和NFL分类的局部人脸识别方法。

(4) 非负矩阵因子的方法。

(5) 基于核主成分分析和核线性判别分析的方法，如核双向联想记忆框架(KBAM)基础上的鲁棒人脸识别算法(Amface)。

3) 基于核密度估计分类器的人脸识别算法

这是基于概率推理模型的方法，用基于核密度估计的非参数贝叶斯分类器来进行人脸识别。其主要技术包括概率推理模型(PRM)、基于核密度估计的非参数贝叶斯分类器、EM算法、信息融合等。

4. 人脸识别的优缺点

人脸识别的优点如下：

(1) 其他生物认证方法都需要一些人的行为配合，而人脸识别不需要，可以用在某些隐蔽的场合。

(2) 可远距离采集人脸。

(3) 充分利用已有的人脸数据库资源，更直观、更方便地核查某人的身份，因此可以降低成本。

人脸识别的缺点如下：

(1) 人脸的差异性并不是很明显，误识率较高。

(2) 对于双胞胎不能区分。

(3) 人脸特征的持久性较差，如长胖、变瘦等。

(4) 人脸表情丰富多彩。

(5) 受周围环境影响较大。

目前人脸识别算法主要适于限定环境下、限定类别数量条件下的应用，还远远不能发挥出人脸图像可在自然条件下获取和识别的优点，这也为今后人脸识别技术的发展方向指明了道路。

11.5　其他生物认证技术

随着科学技术的不断进步，各种生物认证技术都得到了充分发展，国家和社会需求的增加和变化也使得各种生物认证技术的应用范围和应用领域不断拓展。本节主要介绍其他生物认证技术，这些技术各有特色，在不同的领域发挥着不同的作用。

11.5.1　掌形识别

掌形与其他生物特征一样，也具有稳定性、唯一性和普遍性的特点，因此也可以作为身份确认的识别特性。掌形识别技术包括掌纹识别技术和手形识别技术。掌纹是指手掌上的纹理特征，手形是指手的几何特征。

掌纹识别的主要算法包括：

(1) 基于图像变换的识别算法：如傅里叶变换法、基于 K－L 变换的主成分分析法、基于小波变换的上下文建模法等。

(2) 基于掌纹结构特征的识别算法：基于掌纹点特征和线特征的识别方法，如手掌上乳突纹的方向特征法、“感兴趣点”法、以特征点为基础的脱机掌纹验证法、Sobel 算子和形态学方法等。

(3) 基于掌纹纹理特征的识别算法：如用方向模板定义并提取四维全局纹理能量的特征法、基于二维 Gabor 滤波器和 Hamming 距离的方法、改进的 PalmCode 方法(FusionCode)等。

手形识别的主要算法包括：

(1) 基于手形尺寸测量值的算法。

(2) 基于高斯混合模型的算法等。

掌形识别主要应用在刑侦领域，在民用领域的研究刚刚兴起，其优点如下：

(1) 含有比指纹更为丰富的信息。

(2) 具有很强的区分能力和抗噪声能力。

(3) 图像获取的条件较易控制。

(4) 识别精度高。

(5) 掌形采集设备价格低廉，使用方便。

其缺点主要表现如下：

(1) 使用识别仪会传播手掌遗留物中的细菌，而人脸识别则非常卫生，没有此类问题。

(2) 习惯使用左手的人，不习惯使用右手识别仪。

(3) 要使用识别仪必须经过一定的学习，并且在使用过程中需要大约 15 秒的时间来使一个人正确放置他的手。

(4) 大约有 5%的合法的人，由于他们的手太小、太大或不能正确放置而被识别仪拒之门外。

11.5.2　虹膜识别

虹膜识别技术是基于在自然光或红外光照射下对虹膜上可见的外在特征进行计算机识别的一种生物认证技术。虹膜的形成由遗传基因决定，因为人体基因表达决定了虹膜的形态、生理、颜色和总的外观，每一个虹膜都包含一个独一无二的特征结构。虹膜的高度独特性、稳定性及不可更改的特点是虹膜可用作身份鉴别的物质基础。

虹膜识别技术中，图像的获取和预处理十分重要。一般情况下，对获取的图像进行增强的算法主要包括：频域算法、插值方法、重复背投影方法、最大后验估计方法、凸集投影方法、偏微分方程方法、水平线方法等。

虹膜识别的主要算法包括：

(1) 基于灰度图像的算法，如相位编码方法、基于拉普拉斯金字塔的图像匹配方法、一维小波过零点检测方法、基于 Gabor 滤波器的二维纹理分析方法、基于 Haar 小波分析方法等。

(2) 基于特征点的方法。

(3) 基于分割的方法，如"头帽法"(Head - hat Method)等。

(4) 基于纹理分析的方法等。

虹膜识别可以用于身份鉴别，如在银行取款、网上购物、抓捕逃犯等领域，可以准确识别行为人的真实身份，确保操作者的安全性和可靠性。

虹膜识别技术的优点如下：

(1) 便于用户使用。

(2) 具有很高的识别精度。

(3) 用户和设备无需物理接触等。

其缺点如下：

(1) 没有进行大量的测试。

(2) 很难将图像获取设备的尺寸小型化。

(3) 因聚焦的需要而要求昂贵的摄像头。

(4) 镜头可能会使图像畸变，进而使可靠性大为降低。

(5) 黑眼睛极难读取。

(6) 需要一个较好的光源等。

11.5.3 视网膜识别

视网膜也是一种被用于生物认证的特征。视网膜识别技术要求激光照射眼球的背面以获得视网膜特征。与虹膜识别技术相比，视网膜扫描也许是最精确、可靠的生物识别技术。由于感觉上这种技术高度介入人的身体，因此它也是最难被人接受的技术。在目前初始阶段，视网膜扫描识别需要被识别者有耐心、愿意合作且受过良好的培训，否则识别效果会大打折扣。

视网膜扫描设备通过瞳孔读入信息，这需要使用者在距离照相设备半英寸(1英寸＝2.54厘米)的范围内调整他的眼睛。使用者的眼睛随着旋转绿光的指示移动，用以保证对视网膜400个点的测量。然后反射回扫描器，系统会迅速描绘出眼睛的血管图案并录入到数据库中，眼睛对光的自然反射和吸收被用来描绘一部分特殊的视网膜血管结构。之后经过与其他生物认证系统类似的算法和匹配即得到输出结果。

视网膜识别技术的优点如下：

(1) 精确度非常高，FAR低至0.0001%。

(2) 生物识别样本稳定。

(3) 难以磨损，想提供伪造的视网膜是非常耗时和困难的。

(4) 使用者不需要和设备进行直接接触。

(5) 记忆模板较小，节省存储空间，实用价值很高。

其缺点如下：

(1) 使用较困难，每次都需要用户反复盯着一个小点几秒钟不动。

(2) 用户感觉不好，人的眼球，特别是眼球内部，是娇贵的领域，许多人不情愿使用扫描设备。

(3) 采集成本高，采集过程较为繁琐。

(4) 静态设计困难，其他生物认证技术可以利用硅片技术的发展和照相机质量的突破，与此相反，视网膜扫描受限于一定的图像获取机制。

(5) 此技术可能会对使用者的健康造成伤害。

11.5.4　语音识别

语音识别技术又称做声纹识别技术，是指将现场采集到的语音同登记过的语音模板进行各种特征的匹配。语音识别是一种将人讲话发出的语音通信声波转换成为一种能够表达通信消息的符号序列的过程。

语音识别的系统类型大致可以分为限制用户的说话方式、限制用户的用词范围、限制系统的用户对象三种情况。其主要技术包括特征提取技术、模式匹配准则及模型训练技术三个方面。其主要方法包括基于模板匹配技术的方法、增加辅助专家知识的方法、子词基元的随机处理模型方法等。

语音识别的基本原理如下：

(1) 特征参数的提取，如线性预测倒谱系数LP-CEPSTRA和Mel倒谱系数MFCC。

(2) 语音识别的基元选择。

(3) 基元模型的训练和匹配，如动态时间归正技术(DTW)、隐马尔科夫模型(HMM)和人工神经元网络(ANN)等。

语音识别技术的优点如下：

(1) 系统的成本非常低廉。

(2) 对使用者来说不需要与硬件接触，而且说话是一件很自然的事情，使用者容易接受。

(3) 最适于通过电话进行身份识别。

其缺点如下：

(1) 准确性太差，容易造成系统的误识。

(2) 语音可能是所有生物特征中最容易被伪造的。

(3) 高保真的录音设备是非常昂贵的。

语音识别技术的应用领域包括：办公室或商务系统、制造、电信、医疗卫生、交通等。语言识别技术的发展方向会按照提高可靠性、增加词汇量、拓展应用领域、降低成本、减小体积的方向进行。

11.5.5　签名识别

签名识别也称为签名力学辨识(DSV，Dynamic Signature Verification)，它建立在签名时的力度上，分析的是笔的移动，如速度、压力、方向及笔画的长度，而不仅仅是签名的图像本身。每个人都有自己独特的书写风格，签名识别技术的关键就在于区分出不同的签名部分(其中，有些是习惯性的，而另一些则在每次签名时都不相同)。签名识别的任务就是判断签名是否为某个人所写，或者更进一步地指出签名为谁所书写。

签名识别的算法分为两大类：一类是在线签名识别，另一类是离线签名识别。一般来说，在线签名识别的效果比离线签名识别的效果要好。

在线签名识别的算法主要包括：

(1) 基于概率的分类器。

(2) 动态匹配。

(3) 信号相关性。

(4) 人工神经网络。

(5) 隐马尔科夫模型。

(6) 欧氏距离及其他距离测量。

(7) 联合几种算法的分层方法和 Baum - Welch 训练方法。

离线签名识别的算法主要包括：

(1) 多层感知器。

(2) 协同结构和 ART 网络。

(3) 最小距离分类器。

(4) 最临近法。

(5) 动态规划和基于阈值的分类器。

(6) 基于多专家系统的方法。

(7) 隐马尔科夫模型法。

签名识别的优点是更容易被大众所接受，且使用方便。

其缺点如下：

(1) 随着年龄的增长、性情的变化与生活方式的改变，签名也会随之改变。

(2) 为了处理签名的不可避免的自然改变，必须在安全方面加以妥协。

(3) 用于签名的硬件设备构造复杂，价格昂贵。

(4) 签名识别的速度比较慢。

(5) 签名很容易被伪造。

签名识别技术在信息化时代得到了广泛应用，如司法系统、金融系统、商务和政务系统等。随着计算机技术和网络技术的发展与普及，签名识别技术的应用会更加广泛，如计算机登录、信息网入网、信用卡签字等。

11.6 生物认证技术的典型应用

随着生物认证技术的发展，以及国家、社会甚至个人对于安全可靠身份认证技术需求的不断增加，特征识别技术的应用领域不断扩展，生物认证技术已经逐渐成为电子政务、电子商务以及国家、个人信息安全管理等领域中必不可少的身份认证手段。本节将重点介绍生物认证技术在电子政务、电子商务及个人信息安全领域的几种典型应用。

11.6.1 生物认证技术在电子政务领域中的应用

生物认证技术最早应用在公安刑侦领域中，随着技术的不断进步和需求的不断提高，生物认证技术已经逐渐渗透到政府、教育等各个领域，其中最引人关注的是在机器可读旅行证件(MRTD)中的应用。

9.11 事件后，国际航空组织(OACI)要求各成员国在旅行证件上加入生物特征信息，即今后欧盟成员国办理的护照等通行证件必须具备人脸识别和指纹识别双重识别技术。新规定的目的是防止不法分子对护照进行造假，从而提高安全系数。

自 2004 年 11 月，新加坡国际机场的海关关卡试用生物通关系统，旅客将自己的面部特征、指纹甚至虹膜资料等生物信息输入该系统后，如果所有信息与本人所持高科技护照芯片内的信息一致，旅客便可通关。

目前，我国公民已经换发的“二代”居民身份证科技含量高，芯片中不但存放着公民的个人基本资料信息，同时预留了加载指纹、血型等个人生物特征资料的内存空间。

另外，生物认证技术在公安刑侦领域以及医疗、社会保险等行业也有着广泛而重要的应用，主要技术涉及指纹检验、笔迹检验、足迹鉴定、DNA 检验、语音鉴定、人脸识别等。

11.6.2　生物认证技术在电子商务领域中的应用

随着计算机和电子通信技术(包括因特网)的迅猛发展，金融电子化的步伐大大加快，这种电子化、数字化的趋势已经波及社会生活的方方面面。人与人之间的许多交往活动(包括商业贸易、金融证券、信用卡交易、银行转账和其他经济活动)都是以数字化信息的方式流动的。然而，在基于纸面转化为基于数字电子媒体后，在生成、传输、保存、验证和鉴定等诸多方面出现了新的技术需求、问题和困难，其中最重要的是如何确保各种信息的安全存储、传输和交换。生物认证技术在这个领域有着自己独特的优势。

信息安全领域现在所广泛使用的密码技术主要包括私钥密码体制、公钥密码体制和数字签名技术，这是有缺陷的。将指纹认证与密码技术相结合，可使网络信息的安全性在理论上大幅提高，并开始应用到电子商务的很多领域，这项技术的发展前景十分广阔。

11.6.3　生物认证技术在个人信息安全领域中的应用

目前广泛使用的 Windows 系统对于个人信息的保护存在不安全性，可将现有的自动指纹认证系统与密码算法结合起来，设计实现基于指纹身份认证的安全 Windows 登录系统以及文件加密系统，从而确保个人信息在计算机中存储的安全性。其中包括个人计算机指纹登录系统、指纹屏幕保护系统、指纹文件加密系统、指纹硬盘加密系统等。

另外，随着个人消费电子终端产品的不断普及，个人信息的安全性面临威胁，在生物认证技术高速发展的今天，已经有很多产品加入了生物认证技术，如指纹、人脸、语音等识别技术，但是成本依然偏高，稳定性和可靠性还有待加强，这也是今后这项技术发展的新课题。

11.6.4　生物认证技术的不足之处

近年来，生物认证技术取得了长足的发展和进步，新的技术层出不穷，应用领域不断扩展。但是生物认证技术也有如下不足之处：

(1) 各种生物认证技术都只能适用于部分领域，没有一项技术可以适应任何情况。

(2) 部分技术的可靠性和稳定性还有待加强。

(3) 性能测试至今没有统一的标准。

(4) 成本和体积制约着技术的普及程度。

因此，今后生物认证技术的发展将主要围绕解决这些问题和不足来进行。

11.7 生物认证技术应用案例

本节以指纹作为实例，给出基于指纹的生物加密和生物认证的成功应用案例。因为生物特征匹配的特点是非精确匹配，即只要满足一定量信息的匹配，就可以认为其认证通过，因此，秘密共享技术在生物认证中起着非常重要的作用(关于秘密共享技术，请参见第5章相关内容)。

图 11.7.1 和图 11.7.2 所示为生物认证的不精确性实例。

图 11.7.1 采集位置不同

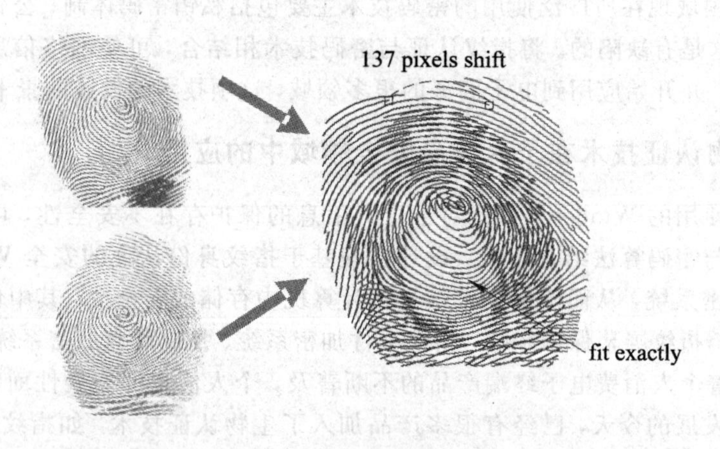

图 11.7.2 采集发生形变

由图 11.7.1 可以看出，即使是同一个手指的指纹，由于采集时不可能严格地控制被采集手指的摆放位置，因而可能导致所采集结果出现比较大的差异。由图 11.7.2 可以看出，即使被采集手指的摆放位置相同，由于两次采集过程中手指的按压程度不同，因而也可能导致采集结果出现比较大的差异。

事实上，这种差异在应用过程中是根本无法避免的，即使对用户进行严格的训练也是徒劳的。因此，我们不需要把精力放在如何使采集设备精确采集，而要把精力放在如何通过部分匹配来保证实际可用的认证效果。

下面首先介绍基于“秘密共享技术”的模糊保险箱技术(Fuzzy Vault)，然后针对 Fuzzy Vault 的安全缺陷，提出一种改进思路，最后在改进 Fuzzy Vault 的基础上给出一些成功的典型应用。

11.7.1 Fuzzy Vault

模糊保险箱(Fuzzy Vault)算法是生物特征加密领域最为经典的实用化算法，很多研究者的工作都是基于这个算法进行的。简单来说，这个算法可以分为两个步骤：

(1) 用户 Alice 将秘密 k 放到保险箱(Vault)中，并且用无序集 A 加以锁定。

(2) 用户 Bob 使用无序集 B 尝试访问 k(即打开保险箱 Vault)。Bob 能够访问到 k 的充分必要条件是无序集 B 和 A 的绝大多数元素重合。

图 11.7.3 和图 11.7.4 分别为 Fuzzy Vault 的加密和解密框图。

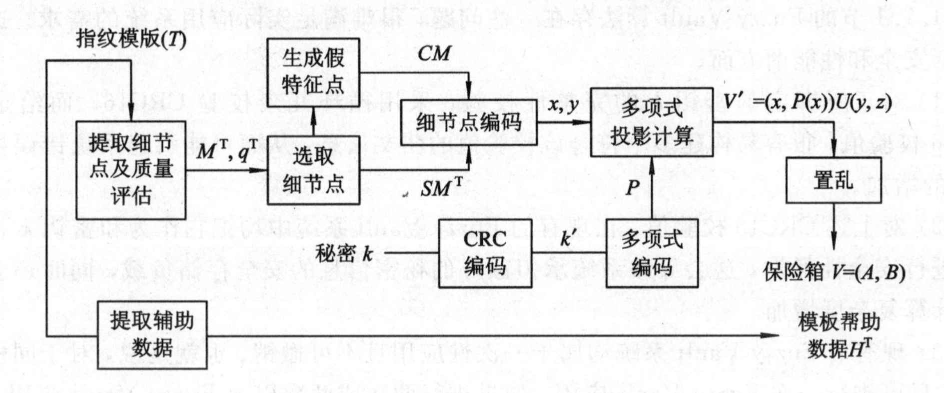

图 11.7.3　Fuzzy Vault 加密

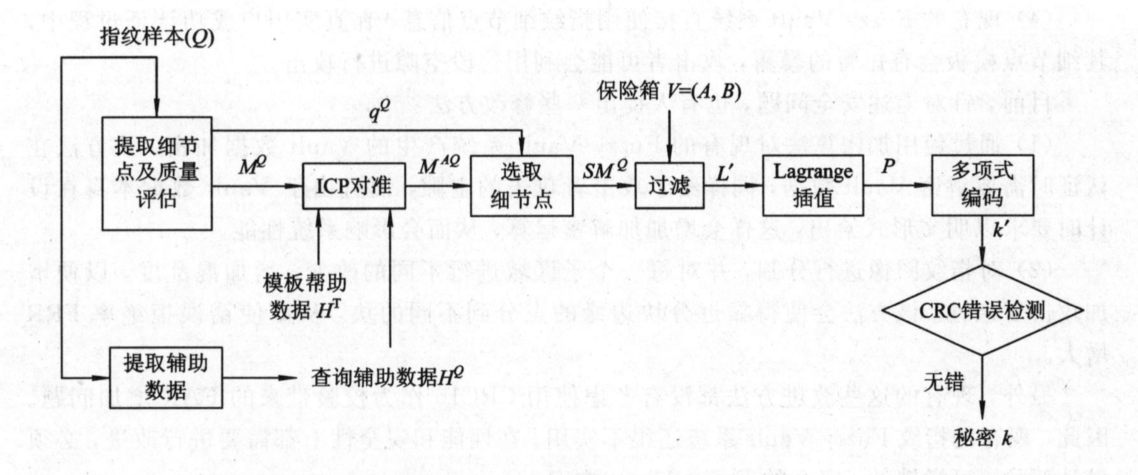

图 11.7.4　Fuzzy Vault 解密

图 11.7.3 中包括以下步骤：

(1) 使用者将随机选取的 160 bit 密钥 k 分成 10 份，每份 16 bit。

(2) 构造多项式 $P(x)=c_9x^9+c_8x^8+\cdots+c_1x+c_0$。

(3) 采样用户的生物特征，得到 $w_0=(x_{20}, x_{19}, \cdots, x_1, x_0)$。

(4) 将特征点坐标代入 $P(x)$，产生 21 组$(x, P(x)=y)$。

(5) 另随机选取 200 组假特征点，使 $P(x)\neq y$。

(6) 打乱 221 组(x, y)的次序，其中 21 组为真值，200 组为伪值，即

$$\text{pub}=(x_{220}, x_{219}, \cdots, x_1, x_0), (R, \text{pub}) \leftarrow \text{Ext}(w_0)$$

图 11.7.4 中包括以下步骤：

(1) 采样用户的生物特征 w'。

(2) 将每个特征点在 pub 中进行匹配，当有多于 10 个特征点与 pub 中的 221 个特征点匹配时，由 Lagrange 插值就可以解出多项式 $P(x)$的系数，从而重构 k。

(3) 只有同一生物体的特征可以得到正确的 k，即 $\text{Rec}(\text{pub}, w')=k$。

11.7.2　改进的 Fuzzy Vault

11.7.1 节的 Fuzzy Vault 算法存在一些问题，很难满足实际应用系统的需求。这些问题包括安全和性能两方面。

(1) 对于所绑定的密钥 k 的完整性校验，采用循环冗余校验 CRC16，而给定一个 CRC16 校验值，很容易构建多个符合该校验值的明文信息，从而可能引起系统错误接受率 FAR 的增加。

(2) 对上述 CRC16 校验值，在现有的 Fuzzy Vault 系统中均把它作为和密钥 k 相同的秘密进行安全性保护，这会导致系统承担额外的秘密信息的安全存储负载，同时还会使系统的计算复杂度增加。

(3) 现有的 Fuzzy Vault 系统均属于一次性应用且不可撤销。也就是说，对于同样一个指纹，只可进行一次 Fuzzy Vault 应用，如果进行两次或两次以上 Fuzzy Vault 应用，则将很容易暴露该指纹的细节点信息。

(4) 现有的 Fuzzy Vault 系统直接使用指纹细节点信息，在真实用户成功认证过程中，其细节点模板会有短暂的暴露，攻击者可能会利用这段空隙进行攻击。

目前，针对上述安全问题，也有人提出一些修改方法：

(1) 通过使用加密算法对现有的 Fuzzy Vault 系统产生的 Vault 数据加密。该方法在认证时需要解密 Vault 数据，同样给了攻击者攻击的空隙，而且由于 Vault 数据本身在设计时要求以明文形式给出，这样会增加加解密运算，从而会影响系统性能。

(2) 对指纹图像进行分割，并对每一个子区域进行不同的改变，增加混乱度，以便增加攻击复杂性。该方法会使得靠近分块边缘的点分到不同的块，从而使错误拒绝率 FRR 增大。

另外，现有的这些改进方法都没有考虑使用 CRC16 作为校验带来的 FAR 增加问题。因此，现有的指纹 Fuzzy Vault 系统还很不实用，在性能和安全性上都需要进行改进，必须设计新的、可撤销的、安全的 Fuzzy Vault 方案。

这里，我们提出一种增强指纹 Fuzzy Vault 系统安全性的新方法，即不改变原有指纹 Fuzzy Vault 系统的加密和解密过程，仅在加密前对整个指纹模板信息进行统一的秘密变换，利用变化后的结果代替原指纹信息进行 Fuzzy Vault 加密，同样，在 Fuzzy Vault 解密时，将采集的指纹信息作为整体用相同的方法进行秘密变换，然后利用变换后的结果进行 Fuzzy Vault 解密。

所提出的方法同样包括以下两个步骤：

(1) 用户将密钥 k 和自己的指纹细节点信息 E 及秘密口令 PW 进行绑定，生成 Vault 数据，如图 11.7.5 所示。

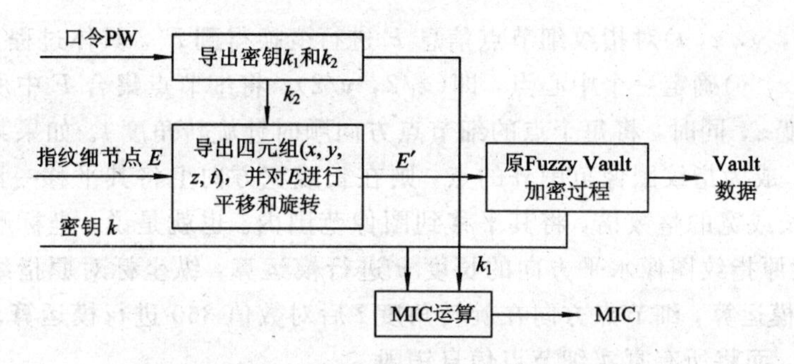

图 11.7.5　改进的 Fuzzy Vault 加密过程

(2) 在具有 Vault 数据并提供了正确的指纹信息和口令 PW 后，可以重新生成密钥 k，如图 11.7.6 所示。

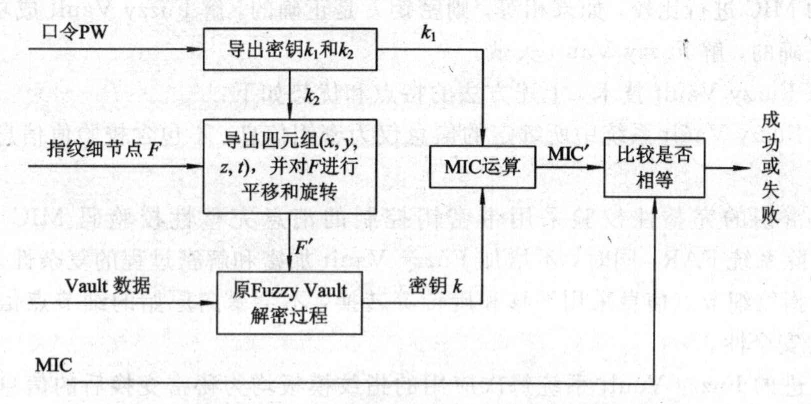

图 11.7.6　改进的 Fuzzy Vault 解密过程

上述步骤(1)中用户将密钥 k 和自己的指纹信息及一个秘密口令 PW 进行绑定，生成 Vault 数据的具体步骤如下：

① 根据口令 PW，导出两个密钥 k_1 和 k_2。

② 对密钥 k_2 进一步进行扩展，生成一个秘密四元组信息(x, y, z, t)。

③ 使用(x, y, z, t)对指纹细节点信息 E 进行变换得到 E'。具体过程为：使用坐标原点$(0, 0)$和点(x, y)确定一个中心点，即$(x/2, y/2)$；将细节点集合 E 中所有指纹细节点顺时针旋转角度 z，同时，将每个点的细节点方向顺时针旋转角度 t。如果某个细节点经过旋转角度 z 后，成为指纹图像范围外的点，则在长或宽方向上将其平移一段长度，该长度满足指纹图像长或宽的整数倍，将其平移到图像范围内。也就是说，坐标顺时针旋转角度 z 后，横坐标对原指纹图像水平方向的长度 n 进行模运算，纵坐标对原指纹图像垂直方向的长度 m 进行模运算，细节点方向在旋转角度 t 后对数值 360 进行模运算。变换后的细节点集合记为 E'，而将所有真实细节点信息销毁。

④ 使用变换后的细节点集合 E' 和不带 CRC16 校验值的密钥 k 通过原 Fuzzy Vault 加密，生成最终 Vault 数据。同时，利用 k_1 作为完整性校验密钥对密钥 k 计算完整性校验码 MIC。

上述步骤(2)中用户提供了正确的指纹信息 F 和口令 PW，可以通过 Vault 数据和 MIC 值计算出正确的密钥 k，具体步骤如下：

① 根据口令 PW，导出两个密钥 k_1 和 k_2。

② 对密钥 k_2 进一步进行扩展，生成一个秘密四元组信息(x, y, z, t)。

③ 使用(x, y, z, t)对指纹细节点信息F进行变换得到F'。具体过程为：使用坐标原点(0, 0)和点(x, y)确定一个中心点，即$(x/2, y/2)$；将细节点集合F中所有指纹细节点顺时针旋转角度z，同时，将每个点的细节点方向顺时针旋转角度t。如果某个细节点经过旋转角度z后，成为指纹图像范围外的点，则在长或宽方向上将其平移一段长度，该长度满足指纹图像长或宽的整数倍，将其平移到图像范围内。也就是说，坐标顺时针旋转角度z后，横坐标对原指纹图像水平方向的长度n进行模运算，纵坐标对原指纹图像垂直方向的长度m进行模运算，细节点方向在旋转角度t后对数值360进行模运算。变换后的细节点集合记为F'，而将所有真实细节点信息销毁。

④ 使用变换后的细节点集合F'进行原Fuzzy Vault解密过程，从Vault数据计算出密钥k。同时，利用k_1作为完整性校验密钥对密钥k重新计算完整性校验码MIC，并与加密过程计算的MIC进行比较。如果相等，则密钥k是正确的，解Fuzzy Vault成功；否则，密钥k是不正确的，解Fuzzy Vault失败。

比起原Fuzzy Vault技术，上述方法的特点和优势如下：

(1) 在Fuzzy Vault系统中所绑定的信息仅为密钥信息，不包含校验值信息，以提高运算性能。

(2) 对密钥的完整性校验采用带密钥控制的消息完整性校验码MIC实现，代替CRC16，消除系统FAR，同时，不增加Fuzzy Vault加密和解密过程的复杂性。

(3) 对指纹细节点信息采用平移和旋转等转换，不会暴露原始的细节点信息，增强了指纹模板的安全性。

(4) 改进的Fuzzy Vault系统每次应用的指纹模板均为秘密变换后的信息，用户只需要更换一个秘密口令PW即可。由于在不同的应用下，用户可以选取不同的口令来保护指纹特征信息，Fuzzy Vault的加、解密均对变换后的指纹信息进行运算，因此，该方案可以有效防止原Fuzzy Vault系统所固有的交叉比对安全漏洞，从而实现了系统的安全撤销、重用功能，提高了系统的可用性。

11.7.3 远程生物认证技术

基于生物特征的认证技术是应对权利滥用问题的理想选择。然而，目前的生物认证主要是本地验证方式。也就是说，在注册时，用户提供自己的生物特征给认证者，由认证者安全保存用户的生物信息模板；在认证时，用户需要再次在本地将自己的生物特征提供给认证者，由认证者比对两次提供的生物特征是否匹配，如果匹配，则认证通过，否则，认证不通过。基于生物特征的认证技术其特点是：需要面对面地在本地实施认证。

使用生物本地认证会给用户带来许多不便。用户每次使用设备之前，都需要亲自到设备所在场所与设备进行生物认证。如果用户身在异地，则无法通过网络连接访问远在异地的设备。

目前，也有一些学者对基于生物的远程认证进行研究。常见的思想是：将所有的用户生物信息存放在一个服务器上，在认证时，将用户的生物信息加密传递到用户所在地的机器上，然后解密得到用户生物信息，接着采用现有的本地生物认证方法进行认证。该方法存在如下缺点：

(1) 需要一个服务器存放所有用户的生物信息，增加了系统实现的开销。

(2) 服务器通常会成为攻击者集中攻击的对象，如果攻击者攻破了服务器，则造成的损失将无法估计。

(3) 用户生物信息需要加密传递，机器之间的密钥协商和密钥管理需要其他协议支持，从而增加了系统的复杂性。

(4) 用户生物信息的传输必然会增加系统的通信复杂度，占用系统的通信带宽。

(5) 用户所在地的机器通过解密可以获取用户的生物信息明文，增加了用户生物信息泄露的危险性。

(6) 所采用的生物信息的传递方式增加了安全隐患，如果攻击者能够成功攻破用户所在地的机器或成功地冒充一个合法机器，那么，攻击者很容易获取服务器上的任何生物信息。因此，现有的远程认证思想实际上是不可行且不实用的。

对目前生物认证技术要求用户和验证者必须处于同一地点进行认证所带来的局限性，结合现有的生物特征认证技术和传统密码学安全协议，我们提出了一种基于生物特征的远程认证方法。当用户需要远程与异地设备进行生物认证时，用户只需要向本地代理提供自己的生物特征即可，无需再亲临远程设备所在地，从而提高了生物认证的灵活性。具体过程如下(认证过程示意图见图 11.7.7)：

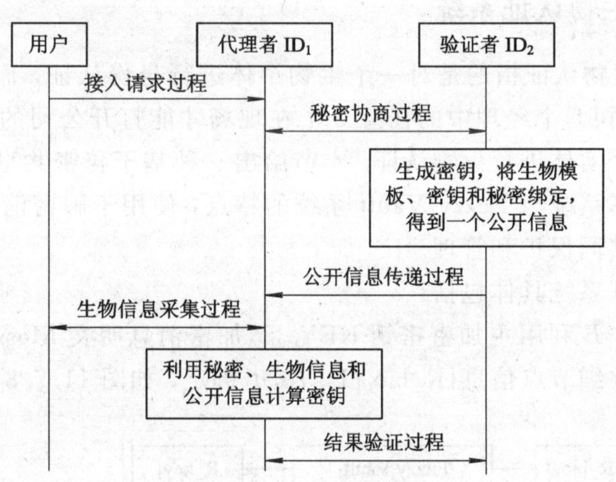

图 11.7.7　远程认证示意图

(1) 接入请求过程。接入请求信息报文由用户发送给代理者 ID_1。当用户需要和验证者 ID_2 进行远程生物认证时，向本地代理者 ID_1 发送接入请求信息报文。该分组报文包括用户的身份标识、验证者 ID_2 的身份等信息。

(2) 秘密协商过程。该过程由代理者 ID_1 和验证者 ID_2 通过交互方式共同完成。当代理者 ID_1 收到用户的接入请求分组报文后，和验证者 ID_2 建立安全关联，生成共享的秘密信息 s。

(3) 公开信息传递过程。该公共信息由验证者 ID_2 发送给代理者 ID_1。在验证者 ID_2 和代理者 ID_1 交互生成共享秘密信息 s 后，随机产生一个密钥 k，将用户生物模板、密钥 k 和秘密 s 进行绑定，生成一个公开信息 t 发送给代理者 ID_1。

(4) 生物信息采集过程。该过程由用户和代理者 ID_1 共同完成。代理者 ID_1 向用户发送生物信息采集请求，并采集用户的有效生物信息。

(5) 结果验证过程。该过程由验证者 ID_2 和代理者 ID_1 通过交互方式共同完成。代理者 ID_1 根据采集的用户生物信息、秘密 s 对公开信息 t 进行解绑定操作，得到密钥 k；然后通过与验证者 ID_2 交互，验证所得到的密钥 k 是否验证者 ID_2 所选取的密钥 k，如果相等，则用户远程生物认证成功，否则，认证失败。

本方法实现了用户和验证者之间以代理者为中心的基于生物特征的远程认证，其特点和优势如下：

(1) 解决了远程、异地的生物特征认证的安全问题，用户和认证设备无需在同一地点进行“面对面”认证，应用更为灵活、便捷。

(2) 无需中央服务器支持，且除了验证者之外，包括代理者在内的其他任何实体无法获取关于用户生物模板的明文或密文信息。

(3) 在每次认证过程中，均使用由生物信息生成的一次性认证数据，能够预防重放攻击，同时也提高了对生物模板信息的保护和认证效率。

(4) 在认证生物特征过程中还能够同时对用户的物理身份进行认证，由于兼具用户的物理身份标识特征，因而有效地保证了系统的安全性、可靠性。

(5) 由于无需中央服务器支持，因而能够降低整个系统的实现代价和复杂度，而且无需在每次认证过程中从中央服务器获取用户生物信息，从而降低了系统的通信负担。

11.7.4 多特征生物认证系统

一般情况下，生物认证指的是对一个生物个体进行身份认证，而在一些场合(例如在某些应用中)需要公司 5 个经理中的任意 3 个在现场才能打开公司的保险柜，这种情况就要求能够同时对多个实体进行生物认证。本节给出一种基于秘密共享的 Fuzzy Vault 密码系统，结合秘密共享系统与 Fuzzy Vault 系统的特点，使用于解密消息的主解密密钥由多组指纹细节点信息共同保护和管理。

多特征生物认证系统具体包括：

(1) 消息发送方 B 利用主加密密钥 $KEY_{encrypt}$ 加密消息明文 Message 并将主解密密钥 $KEY_{decrypt}$ 与多组指纹细节点信息 $\{R\_bio_i \mid 1 \leqslant i \leqslant n\}$ 绑定，如图 11.7.8 所示。

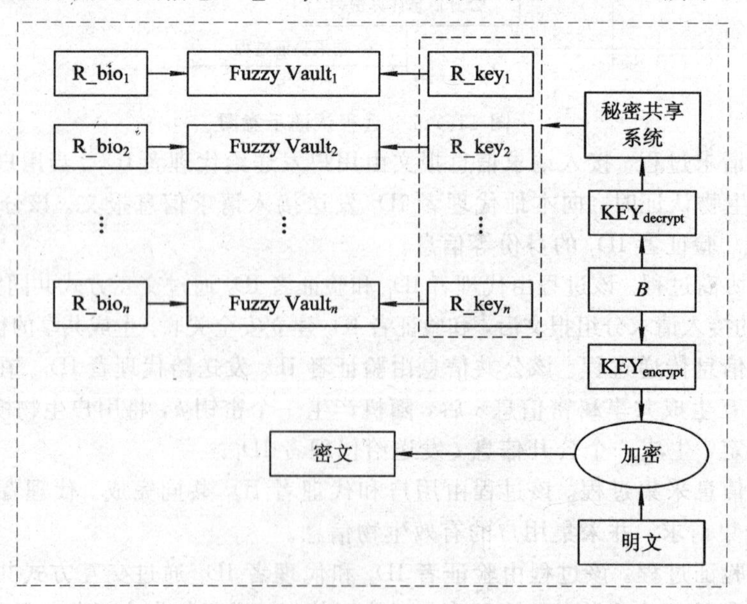

图 11.7.8 多特征认证的加密过程

(2) 在获得一定数量的指纹细节点信息$\{A_bio^i, 1\leqslant i\leqslant m\}$及密文 Ciphertext 后，解密出消息明文 Message，如图 11.7.9 所示。

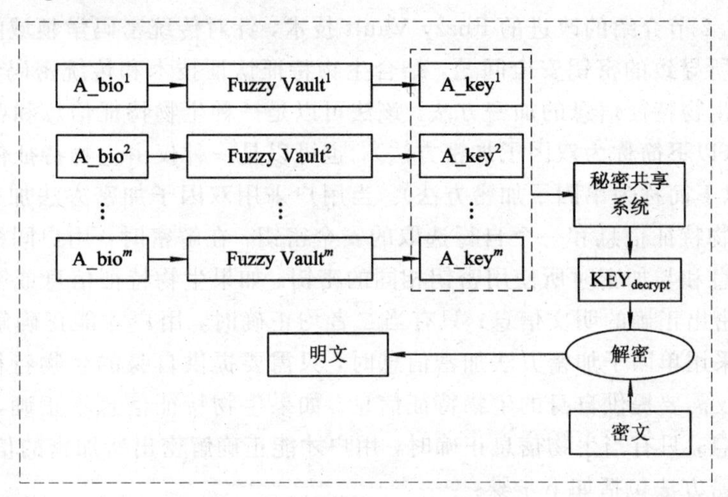

图 11.7.9　多特征认证的解密过程

步骤(1)中消息发送方 B 利用主加密密钥 $KEY_{encrypt}$ 加密消息明文 Message 并将主解密密钥 $KEY_{decrypt}$ 与多组指纹细节点信息$\{R_bio_i|1\leqslant i\leqslant n\}$绑定的具体方法如下：

① 消息发送方 B 产生一对密钥，分别为主加密密钥 $KEY_{encrypt}$ 和主解密密钥 $KEY_{decrypt}$，利用 $KEY_{encrypt}$ 对消息明文 Message 进行加密生成密文 Ciphertext。

② 将主解密密钥 $KEY_{decrypt}$ 安全传送给秘密共享系统 Secret Sharing，生成子解密密钥集$\{R_key_i|1\leqslant i\leqslant n\}$。

③ 获得注册指纹细节点信息集$\{R_bio_i|1\leqslant i\leqslant n\}$，并构建 Fuzzy Vault 系统集$\{R_sys_i|1\leqslant i\leqslant n\}$，利用指纹细节点信息 R_bio_i 通过 Fuzzy Vault 系统 R_sys_i 对子解密密钥R_key_i 进行绑定。

步骤(2)中在获得一定数量的指纹细节点信息$\{A_bio^i, 1\leqslant i\leqslant m\}$及密文 Ciphertext 后，解密出消息明文 Message，具体方法如下：

① 获取密文 Ciphertext 及合法指纹细节点信息集$\{A_bio^i, 1\leqslant i\leqslant m\}$。

② 将合法指纹细节点信息 A_bio^i 输入 Fuzzy Vault 系统 A_sys^i 中释放子解密密钥集$\{A_key^i|1\leqslant i\leqslant m\}$。

③ 由 m 个子解密密钥通过秘密共享系统 Secret Sharing 恢复出主解密密钥 $KEY_{decrypt}$。

④ 利用主解密密钥 $KEY_{decrypt}$ 解密密文 Ciphertext 并获得消息明文 Message。

多特征生物认证的特点和优势如下：

(1) 单个生物特征无法恢复主解密密钥，提高了消息的安全性。

(2) 避免了攻击者通过获得单个生物特征即可获得消息内容的情况，保护了生物体本身的安全。

(3) 满足一定数量的生物特征个数即可恢复主解密密钥，单个生物特征不可提供时不影响信息释放，避免了消息死锁。

(4) 主解密密钥、分解密密钥、生物特征不进行裸数据保存，提高了系统的安全性能。

11.7.5 生物特征加密技术

基于11.7.2节介绍的改进的Fuzzy Vault技术，针对传统密码学领域的加密算法仅依赖于加密密钥所导致的密钥安全问题，结合生物特征认证技术和传统密码学加密技术，提出了一种基于生物特征信息的加密方法。该法可以是一种生物特征信息和密钥相结合的双因子加密方法(以下简称为双因子加密方法)，也可以是一种仅由生物特征信息构成的单因子加密方法(以下简称为单因子加密方法)。当用户采用双因子加密方法加密信息时，需要提供自身的生物特征信息和一个自行选取的安全密钥；在解密时，用户同样需要提供自身的生物特征信息和与加密时所使用密钥相同的密钥。如果生物特征信息或密钥有一个不正确，则无法解密出正确的明文信息；只有当二者均正确时，用户才能正确解密出所加密的信息。当用户采用单因子加密方法加密信息时，只需要提供自身的生物特征信息；在解密时，用户同样仅需要提供自身的生物特征信息。如果生物特征信息不正确，则无法解密出正确的明文信息；只有当生物信息正确时，用户才能正确解密出所加密的信息。

双因子加密方法包括如下步骤：

(1) 用用户选取的密钥Key和用户的生物特征信息E绑定一个由系统随机生成的随机数R并对明文信息MSG进行加密，得到密文信息CMSG，见图11.7.10。

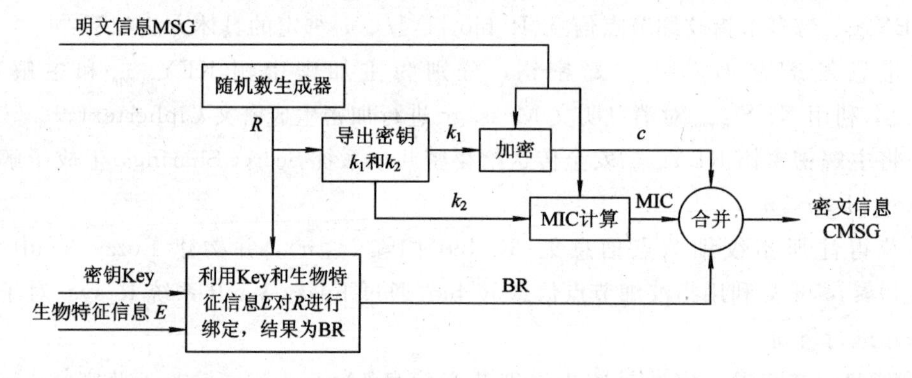

图 11.7.10　双因子加密过程

(2) 用户提供正确的生物特征信息F和正确的密钥Key，解绑定恢复出随机数R，方能解密密文信息CMSG，并获得所加密的明文信息MSG，见图11.7.11。

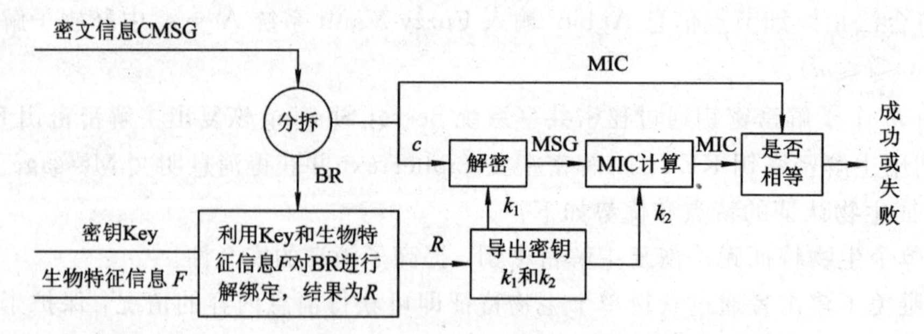

图 11.7.11　双因子解密过程

图11.7.10中，加密明文信息MSG得到密文信息CMSG的具体步骤如下：

(1) 用户随机选取一个密钥Key，并提供用户的生物特性信息E。

(2) 利用随机数生成器产生一个随机数 R，并由该随机数 R 导出一个加密密钥 k_1 和一个完整性校验密钥 k_2。

(3) 利用加密密钥 k_1 对 MSG 进行加密得到信息 c，并利用完整性校验密钥 k_2 对 MSG 计算完整性校验码 MIC，即进行 MIC 计算。

(4) 利用密钥 Key 和生物特征信息 E 对 R 进行绑定操作，得到信息 BR。

(5) 将计算得到的信息 c、MIC 和 BR 一起作为 MSG 的加密密文，记为 CMSG。

图 11.7.11 中，用解密密文信息 CMSG 来获得所加密的明文信息 MSG 的具体步骤如下：

(1) 将密文 CMSG 进行分拆，分别得到信息 BR、c 和 MIC。

(2) 利用用户的生物特征信息 F 和密钥 Key 对信息 BR 进行解绑定操作，恢复出所绑定的随机数 R。

(3) 由 R 导出一个加密密钥 k_1 和一个完整性校验密钥 k_2。

(4) 利用加密密钥 k_1 对 c 进行解密得到信息 MSG，并利用完整性校验密钥 k_2 对计算得到的 MSG 计算完整性校验码 MIC，即进行 MIC 计算。

(5) 比较步骤(1)和步骤(4)所得到的两个 MIC 值是否相等，如果相等，则基于生物特征信息和密钥的双因子加密方法解密过程正确，并成功地恢复出了所加密的明文信息 MSG，否则解密过程失败。

单因子加密方法是：用户通过生物特征信息 E 封装一个由系统随机生成的随机数 R，对明文信息 MSG 进行加密，得到信息密文 CMSG，见图 11.7.12。当用户提供正确的生物特征信息 F 时，解封装并释放出随机数 R，解密密文信息 CMSG，获得所加密的明文信息 MSG，见图 11.7.13。

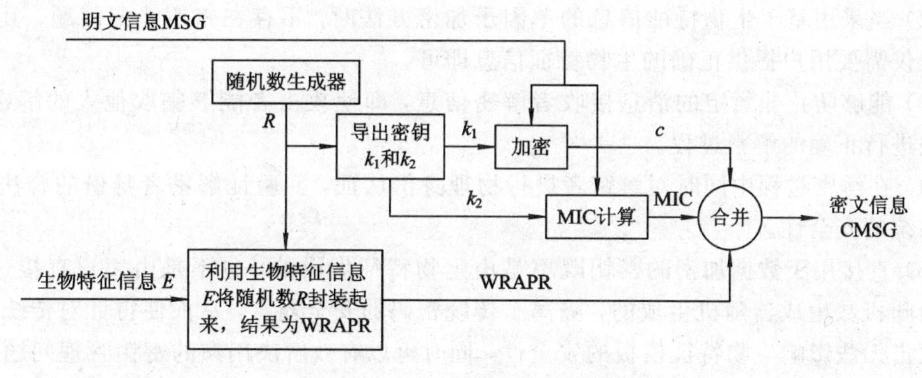

图 11.7.12　单因子加密过程

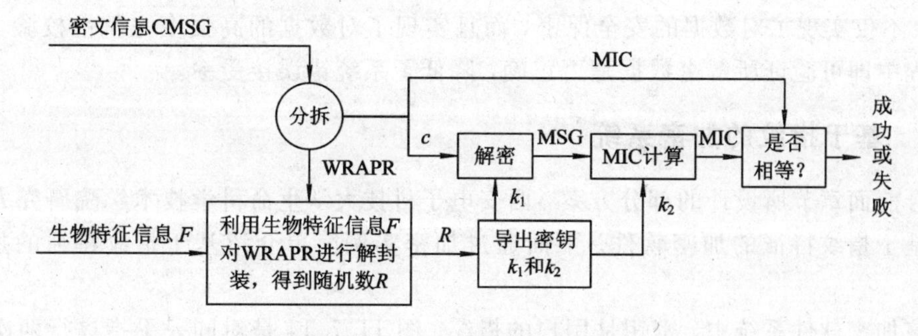

图 11.7.13　单因子解密过程

用户通过生物特征信息 E 对明文信息 MSG 进行加密的过程如下：

(1) 用户提供自己的生物特征信息 E。

(2) 利用随机数生成器产生一个随机数 R，并由该随机数 R 导出一个加密密钥 k_1 和一个完整性校验密钥 k_2。

(3) 利用加密密钥 k_1 对 MSG 进行加密，得到信息 c；利用完整性校验密钥 k_2 对 MSG 计算，得到完整性校验码 MIC。

(4) 利用生物特征信息 E 将随机数 R 封装，得到信息 WRAPR。

(5) 将计算得到的信息 c、MIC 和 WRAPR 合并得到 CMSG，作为 MSG 的加密密文。

用户提供正确的生物特征信息 F，解密密文信息 CMSG 的过程如下：

(1) 将密文信息 CMSG 进行分拆，得到信息 WRAPR、c 和 MIC。

(2) 利用用户的生物特征信息 F 对 WRAPR 进行解封装操作，恢复出随机数 R。

(3) 由 R 导出一个加密密钥 k_1 和一个完整性校验密钥 k_2。

(4) 利用加密密钥 k_1 对 c 进行解密，得到信息 MSG；利用完整性校验密钥 k_2 对 MSG 进行计算，得到完整性校验码 MIC。

(5) 比较解密步骤(1)、(4)所得到的两个 MIC 值是否相等，如果相等，则解密过程正确，并成功地恢复出了所加密的明文信息 MSG，否则解密过程失败。

与现有技术相比较，本方法的特点和优势如下：

(1) 在采用基于生物特征信息和密钥的双因子加密方法时，一旦出现单纯的密钥泄漏，不会对系统造成安全危害，要对密文进行解密还必须提供正确的生物特征信息方能实现。

(2) 当采用基于生物特征信息的单因子加密方法时，不存在密钥泄漏问题，其加、解密过程仅需要用户提供正确的生物特征信息即可。

(3) 能够防止非意定的消息接收者解密信息，即使攻击者能够骗取他人的解密密钥，也无法进行正确的解密过程。

(4) 在解密过程中同时对解密者进行物理身份认证，并验证解密者身份的合法性，提高了系统的安全性。

(5) 直接用于数据加密的密钥既不是由生物特征生成的，也不是由用户直接选取的，而是由随机数生成器随机生成的，隔离了传统密码的安全弱点，从而使得针对传统密码的分析攻击无法影响生物特征模板的安全性，同时可以有效解决用户的密钥管理问题并提高系统整体的安全性。

(6) 不仅实现了对数据的安全保密，而且实现了对数据的高强度完整性校验，使得在解密过程中即可验证所解密数据是否正确，降低了系统错误接受率。

11.7.6 基于指纹的加密系统

结合前面章节所设计的部分方案，西安电子科技大学生命科学技术学院研究人员开发了一套基于指纹特征的加密软件。下面通过加密实例简单介绍基于指纹特征的加、解密特点。

在该加密软件系统中，密钥是用户的指纹。图 11.7.14 是对同一手指进行两次采集所得到的指纹信息，前者用于加密，后者用于解密。

图 11.7.15 是加密过程的运行界面。

图 11.7.14 同一手指的两次采集

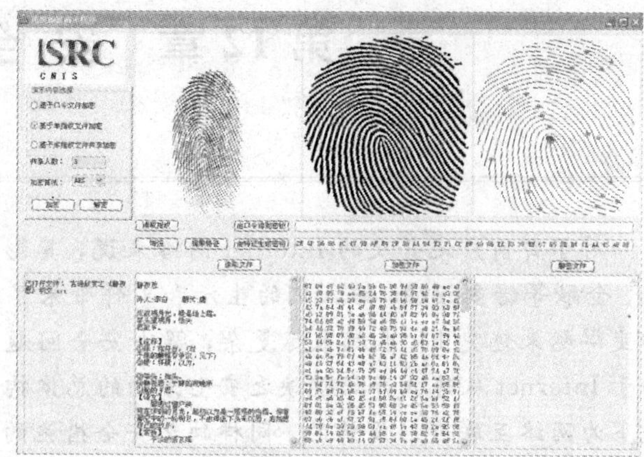

图 11.7.15 加密过程

图 11.7.15 中，左上角可供用户选择加密方式；图中三个指纹所在部分为指纹信息的处理过程，其中，左边的指纹表示从采集仪采集的用于加密的原始指纹信息，中间的指纹表示对原始指纹增强的结果，右边的指纹表示对增强后的指纹进行细化，求取中心点和细节点；图中中间部分表示随机生成的密钥信息；图中下面部分分别表示所加密文件名、源明文文件内容、加密后的文件以及解密后的文件(在加密过程中显示为空，只在解密时有意义)。

图 11.7.16 是解密过程的运行界面。

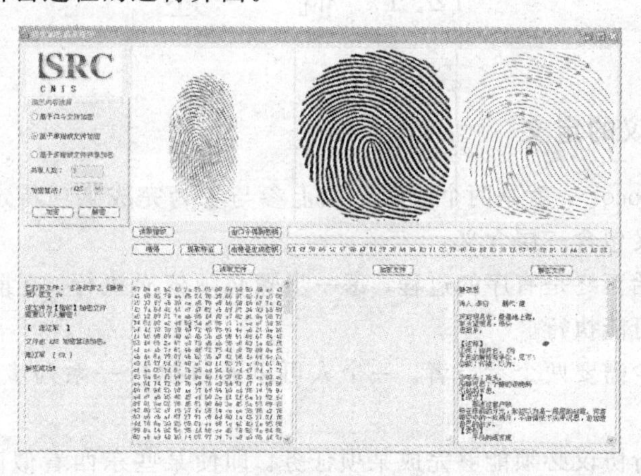

图 11.7.16 解密过程

解密过程和加密过程是在同一程序界面下进行的。同样，在图 11.7.16 中，左上角可供用户选择解密方式；图中三个指纹所在部分为指纹信息的处理过程，其中，左边的指纹表示从采集仪采集的用于解密的原始指纹信息，中间的指纹表示对原始指纹增强的结果，右边的指纹表示对增强后的指纹进行细化，求取中心点和细节点；图中中间部分表示基于指纹信息而恢复的密钥信息；图中下面部分分别表示所解密文件名及解密要求、密文文件内容、加密后的文件(在解密过程中显示为空，只在加密时有意义)以及解密后的文件。

第12章　安全协议

对于目前广泛普及的Internet网络来说，其影响已经覆盖到了政府、军事、文教、商业、金融等诸多领域，给人们的生活和工作带来了极大的方便。然而与此同时，安全问题却变得越来越突出，也越来越复杂，解决安全问题对许多网络应用来说已成为头等大事。由于Internet从建立开始就缺乏安全方面的总体构想和设计，而TCP/IP协议是在可信环境下为网络互联专门设计的，同样缺乏安全措施的考虑，因此如何保证在充满安全隐患的网络上有效地进行各种电子商务、电子政务活动，以便正确、高效而又安全地完成自己的工作已成为人们迫切需要解决的问题。问题的答案就在于利用各种安全技术手段设计出来的安全协议(Security Protocol)。安全协议是解决网络安全问题最有效的手段之一。

本章将首先给出安全协议的概念和分类，介绍一些常见的安全协议，包括密钥建立协议、认证建立协议和认证的密钥建立协议等；接着，简单介绍安全协议的设计规范和分析方法；最后，介绍一些关于协议工程、协议验证、协议测试等工程技术的内容。

12.1　概　　述

12.1.1　安全协议的定义

所谓协议(Protocol)，就是两个或两个以上参与者为完成某项特定的任务而采取的一系列步骤。这个定义包含三层含义：

第一，协议自始至终是有序的过程，每一步骤必须依次执行。在前一步没有执行完之前，后面的步骤不可能执行。

第二，协议至少需要两个参与者。一个人可以通过执行一系列步骤来完成某项任务，但构不成协议。

第三，通过执行协议必须能够完成某项任务。即使某些东西看似协议，但没有完成任何任务，也不能称为协议，只不过是浪费时间的空操作。

在现实生活中，人们对协议并不陌生，都在自觉或不自觉地使用着各种协议。例如，在处理国际事务时，国家政府之间通常要遵守某种协议；在法律上，当事人之间常常要按照规定的法律程序去处理纠纷；在打扑克、电话订货、投票、到银行存款或取款时，也要遵守特定的协议。

通常我们把具有安全性功能的协议称为安全协议。安全协议的设计必须采用密码技术，因此，有时也将安全协议称做密码协议。安全协议的目的是在网络环境中提供各种安全服务，在不安全的公共网络上实现安全的通信。

Needham－Schroeder协议是最著名的早期的认证协议，许多广泛使用的认证协议都是以Needham－Schroeder协议为蓝本而设计的。Needham－Schroeder协议可分为对称密码体制下的协议和非对称密码体制下的协议两种版本。这些早期的经典安全协议是安全协议分析的“试验床”，即每当出现一个新的形式化分析方法时，都要先分析这几个安全协议，验证新方法的有效性。同时，学者们也经常以它们为例，说明安全协议的设计原则和各种不同分析方法的特点。

12.1.2 安全协议的功能

安全协议提供安全服务，是保证网络安全的基础。下面简单列举一些由安全协议所提供的常用的基本安全服务，它们可以有效地解决以下重要的安全问题：

(1) 源认证和目标认证：认证协议的目标是认证参加协议的主体的身份。此外，许多认证协议还有一个附加目标，即在主体之间安全地分配密钥或其他各种秘密。

(2) 消息的完整性：用于保证数据单元或数据单元流的完整性。

(3) 匿名通信：其主要目的就是隐藏通信双方的身份或通信关系，从而实现对网络用户的个人通信隐私及涉密通信的更好的保护。

(4) 抗拒绝服务：抵抗DoS/DDoS攻击。

(5) 抗否认：其目标一个是确认发方非否认(nonr－Epudiation of Origin)，即非否认协议向接收方提供不可抵赖的证据，证明收到消息的来源的可靠性；另一个是确认收方非否认(nonr－Epudiation of Receipt)，即非否认协议向发送方提供不可抵赖的证据，证明接收方已收到了某条消息。

(6) 授权：一般指网络服务器向用户授权某种服务的可使用性。

目前，安全协议越来越多地用于保护因特网上传送的各种交易，并保护针对计算机系统的访问等。安全协议的研究具有强大的现实应用背景。

12.1.3 密码协议的分类

从不同的角度出发，密码协议有不同的分类方法。迄今尚未有人对安全协议进行过详细的分类。其实，将密码协议进行严格分类是很难的事情。例如，根据安全协议的功能，可以将其分为认证协议、密钥建立(交换、分配)协议、认证的密钥建立(交换、分配)协议；根据ISO的七层参考模型，又可以将其分成高层协议和低层协议；按照协议中所采用的密码算法的种类，又可以分成双钥(或公钥)协议、单钥协议或混合协议等。

我们认为，比较合理的分类方法应该是按照密码协议的功能来分类，而不管协议具体采用何种密码技术。因此，我们把密码协议分成以下三类：

(1) 密钥建立协议(Key Establishment Protocol)：建立共享秘密。

(2) 认证协议(Authentication Protocol)：向一个实体提供对他想要进行通信的另一个实体的身份的某种程度的确信。

(3) 认证的密钥建立协议(Authenticated Key Establishment Protocol)：与另一身份已被或可被证实的实体之间建立共享秘密。

下面我们对这三类协议进行简单讨论。

12.2 密钥建立协议

密钥建立协议就是在两个或多个实体之间建立共享的秘密，通常用于建立一次通信时所用的会话密钥。在保密通信中，通常对每次会话都采用不同的密钥进行加密。因为这个密钥只用于对某个特定的通信会话进行加密，所以称为会话密钥。会话密钥只有在通信的持续范围内有效，通信结束后，则会被清除。如何将这些会话密钥分发到会话者手中，是本节要讨论的问题。本节将主要介绍两个实体之间建立共享秘密的协议问题。该问题可以采用单钥、双钥技术实现，有时要借助于可信赖第三方参与，还可以扩展到多方共享密钥，如会议密钥建立，但随着参与方增多协议迅速变得很复杂。

12.2.1 采用单钥体制的密钥建立协议

密钥建立协议可分为密钥传输协议和密钥协商协议两种。前者是由一个实体把建立或收到的密钥安全传送给另一个实体；后者是由双方(或多方)共同提供信息建立起共享密钥，没有任何一方起决定作用。其他如密钥更新、密钥推导、密钥预分配、动态密钥建立机制等都可由上述两种基本密钥建立协议变化得出。

可信赖服务器(或可信赖第三方、认证服务器、密钥分配中心 KDC、密钥传递中心 KTC、证书发行机构 CA 等)可以在初始化建立阶段、在线实时通信阶段或两者都有的情况下参与密钥分配。

这类协议假设网络用户 Alice 和 Bob 各自都与密钥分配中心 KDC(Trent)共享一个密钥。这些密钥在协议开始之前必须已经分发到位。我们并不关心如何分发这些共享密钥，仅假设它们早已分发到位，而且敌手 Mallory 对它们一无所知。协议描述如下：

(1) Alice 呼叫 Trent，并请求得到与 Bob 通信的会话密钥。

(2) Trent 生成一个随机会话密钥，并做两次加密：一次采用 Alice 的密钥，另一次采用 Bob 的密钥。Trent 将两次加密的结果都发送给 Alice。

(3) Alice 采用共享密钥对属于她的密文解密，得到会话密钥。

(4) Alice 将属于 Bob 的那项密文发送给 Bob。

(5) Bob 对收到的密文采用共享密钥解密，得到会话密钥。

(6) Alice 和 Bob 均采用该会话密钥进行安全通信。

12.2.2 采用双钥体制的密钥交换协议

在实际应用中，Bob 和 Alice 常采用双钥体制来建立某个会话密钥，而后采用此会话密钥对数据进行加密。在某些具体实现方案中，Bob 和 Alice 的公钥被可信赖的第三方签名后，存放在某个数据库中。这就使得密钥交换协议变得更加简单，即使 Alice 从未听说过 Bob，她也能与其建立安全的通信联系。该协议描述如下：

(1) Alice 从数据库中得到 Bob 的公钥。

(2) Alice 生成一个随机的会话密钥，采用 Bob 的公钥加密后，发送给 Bob。

(3) Bob 采用其私钥对 Alice 的消息进行解密。

(4) Bob 和 Alice 均采用同一会话密钥对通信过程加密。

12.2.3 Diffie－Hellman 密钥交换协议

Diffie－Hellman 算法是在 1976 年提出的，它是第一个双钥算法。它的安全性基于在有限域上计算离散对数的难度。Diffie－Hellman 协议可以用作密钥交换，Alice 和 Bob 可以采用这个算法共享一个秘密的会话密钥，但不能采用它对消息进行加密和解密。该协议的原理十分简单，5.3 节已经进行了介绍，这里不再赘述。

12.2.4 联锁协议

联锁协议(Interlock Protocol)是由 R. Rivest 和 A. Shamir 于 1984 年设计的，它能够有效地抵抗中间人攻击。该协议描述如下：

(1) Alice 发送她的公钥给 Bob。

(2) Bob 发送他的公钥给 Alice。

(3) Alice 用 Bob 的公钥对消息加密。此后，她将一半密文发送给 Bob。

(4) Bob 用 Alice 的公钥对消息加密。此后，他将一半密文发送给 Alice。

(5) Alice 发送另一半密文给 Bob。

(6) Bob 将 Alice 的两半密文组合在一起，并采用其私钥解密。Bob 发送他的另一半密文给 Alice。

(7) Alice 将 Bob 的两半密文组合在一起，并采用其私钥解密。

这个协议最重要的一点是：在仅获得一半而没有获得另一半密文时，对攻击者来说毫无用处，因为攻击者无法解密。在第(6)步以前，Bob 不可能读到 Alice 的任何一部分消息。在第(7)步以前，Alice 也不可能读到 Bob 的任何一部分消息。要做到这一点，有以下几种方法：

(1) 如果加密算法是一个分组加密算法，则每一半消息可以是输出的密文分组的一半。

(2) 对消息解密可能要依赖于某个初始化矢量，该初始化矢量可以作为消息的后一半发送给对方。

(3) 发送的前一半消息可以是加密消息的单向杂凑函数值，而加密的消息本身可以作为消息的另一半。

12.2.5 采用数字签名的密钥交换协议

在会话密钥交换协议中采用数字签名技术，可以有效地防止中间人攻击。Trent 是一个可信赖的实体，他对 Alice 和 Bob 的公钥进行数字签名。签名的公钥中包含一个所有权证书。当 Alice 和 Bob 收到此签名公钥时，他们每人均可以通过验证 Trent 的签名来确定公钥的合法性，因为 Mallory 无法伪造 Trent 的签名。

这样，Mallory 的攻击就变得十分困难：他不能实施假冒攻击，因为他既不知道 Alice 的私钥，也不知道 Bob 的私钥；他也不能实施中间人攻击，因为他不能伪造 Trent 的签名。即使他能够从 Trent 获得一签名公钥，Alice 和 Bob 也很容易发现该公钥属于他。Mallory 能做的只有窃听往来的加密报文，或者干扰通信线路，阻止 Alice 与 Bob 会话。

该协议中引入了 Trent 这个角色。即使密钥分配中心 KDC 遭到攻击，泄露秘密的风险也要小很多，因为如果 Mallory 侵入了 KDC，那么他能够得到的仅仅是 Trent 的私钥。

Mallory可以采用这一私钥给用户签发新的公钥，但不能用其解密任何会话密钥或阅读任何报文。要想阅读报文，Mallory必须假冒某个合法网络用户，并欺骗其他合法用户采用Mallory的公钥对报文加密。

一旦Mallory获得了Trent的私钥，他就能够对协议发起中间人攻击。他采用Trent的私钥对一些伪造的公钥签名。此后，他或者将数据库中Alice和Bob的真正公钥换掉，或者截获用户的数据库访问请求，并用伪造的公钥响应该请求。这样，他就可以成功地发起中间人攻击，并阅读他人的通信。

这一攻击是奏效的，但是前提条件是Mallory必须获得Trent的私钥，并对加密消息进行截获或修改。在某些网络环境下，这样做显然比坐在两个用户之间实施被动的窃听攻击要难得多。对于像无线网络这样的广播信道来说，尽管可以对整个网络实施干扰破坏，但是要想用一个消息取代另一个消息几乎是不可能的。对于计算机网络来说，这种攻击要容易得多，而且随着技术的发展，这种攻击变得越来越容易。考虑到现存的IP欺骗、路由器攻击等，主动攻击并不意味着非要对加密的报文解密，也不只限于充当中间人，还有许多更加复杂的攻击需要研究。

12.2.6 密钥和消息传输

Alice和Bob不必先完成密钥交换协议，再进行信息交换。在下面的协议中，Alice在事先没有执行密钥交换协议的情况下，将消息m发送给Bob。

(1) Alice生成一随机数作为会话密钥k，并用其对消息m加密：$E_k(m)$。

(2) Alice从数据库中得到Bob的公钥。

(3) Alice用Bob的公钥对会话密钥加密：$E_{k_{BP}}(k)$。

(4) Alice将加密的消息和会话密钥发送给Bob：$E_k(m)$、$E_{k_{BP}}(k)$。为了提高协议的安全性，以对付中间人攻击，Alice可以对这条消息签名。

(5) Bob采用其私钥对Alice的会话密钥解密。

(6) Bob采用这一会话密钥对Alice的消息解密。

这一协议中既采用了双钥体制，也采用了单钥体制。这种混合系统在通信系统中经常用到。一些协议还常常将数字签名、时戳和其他密码技术结合在一起使用。

12.2.7 密钥和消息广播

在实际中，Alice也可能将消息同时发送给几个人。在下面的例子中，Alice将加密的消息同时发送给Bob、Carol和Dave。

(1) Alice生成一随机数作为会话密钥k，并用其对消息m加密：$E_k(m)$。

(2) Alice从数据库中得到Bob、Carol和Dave的公钥。

(3) Alice分别采用Bob、Carol和Dave的公钥对k加密：$E_{k_{BP}}(k)$、$E_{k_{CP}}(k)$、$E_{k_{DP}}(k)$。

(4) Alice广播加密的消息和所有加密的密钥，将它传送给要接收它的人。

(5) 仅有Bob、Carol和Dave能采用各自的私钥解密求出会话密钥k。

(6) 仅有Bob、Carol和Dave能采用此会话密钥k对消息解密求出m。

这一协议可以在存储转发网络上实现。中央服务器可以将Alice的消息和各自的加密密钥一起转发给他们。服务器不必是安全的和可信赖的，因为它不能解密任何消息。

12.3 认证协议

认证包含消息认证、数据源认证和实体认证(身份识别)，用以防止欺骗、伪装等攻击。下面讨论实现认证的各种协议。

12.3.1 采用单向函数的认证协议

在对Alice进行认证时，主机无需知道其口令，只需能够辨别Alice提交的口令是否有效即可。这很容易采用单向函数做到，主机不必存储Alice的口令，只需存储该口令的单向函数值。认证过程如下：

(1) Alice向主机发送她的口令。

(2) 主机计算该口令的单向函数值。

(3) 主机将计算得到的单向函数值与预先存储的值进行比较。

由于主机不需要再存储各用户的有效口令表，因而减轻了攻击者侵入主机、窃取口令清单的威胁。攻击者窃取口令的单向函数值将毫无用处，因为他不可能从单向函数值中反向推出用户的口令。

12.3.2 基于口令的身份认证

口令是一种根据已知事物验证身份的方法，也是应用最广泛的身份认证法。在一般的计算机系统中，通常口令由5～8个字符串组成，其选择原则是易记忆、难猜中和抗分析能力强。同时，还要规定口令的选择方法、使用期限、口令长度以及口令的分配、管理和存储方法等。

在计算机操作系统中，口令是一种最基本的安全措施。每个用户都要预先在系统中注册一个用户名和口令，以后每次登录时，系统都要根据用户名及其口令来验证用户身份的合法性，对于非法的口令，系统将拒绝该用户登录系统。

口令可以由用户个人选择，也可以由管理员分配或系统自动产生。对于后者，不仅管理员知道用户的口令，而且存在口令分发的中间环节，容易产生口令泄漏问题，引起纠纷。在一般情况下，口令最好由用户个人选择。

防止口令泄漏是保证系统安全的关键环节。口令泄漏的主要原因如下：

(1) 用户保管不善或被攻击者诱骗而无意中泄漏。

(2) 在操作过程中被他人窥视而泄漏。

(3) 被攻击者推测猜中而泄漏。

(4) 在网上传输未加密口令时被截获而泄漏。

(5) 在系统中存储时被攻击者分析出来而泄漏。

防止口令泄漏的主要措施如下：

(1) 用户必须妥善地保管自己的口令。

(2) 口令应当足够长，并且最好不要使用诸如名字、生日、电话号码等公开的和有规律性的信息作为口令，以防止口令被攻击者轻易猜中。

(3) 口令应当经常更换，最好不要长期固定不变地使用一个口令。

(4) 口令必须加密后才能在网络中传输或在系统中存储，并且口令加密算法具有较高的抗密码分析能力。

(5) 在安全性要求较高的应用场合，应当采用一次性口令技术，即使口令被攻击者截获，下次也不能使用。

从技术角度来讲，口令认证系统必须提供口令存储、传输、验证以及管理等措施。

1. 口令存储

通常口令不能以明文形式存储在计算机系统中，必须通过加密才能存储。例如，Unix系统中采用DES密码算法对口令进行加密、存储，即以用户口令的前8个字符作为DES的密钥，对一个常数进行加密，经过25次迭代后，将所得的64位结果变换成一个11位的可打印字符串，并存储在系统的字符表中。

有关实验研究表明，使用穷举搜索法从95个可能的打印字符中筛选出4个字符只需二十几个小时。因此，口令长度小于5个字符是不安全的。

很多系统采用单向散列函数对口令加密存储，即使攻击者得到散列值，也无法推导出口令的明文。

2. 口令传输

在网络环境下，口令认证系统通常采用客户/服务器模式，由服务器统一管理网络用户的账户，对用户身份进行认证。这时，用户从客户机输入的口令要传送到服务器上进行验证。为了解决口令在网上传输过程中的泄漏问题，通常采用双方默认的加密算法或单向散列函数对口令加密后再传输。

3. 口令验证

口令认证系统得到用户输入的口令后，与预先存储的该用户口令相比较，如果两者一致，则该用户的身份得到了验证。在某些系统中，需要双方相互认证，不仅系统要检验用户的口令，用户也要检验系统的口令，只有双方的身份都通过认证，才能开始执行后续操作。

4. 口令管理

在网络操作系统中，通常为管理员提供了口令管理工具，可以用来对用户口令设置一些限制性措施，如口令最小长度、定期改变的周期、口令唯一性和口令到期后宽限的登录次数等。

在一些系统中，为了解决口令短而带来的不安全问题，采用了在短口令后填充随机数的方法。例如，在一个有4个字符的口令后填充40位随机数，构成一个较长的二进制序列进行加密处理，可大大提高口令的安全性。

12.3.3 基于一次性口令的身份认证

在证券、银行以及保险等行业中都提供了电话委托业务，用户可以通过电话委托实现交易。由于用户是使用电话机来输入包括口令在内的相关信息的，因此这些信息不可能通过加密方式来保护，必须以明文方式在电话网中传输。如果不采取其他保护措施，则可能发生因电话被监听而泄漏口令的问题。下面以证券公司为例来考察电话委托业务过程。

1. 未加保护的电话委托过程

(1) 用户在证券公司注册账号和口令。

(2) 用户使用电话机拨通证券公司账号服务器，并请求电话委托业务。

(3) 证券公司账号服务器通过电话语音提示用户输入账号和口令。

(4) 用户的账户和口令以明文方式通过电话线传输到证券公司账号服务器。

(5) 证券公司账号服务器验证用户的账户和口令后，允许用户通过电话提交委托业务。

这里存在着严重的安全隐患，如果有人利用电话线监听到用户账户和口令，则可以轻而易举地进入用户账户中实施犯罪活动，而且难以发现。这不仅会给用户带来很大的经济损失，而且会给开展电话委托业务的公司带来官司和信誉危机。

2. 基于一次性口令的电话委托过程

(1) 用户在证券公司注册账号和口令(注册口令)。

(2) 用户使用电话机拨通证券公司账号服务器，并请求电话委托业务。

(3) 证券公司账号服务器通过电话语音提示用户输入账号。

(4) 证券公司账号服务器随机生成一个中间口令，并通过电话语音提示给用户。

(5) 用户将中间口令和注册口令一起输入到一个事先配备的密码计算器中，计算出一个随机口令，然后通过电话线传输到证券公司账号服务器。

(6) 证券公司账号服务器收到用户的随机口令后，以同样的方法计算出随机口令，并比较两者的一致性。如果两者是一致的，则允许该用户通过电话提交委托业务。

由于用户的注册口令保留在证券公司账号服务器和用户自己手中，不在电话线中传输，因此不存在被监听的问题。在电话线中传输的是中间口令和随机口令，它们都是随机生成的，并且只能使用一次，电话收线后再次连接时，系统将会重新随机生成新的中间口令和随机口令，原来的中间口令和随机口令没有任何用处。随机口令是采用单向散列函数生成的，不能通过随机口令推导出注册口令，即使被监听到也没有用处。因此，在电话委托业务中，使用一次性口令认证系统能够防止因电话线监听而带来的安全风险，具有较高的安全性。

在这种口令认证系统中，每个用户都需要配备一个基于单向散列函数的密码计算器，专门用于计算随机口令。单向散列函数可以采用 MD－5 或 SHA 算法实现。

可见，一次性口令认证系统采用“一次一密”方法能够有效地防止口令监听和传输泄漏问题，并且采用单向散列函数来加密口令，具有较高的抗密码分析能力。

12.3.4　SKEY 认证程序

SKEY 是一个认证程序，它的安全性取决于所采用的单向函数。SKEY 认证程序的工作原理如下：

开始时，Alice 键入一个随机数 R。计算机计算 $f(R)$、$f(f(R))$、$f(f(f(R)))$、…、$\underbrace{f(f\cdots f}_{100次}(R)\cdots)$，将其记为 x_1，x_2，x_3，…，x_{100}。之后，计算机打印出这些数的清单，并进行安全保存。同时，计算机将 x_{101} 和 Alice 的姓名一起存放在某个登录数据库中。

在 Alice 首次登录时，键入其姓名和 x_{100}，计算机计算 $f(x_{100})$，并将其与存储在数据库中的值 x_{101} 加以比较，如果相等，则 Alice 得以认证。之后，计算机用 x_{100} 将数据库中的

x_{101}取代，Alice 也将 x_{100} 从她的清单中去掉。

每次登录时，Alice 键入清单中最后一个未被去掉的数 x_i，计算机计算 $f(x_i)$，并将其与存储在数据库中的 x_{i+1} 进行比较。由于每个数仅用一次，而且函数是单向的，因此 Eve 不能得到任何有用的信息。同样，数据库对于攻击者来说仍然有用。当然，当 Alice 用完了清单中的数时，她必须重新初始化该系统。

12.3.5 采用双钥体制的认证

采用双钥体制的认证中，主机保留每个用户的公钥文件，所有用户保留他们各自的私钥。

用户登录时，协议的执行过程如下：

(1) 主机向 Alice 发送一随机数。

(2) Alice 用其私钥对此随机数加密，并将密文连同其姓名一起发送给主机。

(3) 主机在它的数据库中搜索 Alice 的公钥，并采用此公钥对收到的密文解密。

(4) 如果解密得到的消息与主机首次发给 Alice 的数值相等，那么主机就允许 Alice 对系统进行访问。

Alice 的私钥不但很长，而且难以记忆。它可能由用户的硬件产生，也可能由用户的软件产生，只要求 Alice 拥有一个可信赖的智能终端，但既不要求主机必须是安全的，也不要求通信通道必须是安全的。

12.3.6 基于数字证书的身份认证

通过数字证书和公钥密码技术可以建立起有效的网络实体认证系统，为网上电子交易提供用户身份认证服务。ISO 定义了一种实体认证框架，用于实现实体间认证，也称为 X.509 协议。具体见本书第 8 章。

12.3.7 基于生物特征的身份认证

除了密码领域的身份认证技术外，基于生物特征的身份认证也越来越受到人们的重视。生物特征天生就是用来进行身份认证的。在第 11 章中，我们已经较为详细地讨论了生物认证技术，因此，这里不再重复论述，仅将其归属为一种认证技术。

12.3.8 消息认证

当 Bob 收到来自 Alice 的消息时，他如何判断这条消息是真的呢？如果 Alice 对这条消息进行数字签名，那么事情就变得十分容易。Alice 的数字签名足以提示任何人她签发的这条消息是真的。

单钥密码体制也可以提供某种认证。当 Bob 收到某条采用共享密钥加密的消息时，他便知道此条消息来自 Alice。然而，Bob 不能向 Trent 证明这条消息来自 Alice。Trent 只能知道这条消息来自 Bob 或者 Alice(因为没有其他任何人知道他们的共享密钥)，但分不清这条消息究竟是谁发出的。

如果不采用加密，则 Alice 也可以采用消息认证码 MAC 的方法。采用这种方法也可以提示 Bob 有关消息的真伪，但它存在着与采用单钥加密体制相同的问题。

12.4 认证的密钥建立协议

这类协议将认证和密钥建立结合在一起，用于解决计算机网络中普遍存在的一个问题，即 Alice 和 Bob 是网络的两个用户，他们想通过网络进行安全通信。单纯的密钥建立协议有时还不足以保证安全地建立密钥，与认证相结合才能可靠地确认双方的身份，实现安全密钥的建立，使参与双方(或多方)确信没有其他人可以共享该秘密。密钥认证分为以下三种：

(1) 隐式(Implicit)密钥认证：若参与者确信可能与他共享一个密钥的参与者的身份时，第二个参与者无需采取任何行动。

(2) 密钥确证(Key Confirmation)：一个参与者确信第二个可能未经识别的参与者确实具有某个特定密钥。

(3) 显式(Explicit)密钥认证：已经被识别的参与者具有给定密钥，且具有隐式密钥认证和密钥确证双重特征。

12.4.1 大嘴青蛙协议

大嘴青蛙协议由 Burrows 等于 1989 年提出，它可能是采用可信赖服务器的最简单的对称密钥管理协议。该协议中，Alice 和 Bob 均与 Trent 共享一个密钥，此密钥只用作密钥分配，而不用来对用户之间传递的消息进行加密，只传送两条消息，Alice 就可将一个会话密钥发送给 Bob。

(1) Alice 将时戳 T_A、Bob 的姓名 B 以及随机会话密钥 k 链接，并采用与 Trent 共享的密钥 k_A 对整条消息加密，此后将加密的消息和她的姓名一起发送给 Trent：A, $E_{k_A}(T_A, B, k)$。

(2) Trent 对 Alice 发来的消息解密，之后他将一个新的时戳 T_B、Alice 的姓名 A 及随机会话密钥链接，并采用与 Bob 共享的密钥 k_B 对整条消息加密。此后，Trent 将加密的消息发送给 Bob：$E_{k_B}(T_B, A, k)$。

在这个协议中，所做的最重要的假设是：Alice 完全有能力产生好的会话密钥。在实际中，真正随机数的生成是十分困难的。这个假设对 Alice 提出了很高的要求。

12.4.2 Yahalom 协议

在 Yahalom 协议中，Alice 和 Bob 均与 Trent 共享一个密钥。协议如下：

(1) Alice 将其姓名和一个随机数链接在一起，发送给 Bob：A, R_A。

(2) Bob 将 Alice 的姓名、Alice 的随机数和他自己的随机数链接起来，并采用与 Trent 共享的密钥 k_B 加密。此后，Bob 将加密的消息和他的姓名一起发送给 Trent：B, $E_{k_B}(A, R_A, R_B)$。

(3) Trent 生成两条消息。首先，Trent 将 Bob 的姓名、某个随机的会话密钥、Alice 的随机数和 Bob 的随机数组合在一起，并采用与 Alice 共享的密钥 k_A 对整条消息加密；其次，Trent 将 Alice 的姓名和随机的会话密钥组合起来，并采用与 Bob 共享的密钥 k_B 加密；最后，Trent 将两条消息发送给 Alice，即 $E_{k_A}(B, k, R_A, R_B)$、$E_{k_B}(A, k)$。

(4) Alice对第一条消息解密，提取出k，并证实R_A与在(1)中的值相等。之后，Alice向Bob发送两条消息，第一条消息来自Trent，采用Bob的密钥加密，第二条是R_B，采用会话密钥k加密，即$E_{k_B}(A, k)$、$E_k(R_B)$。

(5) Bob用他的共享密钥对第一条消息解密，提取出k；再用该会话密钥对第二条消息解密求出R_B，并验证R_B是否与(2)中的值相同。

最后的结果是：Alice和Bob均确信各自都在与对方进行对话，而不是与另外第三方通话。这个协议的新思路是：Bob首先与Trent接触，而Trent仅向Alice发送一条消息。

12.4.3 Needham - Schroeder 协议

这个协议是由R. Needham和M. Schroeder设计的，采用了单钥体制和Trent，无时戳。协议描述如下：

(1) Alice向Trent发送一条消息，其中包括她的姓名、Bob的姓名和某个随机数：A，B，R_A。

(2) Trent生成一个随机会话密钥k。他将会话密钥和Alice的姓名链接在一起，并采用与Bob共享的密钥对其加密。此后，他将Alice的随机数、Bob的姓名、会话密钥以及上述加密的消息链接，并采用与Alice共享的密钥加密。最后，Trent将加密的消息发送给Alice：$E_{k_A}(R_A, B, k, E_{k_B}(k, A))$。

(3) Alice对消息解密求出k，并验证R_A就是她在(1)中发送给Trent的值。之后，她向Bob发送消息：$E_{k_B}(k, A)$。

(4) Bob对收到的消息解密求出k。之后，他生成另一随机数R_B，采用k加密后发送给Alice：$E_k(R_B)$。

(5) Alice用k对收到的消息解密得到R_B。她生成R_B-1，并采用k加密。最后，Alice将消息发送给Bob：$E_k(R_B-1)$。

(6) Bob采用k对消息解密，并验证得到的明文就是R_B-1。

这里采用R_A、R_B和R_B-1是为了抗击重发攻击(Replay Attack)。在实施攻击时，Mallory可以记录前次协议执行时的一些旧消息，此后重新发送它们试图攻破协议。在(2)中，R_A的出现使Alice确信：Trent的消息是合法的，并非是重发上次协议执行中的旧消息。当Alice成功地解密求出R_B，并在(5)中向Bob发送R_B-1时，Bob确信Alice的消息是合法的，而不是重发上次协议执行中的旧消息。

这一协议主要的安全漏洞是旧会话密钥存在脆弱性。如果Mallory能够获得某个旧的会话密钥，那么他就可以成功地对协议发起攻击。

Needham和Schroeder对上述协议做了改进，提出了一种安全性更高的协议，试图克服原协议存在的问题。此新协议与将要讨论的Otway - Rees协议基本上相同。

12.4.4 Otway - Rees 协议

这一协议也采用了单钥密码体制，有Trent参与，无时戳。协议描述如下：

(1) Alice生成一条消息，其中包括一个索引号码、Alice的姓名、Bob的姓名和一个随机数，并将这条消息采用她与Trent共享的密钥加密。此后，将密文连同索引号I、Alice和Bob的姓名一起发送给Bob：I，A，B，$E_{k_A}(R_A, I, A, B)$。

(2) Bob生成一条消息，其中包括一个新的随机数、索引号、Alice和Bob的姓名，并将这条消息采用他与Trent共享的密钥加密。此后，将密文连同Alice的密文、索引号、Alice和Bob的姓名一起发送给Trent：I, A, B, $E_{k_A}(R_A, I, A, B)$, $E_{k_B}(R_B, I, A, B)$。

(3) Trent生成一个随机的会话密钥。此后，生成两条消息：第一条消息是将Alice的随机数和会话密钥采用他与Alice共享的密钥加密；第二条是将Bob的随机数和会话密钥采用他与Bob的共享密钥加密。最后，Trent将这两条消息连同索引号一起发送给Bob：I, $E_{k_A}(R_A, k)$, $E_{k_B}(R_B, k)$。

(4) Bob将属于Alice的那条消息连同索引号一起发送给Alice：I, $E_{k_A}(R_A, k)$。

(5) Alice对收到的消息解密得到随机数 R_A 和会话密钥。如果 R_A 与(1)中的值相同，那么Alice确认随机数和会话密钥没有被改动过，并且不是重发某个旧会话密钥。

假设所有的随机数都匹配，而且通信过程中索引号没有被改动，那么Alice和Bob就会相互确认对方的身份，并获得一个通信用的密钥。

12.4.5　Kerberos协议

Kerberos协议描述如下：

(1) Alice向Trent发送她的身份和Bob的身份：A, B。

(2) Trent生成一条消息，其中包含时戳、有效期 L、随机会话密钥和Alice的身份，并采用与Bob共享的密钥加密。此后，他将时戳、有效期、会话密钥和Bob的身份采用与Alice共享的密钥加密。最后，Trent将这两条加密的消息发送给Alice：$E_{k_A}(T, L, k, B)$, $E_{k_B}(T, L, k, A)$。

(3) Alice采用 k 对其身份和时戳加密，并连同从Trent收到的、属于Bob的那条消息发送给Bob：$E_k(A, T)$, $E_{k_B}(T, L, k, A)$。

(4) Bob将时戳加1，并采用 k 对其加密后发送给Alice：$E_k(T+1)$。

此协议运行的前提条件是假设每个用户必须具有一个与Trent同步的时钟。实际上，同步时钟是由系统中的安全时间服务器来保持的。通过设立一定的时间间隔，系统可以有效地检测到重发攻击。

12.4.6　Neuman - Stubblebine协议

Neuman - Stubblebine协议的特点是能够对付等待重发攻击，它是Yahalom协议的加强版本，是一个很好的协议。该协议的描述如下：

(1) Alice将她的姓名和某个随机数链接起来，发送给Bob：A, R_A。

(2) Bob将Alice的姓名、随机数和时戳链接起来，并采用与Trent共享的密钥加密。此后，Bob将密文连同他的姓名、新产生的随机数一起发送给Trent：B, R_B, $E_{k_B}(A, R_A, T_B)$。

(3) Trent生成一随机的会话密钥。之后，他生成两条消息：第一条采用与Alice共享的密钥对Bob的身份、Alice的随机数、会话密钥和时戳加密；第二条采用与Bob共享的密钥对Alice的身份、会话密钥和时戳加密。最后，他将这两条消息连同Bob的随机数一起发送给Alice：$E_{k_A}(B, R_A, k, T_B)$, $E_{k_B}(A, k, T_B)$, R_B。

(4) Alice对属于她的消息解密得到会话密钥 k，并确认 R_A 与(1)中的值相等。此后，

Alice 发送给 Bob 两条消息：第一条消息来自 Trent，第二条消息采用会话密钥对 R_B 加密，即 $E_{k_B}(A, k, T_B)$、$E_k(R_B)$。

(5) Bob 对第一条消息解密得到会话密钥 k，并确认 T_B 和 R_B 的值与(2)中的值相同。

假设随机数和时戳均匹配，那么 Alice 和 Bob 就相互确认了对方的身份，并共享一个会话密钥。这个协议不需要同步时钟，因为时戳仅与 Bob 的时钟有关，Bob 只对他自己生成的时戳进行检查。

这个协议的优点是：在预定的时限内，Alice 能够将收自 Trent 的消息用于随后与 Bob 的认证中。假设 Alice 和 Bob 已经完成了上述协议，并建立连接开始通信，但由于某种原因连接被中断。这种情况下，Alice 和 Bob 不需 Trent 的参与，仅执行三步就可以实现相互认证。此时，协议的执行过程如下：

(1) Alice 将 Trent 在(3)中发给她的消息，连同一个新随机数一起发送给 Bob：$E_{k_B}(A, k, T_B)$，R'_A。

(2) Bob 采用会话密钥对 Alice 的随机数加密，连同一个新的随机数发送给 Alice：R'_B，$E_k(R'_A)$。

(3) Alice 采用会话密钥对 Bob 的新随机数加密，并发送给 Bob：$E_k(R'_B)$。

在上述协议中，采用新随机数是为了防止重发攻击。

12.4.7 DASS 协议

分布认证安全服务(Distributed Authentication Security Service)协议是由 DEC(Digital Equipment Corporation)公司开发的，其目的也是提供双向认证和密钥交换。DASS 既采用了双钥密码体制，也采用了单钥密码体制。该协议假设 Alice 和 Bob 各自具有一个私钥，而 Trent 掌握着他们的签名公钥。DASS 协议的描述如下：

(1) Alice 将 Bob 的身份发送给 Trent：B。

(2) Trent 将 Bob 的公钥和身份链接，并采用其私钥 k_{TS} 对消息进行数字签名：$S_{k_{TS}}(B, k_{BP})$，发送给 Alice。

(3) Alice 对 Trent 的签名加以验证，以证实她收到的公钥就是 Bob 的公钥。她生成一个会话密钥 k 和一个随机的公钥/私钥对 k_P，并用 k 对时戳加密。然后，她采用私钥 k_{AS} 对会话密钥的有效期 L、自己的身份和 k_P 进行签名。之后，她采用 Bob 的公钥对会话密钥 k 加密，再用 k_P 对其签名。最后，她将所有的消息发送给 Bob：$E_k(T_A)$，$S_{k_{AS}}(L, A, k_P)$，$S_{k_P}(E_{k_{BP}}(k))$。

(4) Bob 将 Alice 的身份发送给 Trent(这里的 Trent 可以是另外一个实体)：A。

(5) Trent 将 Alice 的公钥和身份链接，并采用其私钥对消息进行数字签名：$S_{k_{TS}}(A, k_{AP})$，发送给 Bob。

(6) Bob 验证 Trent 的签名，以证实他收到的公钥就是 Alice 的公钥。此后，他验证 Alice 的签名并得到 k_P。他再采用 k_P 验证 $S_{k_P}(E_{k_{BP}}(k))$，并采用他的私钥解密得到会话密钥 k。最后，他采用 k 对 $E_k(T_A)$ 解密得到时戳 T_A，确认这条消息是当前发送的，而不是重发某条旧消息。

(7) 如果需要进行相互认证，则 Bob 采用 k 对一个新时戳加密后发送给 Alice：$E_k(T_B)$。

(8) Alice 采用 k 对收到的消息解密，并确认此消息是当前发送的，而不是重发过去的某条消息。

12.4.8 Denning - Sacco 协议

这个协议也采用了双钥体制，假设 Trent 掌握了所有用户的公钥数据库。该协议的描述如下：

(1) Alice 向 Trent 发送她的身份和 Bob 的身份：A，B。

(2) Trent 采用其私钥 k_{TS} 对 Bob 的公钥和 Alice 的公钥签名，并发送给 Alice：$S_{k_{TS}}(B, k_{BP})$，$S_{k_{TS}}(A, k_{AP})$。

(3) Alice 首先采用其私钥对一个随机的会话密钥和时戳签名，再采用 Bob 的公钥加密，最后，将结果连同收到的两个签名公钥一起发送给 Bob：$E_{k_{BP}}(S_{k_{AS}}(k, T_A))$，$S_{k_{TS}}(B, k_{BP})$，$S_{k_{TS}}(A, k_{AP})$。

(4) Bob 采用其私钥对收到的消息解密，此后采用 Alice 的公钥对 Alice 的签名进行验证，最后检验时戳是否仍然有效。

至此，Alice 和 Bob 都具有一个会话密钥 k，他们可以用其进行安全通信。

Denning - Sacco 协议看似安全，其实不然，在 Bob 与 Alice 一起完成协议后，Bob 可以假冒成 Alice。下面可看出 Bob 是如何假冒 Alice 的。

(1) Bob 将他的身份和 Carol 的身份发送给 Trent：B，C。

(2) Trent 将 Bob 和 Carol 的签名公钥发送给 Bob：$S_{k_{TS}}(B, k_{BP})$，$S_{k_{TS}}(C, k_{CP})$。

(3) Bob 将过去收自 Alice 的签名会话密钥和时戳，采用 Carol 的公钥进行加密，并连同 Alice 和 Carol 的公钥证明(Certificate)一起发送给 Carol：$E_{k_{CP}}(S_{k_{AS}}(k, T_A))$，$S_{k_{TS}}(A, k_{AP})$，$S_{k_{TS}}(C, k_{CP})$。

(4) Carol 采用其私钥对收到的消息 $E_{k_{CS}}(S_{k_{AS}}(k, T_A))$ 解密，然后采用 Alice 的公钥对签名加以验证，最后检查时戳是否仍然有效。

至此，Carol 认为他正在与 Alice 进行通信，Bob 已成功地假冒成 Alice。实际上，在时戳的有效期内，Bob 可以假冒网上的任何用户。

这个问题很容易得到解决，只要将网络用户的身份加入到(3)中的加密消息中，就可以成功地防止这种假冒攻击：$E_{k_{BP}}(S_{k_{AS}}(A, B, k, T_A))$，$S_{k_{TS}}(B, k_B)$，$S_{k_{TS}}(A, k_A)$。

现在，Bob 无法重发旧的消息给 Carol，因为在数字签名项中已经清楚地表明通信是在 Alice 和 Bob 两个用户之间进行的。

12.4.9 Woo - Lam 协议

这个协议也采用了双钥体制。该协议的描述如下：

(1) Alice 向 Trent 发送她的身份和 Bob 的身份：A，B。

(2) Trent 采用其私钥 T 对 Bob 的公钥 k_{BP} 进行签名，并发送给 Alice：$S_{k_{TS}}(k_{BP})$。

(3) Alice 验证 Trent 的签名。此后，Alice 采用 Bob 的公钥对她的身份和产生的随机数加密，并发送给 Bob：$E_{k_{BP}}(A, R_A)$。

(4) Bob 采用 Trent 的公钥 k_{TP} 对 Alice 的随机数加密，并将他的身份、Alice 的身份一起发送给 Trent：A，B，$E_{k_{TP}}(R_A)$。

(5) Trent 用其私钥对 Alice 的公钥 k_{AP} 进行签名后发送给 Bob。同时，他对 Alice 的随机数、随机会话密钥、Alice 的身份、Bob 的身份进行签名，再用 Bob 的公钥加密后发送给 Bob：$S_{k_{TS}}(k_{AP})$，$E_{k_{BP}}(S_{k_{TS}}(R_A, k, A, B))$。

(6) Bob 验证 Trent 的签名。此后，Bob 对(5)中消息的第二部分解密，并采用 Alice 的公钥对得到的 Trent 的签名值和一个新随机数 R_B 加密，将结果发送给 Alice：$E_{k_{AP}}(S_{k_{TS}}(R_A, k, A, B), R_B)$。

(7) Alice 验证 Trent 的签名和她的随机数 R_A。此后，她采用会话密钥 k 对 Bob 的随机数 R_B 加密并将其发送给 Bob：$E_k(R_B)$。

(8) Bob 对收到的消息解密，得到随机数 R_B，并检查它是否被改动过。

12.4.10 EKE 协议

加密密钥交换 EKE(Encrypted Key Exchange)协议是由 S. Bellovin 和 M. Merritt 于 1992 年提出的。该协议既采用了单钥体制，也采用了双钥体制。其目的是为计算机网络上的用户提供安全性和认证业务。这个协议的新颖之处是：采用共享密钥来加密随机生成的公钥。通过运行这个协议，两个用户可以实现相互认证，并共享一个会话密钥 k。

协议假设 Alice 和 Bob(他们可以是两个用户，也可以是一个用户、一个主机)共享一个口令 p。该协议的描述如下：

(1) Alice 生成一随机的公钥/私钥对。她采用单钥算法和密钥 p 对公钥 k' 加密，并向 Bob 发送以下消息：A，$E_p(k')$。

(2) Bob 采用 p 对收到的消息解密得到 k'。此后，他生成一个随机会话密钥 k，并用 k' 对其加密，再采用 p 加密，最后将结果发送给 Alice：$E_p(E_{k'}(k))$。

(3) Alice 对收到的消息解密得到 k。此后，她生成一个随机数 R_A，用 k 加密后发送给 Bob：$E_k(R_A)$。

(4) Bob 对消息解密得到 R_A。他生成另一个随机数 R_B，采用 k 对这两个随机数加密后发送给 Alice：$E_k(R_A, R_B)$。

(5) Alice 对消息解密得到 R_A、R_B。假设收自 Bob 的 R_A 与(3)中发送的值相同，Alice 便采用 k 对 R_B 加密，并发送给 Bob：$E_k(R_B)$。

(6) Bob 对消息解密得到 R_B。假设收自 Alice 的 R_B 与(4)中 Bob 发送的值相同，则协议就完成了。通信双方可以采用 k 作为会话密钥。

EKE 协议可以采用各种双钥算法来实现，如 RSA、ElGamal、Diffie－Hellman 协议等。

12.4.11 安全协议的设计原则

选用和设计何种类型的协议要根据实际应用对确认的要求以及实现的机制来定，需要考虑多方面的因素，主要有：

(1) 认证的特性：是实体认证、密钥认证和密钥确认的任何一种组合。

(2) 认证的互易性(Reciprocity)：认证可能是单方的，也可能是相互的。

(3) 密钥的新鲜性(Freshness)：保证所建立的密钥是新的。

(4) 密钥的控制：有的协议由一方选定密钥值，有的则通过协商由双方提供的信息导出，不希望由单方来控制或预先定出密钥值。

(5) 有效性：包括参与者之间交换消息的次数、传送的数据量、各方计算的复杂度以及减少实时在线计算量的可能性等。

(6) 第三方参与：包括是否有第三方参与、在有第三方参与时是联机还是脱机参与，以及对第三方的信赖程度。

(7) 是否采用证书以及证书的类型。

(8) 不可否认性：可以提出收据证明已收到交换的密钥。

12.5 安全协议设计规范

安全协议是许多分布式系统安全的基础，确保这些协议能够安全运行是极为重要的。但是，现有的许多协议在设计上普遍存在着某些安全缺陷。造成认证协议存在安全漏洞的原因有很多，但主要原因有两个：① 协议设计者有可能误解了所采用的技术，或者不恰当地照搬了已有协议的某些特性；② 人们对某一特定的通信环境及其安全需求研究不够，人们很少知道所设计的协议如何才能够满足安全需求。因此，在近来出现的许多协议中都发现了不同程度的安全缺陷或冗余消息。本节将讨论对协议的攻击方法和安全协议的设计规范。

12.5.1 对协议的攻击

在分析协议的安全性时，常用的方法是对协议施加各种可能的攻击来测试其安全度。密码攻击的目标通常为：协议中采用的密码算法，算法和协议中采用的密码技术，协议本身。由于本节仅讨论密码协议，因此我们将只考虑对协议自身的攻击，假设协议中所采用的密码算法和密码技术均是安全的。对协议的攻击可以分为被动攻击和主动攻击。

被动攻击是指协议外部的实体对协议执行的部分或整个过程实施窃听。攻击者对协议的窃听并不影响协议的执行，他所能做的是对协议的消息流进行观察，并试图从中获得协议中涉及各方的某些信息。他们收集协议各方之间传递的消息，并对其进行密码分析。这种攻击实际上属于一种唯密文攻击。被动攻击的特点是难以检测，因此在设计协议时应该尽量防止被动攻击，而不是检测它们。

主动攻击对密码协议来说具有更大的危险性。在这种攻击中，攻击者试图改变协议执行中的某些消息以达到获取信息、破坏系统或获得对资源的非授权的访问等目的。他们可能在协议中引入新的消息，删除消息，替换消息，重发旧消息，干扰信道或修改计算机中存储的信息。在网络环境下，当通信各方彼此互不信赖时，这种攻击对协议的威胁显得更为严重。攻击者不一定是局外人，他可能就是一个合法用户或一个系统管理者，也可能是几个人联手对协议发起攻击，还可能就是协议中的一方。

若主动攻击者是协议涉及的一方，我们称其为骗子(Cheater)。骗子可能在协议执行中撒谎，或者根本不遵守协议。骗子也可以分为主动骗子和被动骗子。被动骗子遵守协议，但试图获得协议之外更多的信息；主动骗子不遵守协议，对正在执行的协议进行干扰，试图冒充它方或欺骗对方，以达到各种非法目的。

如果协议的参与者中多数都是主动骗子，那么就很难保证协议的安全性。但是在某些情况下，合法用户可能会检测到主动欺骗的存在。显然，密码协议对于被动欺骗应该是安全的。

12.5.2 安全协议设计规范的具体内容

在协议的设计过程中，一方面，通常要求协议具有足够的复杂性以抵御交织攻击；另一方面，还要尽量使协议保持足够的经济性和简单性，以便应用于低层网络环境。如何设计密码协议才能满足安全性、有效性、完整性和公平性的要求呢？这就需要对设计空间规定一些边界条件。归纳起来，可以提出以下安全协议的设计规范：

(1) 采用一次随机数来替代时戳。在已有的许多安全协议设计中，人们多采用同步认证方式，即需要各认证实体之间严格保持一个同步时钟。在某些网络环境下，保持这样的同步时钟并不难，但对于某些网络环境却十分困难。因此，建议在设计密码协议时，应尽量采用一次随机数来取代时戳，即采用异步认证方式。

(2) 具有抵御常见攻击的能力。对于所设计的协议，我们必须能够证明它们对于一些常见的攻击方法(如已知或选择明文攻击、交织攻击等)是安全的。换言之，攻击者永远不能从任何“回答”消息或修改过去的某个消息中推出有用的密码消息。

(3) 可采用任何密码算法。协议必须能够采用任何已知的和具有代表性的密码算法。这些算法可以是对称加密算法(如 DES、IDEA)，也可以是非对称加密算法(如 RSA)。例如，IEEE802.11(i)中的 AES－CCMP 协议限定使用 AES 算法，而 WAPI 不限定分组算法为 SMS4，明显后者更为灵活。IEEE 后来承认了这个事实，并许诺进行改变，但到目前为止，并没有任何改变。

(4) 不受出口的限制。目前，各国政府对密码产品的进出口都进行了严格的控制。在设计密码协议时，应该做到使其不受任何地理上的限制。现在大多数规定是针对分组加密/解密算法的进出口加以限制的。然而，对于那些仅仅用于数据完整性保护和具有认证功能的技术的进出口往往要容易得多。因此，对于某种技术，若其仅依赖于数据完整性和认证技术而非数据加密函数，则它取得进出口许可证的可能性很大。例如，如果协议仅提供消息认证码功能，而不需要对大量的数据进行加密和解密，那么就容易获得进出口权。这就要求我们在设计协议时，尽量避免采用加密和解密函数。现有的许多著名的协议(如 Kerberos、X9.17 等)，就不满足这个要求，因为它们涉及大量的数据加密和解密运算。IEEE802.11(i)中的 AES－CCMP 协议使用的 AES 算法在无线局域网领域被中国限制，此外还有其他一些国家抵制使用 AES。

(5) 便于进行功能扩充。协议对各种不同的通信环境具有很高的灵活性，允许对其进行可能的功能扩展，起码对一些显然应具有的功能加以扩展。特别是，协议在方案上应该能够支持多用户(多于两个)之间的密钥共享。另一个明显的扩展是协议应该允许在消息中加载额外的域，进而可以将其作为协议的一部分加以认证。

(6) 最少的安全假设。在进行协议设计时，我们常常要首先对网络环境进行风险分析，作出适当的初始安全假设。例如，各通信实体应该相信它们各自产生的密钥是好的，或者网络中心的认证服务器是可信赖的，或者安全管理员是可信赖的，等等。但是，初始假设越多，协议的安全性就越差。因此，我们应尽可能地减少初始安全假设的数目。

以上协议设计规范并不是一成不变的，可以根据实际情况作出相应的补充或调整。但是，遵循上面提出的规范是设计一个好协议的基础。

12.5.3 协议的安全性分析

目前，对密码协议进行分析的方法有三种：攻击检验方法、采用形式语言逻辑进行安全性分析和可证明安全分析方法。

1. 攻击检验方法

这种方法就是采用现有的一些对协议的有效攻击方法，逐个对协议进行攻击，检验其是否具有抵御这些攻击的能力，分析时主要采用语言描述的方法，对协议所交换的密码消息的功能进行剖析。

2. 采用形式语言逻辑进行安全性分析

采用形式语言对密码协议进行安全性分析的基本方法归纳起来有如下四种：

(1) 采用非专门的说明语言和验证工具，对协议建立模型并加以验证。

(2) 通过开发专家系统，对密码协议进行开发和研究。

(3) 采用能够分析知识和信任的逻辑，对协议进行安全性研究。

(4) 基于密码系统的代数特点，开发某种方法，对协议进行分析和验证。

3. 可证明安全分析方法

可证明安全分析方法本质上是一种公理化的研究方法，其最基础的假设或“公理”是：“好”的极微本原存在。安全方案的设计难题一般分为两类：一类是极微本原不可靠造成方案不安全(如用背包问题构造加密方案)；另一类是即使极微本原可靠，安全方案本身也不安全(如 DES - ECB 等)。后一种情况更为普遍，是可证明安全性理论的主要研究范围。

可证明安全性理论的应用价值是显而易见的：可以把主要精力集中在“极微本原”的研究上，这是一种古老的、基础性的、带有艺术色彩的研究工作；另一方面，如果相信极微本原的安全性，那么不必进一步分析协议即可相信其安全性。

12.6 协议工程

12.6.1 研究背景

尽管安全协议是保护信息系统安全的重要手段之一，但是分析安全协议中可能存在的缺陷却是一个非常困难的问题。目前针对协议中存在的缺陷采取相应的措施来进行网络攻击已成为 Internet 上一种重要的网络攻击形式。

安全协议设计与分析的困难性在于：

(1) 安全目标本身的微妙性。例如，表面上十分简单的“认证目标”，实际上十分微妙。关于认证性的定义，至今存在各种不同的观点。

(2) 协议运行环境的复杂性。实际上，当安全协议运行在一个十分复杂的公开环境时，攻击者处处存在。我们必须形式化地刻画安全协议的运行环境，这当然是一项艰巨的任务。

(3) 攻击者模型的复杂性。我们必须形式化地描述攻击者的能力，对攻击者和攻击行为进行分类和形式化的分析。

(4) 安全协议本身具有“高并发性”的特点。因此，安全协议的分析变得更加复杂并具有挑战性。

安全协议的设计极易出错，即使我们只讨论安全协议中最基本的认证协议，其中参加协议的主体只有两三个，交换的消息只有3～5条，设计一个正确的、符合认证目标的、没有冗余的认证协议也十分困难，有的协议甚至在使用多年之后才发现其存在的漏洞，如Needham-Schroeder协议在使用了十多年后其存在的漏洞才被发现。因此，如何保证安全协议的安全性变得尤为重要。

随着网络服务要求的提高，网络系统的复杂性在协议方面体现出了空间分布性、并发性、异步性、不稳定性和多样性，通信协议再也不可能用工程直觉方法进行设计，协议的完整性、正确性、安全性、可移植性和标准化等都难以得到保证，在这种情况下，需要合适的方法、技术和计算机辅助工具。为了尽可能减少协议设计开发过程中的错误和缺陷，提高通信网络系统的稳定性、安全性、容错性和异构系统互通能力，提出了协议工程(Protocol Engineering)技术，旨在用形式化的方法描述在协议设计和维护中的各个活动。

20世纪80年代初协议设计者基于软件工程和形式化方法首次提出了协议工程的概念，从而为协议的研制和开发提供了一整套工程规范和一种系统方法。

12.6.2 协议工程的特点

协议工程采用形式化的方法将协议转换(Transformation)、协议说明(Specification)、协议证实(Validation)、协议验证(Verification)、协议实现(Implementation)、协议测试(Testing)等内容并在一个开发系统中完成，实现协议开发的一体化(Integrated)和系统化。一体化的最终目标就是在输入自然语言描述的协议后，自动地完成上述各个任务。

协议工程主要运用综合和分析的方法来研究和实现协议工程的各个活动。综合方法包括协议综合(即由相应服务描述产生协议描述的规范)和自动实现(即协议描述到某个实现的自动转换)。分析方法包括协议验证和一致性测试。协议验证与协议综合互补，它证明协议描述是否正好提供在服务描述中表示的要求；一致性测试与自动实现互补，它测试实现与独立于实现的描述是否一致。

协议工程活动还包括性能分析、协议维护和协议转换。性能分析通过对协议描述进行分析，确定吞吐量、时延、可靠性、有效性和公平性等性质。协议维护用于纠正实现中的错误，更新协议文本，甚至提出全新的协议。协议维护需要对协议工程活动作一致性的修改。当两个不兼容的协议体系结构系统进行通信时，需要进行协议转换，即将两个体系结构相互转换，但是协议转换器的开发会碰到服务定义、综合、描述、验证、性能分析、直接实现和测试等类似问题。

12.6.3 协议开发

1. 基本流程

协议工程包括协议研制和开发的整个活动周期。根据协议工程学，一个协议的主要开发过程如图12.6.1所示。

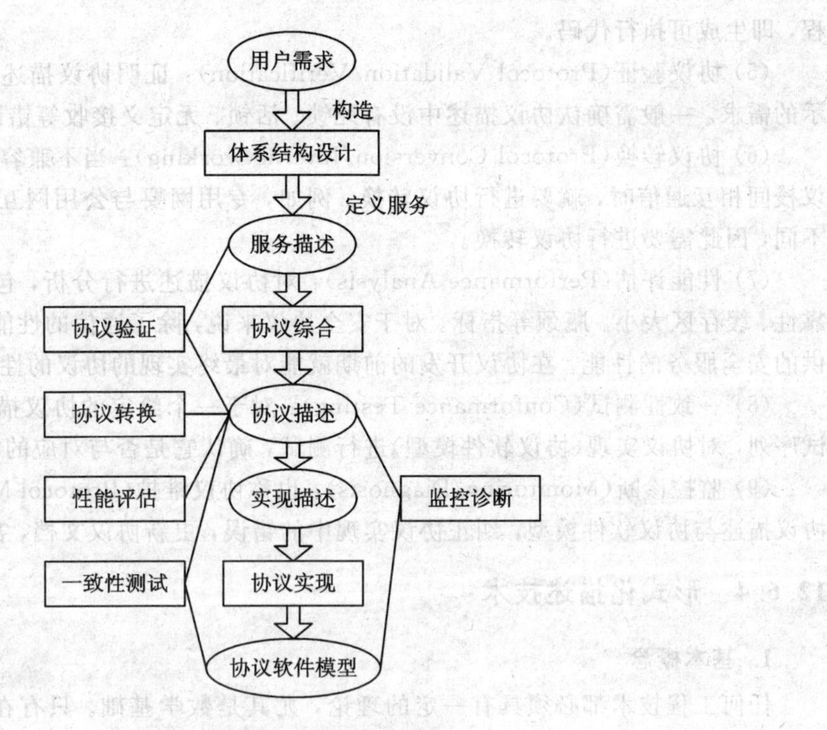

图 12.6.1　协议开发的基本流程

(1) 分析用户的应用需求，建立文档。

(2) 设计协议分层的体系结构，满足需求。

(3) 定义协议分层结构中各层的服务。整体描述指抽象描述服务使用者和提供者的行为，定义服务原语序列集合和服务原语在使用者接口处的关系。整体描述的逐步求精指定义准确的且与实现无关的接口，将使用者和提供者的行为分离。

(4) 描述分层结构的各层协议或协议类，包括在服务描述求精过程中为每个服务使用者定义一个协议类。在这个阶段应进行协议验证和性能评估；然后实现描述，包括使用者和协议实体接口、目标实现限制与设计决策关系等的详细描述。

(5) 由实现描述产生目标实现的编码。

(6) 进行协议的测试调试，严格测试协议的实现，确认是否符合协议描述要求和错误是否被纠正。

2. 协议工程相关技术

在整个协议开发过程中，涉及的主要开发技术如下：

(1) 服务描述(Service Specification)：描述协议分层结构中低层的协议向上层用户或其他协议实体提供的服务，并建立文档。这些服务是对外界而言的一层协议所要实现的功能，不包括具体描述该层协议内部各实体如何实现这些功能。

(2) 协议描述(Protocol Specification)：定义各层的通信实体之间相互通信的消息格式和交换消息的顺序。各通信实体的功能主要是对协议数据单元 PDU 进行描述，并建立文档。

(3) 协议综合(Protocol Synthesis)：由服务描述产生正确的协议描述，或将多个协议描述合并成一个协议描述的过程。

(4) 协议实现(Protocol Implementation)：从协议描述到生成某个协议软件模型的过

程，即生成可执行代码。

(5) 协议验证(Protocol Validation/Verification)：证明协议描述实现了服务描述中表示的需求。一般需确认协议描述中没有死锁、活锁、无定义接收等错误。

(6) 协议转换(Protocol Conversion/Internetworking)：当不兼容的协议体系结构或协议栈间相互通信时，就要进行协议转换。例如，专用网要与公用网互联，由于各自的协议不同，因此需要进行协议转换。

(7) 性能评估(Performance Analysis)：对协议描述进行分析，包括吞吐量、延迟、可靠性、缓存区大小、瓶颈等指标。对于安全协议来说，除了通信的性能外，还要考虑其所提供的安全服务的性能。在协议开发的前期就能对最终实现的协议的性能有所了解。

(8) 一致性测试(Conformance Testing)：对于一个给定的协议描述，产生一个短的测试序列，对协议实现(协议软件模型)进行测试，确认它是否与对应的协议描述一致。

(9) 监控诊断(Monitoring/Diagnosis)：也称协议维护(Protocol Maintenance)，指对照协议描述与协议软件模型，纠正协议实现中的错误，更新协议文档，甚至提出全新的协议。

12.6.4 形式化描述技术

1. 基本概念

任何工程技术都必须具有一定的理论，尤其是数学基础。只有在坚实的理论基础上，才能进行深层次的研究，推动工程实践的发展与进步。协议工程的基础就是形式化方法(Formal Method)。形式化方法是一种具有坚实数学基础的用于描述系统特性的技术。形式化方法提供了一种用于系统级模型描述、设计和分析的严格而有效的途径。形式化方法经过近几年的发展，已经在很多领域得到了应用。

协议的形式化技术主要包括协议及服务规范的形式描述以及协议的设计验证、实现验证和一致性测试。一般而言，协议形式描述的主要目的如下：

(1) 用于协议设计的验证。

(2) 提供协议实现的基础。

(3) 用于证实协议的一种实现，可判断该实现是否与协议形式描述相同。

形式化技术具有以下特点：

(1) 完整的语法和语义定义。

(2) 体系结构、服务和协议的可表达性。

(3) 协议重要特性的可分析性。

(4) 支持复杂协议的管理，支持逐步求精的方法。

(5) 支持实现独立性。

(6) 支持协议生命期的各环节(描述、验证、实现、一致性测试等)。

(7) 支持自动设计、验证、实现和维护方法。

在协议设计及开发过程中采用形式化描述技术具有以下优点：

(1) 可靠性。形式化方法不仅提供了强大完善的测试工具，还能对实际应用中可能遇到的情况进行分析，对协议进行验证、测试和性能评估，并且能在协议开发的前期就进行这些工作，而不是等到协议开发完之后进行。

(2) 开放性和兼容性。协议所提供服务的上层用户可能不止一种协议，而是多种协议。

通过电信网提供的业务种类越来越多，开放性也越来越强，因此要求电信协议有较强的开发性和兼容性，能与不同的同层或上层协议配合。如果所有的协议都用形式化语言来进行描述，那么不仅可消除对协议理解的歧义性，而且便于封装和标准化，可为协议开发者之间的相互交流提供很大的方便。

(3) 提供标准的技术语言。在下一代互联网技术中，为了实现各种异构网络之间的融合，很多不同行业的专业技术人员需要互相沟通合作。形式化语言可以作为一种标准化的技术语言，以便于不同领域、不同背景的专业技术人员互相交流，尽量避免因为行业术语等不同而造成理解沟通上的障碍。

(4) 与硬件描述语言结合。在软件开发中，将形式化语言作为一种标准，在开发过程中与硬件描述语言配合使用，软件和硬件的开发协同进行，不仅能缩短开发周期，还可降低成本，提高产品的可靠性，为网络产品的开发带来极大的便利。

2. 形式化技术的种类

在协议工程中用到的形式化方法主要有：有限状态机 FSM(包括扩展的有限状态机 EFSM 和通信有限状态机 CFSM)、Petri 网、形式语言 FL、通信系统积分 CSS、时序逻辑 TL 等。在这些形式化方法的基础上，一些国际标准化组织定义了一些标准的形式化方法，主要包括：国际标准化组织(ISO)提出的 ESTELLE(Extended State Transition Model Language)语言和 LOTOS(Language of Temporal Ordering Specification)语言，国际电信联盟(ITU)提出的 SDL(Specification and Description Language)语言。

在通信协议的安全分析中，形式描述技术主要用于建立和分析协议模型，研究协议运行机制，分析存在于现有通信协议中的安全问题，较少关注协议的实现。Petri 网、有限状态机(FSM)等基于状态转换模型的形式描述方法因其表达直观而适用。对安全协议进行分析时，结合使用 BAN 类逻辑、CSP(通信顺序进程)、串空间模型等基于逻辑推理的形式描述技术，能够更好地验证协议性能。

在整个协议开发过程中，对于协议安全的性能主要是通过协议验证以及协议测试这两个协议活动来保证的。下面就这两种协议活动进行详细讨论。

12.7 协 议 验 证

12.7.1 研究背景及基本概念

1. 研究背景

由前面的分析可知，由于网络本身的复杂性以及侵入者攻击协议的方法的多样性，在设计过程无法预测，导致在设计协议时特别容易出错(error - prone)。当发现有针对协议的攻击时，常常无法分析存在的缺陷，这就导致一方面要假定协议设计的正确实践，另一方面要补充新的技术用于协议验证。协议一般采用自然方法描述特征，难于分析。除了验证，最显著的例子为协议的综合(Synthesis)、诊断(Diagnosis)和修复(Repair)。

因此，为了应对这一挑战，人们设计了不同种类的形式化分析方法，投入了大量的精力，并在协议验证领域取得了一些可喜的成果。

2. 协议存在漏洞的例子

1）NSPK 协议

NSPK（Needham－Schroeder Public Key，公开密钥认证协议）是最著名的早期认证协议之一，许多使用广泛的安全协议都是以它为基础的。简化的 NSPK 协议描述如下：

$A \rightarrow B$：$E_{k_{BP}}(N_A, A)$

$B \rightarrow A$：$E_{k_{AP}}(N_A, N_B)$

$A \rightarrow B$：$E_{k_{BP}}(N_B)$

其中，k_{AP} 为 A 的公钥；k_{BP} 为 B 的公钥；N_A、N_B 分别为 A 和 B 选取的一次性随机数。

2）Lowe's 攻击

Lowe 首先发现了 NSPK 协议中存在的缺陷，构建了攻击模型并提出了改进的 NSPK 协议。Lowe 通过伪装代理的方式对 NSPK 进行攻击。

攻击思想是：攻击者 X 已知 A 和 B 的公钥，并在 A 与 B 的通信过程中相互伪装成对方来完成攻击，其攻击模型如图 12.7.1 所示。

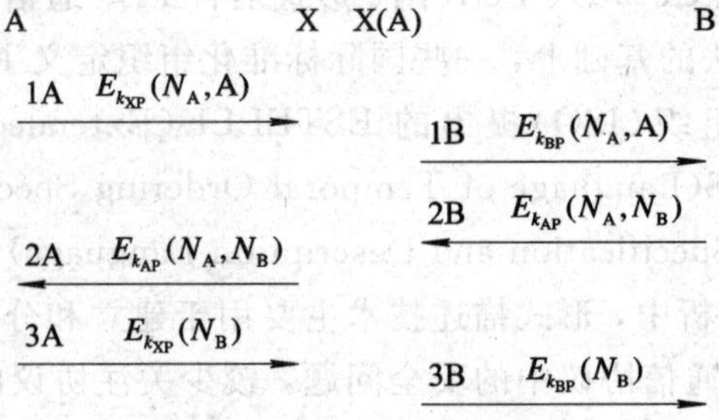

A　　X　X(A)　　B

1A　$E_{k_{XP}}(N_A, A)$

1B　$E_{k_{BP}}(N_A, A)$

2B　$E_{k_{AP}}(N_A, N_B)$

2A　$E_{k_{AP}}(N_A, N_B)$

3A　$E_{k_{XP}}(N_B)$

3B　$E_{k_{BP}}(N_B)$

图 12.7.1　Lowe 攻击模型

A 端：

A to X

$A \rightarrow X$：$E_{k_{XP}}(N_A, A)$

$X \rightarrow A$：$E_{k_{AP}}(N_A, N_B)$

$A \rightarrow X$：$E_{k_{XP}}(N_B)$

B 端：

X (as A) to B

$A(X) \rightarrow B$：$E_{k_{BP}}(N_A, A)$

$B \rightarrow A(X)$：$E_{k_{AP}}(N_A, N_B)$

$A(X) \rightarrow B$：$E_{k_{BP}}(N_B)$

通过以上过程的描述，NSPK 中存在的主要缺陷是：没有对 B 的身份标识进行验证。此后 Lowe 对 NSPK 协议进行了改进，将由 B 发送给 A 的消息改为 $B \rightarrow A$：$E_{k_{AP}}(N_A, N_B, B)$。改进后的协议流程如下：

$A \rightarrow B$：$E_{k_{BP}}(N_A, A)$

$B \rightarrow A$：$E_{k_{AP}}(N_A, N_B, B)$

$A \rightarrow B$：$E_{k_{BP}}(N_B)$

3. 定义

协议验证就是对所描述的协议验证其正确性，分析其性能。协议验证(Protocol Validation/Verification)证明协议描述实现了服务描述中表示的需求，它将形式化方法的验证技术和工具应用于验证以及设计领域。

目前有许多方法和工具支持安全协议的形式化开发，特别是在验证(Verification)阶段。

目前常用的形式化方法如下：

(1) 信念逻辑：BAN、BGNY。

(2) 状态转换：NRL、AVISPA、Athena，这是目前使用最广泛的方法。

(3) 定理证明：Paulson、Coral。

12.7.2 安全协议验证

目前，我们可将安全协议形式化分析与验证方法大致分为：逻辑推理(信念逻辑)、模型检测、定理证明和类型检测四类。

1. 逻辑推理(信念逻辑)

1) 基本概念

逻辑系统通常由一些命题和推理公理组成。命题表示主体对消息的知识或信仰，而运用推理公理可以从已知的知识和信仰推导出新的知识和信仰。将这种逻辑系统应用到安全协议形式化验证中，就可以从协议的已知条件推导出新的条件，最终得以验证协议是否满足安全目标。

这些方法的出发点是用这种信仰逻辑对认证协议进行形式化分析，研究认证双方是否相信是认证双方在相互通信，而不是在和入侵者通信。这些方法中最著名的是 Burrows、Abadi 和 Needham 提出的 BAN 及 BAN 类逻辑方法。

2) BAN 逻辑

(1) 形式化分析流程。BAN(Burrows，Abadi and Needham)类逻辑可以辅助设计、分析、验证网络和分布式系统中的密码协议。

BAN 逻辑对协议的形式化分析流程如图 12.7.2 所示。

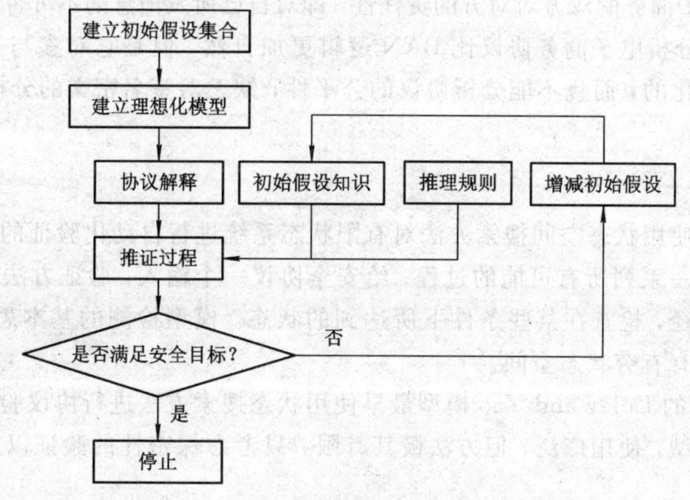

图 12.7.2 BAN 逻辑的形式化分析流程

① 用逻辑语言对协议的初始状态进行描述，建立初始假设集合。

② 建立理想化协议模型，将协议的实际消息转换成 BAN 逻辑所能识别的公式。

③ 对协议进行解释，将②中的消息转换成标准 BAN 逻辑语言。

④ 形式化说明协议要求达到的安全目标。

⑤ 运用公理和推理规则以及假设进行推证来验证协议是否满足其最终要求达到的安全目标。

(2) BAN 逻辑分析。BAN 逻辑分析是中介从收到信息可能推出的信息的形式化。由于 BAN 不考虑网络上的入侵者，因此可以提供短的、抽象的证明，但难以定义宽广的、多变的协议缺陷。

BAN 逻辑分析的主要特点是：简单。

BAN 逻辑分析存在的缺陷如下：

① 假设所有中介都是诚实的，不支持使用演绎树生成反例。

② 理想化过程的非形式化使得理想化过程的正确性无法保证。这成为形式化逻辑分析方法的致命缺陷。

③ 协议初始条件的获得是非形式化的，一般要靠已有的知识经验证来获得，有很大的个体差异性。

④ 一般只能手工推导，机器自动证明很难实现。

1996 年提出了 BGNY 逻辑，但对于协议验证中一般问题的处理还是很有限，而且比 BAN 复杂得多。

3) 其他种类逻辑

在 BAN 逻辑的基础上发展起来许多新方法，如 GNY 逻辑、MB 逻辑、AT 逻辑、VO 逻辑、SVO 逻辑和 Kailar 逻辑等，这些逻辑从各个方面对 BAN 逻辑做了扩充和修改，统称为 BAN 类逻辑。其中，Kailar 逻辑的应用十分广泛，主要用于分析电子商务协议。

R. Kailar 针对 BAN 逻辑不适宜分析电子商务协议的缺陷，提出了一种用于分析要求“责任性”的安全协议的新框架——Kailar 逻辑，用于分析电子商务协议的可追究性。Kailar 逻辑着重强调进行电子商务的双方对对方的责任性，即对自己所发消息的不可否认性。

Kailar 逻辑分析电子商务协议比 BAN 逻辑更加自然，但是它对参与方进行初始化假设仍然是非形式化的，而且不能分析协议的公平性，缺乏对签名密文的分析机制。

2. 模型检测

1) 基本概念

模型检测是使用状态空间搜索方法对有限状态系统进行自动化验证的一种技术。一个协议可被描述成一系列所有可能的过程。给安全协议一个输入，验证方法将探索尽可能多的协议的执行路径，检查在某些条件下所达到的状态。模型检测的基本思想是状态搜索，要求系统模型具有有穷状态空间。

1983 年提出的 Dolev and Yao 模型最早使用状态搜索方法进行协议验证。它提供了攻击者的形式化模型，使用广泛，但方法极其有限，只考虑保密性的验证以及一些加密语言的解释。

后来发现了 NSPK 协议缺陷的 Lowe 根据 CSP 模型以及 FDR 模型检测工具提出了

Lowe's 方法，并证明修改后的 NSPK 协议在少量参与者的情况下是安全的，但进行 CSP 描述过程十分消耗时间，并且需要高超的技能。

1999 年，Basin 提出了一种综合模型检测和 Paulson 的形式化理论的方法，该法使用 "lazy data"类型对协议的状态空间进行建模。2002 年，Y. Chevalier 和 L. Vigneron 发展了 Constraint - Logic - Based Attack Searcher(CL - Atse)。2003 年，Basin 等人又提出了 OFMC 方法。

由于模型检测具有有效性(Powerful)和自动性(Automatic)，因此目前它是使用最为广泛的一种协议验证方法。

2) *模型检测流程*

模型检测流程分为三个步骤：系统模型化，建立规约，验证。基于 CSP 的 FDR 模型检测方法的基本流程如图 12.7.3 所示。

CSP 对安全协议的形式化分析基于以下几步：

(1) 建立安全协议的 CSP 模型。

(2) 用 CSP 描述安全协议的安全性质。

(3) 用模型检测工具 FDR 验证协议的安全性质是否满足。其中，FDR 接收两个 CSP 进程作为输入：一个是规约(Specification)，另一个是实现(Implementation)。

FDR 分析过程就是检验实现进程是否满足规约，流程如下：

① 全面理解协议中各主体进程、目标以及可能的各种假设等。

② 用形式化语言描述主体行为、协议的安全目标及攻击者的初始知识库。

③ 用模型检测工具自动检查协议是否满足给出的安全目标。

④ 如果模型检测工具输出攻击序列，则分析攻击的有效性。

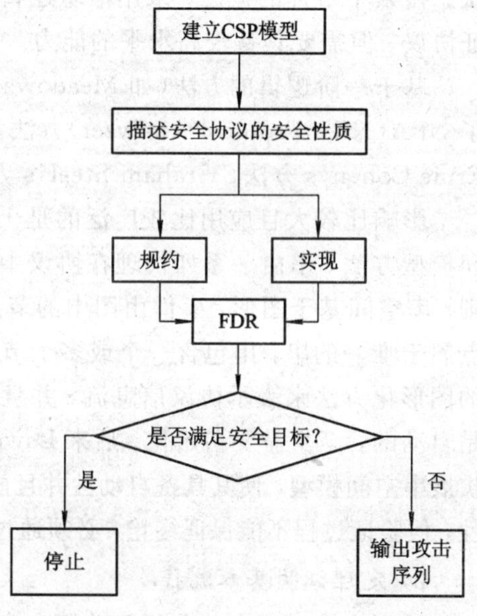

图 12.7.3 基于 CSP 的 FDR 模型检测方法的基本流程

3) *模型检测方法分析*

由于有模型自动检测工具的支持，因此通过以上分析我们不难发现，模型检测技术具有以下特点：

(1) 自动性(Automatic)：能够自动验证协议是否满足其所设计的目标。

(2) 有效性(Powerful)：当目标不被满足或检测出协议存在漏洞时，模型检测工具能提供导致该结果的事件序列，从而为在协议中进行漏洞定位和协议改进提供方便。

在实际环境中，一方面，由于涉及许多协议的运行，协议实体同时扮演不同角色；另一方面，攻击者也可以构建无限的消息。因此模型检测方法存在主体数目有限以及状态空间爆炸的问题。现在大多数状态探测工具都使用理论结果以避免对整个状态空间的搜索。

3. 定理证明

1) 基本概念

定理证明是系统及其性质均以某种数学逻辑公式表示的技术。

定理证明方法是用逻辑符号模型化协议和协议要满足的性质，然后运用证明技术来验证这些性质是否被协议所满足，即根据协议描述、公理和规则提供形式化证明。

目前定理证明主要有两个分支：基于高阶逻辑和基于一阶逻辑。基于高阶逻辑的方法支持无限的代理进行无限的会话，但需要与定理证明的框架进行大量的交互；基于一阶逻辑的方法更加自动化，更适合于生成反例。

基于高阶逻辑的方法(如 Paulson's 方法)综合了状态搜索和信念逻辑的特点，即使用状态搜索中事件的概念，采用信念逻辑中保证每条消息起源的想法。现该法已广泛用于验证协议，但需要具备较高水平的能力。

基于一阶逻辑的方法(如 Meadows's 方法)使用自动的定理证明安全协议分析，提出了 NPA(NRL Protocol Analyzer)方法。此外，还有 Blanchet's 方法、Weidenbach's 方法、Ernie Cohen's 方法、Graham Steel's 方法等。

影响比较大且应用比较广泛的是 1998 年由 Fabrega、Herzog 和 Guttman 提出的串空间模型方法。串由一系列代理在协议中执行的事件组成。串空间是一系列串反应活动的原则。串空间基于图形，事件由图中的节点表示：发送消息为$+m$，接收消息为$-m$。每个节点属于唯一的串，串包含一个或多个节点，描述代理的行为。串空间模型方法提供了简单的图形化方法来表示协议信息流，并且协议的运行可以并行表示，但不能提供反例，也不是自动的，至少需要初始化。后来 Dawn Song 对其进行了改进，使用模型检测和定理证明来扩展串空间模型，使其具备自动性并且能够证明许多安全协议在大量并行运行情况下的安全性，但验证过程不能保证终止，必须通过限制并行协议数或消息短语的大小来强制结束。

2) 定理证明基本流程

采用定理证明方法分析和验证安全协议的步骤(见图 12.7.4)如下：

(1) 建立主体角色交换消息的代数结构。

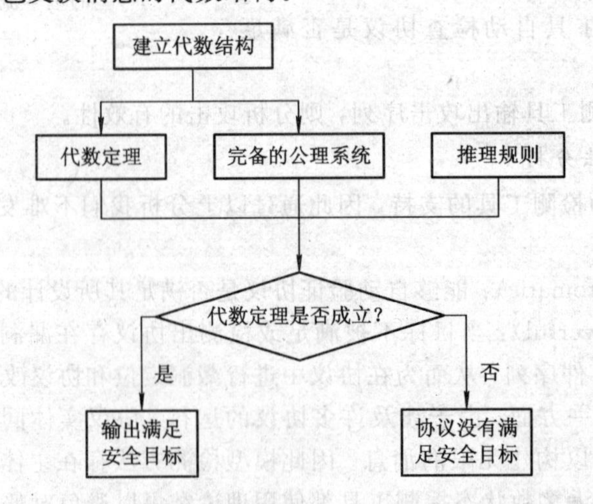

图 12.7.4　采用定理证明方法分析和验证安全协议的步骤

(2) 将安全协议描述为一个完备的公理系统，并将其安全目标构造成一组代数定理。

(3) 利用推理规则和模型公理来证明代数定理是否成立，从而完成对安全协议安全目标的验证。

3) 定理证明方法分析

通过以上分析可以看出，协议运行期间的信息数目和参与者数目不受限制，但由于验证步骤非常多，因而在证明过程中容易出错，同时使用逻辑推理，所以使用者必须具有良好的数学功底，而且研发用证明方法验证协议的自动化工具较模型检测工具困难。

除此之外，定理证明理论是一种通过规约方法提出的安全协议证明新方法，其本质是一种公理化的研究方法，其最基础的假设或“公理”是“好”的极微本原存在。安全方案设计难题一般分为两类：一类是极微本原不可靠造成方案不安全(如用背包问题构造加密方案)；另一类是即使极微本原可靠，安全方案本身也不安全(如 DES - ECB 等)。后一种情况更为普遍，是定理证明理论的主要研究范围。

定理证明理论的应用价值是显而易见的：我们可以把主要精力集中在“极微本原”的研究上，这是一种古老的、基础性的、带有艺术色彩的研究工作；另一方面，如果相信极微本原的安全性，则不必进一步分析协议即可相信其安全性。

4. 类型检测

1) 基本概念

M. Abadi 首先提出了将类型理论应用于安全协议形式化验证中。类型检测方法属于定理证明的范畴，它以进程代数作为安全协议分析的建模工具。

2) 类型检测的基本流程

使用类型检测方法进行协议验证的一般性过程(见图 12.7.5)如下：

(1) 将安全协议编码为某种形式化描述语言。

(2) 给出要求满足的安全目标，并指出协议中不同消息成分的类型。

(3) 根据给出的类型规则检验安全协议的描述是否是良类型化的。

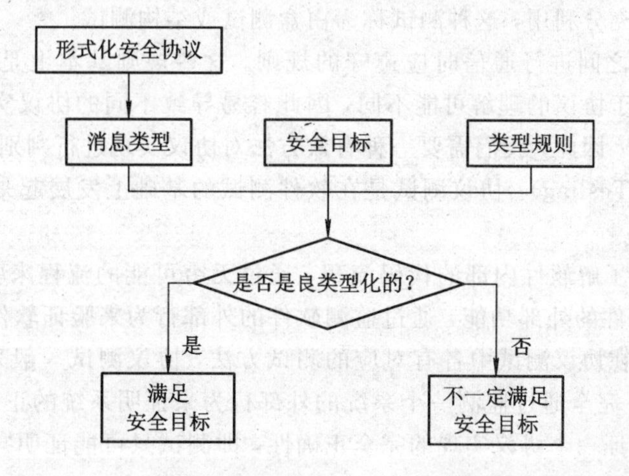

图 12.7.5　使用类型检测方法进行协议验证的一般步骤

3) 类型检测方法分析

与前述三类方法比较，类型检测方法具有如下特点：

（1）没有模型检测技术的状态空间爆炸问题。

（2）具有清晰的语义基础，验证的全过程形式化程度更高。

（3）可将验证工作转换为一般研究人员所熟悉的编程、调试、修改过程，有可能实现完全的自动化，便于应用。

类型检测方法是一种可靠但不完备的方法。也就是说，当安全协议主体角色进程的并发合成在安全目标的类型推理系统中是良类型化的时，对应的安全协议是安全的；否则，对应的安全协议的安全性需要进一步验证。当安全协议具有多个安全目标时，它的安全性验证是非常复杂的。

安全协议形式化分析和验证技术的飞速发展，取得了许多丰富的理论研究成果。但没有一种验证技术可以对所有安全协议的安全性进行正确、全面的分析与验证。

安全协议的研究还应该在以下几个方面进行：

（1）分析已有的验证技术，研究出更全面的验证技术。

（2）对模型检测技术的状态空间爆炸问题进行更深一步的研究。

（3）对定理证明技术的复杂性进行简化。

（4）加强对类型检测技术的良类型化的依赖性的研究。

12.8 协 议 测 试

12.8.1 基本概念及研究背景

1. 协议测试的原理

测试是为了发现错误而执行程序的过程。测试方法可以分为黑盒测试和白盒测试。基于产品的功能来规划测试，检查程序各功能是否实现，并检查其中的错误，这种测试称为黑盒测试或者功能测试。基于产品的内部结构来规划测试，检查内部操作是否按规定执行，各部分是否被充分利用，这种测试称为白盒测试或结构测试。

协议是各设备之间进行通信时应遵守的规则。这些规则基本上是以自然语言来描述的。由于实现者对于协议的理解可能不同，因此容易导致不同的协议实现，有时甚至会导致错误的协议实现。因此，我们需要一种有效方法对协议实现进行判别，这种方法便是“协议测试”(Protocol Testing)。协议测试是在软件测试的基础上发展起来的，是一种功能测试，即黑盒测试。

结构测试需要了解软件内部的代码流程，通过无穷可能的流程来验证软件的正确性。功能测试只关心软件的外部功能，通过监测软件的外部行为来验证软件的正确性。从理论上讲，这两种方法在协议测试中各有对应的测试方法，协议测试一般采用功能测试(黑盒测试)。一般来说，完全通过监测一个系统的外部行为来证明系统的正确性是不太现实的，所以测试并不能保证一个协议实现的完全正确性，即测试只可能证明“存在错误”，而不能证明“不存在错误”。

2. 协议测试的分类

协议测试按测试目的可分为一致性测试、互操作性测试和性能测试(见图 12.8.1)，按测试方式可分为主动性测试和被动性测试。实际上一致性测试、互操作性测试和性能测试均为主动性测试。协议测试过程为：将被测系统(SUT)放到一个隔离的测试环境中，在取得对被测设备的控制后，根据测试集向被测系统发送测试数据，通过观察被测系统的响应来确定协议实现与否。

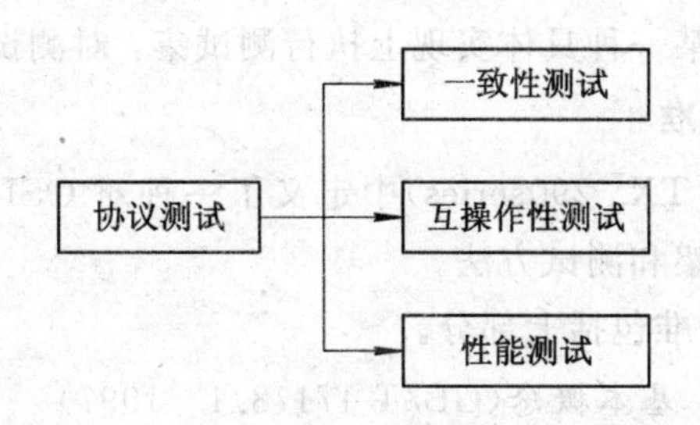

图 12.8.1 协议测试分类

根据已有的协议测试标准和研究成果，学者们提出了无线安全协议测试的分类，如图12.8.2所示。

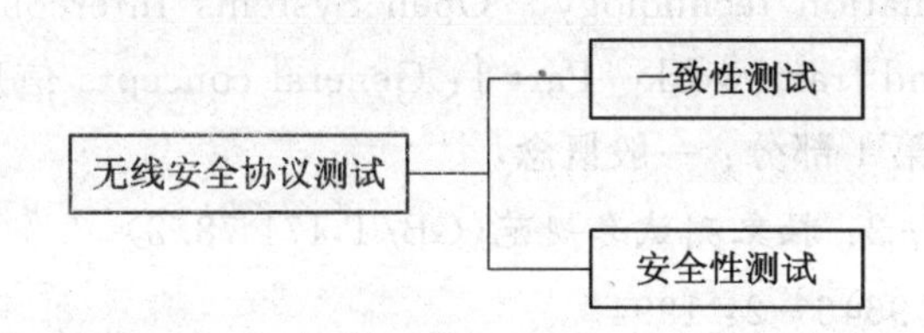

图 12.8.2 无线安全协议测试的分类

3. 协议测试的现状

近年来，许多发达国家都投入了大量的人力、物力进行这方面的研究并取得了显著的成绩。

早在20世纪80年代，我国就开始进行网络技术方面的研究。总参的“八五”攻关项目“协议一致性测试系统PCTS”能够支持计算机网络各主要OSI协议的一致性测试，保证各种联网设备的正确互联，并于1995年底经过鉴定，在国家的军用数据网中发挥着作用。

目前从事这方面研究工作的主要有：NewHampshire 大学的互操作性实验室(Interoperability Lab)、网络互联实验室(Internetworking Lab)，美国 Garland 的应用计算机技术公司(Applied Computer Technology)。另外，还有美国军方的一些机构等。

12.8.2 协议一致性测试

1. 一致性测试原理

一致性测试是基础，通过观察具体实现在不同环境和条件下的反应行为来验证协议实现与相应的协议标准是否一致。一致性测试只关心协议实现呈现于外部的性能。要保证不同的协议实现在实际网络中能成功地通信，还需要检测某一协议实现与其他系统之间的交互过程是否正常，这是互操作性测试。另外，还要对协议的性能进行测试，如健壮性、吞吐量等。

协议一致性测试实质上是利用一组测试序列在一定的网络环境下对被测协议实现(IUT)进行黑盒测试，通过比较IUT的实际输出与预期输出的异同，判定IUT在多大程度上与协议描述相一致，确定通过一致性测试的IUT在互联时成功率的高低。协议的一致性测试过程包括以下几个阶段：根据协议的标准文本勾画出对协议进行测试的测试集，在一个确定的测试环境下的某一种具体实现上执行测试集，对测试的结果进行分析。

2. 协议一致性测试标准

ISO/IEC 9646(ITU-TX. 290series)中定义了一种对OSI参考模型和ITU-T协议进行一致性测试的理论框架和测试方法。

ISO/IEC 9646系列标准包括七部分。

1) ISO/IEC 9646-1：基本概念(GB/T 17178.1—1997)

标准号：ISO/IEC 9646-1：1994。

发布：1994.12.01。

实施：1994.12.01 现行。

标准名称：Information technology - Open Systems Interconnection - Conformance testing methodology and framework - Part 1：General concepts 信息技术.开放系统互联.一致性试验法和框架.第1部分：一般概念。

2) ISO/IEC 9646-2：抽象测试套规范(GB/T 171 78.2)

标准号：ISO/IEC 9646-2：1994。

发布：1994.12.01。

实施：1994.12.01 现行。

标准名称：Information technology - Open Systems Interconnection - Conformance testing methodology and framework - Part 2：Abstract Test Suite specification 信息技术.开放系统互联.一致性试验法和框架.第2部分：抽象试验套件规范。

3) ISO/IEC 9646-3：树表组合表示法

标准号：ISO/IEC 9646-3：1998。

发布：1998.11.01。

实施：1998.11.01 现行。

标准名称：Information technology - Open Systems Interconnection - Conformance testing methodology and framework - Part 3：The Tree and Tabular Combined Notation (TTCN)信息技术. 开放系统互联. 合格试验方法和框架.第3部分：树形和表格混合记数法。

4) ISO/IEC 9646-4：测试实现(GB/T 17178.4)

标准号：ISO/IEC 9646-4：1994。

发布：1994.12.01。

实施：1994.12.01 现行。

标准名称：Information technology - Open Systems Interconnection - Conformance testing methodology and framework - Part 4：Test realization 信息技术.开放系统互联.一

致性试验法和框架.第 4 部分：试验实现。

5）ISO/IEC 9646－5：一致性评价过程对测试实验室和用户的要求

标准号：ISO/IEC 9646－5：1994。

发布：1994.12.01。

实施：1994.12.01 现行。

标准名称：Information technology－Open Systems Interconnection－Conformance testing methodology and framework－Part 5：Requirements on test laboratories and clients for the conformance assessment process 信息技术.开放系统互联. 一致性试验法和框架.第 5 部分：合格评定过程用实验室和用户要求。

6）ISO/IEC 9646－6：协议轮廓测试规范

标准号：ISO/IEC 9646－6：1994。

发布：1994.12.01。

实施：1994.12.01 现行。

标准名称：Information technology－Open Systems Interconnection－Conformance testing methodology and framework－Part 6：Protocol profile test specification 信息技术.开放系统互联. 一致性试验法和框架.第 6 部分：协议界面试验规范。

7）ISO/IEC 9646－7：实现一致性说明

标准号：ISO/IEC 9646－7：1995。

发布：1995.09.15。

实施：1995.09.15 现行。

标准名称：Information technology－Open Systems Interconnection－Conformance testing methodology and framework－Part 7：Implementation Conformance Statements 信息技术.开放系统互联. 一致性试验法和框架. 第 7 部分：实现一致性声明。

注：ISO/IEC 9646－7：1995/Cor 1：1997 勘误发布于 1997 年 3 月 27 日，实施于 1997 年 3 月 27 日。

3. 协议一致性测试流程

根据 ISO/IEC 9646 一致性测试方法论的规定，要制定一个产品测试标准至少应包括 3 个部分：抽象测试集（ATS，Abstract Test Suite）、实现一致性声明形式表（PICS，Protocol Implementatlon Conformance Statements）、实施附加信息形式表（PIXIT，Protocol Implementation eXtra Information for Testing）。ATS 是描述过程的文本，它提供测试项的规范；PICS 是协议实现一致声明形式表，用来说明实施的要求、能力及可选项实施的情况；PIXIT 是协议实施附加信息，用来提供测试所必须标明的协议参数。通常可以根据协议测试标准完成协议一致性测试工作：首先根据协议说明生成一致性测试套件；再利用协议实现一致性声明形式表 PICS 和实施附加信息形式表 PIXIT 进行测试选择，选择适当的测试方法去执行；对测试记录参照 PICS 和 PIXIT 对 IUT 进行评估，并给出测试报告。协议测试工作流程如图 12.8.3 所示。

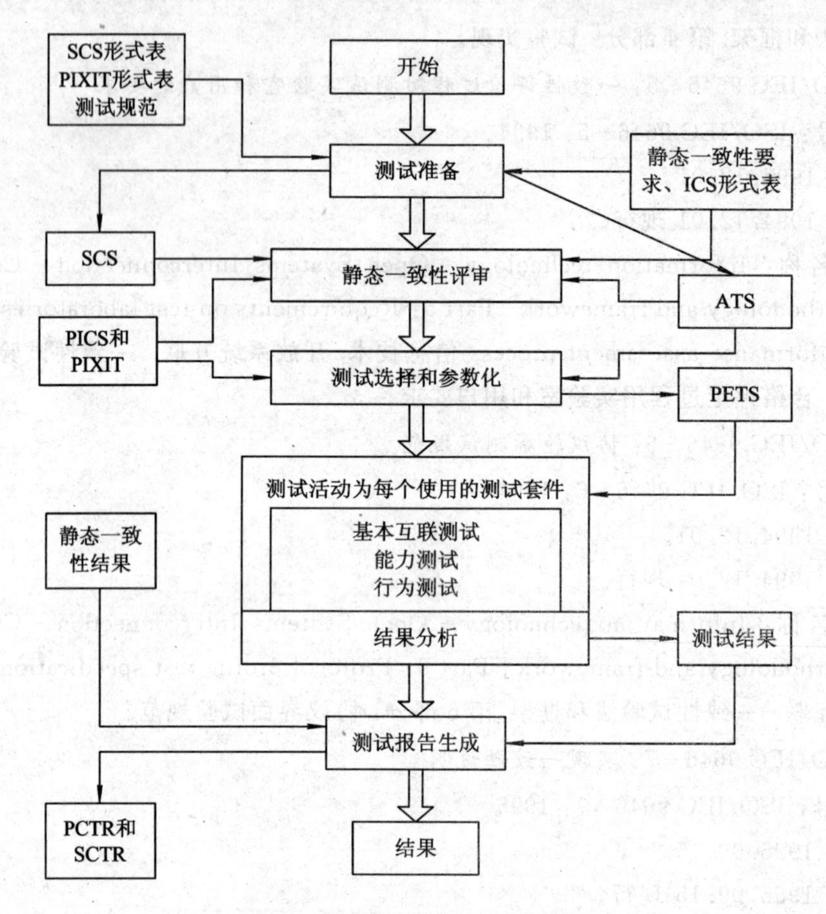

图 12.8.3　一致性测试流程图

12.8.3　协议形式化思想

用形式化方法对信息处理系统的行为进行描述已经被许多应用领域所采纳，一个典型的应用领域就是计算机网络。网络通信系统通常具有状态多、行为复杂、与环境联系紧密等特点。形式化方法使得对网络通信系统的描述、实现和测试变得容易。与自然语言描述相比，形式化方法具有以下特点：形式化的语法、形式化的语义、清楚的概念模型、统一表示的界面、强大的表达和描述能力。这些特点都有助于系统的实现和完善。理想的形式化方法应该既能描述系统的行为特征，又能进行操作。所以，在系统需求分析和设计阶段，它应该是一种描述语言；在系统实现阶段，它应该是一种编程语言。

参考软件工程中的形式化描述语言有：FSM、Petri 网、形式化语法、高级编程语言、代数学、抽象数据类型、时序逻辑。

OSI 组织成立了形式化语言描述技术工作组，致力于 OSI 协议和服务的形式化描述。主要的参考语言有：Estelle、LOTOS and SDL 描述语言。其中，SDL 语言用于交换系统的描述；Estelle 和 LOTOS 用于 OSI 模型通信协议和服务的描述。Estelle 和 SDL 都基于 FSM 模式，LOTOS 基于代数和微积分学。

除以上形式化语言外，OSI 组织还提出了半形式化语言。其中，TTCN 语言用于描述一致性测试用例，ASN.1 语言用于描述协议数据单元(OSI 应用层协议之间的交互消息)

的数据结构。

1. TTCN－3标准简介

TTCN－3由ETSI(欧盟通信标准研究院)所设计，并公布成为ETSI ES 201 873系列的标准文件，以及ITU－T(国际通信联盟)的ITU－T Rec. Z.140系列的标准文件。

TTCN－3分为核心语言(Core Language)、表格表示格式(Tabular Presentation)、消息序列图(MSC)表示格式等多种使用形式。其中，核心语言是其他形式的基础，是完整的、独立的，也是TTCN工具之间的标准交互格式，是其他格式的语义基础。

TTCN－3核心语言是TTCN－3最重要的部分，也是TTCN－3对TTCN－2改进最大的地方。核心语言的发布使得TTCN－3能够向后兼容，也使得TTCN－2开发的测试集向TTCN－3转换变得很容易。图形描述方式是新加的一种开发方式，它主要采用了消息序列图MSC的概念。

TTCN－3的最顶层单元是模块，其内部不能再有子模块。TTCN－3模块之间相互独立，它们可以通过import语义共享数据定义。一个测试套就是一个模块。一个模块有两部分：定义部分和控制部分。定义部分定义了测试组件、通信端口、数据类型、常量、测试数据模板、函数、端口程序呼叫信号、测试例等。控制部分用于局部变量定义、调用测试例并控制其执行顺序。

TTCN－3规范的第五部分TTCN－3 Runtime Interface(TRI)中，对TTCN－3测试系统的概念模型规范进行了描述。TTCN－3测试系统由一组具有特定功能的实体组成。这些实体管理测试的顺序，解释和执行已经编译过的TTCN－3代码，实现和被测系统SUT的正确通信，并实现外部函数(在TTCN－3模块外面定义，在模块中申明为外部函数)和处理定时器的操作等。TTCN－3测试系统分解为测试管理(TM，Test Management)、测试执行实体(TE，TTCN－3 Executable)、SUT适配器(SA，System Under Test Adapter)和测试平台适配器(PA，Platform Adaptor)。

TTCN－3测试系统中两个主要的接口是：TTCN－3控制接口(TCI，TTCN－3 Control Interface)和TTCN－3运行时接口(TRI，TTCN－3 Runtime Interface)。它们分别制定了TM和TE之间的接口，以及TE和适配器(SA和PA)之间的接口。目前，TTCN－3规范只对TRI进行了接口定义，而给予测试工具提供商在测试系统的实现中很大的灵活性。一般情况下，TRI需要由JAVA或C/C＋＋等语言来开发。

2. TTCN－3应用领域

TTCN－3可以用作多种通信端口上的各种响应系统测试的描述语言。其典型的应用领域是：协议测试(包括移动协议和互联网协议)、服务测试(包括增补服务)、模块测试以及基于平台、APIs等的CORBA测试。TTCN－3并不仅仅局限于一致性测试，还可用于多种类型的测试，如互操作性测试(Interoperability Testing)、性能测试(Performance Testing)、鲁棒性测试(Robustness Testing)、回归测试(Regression Testing)、系统和集成测试(System and Integration Testing)、符合性测试(Conformance Testing)、健全性测试(Robustness Testing)、负载测试(Load/Stress Testing)。

TTCN－3测试语言是目前欧美先进通信厂商通信协议测试的主流，支持任何黑箱测试作业，可以进行多种通信界面上的各种系统测试。其典型的应用领域是：行动通信协议测试

(例如 GSM、3G)、因特网协议测试(例如 IPv6、SIP、H. 323、OSP、SIGTRAN)、宽带技术测试(例如 ATM、B-ISDN)、服务测试、模块测试、CORBA 平台及 APIs 等的测试。

TTCN-3 提供各领域的最佳解决方案，包括通信制造商、服务供货商、测试研究单位及标准联盟等，目前的使用者包括 Nokia、Alcatel、Motorola、Ericsson、Siemens、ETSI、Sonus Networks、Texas Instruments 及 3G 等。

3. TTCN-3 实现

TTCN-3 测试环境的实现方式有两种：翻译转化方法和虚拟机方法。前者将用 TTCN-3 语言写成的抽象测试套或其 MP 格式文件翻译或转化成其他高级语言，如 C、C++、JAVA 等，然后对高级语言程序进行编译，形成可执行程序。后者直接把 TTCN-3 语言写成的抽象测试套经过编译后形成可执行测试套，然后放到 TTCN-3 虚拟机上直接执行。

12.8.4 安全性测试

1. 安全威胁分析

通过对认证协议的特征分析，我们认为存在如下两种威胁形式：

(1) 特定对象/模型特有的安全威胁。

(2) 普遍性的安全威胁，包括：① 拒绝服务攻击；② 欺骗；③ 侦听。

2. 一致性测试和安全性测试比较

1) 概念

一致性测试：主要验证网络产品协议实现的准确性，判断网络产品的协议实现是否符合协议的国际标准，以保证协议的各种实现版本之间能够互通并进行可靠的通信。

安全性测试：是指有关验证协议实现的安全服务和识别潜在安全性缺陷的过程。

2) 相同点

(1) 二者都基于黑盒测试。

(2) 一致性测试只能证明协议实现符合标准，不能发现协议实现的缺陷；安全性测试不能测试各个安全方面。

3) 不同点

(1) 协议标准是一致性测试的基础，而安全性测试没有标准可以遵循。

(2) 国际标准组织为协议一致性测试提供了协议一致性的基本方法和框架，为测试集制定了设计步骤及描述方法，并为测试系统的实现提供了指导；对于协议安全性测试，由于没有标准攻击方法，因而也没有实施安全性测试的标准方法。

3. 计算机网络攻击建模方法

下面介绍攻击树(Attack-Tree)建模方法。

1) 定义

攻击树最早由 B. Scheier 提出，它是一种机构化、可复用的将攻击过程文档化的方法。

2) 优点

攻击树的思想具有两个优点：① 直观、简洁、易于理解；② 有助于以图形化、数学化方式描述攻击。

3) 建模过程

(1) 过程描述。攻击树建模使用树来表示攻击行为及步骤之间的相互依赖关系。树的每个节点表示一个攻击行为或子目标，根节点表示攻击的最终目标。子节点表示在实现父节点目标之前需要成功执行的攻击行为。同一父节点下的子节点具有 And 或 Or 的关系。攻击树就是由这些 And 和 Or 关系组合而成的。可以使用深度优先方式从攻击树中推导出实现终极目标的攻击路径。

(2) And 关系。And 关系表示攻击者完成了子节点的全部攻击行为或子目标后才可实现父节点的目标。

(3) Or 关系。Or 关系表示完成任一个子节点的攻击行为或子目标就可实现父节点的目标。

4) 基于攻击树的测试系统的设计与实现

(1) 遍历攻击树寻找所有可能的攻击路径。

(2) 对每种攻击路径进行测试，对各种可能的攻击途径进行评估。

(3) 利用攻击树模型指导构造安全测试套件。

(4) 利用攻击树的特性快速地构造测试软件。

从攻击树的根节点出发，直到某个叶节点的过程，其实就是攻击目标逐步分解、细化的过程，映射到测试软件的开发过程中，就是软件模块的逐步分解、求精的过程。其中，攻击树的叶节点映射到具体的功能模块。对于攻击树中那些可重用的子树和叶节点，可以共享同一个软件模块。攻击树模型可以指导构造测试软件，但是因为最终的攻击树可能非常复杂，所以需要借助形式化的方法来描述攻击树。

5) 基于攻击树的测试实施

(1) 基于攻击树的实施步骤：

① 状态采集。

② 对于具体的测试目标，需要发现测试系统的特性，针对不同的系统特性采取不同的测试路径。

③ 尝试攻击。

④ 状态收集。

⑤ 测试报告。

(2) 攻击树的扩展。为了支持测试过程的智能实施，需要在原攻击树模型的基础之上增加新的节点或者扩充节点的属性。在从叶节点开始遍历测试之前，增加状态采集过程；在从攻击树向上回溯的时候，增加状态收集和实施评估过程，确认测试是否通过，并更新系统状态信息。

(3) 生成树的着色算法。遍历攻击树，如果某条路径测试通过，即系统不具有该路径威胁，则要回溯到新的路径，并将该节点标记为绿色；如果该路径没有通过测试，即系统具有该路径威胁，则将节点标记为红色，并回溯到新的路径。回溯的层次和回退的状态可能有差异。

下面给出一种着色方法，该方法已被用于边界网关协议(BGP, Border Gateway Protocol)测试过程。假设攻击树 T 的深度为 n，用 i、j 表示测试节点所在的层，那么 $i,j\in[1, n]$。

生成树的着色过程即为树的遍历过程，采用后序遍历法。生成树的着色算法共分为五步，其步骤如下：

① 确定测试子树 T'。

② 在 T' 上搜索具有 AND 属性的节点 N_i。如果对该节点测试成功，则 N_{i-1} 标记为红色；如果对该节点测试不成功，那么就对该节点的兄弟 N_j 进行测试，即执行第③步。

③ 对子树 T' 的叶节点 N_j 着色。如果该节点测试通过，则该节点标记为绿色；否则，标记为红色。如果所有子节点都为红色，则 T' 的根节点标记为红色；如果所有子节点都为绿色，则 T' 的根节点标记为绿色；如果子节点着色不同，则 T' 的根节点为黄色。

④ 判断攻击树 T 是否遍历完全。如果遍历完全，则执行第⑤步；否则，跳回第①步。

⑤ 测试结果生成的是所有节点分别标注为红、绿、黄三色的着色树。

根据 BGP 攻击树的定义，如果在测试的节点的子节点中存在 AND 节点，那么必须先测试 AND 节点。只有在 AND 节点测试完成的情况下，即 AND 节点着色为红色，才能测试 AND 节点的兄弟节点；否则，不必测试其兄弟节点，回溯到父节点。对于 OR 节点，只要有一个子节点标记为红色，则该节点就要标记为红色，并回溯到父节点。

对于不同子树下测试功能相同的节点，可以利用前面测试的结果直接进行着色，而不用重新执行一次完整的测试。

12.8.5 概念辨析

本节重点介绍协议测试与协议验证、一致性测试与安全性测试的异同。

1. 协议测试与协议验证

1) 相同点

(1) 都以形式化方法为基础。

(2) 都是为了发现协议的缺陷，保证协议的安全。

2) 不同点

(1) 协议验证主要针对设计好的协议进行逻辑上的证明，验证协议描述与服务描述是否一致，从而为协议提供理论上的支持。

(2) 协议测试针对实现好的协议，测试协议实现与协议描述是否一致，并对其在实践环境下的运行情况进行测试，评估协议的实际性能。

2. 一致性测试与安全性测试

1) 相同点

(1) 都是黑盒测试。

(2) 协议一致性测试只能证明协议实现符合标准，不能发现协议实现的缺陷。同样，安全性测试不能测试各个安全方面。

2) 不同点

(1) 协议标准是一致性测试的基础，而安全性测试没有标准可以遵循。

(2) 国际标准组织为协议一致性测试提供了基本方法和框架，为测试集制定了设计步骤及描述方法，并为测试系统的实现提供了指导；对于协议安全性测试，由于没有标准攻击方法，因而也没有实施安全性测试的标准方法。

第 13 章　安全标准及模型

在密码和安全技术普遍用于实际通信网的过程中，标准化是一项非常重要的工作。标准化可以实现规定的安全水平，具有兼容性，在保障安全的互联互通中起关键作用；标准化还有利于降低成本，训练操作人员和推广技术。因此各国政府、有关部门和国际标准化组织都大力开展标准化的研究和制定工作。本章将简要介绍一些已制定的有关信息安全的标准，以便为工程设计人员提供参考和帮助。在设计信息安全系统时，应尽量采用标准技术。因为一方面标准技术是成熟的，经长期实践证明是安全的；另一方面，基于标准技术的开发也利于和其他应用系统兼容。

13.1　安全标准概况

为了推动网络信息安全技术的发展，确保信息安全产品能够在开放的网络环境中进行互操作，一些国际组织制定了有关信息安全的国际标准。

13.1.1　国际安全标准组织

国际性的标准化组织主要有国际标准化组织(ISO)、国际电器技术委员会(IEC)及国际电信联盟(ITU)所属的电信标准化组织(ITU - TS)。ISO 是一个总体标准化组织，IEC 在电工与电子技术领域里相当于 ISO 的位置，ITU - TS 是一个联合缔约组织。这些组织在安全需求服务分析指导、安全技术机制开发、安全评估标准等方面制定了一些标准草案，但尚未正式执行。另外，还有众多标准化组织也制定了一些安全标准，如 IETF(the Internet Engineering Task Force)就有如下功能组：认证防火墙测试组(AFT)、公共认证技术组(CAT)、域名安全组(DNSSEC)、IP 安全协议组(IPSEC)、一次性口令认证组(OTP)、公开密钥结构组(PKIX)、安全界面组(SECSH)、简单公开密钥结构组(SPKI)、传输层安全组(TLS)和 Web 安全组(WTS)等，它们都制定了有关的标准。

13.1.2　国际安全标准概况

1. ISO 的有关安全标准

ISO 和 IEC 制定了一系列有关信息和网络安全的标准，其中包括安全算法、安全机制、安全协议、安全管理和网络安全等方面。下面列出一些有代表性的安全标准。

1）安全算法标准

· ISO/IEC 10118 - 1：单向散列函数部分 1——通用模型。

· ISO/IEC 10118 - 2：单向散列函数部分 2——使用 n 位块密码算法的单向散列函数。

· ISO/IEC 10118－3：单向散列函数部分 3——专用的单向散列函数。

2）安全机制标准

· ISO/IEC 10116：*n* 位块密码算法的操作模式（加密机制）。

· ISO/IEC 9798－1～9798－5：实体认证的通用模型和使用各种认证算法的认证机制（实体认证机制）。

· ISO/IEC 9797：使用加密检查功能的数据完整性机制（完整性机制）。

· ISO/IEC 14888－1～14888－3：数字签名的通用模型、基于身份的机制和基于证书的机制（数字签名机制）。

· ISO/IEC 13888－1～13888－3：不可否认的通用模型、基于对称和非对称的密码算法的机制（不可否认机制）。

3）安全协议标准

· ISO/IEC 9594－8：认证框架，定义了各种强制性的认证机制和框架结构。

4）安全管理标准

· ISO/IEC 11770－1～11770－3：密钥管理框架、使用对称和非对称的密码算法的密钥管理机制。

5）网络安全标准

· ISO/IEC 7498－2：OSI 安全结构，定义了基于 OSI 层次结构的安全机制和安全服务。

· ISO/IEC 10181－1～10181－7：OSI 安全框架、实体认证框架、访问控制框架、不可否认性框架、完整性框架、机密性结构和安全审计框架等。

6）安全评估标准

· ISO/IEC 15408：信息技术安全评估通用准则（CC），为相互独立的机构对相同信息安全产品的评估提供了可比性。

表 13.1.1 列出了 ISO 和 ISO/IEC 通用密码技术标准。

表 13.1.1　ISO 和 ISO/IEC 通用密码技术标准

ISO 号	主　题	有关标准及算法
8372	64 bit 密码的工作模式	FIPS 81，ANSI X3.106
9796	可恢复消息的签字（如 RSA）	ANSI X9.31
9797	数据完整性机制（MAC）	ISO 8731－1，ISO 9807，ANSI X9.9，ANSI 9.19
9798－1	实体认证：引论	
9798－2	实体认证：采用对称密钥加密	
9798－3	实体认证：采用公钥技术	
9798－4	实体认证：采用密钥控制的单向函数	
9798－5	实体认证：采用零知识技术	
9979	密码算法的注册	
10116	*n* bit 密码的工作模式	
10118－1	杂凑函数：引论	

续表

ISO 号	主　题	有关标准及算法
10118 - 2	杂凑函数：采用分组密码	Matyas - Meyer - Oseas 及 MDC - 2 算法
10118 - 3	杂凑函数：采用定制的算法	SHA - I. RIPEMD - 128，RIPEMD - 166
10118 - 4	杂凑函数：采用模算术	MASH - 1，MASH - 2
11770 - 1	密钥管理：引论	
11770 - 2	密钥管理：对称技术	Kerberos，Otway - Rel 协议
11770 - 3	密钥管理：非对称技术	Diffie - Hellman 协议 ISO/IEC 9798
13888 - 1	不可否认性：引论	
13888 - 2	不可否认性：对称技术	
13888 - 3	不可否认性：非对称技术	
14888 - 1	有附件的签字：引论	ANSI X9. 30 - 1 ISO/IEC 9796
14888 - 2	有附件的签字：基于身份的机制	
14888 - 3	有附件的签字：基于证书的机制	DSA、EIGamal Schvlorr、RSA 等签字

表 13.1.2 列出了由 ISO 和 ISO/IEC JTCI/SC21 等制定的有关开放系统互联(OSI)的安全结构和安全框架标准。

表 13.1.2　ISO 和 ISO/IEC 的安全结构和安全框架标准

ISO 号	主　题	有关标准
7498 - 2	OSI 安全结构(按开放网络的层次结构配置安全业务和安全机制)	ITU - T X 800
9594 - 8	认证框架(基于通行字和各种强化认证机制)	ITU - T X. 509
10181	OSI 安全框架(认证、接入控制、不可否认、完整性、机密性和安全审计框架结构)	ITU - T X. 816

2. ITU 的有关网络安全标准

ITU 针对数据通信网的安全问题制定了有关网络安全标准，它与 ISO 安全标准是相对应的。例如：

- ITU X. 800：安全结构，与 ISO 7498 - 2 相对应。
- ITU X. 509：认证框架，与 ISO 9594 - 8 相对应。
- ITU X. 816：安全框架，与 ISO 10181 相对应。

3. IETF 的有关网络安全标准

Internet 研究和发展共同体(Internet Research and Development Community)正式公布的文件称做应征意见稿(RFC，Request for Comments)，其中一部分被规定为共同体内 Internet 标准的候选。例如：

- IETF RFC - 1825：IP 协议安全结构。
- IETF RFC - 2401～RFC 2412：IP 安全协议。
- IETF RFC - 2246：传输层安全协议。
- IETF RFC - 2632 和 IETF RFC - 2633：有关安全电子邮件协议(S/MIME)。
- IETF RFC - 2659～RFC - 2660：有关安全 HTTP 协议(S - HTTP)。

· IETF RFC-2559：Internet X.509 公钥基础结构操作协议。

Internet 的 IETF 中的 IESG(the Internet Engineering Steering Group)负责介绍有关从建议标准(PS)到起草标准(DS)再到标准(STD)的情况。RFC 还可能是下述类型的文件：实验性(E)草案，可能是早期部分研究工作；通报性(I)草案，是为了团体成员方便而公布的；历史性(H)草案，可能是被淘汰的、过期的或废弃的。这些都不算做 Internet 标准。表 13.1.3 列出了可作为 Internet 草案(I-D)的一些文件，以供参考。

表 13.1.3 Internet RFC

RFC 号	进行情况	主 题
1319	I	MD-2 杂凑函数
1320	I	MD-4 杂凑函数
1321	I	MD-5 杂凑函数
1421	PS	PEM：加密、认证
1422	PS	PEM：证书、密钥管理
1423	PS	PEM：算法、模式、识别符
1424	PS	PEM：密钥证书和业务
1508	PS	通用安全业务 API(GSS-API)
1510	PS	Kerberos v5 网络认证
1828	PS	密钥式 MD-5(作为 MAC)
1847	PS	安全多边 MIME
1848	PS	MIME 对象安全业务(MOSS)
1938	PS	一次性通行字系统

4. IEEE 的有关局域网安全标准

IEEE 针对局域网安全问题制定了有关互操作局域网的安全规范，并将其作为 IEEE 802.10 标准。该标准包括数据安全交换、密钥管理以及网络安全管理等规范。IEEE 还制定了有关公钥密码算法的标准(IEEE P1363)。

13.1.3 各国安全标准概况

世界各国对信息和网络安全问题都给予了高度的重视，并根据本国的国情制定了相关的信息安全标准，规范了信息安全产品的评估和认证，推动了信息安全技术的应用和发展。信息安全标准大致可分成两大类：信息安全技术标准和信息安全评价标准。

1. 信息安全技术标准

信息安全技术标准主要指数据加密、数字签名以及实体认证等标准。美国国家标准与技术协会(NIST，National Institute Standard and Technology，原美国国家标准局)、美国国家标准协会(ANSI)、美国国防部(DoD)和美国国家安全局(NSA)都从不同角度制定了有关信息安全的标准。

NIST 在信息处理标准(FIPS)中公布的有关信息安全的标准为美国联邦政府标准，供美国联邦政府各个部门使用。标准号以 FIPS 为标志头，主要有数据加密、数据认证、密钥管理、数字签名以及实体认证等标准。

表 13.1.4 列出了美国 FIPS 公布的部分有关安全的标准，由美国 NIST 制定，供美国联邦政府各部门使用。

表 13.1.4　美国 FIPS 公布的有关标准

FIPS 号	主　题	有 关 标 准
FIPS 46 - 2	数据加密标准(DES)	ANSI X3.92
FIPS 74	使用 DES 指南	
FIPS 81	DES 工作模式	ANSI X 3.106
FIPS 112	通行字使用	
FIPS 113	数据认证(CBC - MAC)	ISO/IEC 9797
FIPS 114 - 1	密码模块安全性要求	
FIPS 171	采用 X9.17 的密钥管理	
FIPS 180 - 1	安全杂凑标准(SHA - 1)	
FIPS 185	密钥托管(Clipper 和 SKIPJACK)	
FIPS 186	数字签名标准(DSA)	FIPS 180，FIPS 180 - 1
FIPS JJJ	实体认证(非对称)	ISO/IEC 9798 - 3

ANSI 制定的信息安全标准主要有信息加密标准和银行业务安全标准等。ANSI 作为 ISO 的美国政府代表，参与 ISO 有关信息安全标准的制定工作。因此，很多 ISO 标准都来源于 ANSI 标准。表 13.1.5 列出了 ANSI 的加密标准和银行业务安全标准。

表 13.1.5　ANSI 的加密标准和银行业务安全标准

ANSI 号	主　题	有 关 标 准
X3.92	数据加密算法 DEA	FIPS 46 DES
X3.106	DEA 的工作模式	FIPS 81，ISO 8372
X9.8	DIN 管理和安全性	ISO 9564
X9.9	消息认证(批发业务)	X9.17
X9.17	密钥管理(批发业务，对称)	ISO 8732
X9.19	消息认证(零售业务)	X 9.9
X9.23	消息加密(批发业务)	
X9.24	密钥管理(零售业务)	ISO 11568
X9.26	签字认证技术	
X9.28	多中心密钥管理(批发业务)	X9.17
X9.30 - 1	数字签字算法(DSA)	FIPS 186，FIPS 180
X9.30 - 2	DSA 用安全杂凑算法(SHA)	
X9.31 - 1	RSA 签字算法	ISO/IEC 9796
X9.31 - 2	RSA 用杂凑算法	MDC - 2
X9.42	采用 Diffie - Hellman 方案的密钥管理	
X9.45	属性证书和其他控制法	ANSI X9.57
X9.52	三重 DES 和工作模式	ISO 8372
X9.55	证书扩充(v3)和 CRLS	ITU - T X509 v.3
X9.57	证书管理	ITU - T X.509，ANSI X9.30 - 1

表 13.1.6 列出了 ISO 制定的银行业务安全标准。这些标准是由 ISO 技术委员会(TC, Technical Committee)的负责银行业务和有关金融业务的子委员会 TC 68 制定的。TC 68 包括 TC 68/SC 2(批发银行业务安全)和 TC 68/SC 6(零售银行业务安全)。

表 13.1.6　ISO 制定的银行业务安全标准(W—批发，R—零售)

ISO 号	主　题	有关标准
8730	消息认证：要求(W)	ANSI X9.9
8731-1	消息认证：CBC-MAC	ISO/IEC 9797，ANSI X9.9
8731-2	消息认证：MAA	
8732	密钥管理/对称的(W)	
9564	PIN 管理和安全性	ANSI X9.8
9807	消息认证：要求(R)	ANSI X9.19
10126	消息加密(W)	ANSI X9.23
10202-7	灵巧卡的密钥管理	
11131	签字认证	ANSI X9.26
11166-1	密钥管理/非对称的：概述	ISO 8732
11166-2	采用 RSA 的密钥管理	
11568	密钥管理(R)，有 6 部分	ANSI X9.24

其他国家的信息安全标准基本上是参照 ISO 标准和美国标准而制定的，只是在细节上略有不同。

在实施信息安全的政策上，各个国家有所不同。美国对密码实施严格控制，密码产品的输出必须得到美国国防部的批准，并且国内使用的密码不能输出。欧洲各国对密码的控制比较宽松，允许公开讨论和自由交易，但具体密码算法不公开。中国将密码分成两类：学术密码和实用密码。前者可自由讨论；后者属于国家机密，必须经过有关管理部门批准后才能使用，且不允许公开讨论。

2. 系统安全评价标准

信息安全产品不同于其他信息产品，必须经过权威认证机构的评估和认证后才能进入市场，被用户所使用。权威认证机构在评估和认证安全产品时必须遵循被广泛认可的评估标准或准则，以实现产品评估的公正性和一致性。因此，一个能被广泛接受的评估标准是极为重要的。

20 世纪 70 年代后期，美国国防部首先意识到了这个问题，并提出了一组计算机系统评估标准。这组标准包含 20 多个文件，每个文件使用不同颜色的封皮，因此称为“彩虹系列”。其中，最核心的是“可信计算机系统评估准则(TCSEC)”，按其封皮颜色被称之为“橙皮书”。

TCSEC 主要提供一种度量标准，用于评估处理敏感信息的计算机系统的可信度和安全性。TCSEC 主要有两部分：第一部分描述了划分计算机系统安全等级的标准，这种划分是建立在人们对敏感信息保护所持有的全部信心的基础上的；第二部分描述了该标准开发的基本目标、基本原理以及美国政府的政策等。TCSEC定义了4个安全等级：A、B、C和D。A级表示计算机系统提供了最强的安全性，D级表示计算机系统提供了最弱的安全性。B级划分成B1、B2和B3三个子类，C级划分成C1和C2两个子类。这样，总共划分为7个安全等级。

(1) D级(最小保护)：所有系统都能满足的最低安全级，不具备更高级的安全特性。

(2) C级(自主保护)：提供自主接入控制(DAC)和目标重用，支持识别、认证和审计。C级划分成C1和C2两个子类。

① C1级(自主访问保护)：通过将用户和数据相分离来满足自主保护的要求，它将各种控制集为一体，对每个实体独立地提供DAC、识别和认证。

② C2级(受控访问保护)：比C1级控制更加严格，要求对用户也要实施DAC、识别、认证和审计，并要求目标重用。

(3) B级(受控保护)：利用受控接入控制(MAC)和数据敏感标记实现多级安全性，并提供一些保证要求。B级划分成B1、B2和B3三个子类。

① B1级(带有标记的保护)：系统必须对主要数据结构加敏感度标记，必须给出有关安全策略模型、数据标记以及对主体和客体的强制访问控制的非正规表述。

② B2级(结构化保护)：基于一种形式化的安全策略模型，B1级系统中所采用的自主访问控制和强制访问控制都被扩展到B2级系统中的所有主体和客体。B2级特别强调了隐蔽通道的概念，必须构造可信任计算机库(TCB)，强化认证机制，提供严格的配置管理控制的能力。

③ B3级(安全域)：所有主体对客体的访问必须通过TCB中介，并且必须是防篡改的。B3级要求系统必须提供安全管理功能、安全审计机制和可信任系统恢复程序。

(4) A级(可验证保护)：采用可验证的形式化安全策略模型。A1级是最高的安全级，功能上等价于B3级。A级要求对安全策略模型进行形式化验证，并且形式化验证要贯穿于整个系统开发过程。

为了将TCSEC中确立的原则应用于网络环境中，DoD对TCSEC进行了增补，公布了可信任网络注释TNI(红皮书)。红皮书有两个主要部分：第一部分对橙皮书的相应部分进行了扩充，建立了网络系统安全等级的划分标准；第二部分描述了网络环境中的一些特有业务，如认证、不可否认以及网络安全管理等。因此，红皮书是局域网和广域网环境中网络系统和产品安全等级划分的基础。

美国的橙皮书公布后，欧洲各国相继提出了各自的信息安全评价标准，如德国的信息安全标准ZSIEC、英国的商用安全产品分级标准(绿皮书)、法国的信息安全标准SCSSI、加拿大的可信计算机产品评估准则CTCPEC以及欧共体的信息技术安全评估准则ITSEC等。

德国的信息安全标准ZSIEC(绿皮书)是由德国信息安全局制定的。在ZSIEC中，定义了信息安全政策所需的8种基本安全功能。与TCSEC不同的是，ZSIEC在基本安全功能中增加了对系统可用性(不间断服务)和数据完整性的要求。在评定级别方面，ZSIEC规定了10个功能级别(F1～F10)和7个质量级别(Q1～Q7)。其中，F1～F5大致与TCSEC的C1～B3相对应，Q1～Q7近似对应于TCSEC的信任度级别D～A1。

英国的商用安全产品分级标准(绿皮书)是由英国国防部和商业部共同制定的。英国标准主要定义一种规范的产品功能说明语言，使用这种语言描述的产品，其安全功能可以由评审人员用规范方法加以验证。英国标准定义了6个信任度级别L1～L6，大致对应于TCSEC的C1～A1或德国绿皮书的Q1～Q6。同时，英国政府还建立了一个商用许可评定体制，以促进该标准的商业化应用。

加拿大、澳大利亚和法国也制定了本国的标准。

由于各国对信息安全产品等级划分和评定存在着认识上的差异，因此这些标准之间存在较严重的兼容性问题。在一个国家获得某一安全级别评定和认证的信息安全产品在另一个国家得不到承认，需要重新评定和认证，影响了产品进入市场的时间和商机。为了协调欧共体国家的安全产品评价标准，在欧共体各成员国的支持下，英、德、法、荷四国联合制定了信息技术安全评估准则(ITSEC)，作为欧共体成员国的共同标准。ITSEC保留了德国标准中10个功能级别和8个质量级别(改成有效性级别E0～E7)的内容，同时吸取了英国标准中功能描述语言的思想。安全产品(系统)的评定是由TCSEC式的政府行为转变为由市场驱使的行业行为，首先由厂商提出其安全产品(系统)的评价目标和所期望的级别，然后由评定人员通过对产品的测评来确定是否同意厂商对产品安全功能的描述，以及是否给予厂商所要求的有效性级别。ITSEC比美国橙皮书宽松一些，目的在于提供一种统一的安全系统评价方法，以满足各种产品、应用和环境的需要。

在ITSEC的推动下，美国于1992年制定了TCSEC的更新计划，由国家标准局和国家安全局合作制定了一个新标准，即“组合的联邦标准”(FC，Combined Federal criteria)。FC仿照ITSEC的思路将功能要求和信任度要求分割开，定义了保护框架(PP，Protection Profile)和安全目标(ST，Security Target)。用户负责书写保护框架，详细说明其系统的保护需求。产品厂商提出产品的安全目标，描述产品的安全功能和信任度，并与用户的保护框架相对比，以证明该产品是否满足用户的需要。在FC的架构中，安全目标便成为评价的基础，安全目标必须用具体的语言和有力的论据来说明保护框架中的抽象描述是怎样逐条地在所评价的产品中得到满足的。然而，在FC草案问世后不久，美国政府便宣布停止草案的修改工作，转而与加拿大及欧共体国家一起联合制定了共同的标准，即信息技术安全评估通用准则(the Common Criteria for Information Technology Security Evaluation)，简称为CC。

13.2　信息安全风险评估标准

本节主要介绍几个国外风险评估标准、各个标准的背景和特点以及各标准之间的对比。

13.2.1　国外信息安全风险评估标准

1. 国外风险评估标准发展与简介

从20世纪80年代开始，世界各国相继制定了多个信息安全评估标准，主要有：桔皮书(TCSEC)1985、英国安全标准1989、德国标准、法国标准、ITSEC 1991、加拿大标准1993、联邦标准草案FC 1993、通用评估准则CC 1993、澳大利亚标准AS/NZS 4360 1995、英国BS 7799 1995、国际ISO/IEC系列标准、美国NIST 2000和德国BMP 2001等。

国外信息安全风险评估标准的演变历程如图 13.2.1 所示。

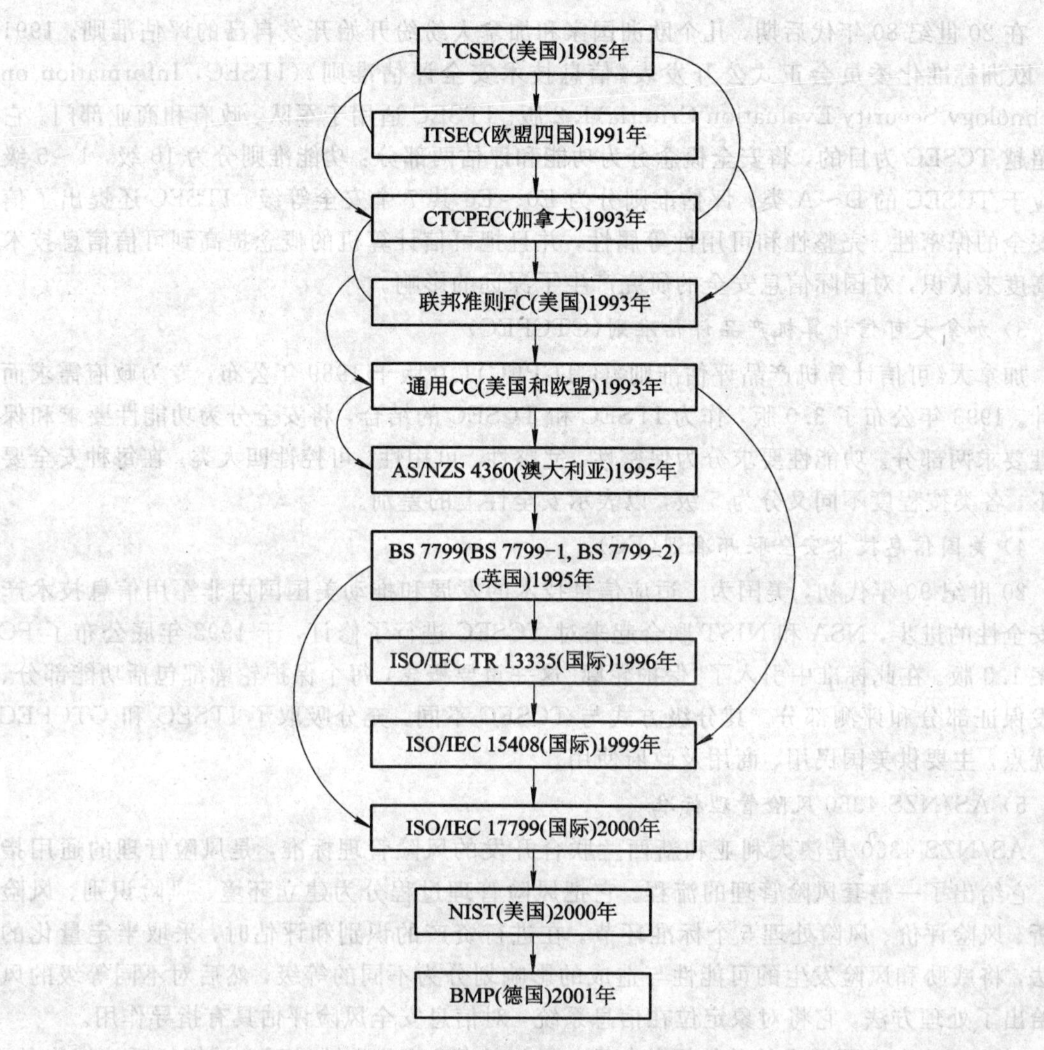

图 13.2.1　国际标准体系的发展

1）可信计算机系统评估准则（TCSEC）

1985 年美国国防部首次公布了《可信计算机系统评估准则》，简称 TCSEC（Trusted Computer System Evaluation Criteria），也称桔皮书。TCSEC 是信息技术安全评估的第一个正式标准。此标准作为军用标准，提出了美国在军用信息技术安全方面的要求。TCSEC 对用户登录、授权管理、访问控制、访问追踪、隐蔽通道分析、可信通道建立、安全检测、生命周期保障、文档写作、用户指南等内容提出了规范性的要求。TCSEC 将计算机系统的安全等级划分为 D、C、B、A 四类，每类下面又分为多个级别。D 类安全等级只包括 D1 一个安全级别，D1 的安全等级最低，只为文件和用户提供安全保护。C 类安全等级分为 C1 和 C2 两个安全级别，该类安全等级能够提供审慎的保护，并为用户的行动和责任提供审计能力。B 类安全等级分为 B1、B2 和 B3 三个安全级别，该类安全等级具有强制性保护功能。A 类安全等级只包含 A1 一个安全级别，A 类的安全级别最高。

2）信息技术安全评估准则（ITSEC）

在20世纪80年代后期，几个欧洲国家和加拿大纷纷开始开发自己的评估准则。1991年，欧洲标准化委员会正式公开发表《信息技术安全评估准则》（ITSEC，Information on Technology Security Evaluation Criteria）1.2版。ITSEC适用于军队、政府和商业部门。它以超越TCSEC为目的，将安全概念分为功能和评估两部分：功能准则分为10级，1～5级对应于TCSEC的D～A类；评估准则分为E0～E6共7个安全等级。ITSEC还提出了信息安全的保密性、完整性和可用性等属性，并且把可信计算机的概念提高到可信信息技术的高度来认识，对国际信息安全的研究产生了深远的影响。

3）加拿大可信计算机产品评估准则（CTCPEC）

加拿大《可信计算机产品评估准则》（CTCPEC）1.0版于1989年公布，专为政府需求而设计。1993年公布了3.0版，作为ITSEC和TCSEC的结合，将安全分为功能性要求和保证性要求两部分。功能性要求分为保密性、完整性、可用性、可控性四大类。在每种安全要求下，各类按程度不同又分为5级，以表示安全性上的差别。

4）美国信息技术安全联邦准则（FC）

20世纪90年代初，美国为了适应信息技术的发展和推动美国国内非军用信息技术产品安全性的进步，NSA和NIST联合起来对TCSEC进行了修订，于1992年底公布了FC草案1.0版。在此标准中引入了“保护轮廓”这一重要概念，每个保护轮廓都包括功能部分、开发保证部分和评测部分。其分级方式与TCSEC不同，充分吸取了ITSEC和CTCPEC的优点，主要供美国民用、商用及政府使用。

5）AS/NZS 4360 风险管理标准

AS/NZS 4360是澳大利亚和新西兰联合开发的风险管理标准，是风险管理的通用指南，它给出了一整套风险管理的流程。它把风险管理过程分为建立环境、风险识别、风险分析、风险评价、风险处理5个标准环节。在进行资产的识别和评估时，采取半定量化的方法，将威胁和风险发生的可能性与造成的影响划分为不同的等级，然后对不同等级的风险给出了处理方法。它将对象定位在信息系统，对信息安全风险评估具有指导作用。

对上面几个主要标准的总体评价如下：最初的TCSEC是针对孤立计算机系统提出的，特别是小型机和大型机系统，该标准仅适用于军队和政府，不适用于企业。TCSEC和ITSEC均是不涉及开放系统的安全标准，仅针对产品的安全保证要求来划分等级并进行评测，且均为静态模型，仅能反映静态安全状况。CTCPEC虽在二者的基础上有一定发展，但也未能突破上述局限性。FC对TCSEC作了补充和修改，对保护轮廓和安全目标作了定义，明确了由用户提供其系统安全保护所要求的详细轮廓，由产品商定义产品的安全功能和安全目标等，但因其本身的一些缺陷一直没有正式投入使用。

目前国际上流行的标准有：CC、BS 7799、ISO/IEC 13335、ISO/IEC 17799等。

2. 通用评估准则（CC）

《信息技术安全评估通用准则》（the Common Criteria for Information Technology Security Evaluation，简称为CC）是北美和欧盟联合开发的一个统一的国际公认的安全准则，是由FC和CTCPEC准则相互间的总结和互补发展起来的。1999年，CC被ISO批准成为国际标准ISO/IEC 15408－1999，并正式颁布发行。

CC是目前最全面的信息技术安全评估准则，其内容分为三部分。

(1) 简介和一般模型：定义了信息技术安全评估的一般概念和原则，并规定了如何创建安全目标和需求。

(2) 安全功能要求：用标准化的方法对评价目标建立一个明确的满足安全要求的部件功能集合。该功能集合分为部件(components)、族(families)和类(classes)。

(3) 安全保证要求：用标准化的方法对评价目标建立一个明确的满足安全要求的部件集合，对保护方案和安全目标进行了定义，并且对安全评价目标提出了安全评价保证级别(EAL)。级别分为EAL1到EAL7，共7个等级。每一级均需评估7个功能类，分别是：配置管理、分发和操作、并发过程、指导文献、生命期的技术支持、测试和脆弱性评估。

3. 信息安全管理标准BS 7799

BS 7799现已成为国际公认的安全管理权威标准。1993年9月，英国标准协会(BSI)颁布《信息安全管理实施细则》，形成了BS 7799的基础。1995年2月，BSI首次公布了BS 7799－1：1995。1998年2月，BSI公布了BS 7799－2：1998。1999年4月，BS 7799－1和BS 7799－2修订后重新发布。2000年12月，BS 7799－1：1999通过国际标准组织认可，正式成为国际标准，即ISO/IEC 17799－1：2000。2002年9月，BSI对BS 7799－2：2000进行了改版，BS 7799－2：2002通过了ISO认可。

BS 7799分为两部分：BS 7799－1：1999《信息安全管理细则》(Code of Practice for Information Security Management)和BS 7799－2：2002《信息安全管理体系规范》(Specification for Information Security Management)。BS 7799－1：1999主要为组织建立并实施信息安全管理体系提供了一个指导性的准则，BS 7799－2：2000详细说明了建立、实施和维护信息安全管理系统的要求。

BS 7799－1：1999是一个非常详尽、复杂的信息安全管理标准层次体系，共分为4层内容、10个管理要项、36个管理目标、127个控制措施以及若干个控制要点，主要提供有效实施信息系统风险管理的建议。

BS 7799－2：2000详细说明了建立、实施和维护信息安全管理系统(ISMS)的要求。具体实施步骤是：定义安全策略，定义ISMS范围(边界)；确定资产，进行资产风险评估；确定高风险资产、风险管理措施决策；选择合适的控制方式、部署和管理控制方式，启用声明、目标审查、安全策略、安全目标、契约和法律需求。

4. ISO/IEC 17799

由于BS 7799日益得到国际的认同，使用的国家也越来越多，2000年12月，国际标准化组织正式将其第一部分转化为国际标准，即所颁布的ISO/IEC 17799：2000《信息技术——信息安全管理实施细则》(Information Technology－Code of Practice for Information Security Management)。作为一个全球通用的标准，ISO/IEC 17799并不局限于IT，也不依赖于专门的技术，它是由长期积累的一些最佳实践构成的，是市场驱动的结果。

ISO/IEC 17799提出了风险评估的方法、步骤和主要内容，为风险评估提供了实施指南；指出了风险评估的主要步骤，包括资产识别、威胁识别、脆弱性识别、已有控制措施确认、风险计算等过程；首次给出了信息安全的保密性、完整性、可用性、审计性、认证性、可靠性6个方面的含义，并提出了以风险为核心的安全模型；指出风险就是威胁利用漏洞使资产暴露而产生的影响的大小。

5. ISO/IEC 13335

ISO/IEC 13335《信息技术——IT 安全管理指导方针》(GMITS，Information Technology－Guidelines for the Management of IT Security)是一个关于 IT 安全管理的指南，它提出了以风险为核心的安全模型，阐述了信息安全评估的思路，对信息安全评估工作具有指导意义。

该标准由以下 5 部分组成：

(1) ISO/IEC 13335-1：IT 安全的概念和模型(Concepts and Models of IT Security)。这部分包括对 IT 安全和安全管理的一些基本概念和模型的介绍。

(2) ISO/IEC 13335-2：IT 安全的管理和计划(Managing and Planning IT Security)。这部分建议性地描述了 IT 安全管理和计划的方式及要点，包括：决定 IT 安全目标、战略和策略；决定组织的 IT 安全需求；管理 IT 安全风险；计划适当 IT 安全防护措施的实施；开发安全教育计划；策划跟进的程序，如监控、复查和维护安全服务；开发事件处理计划。

(3) ISO/IEC 13335-3：IT 管理技术(Techniques for the Management of IT Security)。这部分覆盖了风险管理技术、IT 安全计划的开发以及实施和测试，包括一些后续的制度审查、事件分析、IT 安全教育程序等，并且介绍了四种风险评估方法(基线方法、非形式化方法、详细分析方法、综合分析方法)。

(4) ISO/IEC 13335-4：防护的选择(Selection of Safeguards)。这部分主要探讨了如何针对一个组织的特定环境和安全需求来选择防护措施。

(5) ISO/IEC 13335-5：网络安全管理指南(Management Guidance on Network Security)。这部分提出了 IT 安全和机制应用指南。

ISO/IEC 13335 认为安全管理中的主要部件包括资产、威胁、脆弱性、影响、风险、防护措施和剩余风险；主要的安全管理过程包括风险管理、风险评估、安全意识、监控与一致性检验等。

6. 标准对比

1) CC 与 BS 7799

CC 强调对防护措施进行评估，评估的结果是对防护措施保障程度的描述，即防护措施能够降低安全风险的可信度，资产所有者可以根据 CC 来决定是否接受将资产暴露给威胁所冒的风险。CC 的不足之处是：由于涉及面太广，所以很难被人们掌握和控制，而且它并不涉及管理细节和信息安全的具体实现、算法和评估方法等方面，也不能作为安全协议或用于安全鉴定。

BS 7799 提供了一套普遍适用且行之有效的全面的安全控制措施，还提出了建立信息安全管理体系的目标，这和人们对信息安全管理认识的加强是相适应的。BS 7799-2 提出的信息安全管理体系(ISMS)是一个系统化、程序化和文档化的管理体系。BS 7799 的不足之处在于：其所描述的所有控制方式并不适合于每种情况，它不可能将具体的系统环境和技术限制考虑在内，也不可能适合一个组织中的每个潜在用户。

BS 7799 和 CC 都是信息安全领域的评估标准，并且都以信息的保密性、完整性和可用性作为信息安全的基础。然而，这两个标准所面向的角度有很大的不同：BS 7799 是一个基于管理的标准，它处理的是与 IT 系统相关的非技术问题；CC 则是一个基于技术的标准，它强调的是系统和产品安全技术方面的问题。与 BS 7799 相比，CC 更侧重于对系统和产品的技术指标的评估，而在对信息系统的日常安全管理方面，BS 7799 的地位是其他标准无法取代的。

2) BS 7799 与 ISO/IEC 17799

BS 7799-1 不支持信息安全认证，而支持认证的 BS 7799-2 与 ISO/IEC 17799 没有任何关系。BS 7799 是针对企业的整体利益而言的，它将对象定位在信息系统安全管理体系。ISO/IEC 17799 来自 BS 7799-1。ISO/IEC 17799 主要提供了信息系统安全管理的指导性原则，将风险评估作为了建立信息安全管理体系的中间步骤，尽管没有给出可操作的信息安全风险评估方案，但是确定了包括识别风险、评估风险、处理风险等在内的风险评估控制目标和控制方式。

3) ISO/IEC 13335 与 CC

ISO/IEC 13335 是由国际标准化组织颁布的一个信息安全管理指南，这个标准的主要目的是给出如何有效地实施 IT 安全管理的建议和指南。用户完全可以参照这个完整的标准制定出自己的安全计划和实施步骤。ISO/IEC 13335 首次给出了关于 IT 安全的保密性、完整性、可用性、审计性、认证性、可靠性 6 个方面的定义，并提出了以风险为核心的安全模型，阐述了信息安全评估的思路，对信息安全评估工作具有指导意义。

CC 是针对安全产品和系统进行安全性评估的一个详细方法，而 ISO/IEC 13335 是包含与信息安全项目开发相关的一切模板。ISO/IEC 13335 关注的是安全项目的开发，而 CC 是从技术的角度关心安全产品和系统的安全性评价。也就是说，CC 没有叙述怎样开发安全产品和系统，但是提供了评估安全产品和系统与预先定义的安全需求的符合程度的评价过程。

4) ISO/IEC 13335 与 BS 7799

与 BS 7799 比较而言，ISO/IEC 13335 对安全管理的过程描述得更加细致，完全可操作；有多种角度的模型和阐述；对安全管理过程中的最关键环节——风险分析和管理有非常细致的描述，阐述了包括基线方法、非形式化方法、详细分析方法和综合分析方法等风险分析方法；有比较完整的针对 6 种安全需求的防护措施的介绍。

BS 7799 以安全管理为基础，提供了一系列安全控制机制，供组织建立、贯彻和维护使用；提出了风险评估的要求，但是只注重信息安全管理方面。ISO/IEC 13335 介绍了风险评估的过程和方法，但是该方法是针对一般信息系统而言的，过于笼统，没有针对性。

总之，国际上风险评估相关的安全标准基本没有一个是能直接拿来使用的。其原因是各标准针对的对象和目标不一样，有的标准强调风险管理，有的强调具体的安全技术，有的只定义某一方面的安全等级，有的则强调国际通用的规范和认证。

13.2.2　国内信息安全风险评估标准

1. 国内风险评估标准发展与简介

我国信息安全标准的研究基本上是从 20 世纪 90 年代末启动的，主要是等同采用或修改相关的国际标准。已经颁布的标准如下：

(1) GB/T 18336—2001《信息技术 安全技术 信息技术信息安全评估准则》；

(2) GB/T 19716－2005《信息技术 信息安全管理实用规则》；

(3) GB/T 19715.1－2005《信息技术 信息技术安全管理指南 第1部分：信息技术安全概念和模型》；

(4) GB/T 9361－2000《计算机场地安全要求》；

(5) GB/T 20984－2007《信息安全技术 信息系统的风险评估规范》。

另外，在国际标准的基础上，我国也制定了一些针对信息化建设特点的信息安全技术和信息安全评估的国家、地方标准。由公安部主持制定、国家质量技术监督局发布的国家标准 GB 17859－1999《计算机信息系统安全保护等级划分准则》将信息系统安全分为自主保护级、系统审计保护级、安全标记保护级、结构化保护级和访问验证保护级5个级别。我国还制定了金融行业标准《银行及相关金融服务信息安全管理规范》20030037－T－320，以及 GB 18018/18019 等产品标准。部分省(市)也发布了一些地方标准，例如，北京市于2002年制定并颁布了 DB11/T 171－2002《北京市党政机关信息网络安全系统测评规范》，上海市于2002年制定并颁布了 DB31/T 272－2002《计算机信息系统安全测评通用技术规范》。这些地方标准的制定为各地开展信息安全评估奠定了良好的基础。

2. GB/T 20984－2007《信息安全技术 信息安全风险评估规范》

2003年7月，中办发[2003]27号文件对开展信息安全风险评估工作提出了明确的要求。国信办委托国家信息中心牵头，成立了国家信息安全风险评估课题组，对信息安全风险评估相关工作展开调查研究。2004年3月29日正式启动了信息安全风险评估标准草案的编制工作。2004年底完成了《信息安全风险评估指南》标准草案。2005年由国务院信息办组织在北京、上海、黑龙江、云南等省市与人民银行、国家税务总局、国家信息中心及国家电力总公司开展了验证《信息安全风险评估指南》的可行性与可用性的试点工作。2006年6月19日，全国信息安全标准化技术委员会经过讨论，将标准正式命名为《信息安全技术 信息安全风险评估规范》，并同意其通过评审。由国家标准化管理委员会审查批准发布的 GB/T 20984－2007《信息安全技术 信息安全风险评估规范》于2007年11月1日正式实施。

《信息安全风险评估规范》(以下简称《规范》)是我国开展信息安全风险评估工作遵循的国家标准。《规范》定义了风险评估的基本概念、原理及实施流程，对被评估系统的资产、威胁和脆弱性识别要求进行了详细描述，并给出了具体的定级依据；提出了风险评估在信息系统生命周期不同阶段的实施要点，以及风险评估的工作形式。

《规范》分为两个部分：主体和附录。主体部分主要介绍风险评估的定义、风险评估的模型以及风险评估的实施过程；附录部分包括信息安全风险评估的方法、工具介绍和实施案例。

《规范》主体又分为引言和7项条款。

引言指出信息安全风险评估的意义，还指出信息安全风险评估要贯穿于信息系统生命周期的各个阶段，其出发点是：从风险管理角度，运用科学的方法和手段，系统地分析信息系统所面临的威胁及其存在的脆弱性，评估安全事件一旦发生可能造成的危害程度，提出有针对性的抵御威胁的防护对策和整改措施；为防范和化解信息安全风险，将风险控制在可接受的水平，从而为最大限度地保障信息安全提供科学依据。

《规范》主体的 7 项条款包括：

(1) 范围：提出了《规范》涵盖的内容。

(2) 规范性引用文件：《规范》引用了四个标准，即 GB/T 9361—2000 计算机场地安全要求、GB 17859—1999 计算机信息系统安全保护等级划分准则、GB/T 18336—2001 信息技术　安全技术　信息技术信息安全评估准则(idtISO/IEC 15408：1999)及 GB/T 19716—2005 信息技术 信息安全管理实用规则(idtISO/IEC 17799：2000)。

(3) 术语和定义：给出了与信息安全风险评估相关的一些概念。

(4) 风险管理框架及流程：

① 风险评估要素的关系模型如图 13.2.2 所示。风险评估中各要素的关系是：业务战略依赖于资产去完成；资产拥有价值，单位的业务战略越重要，对资产的依赖程度越高，资产的价值就越大；资产的价值越大，则风险越大；风险由威胁发起，威胁越大，则风险越大，并可能演变成安全事件；威胁都要利用脆弱性，脆弱性越大，则风险越大；脆弱性使资产暴露，是未被满足的安全需求，威胁要通过利用脆弱性来危害资产，从而形成风险；资产的重要性和对风险的意识会导出安全需求；安全需求要通过安全措施来得以满足，且是有成本的；安全措施可以抗击威胁，降低风险，减弱安全事件的影响；在实施了安全措施后还会有残余风险，残余风险可能会诱发新的安全事件。

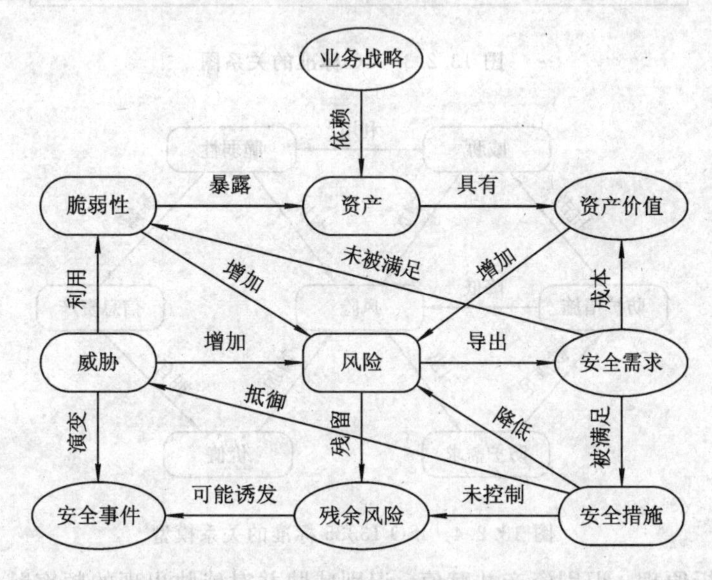

图 13.2.2　风险评估要素的关系模型

与 CC 标准的关系模型(如图 13.2.3 所示)和 ISO 13335 标准的关系模型(如图 13.2.4 所示)相比，《规范》中对基本要素(图 13.2.2 中方框部分)和与要素相关的属性(图 13.2.2 中椭圆部分)划分更加细致，对与基本要素相关的一些属性(如业务战略、资产价值、安全事件、残余风险等)进行了更充分的考虑。《规范》强调对残余风险的评估，指出风险不可能也没有必要降为零，在实施了安全措施后还会有残留下来的风险。其中，一部分残余风险来自于安全措施不当或无效，在以后需要继续控制这部分风险；另一部分残余风险则是在综合考虑了安全的成本与资产价值后，有意未去控制的风险，这部分风险是可以接受的。《规范》明确提出：安全措施是基本要素；要对组织的安全措施进行评估；安全措施可以降低和抵御威胁；安全措施不当会造成残余风险，进而诱发新的安全事件；安全措施是被满足的安全需求；安全措施是有成本的。

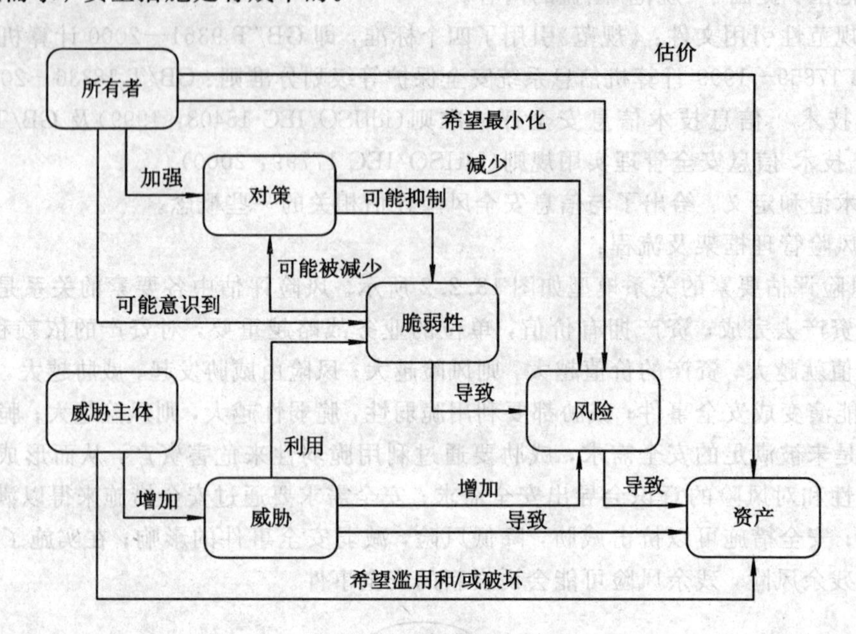

图 13.2.3 CC 标准的关系图

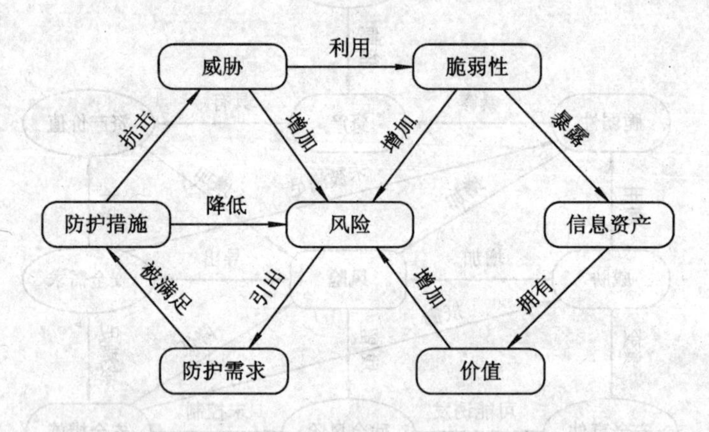

图 13.2.4 ISO 13335 标准的关系模型

② 风险分析原理：识别资产并赋值；识别威胁并对威胁出现的频率赋值；识别脆弱性并对脆弱性的严重程度赋值；根据威胁及威胁利用脆弱性的难易程度判断安全事件发生的可能性；根据脆弱性的严重程度及安全事件所作用的资产的价值计算安全事件造成的损失；根据安全事件发生的可能性以及安全事件出现后的损失，计算安全事件一旦发生对组织产生的影响，即风险值。

③《规范》给出了风险评估的实施流程图。

(5) 风险评估实施：《规范》描述了风险评估的实施过程。

① 风险评估的准备：这是整个风险评估过程有效性的保证。在这个阶段要完成以下任务：确定风险评估的目标和范围，组建评估团队，进行系统调研，确定评估依据和方法并

获取最高管理者对评估工作的支持。

② 资产识别：依据资产的分类，对评估范围内的资产逐一识别，完成对资产保密性、完整性和可用性的赋值，最后经过综合评定得出资产重要性等级。

③ 威胁识别：对资产可能遭受的威胁进行识别，并依据威胁出现的频率对威胁进行赋值。

④ 脆弱性识别：这是风险评估中最重要的一个环节。脆弱性识别可以以资产为核心，也可以从物理、网络、系统、应用等层次进行识别，然后与资产、威胁对应起来。可以从技术和管理两个方面对评估对象存在的脆弱性进行识别并赋值。

⑤ 已有安全措施的确认：在识别脆弱性的同时，对评估对象已采取的安全措施的有效性进行确认，评估其有效性。

⑥ 风险分析：采用适当的方法与工具确定威胁利用脆弱性导致安全事件发生的可能性。综合安全事件所作用的资产价值及脆弱性的严重程度，判断安全事件所作用的资产价值及脆弱性的严重程度，并判断安全事件造成的损失对组织的影响，即安全风险。

标准给出了风险计算原理，以下面的范式形式化加以说明：

$$风险值=R(A, T, V)=R(L(T, V), F(I_a, V_a))$$

式中，R 表示安全风险计算函数；A 表示资产；T 表示威胁；V 表示脆弱性；I_a 表示安全事件所作用的资产价值；V_a 表示脆弱性的严重程度；L 表示威胁利用资产的脆弱性导致安全事件发生的可能性；F 表示安全事件发生后造成的损失。

⑦ 风险评估文件记录：形成风险评估过程中的相关文档，包括风险评估报告。

(6) 信息系统生命周期各阶段的风险评估：风险评估贯穿于信息系统的整个生命周期中，各阶段根据其活动内容的不同，安全目标和风险评估的要求也会不同。信息系统在规划设计阶段要通过风险评估确定系统的安全目标；在建设验收阶段要通过风险评估以确定系统的安全目标达成与否；在运行维护阶段要不断地进行风险评估以确定安全措施的有效性，确保安全保障目标始终如一、得以坚持。《规范》给出了各阶段风险评估的侧重点、评估要点及评估采取的方式。

(7) 风险评估的工作形式：根据评估实施者的不同，风险评估形式分为自评估和检查评估两大类。自评估是由被评估单位依靠自身的力量，对其自身的信息系统进行的风险评估活动。检查评估是被评估单位的上级主管机关依据已经颁布的法规或标准进行的具有强制意味的检查活动。

13.2.3　基于CC的认证

为了保证测评结果的可比性，所有基于CC的测评都应当在一个统一的框架下设立标准，监督测评质量和管理测评规范。CC本身并不包括这个框架，但描述了这个框架的要素，具体如图13.2.5所示。

图13.2.5中，公共测评方法(CEM)由另外的文件定义，包括EAL1～EAL4级测评的具体过程。考虑到各个国家相关组织和机构的设置以及具体的管理模式可能会不同，在上述框架中，测评模式由各个国家自行确定。目前，创建CC的六个国家均建立了各自的测评模式，并基于上述框架签署了相互认可测评结果的互认协议(MRA，Mutual Recognition Agreement)。

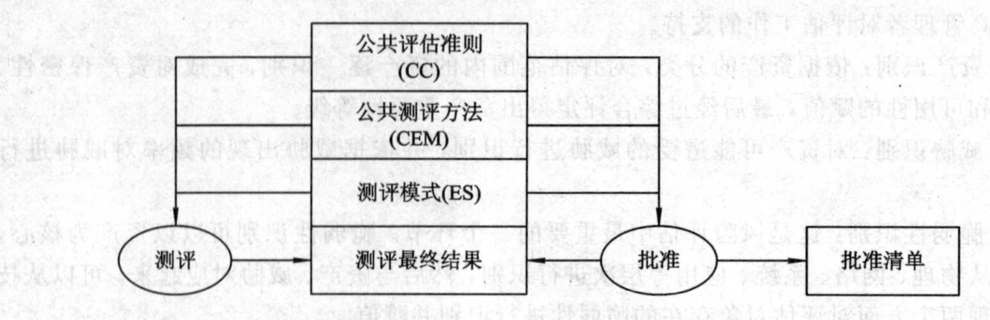

图 13.2.5 CC 测评框架

我国的测评模式由中国国家信息安全测评认证中心制定，用以规范我国信息技术安全产品的测试和认证工作。

13.2.4 信息安全准则的应用

下面以 Microsoft Windows NT 4.0 操作系统为例，具体分析一个实际系统是如何应用这些信息安全准则来实现其安全策略和功能的。

Windows NT 4.0 操作系统于 1999 年 11 月通过了美国国防部 TCSEC C2 级安全认证，表明该系统具有身份认证、自主访问控制、客体重用和安全审计等安全特性。这些安全特性是由 Windows NT 4.0 安全子系统提供的。Windows NT 4.0 安全子系统由本地安全授权(LSR)、安全账户管理(SAM)和安全参考监视器(SRM)等部分组成。

(1) 本地安全授权部分：为了保障用户获得存取系统的许可权，它提供了许多服务程序，如产生令牌，执行本地安全管理，提供交互式登录认证服务，控制安全审计策略以及由 SRM 产生的安全审计记录信息等。

(2) 安全账户管理部分：提供 SAM 数据库。该数据库包含所有的用户和用户组的信息。SAM 提供用户登录认证，将用户输入的信息与 SAM 数据库中的注册信息相比较来验证用户身份的合法性。对于合法的用户，将赋予一个安全标识符(SID)。根据网络的配置，SAM 数据库可能存在于一个或多个 Windows NT 系统中。

(3) 安全参考监视器部分：负责访问控制和审计策略，由 LSA 提供支持。SRM 提供客体(文件、目录等)的访问权限，并检查主体(用户账户等)的权限，产生必要的审计信息。客体的安全属性由安全控制项(ACE)来描述。全部客体的 ACE 组成访问控制列表(ACL)。对于无 ACL 的客体，任何主体都能访问。当主体访问有 ACL 的客体时，由 SRM 检查其中的每一个 ACE，从而决定是否允许主体的访问。

根据信息安全准则，Windows NT 4.0 操作系统提供了如下安全能力。

1. 身份认证

Windows NT 4.0 基于安全域(Domain)模型，每个域设有一个用户账号数据库，每个用户必须预先在一个域的用户账号数据库中进行注册。每个域都设有一个控制器来管理用户账号数据库，并对试图登录的用户身份进行认证。一个用户在登录 Windows NT 4.0 系统时，必须输入所在的域名、用户名和口令，控制器将根据这些信息对用户身份进行认证。

在系统内部，使用安全标识符(SID)唯一地标识一个用户。SID 是唯一的，即使一个用户被删除，该用户的 SID 也不能重用或重新分配给其他用户。

2. 自主访问控制

Windows NT 4.0 采用自主访问控制策略，控制粒度为单个用户。Windows NT 4.0 的安全模式允许将访问控制应用于所有的系统客体以及基于 NTFS 文件系统的全部文件。

在应用进程对任何客体操作之前，Windows NT 4.0 安全系统将验证该进程所具有的权限。对于文件访问操作，只有在文件的所有者或系统管理员授权的情况下才能被执行。

Windows NT 4.0 通过自主访问控制列表(DACL)对系统中的客体进行自主访问控制。DACL 作为客体的一个安全属性，用于控制用户对客体的访问操作。DACL 规定了赋予一个用户或用户组的访问授权(允许或拒绝)以及访问权限。并非所有客体都必须具有相应的 DACL。如果一个客体没有 DACL，则意味着所有用户都具有访问该客体的权限。

3. 客体重用

Windows NT 4.0 提供了 TCB(Trusted Computing Base)接口，所有可见的资源都采用如下方式寻址：

(1) 在分配时清除客体。

(2) 在分配时完全初始化客体。

(3) 只允许读取已写入的部分。

用户进程是不能访问硬件寄存器、缓存等资源(CPU 除外)的。当创建一个进程时，必须清除或初始化所有的寄存器。此后，每当一个进程被挂起时，所有寄存器信息都被保留；当该进程被唤醒时，重新将寄存器信息装入寄存器。

4. 安全审计

Windows NT 4.0 的 TCB 可建立和维护一个安全日志，记录有关身份认证、对保护客体的访问、被保护客体的删除、管理操作以及其他安全事件。安全审计功能由 LSA、SRM、保护服务器、执行子系统、事件日志以及事件查看器等部件来完成。审计信息记录在安全日志中，并且只有管理员才有权查看安全日志。

13.3 信息安全模型

在 13.2 节的信息安全标准中，高安全级别系统都要求采用形式化安全模型来描述系统安全策略，并且是可验证的。例如，在美国的 TCSEC 中，B 级以上的高安全级别都要求具有形式化安全策略模型的应用。因此，形式化安全模型对于精确地描述一个系统的安全性和安全策略是非常重要的。

安全模型通常具有如下特点：

(1) 安全模型应当是精确和无歧义的。

(2) 安全模型应当是简单和抽象的，并且容易理解。

(3) 安全模型应当是一般性的，只涉及安全性质，不过多涉及具体的系统功能或实现。

(4) 安全模型应当足够小，便于模型的形式化描述、实现和验证。

形式化安全模型是信息安全理论研究的基础，也是开发高安全级别系统不可缺少的形式化描述和验证技术。信息安全模型大致可以分为访问控制模型、信息流模型、信息完整性模型和基于角色的访问控制模型等。

13.3.1 访问控制模型

一般的安全模型都可以用一种称为格(Lattice)的数学表达式来表示。格是一种定义在集合 SC 上的偏序关系，并且满足 SC 中任意两个元素都有最大下界和最小上界的条件。在一种多级安全策略模型中，SC 表示有限的安全类集合。其中，每个安全类可用一个两元组(A, C)来表示，A 表示权力级别(Authority level)，C 表示类别集合(Category)。权力级别共分成四级：

(1) 0 级：普通级(Unclassified)。

(2) 1 级：秘密级(Confidential)。

(3) 2 级：机密级(Secret)。

(4) 3 级：绝密级(Top Secret)。

对于给定的安全类(A, C)和(A', C')，当且仅当 $A \leqslant A'$ 且 $C \leqslant C'$ 时，$(A, C) \leqslant (A', C')$，称$(A, C)$受$(A', C')$的支配。例如，假设一个文件 F 的安全类为{Secret；NATO，NUCLEAR}，如果一个用户具有如下的安全类：{Top Secret；NATO，NUCLEAR，CRYPTO}，则该用户就可以访问文件 F，因为该用户拥有比文件 F 更高的权力级别，并且在其类别集合中包含了文件 F 的所有类别。如果一个用户的安全类为{Top Secret；NATO，CRYPTO}，则该用户不能访问文件 F，因为该用户缺少 NUCLEAR 类别。这种多级安全策略模型是对军事安全的抽象，其模型的表示方法被广泛用于其他各种安全模型中。

访问控制模型是对操作系统结构的抽象，它建立在安全域(Domain)的基础之上。一个安全域中的实体被分成主动的主体和被动的客体两种，以主体为行，以客体为列，构成一个访问矩阵。矩阵的元素是主体对客体的访问模式，如读、写、执行等。某一时刻的访问矩阵定义了系统当前的保护状态，依据一定的规则，访问矩阵可以从一个保护状态迁移到另一个状态。由于访问控制模型只规定系统状态的迁移必须依据一定的规则，但没有规定具体的规则是什么，因此，访问控制模型具有较大的灵活性。访问控制模型主要有 Graham - Lampson 模型、UCLA 模型、Take - Grant 模型、Bell&LaPadula 模型等，其中影响较大的是 Bell&LaPadula 模型。

Bell&LaPadula 模型的安全策略由强制访问控制和任意访问控制两部分组成。任意访问控制部分用访问矩阵表示，其访问模式除了读、写、执行等之外，还附加了控制方式。控制方式是指将客体的访问权限传递到其他主体。强制访问控制部分将多级安全引入到访问矩阵的主体和客体的安全级别中。如果一个状态是安全的，则应当满足如下两个性质：

(1) 简单安全性：当主体对客体读访问时，主体的安全级必须大于等于客体的安全级，即不能"向上读"。

(2) *-性质：当主体对客体写访问时，主体的安全级必须小于等于客体的安全级，即不能"向下写"。

以上也是 Bell&LaPadula 模型的两个主要性质，它们约束了所允许的访问操作，在主体访问一个被允许的客体时，强制检查和任意检查都可能发生。Bell&LaPadula 模型比较复杂，模型的形式化采用了有限状态机，使模型有了一个比较精确的定义。

Bell&LaPadula 模型是第一个符合军事安全策略的多级安全模型，在一些计算机系统安全设计中得到了实现和应用。同时，Bell&LaPadula 模型奠定了多级安全模型的理论基础，后来的一些多级安全模型都是基于 Bell&LaPadula 模型提出的。

13.3.2　信息流模型

访问控制模型描述了主体对客体访问权限的安全策略，主要应用于文件、进程之类的"大"客体。信息流模型描述了客体之间信息传递的安全策略，直接应用于程序变量之类的"小"客体，可以精确地描述程序中的隐通道，它比访问控制模型的精确度高。

信息流模型也是基于格的模型，为信息流引入了一组安全类集合，定义了安全信息流通过程序时的检验和确认机制。一个信息流模型由以下 5 部分组成。

(1) 客体集合：表示信息的存放位置，如文件、程序、变量以及位(bit)等。

(2) 进程集合：表示与信息流相关的活跃实体。

(3) 安全类集合：对应于互不相关的、离散的信息类。

(4) 一个辅助交互的类复合操作符：用于确定在两类信息上的任何二进制操作所产生的信息。

(5) 一个流关系：用于确定在任何一对安全类之间信息是否能从一个安全类流向另一个安全类。

在一定的假设条件下，安全类集合、流关系和类复合操作符构成一个格，它指定了模型系统的安全信息流的意义，使客体之间的信息流不违背指定的流关系。信息流模型的形式化描述比有限状态机更详细，以表示程序中信息的细节。

访问控制模型和信息流模型是最主要的两类安全模型，分别代表了两种安全策略：访问控制策略指定了主体对客体的访问权限，信息流策略指定了客体所能包含的信息类别以及客体之间的关系。信息流模型可以分析程序中的合法通道和存储通道，但不能防止程序中出现隐秘时间通道。

13.3.3　信息完整性模型

信息完整性是信息安全的重要组成部分，主要指防止信息在处理和传输过程中被篡改或破坏。信息完整性模型主要面向商业应用，而访问控制模型和信息流模型侧重于军事领域，它们在描述方法上有很大的不同。

信息完整性模型是用于描述信息完整性的形式化模型，主要适用于商业计算机安全环境。信息完整性模型主要有 Biba 模型、Clark - Wilson 模型等。其中，Biba 模型由于应用过于复杂，没有得到实际的应用；Clark - Wilson 模型侧重于商业领域，能够在面向对象系统中应用，具有较大的灵活性。

Clark - Wilson 模型采用了两个基本方法来保证信息的安全：一个是合式交易方法，另一个是职责分离方法。

合式交易方法提供了一种保证应用完整性的机制，其目的是不让用户随意地修改数据。合式交易方法如同手工记账系统，要修改一个账目记录，必须在支出和转入两个科目上都作出修改，这种交易才是"合式"的，而不能只改变支出或转入科目，否则，账目将无法平衡，导致出现错误。

职责分离方法提供了一种保证数据一致性的机制，其目的是保证数据对象与它所代表的现实世界对象相对应，而计算机本身并不能直接保证这种外部的一致性。最基本的职责分离规则不允许创建或检查某一合式交易的人再来执行它。这样在一次合式交易中，至少有两个人参与才能改变数据，可以防止欺诈行为。

因此，Clark－Wilson 模型有两类规则：强制规则和确认规则。

(1) 强制规则：定义了与应用无关的安全性的规则，共有 4 条。

① E1：用户只能通过事务过程间接地操作可信数据。

② E2：用户只有被明确地授权后才能执行操作。

③ E3：用户的确认必须经过验证。

④ E4：只有安全官员(管理者)才能改变授权。

(2) 确认规则：定义了与具体应用相关的安全功能，也有 4 条。

① C1：可信数据必须经过与真实世界一致性表达的检验。

② C2：程序以合式交易的形式执行操作。

③ C3：系统必须支持职责分离。

④ C4：由操作检验输入、接收或者拒绝。

Clark－Wilson 模型通过这些规则定义了一个完整性策略系统，给出了在商业数据处理系统中实现完整性的基本方法，同时也展示了商业应用系统对信息安全的特定需求。

13.3.4　基于角色的访问控制模型

基于角色的访问控制(RBAC，Role Based Access Control)模型是由美国国家标准技术协会(NIST)组织研究的一种新的访问控制技术，目的是简化授权管理的复杂性，降低管理开销，为管理员提供一个实现复杂安全策略的良好环境。

RBAC 的基本思想是：给用户授予的访问权限是由该用户在一个组织中担任的角色确定的。例如，在一个银行中，角色可以有出纳员、会计师、信贷员等，他们的职能不同，所拥有的访问权限也各不相同。RBAC 将根据用户在一个组织中所担任的角色来授予相应的访问权限，但用户不能自主地将访问权限转授他人。这一点是 RBAC 模型与其他自主访问控制模型的最根本区别。

在 RBAC 模型中，定义了主体、客体、角色和事务处理等术语。所谓角色，是指一个或一群用户在组织中可执行的事务处理集合。事务处理是指数据和对数据执行的操作，如读一个文件。为了叙述方便，下面将事务处理简称为操作，它们之间的关系如图 13.3.1 所示。

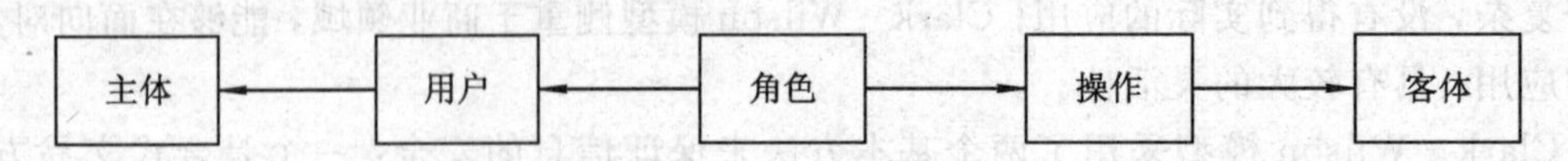

图 13.3.1　RBAC 模型术语之间的关系

一个用户经过授权后可以拥有多个角色，一个角色也可以由多个用户构成。每个角色可以执行多种操作，每个操作也可以由不同角色执行。一个用户可以拥有多个主体，即可以拥有多个处于活动状态且以用户身份运行的进程，但每个主体只对应一个用户。每个操作可以施加于多个客体，每个客体也可以接受多个操作。

用户能对一个客体执行访问操作的必要条件是：该用户被授权拥有一定的角色，其中一个角色在当前时刻处于活动状态，并且该角色对客体拥有相应的访问权限。

RBAC的概念模型是由Ravi等人提出的，称为RBAC96概念模型。它由基本模型RBAC0、等级模型RBAC1、约束模型RBAC2和合并模型RBAC3组成。

RBAC0模型包括3个实体集：用户、角色和权限，此外还包括会话。其中，用户是指一个人，其概念可以扩展到各种智能体，如软件代理、移动计算机以及网络中的计算机等；角色是一个与一定职能和权限相联系的策略部件；权限是对客体的特定访问方式；会话是一个用户与角色之间的映射。RBAC1模型在RBAC0模型的基础上引入了角色等级的概念，而RBAC2引入了约束的概念。由于RBAC1和RBAC2互不兼容，因此RBAC96概念模型中引入了它们的兼容模型RBAC3。

RBAC模型的主要特点如下：

(1) 角色与权限的关联：不同的角色拥有不同的访问权限，一个用户被授权拥有何种角色，也就决定了该用户所拥有的访问权限以及所能执行的操作。

(2) 角色继承关系：角色之间可能有相互重叠的职责和权力，属于不同角色的用户可能需要执行某些相同的操作。为了提高效率，RBAC定义了"角色继承"的概念和功能，通过角色继承关系可以指定一些角色除了拥有自己的属性外，还可以继承其他角色的属性和权限，以避免重复定义。

(3) 最小权限原则：指一个用户所拥有的权限不能超过其工作任务所需的权限。为了实现最小权限原则，必须分清用户的工作任务和内容，确定完成该工作所需的最小权限集，并将用户限制在最小权限集的范围内。RBAC允许根据一个组织内的规章制度和职能分工，设计拥有不同权限的角色，只将角色必须执行的操作授予角色。

(4) 职责分离原则：是防止欺诈行为的最重要的手段。例如，在银行业务中，"授权付款"和"实施付款"是职责分离的两个操作，必须将它们分离开，否则将会引起欺诈行为。

(5) 角色容量：在一个特定的时间段内，某些角色只能容纳一定数量的用户。例如，"经理"这一角色虽然可以授予多个用户，但在实际业务中，任何时刻只能由一个人来行使经理职能。

RBAC的主要优势在于它可以大大简化系统权限的管理工作。一个RBAC系统建立起来后，主要的管理工作是为用户分配或取消角色。当用户的职能改变时，只要改变分配给他们的角色，也就改变了这些用户的权限。当一个组织的职能发生变化时，只需删除角色的旧功能，增加新功能，或者定义新的角色即可，而不必更新每个用户的权限设置。另外，系统管理员能够站在一个比较抽象的、与企业的业务管理相类似的层次上来实施访问控制，通过定义和建立不同的角色、角色的访问权限以及角色的继承关系等，管理员能够以静态或动态方式监管用户的行为。

RBAC的另一个优势是能够很好地支持分布式系统。管理职能可以分布在中心域和地方域等不同的保护域内，整个组织的访问控制策略由中心域负责制定，地方域负责制定各自内部的相关策略。

上述安全模型都各自有所侧重，没有一个模型能够涵盖信息安全的各个方面。单一的模型往往很难满足实际应用的所有安全需求，通常需要将多个安全模型组合起来，或者开发新的模型来满足一个安全系统的形式化和模型化的要求。

13.4 能力成熟模型

近年来，随着 Internet 的发展和普及，人们对网络信息安全提出了较高的要求，从而推动了安全产品的开发。很多公司都加入到安全产品的开发行列中，难免出现产品质量良莠不齐的局面，从而导致用户对安全产品缺乏信任。因此，采用适当的测评技术对安全产品进行评估和认证，对于规范安全产品市场、提高用户对安全产品的信任度、改善企业安全工程能力都具有十分重要的意义。

通常，一个组织或企业所开发的安全产品必须通过严格的测评认证后才能进入市场，被用户所接受。在对安全产品进行测评时，除了要对产品的安全功能进行测评外，还需要对产品的信任度(Assurance) 进行评估。所谓信任度，是指用户对一个安全产品正确执行其安全功能的信任程度或信心大小，这显然不是一个能直接加以测量的物理量。目前，安全产品信任度评估方法主要有两种：面向最终产品的方法和面向工程过程的方法。

面向最终产品的评估方法主要通过对产品及其所有文档的严格分析和测试来建立信任度指标。这种方法缺少继承性，被测产品的安全信任度与同一组织以前所开发产品的安全信任度并无直接关系，每个产品的测评都要从头做起，测评过程相对复杂和冗长，从而增大了测评的开销。

面向工程过程的评估方法采用系统安全工程能力成熟度模型 SSE - CMM (Systems Security Engineering Capability Maturity Model)来评估一个组织或企业从事安全工程的能力。该模型定义了一组关键工作过程作为过程能力，通过执行这些过程来评估一个组织的能力成熟度，其执行结果的质量变化范围越小，说明该组织的工程能力越成熟，其产品质量的一致性就越高，而工程风险就越小，反之亦然。通过对一个组织的能力成熟度的评估，建立对该组织所开发安全产品的信任度，可以大大简化对安全产品的认证实践。然而，这种方法并不能完全取代对最终产品的测评和认证。

如果将上述两种方法有机结合起来，则会加快安全产品的测评过程，节省大量的测评开销。下面主要论述 SSE - CMM 模型及其评估方法。

13.4.1 SSE - CMM 模型

一个组织或企业从事工程的能力将直接关系到其工程和产品的质量。国际上通常采用能力成熟度模型(CMM，Capability Maturity Model)来评估一个组织的工程能力。CMM 模型是建立在统计过程控制理论基础上的。根据统计过程控制理论，所有成功企业都具有一个共同特点：具有一组定义严格、管理完善、可测控的工作过程。CMM 模型认为，能力成熟度较高的企业持续生产高质量产品的可能性很大，而工程风险则很小。

SSE - CMM 模型是 CMM 模型在系统安全工程领域中具体应用而派生出来的一个变种，它是由美国国家安全局、美国国防部、加拿大通信安全局以及 60 多个著名公司共同开发的，其目的是在 CMM 模型的基础上，通过对安全工程进行管理的途径将系统安全工程转变为一个具有良好定义的、成熟的、可测量的先进工程学科。1996 年 10 月，SSE - CMM 1.0 版本问世，经过试用和修改后，于 1998 年 10 月公布了 SSE - CMM 2.0 版本，并提交给国际标准化组织，申请将其作为国际标准。

SSE－CMM 模型将各种各样的系统安全工程任务抽象为 11 个有明显特征的子任务，而完成一个子任务所需实施的一组工程实践称为一个过程域(Process Area)。SSE－CMM 模型为每个过程域定义了一组确定的基本实践(BP，Basic Practice)，并规定每一个基本实践对完成该子任务都是不可缺少的。

一个组织每次执行同一个过程时，其执行结果的质量可能是不同的，SSE－CMM 模型将这个变化范围定义为一个组织的过程能力。对于“成熟”的组织，每次执行同一任务，结果的质量变化范围比“不成熟”的组织要小。为了衡量一个组织的能力成熟度，其过程完成的质量必须是可度量的。为此，SSE－CMM 模型定义了 5 个过程能力级别，每个级别用一组共同特性(CF，Common Feature)来标识，每个共同特性则通过一组确定的通用实践(GP，General Practice)来描述。

这里的组织(Organization)是指执行过程或接受过程能力评估的一个组织机构。一个组织可以是整个企业、企业的一个部门，或者一个项目组。

SSE－CMM 模型定义了一个二维的框架结构，横轴上有安全工程过程域、项目过程域和组织过程域，纵轴上有 5 个能力级别。如果对每个过程域都进行能力级别评分，则可以得到一个二维图形，参见图 13.4.1。

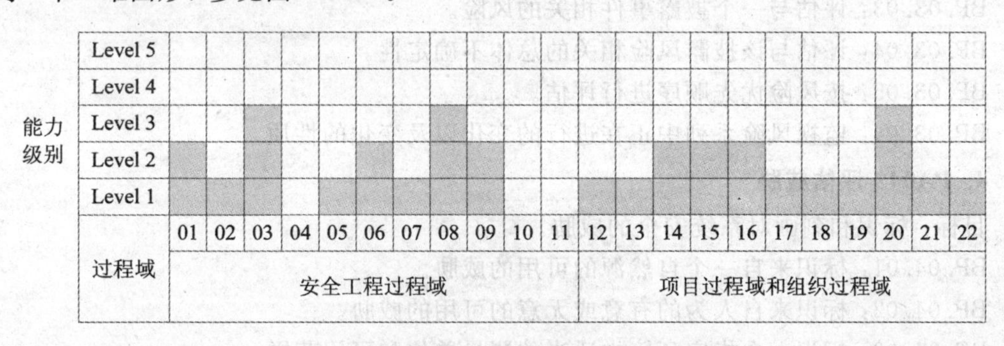

图 13.4.1　SSE－CMM 模型的二维框架结构

13.4.2　过程域

系统安全工程涉及到 3 种过程域：安全工程(Security Engineering)过程域、项目(Project)过程域和组织(Organization)过程域。后两个过程域并不直接与系统安全相关，故不是该模型的一部分，而是在另一个 CMM 模型变种——系统工程能力成熟度模型(SE－CMM)中定义的。

SSE－CMM 中的每个过程域都由一组基本实践(BP)来定义，每个基本实践对实现过程域的目标都是不可缺少的。SSE－CMM 中的过程域如下所述。

1. PA01：管理安全控制

目标：完全地配置和使用安全控制。

BP.01.01：确定安全控制的职责和责任，并通告给该组织中的每个人。

BP.01.02：管理系统安全控制的配置。

BP.01.03：管理所有用户和操作员的安全认知、培训及教育程序。

BP.01.04：管理(定期维护和监管)安全机制与控制机制。

2. PA02：评估影响

目标：标识和刻画风险对系统的安全影响。

BP. 02. 01：标识、分析和优先区分了对系统起关键作用的操作、交易或任务的能力。

BP. 02. 02：标识和刻画支持系统关键操作能力或安全目标的系统资产。

BP. 02. 03：选择用于这种评价的影响度量。

BP. 02. 04：如果必要，则标识被选评价度量和度量转换因子之间的关系。

BP. 02. 05：标识和刻画影响。

BP. 02. 06：监视该影响中正在发生的变化。

3. PA03：评估安全风险

目标1：在一个所定义的环境中，达到对操作该系统相关安全风险的一种理解。

目标2：根据所定义的方法优先处理风险。

BP. 03. 01：对于一个所定义的环境中的系统，选择方法、技术和标准来分析、评估、比较安全风险。

BP. 03. 02：标识威胁、脆弱性和影响。

BP. 03. 03：评估与一个披露事件相关的风险。

BP. 03. 04：评估与该披露风险相关的总体不确定性。

BP. 03. 05：按风险优先顺序进行评估。

BP. 03. 06：监视风险系列中正在进行的变化以及变化的性质。

4. PA04：评估威胁

目标：标识和刻画对系统安全的威胁。

BP. 04. 01：标识来自一个自然源的可用的威胁。

BP. 04. 02：标识来自人为的有意或无意的可用的威胁。

BP. 04. 03：标识一个指定环境中适当的测量单位和可用范围。

BP. 04. 04：对于人为引起的威胁，评估威胁代理的能力和动机。

BP. 04. 05：评估发生一个威胁事件的可能性。

BP. 04. 06：监视威胁系列中正在进行的变化以及变化的性质。

5. PA05：评估脆弱性

目标：在一个所定义的环境中，达到对系统安全脆弱性的一种理解。

BP. 05. 01：在一个所定义的环境中，通过选择方法、技术、标准来标识和刻画系统安全的脆弱性。

BP. 05. 02：标识系统安全的脆弱性。

BP. 05. 03：收集与脆弱性性质相关的数据。

BP. 05. 04：评估系统的脆弱性以及由特定脆弱性与特定脆弱性组合结果引起的综合脆弱性。

BP. 05. 05：监视可用脆弱性中正在进行的变化以及变化的性质。

6. PA06：构造信任度论据

目标：工作产品和过程明显地提供满足消费者安全需要的论据。

BP. 06. 01：标识安全保证目标。

BP.06.02：定义一个面向所有保证目标的安全保证政策。

BP.06.03：标识和控制安全保证论据。

BP.06.04：执行安全保证论据的分析。

BP.06.05：提供一种安全保证论点，以证明满足了消费者安全的需要。

7. PA07：调整安全

目标1：工程组所有成员都要意识到履行他们的职责对安全工程活动来说是非常必要的。

目标2：通告并调整与安全相关的决定和建议。

BP.07.01：定义安全工程调整目标和关系。

BP.07.02：标识安全工程调整机制。

BP.07.03：促进安全工程调整。

BP.07.04：使用鉴别机制来调整与安全相关的决定和建议。

8. PA08：监控安全态势

目标1：检测和跟踪与事件相关的内部和外部安全性。

目标2：响应事件，以保持与策略一致。

目标3：标识和处理运作的安全态势发生的变化，以保持与安全目标一致。

BP.08.01：分析事件记录，确定一个事件的起因、如何进行以及有可能发生的未来事件。

BP.08.02：监视威胁、脆弱性、影响、风险以及环境中的变化。

BP.08.03：标识有关事件的安全性。

BP.08.04：监视安全设施的性能和功能的有效性。

BP.08.05：为了标识必要的变化而评论系统安全态势。

BP.08.06：管理有关事件的安全响应。

BP.08.07：适当地保护用于保证安全监视的人工设施。

9. PA09：提供安全输入

目标1：对于安全隐患，要回顾所有系统问题，并且与安全目标相一致地加以解决。

目标2：项目组所有成员都拥有一种对于安全的理解，这样他们就能够履行其职责。

目标3：解决方案反映所提供的安全输入。

BP.09.01：设计人员、开发人员和用户一起工作，保证团体拥有一种安全输入所需的共同理解。

BP.09.02：确定安全约束，并确定相关的工程选择。

BP.09.03：标识与工程问题相关的可选择的安全解决方案。

BP.09.04：分析和优先区分用于安全约束和考虑的工程选择。

BP.09.05：提供有关指导其他工程组的安全性。

BP.09.06：提供有关指导操作系统用户和管理员的安全性。

10. PA10：说明安全需求

目标：在包括消费者在内的团体之间传达对安全需求的公共理解。

BP.10.01：获得消费者对安全需求的理解。

BP.10.02：标识支配该系统的法律、政策、标准、外部影响和约束。

BP.10.03：标识该系统的目的，以便确定安全关联性。

BP.10.04：获取一个面向高级安全性的系统操作视图。

BP.10.05：获取定义系统安全性的高级目标。

BP.10.06：定义一个一致的声明集合，它规定了在系统中实现的保护。

BP.10.07：签订协议，它规定了满足消费者安全需求的安全性。

11. PA11：检验和证实安全

目标 1：满足安全需求的解决方案。

目标 2：满足消费者操作安全需求的解决方案。

BP.11.01：标识、检验和证实解决方案。

BP.11.02：为检验和证实每个解决方案而定义严格的步骤和级别。

BP.11.03：检验解决方案是否实现与预先抽象级别相关的需求。

BP.11.04：证实解决方案是否满足与预先抽象级别相关的需求，最终满足消费者操作安全的需求。

BP.11.05：为其他工程组获取检验和证实的结果。

SSE-CMM 模型将系统安全工程过程分为三类：风险过程、工程过程和信任度过程。

风险是发生某种不希望的事件并对系统造成影响的可能性。根据模型，能够成为风险的事件由三个部分组成：威胁、系统脆弱性和事件造成的影响。通常，这三种因素必须全部存在才足以构成风险(使风险值大于零)。例如，不安全的系统但无威胁存在，不幸事件发生但没有造成影响等都不视为风险。系统风险分析是建立在对威胁、系统脆弱性和事件影响分析的基础上的。通过系统中的安全机制可将系统遗留的风险控制在可接受的程度内。模型中定义了 4 个风险过程：评估影响(PA02)、评估安全风险(PA03)、评估威胁(PA04)和评估脆弱性(PA05)。

安全工程不是一个独立的实体，而是系统工程的一个组成部分。例如，安全系统集成通常是系统集成的一个组成部分。SSE-CMM 模型强调系统安全工程与其他工程学科的合作和协调，并定义了专门的调整安全过程域(PA07)。在一个工程项目的初始阶段，承担工程的组织必须根据风险分析结果、有关系统需求、可应用的法律法规和方针政策等信息，与客户一起共同定义系统的安全需求，这一过程称为说明安全需求过程域(PA10)。在综合考虑了包括成本、性能、技术风险及使用难易程度等各种因素后，提出解决问题的方案，这一过程称为提供安全输入过程域(PA09)。然后，该组织必须保证其安全机制的正确配置和正常运行，这一过程称为管理安全控制过程域(PA01)。同时，对系统进行持续监测，以保证新风险不会增大到不可接受的程度，这一过程称为监控安全态势过程域(PA08)。

在信任度问题上，SSE-CMM 模型强调对执行安全工程过程的结果质量的可重复性信任度。信任度过程不增加额外的系统安全机制，只是通过校验和证实现有系统安全机制的正确性和有效性来实现，这一过程称为校验和证实安全过程域(PA11)。该模型还允许借鉴其他各个过程域的工作产品来构造系统安全信任度论据，这一过程称为构造信任度论据过程域(PA06)。

SSE-CMM 模型没有规定各个过程域在系统安全工程生命周期中出现的顺序，某些过程域甚至可能重复出现在生命周期中的几个阶段。实际上，过程域是依照过程域名的英文字母顺序来编号的。

另外，SE-CMM模型也定义了11个过程域，可以和SSE-CMM模型的11个过程域一起使用，共同度量一个组织的过程能力成熟度。

13.4.3 过程能力

为了衡量一个组织的过程能力成熟度，其过程完成的质量必须是可度量的。为此，SSE-CMM模型定义了以下5个过程能力级别：

(1) Level 1：非正式执行的过程。它仅仅要求一个过程域的所有基本实践都被执行，而对执行的结果并无明确的要求。

(2) Level 2：计划和跟踪的过程。它强调过程执行前的计划和执行中的检查，这使得一个组织可以根据最终结果的质量来管理其实践活动。

(3) Level 3：良好定义的过程。它要求过程域所包括的所有基本实践都必须依照一组良好定义的操作规范来进行。这组规范是一个组织依据长期工作经验制定出来的，其合理性是经过验证的。

(4) Level 4：定量控制的过程。它能够对一个组织的表现进行定量的度量和预测，使过程管理成为客观和准确的实践活动。

(5) Level 5：持续改善的过程。它为过程行为的高效化和实用化建立定量的目标，可以准确地度量过程的持续改善所收到的效果。

每个级别用一组共同特性(CF)来标识，每个共同特性则通过一组确定的通用实践(GP)来描述，参见表13.4.1。

过程能力是用来度量每个过程域的，而不是用来度量整个组织的。当一个组织不能执行一个过程域中的基本实践时，该过程域的过程能力是0级。0级不是一种真正意义上的能力级别，不包含任何通用实践，也不需要测量。

表13.4.1 过程能力描述结构

能力级别(Level)	共同特性 (Common Feature)	通用实践 (General Practice)
Level 1：非正式执行的过程	CF 1.1：执行了基本实践	GP 1.1.1：执行该过程
Level 2：计划和跟踪的过程	CF 2.1：计划执行	GP 2.1.1：分配资源
		GP 2.1.2：指派责任
		GP 2.1.3：编写过程文档
		GP 2.1.4：提供工具
		GP 2.1.5：确保培训
		GP 2.1.6：计划过程
	CF 2.2：训练执行	GP 2.2.1：使用计划、标准和程序
		GP 2.2.2：对配置进行管理

续表

能力级别(Level)	共同特性 (Common Feature)	通用实践 (General Practice)
	CF 2.3：检验执行	GP 2.3.1：检验过程的一致性
		GP 2.3.2：审核工作产品
	CF 2.4：跟踪执行	GP 2.4.1：跟踪与测量
		GP 2.4.2：跟踪校正动作
Level 3：良好定义的过程	CF 3.1：定义一个标准过程	GP 3.1.1：标准化过程
		GP 3.1.2：定制标准过程
	CF 3.2：执行所定义的过程	GP 3.2.1：使用一个良好定义的过程
		GP 3.2.2：执行对缺陷的审核
		GP 3.2.3：使用良好定义的数据
	CF 3.3：调整安全实践	GP 3.3.1：执行组内调整
		GP 3.3.2：执行组间调整
		GP 3.3.3：执行外部调整
Level 4：定量控制的过程	CF 4.1：建立可测量的质量目标	GP 4.1.1：建立质量目标
	CF 4.2：客观管理的执行	GP 4.2.1：确定过程能力
		GP 4.2.2：使用过程能力
Level 5：持续改善的过程	CF 5.1：改善组织的能力	GP 5.1.1：建立过程有效性目标
		GP 5.1.2：持续改善其标准过程
	CF 5.2：改善过程的有效性	GP 5.2.1：执行因果分析
		GP 5.2.2：消除缺陷原因
		GP 5.2.3：持续改善所定义的过程

13.4.4　过程能力评估方法

运用 SSE－CMM 模型评估一个组织的过程能力可采用两种方法：自我评估和第三方评估。

一个组织可以运用 SSE－CMM 模型自我评估每个过程域的能力级别，测评结果可作为改善其过程能力的理论依据和目标。在运用 SSE－CMM 模型评估一个组织的过程能力成熟度之前，应首先使用这一模型评估该组织在以往工程项目中的表现。

由于每个能力级别都定义了一个或多个共同特性，因此只有当所有共同特性都得到满足时，才会达到对应的能力级别。如果一个过程域只满足 $n+1$ 级或 $n+2$ 级上所定义的部分共同特性，但满足 n 级上所定义的全部共同特性，则其过程能力应当被评为 n 级。

在执行具体项目时，一个组织可以根据系统安全工程项目的实际需求有选择地执行某些过程域，而不是全部。此外，一个组织也可能需要执行安全工程过程域之外的关键过程。

SSE－CMM模型使用了SE－CMM模型的11个过程域，它们可用于组织和项目本身的管理，可以与SSE－CMM过程域配合使用。

为了支持理论模型，保障过程能力评估结果的一致性，SSE－CMM项目组编写了SSE－CMM模型评估方法指南。评估方法指南详细地规定了评估机构的组成、人员责任的划分、日程的安排、评估过程中所使用的一些表格格式及内容等。评估过程包括持续一周与被评组织直接接触的调研活动。评估方法指南建议的评估时间是：自我评估为500人·小时左右，第三方评估为1000人·小时左右。评估活动本身并不复杂，主要是确认SSE－CMM模型中定义的基本实践和通用实践是否存在。被评组织必须提交证据以支持自己的论点。

过程能力成熟度模型所定义的工作过程具有连续性、可重复性和有效性。过程能力理论指出，一个组织在工作实践中的表现在很大程度上是可预估的。虽然对过程能力的评估不能完全取代对产品的测试和认证，也不能直接担保产品质量的好坏，但一个具有很高过程能力的组织或企业生产高信任度安全产品的可能性是很大的。因此，对一个组织的过程能力评估将为其产品信任度的评估提供有力的佐证，并且可以大大简化繁杂的安全产品认证实践。作为国际标准的信息技术安全评价通用准则(CC)将SSE－CMM评估看做是目前最有希望被采用的替代认证技术。

第14章 常见的安全系统

本章将介绍一些实际系统中常见的安全解决方案。通过对这些方案的学习，一方面有利于学习如何分析和解决问题、设计安全协议；另一方面有利于避免实际系统在设计上存在的安全问题。本章内容包括IPSec协议、SSL协议、Kerberos认证系统、PGP协议、PEM协议、S/MIME协议、S-HTTP协议、无线城域网IEEE 802.16安全技术(无线局域网WLAN安全技术IEEE 802.11(i)和WAPI在前面章节均有介绍，这里不再详细介绍)以及无线传感器网络WSN安全机制等。

14.1 IPSec协议

IPSec属于网络层安全协议，是在IP协议(IP v4和IP v6)的基础上提供一种可互操作、基于高质量密码的安全服务，其中包括接入控制、无连接完整性、数据原始认证、抗重播保护和数据机密性等，用于保证IP协议及上层协议安全地交换数据。

14.1.1 IPSec协议安全体系结构

IPSec协议安全体系结构由3个主要部分组成：安全协议、安全关联和密钥管理。

1. 安全协议

IPSec提供了两种安全协议：认证头(AH，Authentication Header)和封装安全有效载荷(ESP，Encapsulating Security Payload)，用于对IP数据报或上层协议数据报进行安全保护。其中，AH只提供了数据完整性认证机制，可以证明数据源端点，保证数据完整性，防止数据被篡改和重播；ESP同时提供了数据完整性认证和数据加密传输机制，它除了具有AH所有的安全能力之外，还可以提供数据传输机密性。

AH和ESP可以单独使用，也可以联合使用。每个协议都支持以下两种应用模式。

(1) 传输模式：为上层协议数据提供安全保护。

(2) 隧道模式：以隧道方式传输IP数据报文。

AH或ESP提供的安全性完全依赖于它们所采用的密码算法。为保证一致性和不同实现方案之间的互通性，必须定义一些需要强制实现的密码算法。因此，在使用认证和加密机制进行安全通信时，必须解决以下三个问题：

(1) 通信双方必须协商所要使用的安全协议、密码算法和密钥。

(2) 必须方便和安全地交换密钥(包括定期改变密钥)。

(3) 能够对所有协商的细节和过程进行记录和管理。

2. 安全关联

IPSec使用一种称为安全关联(SA，Security Associations)的概念性实体集中存放所有需要记录的协商细节。因此，在 SA 中包含了安全通信所需的所有信息，可以将 SA 看做是一个由通信双方共同签署的有关安全通信的“合同”。

SA 使用一个安全参数索引(SPI，Security Parameter Index)来唯一地标识。SPI 是一个 32 位随机数，通信双方要使用 SPI 来指定一个协商好的 SA。

使用 SA 的好处是可以建立不同等级的安全通道。例如，一个用户可以分别与 A 网和 B 网建立安全通道，分别设置两个 SA：SA(a)和 SA(b)。在 SA(a)中，可以协商使用更加健壮的密码算法和更长的密钥。

3. 密钥管理

IPSec 支持两种密钥管理协议：手工密钥管理和自动密钥管理(IKE，Internet Key Exchange)。其中，IKE 是基于 Internet 的密钥交换协议，它具有如下功能：

(1) 协商服务：通信双方协商所使用的协议、密码算法和密钥。

(2) 身份认证服务：对参与协商的双方身份进行认证，确保双方身份的合法性。

(3) 密钥管理：对协商的结果进行管理。

(4) 安全交换：产生和交换所有密钥的密码源物质。

IKE 是一个混合型协议，集成了 ISAKMP (Internet Security Associations and Key Management Protocol)协议和部分 Oakley 密钥交换方案。

14.1.2　具体协议

IPSec 提供了两种安全协议：ESP 和 AH，用于对 IP 数据报或上层协议数据报实施数据机密性和完整性保护。ESP 和 AH 提供的安全能力不同，处理开销也不同。AH 只提供了数据完整性认证机制，处理开销小；ESP 同时提供了数据完整性认证和数据加密传输机制，处理开销大。AH 和 ESP 协议可以单独使用，也可以联合使用。

1. 封装安全有效载荷(ESP)协议

ESP 是插入在 IP 数据报内的一个协议头，为 IP 数据报提供数据机密性、数据完整性、抗重播以及数据源验证等安全服务。ESP 使用一个加密器提供数据机密性，使用一个验证器提供数据完整性认证。加密器和验证器所采用的专用算法是由 ESP 安全联盟的相应组件决定的。因此，ESP 是一种通用的、易于扩展的安全机制，它将基本的 ESP 功能定义和实际提供安全服务的专用密码算法分离开，有利于密码算法的更换和更新。

在任何模式下，ESP 头总是跟随在一个 IP 头之后，ESP 头格式如图 14.1.1 所示。在 IP v4 中，IP 头的协议字段值为 50，表示在 IP 头之后是一个 ESP 头。跟随在 ESP 头后的内容取决于 ESP 的应用模式。如果是传输模式，则是一个上层协议头(TCP/UDP)；如果是隧道模式，则是另一个 IP 头。

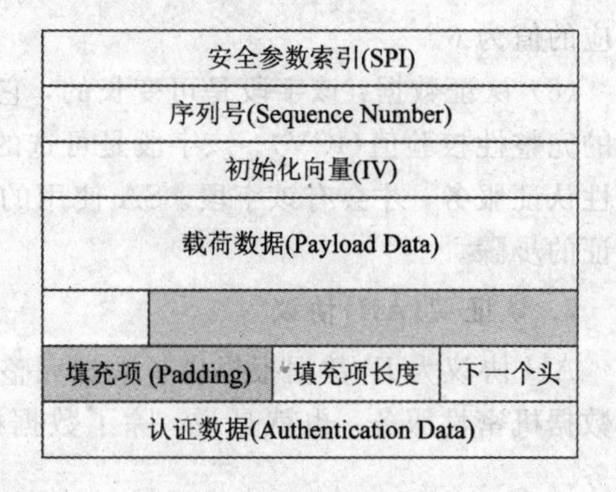

图 14.1.1　ESP 头格式

(1) 安全参数索引(SPI)：它是一个 32 位的随机数。SPI、目的 IP 地址和协议值组成一个三元组，用来唯一地确定一个特定的SA，以便对该数据报进行安全处理。通常，在密钥交换(IKE)过程中由目标主机来选定SPI。SPI是经过验证的，但并没有被加密，因为SPI是一种状态标识，由它来指定所采用的加密算法及密钥，以及对数据报进行解密。如果SPI本身被加密，则会产生严重的“先有鸡，还是先有蛋”的问题，这一点很重要。

(2) 序列号：它是一个单向递增的32位无符号整数。通过序列号，可使ESP具有抗重播攻击的能力。尽管抗重播服务是可选的，但是发送端必须产生和发送序列号字段，只是接收端不一定要处理。建立SA时，发送端和接收端的计数器必须初始化为0(发送端通过特定SA发送的第一个数据报的序列号为1)。如果选择了抗重播服务(默认情况下)，则序列号是不能出现重复(循环)的。因此，发送端和接收端的计数器在传送第2^{32}个数据报时必须重新设置，这可以通过建立一个新的SA和新的密钥来实现。序列号是经过验证的，但没有被加密，因为接收端是根据序列号来判断一个数据报是否重复的，如果先解密序列号，然后作出是否丢弃该数据报的决定，则会造成处理资源的浪费。

(3) 初始化向量IV：提供密码算法所在应用模式下的初始向量值。

(4) 载荷数据：被ESP保护的数据报包含在载荷数据字段中，其字段长度由数据长度来决定。如果密码算法需要密码同步数据(如初始化向量IV)，则该数据应显式地包含在载荷数据中。任何需要这种显式密码同步数据的密码算法都必须指定该数据的长度、结构及其在载荷中的位置。对于强制实施的密码算法(DES - CBC)来说，IV是该字段中的第一个8位组。如果需要隐式的密码同步数据，则生成该数据的算法由RFC指定。

(5) 填充项：0～255个字节，填充内容可以由密码算法来指定。如果密码算法没有指定，则由ESP指定，填充项的第1个字节值是1，后面的所有字节值都是单向递增的。填充的作用如下：

① 某些密码算法要求明文的长度是密码分组长度的整数倍，因此需要通过填充项使明文(包括载荷数据、填充项、填充项长度和下一个头)长度达到密码算法的要求。

② 通过填充项把ESP头的“填充项长度”和“下一个头”两个字段靠后排列。

③ 用来隐藏载荷的实际长度，从而支持部分数据流的机密性。

(6) 填充项长度：该字段为8位，指明填充项的长度，接收端利用它恢复载荷数据的实际长度。该字段必须存在，当没有填充项时，其值为0。

(7) 下一个头：该字段为8位，指明载荷数据的类型。如果在隧道模式下使用ESP，则其值为4，表示为IP - in - IP；如果在传输模式下使用，则其值为上层协议的类型，如TCP对应的值为6。

(8) 认证数据：该字段是可变长的，它是由认证算法对ESP数据报进行散列计算所得到的完整性校验值(ICV)。该字段是可选的，只有对ESP数据报进行处理的SA提供了完整性认证服务，才会有该字段。SA使用的认证算法必须指明ICV的长度、比较规则以及认证的步骤。

2. 认证头(AH)协议

AH协议为IP数据报提供了数据完整性、数据源验证以及抗重播等安全服务，但不提供数据机密性服务。也就是说，除了数据机密性之外，AH提供了ESP所能提供的一切服务。

AH可以采用隧道模式来保护整个IP数据报，也可以采用传输模式只保护一个上层协议报文。在任何一种模式下，AH 头都会紧跟在一个 IP 头之后。AH 不仅可以为上层协议提供认证，还可以为 IP 头的某些字段提供认证。由于 IP 头中的某些字段在传输中可能会被改变(如服务类型、标志、分段偏移、生存期以及头校验和等字段)，发送方无法预测最终到达接收方时这些字段的值，因此，这些字段不能受到 AH 的保护。图 14.1.2 显示了 IP 头的可变字段(阴影部分)和固定字段。

版本	头文件	服务类型	报文总长度	
标识			标志	分段偏移
生存期		协议号	头校验和	
源IP地址				
目的IP地址				

图 14.1.2　IP 头的可变字段(阴影部分)和固定字段

AH 可以单独使用，也可以和 ESP 结合使用或者利用隧道模式以嵌套方式使用。AH 提供的数据完整性认证的范围和 ESP 有所不同，AH 可以对外部 IP 头的某些固定字段(包括版本、头长度、报文总长度、标识、协议号、源 IP 地址、目的 IP 地址等字段)进行认证。

3. AH 头格式

在任何模式下，AH 头总是跟随在一个 IP 头之后，AH 头格式如图 14.1.3 所示。在 IP v4 中，IP 头的协议字段值为 51，表示在 IP 头之后是一个 AH 头。跟随在 AH 头后的内容取决于 AH 的应用模式，如果是传输模式，则是一个上层协议头(TCP/UDP)；如果是隧道模式，则是另一个 IP 头。

下一个头	载荷长度	保留
安全参数索引(SPI)		
序列号(Sequence Number)		
认证数据(Authentication Data)		

图 14.1.3　AH 头格式

(1) 下一个头：8 位，与 ESP 头中对应字段的含义相同。

(2) 载荷长度：8 位，以 32 位为长度单位指定了 AH 的长度，其值是 AH 头的实际长度减 2。这是因为 AH 是一个 IP v6 扩展头，IP v6 扩展头长度的计算方法是实际长度减 1，IP v6 是以 64 位为长度单位计算的，AH 是以 32 位为长度单位进行计算的，所以将减 1 变换为减 2 (1 个 64 位长度单位＝2 个 32 位长度单位)。如果采用标准的认证算法，认证数据字段长度为 96 位，加上 3 个 32 位固定长度的部分，则载荷长度字段值为 4(96/32＋3－2＝4)。如果使用“空”认证算法，将不会出现认证数据字段，则载荷长度字段值为 1。

(3) 保留：16 位，保留给将来使用，其值必须为 0。该字段值包含在认证数据的计算中，但被接收者忽略。

(4) 安全参数索引(SPI)：32 位，与 ESP 头中对应字段的含义相同。

(5) 序列号：32 位，与 ESP 头中对应字段的含义相同。

(6) 认证数据：可变长字段，它是认证算法对 AH 数据报进行完整性计算所得到的完整性校验值(ICV)。该字段的长度必须是 32 位的整数倍，因此可能会包含填充项。SA 使用的认证算法必须指明 ICV 的长度、比较规则以及认证的步骤。

14.1.3　IPSec 实现模式

IPSec 可以采用两种模式实现：传输模式和隧道模式。每种实现模式的应用目的和实施方案有所不同，这主要取决于用户的网络安全需求。

1. 传输模式

传输模式又称主机实现模式，通常当 ESP 在一台主机(客户机或服务器)上实现时使用。传输模式使用原始明文 IP 头，并且只加密数据，包括它的 TCP 和 UDP 头。

由于主机是一种端节点，因此传输模式主要用于保护一个内部网中两个主机之间的数据通信。主机实现方案可分为以下两种类型。

(1) 在操作系统上集成实现：由于 IPSec 是一个网络层协议，因此可以将 IPSec 协议集成到主机操作系统上的 TCP/IP 中，作为网络层的一部分来实现。

(2) 嵌入协议栈实现：将 IPSec 嵌入协议栈中，插入在网络层和数据链路层之间来实现。

传输模式的优点是：能够实现端到端的安全性，能够实现所有的 IPSec 安全模式，能够提供基于数据流的安全保护。

2. 隧道模式

隧道模式又称为基于网关的实现模式，通常应用于 ESP 关联到多台主机的网络访问介入装置实现的场合。隧道模式处理整个 IP 数据包，包括全部 TCP/IP 或 UDP/IP 头和数据，它用自己的地址作为源地址加入到新的 IP 头中。当隧道模式用在用户终端设置时，它可以提供更多的便利来隐藏内部服务器主机和客户机的地址。

ESP 支持传输模式。这种模式可保护高层协议，也可保护 IP 包的内容，特别是用于两个主机之间的端对端通信(例如，客户与服务器或是两台工作站)。传输模式中的 ESP 加密有时候会认证 IP 包的内容，但不认证 IP 包头。这种配置对于装有 IPSec 的小型网络特别有用。

但是，要全面实施 VPN，使用隧道模式会更有效。ESP 也支持隧道模式，这种模式可保护整个 IP 包。为此，IP 包在添加了 ESP 字段后，整个包以及包的安全字段被认为是新的 IP 包的外层内容，附有新的 IP 外层包头。原来的(及内层)包通过“隧道”从一个 IP 网络起点传输到另一个 IP 网点，中途的路由器可以检查 IP 的内层包头。因为原来的包已被打包，新的包可能有不同的源地址及目的地址，所以可以达到安全传输的目的。

通常隧道模式用在两端或一端是安全网关的架构中，例如装有 IPSec 的路由器或防火墙。使用了隧道模式，防火墙内很多主机不需要安装 IPSec 也能安全地通信。这些主机所生成的未加保护的网包，经过外网时，使用隧道模式的安全组织规定(即 SA，发送者与接收者之间的安全关联关系，主要用于定义装在本地网络边缘的安全路由器或防火墙中的 IPSec 软件进行 IP 交换所规定的参数)的方式传输。

以下是隧道模式的 IPSec 运作的例子。某网络的主机甲生成一个 IP 包，目的地址是另一个网中的主机乙。这个包从起始主机被发送到主机甲的网络边缘的安全路由器或防火墙。防火墙对所有出去的包进行过滤，看有哪些包需要进行 IPSec 的处理。如果这个从甲到乙的包需要使用IPSec，那么防火墙就进行IPSec的处理，并把网包打包，添加外层IP包头。这个外层包头的源地址是防火墙，而目的地址可能是主机乙的网络边缘的防火墙。现在这个包被传送到主机乙的防火墙，中途的路由器只检查外层IP包头。之后，主机乙的防火墙会把外层IP包头除掉，把IP内层发送至主机。

隧道模式主要用于保护两个内部网通过公用网络进行的数据通信，通过IPSec网关构建VPN，从而实现两个内部网之间的安全数据交换。隧道模式有以下两种类型：

(1) 在操作系统上集成实现：将IPSec协议集成到网关操作系统上的TCP/IP中，作为网络层的一部分来实现。

(2) 嵌入网关物理接口上实现：将实现IPSec的硬件设备直接接入网关的物理接口上来实现。

隧道模式的优点是：能够在公用网(如Internet)上构建VPN来保护内部网之间进行的数据交换，能够对进入内部网的用户身份进行验证。

14.2　SSL协议

SSL是由Netscape公司开发的一种网络安全协议，主要为基于TCP/IP协议的网络应用程序提供身份验证、数据完整性和数据机密性等安全服务。目前，SSL已得到业界的广泛认可，被广泛应用于网络安全产品中，成为事实上的工业标准。SSL已有SSL v2.0和v3.0版本。

14.2.1　协议组成

SSL协议的基本目标是在两个通信实体之间建立安全的通信连接，为基于客户机/服务器模式的网络应用提供安全保护。SSL协议提供了以下3种安全特性。

(1) 数据机密性：采用对称加密算法(如DES、RC4等)来加密数据，密钥是在双方握手时指定的。

(2) 数据完整性：采用消息鉴别码(MAC)来验证数据的完整性，MAC是采用Hash函数实现的。

(3) 身份合法性：采用非对称密码算法和数字证书来验证同层实体之间的身份合法性。

SSL协议是一个分层协议，由SSL握手协议和SSL记录协议两层组成。其基本结构如图14.2.1所示。

SSL握手协议用于数据交换前双方(客户机和服务器)的身份认证以及密码算法和密钥的协商，它独立于应用层协议。SSL记录协议用于数据交换过程中的数据加密和数据认证，它建立在可靠的传输协议(如TCP协议)之上。因此，SSL协议是一个嵌入在TCP协议和应用层协议之间的安全协议，能够为基于TCP/IP的应用提供身份认证、数据加密和数据认证等安全服务。

图14.2.1　SSL协议的基本结构

14.2.2　握手协议

在 SSL 协议中，客户和服务器之间的通信分成两个阶段：第一阶段是握手协商阶段，双方利用握手协议协商和交换有关协议版本、压缩方法、加密算法和密钥等信息，同时还可以相互验证对方的身份；第二阶段是数据交换阶段，双方利用记录协议对数据实施加密和认证，确保数据交换的安全。因此，在数据交换之前，客户和服务器之间首先要使用握手协议进行有关参数的协商和确认。

SSL 握手协议也包含两个阶段：第一阶段用于交换密钥等信息，第二阶段用于用户身份认证。在第一阶段，通信双方通过相互发送 HELLO 消息进行初始化。通过 HELLO 消息，双方就能够确定是否需要为本次会话产生一个新密钥。如果本次会话是一个新会话，则需要产生新的密钥，双方需要进入密钥交换过程；如果本次会话建立在一个已有的连接上，则不需要产生新的密钥，双方立即进入握手协议的第二阶段。第二阶段的主要任务是对用户身份进行认证，通常服务器方要求客户方提供经过签名的客户证书进行认证，并将认证结果返回给客户。至此，握手协议结束。

在握手协议中，定义了一组控制消息，客户和服务器之间使用这些消息进行握手协商。当客户和服务器首次建立会话时，必须经历一个完整的握手协商过程(参见图 14.2.2)。图 14.2.2 中，* 表示可选的消息，不是一定要发送的。

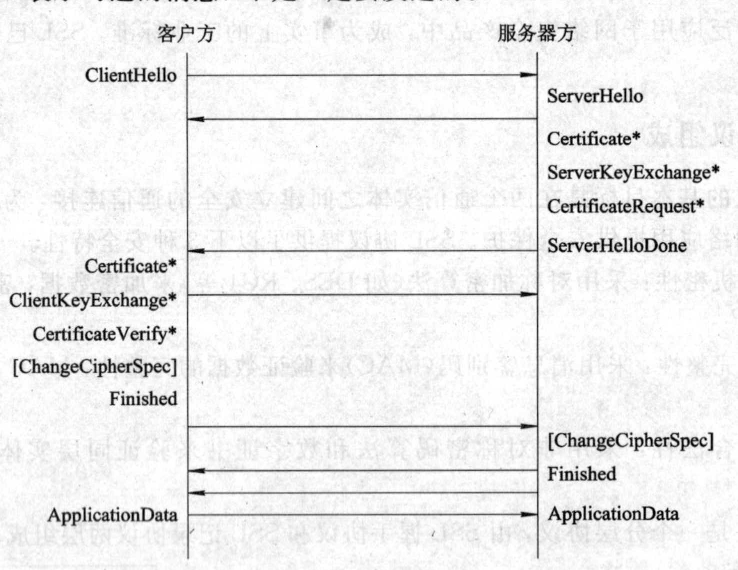

图 14.2.2　新建一个会话时的握手协商过程

(1) 客户方向服务器方发送一个 ClientHello 消息，请求握手协商。

(2) 服务器方向客户方回送 ServerHello 消息，进行响应和确认。

这样客户和服务器之间通过 Hello 消息建立了一个会话的有关属性参数(协议版本、会话 ID、密码组及压缩方法)，并相互交换了两个随机数(ClientHello.random 和 ServerHello.random)。

(3) 服务器方可以根据需要选择性地向客户方发送有关消息：① Certificate 消息，发放服务器证书；② CertificateRequest 消息，请求客户方证书等；③ ServerKeyExchange 消息，与客户方交换密钥。在完成处理后，服务器方向客户方发送 ServerHelloDone 消息，表示服务器完成协商，等待客户方的回应。

(4) 客户方根据接收到的服务器方消息进行响应：① 如果客户证书是一个数字签名的证书，则必须发送 CertificateVerify 消息，提供用于检验数字签名证书的有关信息；② 如果接收到 CertificateRequest 消息，则客户方必须发送 Certificate 消息，发送客户证书；③ 如果接收到 ServerKeyExchange 消息，则客户方必须发送 ClientKeyExchange 消息，与服务器方交换密钥。密钥是由 ClientHello 消息和 ServerHello 消息协商的公钥密码算法决定的。

(5) 如果客户方要改变密码规范，则发送 ChangeCipherSpec 消息给服务器方，说明新的密码算法和密钥，然后使用新的密码规范发送 Finished 消息；如果客户方不改变密码规范，则直接发送 Finished 消息。

(6) 如果服务器方接收到客户方的 ChangeCipherSpec 消息，则也要发送 Change CipherSpec 消息进行响应，然后使用新的密码规范发送 Finished 消息；如果服务器方接收到客户方的 Finished 消息，则直接发送 Finished 消息进行响应。

(7) 至此，握手协商阶段结束，客户方和服务器方进入数据交换阶段。

上述过程中，ChangeCipherSpec 消息是一个独立的 SSL 协议类型，并不是 SSL 握手协议信息。

如果双方是在已有连接上重建一个会话，则不需要协商密钥以及有关会话参数，从而可以简化握手协商过程(参见图 14.2.3)。

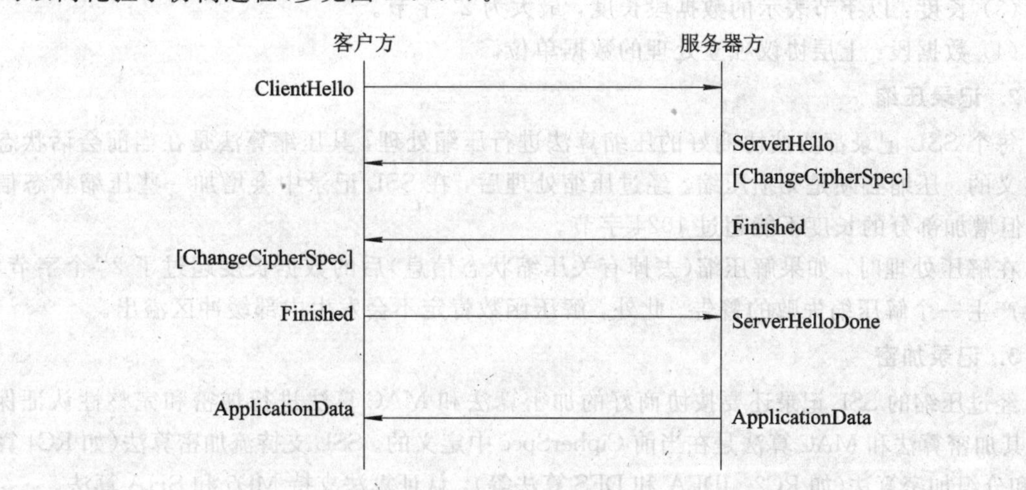

图 14.2.3　重建一个会话时的握手协商过程

(1) 客户方使用一个已有的会话 ID 发出 ClientHello 消息。

(2) 服务器方在会话队列中查找与之相匹配的会话 ID，如果有相匹配的会话，则服务器方在该会话状态下重新建立连接，并使用相同的会话 ID 向客户方发送一个 ServerHello 消息；如果没有相匹配的会话，则服务器方产生一个新的会话 ID，并且客户方和服务器方必须进行一次完整的握手协商过程。

(3) 在会话 ID 匹配的情况下，客户方和服务器方必须分别发送 ChangeCipherSpec 消息，然后发送 Finished 消息。

(4) 至此，重建一个会话阶段结束，客户方和服务器方进入数据交换阶段。

14.2.3 记录协议

客户方和服务器方通过 SSL 握手协议协商好压缩算法、加密算法以及密钥后，双方就可以通过 SSL 记录协议实现安全的数据通信了。在 SSL 记录层，首先将上层数据分段封装成一个 SSL 明文记录，然后按协商好的压缩算法和加密算法，对 SSL 记录进行压缩和加密处理。

1. 记录格式

在 SSL 协议中，所有的传输数据都被封装在记录中，记录由记录头和长度不为 0 的记录数据组成。所有的 SSL 通信，包括握手消息、安全记录和应用数据，都要通过 SSL 记录层传送。在 SSL 记录层，上层数据被分段封装在一个 SSL 明文记录中，数据段最大长度为 2^{14} 字节。SSL 记录层不区分客户信息的界限。例如，多个同种类型的客户信息可能被连接成一个单一的 SSL 明文记录。SSL 记录格式如图 14.2.4 所示。

信息类型	版本号	长度	数据段

图 14.2.4 SSL 记录格式

图 14.2.4 中：

(1) 信息类型：指示封装在数据段中的信息类型，由上层协议解释和处理。

(2) 版本号：使用的 SSL 协议版本号。

(3) 长度：以字节表示的数据段长度，最大为 2^{14} 字节。

(4) 数据段：上层协议独立处理的数据单位。

2. 记录压缩

每个 SSL 记录都要按协商好的压缩算法进行压缩处理，其压缩算法是在当前会话状态中定义的。压缩必须是无损压缩。经过压缩处理后，在 SSL 记录中会增加一些压缩状态信息，但增加部分的长度不能超过 1024 字节。

在解压处理时，如果解压缩(去掉有关压缩状态信息)后的数据长度超过了 2^{14} 个字节，则会产生一个解压缩失败的警告。此外，解压函数肯定不会发生内部缓冲区溢出。

3. 记录加密

经过压缩的 SSL 记录还要按协商好的加密算法和 MAC 算法进行加密和完整性认证保护，其加密算法和 MAC 算法是在当前 CipherSpec 中定义的。SSL 支持流加密算法(如 RC4 算法)和分组加密算法(如 RC2、IDEA 和 DES 算法等)，认证算法支持 MD5 和 SHA 算法。

CipherSpec 初始时为空，不提供任何安全性。一旦完成了握手过程，通信双方就建立了密码算法和密钥，并记录在当前的 CipherSpec 中。在发送数据时，发送方从 CipherSpec 中获取密码算法对数据加密，并计算 MAC，将 SSL 明文记录转换成密文记录。在接收数据后，接收方从 CipherSpec 中获取密码算法对数据解密，并验证 MAC，将 SSL 密文记录转换成明文记录。

4. ChangeCipherSpec 协议

ChangeCipherSpec 协议由单一的 ChangeCipherSpec 消息构成，用于改变当前的密码规范(CipherSpec)。客户方或服务器方在发送 Finished 消息之前使用 ChangeCipherSpec 消息通知对方，将采用新的密码规范和密钥来加密和解密数据记录。

5. 警告协议

SSL 记录层通过警告协议传送警告消息。警告消息中包含警告级别和警告描述。警告消息类型如表 14.2.1 所示。

表 14.2.1 警告消息类型

警告消息类型	描 述	说 明
close_notify	关闭通知	通知对方关闭连接
Unexpected_message	不期望的消息	当接收方收到一个不恰当消息时会返回这个警告。这个错误是致命的
bad_record_mac	错误的记录 MAC	当接收方收到一个不正确的 MAC 时会返回这个警告。这个错误是致命的
decompression_failure	解压缩失败	在解压缩时输入的数据出现了错误，如长度错误。这个错误是致命的
handshake_failure	握手失败	发送方与接收方无法协商一个可以接受的安全参数集。这个错误是致命的
no_certificate	没有证书	通知发送者不需要验证证书
bad_certificate	错误的证书	证书验证不正确
unsupported_certificate	不支持的证书	证书类型未被支持
certificate_revoked	证书废除	证书被签订者废除
certificate_expired	证书期满	证书当前无效或超期
certificate_unknown	证书未知	处理证书时出现了未知方
illegal_parameter	违法的参数	在握手中出现了超出限度或不一致的参数。这个错误是致命的

警告消息大致可以分成终止警告和错误警告两种，只有 close_notify 是终止警告，其余均为错误警告。在错误警告中，又可分成一般错误警告和致命错误警告，致命错误警告将会导致会话失效。同样，警告消息也要在 SSL 记录中进行压缩和加密处理。

SSL 握手协议的错误处理比较简单。任何一方检测出错误后，便向对方发送一个相应的警告消息。如果是致命错误警告，则双方立刻终止连接，双方均要放弃所有与失败连接有关的任何会话标识符、密码和密钥等。

通信双方都可以使用 close_notify 警告消息来终止会话。在发出 close_notify 警告消息后，不再接收新的消息或数据。为了防止切断攻击，双方都应知道连接的结束。如果一个连接没有收到 close_notify 警告消息就终止了，则会话是不可恢复的。因此，任何一方在关闭连接前都应发送一个 close_notify 警告消息，而另一方也要发送 close_notify 警告消息进行响应，并立即关闭连接。

14.3 Kerberos 认证系统

Kerberos 是 MIT 于 1985 年开始的 Athena 计划中的一部分，目的是解决在分布式校园环境下，工作站用户经由网络访问服务器的安全问题。Kerberos 按单钥体制设计，以 Needham 和 Schroeder 认证协议为部分基础，由可信赖中心支持，以用户服务模式实现。Kerberos v1～v3 是开发版本；Kerberos v4 是原型 Kerberos，获得了广泛应用；Kerberos v5 自 1989 年开始设计，1994 年公布作为 Internet 的标准(草案)。Kerberos 在分布式环境中具有足够的安全性，能防止攻击和窃听，能提供高可靠性和高效的服务，具有透明性(用户除了发送 Password 外，不会觉察出认证过程)，可扩充性好。

14.3.1 Kerberos v4

Kerberos 认证如图 14.3.1 所示。

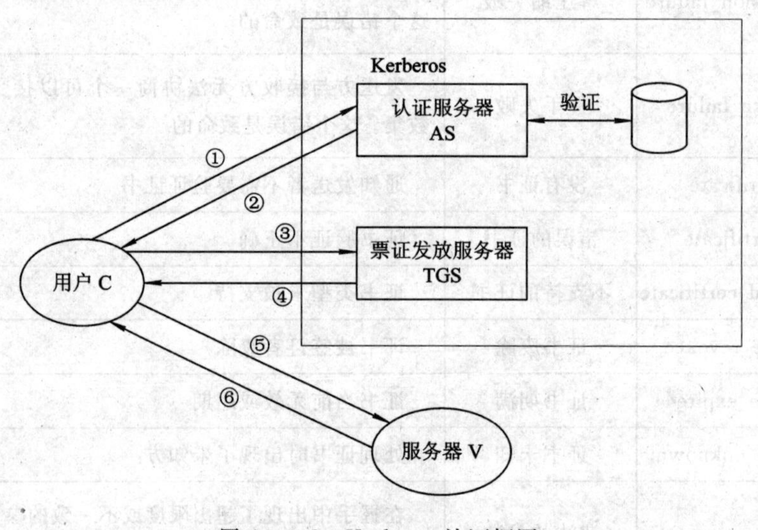

图 14.3.1　Kerberos 认证框图

Kerberos 认证中所用符号的含义如下：

C——用户或代理；

AS——认证服务器；

V——服务器；

ID_c——C 上用户的身份码；

TGS——票证发放服务器；

ID_v——服务器 V 的身份码；

ID_{tgs}——TGS 的身份码；

AD_c——C 的网络地址；

P_c——C 的通行字；

k_v——TGS 和 V 共享密钥；

k_{tgs}——AS 与 TGS 共享密钥；

$k_{c,v}$——C 与 V 共享密钥；

$k_{c,tgs}$——C 与 TGS 共享密钥；

Lifetime——有效期限；

TS_i——时戳 I；

k_c——AS 和 C 共享密钥，由用户通行字导出。

1. Kerberos 协议

Kerberos 协议分三个阶段共六步实现。

阶段Ⅰ：认证业务交换，C 从 AS 获取票证授权证。

(1) 用户在工作站上提出申请票证授权证：

$$C \rightarrow AS: ID_c \| ID_{tgs} \| TS_1$$

(2) AS 回送票证授权证。AS 验证 C 的访问权限后，准备好票证 $Ticket_{tgs}$ 和 C 与 TGS 共享密钥 $k_{c,tgs}$，并以用户通行字导出的密钥 k_c 加密送出：

$$AS \rightarrow C: E_{k_c}[k_{c,tgs} \| ID_{tgs} \| TS_2 \| Lifetime_2 \| Ticket_{tgs}]$$

$$Ticket_{tgs} = E_{k_{tgs}}[k_{c,tgs} \| ID_c \| AD_c \| ID_{tgs} \| TS_2 \| Lifetime_2]$$

阶段Ⅱ：授权票证业务交换，C 从 TGS 获服务授权票证。

(3) 用户请求服务授权证。工作站要求用户送入通行字，并用它导出密钥 k_c，以 k_c 对所接收消息进行解密得：

$$k_{c,tgs},\ ID_{tgs},\ TS_2,\ Lifetime_2,\ Ticket_{tgs}$$

送出：

$$C \rightarrow TGS: ID_v \| Ticket_{tgs} \| Authenticator_c$$

其中，$Authenticator_c = E_{k_{c,tgs}}[ID_c \| AD_c \| TS_3]$。

(4) TGS 回送服务授权证。TGS 用 k_{tgs} 解出 $k_{c,tgs}$、ID_c、AD_c、ID_{tgs}、TS_2、$Lifetime_2$ 及 ID_c、AD_c、TS_3，实现对 C 的认证，并准备好服务授权证 $Ticket_v$ 及会话密钥 $k_{c,v}$：

$$TGS \rightarrow C: E_{k_{c,tgs}}[k_{c,v} \| ID_v \| TS_4 \| Ticket_v]$$

其中，$Ticket_v = E_{k_v}[k_{c,v} \| ID_c \| AD_c \| ID_v \| TS_4 \| Lifetime_4]$。

阶段Ⅲ：用户/服务器认证交换，C 从服务器得到联机服务。

(5) C 用 $k_{c,tgs}$ 解密得 $k_{c,v}$、ID_v、TS_4、$Ticket_v$，向服务器 V 申请联机：

$$C \rightarrow V: Ticket_v \| Authenticator_c$$

其中，$Authenticator_c = E_{k_{c,v}}[ID_c \| AD_c \| ID_v \| TS_5]$。

(6) V 用 k_v 解出 ID_c、AD_c、ID_v、TS_4 及 $k_{c,v}$，并通过 ID_c、AD_c、ID_v、TS_4、$Lifetime_4$ 比较认证后，向 C 开放联机服务，送出 TS_5+1：

$$V \rightarrow C: E_{k_{c,v}}[TS_5+1]$$

用户 C 以 $k_{c,v}$ 解密得 TS_5+1，实现对 V 的验证，并开始享受联机服务。C 与 V 用 $k_{c,v}$ 进行联机通信业务。

用户开始时要进行Ⅰ～Ⅲ阶段协议，得到的 $k_{c,tgs}$ 和 $Ticket_{tgs}$ 在有效期 $Lifetime_2$ 内可多次使用，以申请向不同服务器联机的证书 $Ticket_v$ 和会话密钥 $k_{c,v}$。后者只执行第Ⅱ、Ⅲ阶段协议，所得 $Ticket_v$ 和会话密钥在有效期 $Lifetime_4$ 内使用，与特定服务器 V 进行联机服务。一般地，$Lifetime_2$ 为 8 小时，$Lifetime_4$ 要短得多。上述阶段中，仅第Ⅰ阶段要求用户出示通行字。

2. Kerberos 的安全性

(1) 用户与AS共享密钥 k_c，由用户键入的通行字导出，这是Kerberos最薄弱的环节，易被窃听和猜测攻击，但Kerberos的票证方式大大降低了通行字的使用频度。

(2) 系统安全基于对AS和TGS的绝对信任，且实现软件不能被篡改。

(3) 时限 $Lifetime_1$、$Lifetime_2$ 和时戳 $TS_1 \sim TS_5$ 及 TS_5+1 大大降低了重放攻击的可能性，但要求网内时钟同步，且限定时戳验证时差 $|\Delta t| \leqslant 5$ 分钟为合法，不视为重发。这要求服务器要存储以前的认证码，一般难以做到。

(4) Kerberos协议中的第(2)～(6)步传输都采用了加密，从而提高了抗攻击能力。

(5) AS要存储所有属于它的用户及TGS、V的ID、k_c（通行字的Hash值）、k_{tgs}，TGS要存储 k_{tgs}，V 要存储 k_v。

3. Kerberos v4 在多个认证服务器 AS 环境下的认证

(1) Kerberos服务器应在数据库中拥有所有所属用户的ID和通行字的Hash值，所有用户要向Kerberos服务器注册。

(2) Kerberos服务器要与每个服务器分别共享一个密钥，所有服务器需向Kerberos服务器注册。

由(1)、(2)两条决定的范围称做Kerberos的一个独立区(Realm)。为保证一个独立区的用户可向另一个独立区的服务器申请联机服务，需要有一个机构能支持独立区之间的认证。

(3) 各区的Kerberos服务器之间有共享密钥，两两Kerberos服务器相互注册。

多个认证服务器AS环境下的认证协议如图14.3.2所示。

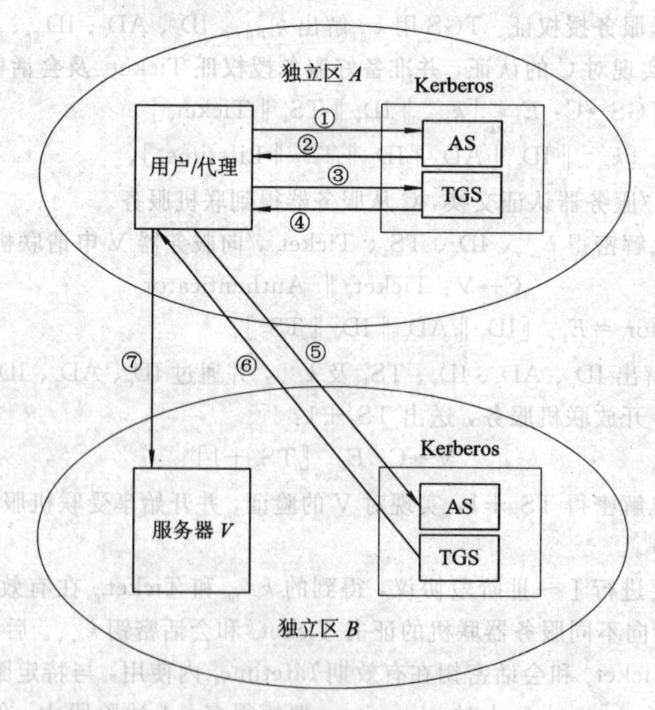

图 14.3.2 多个认证服务器环境下的认证服务

图 14.3.2 中：

① 申请本区 TGS 的票证：

$$C \to AS: ID_c \parallel ID_{tgs} \parallel TS_1$$

② 送本区 TGS 的票证：

$$AS \to C: E_{k_c}[k_{c,tgs} \parallel ID_{tgs} \parallel TS_2 \parallel Lifetime_2 \parallel Ticket_{tgs}]$$

③ 申请外区 TGS 的票证：

$$C \to TGS: ID_{tgsrem} \parallel Ticket_{tgs} \parallel Authenticator_c$$

④ 送外区 TGS 票证：

$$TGS \to C: E_{k_{c,tgs}}[k_{c,tgsrem} \parallel ID_{tgsrem} \parallel TS_4 \parallel Ticket_{tgsrem}]$$

⑤ 申请外区服务器的票证：

$$C \to TGS_{rem}: ID_{vrem} \parallel Ticket_{tgsrem} \parallel Authenticator_c$$

⑥ 送外区的票证：

$$TGS_{rem} \to C: k_{k_{c,tgsrem}}[k_{c,vrem} \parallel ID_{vrem} \parallel TS_6 \parallel Ticket_{vrem}]$$

⑦ 申请外区服务器联机服务：

$$C \to V_{rem}: Ticket_{vrem} \parallel AuthentiCAtor_c$$

每个 TGS 应存储 $N-1$ 个密钥，而密钥量应为 $N(N-1)/2$。

若有 N 个独立区，则每个区的 Kerberos 的 TGS 必须存储 $N(N-1)/2$ 个密钥，才能实现与所有其他独立区的互通。

14.3.2　Kerberos v5

1. v4 和 v5 的对比

v4 和 v5 的对比如下：

(1) 对加密体制的依赖性。v4 的加密算法为 DES，出口受限，且强度受怀疑；v5 增加了一个标识符，指示所用加密技术类型和密钥的长度，因而可采用任何算法和任意长密钥。

(2) 对 Internet 协议的依赖性。v4 规定用 Internet Protocol (IP)寻址，而不用其他(如 ISO 网)寻址；v5 标记了地址类型和长度，可用于任意网。

(3) 消息字节次序。v4 利用选定的字节次序，标记指示最低位为最低地址，或最高位为最低地址，虽可行但不方便；v5 规定所有消息格式均用 ASN.1 (Abstract Syntax Notation One)和 BER(Basic Encoding Rules)，字节次序无含糊之处。

(4) 票证有效期。v4 中的有效期以 5 分钟为单元，用 8 bit 表示量级，最大为 1280 分钟或不到 21 小时，可能不够用(如大型问题模拟)；v5 可以规定任意确定的起止时间。

(5) 认证传递。v4 中不允许将发给一用户的证书，递送至另一个主机或让其他用户使用；v5 则允许。

(6) 独立区间认证。在 N 个区之间，v4 要求有 N^2 个 Kerberos - to - Kerberos 关系。v5 允许较少的关系。

(7) 加密方式。v4 采用非标准明文和密文分组连接的工作模式(即 PCBC)加密，已经证明，PCBC 抗密文组变化能力差；v5 改用了 CBC 模式。

(8) 会话密钥对。v4 中每个票证均有一个会话密钥，用户可以用它对送给服务器的认证码进行加密，并对和此票证一起送至一相应服务器的消息进行加密，由于同一票证可以在特定服务器中多次重复使用，因此可能使攻击者重发过去截获的到用户或到服务器的消息；v5 中提供的用户和服务器之间的协商仅用于一次性连接的子会话密钥技术。

(9) 通行字攻击。v4 和 v5 都面临这个问题，从 AS 到用户的消息是用基于用户通行字导出的密钥加密的。

2. 通行字－密钥变换

Kerberos 中通行字以 7 bit ASCII 字符(校验位不计在内)表示，长度任意。处理过程中：① 将字符串变换为比特流 B，先去掉校验位；② 将 B 按 56 bit 分组，第一组与第二组自断点处折回，逆序逐位模 2 加，参看图 14.3.3；③ 将 56 bit 数据附加上校验位变为 64 bit 密钥(附加校验)，以 k_{PW} 表示；④ 以原 Password 字符串按 8 bit 分组作为 DES 密钥，对 k_{PW} 用 CBC 模式加密，输出最后密文(Hash 值)作为密钥 k_c。

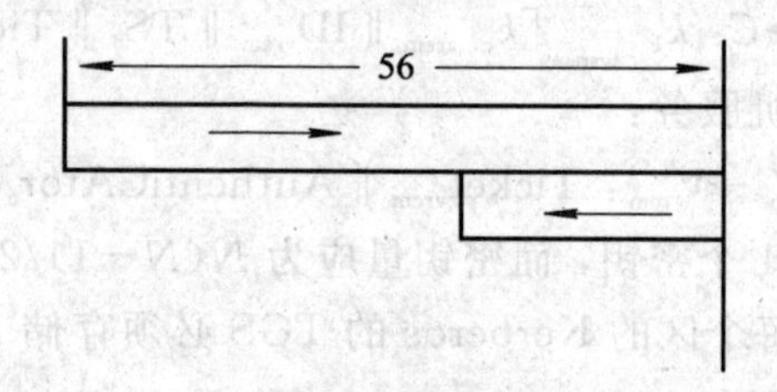

图 14.3.3 逆序逐位模 2 加法

攻击者若截获 AS→C 的消息，则会试图以各种通行字来解密。若找到通用字，则可从 Kerberos 服务器得到认证证书。v5 提供了一种预认证(Preauthentication) 机制，使这类攻击更为困难，但还不能阻止这类攻击。

3. v5 协议

v5 针对 v4 的缺点进行了改进。v5 中的新成员如下：

(1) Realm：指示用户的独立区。

(2) Options：提供用户要求在回送票证中附加的某种标志。

(3) Times：要求 Ticket 的起、止及延长的终止时间。

(4) Nonce：随机值，防止重发。

(5) 子密钥：用户选项，要求进行特定会话时保护消息的加密密钥。若未选，则从 Ticket 取 $k_{c,v}$ 作为会话密钥。

(6) 序列号：用户选项，在本次会话中，限定服务器发送给用户的消息开始的序号，用于检测重发。

v5 协议如下：

阶段Ⅰ：认证业务交换，C 从 AS 获取票证授权证。

(1) C→AS：Options ‖ ID_c ‖ $Realm_c$ ‖ ID_{tgs} ‖ Times ‖ $Nonce_1$

(2) AS→C：$Realm_c$ ‖ ID_c ‖ $Ticket_{tgs}$ ‖ $E_{k_c}[k_{c,tgs}$ ‖ Times ‖ $Nonce_1$ ‖ $Realm_{tgs}$ ‖ $ID_{tgs}]$

其中，$Ticket_{tgs}=E_{k_{tgs}}[$Flags ‖ $k_{c,tgs}$ ‖ $Realm_c$ ‖ ID_c ‖ AD_c ‖ Times$]$。

阶段Ⅱ：票证授权业务交换，C 从 TGS 得到业务授权证。

(3) $C \rightarrow \text{TGS}$: $\text{Options} \| \text{ID}_v \| \text{Times} \| \text{Nonce}_2 \| \text{Ticket}_{tgs} \| \text{Authenticator}_c$

(4) $\text{TGS} \rightarrow C$: $\text{Realm}_c \| \text{ID}_c \| \text{Ticket}_v \| E_{k_{c,tgs}}[k_{c,v} \| \text{Times} \| \text{Nonce}_2 \| \text{Realm}_v \| \text{ID}_v]$

$\text{Ticket}_v = E_{k_v}[\text{Flags} \| k_{c,v} \| \text{Realm}_c \| \text{ID}_c \| \text{AD}_c \| \text{Times}]$

$\text{Authenticator}_c = E_{k_{c,tgs}}[\text{ID}_c \| \text{Realm}_c \| \text{TS}_1]$

阶段Ⅲ：用户/服务器认证交换，C 从 V 得到联机服务。

(5) $C \rightarrow \text{TGS}$: $\text{Options} \| \text{Ticket}_v \| \text{Authenticator}_c$

(6) $\text{TGS} \rightarrow C$: $E_{k_{c,v}}[\text{TS}_2 \| \text{Subkey} \| \text{Seq}^{\#}]$

$\text{Authenticator}_c = E_{k_{c,v}}[\text{ID}_c \| \text{Realm}_c \| \text{TS}_2 \| \text{Subkey} \| \text{Seq}^{\#}]$

v5 协议中，Ticket 可能有的标志(Flags)如下：

(1) INITIAL：指示此证由 AS 发放，而不是由 TGS 发放的。此证也可以是服务授权证。

(2) PRE-AUTHENT：初始化认证中，在发放票证之前，由 KDC 对用户认证。

(3) HW-AUTHENT：初始化认证所用协议，授权用户独有的硬件才能使用。

(4) RENEWABLE：告诉 TGS，此票证可代替前次过期的票证。

(5) MAY-POSTDATE：告诉 TGS，可按此证授权发放预填延期的票证(Post-Dated Ticket)。

(6) POSTDATED：指示此证已经延期，端服务器可以检验认证时域，查看原来的认证时间。

(7) INVALID：此证无效，在用之前必须由 KDC 确认。

(8) PROCIABLE：告诉 TGS，可根据出示的票证发放有不同网络地址的、新的服务授权证。

(9) PROXY：指示此证为 PROXY(代理、委托书)。

(10) FORWARDABLE：告诉 TGS 可根据这一票证授权证发放有不同网络地址的、新的服务授权证。

(11) FORWARDED：指示此证是转递或是由转递票证授权认证后发放的。

14.4 PGP 协议

PGP(Pretty Good Privacy)是一种对电子邮件进行加密和签名保护的安全协议和软件工具。它将基于公钥密码体制的 RSA 算法和基于单密钥体制的 IDEA 算法巧妙地结合起来，同时兼顾了公钥密码体系的便利性和传统密码体系的高速度，从而形成了一种高效的混合密码系统。PGP 中，发送方使用随机生成的会话密钥和 IDEA 算法加密邮件文件，使用 RSA 算法和接收方的公钥加密会话密钥，然后将加密的邮件文件和会话密钥发送给接收方；接收方使用自己的私钥和 RSA 算法解密会话密钥，然后用会话密钥和 IDEA 算法解密邮件文件。PGP 还支持对邮件的数字签名和签名验证。另外，PGP 还可以用来加密文件。

PGP 最初是由美国人 Phil Zimmermann 设计的，现在已成为一种事实上的电子邮件加密标准和广为流行的加密软件工具。RFC1991 和 2440 文档描述了 PGP 的文件格式，从

Internet 上可以免费下载 PGP 加密软件工具包。PGP 最初是在 MS-DOS 操作系统上实现的，后来被移植到其他操作系统上，如 Unix、Linux 以及 Windows 等操作系统。

14.4.1 PGP 的密码算法

随着 Internet 的发展，电子邮件已成为沟通、联系、交流思想的重要手段，对人们的工作和生活产生了深刻的影响。电子邮件和普通信件一样，属于个人隐私，而私密权是一种基本人权，必须得到保护。在电子邮件的传输过程中，可能存在着被第三者非法阅读和篡改的安全风险。通过密码技术可以防止电子邮件被非法阅读；通过数字签名技术，可以防止电子邮件被非法篡改。

PGP 是一种供大众免费使用的邮件加密软件，它是一种基于 RSA 和 IDEA 算法的混合密码系统。基于 RSA 的公钥密码体系非常适合于处理电子邮件的数字签名、身份认证和密钥传递问题，而 IDEA 算法加密速度快，非常适合于邮件内容的加密。

PGP 采用了基于数字签名的身份认证技术。对于每个邮件，PGP 使用 MD-5 算法产生一个 128 位的散列值作为该邮件的唯一标识，并以此作为邮件签名和签名验证的基础。例如，为了证实邮件是 A 发给 B 的，A 首先使用 MD-5 算法产生一个 128 位的散列值，再用 A 的私钥加密该值，作为该邮件的数字签名，然后把它附加在邮件后面，再用 B 的公钥加密整个邮件。在这里，应当先签名再加密，而不应先加密再签名，以防止签名被篡改(攻击者将原始签名去掉，换上其他人的签名)。B 收到加密的邮件后，首先使用自己的私钥解密邮件，得到 A 的邮件原文和签名，然后使用 MD-5 算法产生一个 128 位的散列值，并和解密后的签名相比较。如果两者相符合，则说明该邮件确实是 A 寄来的。

PGP 还允许对邮件只签名而不加密，这种情况适用于发信人公开发表声明的场合。发信人为了证实自己的身份，可以用自己的私钥签名。收件人用发信人的公钥来验证签名，这不仅可以确认发信人的身份，还可以防止发信人抵赖自己的声明。

PGP 采用了 IDEA 算法对邮件内容进行加密。由于 IDEA 算法是单密钥密码算法，加密和解密共享一个随机密钥，因此，PGP 通过 RSA 算法来解决随机密钥安全传递问题。发信人首先随机生成一个密钥(每次加密都不同)，使用 IDEA 算法加密邮件内容，然后再用 RSA 算法加密该随机密钥，并随邮件一起发送给收件人。收信人先用 RSA 算法解密出该随机密钥，再用 IDEA 算法解密出邮件内容。IDEA 算法是一个专利算法，用于非商业用途时可以不交纳专利使用费(PGP 软件是免费的)。

可见，PGP 将 RSA 和 IDEA 两种密码算法有机地结合起来，发挥各自的优势，成为混合密码系统成功应用的典型范例。

14.4.2 PGP 的密钥管理

在 PGP 中，采用公钥密码体制来解决密钥分发和管理问题。公钥可以公开，不存在监听问题，但公钥的发布仍有一定的安全风险，主要是公钥可能被篡改。下面举一个例子来说明这种情况。

假如 A 要给 B 发邮件，必须首先获得 B 的公钥，A 从 BBS 上下载了 B 的公钥，然后用它加密邮件，并用 E-mail 系统发给了 B。然而，在 A 和 B 都不知道的情况下，另一个人 C 假冒 B 的名字生成一个密钥对，并在 BBS 中用自己生成的公钥替换了 B 的公钥。结果 A

从 BBS 上得到的公钥便是 C 的，而不是 B 的。但是，一切看来都很正常，因为 A 拿到的公钥的用户名仍然是“B”。于是，便出现了下列安全风险：

(1) C 可以用他的私钥来解密 A 给 B 的邮件。

(2) C 可以用 B 的公钥来转发 A 给 B 的邮件，并且谁都不会起疑心。

(3) C 可以改动邮件的内容。

(4) C 可以伪造 B 的签名给 A 或其他人发邮件，因为这些人拥有的公钥是 C 伪造的，他们会以为是 B 的来信。

为了防止这些情况的发生，最好的办法是让任何人都没有机会篡改公钥，比如直接从 B 的手中得到他的公钥。然而，当 B 远在千里之外或无法见到时，获得公钥是很困难的。PGP 采用一种公钥介绍机制来解决这个问题。例如，A 和 B 有一个共同的朋友 D，而 D 手中 B 的公钥是正确的(这里假设 D 已经认证过 B 的公钥)。这样 D 可以用他的私钥在 B 的公钥上签名(使用上面所讲的签名方法)，表示 D 可以担保这个公钥是属于 B 的。当然，A 需要用 D 的公钥来验证 D 给出的 B 的公钥，同样 D 也可以向 B 证实 A 的公钥，D 就成为了 A 和 B 之间的中介人。这样，B 或 D 就可以放心地把经过 D 签名的 B 的公钥上载到 BBS 中，任何人(即使是 BBS 的管理员)篡改 B 的公钥都不可能不被 A 发现，从而解决了利用公共信道传递公钥的安全问题。

这里还可能存在一个问题：怎样保证 D 的公钥是安全的。理论上，D 的公钥确有被伪造的可能，但很难实现。因为这需要造假者参与整个认证过程，对 A、B 和 D 三个人都很熟悉，并且还要策划很久。为了防止这个问题的发生，PGP 建议由一个大家都普遍信任的机构或人来担当这个中介人角色，这就需要建立一个权威的认证机构或认证中心。由这个认证中心签名的公钥都被认为是真实的，大家只需要有这样的公钥就可以了。通过认证中心提供的认证服务可以方便地验证一个由该中心签名的公钥是否是真实的，假冒的公钥很容易被发现。这样的权威认证中心通常由非个人控制的组织或政府机构来充当。

在非常分散的人群中，PGP 建议使用非官方途径的密钥中介方式，因为这种非官方途径更能反映出人们自然的社会交往，而且人们可以自由地选择所信任的人作为中介人。这里必须遵循的一条规则是：在使用任何一个公钥之前，必须首先作公钥认证，无论公钥是从权威的认证中心得到的，还是从可信任的中介人那里得到的。

密钥可以通过电话来认证。每个密钥都有一个唯一标识符(Key ID)。Key ID 是一个 8 位十六进制数，两个密钥具有相同 Key ID 的可能性是几十亿分之一。PGP 还提供了一种更可靠的密钥标识方法——密钥指纹(Key Fingerprint)。每个密钥都对应一个指纹，即数字串(16 位十六进制数)，这个指纹重复的可能性是微乎其微的。由于密钥是随机生成的，因此任何人都无法指定生成一个具有某个指纹的密钥，那么从指纹就无法反推出密钥。这样，在 A 拿到 B 的公钥后，便可以用电话与 B 核对这个指纹，以认证 B 的公钥。如果 A 无法和 B 通电话，则 A 可以和 D 通电话来认证 D 的公钥，通过 D 来认证 B 的公钥。这就是直接认证和间接介绍的结合。

RSA 私钥的安全同样也是至关重要的。相对于公钥而言，私钥不存在被篡改的问题，但存在被泄露的问题。RSA 私钥是一个很长的数字，用户不可能记住它。PGP 允许用户为随机生成的 RSA 私钥指定一个口令。只有给出正确的口令，才能将私钥释放出来使用。因此，首先要确保用户口令的安全，应当妥善地保管好口令。当然，私钥文件本身失密也是很危险的，因为破译者可以使用穷举法试探出口令。

14.4.3 PGP 2.6.3(i) 命令和参数说明

下面简要介绍 PGP 2.6.3(i)系统中的命令行命令以及相关参数。

1. 加密和解密命令

使用接收者的公钥加密一个纯文本文件：

pgp -e 文件名 接收者公钥

使用发送者的私钥签名一个纯文本文件：

pgp -s 文件名 [-u 发送者私钥]

使用发送者的私钥签名一个纯文本文件，并且传送给没有使用 PGP 的接收者：

pgp -sta 文件名 [-u 发送者私钥]

使用发送者的私钥签名一个纯文本文件，然后使用接收者的公钥加密：

pgp -es 文件名 接收者公钥 [-u 发送者私钥]

使用传统的密码加密一个纯文本文件：

pgp -c 文件名

解密一个被加密的文件，或者检查一个文件签名的完整性：

pgp 被加密的文件名 [-o 纯文本文件名]

使用多个接收者的公钥加密一个纯文本文件：

pgp -e 文件名 接收者公钥① 接收者公钥② 接收者公钥③

解密一个被加密的文件，并且保留签名：

pgp -d 被加密的文件名

从一个文件中提取出指定用户的签名验证：

pgp -sb 文件名 [-u 签名的用户名]

从一个被签名的文件中提取出指定用户的签名验证：

pgp -b 签名的文件名

2. 钥匙管理命令

产生一个公钥/私钥对：

pgp -kg

将一个公钥或私钥加入公钥环或私钥环中：

pgp -ka 密钥文件名 [密钥环文件名]

从指定用户的公钥环/私钥环中取出想要的公钥/私钥：

pgp -kx 用户名 密钥文件名 [密钥环文件名]

或 pgp -kxa 用户名 密钥文件名 [密钥环文件名]

查看指定用户的公钥环内容：

pgp -kv[v] [用户名] [密钥环文件名]

查看指定用户的公钥环“指纹”(Fingerprint)，以便用电话与该密钥所有者核对密钥：

pgp -kvc [用户名] [密钥环文件名]

查看指定用户的公钥环内容，并检查签名情况：

pgp - kc [用户名] [密钥环文件名]

编辑私钥环中密钥的用户名或口令，还可以修改公钥环的信任参数：

pgp - ke 用户名 [密钥环文件名]

从指定用户的公钥环中删除一个密钥或一个用户名：

pgp - kr 用户名 [密钥环文件名]

在指定用户的公钥环中签名认证一个公钥，如果没有 - u 参数，则使用缺省的私钥签名：

pgp - ks 被签名的用户名[- u 签名的用户名] [密钥环文件名]

在密钥环中删除一个指定用户的特定签名：

pgp - krs 用户名 [密钥环文件名]

永久性地废除指定用户的密钥，并且生成一个"密钥废除证书"：

pgp - kd 用户名

在指定用户的公钥环中暂停或激活一个公钥的使用：

pgp - kd 用户名

3. 其他命令参数

如果使用 ASCII radix - 64 格式来产生加密文件，则要在加密、签名或取出密钥时加入 - a 参数：

pgp - sea 文件名 用户名

或　　pgp - kxa 用户名 密钥文件 [密钥环名]

如果产生加密文件后将原明文文件删除，则要在加密或签名时加入 - a 参数：

pgp - sew 原明文文件名 接收者名

如果将一个 ASCII 文件转换成接收者的本地文本格式，则要加入 - t 参数：

pgp - seat 文件名 接收者名

如果在屏幕上分页显示解密后的文本信息，则要使用 - m (more)参数：

pgp - m 解密后的文件名

如果只将解密后的信息显示在屏幕上，而不写入磁盘中，则在加密时要加入 - m 参数：

pgp - steam 要加密的文件名 接收者名

如果在解密后仍使用原文件名，则要加入 - p 参数：

pgp - p 加密的文件名

如果要使用类似于 Unix 形式的过滤导入模式，则要加入 - f 参数：

pgp - feast 接收者名 ＜输入文件名＞ 输出文件名

如果在加密时要从文本文件中加入多个用户名，则要使用 -@ 参数：

pgp - e 文本文件名 指定的用户名 -@ 用户列表文件名(多个接收者)

14.4.4 PGP 的应用

PGP 是一个功能强大的加密软件，主要用于加密电子邮件，同时也可以加密磁盘文件。PGP 软件可以安装在 DOS、Unix 或 Windows 系统中。在 Windows 中，用户使用窗口菜单命令执行 PGP 功能，完全可以满足普通邮件的加密要求。对于一些安全性要求较高的电子邮件，最好使用DOS或Unix模式下的命令行PGP操作，比较灵活和简便。用户可以从下列Internet网站免费下载PGP最新版本：

http：//www. pgpi. com/

http：//www. mantis. co. uk/pgp/pgp. html

http：//www. std. com/～fran1/pgp

下面以命令行下的PGP系统为例来介绍使用PGP加密电子邮件的操作过程。

1. 生成密钥对

首先，用户需要生成一个密钥对(公钥/私钥)，命令格式为pgp－kg，其生成过程共分为以下3个步骤。

(1) PGP首先会提示用户选择密钥长度，有以下3种选择：

① 512位：低档商业级。

② 768位：高档商业级。

③ 1024位：军事级别。有些版本的PGP可以提供2048位的超强加密。

(2) PGP提示输入用户标识，PGP采用用户名加E-mail地址的形式来标识一个用户。PGP需要设置一个口令来保护生成的私钥，还需要用户无规则地输入一个字符串，PGP用它来生成一个随机数。

(3) PGP生成3个文件：pubring. pgp、secring. pgp和randseed. bin。其中，pubring. pgp与secring. pgp分别为公钥环文件与私钥环文件，randseed. bin为随机种子文件。

2. 发布公钥

密钥对生成后，用户就可以发布自己的公钥了。公钥的发放可以用电子邮件或匿名FTP来实现，也可以把公钥上载到Internet的公钥服务器发布，供大家获取。下面是PGP公钥服务器的统一地址：

电子邮件：pgp－public－keys@keys. pgp. net。

Web地址：http：//www. pgp. net/pgp/www－key. html。

匿名FTP：http：//ftp. pgp. net/pub/pgp。

例如，用户可使用浏览器打开http：//www. pgp. net/pgp/www－key. html，选择任一公钥服务器，根据菜单说明检索，获取他人公钥或提交自己的公钥。

3. 密钥管理

密钥由密钥类型、编号、长度、创建时间和用户标识信息等组成。私钥与公钥分别存放在私钥环与公钥环文件中。私钥环文件是不可读文件，但用户可以使用一些命令(如增加、删除和修改私钥环文件内容等)间接地对私钥进行管理。

用户在使用PGP密钥管理命令时，需要注意命令参数的使用。例如，用－kv参数可以查看密钥的内容，如类型、长度、编号、创建日期及用户标识等；用－kc参数可以查看密钥的信息以及密钥签名人的可信度；用－ke参数可以修改私钥信息、口令或改变他人公钥的可信度；用－ka参数可以将密钥加入到密钥环中；用－kr参数可以从密钥环中删除密钥；用－kx参数可以从密钥环中提取密钥等。

4. 邮件加密和签名

使用收信人公钥对邮件加密，其命令格式为pgp－eatwm file userID。其中，userID是收件人标识信息，用来确定所使用的公钥；file 是要加密的邮件文件名；-e 参数用来加密指令；-a 参数用来生成后缀为.asc 的 ASCII 文件；-t 参数用来将电子邮件转换为可接受的文本格式；-w 参数用来销毁原文件；-m 参数用来提醒接收方在阅读解密邮件后销毁邮件。这 5 个命令参数可以单独使用，也可以合并使用。

为了证明发信人的身份并确保邮件在传输过程中的完整性，发信人可以使用自己的私钥对邮件进行数字签名。对邮件进行数字签名的命令格式为 pgp -sab file。其中，-s 参数用来签名命令；-b 参数用来单独生成签名文件，可与加密指令合用。签名人用自己的私钥生成一个数字签名，这个数字签名既可附加在文件中，也可以单独作为一个签名文件。收信人使用发信人公钥来验证签名，以证实发信人的身份。此外，收信人还可以利用这个签名来验证邮件的完整性，判断邮件是否被篡改。

把邮件加密和数字签名结合起来，可以最大限度地保障电子邮件的安全传输。

下面是一个使用 PZ 的私钥和 Li 的公钥加密和签名邮件的例子。

```
pgp-seat Li | mail Li@io.org
Pretty Good Privacy(tm) 2.6.3I-public-keyencryption for the masses.
(c)1990-96 Philip zimmermann, Phil's PrettyGood Software. 1996-01-18
International version-not for use in the USA. Does not use RSAREF
Current time: 2001/10/24 GMT
Li:
Hi. How do you do?
PZ
^D
...
you need a pass phrase to unlock you RSA secret key.
Key for user ID: PZ<PZ@io.org>
1024-bit key, key ID 69059347, created 2001/08/16
Enter pass phrase: Pass is good. Just a moment
Recipients' public key(s) will be used to encrypt.
Key for user ID: Li <Li@io.org>
1024-bit key, key ID 23ED1378 creted 2001/08/10
...
Transport armor file: letter.asc
```

至此，加密和签名操作已经完成。如果显示带有数字签名的加密文件，则只能看到一些不可阅读的“乱码”。

5. 邮件解密

收信人收到邮件后，先将邮件保存在一个文件(如 letter.asc)中，然后使用 PGP 系统进行解密处理。解密邮件的命令格式为 pgp letter.asc。根据 PGP 系统的提示输入口令，取出自己的私钥来解密邮件，然后用发信人的公钥来验证发信人的身份和邮件的完整性，最后 PGP 会提示生成一个明文文件，收信人打开这个文件就可以浏览邮件内容了。至此，就完成了从发送到接收的 PGP 操作过程，电子邮件安全地从发送方传输到了接收方。

PGP 现在已经可以和 Outlook 结合在一起了。下面通过实例说明如何在 Outlook 中使用

PGP 加密。首先，打开 Outlook Express，撰写一份给合作伙伴的邮件，内容为“hello world!”。第二步，在发送之前，选中邮件所有内容，右键单击任务栏中的“PGP encryption”图标。第三步，选取“Current Window ->Encrypt”，对邮件进行加密。如果这种方法出错，则可以先把要加密的信息进行复制或剪切，然后右键点击“PGP encryption”图标，从弹出的菜单中选中“encrypt from clipboard”，这样信息会在内存中加密。之后回到输写正文的窗口中，点击鼠标右键，选“粘贴”。最后，在提示输入密码时，输入自己的私钥的 passphrase。收到邮件并双击“打开”后，单击“Decrypt PGP Message”图标，解密邮件。

14.5 PEM 协议

PEM(Privacy Enhanced Mail)是为 E-mail 应用提供的有关安全的一个 Internet 标准建议草案，而不是一种产品，一般与 Internet 标准 SMTP(Simple Mail Transfer Protocol)结合使用。PEM 可以广泛用于电子邮递，包括 X.400。PEM 意图使密钥管理法有广泛适用性，允许用单钥或双钥密码体制实现，但多采用双钥体制。

14.5.1 协议简介

PEM 由下述四个 RFC 文件规定，并于 1993 年发布了最后文本。

(1) RFC 1421：Internet 中的 PEM 第Ⅰ部分 消息加密和认证方法。

(2) RFC 1422：Internet 中的 PEM 第Ⅱ部分 基于证书的密钥管理。

(3) RFC 1423：Internet 中的 PEM 第Ⅲ部分 算法、模型和识别符。

(4) RFC 1424：Internet 中的 PEM 第Ⅳ部分 密钥证实和有关业务。

这些 RFC 文件由属于 IETF(Internet Engineering Task Force)的 PEM 工作组负责，而 PEM 工作组又属于 IAB(Internet Architecture Board)。自 1985 年开始，IAB 的 Privacy and Security Research Group 负责起草工作。

PEM 具有广泛的适用性和兼容性，除了在 Internet 中采用外，还在 Compuserve、America Online、GEnie、Delphi 和许多公告网上采用。PEM 在应用层上实现端-端业务，适于在各种硬件或软件平台上实现。PEM 与具体邮递软件、操作系统、硬件或网络的特征无关，兼容无安全的邮递系统；与邮递系统、协议、用户接口具有兼容性；支持邮递表业务；和各种密钥管理方式(包括人工预分配、中心化分配、基于单钥或双钥的分配方式)兼容；支持 PC 用户。

PEM 的安全业务具有机密性、数据源认证、消息完整性和不可抵赖性。

PEM 不支持一些与安全有关的业务，如接入控制、业务流量保密、路由控制、有关多个用户使用同一 PC 机的安全问题、消息收条和对收条的不可抵赖、与所查消息自动关联、消息复本检测、防止重放或其他面向数据流的业务。

14.5.2 PGP 与 PEM 的比较

PGP 与 PEM 都用于 E-mail，可提供加密、签名等安全业务，都基于单钥和双钥体制，以及公钥分配方法，但 PEM 基于层次组织结构管理密钥，更适用于公司、政府等组织，而 PGP 基于分布网上的个人来实现，更适用于 Internet 中的个人用户。

1. 可信赖模型

PEM 依赖层次结构分配密钥，通过少数根级服务器(IRPA)实现中心化控制，为指令型，即“我知道你是谁，因为你的 CA 已为你签了字，有关的 PCA 已为你的 CA 签了字，而 IRPA 也已为 PCA 签了字”。

PGP 中没有设置可信赖中心，而是采用可信赖人的概念，即依据“我知道你是谁，因为我认识(且信赖)的人相信你所说的你的身份”的原则，由用户自己去决定其信赖的人。每一个他所信赖者就相当于 CA，但没有 PCA、IRPA 等机构。

2. 应用对象

PEM 被特别设计用于 E-mail，其认证比保密更重要一些。任何一个消息至少有认证业务。PEM 重视身份(认证符)，而不关心可信赖程度。

PGP 认为保密至少和认证一样重要，或更重要一些。PGP 最初设计用来确保 E-mail 业务安全。PGP 还有压缩功能，有灵活的可信赖模型，有时将可信赖与可认证等同起来。

3. 加密

PGP 和 PEM 的消息类型如表 14.5.1 所示。PGP 和 PEM 都可加密和签署消息，都可对未加密的消息签字。只有 PGP 可以加密未签字的消息。PEM 送出的消息必须是签署过的。PEM 不可能隐蔽匿名重发函件者(Remailer)，而 PGP 消息可以是未签字的和匿名的。

表 14.5.1　PEM 和 PGP 的消息类型

安全业务	PEM	PGP 命令行开关
明文、签字	MIC - CLEAR	＋ta＋clearsig＝on
单纯签字	MIC - ONLY	＋ta
签字和加密	ENCRYPTED	＋stea
单纯加密	〈none〉	＋tea

4. 签字信息的隐蔽

若消息是加密的，则 PGP 就不可能证实，但对 PEM 的任何消息，即使是加密的也能证实。这就是说，任何人都可证实谁发了 PEM，在 PEM 上不可能发送匿名消息，也不可能向网上发送一个匿名的、能为合法收信人认证的消息。

5. 密钥生成

PGP 用户利用所提供的软件生成自己的公钥/密钥对，密钥证书基于：① 任意 ASCII 字符串(典型的为“name ? e-mail address?”)；② 在输入一些随机报文时，从键入字分析导出的随机数。用户以通行短语保护其密钥，当 PGP 软件需用密钥时，要求用户送入通行短语。PGP 支持的当前命名法为 Internet E-mail 命名法(X.400 标准)，该法工作性能良好，准备扩充适用于任意模型或标准。PGP 的名字有唯一性，但不如 PEM 强化。

PEM 中 X.509 证书可由用户、提名人或硬件生成，由用户的 CA 签署证书，并录入目录服务器。用户公钥参考 X.500 来区分名字，可以保证唯一，且可以扩充。

6. 密钥分配

PGP 通过 E-mail、布告牌、密钥服务器等进行公钥分配。为了防止窜扰，密钥由第三方签字，每个用户可以决定由谁来充当可信的第三者(中间人)，这是 PGP 传播公钥的手段。可信赖传递性的条件是：A 相信 B，B 相信 C，若要 A 相信 C，则要求 B 对 C 很信赖，并愿代其签署他所签过的公钥给 A，这是 PGP"证书机构"的基础。PGP 无真正的严格的层次结构。

PEM 是按 X.500 标准建立的层次结构。

7. 密钥吊销

PGP 中公钥不依靠有组织的机构分配，而是通过相互"转抄"来传播的。一旦秘密泄露，不可能有保证地吊销其公钥。虽然可以发布"密钥吊销证书"，但不能保证让每个在公钥环形存储器中存有被吊销证书用户的公钥的用户都知道。

PEM 情况下，X.500 目录或每个 PCA 邮箱中有密钥的证书吊销表(CRL)，因而可以迅速实现某一公钥的吊销。CRL 必须能被每个用户访问。

14.5.3 PGP 和 PEM 的安全问题

PGP 和 PEM 都是实用的安全产品，对许多设计问题都做了很好的折衷选择，两者都能提供很好的安全性，但都会有一些潜在的安全问题。

(1) 密码分析攻击。若能破解 RSA 的秘密钥，则可能解读加密 E-mail，并能伪造签字。但对所有已知密码分析技术，RSA 被认为是安全的。PGP 中选 $n=512$ bit 已足够。

若能攻破 DES，则可解读 PEM 中的消息。政府部门(如 NSA)可能破译 DES。DES 虽只有 56 bit 密钥，但对于一般单位，尚无力以硬件来破译。RIPEM 1.1 可以用三重 DES 加密，抗攻击能力加大。

PGP 中的 IDEA 密钥为 128 bit，已足够强，但它是一种新算法，还未像 DES 那样经过近 20 年的攻击。

(2) 对密钥管理的攻击。秘密钥丢失或泄露是致命的，因此需要倍加保护。以单钥算法加密时，密钥一般从通信字短语导出。攻击者可以设法截获通行短语或窃取秘密钥数据库，这对 PGP 和 PEM 都是一种威胁。不要通过不安全线路传递通行短语或秘密文件。最安全的是不要让别人在物理入口访问你的系统。

接受伪装公钥骗取你的秘密信息是另一种威胁，因此必须从可信赖的人或 CA 索取某人的公钥，并通过可靠方式(如验证签字、指纹等)，才接受某人的公钥。

(3) 重发攻击。在 PEM 中，若 A 传送一个带 MIC - ONLY 的消息(只有认证而无保密)，消息为"好，我们干"，则窃听者截获此消息后，将其转送给另外的人 C。如果 C 已有一个已认证的消息，并等着你告诉他是否要做那件事，则这一攻击起作用。另外，攻击者还可以将截获的消息延迟后再发给 B，或改变源的发信人名，将你的公钥作为他注册的公钥来传一个消息给 B，希望由 B 送一个消息(未知)给他，这类攻击在 PEM 和 PGP 中均可能出现。

防止重发要加上发信人和收信人名以及消息唯一性识别符(如时戳等)，以使收信人能够鉴别消息是否是重发的。

(4) 本地攻击。E-mail 的安全性不可能大于实施加密的机器的安全性。一个 Unix 的超级用户可能有办法得到你的加密函件，当然这些办法要费点精力，如在 PGP 和 PEM 执行程序中设置特洛伊木马之类的陷门。攻击者可在用户终端和运行 E-mail 安全程序的远端机器之间窃听明文。因此，E-mail 安全程序应安装在自己的机器上，且在自己完全控制下，其他人不能访问，另外这些软件还要经过仔细检查，确定没有病毒、陷门等。当然，这需要在安全、费用和方便使用之间进行折衷。

共用工作站时，E-mail 安全程序装在工作站上，其他人可以自己选用秘密钥，并在软盘上执行安全程序。

在拨号多用户系统中，要通过不安全线路请求联机，将 PEM 或 PPG 软件卸载到自己的机器上，输入消息并进行相应的安全处理。这种提供安全的机构会产生一些假象。因为开始联机输入通行短语时就可能已被窃听了，攻击者可用它来得到你的秘密钥。

(5) 不可信赖的伙伴。如果你将一个秘密消息传给另一个人，而他却不在意地将此消息随便扩散，则原来的安全措施全都白费。因此，应当按原来消息的保密性来考虑可以递送的接收者，密码的安全性首先依赖于应用它的人的可信赖性。

(6) 业务量分析。无论 PEM 或 PGP 类型的 E-mail，都不可能防止业务量分析。这类分析可能对某些用户造成威胁。防止此类攻击的方法是增加一些无意义的业务来掩蔽其真正的业务量，但这要付出相当大的代价，从而大大增加了网络和收信人的负担。

14.6　S/MIME 协议

S/MIME 协议为面向企业网环境的电子邮件系统提供了安全解决方案。本节将主要介绍 S/MIME 协议的安全机制。

14.6.1　MIME 协议描述

在 Internet 中，主要使用两种电子邮件协议来传送电子邮件：SMTP(Simple Mail Transfer Protocol)和 MIME (Multipurpose Internet Mail Extensions)。SMTP 协议描述了电子邮件的信息格式及其传递方法，使电子邮件能够正确地寻址和可靠地传输。SMTP 协议只支持文本形式电子邮件的传送。MIME 协议不仅支持文本形式电子邮件的传送，而且支持二进制文件的传送，即发信人可以将二进制文件作为电子邮件的附件随电子邮件一起发送，而接收端的 MIME 协议会自动将附件分离出来，存储在一个文件中，供收信人读取。由于 MIME 协议大大扩展了电子邮件的应用范围，因此一般的电子邮件系统都支持 MIME 协议。

MIME 协议定义了电子邮件的信息格式，它由邮件头和邮件体组成。其中，邮件头定义了邮件的发送方和接收方的有关信息；邮件体是邮件数据，可以是各种数据类型。在 MIME 协议中，数据类型一般是复合型的，也称为复合数据。该协议允许将不同类型的数据(如图像、音频和格式化文本等)嵌入到同一个邮件体中进行传送。在包含复合数据的邮件体中，设有边界标志，以标明每种类型数据的开始和结束。

SMTP 和 MIME 协议都是为开放的 Internet 而设计的，并没有考虑电子邮件的安全问题。随着办公自动化和网络化的发展，电子邮件已成为沟通、联系和交流信息的重要手段，并得到了广泛的应用。为了保证基于电子邮件的信息交换的安全，必须采用信息安全技术来增强电子邮件通信的安全性。比较成熟的电子邮件安全增强技术主要有 S/MIME 协议和 PGP 协议等。

14.6.2　S/MIME 协议描述

S/MIME 协议是 MIME 协议的安全性扩展，它在 MIME 协议的基础上增加了分级安全方法，为电子邮件提供了消息完整性、源端不可否认性、数据机密性等安全服务。S/MIME 协议是在早期信息安全技术(包括早期的 PGP)的基础上发展起来的。RFC 2632 和 RFC 2633 文档公布了 S/MIME 的详细规范。

由于 S/MIME 协议是针对企业级用户设计的，主要面向 Internet 和企业网环境，因而得到了许多厂商的支持，被认为是商业环境下首选的安全电子邮件协议。目前市场上已有多种支持 S/MIME 协议的产品，如微软的 Outlook Express、Lotus Domino/Notes、Novell GroupWise 及 Netscape Communicator 等。

传统的邮件用户代理(MUA) 可以使用 S/MIME 为所发送的邮件增加安全服务，并在接收时能够解释邮件中的安全服务。S/MIME 提供的安全服务并不限于邮件，还可用于任何能够传送 MIME 数据的传送机制，如 HTTP 等。S/MIME 利用了 MIME 面向对象的特性，允许在混合传送系统中安全地交换信息。

S/MIME 协议通过签名和加密来增强 MIME 数据的安全性，它使用 CMS(Cryptographic Message Syntax，见 RFC 2630)来创建一个用密码增强的 MIME 体，并且定义一种 application/pkcs7 - mime 的 MIME 类型来传送 MIME 体。S/MIME 还定义了两种用于传送 S/MIME 签名消息的 MIME 类型：multipart/signed 和 application/pkcs7 - signature。

为了保持与 S/MIME 低版本的向后兼容性，以及在 S/MIME 实现上的互操作性，S/MIME 协议还给出了发送代理如何创建外出消息与接收代理如何处理进入消息的要求和建议。最好的实现策略是“慷慨地接收，吝啬地发送”。

14.6.3　内容类型

CMS 定义了多种内容类型。S/MIME 中只使用了 SignedData 和 EnvelopedData 两种内容类型，用于指示对 MIME 数据所做的安全处理。对于签名的 MIME 数据，则使用 SignedData 内容类型来标识；对于加密的 MIME 数据，则使用 EnvelopedData 内容类型来标识。

1. SignedData 内容类型

发送代理使用 SignedData 内容类型来传输一个消息的数字签名，或者在无数字签名信息的情况下用来传输证书。

2. EnvelopedData 内容类型

发送代理使用 EnvelopedData 内容类型来传输一个被加密的消息。由于在加密消息内容时采用了对称密码算法，因此加密和解密消息使用相同的密钥。该密钥采用非对称密码算法来加密传输，即发送者使用接收者公钥来加密该密钥，因此发送者必须获得接收者的公钥后才能使用这个服务。该内容类型不提供认证服务。

3. 签名消息属性

一个 S/MIME 消息中的签名信息是用签名属性来描述的，这些属性分别是签名时间(Signing Time)、S/MIME 能力(S/MIME Capabilities)和 S/MIME 加密密钥选择

(S/MIME Encryption Key Preference)。

(1) 签名时间属性：用于表示一个消息的签名时间。签名时间通常由该消息的创建者来生成。在 2049 年之前，签名时间采用 UTCTime 来编码；2050 年及以后，签名时间采用 GeneralizedTime 来编码。

(2) S/MIME 能力属性：用于表示 S/MIME 所能提供的安全能力，如签名算法、对称密码算法和密钥交换算法等。该属性是可伸缩和可扩展的，将来可以通过适当的方法增加新的安全能力。该属性通过一个能力列表向客户展示它所支持的安全能力，供客户选择。

(3) S/MIME 加密密钥选择属性：用于标记签名者首选的加密密钥。该属性的目的是为那些分开使用加密和签名密钥的客户提供一种互操作能力，主要用于加密一个会话密钥，以便加密和解密消息。如果只是签名消息，或者首选的加密证书与用于签名消息的证书不同，则发送代理将使用这个属性。

当给一个特定的接收者发送一个 CMS EnvelopedData 消息时，应当按下列步骤来确定所使用的密钥管理证书：

(1) 如果在一个来自特定接收者的 SignedData 对象上发现了一个 S/MIME 加密密钥选择属性，那么它所标识的 X.509 证书将作为该接收者的 X.509 密钥管理证书来使用。

(2) 如果在一个来自特定接收者的 SignedData 对象上未发现一个 S/MIME 加密密钥选择属性，则应当使用相同的主体名作为签名的 X.509 证书，即从 X.509 证书集合中搜索一个 X.509 证书，使之能够作为密钥管理证书来使用。

(3) 如果未发现一个 X.509 密钥管理证书，则不能与消息签名一起加密。如果找到了多个 X.509 密钥管理证书，则由 S/MIME 代理做出属性选择。

14.6.4　内容加密

S/MIME 采用对称密码算法来加密与解密消息内容。发送和接收代理都要支持基于 DES 和 3DES 的密码算法，接收代理还应支持基于 40 位密钥长度的 RC2(简称 RC2/40)以及与其兼容的密码算法。

当一个发送代理创建一个加密的消息时，首先要确定它所使用的密码算法类型，并将结果存放在一个能力列表中。该能力列表包含了从接收者接收的消息以及 out - of - band 信息，如私人合同、用户参数选择和法定的限制等。

一个发送代理可以按其优先顺序来通告它的解密能力。对于进入签名消息中的加密能力属性，可按下面的方法进行处理：

(1) 如果接收代理还未建立起发送者公钥能力列表，则在验证进入消息中的签名和签名时间后，接收代理将创建一个包含签名时间的能力列表。

(2) 如果已经建立了发送者公钥能力列表，则接收代理将验证进入消息中的签名和签名时间。如果签名时间大于存储在列表中的签名时间，则接收代理将更新能力列表中的签名时间和能力。

在发送一个消息之前，发送代理要确定是否同意使用弱密码算法来加密该消息中的特定数据。如果不同意，则不能使用弱密码算法 (如 RC2/40 等)。

规则 1：已知能力(Known Capabilities)

如果发送代理已经接收了有关接收者的加密能力列表，则选择该列表中排在第一的能力信息和密码算法来加密消息内容(这种加密能力的排列顺序通常是由接收者有意安排的)。也就是说,发送代理将根据接收者提供的加密能力信息来选择加密消息内容的密码算法,以保证接收者能够解密被加密的消息。

规则 2:未知能力,已知加密应用(Unknown Capabilities, Known Use of Encryption)

如果发送代理并不知道某一接收者的加密能力,但曾经接收过来自该接收者的加密消息,并且在所接收的加密消息中具有可信任的签名,则发送代理将选择该接收者在签名和加密消息中曾使用过的相同密码算法来加密消息。

规则 3:未知能力,未知 S/MIME 版本(Unknown Capabilities, Unknown Version of S/MIME)

如果发送代理不知道接收者的加密能力,也不知道接收者的 S/MIME 版本,则选择 3DES 算法来加密消息,因为 3DES 算法是一种 S/MIME v3 必须支持的强密码算法。发送代理也可以不选择 3DES 算法,而用 RC2/40 算法来加密消息。RC2/40 算法是一种弱密码算法,具有一定的安全风险。

如果一个发送代理需要将一个加密消息传送给多个接收者,并且这些接收者的加密能力可能是不相同的,那么发送代理不得不多次发送该消息。如果每次发送该消息时选择不同强度的密码算法来加密消息,则存在一定的安全风险,即窃听者有可能通过解密弱加密的消息来获得强加密消息的内容。

14.6.5 S/MIME 消息格式

S/MIME 消息是 MIME 实体和 CMS 对象的组合,使用了多种 MIME 类型和 CMS 对象。被保护的数据总是一个规范化的 MIME 实体和其他便于对 CMS 对象进行处理的数据,如证书和算法标识符等。CMS 对象被嵌套封装在 MIME 实体中。为了适应多种特定的签名消息环境,S/MIME 提供了多种消息格式:只封装数据格式,只签名数据格式,签名且封装数据格式。多种消息格式主要为了适应多种特定的签名消息环境。

S/MIME 用来保护 MIME 实体。一个 MIME 实体由 MIME 头和 MIME 体两部分组成,被保护的 MIME 实体可以是"内部"MIME 实体,即一个大的 MIME 消息中"最里面"的对象,还可以是"外部"MIME 实体,即把整个 MIME 实体处理成 CMS 对象。

在发送端,发送代理首先按照本地保护协议来创建一个 MIME 实体,保护方式可以是签名、封装或签名且封装等;然后对 MIME 实体进行规范化处理和转移编码,构成一个规范化的 S/MIME 消息;最后发送该 S/MIME 消息。

在接收端,接收代理接收到一个 S/MIME 消息后,首先将该消息中的安全服务处理成一个 MIME 实体,然后解码并展现给用户或应用。

1. 规范化

为了在创建签名和验证签名的过程中能够唯一明确地表示一个 MIME 实体,每个 MIME 实体必须转换成一种规范格式。规范化的细节依赖于一个实体的实际 MIME 类型和子类型,通常由发送代理的非安全部分来完成,而不是由 S/MIME 来完成。

文本是主要的 MIME 实体,必须具有规范化的行结尾和字符集。行结尾必须是<CR><LF>字符对,字符集应当是一种已注册的字符集。在字符集参数中命名所选的字符集,使接收代理能够正确地确定所使用的字符集。

2. 转移编码

由于标准的 Internet SMTP 基础结构是一种基于 7 位文本的传输设施，不能保证 8 位文本或二进制数据的传输，尽管 SMTP 传输网络中的某些网段现在已经能够处理 8 位文本和二进制数据，因此，为了使签名消息或其他二进制数据能够在 7 位文本传输设施上透明地传输，必须对这种 MIME 实体进行转移编码，使之转换成一种 7 位文本的实体。通过转移编码还可以使 MIME 实体不直接暴露在传输过程中，起到一定的保护作用。

这样在 Internet SMTP 基础结构上传输一个 multipart/signed 实体时，必须使用转移编码，把它表示成一种 7 位文本的 MIME 实体。对于已经是 7 位文本的 MIME 实体，则不需要进行转移编码。对于 8 位文本和二进制数据的 MIME 实体，也要使用转移编码进行编码。

application/pkcs7 - mime 类型是用于传送 CMS 对象的，包括 EnvelopedData 和 SignedData 类型对象。由于 CMS 对象是二进制数据，因此通常要使用转移编码进行编码。

当一个只能处理 7 位文本的 SMTP 网关遇到一个 8 位的 multipart/signed 消息时，一般将该消息返回给发送者或者丢弃该消息，而不会投递下去。

3. Enveloped - only 消息

Enveloped - only 消息是只对 MIME 实体进行加密封装的消息。由于这种消息只加密，不签名，因此只能提供消息机密性保护，而不能提供消息完整性和不可否认性保护。

发送者在创建这种消息时，首先将 MIME 实体和其他所需的数据处理成一个 EnvelopedData 类型的 CMS 对象。由于加密内容采用对称密码算法，加密和解密使用相同的密钥，因此为了将密钥安全地传送给接收者，发送者需要加密每个接收者的密钥，加密后的密钥也包含在 EnvelopedData 中。然后将 CMS 对象插入到一个 application/pkcs7 - mime MIME 实体中。该消息的 smime - type 参数是“enveloped - data”，文件扩展名为“.p7m”。该消息的一个样本如下：

Content-Type：application/pkcs7-mime；smime-type＝enveloped-data；name＝smime. p7m
Content-Transfer-Encoding：base64
Content-Disposition：attachment；filename＝smime. p7m
rfvbnj756tbBghyHhHUujhJhjH77n8HHGT9HG4VQpfyF467GhIGfHfYT67n8HHGghyHhHU
ujhJh4VQpfyF467GhIGfHfYGTrfvbnjT6jH7756tbB9H f8HHGTrfvhJhjH776tbB9HG4VQbnj
7567GhIGfHfYT6ghyHhHUujpfyF40GhIGfHfQbnj756YT64V

4. Signed - only 消息

Signed - only 消息是只对 MIME 实体进行签名的消息。由于这种消息只签名而不加密，所以只能提供消息完整性和不可否认性保护，而不能提供消息机密性保护。

S/MIME 定义了两种签名格式：application/pkcs7 - mime with SignedData 和 multipart/signed。通常，multipart/signed 格式是首选的。

(1) application/pkcs7 - mime with SignedData 格式：这是一种不透明签名(Opaque - signing)格式，使用 application/pkcs7 - mime MIME 类型。不透明签名是将数字签名与已签名的数据绑定在同一个二进制文件中。发送者以这种格式创建消息时，首先将 MIME 实体和其他所需的数据处理成一个 SignedData 类型的 CMS 对象，然后将 CMS 对象插入到一个 application/pkcs7 - mime MIME 实体中。该消息的 smime - type 参数是“signed - data”，文件扩展名为“. p7m”。该消息的一个样本如下：

Content-Type：application/pkcs7-mime；smime-type＝signed-data；name＝smime. p7m

Content-Transfer-Encoding：base64

Content-Disposition：attachment；filename＝smime. p7m

567GhIGfHfYT6ghyHhHUujpfyF4f8HHGTrfvhJhjH776tbB9HG4VQbnj777n8HHGT9 HG4
VQpfyF467GhIGfHfYT6rfvbnj756tbBghyHhHUujhJhjHHUujhJh4VQpfyF467GhIGfHfYGT
rfvbnjT6jH7756tbB9H7n8HHGghyHh6YT64V0GhIGfHfQbnj75

(2) multipart/signed 格式：这是一种透明签名(clear - signing)格式，使用 multipart/signed MIME 类型。透明签名是将数字签名与已签名的数据分隔开，任何收件人(可以不是 S/MIME 或 CMS 处理设备)都能观看该消息。multipart/signed MIME 类型有两部分：第一部分包含了已签名的 MIME 实体，第二部分包含了称为“detached signature”的 CMS SignedData 对象。发送者以这种格式创建消息时，首先将 MIME 实体插入到一个 multipart/signed实体的第一部分，然后对“detached signature”的 CMS SignedData 对象进行转移编码，再把它插入到一个 application/pkcs7 - signature MIME 实体中，最后将 application/pkcs7 - signature MIME 实体插入到一个 multipart/signed 实体的第二部分。

multipart/signed 内容类型有两个必需的参数：协议参数和 micalg 参数。协议参数必须是“application/pkcs7 - signature”；micalg 参数允许在验证签名后进行 one - pass 处理，micalg 参数值依赖于消息摘要算法(如 MD - 5、SHA 等)，用于消息完整性检查计算。如果使用了多种消息摘要算法，则必须用逗号分隔开。该消息的一个样本如下：

Content-Type：multipart/signed；protocol＝"application/pkcs7-signature"；

micalg＝sha1；boundary＝boundary42

--boundary42

Content-Type：text/plain

This is a clear-signed message.

--boundary42

Content-Type：application/pkcs7-signature；name＝smime. p7s

Content-Transfer-Encoding：base64

Content-Disposition：attachment；filename＝smime. p7s

ghyHhHUujhJhjH77n8HHGTrfvbnj756tbB9HG4VQpfyF467GhIGfHfYT64VQpfyF467GhIGfH
fYT6jH77n8HHGghyHhHUujhJh756tbB9HGTrfvbnj n8HHGTrfvhJhjH776tbB9HG4VQbnj7567
GhIGfHfYT6ghyHhHUujpfyF47GhIGfHfYT64VQbnj756

--boundary42--

由于邮件传输协议是一个事先无交互的协议，即在邮件传输完成之前发送者和接收者之间没有交互，因此发送者可能不知道接收者是否具有 S/MIME 能力。对于透明签名的邮件，不管客户端是否具有 S/MIME 能力都可以阅读；对于不透明签名的邮件，必须具有 S/MIME 能力的客户端才能阅读。因此，当发送者不知道接收者是否具有 S/MIME 能力时，一般发送透明签名邮件；只有当知道接收者具有 S/MIME 能力时，才发送不透明签名邮件。邮件签名方式可以通过客户端软件来设置。

5. 签名且封装消息

签名且封装消息是对 MIME 实体进行签名且封装的消息，它可以同时提供消息完整性、不可否认性和机密性保护。

签名且封装消息是通过 signed - only 和 encrypted - only 格式的嵌套方法实现的。对于一个消息，可以先签名，也可以先封装，主要取决于实现系统和用户的选择。当先签名时，通过封装将签名者安全地隐藏起来；当先封装时，将会暴露签名者，但可以在不去除封装的情况下验证签名，这对于自动签名认证环境是非常有用的。对于一个先封装后签名的消息，接收者能够证实封装的消息是否改变，但不能确定消息签名和未加密内容之间的关系。对于一个先签名后封装的消息，接收者可以假设已签名的消息本身不会改变，但一个高明的攻击者可能会改变封装消息中未经证实的部分。

6. Certificates - only 消息

为了签名消息，一个发送者必须具有一个证书。有很多方法来获得证书，如通过与 CA 的交换、通过硬件令牌或软盘等。S/MIME v3 没有规定申请证书的方法，但前提是每个发送代理已拥有了一个证书。

Certificates - only 消息用于传输证书。发送者在创建这种消息时，首先为一个可用的证书创建一个 SignedData 类型的 CMS 对象，然后将 CMS 对象封装成一个 application/pkcs7 - mime MIME 实体。该消息的 smime - type 参数是“certs - only”，文件扩展名为“. p7c”。

14.6.6 S/MIME 协议的应用

微软公司的邮件客户端软件 Outlook 2000 和 Outlook Express 5.0 都支持 S/MIME 协议。Outlook 2000 是微软公司比较成熟的邮件客户端的软件，而 Outlook Express 5.0 是随 Internet Explorer 5.0 一起发行的邮件客户端系统，功能相对简单一些。

对于 Outlook 2000，用户可以选择 3 种邮件方式来安装：“团体/工作组”方式、“Internet 唯一邮件”方式和“无电子邮件”方式。“团体/工作组”方式是一个功能齐全的邮件客户端，它支持 SMTP 和 POP3 协议，并具有 LDAP 支持选项(通过 LDAP 目录服务实现)。“Internet 唯一邮件”方式是一个基于 ISP 的邮件客户端，它支持 SMTP、IMAP、POP3 和 LDAP 等协议。从 S/MIME 的观点来看，这两种方式之间存在着很大区别。如果为企业网的邮件客户提供密钥恢复功能，则应当选择“团体/工作组”方式来安装 Outlook 2000，因为这种方式允许用户使用 Exchange 2000 中的高级安全功能来注册客户，以充分利用 S/MIME 提供的安全服务。

客户端的 Outlook 2000/Outlook Express 5.0 和服务器端的 Exchange 2000 相互结合，就构成了基于 S/MIME 的安全电子邮件平台。该平台借助于 Windows 2000 的 PKI 体系，提供了很强的 S/MIME 安全功能。

在这个安全平台上，每个邮件客户必须首先在内部的或商用的认证中心(CA)注册，获得个人 S/MIME 证书。在使用 Outlook 2000 阅读签名邮件时，不需要安装个人的 S/MIME 证书。只有在发送加密邮件时，才需要提供个人 S/MIME 证书。

14.7　S-HTTP 协议

S-HTTP 协议最初是由 Terisa 公司开发的。S-HTTP 协议在 HTTP 协议的基础上扩充了安全功能，提供了 HTTP 客户和服务器之间的安全通信机制，以增强 Web 通信的安全。RFC 2660 文档公布了 S-HTTP 协议的详细规范。

14.7.1　HTTP 协议描述

WWW(World Wide Web)是 Internet 中广泛应用的一种多媒体信息服务系统，它基于客户/服务器模式，整个系统由 Web 服务器、浏览器(Browser)和通信协议三部分组成。其中，通信协议为超文本传输协议(HTTP，Hyper Text Transfer Protocol)，它是为分布式超媒体信息系统设计的一种应用层协议，能够传送任意类型的数据对象，以满足 Web 服务器与客户之间多媒体通信的需要。

HTTP 协议是一种面向 TCP 连接的协议，客户与服务器之间的 TCP 连接是一次性连接。HTTP 协议规定每次连接只处理一个请求，服务器返回本次请求的应答后便立即关闭连接，在下次请求时再重新建立连接。考虑到 Web 服务器面向 Internet 中成千上万个用户，这种一次性连接只能提供有限个连接，因此及时地释放连接可以提高服务器的执行效率，避免服务器连接的等待状态。同时，服务器不保留与客户交易时的任何状态，以减轻服务器的存储负担，从而保持较快的响应速度。HTTP 协议允许传送任意类型的数据对象，通过数据类型和长度来标识所传送的数据内容和大小，并允许对数据进行压缩传送。

用户在浏览器或 HTML 文档中定义了一个超文本链接后，浏览器将通过 TCP/IP 协议请求与指定的服务器建立连接。如果该服务器一直在这个指定的端口上侦听连接请求，则该连接便会建立起来。然后客户通过该连接发送一个包含请求方法的请求消息块。HTTP 协议定义了七种请求方法，每种请求方法规定了客户和服务器之间不同的信息交换方式，常用的请求方法是 GET 和 POST。服务器将根据客户请求完成相应操作，并以应答消息块形式返回给客户，最后关闭连接。

14.7.2　S-HTTP 协议描述

S-HTTP 协议的目标是提供一种面向消息的可伸缩安全协议，以便广泛地应用于商业事务处理。因此，它支持多种安全操作模式、密钥管理机制、信任模型、密码算法和封装格式。在使用 S-HTTP 协议通信之前，通信双方可以协商加密、认证和签名等算法以及密钥管理机制、信任模型、消息封装格式等相关参数。在通信过程中，双方可以使用 RSA、DSS 等密码算法进行数字签名和身份认证，以保证用户身份的真实性；使用 DES、3DES、RC2、RC4 等密码算法来加密数据，以保证数据的机密性；使用 MD-2、MD-5、SHA 等多种单向散列函数来验证数据和签名，以保证数据的完整性和签名的确定性，从而增强 WWW 系统中客户和服务器之间信息交换的安全性。

S-HTTP 是一种面向安全消息的通信协议，它与 HTTP 消息模型共存，很容易与 HTTP 集成应用。S-HTTP 为 HTTP 客户和服务器提供多种安全机制，为众多端用户提供安全的 Web 服务。

在 S－HTTP 客户和服务器中，主要采用 CMS（Cryptographic Message Syntax）和 MOSS（MIME Object Security Services）消息格式，但并不限于 CMS 和 MOSS，它还可以融合其他多种加密消息格式及其标准，并且支持多种与 HTTP 相兼容的系统。S－HTTP 只支持对称密码操作模式，不需要客户端提供公钥证书或公钥，这意味着客户能够自主地产生个人事务，并不要求具有确定的公钥。

S－HTTP 支持端到端的安全事务，客户可以事先初始化一个安全事务。S－HTTP 中的密码算法、模式和参数是可伸缩的，客户和服务器之间可以协商事务模式（如请求/响应是否加密和签名）、密码算法（RSA 或 DSA 签名算法、DES 或 RC2 加密算法）以及证书选择等。

1. 消息处理

1）创建 S－HTTP 消息

一个 S－HTTP 消息可以通过下列方法来创建：

（1）Clear－text 消息：这是一个 HTTP 消息或者一些其他数据对象，Clear－text 消息被封装在一个 S－HTTP 消息中进行传送。

（2）接收者的密码参数选择和密钥材料：这是由接收者或者一些缺省参数集明确指定的。

（3）发送者的密码参数选择和密钥材料：这是由发送者输入的，只存在于发送者的内存中。

为了创建一个 S－HTTP 消息，发送者需要将发送者参数和接收者参数集成在一起，产生一个密码和密钥材料的列表；然后发送者使用列表中的数据来增强 Clear－text 消息的安全性；再通过发送者和接收者参数的组合将 Clear－text 消息转换成 S－HTTP 消息。

2）恢复 S－HTTP 消息

接收者可以采用下列四种方法来恢复一个输入的 S－HTTP 消息：

（1）S－HTTP 消息。

（2）接收者规定的密码参数选择和密钥材料。

（3）接收者当前的密码参数选择和密钥材料。

（4）发送者事先规定的密码选项。

发送者可以规定一个消息中所执行的加密操作。为了恢复一个 S－HTTP 消息，接收者需要读取头信息，以发现在该消息中的密码变换，并使用某种发送者和接收者参数组合来去除该变换。接收者也可以选择校验，以增强发送者和接收者之间的匹配。

3）操作模式

任何消息都可以采用签名、认证和加密来保护。这三种保护方法可以单独使用，也可以组合起来使用。S－HTTP 协议支持多种密钥管理机制，包括基于口令的人工共享密钥和基于公钥的密钥交换。在交换密钥时，要事先建立一个会话密钥，以便将机密消息传递给没有公钥对的用户。

（1）签名：如果使用了数字签名，则可以将一个适当的证书与消息联系起来（可以沿着一个证书链），或者发送者可以认为接收者独立地获得了所需的证书。

（2）密钥交换和加密：为了支持对称密码算法，S－HTTP 定义了两种密钥传递机制，即使用被公钥密封的密钥交换和使用预先安排的密钥。对于前者，在传送对称密码系统的密钥时，要使用接收者公钥来加密；对于后者，应使用预先安排的会话密钥来加密内容。密钥认证信息是由消息头指定的。

(3) 消息完整性和发送者认证：S－HTTP 通过计算 MAC 码来校验消息的完整性，并对消息的发送者进行验证。S－HTTP 使用一个共享密钥对关键的内容进行散列计算。该共享密钥可以通过多种方法预先协商好，不必使用公钥密码系统，也不需要加密。

2. 消息头

从语句上看，S－HTTP 消息与 HTTP 消息类似，都是由消息头和消息体组成的。然而，S－HTTP 消息头的范围不同于 HTTP，而且其消息体通常是被加密保护的。

1) 请求头

为了将 S－HTTP 消息与 HTTP 消息区分开，并允许特定的处理，S－HTTP 将请求头中的“method”定义为“Secure”，将“version”定义为“Secure－HTTP/1.4”，将“URL”设置为“*”，以防止潜在的敏感信息泄漏。例如，一个 S－HTTP 请求头可以描述如下：

Secure * Secure－HTTP/1.4

这样，S－HTTP 与 HTTP 进程即可混合使用相同的 TCP 端口(如 80 端口)。

2) 响应头

对于 S－HTTP 响应头，同样使用“Secure－HTTP/1.4”来标识该协议。例如，一个 S－HTTP 响应头可以描述如下：

Secure－HTTP/1.4 200 OK

在 S－HTTP 响应头中，状态始终为“200 OK”，它并不表示 HTTP 请求成功或失败的状态，主要为了防止通过对 HTTP 请求成功与否的状态分析来推测数据的接收者。

3) S－HTTP 头

在 S－HTTP 头中，除了“Content－Type”和“Content－Privacy－Domain”外都是可选的，消息体与头块之间用两个连续的“CRLF”符分隔开。

(1) Content－Type：内容类型行，描述了一个消息的内容类型。消息主要有两种内容类型：CMS 和 MOSS。

在一般情况下，由端点封装的内容应是一个 HTTP 消息，内容类型是 CMS，这里用一个内容类型行“Content－Type：message/http”来说明。如果内部消息是 S－HTTP 消息，则内容类型应当是“application/s－http”。

MOSS 内容类型是一种可接受的 MIME 内容，它描述了对密文所做的处理，如加密、签名等。内容类型行描述了内部内容的类型，对于 HTTP 消息，内容类型应当是 message/http。

(2) Prearranged－Key－Info：这个描述行给出了有关密钥信息，这个密钥针对已预先约定好的内部加密格式，主要用于支持会话密钥的“Inband”通信，以返回加密方法。在这种情况下，通信的任何一方都不需要拥有一个密钥对。

在 S－HTTP 中，定义了两种交换密钥的方法：Inband 和 Outband。Inband 方法表明会话密钥是预先交换的，它使用了一个适当方法的 Key－Assign 头。Outband 方法表明通过一个确定的名字可从外部访问密钥材料，这个名字可以通过访问数据库或者利用键盘输入来获得。

(3) MAC - Info：在消息头中，定义了一个MAC行，用于提供消息认证和完整性检查，它定义了散列算法、认证数据和密钥空间。散列计算可以采用MD - 2、MD - 5和SHA等算法。认证数据包含消息文本散列值、时间值以及客户与服务器之间的共享秘密信息等。时间参数是可选的，不作散列计算，主要用于防止重播攻击。消息文本应当是被封装的S - HTTP消息内容。MAC - Info允许快速的消息完整性认证，双方共享一个密钥(可以在前面的消息中使用Key - Assign参数)。

3. 消息内容

消息内容主要由Content - Privacy - Domain和Content - Transfer - Encoding字段来确定。对于一个CMS消息，使用8位Content - Transfer - Encoding，其内容就是CMS消息本身。如果Content - Privacy - Domain是MOSS，则内容是由MOSS的多个安全部分组成的。下面是消息封装格式选项。

1) Content - Privacy - Domain：CMS

Content - Privacy - Domain的CMS符合CMS标准格式，任何消息都可以采用保护和无保护模式。其中，保护模式有三种：加密、签名和加密加签名。S - HTTP的认证保护模式是由MAC - Info头中的CMS编码独立提供的，因为CMS只支持DigestedData类型，而不支持KeyDigestedData类型。

(1) 签名。签名使用了CMS SignedData类型。当使用数字签名时，可以将一个适当的证书和CMS所指定的消息(可以沿着一个证书链)联系起来，或者接收者独立地获取该证书。

(2) 加密。加密使用了两种CMS数据类型：EnvelopedData和EncryptedData。当使用公钥加密一个消息时，采用EnvelopedData类型。当使用预先安排的(Prearranged)密钥来加密一个消息时，采用EncryptedData类型。在这个模式中，使用了基于预先安排的会话密钥来加密内容，而会话密钥是通过消息头中的密钥验证信息来验证的。

当需要同时使用加密和签名来保护一个消息时，必须创建一个CMS SignedData过程来支持签名，并用EncryptedData类型来封装消息。

2) Content - Privacy - Domain：MOSS

MOSS的消息体是一个MIME消息，其内容类型与S - HTTP头中的Content - Type行相匹配。在加密和签名消息时，应当分别使用"Multipart/encrypted"和"Multipart/signed"类型。然而，"Multipart/signed"并不能传输密钥材料，它可以使用"Multipart/mixed"格式，即第一部分是"Application/MOSS"密钥数据，第二部分是"Multipart/mixed"消息，以便传输验证签名所使用的证书。当同时使用加密和签名时，通常签名先于加密。

3) 允许的HTTP头

为安全起见，HTTP头通常应当出现在一个S - HTTP消息的内部内容中，而不能出现在该S - HTTP消息的外包装上。然而，有些消息头必须是代理(Agent)可见的，它们并不需要访问被封装的数据，这些头可以出现在S - HTTP头中。

4. 密码参数

每个S - HTTP请求通过接收者所提供的密码参数选项进行预处理。这些选项位于两个地方：

(1) 在一个 HTTP 请求/响应头中。

(2) 在包含废弃锚(Anchor)的 HTML 中。

这里可以提供两种密码选项：协商选项和密钥选项。协商选项给出了一个消息接收者的密码参数选择；密钥选项提供了密钥材料，发送者可以用它来增强一个消息。

1) 协商选项

双方可以通过“permit/require”形式来协商各自的密码强度需求和参数选择。协商选项的选取依赖于实现的能力和特定应用的需求。协商是通过一个协商头实现的，协商头位于被封装的 HTTP 头中，而不在 S-HTTP 头中。

一个协商头由以下四部分组成：

(1) 属性(Property)：被协商的选项，如分组密码算法。

(2) 值(Value)：属性值，如 DES-CBC。

(3) 方向(Direction)：从源点观察的协商源(orig)或目的(recv)。

(4) 强度(Strength)：参数选择强度，即必需、可选和拒绝。

例如，一个协商头定义为“SHTTP-Symmetric-Content-Algorithms：recv-optional=DES-CBC，RC2”，其含义是可以任意使用 DES-CBC 或 RC2 算法加密消息。

S-HTTP 定义了如下协商头：

(1) SHTTP-Privacy-Domains：这个头涉及 Content-Privacy-Domain 类型。

(2) SHTTP-Certificate-Types：这个头指定了代理认可的公钥证书类型，当前定义的值是“X.509”和“X.509 v3”。

(3) SHTTP-Key-Exchange-Algorithms：这个头指定了可用于密钥交换的算法，定义的值是 DH、RSA、Outband 和 Inband。DH 为 Diffie-Hellman X9.42 样式的信封，RSA 为 RSA 信封，Outband 为某些扩展密钥协议类型，Inband 表明会话密钥是预先交换的。推荐的配置是：客户无证书，而服务器有证书。

(4) SHTTP-Signature-Algorithms：这个头指定了可用于数字签名的算法，定义的值是 RSA 和 NIST-DSS。RSA 和 NIST-DSS 的密钥长度是指定的，密钥长度与一种给定的证书相互作用，因为密钥及其长度是在公钥证书中指定的。

(5) SHTTP-Message-Digest-Algorithms：这个头指定了可用于消息摘要的算法，定义的值是 RSA-MD2、RSA-MD5 和 NIST-SHS。

(6) SHTTP-Symmetric-Content-Algorithms：这个头指定了用于加密消息内容的对称密码算法，定义的值有 DES-CBC、DES-EDE-CBC、DESX-CBC、RC2-CBC、IDEA-CBC 和 CDMF-CBC，其中 RC2 密钥的长度是可变的。

(7) SHTTP-Symmetric-Header-Algorithms：这个头指定了用于加密消息头的对称密码算法，定义的值有 DES-ECB、DES-EDE-ECB、DES-EDE3-ECB、DESX-ECB、IDEA-ECB、RC2-ECB 和 CDMF-ECB，其中 RC2 密钥的长度是可变的。

(8) SHTTP-MAC-Algorithms：这个头指定了一个可接受的 MAC 算法，定义的值有 RSA-MD2-HMAC、RSA-MD5-HMAC 和 NIST-SHS-HMAC。

(9) SHTTP-Privacy-Enhancements：这个头指定了应用的安全增强，定义的值有 sign、encrypt 和 auth，分别指示对消息的签名、加密和认证。

(10) Your - Key - Pattern：这是一个通用的模式匹配语法，在大量密钥材料类型的情况下用作描述标识符。

下面的例子是一个服务器典型的头块配置：

SHTTP - Privacy - Domains：recv - optional＝MOSS，CMS；orig - required＝CMS

SHTTP - Certificate - Types：recv - optional＝X.509；orig - required＝X.509

SHTTP - Key - Exchange - Algorithms：recv - required＝DH；orig - optional＝Inband，DH

SHTTP - Signature - Algorithms：orig - required＝NIST - DSS；recv - required＝NIST - DSS

SHTTP - Privacy - Enhancements：orig - required＝sign；orig - optional＝encrypt

在协商选项中还使用了缺省值，这些缺省值如下：

SHTTP - Privacy - Domains：orig - optional＝CMS；recv - optional＝CMS

SHTTP - Certificate - Types：orig - optional＝X.509；recv - optional＝X.509

SHTTP - Key - Exchange - Algorithms：orig - optional＝DH，Inband，Outband；recv - optional＝DH，Inband，Outband

SHTTP - Signature - Algorithms：orig - optional＝NIST - DSS；recv - optional＝NIST - DSS

SHTTP - Message - Digest - Algorithms：orig - optional＝RSA - MD5；recv - optional＝RSA - MD5

SHTTP - Symmetric - Content - Algorithms：orig - optional＝DES - CBC；recv - optional＝DES - CBC

SHTTP - Symmetric - Header - Algorithms：orig - optional＝DES - ECB；recv - optional＝DES - ECB

SHTTP - Privacy - Enhancements：orig - optional＝sign，encrypt，auth；recv - required＝encrypt；recv - optional＝sign，auth

2）密钥选项

密钥选项是一组用于通信或标识接收者密钥材料的选项。

(1) Encryption - Identity：加密标识信息。其中有一个用ASCII字符串表示的名字类型(name - class)，它采用两种名字格式：DN(Domain Name)和MOSS。前者在RFC1779中描述，后者在RFC1848中描述。

(2) Certificate - Info：为了支持在DN（由Encryption - Identity头所指定）上的公钥操作，发送者可以在这个选项中包含证书信息。它定义了两种证书组：PEM和CMS。

(3) Key - Assign：将一个密钥捆绑到符号名上，可选的参数有Key - Name、Lifetime、Method、Ciphers和Method - args等。

① Key - Name：该密钥捆绑后的符号名，用一个字符串表示。

② Lifetime：密钥的生存期，表示在此期间该消息接收者允许发送者接受密钥。如果没有指定生存期，则说明这个密钥可以重复使用于若干事务中。

③ Method：若干密钥交换方法中的一种，当前定义的值只有Inband。

④ Ciphers：一个密码算法列表，这些密码算法都是该密钥能够适用的。如果是“null”

值，则表示该密钥不适合与任何一种密码算法一起使用，这对于交换和计算 MAC 密钥是有用的。

⑤ Method - args：所希望的会话密钥。

这个头行可以出现在一个非封装的头中或者一个封装的消息中。当一个未经密封的密钥被直接分配时，这个头行只能出现在一个加密封装的内容中。

在 Inband 密钥分配中，允许将一个未经密封的密钥直接分配给一个符号名。Inband 密钥分配非常重要，因为它允许代理之间秘密地进行通信，并且只要任何一方(并非双方)拥有密钥对即可。这种机制还允许在不计算公钥的情况下去改变密钥。在这个头行中所传送的密钥信息必须是在被保护的 HTTP 请求内部，不能在未加密的消息中使用。

(4) SHTTP - Cryptopts：允许服务器将若干个头组合起来，捆绑到一个 HTML 锚上，这些头的锚名是用“scope”参数来指示的。如果一个消息包含了 S - HTTP 协商头和 SHTTP - Cryptopts 行上的组合头，则其他头应当用于所有没有被捆绑在 SHTTP - Cryptopts 行上的锚。

14.8 WMAN(IEEE 802.16)安全技术

本节介绍主要的接入控制和物理层协议算法、安全算法、802.16 安全方案潜在隐患以及应对措施。

14.8.1 主要的接入控制和物理层协议算法

IEEE 802.16 物理层提供了四个主要模式，每个模式都能够提供重要的灵活性。这些灵活性允许通过大范围的频谱分配操作，包括信道带宽改变、频分双工、时分双工。然而，所有的模式都支持一些共同的特征：初始化修正、注册登录、带宽请求、提供管理的导向连接信道、提供用户数据的导向连接信道。IEEE 802.16 安全协议也是同样，并不需要特别关注物理层类型。

IEEE 802.16 将空中通信分为帧，其中包括两个时隙映射：一个分配给下行链路(DL_MAP)，另一个分配给上行链路(UL_MAP)。映射指明了上行链路帧和下行链路帧所有时隙的位置、大小和编码。

MAC 是有连接导向的，各个时隙属于某一个连接，通过一个连接 ID 来识别。管理连接用来处理广播数据、初始化修正、带宽请求和普通管理消息。对于每个用户站点(SS)，二级管理连接承载着 Internet 协议管理包，所有的其他连接是传输连接。IEEE 802.16 链路管理功能动态地创建传输连接来承载用户包。

IEEE 802.16 仅保护传输连接和二级管理信道。

1. MPDU 包格式

在有连接的基础上，IEEE 802.16 创建包或者 MAC 协议数据单元来传输数据。MPDU 形成两种形状，通过 MPDU 头来区分，如图 14.8.1 所示。

图 14.8.1 中，ARQ 指自动请求回复；GMH 指一般 MAC 头；BRH 指带宽请求头；MAC 指媒体接入控制；CID 指连接 ID；MSDU 指 MAC 服务数据单元；CRC 指循环冗余校验。

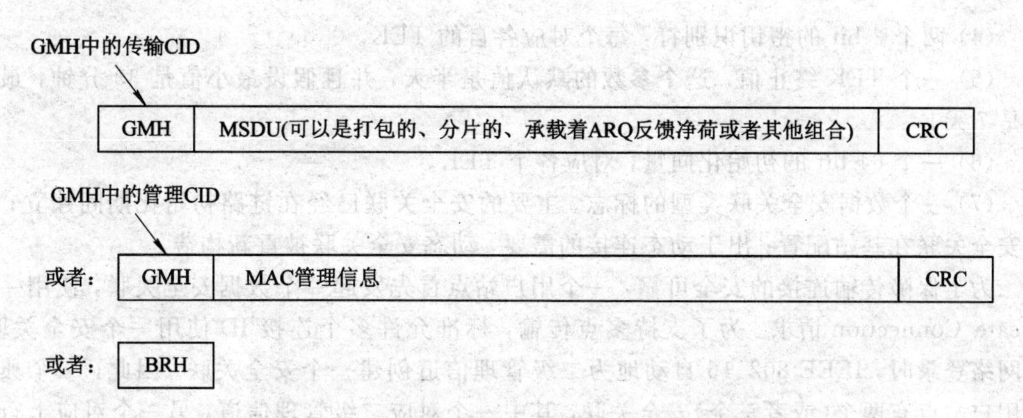

图 14.8.1　IEEE 802.16 MAC 协议数据单元

一个管理连接 ID 识别管理信息包，每个管理 MPDU 承载着单一的管理消息，传输连接承载着 MAC 数据服务单元(在 MAC 上数据单元通过网络堆栈传递)。IEEE 802.16 提供了灵活的 MPDU 承载 MSDU 的方式。

2. 网络实体

网络实体包括一连串的活动。

(1) 用户站点扫描并寻找合适的基站下行链接链路信号，通过这个信号来确定信道参数。

(2) 初始化修正允许用户站点正确地设置物理层参数，并且同基站之间建立起主要的管理信道。这个信道用于能力协商、认证和密钥管理。

(3) PKM(私密和密钥管理)协议允许用户站点接入基站。

(4) 用户站点通过给基站发送一个请求消息来完成注册登记，基站的响应为二级管理连接分配了一个连接 ID。

(5) 用户站点与基站创建一个传输连接，使用了 MAC_Create_Connection 请求。这个请求创建了一个动态传输连接，指明是否需要基于 MAC 水平的加密。

14.8.2　安全算法研究

IEEE 802.16 安全协议是作为一个独立的安全子层来实现的，这个子层位于 MAC 协议内层的最底端。其目的是实现接入控制和数据链路的私密性。

IEEE 802.16 安全构架由以下五部分组成。

1. 安全关联(SA)

安全关联用于保持相关连接的安全状态。IEEE 802.16 使用两个安全关联类型，但是仅仅明确定义了数据安全关联，它在一个或者多个用户站点与基站之间保护着传输连接。

数据安全关联的组成如下：

(1) 一个 16 bit 的安全关联识别符 SAID。

(2) 一个用来保护基于连接的数据交换的密码。这个标准使用加密块链接模式下的 DES，但是此设计对于其他算法是可扩展的。

(3) 用来加密数据的两个 TEK(通信加密密钥)：当前操作密钥和一个在当前操作密钥终止情况下的 TEK。

(4) 两个 2 bit 的密钥识别符，每个对应各自的 TEK。

(5) 一个 TEK 终止值。这个参数的默认值是半天，并且假设最小值是 30 分钟，最大值是 7 天。

(6) 一个 64 bit 的初始化向量，对应各个 TEK。

(7) 一个数据安全关联类型的标志。主要的安全关联已经在链路初始化期间建立；静态安全关联在基站配置；出于动态连接的需要，动态安全关联被重新构造。

为了保障传输连接的安全可靠，一个用户站点首先发起一个数据安全关联，使用一个 Create_Connection 请求。为了支持多点传输，标准允许多个连接 ID 使用一个安全关联。在网络登录时，IEEE 802.16 自动地为二级管理信道创建一个安全关联。因此，一个典型的用户站点有两个(或者三个)安全关联，其中一个对应二级管理信道，另一个对应上行链路和下行链路的传输连接或者单独对应上行链路和下行链路连接的安全关联。每个多点传输的群也需要与群体中的成员共享安全关联。

对于认证安全关联，标准从不作明确定义，其组成如下：

(1) 一个认证用户站点的 X.509 证书。

(2) 一个 160 bit 的认证密钥(AK)。正确地使用这些密钥可验证 IEEE 802.16 传输连接的认证过程。

(3) 一个 4 bit 的数值，用来识别授权密钥。

(4) 一个授权密钥终止值，范围为 1～70 天。默认的终止时间是 7 天。

(5) 一个密钥加密密钥(KEK，一个 112 bit 的 3DES 密钥)，对应分配 TEK。KEK 的构造如下：

$$\mathrm{KEK}=\mathrm{Truncate}-128(\mathrm{SHA1}(((\mathrm{AK}|10^{44})\oplus 53^{64})))$$

这里 Truncate - 128(*)的意思是保留前 128 bit 作为基本，丢弃其他所有值；$a|b$ 表示 a 和 b 串联；$\oplus$表示异或；b^n 表示八位位组 b 重复 n 次；SHA1 表示标准的 Hash 函数。

(6) 一个基于 Hash 功能的下行链路消息认证码(HMAC)密钥提供从基站分配到用户站点的密钥消息的正确性。这个密钥的构成如下：

$$\text{下行链路密钥}=\mathrm{SHA1}((\mathrm{AK}|10^{44})\oplus 3\mathrm{A}^{64})$$

(7) 一个上行 HMAC 密钥提供从用户站点到基站密钥消息的正确性。这个上行链路的 HMAC 密钥的构成如下：

$$\text{上行链路 HMAC 密钥}=\mathrm{SHA1}((\mathrm{AK}|10^{44})\oplus 5\mathrm{C}^{64})$$

(8) 经认证的数据安全关联列表。

一个经过认证的安全关联在基站和用户站点之间呈共享状态。设计假设用于上行和下行两种情况下保持 AK 的安全性。基站使用经过认证的安全关联来配置用户站点的数据安全关联。

2. X.509 证书

标准中定义了下列需求的 X.509 证书结构。

(1) X.509 证书版本 3。

(2) 证书以一系列数字表示。

(3) 证书分发签名算法采用公钥加密体制，即使用 SHA1 散列的 RSA 加密。

(4) 证书分发者。

(5) 证书的有效期限。

(6) 证书隶属关系，即证书持有者的一致性，如果隶属者是用户站点，那么就包括站点的 MAC 地址。

(7) 隶属公钥，它提供证书持有者的公钥，确定公钥如何被使用，并受 RSA 加密的限制。

(8) 签名算法，与证书分发者签名算法一致。

(9) 分发者签名，它是 ASN.1 DER 数字签名。

IEEE 802.16 没有定义 X.509 证书的扩展。标准定义了两类证书类型：设备制造商证书和用户站点证书，并没有定义基站证书。设备制造商证书用来识别 IEEE 802.16 设备的制造厂商，可以是自己签发的证书，也可以是权威机构分发的证书。用户站点证书用来识别每个用户站点，并且在它的隶属域中包括了 MAC 地址。制造商特别创建和签署了用户站点的证书。基站使用设备制造商证书的公钥来认证用户站点的证书，由此来认证设备的真实性。这个设计假设用户站点确保对应于其公钥的私钥在某种密闭安全空间保存，以防止一些简单的攻击，从而保证它的安全。

3. PKM 认证

PKM 认证协议分发一个认证符号给经认证的用户站点。认证协议由用户站点和基站之间的三个消息交换组成。用户站点通过发送前两个消息发起会话，基站通过第三个消息响应(见表 14.8.1)。

表 14.8.1　在私钥管理认证中消息交换所用术语的解释

术　语	描 述 解 释
A→B：M	实体 A 发送附带 M 值的消息给实体 *B*
Cert(Manufacturer(SS))	一个 X.509 证书识别 SS 制造商
Cert(SS)	一个附带 SS 公钥的 X.509 证书
Capabilities	SS 支持的认证和数据加密算法
SAID	SS 与 BS 之间的安全链路(连接 ID)
RSA - Encrypt(k, a)	指出了 RSA - OAEP 加密
PubKey(SS)	SS 的公钥，如同 Cert(SS)中的一样
AK	认证密钥
Lifetime	一个 32 bit 的无符号数指明了 AK 终止前的时间(单位为 s)
SeqNo	对应 AK 的一个 4 bit 的值
SAIDList	SA 描述列表，每个包括 SAID、SA 的类型(主、动态、静态)和 SA 密码组

消息说明如下：

Message1：

SS→BS：Cert(Manufacturer(SS))

Message2：

SS→BS：Cert(SS) | Capabilities | SAID

Message3：

BS→SS：RSA - Encryt(PubKey(SS)，AK) | Lifetime | SeqNo | SAIDList

SS使用Message1将它的X.509证书组织到Cert(Manufacturer(SS))中并发送到BS，BS使用它来判断SS是否为可信赖的设备。这个设计假设来自经验证的生产厂商的所有设备都是可信赖的。IEEE 802.16允许基站忽略这个消息作为它的安全策略，但是仅仅允许先前已经知晓的设备接入。

SS在发送Message1后立刻发送Message2。Message2由SS的X.509证书Cert(SS)、SS的安全性能、原来SS的身份SAID组成。Cert(SS)允许BS确定SS是否被认证，Cert(SS)公钥允许基站构造Message3。

如果BS能够验证Cert(SS)，并且SS已经被认证，则它将用Message3来响应。这个过程演示了BS和SS之间的验证授权，正确使用AK才能够接入WMAN信道。这个设计假设仅仅BS和SS持有AK。也就是说，这个密钥从来不透漏给其他人，IEEE 802.16也不约束这个密钥的产生。

4. 私钥和密钥的管理

PKM协议给出了BS和SS之间建立数据安全关联的情况。PKM协议由BS和SS之间的两个或者三个消息交换组成。BS使用第一个消息(是可选的)来强制解密，SS使用第二个消息发起会话，BS使用第三个消息回应(见表14.8.2)。

表14.8.2 在PKM协议中消息交换所用术语的解释

术 语	描述解释
[...]	指出可选消息
SeqNo	用来交换的AK
SAID	被创建和更新密钥的数据SA的ID
HMAC(1)	SeqNo的HMAC - SHA1摘要 | SAID在AK下行链路HMAC密钥之下
HMAC(2)	SeqNo的HMAC - SHA1摘要 | SAID在AK上行链路HMAC密钥之下
OldTEK	前一代TEK初始化向量、残存的生命周期、数据SA规范序列号码(TEK序列号是2 bit数)
NewTEK	下一代TEK初始化向量、生命周期、数据SA规范序列号码(TEK序列号是一个大数、模4、与OldTEK的比)
HMAC(3)	SeqNo的HMAC - SHA1摘要 | SAID | OldTEK | AK下行链路HMAC密钥下的NewTEK

消息说明如下：

[Message 1：

BS→SS：SeqNo | SAID | HMAC(1)]

Message 2：

SS→BS：SeqNo | SAID | HMAC(2)

Message 3：

BS→SS：SeqNo | SAID | OldTEK | NewTEK | HMAC(3)

BS 从不使用 Message 1，除非它希望更新数据安全关联密钥或者创建一个新的安全关联，通过计算 HMAC(1)的值，允许 SS 发现伪造身份者。

SS 使用 Message 2 请求安全关联参数，SS 必须从认证协议 SAIDList 或者带有有效 HMAC(1)的 Message 1 中获取 SAID。SS 为每个数据安全关联产生一个独立的 Message 2。通过计算 HAMC(2)的值，允许 BS 发现伪造者。

如果 HMAC(2)是有效的并且 SAID 识别了 SS 的安全关联中的一个，则 BS 使用 Message 3 配置安全关联。OldTEK 值重复激活安全关联参数，NewTEK 值在当前 TEK 终止前规定了参数值。在认证的 SA KEK 下，BS 使用 3DES 加密新的和旧的 TEK，并使用 EBC 模式。计算 HMAC(3)值时允许 SS 发现伪造者。

一个有效的 HMAC(2)可完成 SS 到 BS 的认证过程，必须基于以下两个假设：

(1) 仅仅 SS 能够解密认证协议中 Message 3 发送的 AK。

(2) AK 是不可预知的。

协议允许不进行 BS 到 SS 的认证，当然正确的 HMAC(1)和 HMAC(3)的值仅为示范，它知道通过 SS 的 Message 3 接收的 AK 的值，构建密钥管理消息 Message 1 和 Message 3。

5. 加密

DES-CBC 加密是在有效负荷域上操作的，译码成一个纯文本的 MPDU，但是没有 MPDU GMH 或 CRC，如图 14.8.2 所示。

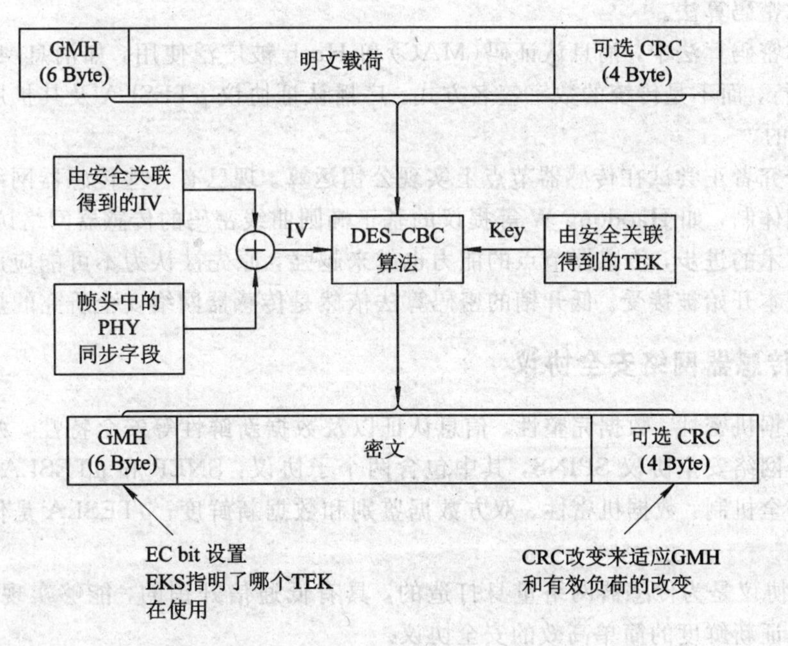

图 14.8.2　IEEE 802.16 加密过程

图 14.8.2 中，DES-CBC 为 CBC 模式下的 DES 算法，IV 为初始向量，EC 为加密控制，PHY 为物理层，EKS 为加密密钥串，TEK 为会话加密密钥。

MPDU GMH 承载 2 bit 来指明 TEK 的被使用情况，它没有携带 CBC 模式的初始化向量，为了计算 MPDU 的初始化向量，IEEE 802.16 加密模块使用来自最新的 GMH 的 PHY 层同步域的内容异或安全关联初始化向量。因为安全关联初始化向量作为它的 TEK 是一个常数和公钥，并且 PHY 同步域是一个高重复和可预知的，所以 MPDU 初始化向量也是可预知的。

IEEE 802.16 提供了非数据确认性。

IEEE 802.16 的增强版是 IEEE 802.16(e)，除了支持移动性外，在安全上更是借鉴了 IEEE 802.11(i)中的 AES-CCMP 协议思想。限于篇幅，这里不再介绍，关于 CCMP 可以参考第 4 章分组密码应用模式的相关内容。

14.9 WSN 安全机制

9.7 节简单介绍了无线传感器网络 WSN 及其特点，本节主要讨论 WSN 中的各种安全技术，包括密钥管理、安全路由、认证、入侵检测、DoS 攻击、访问控制等。通过本节的介绍一方面使读者能够为特定传感器网络应用环境选择和设计安全解决方案，另一方面以 WSN 安全机制为例，帮助读者学习如何应用各种密码算法及协议。

14.9.1 传感器网络密码算法

传感器网络的网络基础设施缺乏、资源受限等特性使得诸多现有的密码算法难以直接应用，目前主要使用的是对称密码算法。但是在特定情况下，如访问控制等，也使用低开销的非对称密码算法。

在对称密码算法中，消息认证码(MAC)和 Hash 被广泛使用，如消息/身份认证通过 MAC 来进行，而不是传统的数字签名方式。广播认证协议 μTESLA 及其扩展都是基于单向 Hash 链的。

许多研究者正尝试在传感器节点上实现公钥运算。现已有一些传感器网络访问控制主要基于公钥体制，如 Haodong W 等提议的基于椭圆曲线密码的传感器网络访问机制。

随着技术的进步，传感器节点的能力也越来越强，原先被认为不可能应用的密码算法的低开销版本开始被接受。低开销的密码算法依然是传感器网络安全研究的热点之一。

14.9.2 传感器网络安全协议

针对数据机密性、数据完整性、信息认证以及数据新鲜性等安全特性，A. Perrig 等提出了传感器网络安全协议 SPINS，其中包含两个子协议：SNEP 和 μTESLA。SNEP 提供了基本的安全机制：数据机密性、双方数据鉴别和数据新鲜度；μTESLA 是传感器网络广播认证协议。

SNEP 协议是为传感器网络量身打造的，具有低通信开销的，能够实现数据机密性、完整性并保证新鲜度的简单高效的安全协议。

1. 节点之间密钥协商

SNEP 协议采用共享主密钥 k_{master} 的安全引导模型，其他密钥都是由主密钥衍生出来的。节点 A 和 B 之间通过基站协商建立安全通道的过程如下：

$A \to B$：N_A，A

$B \to S$：N_A，N_B，A，B，$MAC(k_{BS}, N_A \mid N_B \mid A \mid B)$

$S \to A$：$\{SK_{AB}\}_{k_{AS}}$，$MAC(k_{AS}, N_A \mid B \mid \{SK_{AB}\}_{k_{AS}})$

$S \to B$：$\{SK_{AB}\}_{k_{BS}}$，$MAC(k_{BS}, N_B \mid A \mid \{SK_{AB}\}_{k_B})$

其中，SK_{AB}是基站 S 为节点 A 和 B 设定的临时通信密钥，N_A 和 N_B 是随机数 nonce。

2. 机密性和语义安全

SNEP 使用计算器模式提供语义安全，具有抵抗已知明文攻击的能力。假设通信双方共享计数器值 C，加密的数据遵循以下格式：$E=\{D\}_{(k_{encr}, C)}$，这里 D 为需要传送的数据，k_{encr}为加密密钥。每次信息发送所使用的计数器值均是不同的。

3. 完整性和点到点的认证

SNEP 协议通过消息认证码(MAC)来实现消息完整性和点到点认证。节点 B 能够认证 A 发送的信息：$\{D\}_{(k_{encr}, C)}$，$MAC(k_{mac, C} \mid \{D\}_{(k_{encr}, C)})$，其中 k_{encr}和 k_{mac}是由主密钥 k_{master}推演出来的。

4. 数据新鲜性

使用 nonce 机制，SNEP 具有强数据新鲜性。在每个安全通信的请求数据包中增加 nonce 段，可唯一标识请求包的身份。例如，节点 A 和 B 之间的新鲜性验证的通信过程描述如下：

$A \to B$：N_A，$\{R_k\}_{(k_{encr}, C)}$，$MAC(k_{mac}, C \mid \{R_k\}_{(k_{encr}, C)})$

$B \to A$：$\{RSP_k\}_{(k_{encr}, C')}$，$MAC(k_{mac}, N_A \mid C' \mid \{RSP_k\}_{(k_{encr}, C)})$

子协议 μTESLA 为传感器网络广播认证协议，将在介绍广播认证部分详细分析。

14.9.3　传感器网络密钥管理

密钥管理是传感器网络的安全基础。所有节点共享一个主密钥的方式不能够满足传感器网络的安全需求。目前提出了许多传感器网络密钥管理方式。

1. 每对节点之间都共享一对密钥

这种模式的优点是：不依赖于基站，计算复杂度低，引导成功率为 100%，网络中任何节点均被威胁不会泄漏其他链路密钥。其缺点是：扩展性不好，无法加入新的节点，网络免疫力很低，支持的网络规模小，每个传感器节点都必须存储与其他所有节点共享的密钥，消耗的存储资源大，如节点数为 n 的网络，每个节点都至少要存储 $n-1$ 个节点标识和密钥。

2. 每个节点与基站之间共享一对密钥

这种模式中，每个节点需要存储的密钥量小，计算和存储压力集中在基站。该模式的优点是：计算复杂度低，对普通节点资源和计算能力要求不高；引导成功率高；可以支持大规模的传感器网络；基站能够识别异常节点，并及时将其排除在网络之外。其缺点是：过分依赖基站，如果节点被俘，则会暴露与基站的共享密钥，而基站被俘，整个网络就会被攻破。这种模式对于收集型网络比较有效，对于协同型网络其效率比较低。

3. 基本的随机密钥预分配模型

基本随机密钥预分配模型是 Eschenauer 等首先提出来的。其基本思想是：所有节点均从一个大的密钥池中随机选取若干个密钥组成密钥链，密钥链之间拥有相同密钥的相邻节点能够建立安全通道。基本随机密钥预分配模式由三个阶段组成：密钥预分配、密钥共享发现和路径密钥建立。

(1) 密钥预分配阶段：首先产生一个大的密钥池 G 和密钥标识；然后随机抽取不重复的 k 个密钥组成密钥链；最后把不同的密钥链装载到不同的传感器节点。

(2) 密钥共享发现阶段：在预分配阶段后，每个节点都要发现周围与其有共享密钥的节点，仅仅存在共享密钥的节点之间才被认为是连接的。

(3) 路径密钥建立阶段：在两个节点之间没有共享密钥的情况下，通过存在共享密钥的路径来建立链路密钥。

该模式可以保证任何两个节点之间均以一定的概率共享密钥。密钥池中密钥的数量越小，传感器节点存储的密钥链越长，共享密钥的概率就越大；但是密钥池的密钥量越小，网络的安全性就越脆弱，节点存储的密钥链越长，消耗的存储资源就越大。

4. 使用部署知识的密钥预分配模式

在传感器节点被部署之前，如果能够预先知道哪些节点是相邻的，则对密钥预分配具有重要意义，能够减少密钥预分配的盲目性，增加节点之间共享密钥的概率。因此，设计合理的传感器网络部署方法对密钥预分配模式是非常有效的。

节点被成组部署是很有可能的。例如，一组传感器节点被部署在单个部署点周围，每组节点最终位置的概率分布函数是相同的，如符合标准正态分布。部署模型为：N 个节点被分成 $t\times n$ 个相等尺寸的群组 $G_{i,j}$(其中，$i=1, \cdots, t$；$j=1, \cdots, n$)，被部署在标识为 (i, j) 的部署点处，令 (x_i, y_i) 代表群组 $G_{i,j}$ 的部署点，每个部署点为每个栅格的中央。在部署期间，节点 k 的最终位置遵循概率分布函数 $f_k^{ij}(x,y|k\in G_{i,j})=f(x-x_i, y-y_j)$。

用 S 代表全局密钥池，并将这个密钥池划分成为相邻部分有重叠的 $t\times n$ 个部分。$S_{i,j}$ $(i=1, \cdots, t; j=1, \cdots, n)$ 表示使用在 $G_{i,j}$ 内的子密钥池。相邻子密钥池之间共享密钥较多，可保证相邻的部署区域之间存在共享密钥的概率较大。

与基本随机密钥预分配模式相比，此模式仅仅在密钥预分配阶段有所不同。这个阶段是传感器被部署之前的离线阶段。在该阶段，群组 $G_{i,j}$ 中的节点使用密钥池 $S_{i,j}$，然后将 $G_{i,j}$ 部署在对应的栅格中。标识相邻群组的部署位置也是相邻的，使用的密钥池也是相邻的。建立密钥池 $S_{i,j}$ 的目的就是让相邻的密钥池共享较多的密钥，不相邻的密钥池共享较少的密钥。

在随机密钥预分配方案的基础上，我们提出了一个基于区域的传感器网络密钥管理方案。此方案利用节点部署知识，可提高网络的连通性，减少节点的存储开销，增加网络抗打击能力，适合于精度要求不高的场合。

5. q－composite 随机密钥预分配模型

为了提高系统的抵抗力，要求传感器节点之间共享 q 个密钥。q－composite 随机密钥预分配模型和基本随机密钥分配模型相似，只是要求相邻节点的公共密钥数大于 q。如果两个节点之间的共享密钥数 $q'>q$，那么共享密钥 $k=\text{Hash}(k_1|k_2|\cdots|k_{q'})$。Hash 的自变量

密钥顺序是预先议定的规范，这样两个节点就能够计算出相同的链路密钥。

在以上传感器网络密钥管理协议的基础上，许多研究人员针对不同的场景设计了一些密钥管理协议，限于篇幅，这里不再赘述。

14.9.4　传感器网络认证技术

传感器网络认证技术主要包含内部实体之间的认证、网络和用户之间的认证和广播认证。

1. 传感器网络内部实体之间的认证

传感器网络密钥管理是网络内部实体之间能够相互认证的基础。内部实体之间的认证是基于对称密码学的，具有共享密钥的节点之间能够实现相互认证。另外，基站作为所有传感器节点信赖的第三方，各个节点之间可以通过基站进行相互认证。

2. 传感器网络和用户之间的认证

用户为传感器网络外部的能够使用传感器网络来收集数据的实体。当用户访问传感器网络，并向传感器网络发送请求时，必须通过传感器网络的认证。用户认证存在四种方式，如表 14.9.1 所示。

表 14.9.1　用户认证方式

	不需要路由	需要路由
需要基站	直接基站 请求认证	路由基站 请求认证
不需要基站	分布式本地 请求认证	分布式远程 请求认证

1）*直接基站请求认证*

用户请求总是开始于基站，相应的 C/S 认证协议实现用户和基站之间的相互认证。成功认证之后，基站前转用户请求给传感器网络。

2）*路由基站请求认证*

用户请求开始于某些传感器节点，传感器节点不能对请求进行认证，他们将认证信息经路由传输到基站，由基站来进行用户认证。基站为传感器网络和用户建立信任关系。

3）*分布式本地请求认证*

用户请求由用户通信范围内的传感器节点协作认证，若认证通过，则这些传感器节点将通知网络的其他部分此请求是合法的。

4）*分布式远程请求认证*

请求的合法性仅仅由网络中指定的几个传感器节点验证。这些传感器节点可能被分布在某些指定的位置。用户请求认证信息将被路由到这些节点。

3. 传感器网络广播认证

由于传感器网络采用“一对多”和“多对一”通信模式，因此广播是节约能量的主要通信方式。为了保证广播实体和消息的合法性，研究传感器网络广播认证具有重要的意义。A. Perrig 等人在传感器网络安全协议 SPINS 中，提议了将 μTESLA 作为传感器网络广播认证协议。

14.9.5　传感器网络安全路由技术

路由协议是传感器网络技术研究的热点之一。目前有许多传感器网络路由协议，但是这些路由协议都非常简单，主要是以能量高效为目的而设计的，没有考虑安全问题。事实上，传感器网络路由协议容易受到各种攻击。敌人能够捕获节点对网络路由协议进行的攻击，如伪造路由信息、选择性前转、污水池等。受到这些攻击的传感器网络，一方面无法正确、可靠地将信息及时传递到目的节点；另一方面消耗大量的节点能量，缩短网络寿命。因此研究传感器网络安全路由协议是非常重要的。现有的传感器网络路由协议及其容易受到的攻击如表 14.9.2 所示。

表 14.9.2　现有的传感器网络路由协议及其容易受到的攻击

路 由 协 议	容易受到的攻击
TinyOS 信标	伪造路由信息、选择性前转、污水池、女巫、虫洞、HELLO 泛洪
定向扩散	伪造路由信息、选择性前转、污水池、女巫、虫洞、HELLO 泛洪
地理位置路由(GPSR、GEAR)	伪造路由信息、选择性前转、女巫
聚簇路由协议(LEACH、TEEN、PEGASIS)	选择性前转、HELLO 泛洪
谣传路由	伪造路由信息、选择性前转、污水池、女巫、虫洞
能量节约的拓扑维护(SPAN、GAF、CEC、AFECA)	伪造路由信息、女巫、HELLO 泛洪

要设计安全可靠的路由协议，应主要从以下两个方面考虑：

(1) 采用消息加密、身份认证、路由信息广播认证、入侵检测、信任管理等机制来保证信息传输的完整性和认证。这种方式需要传感器网络密钥管理机制的支撑。针对表 14.9.2 所示的各种攻击，采取的相应对策如表 14.9.3 所示。

(2) 利用传感器节点的冗余性，提供多条路径。即使在一些链路被敌人攻破而不能进行数据传输的情况下，依然可以使用备用路径。多条路径应能够保证通信的可靠性、可用性并具有容忍入侵的能力。

表 14.9.3　传感器网络攻击和解决方案

攻　击	解 决 方 法
外部攻击和链路层安全	链路层加密和认证
女巫攻击	身份验证
HELLO 泛洪	双向链路认证
虫洞和污水池	很难防御，必须在设计路由协议时考虑，如基于地理位置路由
选择性前转	多径路由技术，基于线索的路由技术
认证广播和泛洪	广播认证，如 μTESLA

传感器网络安全路由协议的进一步研究方向为：根据传感器网络的自身特点，在分析路由安全威胁的基础上，从密码技术、定位技术和路由协议安全性等方面探讨安全路由技术。

14.9.6　传感器网络入侵检测技术

入侵检测是发现、分析和汇报未授权或者毁坏网络活动的过程。传感器网络通常被部署在恶劣的环境下，甚至是敌方区域，因此容易被敌人捕获和侵害。传感器网络入侵检测技术主要集中在监测节点的异常以及辨别恶意节点上。由于资源受限以及传感器网络容易受到更多的侵害，因此传统的入侵检测技术不能够应用于传感器网络。

传感器网络入侵检测由三部分组成：入侵检测、入侵跟踪和入侵响应。这三个部分顺序执行。首先入侵检测被执行，要是入侵存在，则入侵跟踪被执行以定位入侵，然后入侵响应被执行以防御攻击者。

入侵检测框架如图 14.9.1 所示。

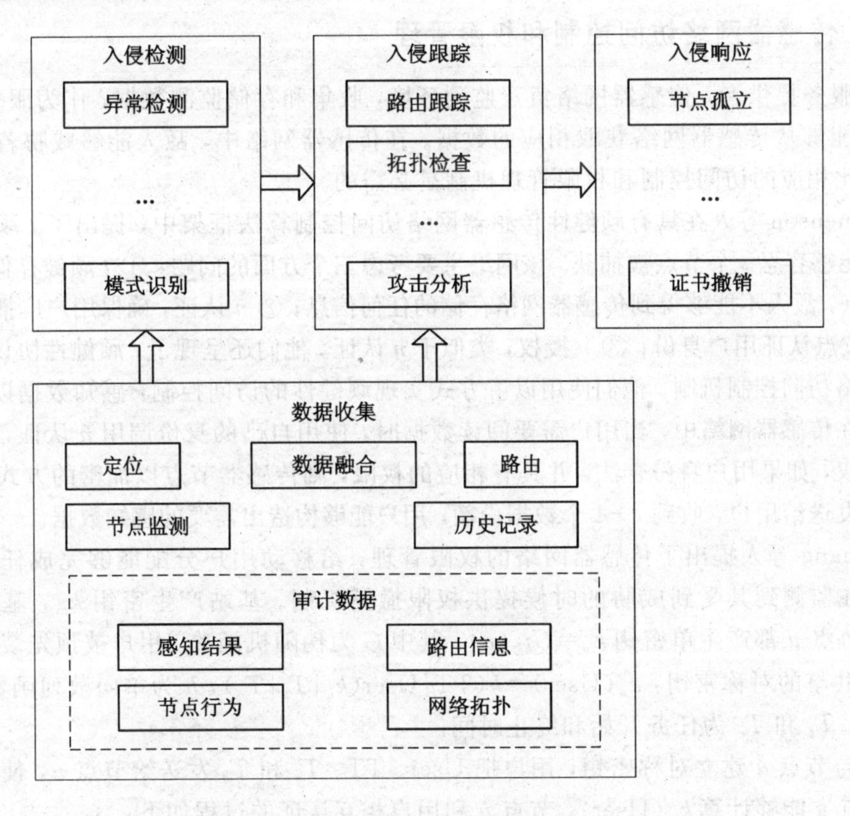

图 14.9.1　入侵检测框架

14.9.7　传感器网络 DoS 攻击

DoS 攻击就是任何减弱或者消除网络平台期望执行功能的行为。由于资源受限以及大量的节点被部署在无人照看的区域，因此传感器网络容易受到 DoS 攻击。常见的传感器网络 DoS 攻击和防御方法如表 14.9.4 所示。

表 14.9.4 传感器网络 DoS 攻击和防御方法

网络层次	攻 击	防 御
物理层	干扰台	频谱扩展、信息优先级、低责任环、区域映射、模式变换
	消息篡改	篡改验证、隐藏
链路层	碰撞	差错纠正码
	消耗	速率限制
	不公平	短帧结构
网络层	忽视和贪婪	冗余、探测
	自引导攻击	加密、隐藏
	方向误导	出口过滤、认证、监测
	黑洞	认证、监测、冗余
传输层	泛洪	客户端迷惑
	失步	认证

14.9.8 传感器网络访问控制和权限管理

作为服务提供者，传感器网络负责监测环境，收集和存储监测数据；作为服务请求者，合法用户能够从传感器网络获取相应的数据。在传感器网络中，敌人能够威胁若干传感器节点，因此相应的访问控制和权限管理机制是必需的。

Z. Benenson 等人在具有顽健性传感器网络访问控制算法框架中，提出了 t 顽健传感器网络，它能够容忍 t 个节点被捕获。该网络主要考虑三个方面的问题：① t 顽健存储，仅仅捕获 t 个节点，敌人不能够得到传感器网络存储的任何信息；② n 认证，确保用户广播范围内的 n 个合法节点认证用户身份；③ n 授权，类似于 n 认证。他们还呈现了 t 顽健性协议，实现了传感器网络访问控制机制。他们使用以下方式实现顽健性的访问控制：感知数据以 t 顽健的方式存储在传感器网络中，当用户需要阅读数据时，使用自己的身份调用 n 认证，随后用户调用 n 授权，如果用户身份合法，并具有相应的权限，则传感器节点以加密的方式将自己的数据份额发送给用户，收到 $t+1$ 个数据份额，用户能够构造出需要的感知数据。

W. Zhang 等人提出了传感器网络的权限管理，给移动用户分配能够完成任务的最小权限，并在监测到其受到威胁的时候提供权限撤销机制。基站产生密钥 k_m，基于这个密钥，每个节点 u 都产生单密钥 $k_u = G_{k_m}(u)$，其中 G 为伪随机函数。用户被预先装载与传感器节点 u 共享的对称密钥：$k_u(\text{User}) = h(\text{TT} | \text{User}(k_u | T_s | T_e)$，$h$ 为单向散列函数，TT 为任务类型，T_s 和 T_e 为任务开始和终止时间。

为了与节点 u 建立对称密钥，用户把 User、TT、T_s 和 T_e 发送给节点 u，使用同样的方法，节点 u 能够计算 $k_u(\text{User})$。节点 u 和用户相互认证的过程如下：

$$\text{User} \rightarrow u: R_1, \text{MAC}(k_u(\text{User}), R_1)$$

$$u \rightarrow \text{User}: R_2, \text{MAC}(k_u(\text{User}), R_1 | R_2)$$

这里 R_1 和 R_2 为阻止重放攻击的随机数。若是节点 u 能够成功认证用户信息，那么它将在时间间隔[T_s, T_e]期间辅助用户执行 TT 类型的任务。

Satyajit banerjee 等人提出了基于对称密钥的传感器网络用户请求认证方式。此方式没有引入额外开销，但是需要对密钥预分配技术的支撑。

第 15 章　信息安全评估

前面各章主要讨论如何利用安全技术设计和实现信息安全方案或信息安全系统。但是，现有的安全方案只能针对已知的安全问题进行防护，其本身是存在局限性的，而且安全方案的漏洞也不是在设计时就可以全部发现的，因此，在信息安全系统交付应用之前，安全评估是最后必需的重要步骤。信息安全风险评估是加强信息安全保障体系建设和管理的关键环节。本章将首先介绍信息安全风险评估的研究背景，阐述国外标准的发展历程及各标准间的联系，然后描述信息安全风险评估的基本步骤，以及信息安全风险评估过程中的关键问题和相应的解决办法，最后给出信息安全风险评估总的实施过程。

15.1　概　　述

信息技术的发展和信息安全问题是一对典型的矛盾问题，人们在享受信息和信息技术所带来的巨大便利的同时，信息也正以各种方式影响和控制着我们的生活。目前国际上围绕信息的获取、使用和控制的斗争愈演愈烈，对信息和信息系统安全的认识已上升到维护国家安全和社会稳定的高度。风险评估作为安全建设的出发点，在信息安全中占有重要地位。

15.1.1　研究背景

美国 Radicati 集团早期发表的一项调查报告指出：2003 年病毒造成的经济损失超过 280 亿美元，2007 年则超过 750 亿美元。该报告从一定程序上说明了网络安全事件、信息安全事件所造成的损失是呈增长趋势的，值得人们重视。

国内信息安全厂商瑞星 2008 年 11 月份的统计报告显示：病毒木马继承了 2007 年快速增长的势头，在 2008 年的前 10 个月，互联网上共出现新病毒 9 306 985 个，是 2007 年同期的 12.16 倍，木马病毒和后门程序之和超过 776 万，占总体病毒的 83.4%，病毒数量开始井喷式爆发。

中国互联网络信息中心(CNNIC)和国家互联网应急中心(CNCERT)在京联合发布的《2009 年中国网民网络信息安全状况调查系列报告》中指出，2009 年，52%的网民曾遭遇过网络安全事件。其中，给 21.2%的网民带来了直接经济损失。该报告还对网民用于处理网络安全事件支出的费用进行了统计，结果显示：2009 年，网民处理安全事件所支出的服务费用高达 153 亿元人民币。

面对当今日益增长的信息系统安全需求，单靠技术手段是不可能从根本上解决信息系统安全问题的，信息系统的安全更应从系统工程的角度来看待。在这项系统工程中，风险评估占有重要地位，它是信息系统安全的基础。通过风险评估，可以了解系统目前与未来的风险所在，评估这些风险可能带来的安全威胁与影响程度，为安全策略的确定、信息系统的建立及系统的安全运行提供依据。信息安全风险评估成为一个越来越紧迫的问题，已引起各发达国家的高度重视。实现风险评估的制度化已成为信息安全建设的迫切需求，如果不能进行有效的风险评估，则将会造成信息安全需求与安全解决方案之间的严重脱节。

15.1.2　基本概念

信息安全风险评估是信息安全的一个重要研究领域。

1. 信息安全

信息安全的定义为：为了防止未经授权就对知识、事实、数据或能力进行使用、滥用、修改或拒绝使用而采取的措施。

信息安全的目标是保护信息的保密性、完整性、可用性及其他属性，如可控性、真实性、不可否认性和可追溯性等。信息安全不是绝对的，没有完全彻底的信息安全。

2. 风险

风险是能够影响一个或多个目标的不确定性，是能够产生危险的诱因，在信息安全风险评估中普遍是指对资产造成损害的可能性。

3. 风险管理

风险管理是指对面临的风险进行风险识别、风险估测、风险评价、风险控制，以减少风险负面影响的决策及行动过程。通过管理，可对风险进行度量和控制，将风险降低到一个可接受的水平。

信息安全风险管理是风险管理理论和方法在信息系统中的应用，是科学分析信息和信息系统在保密性、完整性、可用性等安全属性方面所面临的风险，并在风险的预防、风险的控制、风险的转移、风险的补偿、风险的分散之间做出抉择的过程。风险评估是信息安全的出发点，风险控制是信息安全的落脚点。信息安全风险管理的核心是信息安全风险评估。

4. 信息安全风险

信息安全风险指信息系统在整个生命周期中面临的人为的或自然的威胁，利用系统存在的脆弱性导致信息安全事件发生的可能性及其造成的影响。

5. 信息安全风险评估

信息安全风险评估就是从风险管理角度出发，运用科学的方法和手段，系统地分析网络与信息系统所面临的威胁及其存在的脆弱性，评估安全事件一旦发生可能造成的危害程度，提出有针对性的抵御威胁的防护对策和整改措施，以防范和化解信息安全风险，或者将风险控制在可接受的水平，从而最大限度地保障网络和信息安全。

信息安全风险评估是一种方法，用来识别和了解对组织控制的限度(范围)。

信息安全风险评估是一种工具，用来识别组织资产、威胁和脆弱性(威胁)。

信息安全风险评估是一个过程，通过它可在概率和影响的基础上确定信息系统所面临的风险级别(风险级别)。

信息安全风险评估是一个手段，通过它可说明风险管理策略和资产分配的合理性(成本效益)。

6. 构成信息安全风险的要素

信息安全风险包括下面三个要素：

(1) 资产(asset)：需要保护的实体。

(2) 威胁(threat)：能够产生不友好环境的事件。

(3) 脆弱性(vulnerability)：发生危险的脆弱点。

这三个要素之间的关系是：威胁利用脆弱性对资产造成损害。

7. 残余风险

残余风险是指采取了安全保障措施，提高了防护能力后，仍然可能存在的风险。

8. 安全需求

安全需求是指为保证组织机构的使命正常行使，在信息安全保障措施方面提出的要求。

9. 安全措施

安全措施是指为对付威胁、减少脆弱性、保护资产而采取的预防和限制意外事件的影响，检测、响应意外事件，促进灾难恢复和打击信息犯罪而实施的各种实践、规程和机制的总称。

10. 信息安全风险基本要素间的关系

信息安全风险基本要素间的关系如图 15.1.1 所示。

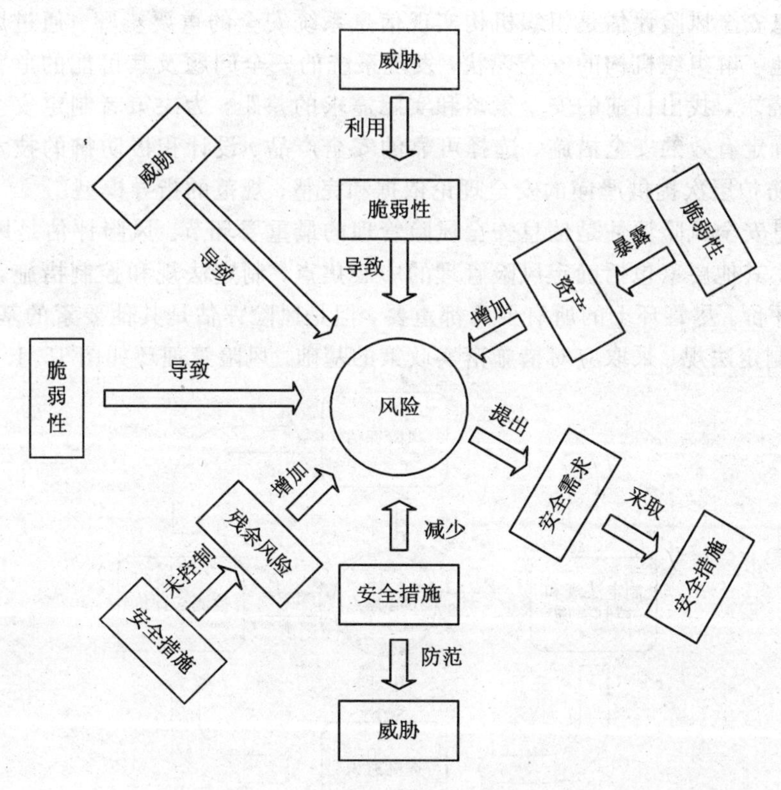

图 15.1.1　风险安全风险基本要素间的关系

15.1.3　目的和意义

信息安全风险评估有助于认清信息安全环境和信息安全状况，提高信息安全保障能力，其目的和意义体现在以下几个方面。

(1) 信息安全风险评估是科学分析并确定风险的过程。任何系统的安全性都可以通过风险的大小来衡量，科学地分析系统的安全风险、综合平衡风险和代价构成了风险评估的基本过程。

信息安全风险评估是风险评估理论和方法在信息系统中的运用，是依据有关信息安全技术与管理标准，对信息系统及由其处理、传输和存储的信息的保密性、完整性和可用性等安全属性进行评价的过程。

(2) 信息安全风险评估是信息安全建设的起点和基础。所有信息安全建设都应该基于信息安全风险评估。只有正确地、全面地识别风险、分析风险，才能在预防风险、控制风险、减少风险、转移风险之间作出正确的决策：决定调动多少资源，以什么样的代价，采取什么样的应对措施化解和控制风险。

(3) 信息安全风险评估是需求主导和突出重点原则的具体体现。风险是客观存在的，试图完全消灭风险或完全避免风险是不现实的。要根据信息及信息系统的价值、威胁的大小和可能出现的问题的严重程度，以及在信息化建设不同阶段的信息安全需求，坚持从实际出发，以需求为主导，突出重点，分级防护，科学地评估风险，并有效地控制风险。

(4) 信息安全风险评估是组织机构实现信息系统安全的重要步骤。通过风险评估，可全面、准确地了解组织机构的安全现状，发现系统的安全问题及其可能的危害，分析信息系统的安全需求，找出目前的安全策略和实际需求的差距，为决策者制定安全策略、构架安全体系、确定有效的安全措施、选择可靠的安全产品、设计积极防御的技术体系、建立全面的安全防护层次提供严谨的安全理论依据和完整、规范的指导模型。

(5) 信息安全风险评估是信息安全风险管理的最重要环节。风险评估是风险管理环上的一个要素，其他要素包括确定风险管理的中心焦点，制定法规和控制措施，提高安全意识，检测与评价。尽管环上的所有要素都重要，但是风险评估是其他要素的基石。特别地，风险评估是制定法规、采取应对措施落实政策的基础。风险管理环如图 15.1.2 所示。

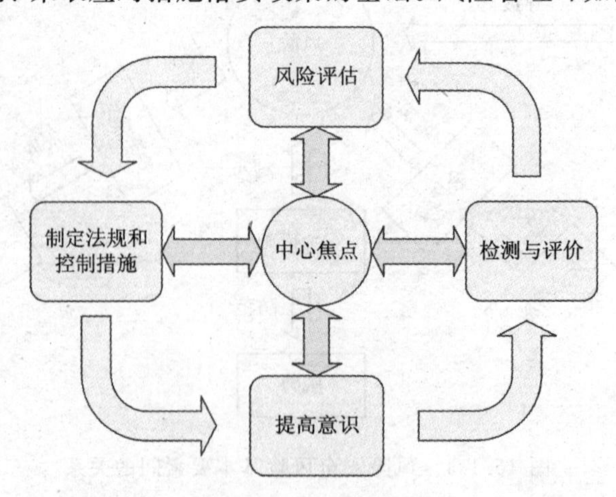

图 15.1.2　风险管理环

信息安全风险评估实际上是在倡导一种适度安全。不计成本、片面地追求绝对安全、试图消灭风险或完全避免风险是不现实的，也不是需求主导原则所要求的。坚持从实际出发，坚持需求主导，突出重点，就必须科学地评估风险，有效地控制风险。

重视信息安全风险评估是信息化发达国家的重要经验。目前发达国家越来越重视信息安全风险评估工作，提倡风险评估制度化。他们提出，没有有效的风险评估，便会导致信息安全需求与安全解决方案的严重脱节。因此，美国国家安全局强调"没有任何事情比解决错误的问题和建立错误的系统更没有效率的了"。发达国家近年来大力加强了以风险评估为核心的信息系统安全评估工作，并通过法规、标准等手段加以保障，逐步形成了横跨立法、行政、司法的完整的信息安全管理体系。

15.1.4　发展概况

信息安全风险评估经历了一个从只重技术到技术与管理并重，从单机到网络再到信息系统基础设施，从单一安全属性到多种安全属性的发展历程。

1. 美国信息安全风险评估的发展概况

在国际上，美国是对信息安全风险评估研究历史最长和工作经验最丰富的国家，一直主导信息技术和信息安全的发展，信息安全风险评估在美国的发展实际上也代表了风险评估的国际发展。

从最初关注计算机保密发展到目前关注信息系统基础设施的信息保障，大体经历了 3 个阶段，见表 15.1.1。

表 15.1.1　风险评估的发展过程

阶段 / 性质	第一阶段	第二阶段	第三阶段
时间	20 世纪 60 年代至 70 年代	20 世纪 80 年代至 90 年代	20 世纪 90 年代末至 21 世纪初
评估对象	计算机	计算机和网络	信息系统关键基础设施
背景	计算机开始应用于政府军队	计算机系统形成了网络化的应用	计算机网络系统成为关键基础设施的核心
特点	对安全的评估只限于保密性(保密阶段)	逐步认识到了更多的信息安全属性(保密性、完整性、可用性)(保护阶段)	安全属性扩大到了保密性、完整性、可用性、可控性、不可否认性等多个方面(保障阶段)

2. 其他国家信息安全风险评估的发展概况

除美国之外的其他发达国家也越来越重视风险评估工作，提倡风险评估制度化。

欧洲各国在信息安全管理方面的做法是在充分利用美国引导的科技创新成果的基础上，加强预防。欧洲各国在风险管理上一直探索走一条不同于美国的道路。"趋利避害"是其在信息化进程中防范安全风险的共同策略。信息安全风险管理和评估研究工作一直是欧盟投入的重点。

亚洲各国多为信息化领域的发展中国家，大多采取抢抓信息化发展机遇，把发展放在首位的战略。比如，日本在风险管理方面就综合美国和英国的做法，建立了“安全管理系统评估制度”(ISMS)，作为日本标准(JIS)，启用了ISO/IEC17799-1(BS7799)指导政府和民间的风险管理实践；韩国主要参照美国的政策和方法，通过专门成立的信息安全局，强力推进风险管理的实践；新加坡主要参照英国的做法，在信息安全风险评估方面依据BS 7799，向亚洲邻国输出其信息安全风险管理的专门知识和服务。

3. 我国信息安全风险评估的发展和现状

相对于发达国家，我国的信息安全工作相对滞后。美国安全专家Edwin B. Heinlein于1996年在“Computers & Security”上发表论文“Computer Security in China”，对中国数据和计算机安全状况做了相关论述，指出中国关于国际互联网的连接接入情况的规定不如新加坡严格，还指出中国在理解系统安全领域基本观点上远远落后，这种安全理论和实践水平的缺乏将会严重影响计算机技术在政府、商业等许多领域应用的迅速增长，并指出需要加强风险评估工作。我国的信息安全评估工作是随着对信息安全问题的认识逐步深化不断发展的。早期的信息安全工作的中心是信息保密，通过保密检查来发现问题，改进提高。20世纪80年代后，随着计算机的推广应用，我国随即提出了计算机安全的问题，开展了计算机安全检查工作。由于缺乏风险意识，通常寻求绝对安全的措施。20世纪90年代后，随着互联网在我国得到了广泛的社会化应用，国际大环境的信息安全问题和信息战的威胁直接在我国的信息环境中有所反映。在有关部门的组织下，开展了有关等级保护评价准则、安全产品的测评认证、系统安全等级划分指南的研究，初步提出了一系列相关技术标准和管理规范。信息安全的风险意识也开始建立，并逐步有所加强，于1994年2月颁布的《中华人民共和国计算机信息系统安全保护条例》提出了计算机信息系统实行安全等级保护的要求。2004年3月启动了信息安全风险评估指南和风险管理指南等标准的编制工作。2006年完成了《信息安全评估指南》送审稿。2007年11月1日，由全国信息安全标准化技术委员会组织制定、国家标准化管理委员会审查批准发布的GB/T 20984—2007《信息安全技术 信息系统的风险评估规范》正式实施。

我国在信息安全风险评估方面开展了一些工作，积累了一些经验，但总体来说还处于起步阶段，有待规范提高，已经显现的问题和可能发生的问题也有待深入研究，并提出解决办法。

15.1.5　研究概况

信息安全风险评估方法主要分为定性评估方法、定量评估方法和定性与定量相结合的评估方法三大类。

(1) 定性评估方法主要依据研究者的知识及经验、历史教训、政策走向以及特殊变例等非量化资料对系统的风险状况做出判断。定性分析方法是使用最广泛的风险分析方法。该方法通常只关注威胁事件所带来的损失，而忽略事件发生的概率。多数定性风险分析方法依据组织面临的威胁、脆弱性以及控制措施等元素来决定安全风险等级。在定性评估时并不使用具体的数据，而是指定期望值，如设定每种风险的影响值和概率值为“高”、“中”、“低”。定性评估方法的优点是使评估的结论更全面、深刻；其缺点是主观性很强，对评估者本身的要求更高。此外，有时单纯使用期望值，难以明显区别风险值之间的差别。典型的定性评估方法有：因素分析法、逻辑分析法、历史比较法、德尔斐法等。

(2) 定量评估方法是指运用数量指标来对风险进行评估。该法分析风险发生的概率、风险危害程度所形成的量化值，大大增加了与运行机制和各项规范、制度等紧密结合的可操作性，分析的目标和采取的措施更加具体、明确、可靠。其优点是用直观的数据来表述评估的结果，看起来一目了然，而且比较客观；缺点是量化过程中容易使本来比较复杂的事物简单化。典型的定量分析方法有：聚类分析法、时序模型、回归模型等。

(3) 定性与定量相结合的评估方法就是将定性分析方法和定量分析方法这两种方法有机结合起来，做到彼此之间的取长补短，使评估结果更加客观、公正。在复杂的信息系统风险评估中，不能将定性分析与定量分析简单地分割开来。在评估过程中，对于结构化很强的问题，采用定量分析方法；对于非结构化的问题，采用定性分析方法；对于兼有结构化特点和非结构化特点的问题，采用定性与定量相结合的评估方法。

15.2 评估过程

15.2.1 评估内容及关键问题概述

GB/T 20984－2007 中给出了风险评估的实施流程。结合具体实施过程，本节将描述信息安全风险评估的基本步骤，对风险评估过程中需要解决的关键问题进行分析。

1. 信息安全风险评估的内容

依据 GB/T 20984－2007 中提出的风险评估的实施流程和具体实践研究，信息安全风险评估一般遵循如下步骤：

(1) 构建安全框架模型：包括安全范围的界定以及将安全问题结构化为“保护对象框架”。

(2) 信息资产评估：识别并估价关键的信息资产。

(3) 威胁评估：识别面临的威胁并确定发生的可能性。

(4) 脆弱性评估：识别系统的脆弱性(包括现有控制的不足)，衡量脆弱性的严重程度。

(5) 建立威胁脆弱性关联：确定信息资产及其脆弱性与威胁之间存在的联系。

(6) 风险确定：依据一定的风险评估方法，对信息系统进行全面、综合的评估，分析风险级别，并写出风险分析报告。

(7) 风险处理：由风险分析过程提出系统的控制目标及应采取的安全控制措施，编写风险处理意见。

(8) 风险管理：对信息系统实施风险管理。

过程的每一步具有紧密的前后关联，前一步的输出是后一步的输入，关系如图 15.2.1 所示。

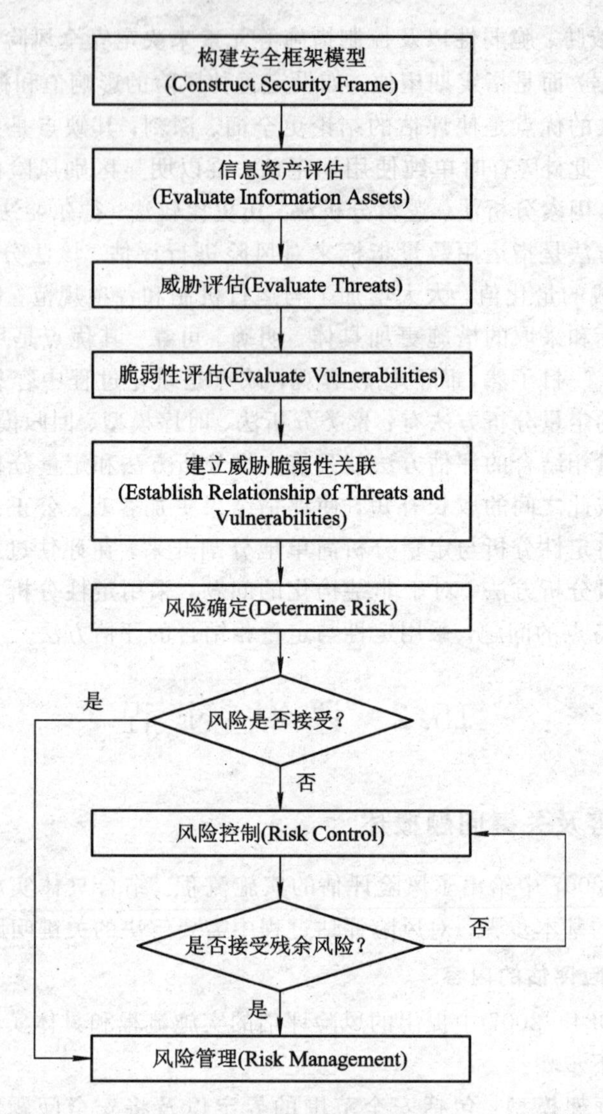

图 15.2.1　风险评估流程图

2. 信息安全风险评估过程中需要解决的关键问题

在信息安全风险评估的实施过程中，需要解决下列问题：

(1) 为了对信息系统的安全有个整体上的认识，需要明确评估范围，不漏掉任何安全问题。

(2) 如何准确、客观地评估信息资产。资产评估包括资产识别和资产价值估算两个步骤。资产识别往往过于繁琐，在识别信息资产时可以以资产组为单位，以减少资产识别的工作量。在资产的赋值上，资产的保密性、完整性和可用性这三个安全属性(以下简称“CIA”或“CIA 三性”)具有不同的权值，不同资产的 CIA 权值的侧重点不同，可根据实际情况选择不同的方法。

(3) 对威胁的评估要考虑威胁的获取方法，以及如何得到威胁发生的可能性，即如何解决威胁评估中赋值考虑的因素。

(4) 在脆弱性评估中，要考虑工具扫描、人工分析和渗透测试方法可能带来的新的风险。

(5) 风险的确定。

15.2.2　安全框架模型

在风险评估项目实施中，整体性是核心问题，为了保障安全体系具有一定的完整性，避免信息系统出现安全漏洞，于是引入了安全框架模型。美国国家安全局在 2002 年 12 月发布了信息安全保障技术框架(IATF，the Information Assurance Technical Framework) 3.1 版本，提出了信息安全保障的深度防御战略模型，将防御体系分为策略、组织、技术和操作四个要素，强调在安全体系中进行多层保护。

安全框架是依据框架的概念，解决组织信息安全问题的思路方法。其构建过程如图 15.2.2 所示。

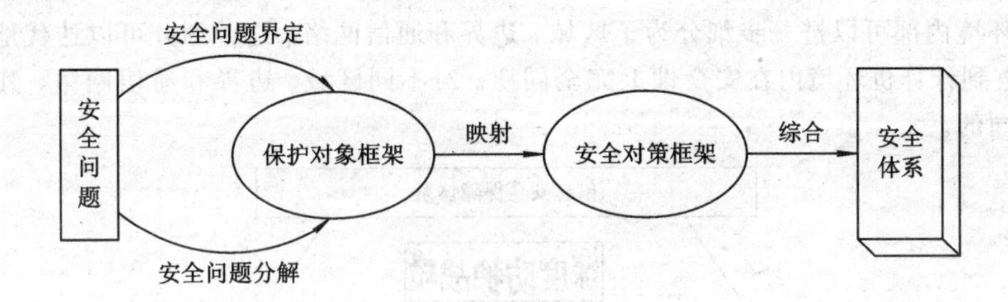

图 15.2.2　安全框架的构建

1. 界定安全问题的范围

进行风险评估时，必须进行安全范围的界定，要求评估者明确所需要评估的对象。安全范围包括：物理和逻辑周界、可控制的资产、威胁分析的范围。在该阶段生成文档《信息安全范围评估报告》。

2. 对安全问题进行结构化分析

在信息系统十分庞大的情况下，为了更好地研究其安全问题，需要从庞大的信息资产中提炼出保护对象框架。安全框架体系是指以结构化的方法表达信息系统的框架模型。

1) 结构化原理

结构化原理是指通过特定的结构将问题拆分成子问题的迭代过程，如故障树。在这个过程中，应遵循以下原则：

(1) 充分覆盖，即所有子问题的总和必须覆盖原问题。如果不能充分覆盖，那么解决问题的方法就可能出现遗漏，严重影响方法的可行性。

(2) 互不重叠，即所有子问题都不允许重复。比如，某一个子问题其实是另外两个问题或多个问题的合并，这个问题就不能再出现在一个框架中。

(3) 不可再细分，即所有子问题都必须细分到不能再被细分。当一个问题经过框架分析后，所有不可再细分的子问题就构成了一个“框架”。

2) 结构化分析

当信息安全问题的范围被明确后，问题必须按照结构化原理被不断地细分。这时整个问题已经被结构化为“保护对象框架”。保护对象框架可以看做由一组“安全需求”组成，通过将安全问题不断细分为保护对象，“安全需求”也就越明确、越详细。

3. 为保护框架中的每一项安全需求设计或选择相应的对策

为保护框架中的每一项安全需求设计或选择若干安全控制，这些安全控制的集合构成了“安全对策框架”。保护对象框架和安全对策框架之间是“映射”关系，即每一个需求对应若干个控制，而每一个控制只对应一个需求。

4. 综合安全对策框架成为安全体系

安全控制包含策略、组织、技术和运作四个要素。将这四个要素综合起来，就成为策略体系、组织体系、技术体系和运作体系。

图 15.2.3 是某信息系统安全体系的构成。图中，最下面是系统的保护对象框架，根据信息资产逻辑图，可将系统的保护对象分成计算机环境、区域边界、网络与基础设施等。计算机环境内部可以进一步细分为子区域、边界和通信网络。这种细分可以迭代地进行下去，一直到计算机环境内在安全性上完全同质。对不同区域、边界和通信网络，其安全需求是不同的。

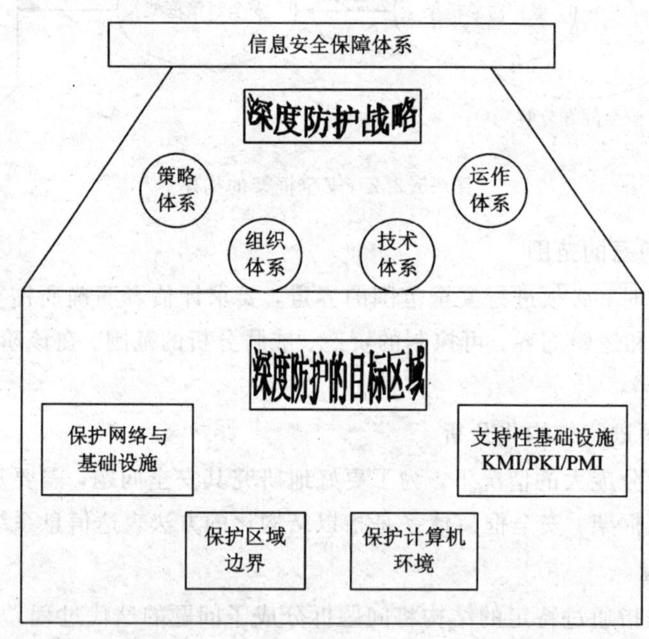

图 15.2.3 某信息系统安全体系的框架

15.2.3 信息资产评估

资产是组织机构赋予价值而需要保护的实体。资产分为有形资产和无形资产，设备、人员、数据等为有形资产，知识产权、信誉等为无形资产。信息资产评估包括资产识别和资产价值估算两个步骤。资产识别即确认组织机构的资产，列出资产清单。资产价值估算即对资产价值的估计，不仅要考虑资产的账面价格，更要考虑资产在组织机构中的重要程度。资产具有很强的时间特性，它的价值和安全属性随着时间的推移发生变化，应该根据资产随时间变化的频度制定相关的评估和安全策略的频度。

1. 以资产组为单位识别信息资产

在实际项目中，为了减少资产识别的工作量，在不影响评估质量的前提下，可以在评估项目中采用资产组的概念来进行资产的识别。对于没必要进行细分的资产，采用资产组进行标识，如一台主机为一个主机资产组，包括硬件资产、软件资产(包括操作系统、应用软件等)、服务资产、数据资产等。对于重要的资产，应进行独立标识，如在一个资产组中，有几个资产的属性都非常重要，则可考虑提出其分别作为一个资产。又如，一个非常重要的数据库主机可以分为一个数据库资产组和一个主机资产组，也可以把其中的数据再提出来单独作为一个数据资产。

国标中指出，“在实际工作中，具体的资产分类方法可以根据具体的评估对象和要求，由评估者灵活把握。”在实际应用中可以把信息资产分为网络设备、服务器、工作站、安全设备、物理环境、业务系统、数据、文档和人员等。

在识别网络设备的信息资产时，一体化的网络设备(如路由器、交换机等)均视为一项信息资产，而不再具体细分为硬件和软件；网络线路的物理介质均视为网络系统信息资产的属性，而不再单列为资产。

在列举主机系统信息资产时，以集群、簇或者备份工作方式工作的同质主机系统均视为一项资产，但其数量应作为属性列出；同一台主机系统安装有两种或两种以上操作系统并均能接入到网络中的，应视为多项主机系统信息资产。

2. 信息资产价值的计算

国标指出，“资产价值应依据资产在保密性、完整性和可用性上的赋值等级，经过综合评定得出。综合评定方法可以根据自身的特点，选择资产保密性、完整性和可用性中最为重要的一个属性的赋值等级作为资产的最终赋值结果；也可以根据资产保密性、完整性和可用性的不同等级对其赋值进行加权计算得到资产的最终赋值结果。加权方法可根据组织的业务特点确定。”

结合实际应用，我们对权值的取值方法进行如下讨论。

1) *不考虑权值的计算*

信息资产的估价主要是对 CIA 三性分别赋予价值，以此反映信息资产的价值。也可以加上资产的其他属性赋值，根据实际情况决定。

考察实际经验，CIA 三性中最高的一个对最终的资产价值影响最大。资产价值并不随着三个属性值的增加而线性增加，较高的属性值具有较大的影响。不考虑 CIA 三性的权值，可以用下列公式计算资产价值：

$$\mathrm{AssetValue}=\mathrm{Round1}\left[\mathrm{lb}\left(\frac{2^{\mathrm{Conf}}+2^{\mathrm{Int}}+2^{\mathrm{Avail}}}{3}\right)\right]$$

其中，Conf 表示保密性赋值；Int 表示完整性赋值；Avail 表示可用性赋值；Round1[]表示四舍五入处理，保留一位小数；lb( )表示取以 2 为底的对数。

上述公式中，CIA 三性每相差 1，则影响相差 2 倍，以此来体现最高属性的主导作用。

2) *考虑权值的计算*

在不同的行业中，因为业务、职能和行业背景千差万别，所以信息安全的目标和安全保障的要求也截然不同，比如电信运营商最关注可用性，金融行业最关注完整性，政府涉密部门最关注保密性，这时 CIA 三性的权值就会相差很大。为解决这个问题，在计算资产价值时对 CIA 三性引入不同的权值，并用下列公式计算资产价值：

$$\text{AssetValue}=\text{Round1}\left\{\text{lb}\left[\frac{A\times 2^{\text{Conf}}+B\times 2^{\text{Int}}+C\times 2^{\text{Avail}}}{3}\right]\right\}$$

其中，A 代表保密性的权值，B 代表完整性的权值，C 代表可用性的权值。A、B、C 是三个 0～3 之间的常数，且 $A+B+C=3$。

权值的确定依据是对要评估系统的行业背景和应用特点的理解。下面是一些行业的示范：

电信运营商(最关注可用性)：$A=0.7$，$B=0.7$，$C=1.6$。

金融行业(最关注完整性)：$A=0.7$，$B=1.6$，$C=0.7$。

政府涉密部门(最关注保密性)：$A=1.6$，$B=0.7$，$C=0.7$。

3) 不同资产 CIA 三性的权值不同

即使对同一个信息系统进行评估，不同类的资产，其对 CIA 三性的关注程度也不同，CIA 三性的权值有时也会相差很大。为解决这个问题，在使用上述公式时，对不同的资产 A、B、C 的确定要根据具体情况而定，不能一概而论。

4) CIA 三性本身的赋值

CIA 三性本身的赋值一般按照 5 级指标体系，较难人为判断，容易产生较大误差。在实际应用中可以考虑将每个值拆分为两个值，通过两个值相加产生最终值。这两个值都取自{1，2，3，4}。通过这种方法，将有效减少人为判断的误差。

Conf$=f(X_{\text{Conf}}, Y_{\text{Conf}}$中，Conf 代表保密性价值，$X_{\text{Conf}}$ 和 Y_{Conf} 代表拆分后的参量。

Int$=f(X_{\text{Int}}, Y_{\text{Int}})$中，Int 代表完整性价值，$X_{\text{Int}}$ 和 Y_{Int} 代表拆分后的参量。

Avail$=f(X_{\text{Avail}}, Y_{\text{Avail}})$中，Avail 代表可用性价值，$X_{\text{Avail}}$ 和 Y_{Avail} 代表拆分后的参量。

函数 f 可以采用矩阵法，如表 15.2.1 所示。

表 15.2.1　矩阵法求值

价值	$X=4$	$X=3$	$X=2$	$X=1$
$Y=4$	5	5	4	3
$Y=3$	5	4	3	2
$Y=2$	4	3	2	1
$Y=1$	3	2	1	1

表 15.2.1 中，X 值一般代表关联程度，即某资产与后果之间的关联性；Y 值一般代表关键程度，即该种后果的关键程度。

(1) 保密性赋值。对于不同的资产类型，其保密性价值含义可能不同。为了方便赋值，将保密性拆为两个值：X_{Conf} 和 Y_{Conf}。

X_{Conf}(保密性关联程度)是指资产被暴露与所造成最严重后果之间的关系。X_{Conf} 可分为直接导致损失、容易导致损失、可能导致损失和难以导致损失四种程度，分别对应 4、3、2、1 四个值。

例如，对某信息系统，各类资产 X_{Conf} 的赋值原则为：数据资产的 X_{Conf} 取 4；应用软件和数据库平台系统的 X_{Conf} 取 3；关键的网络系统、服务器系统和除数据库外的平台系统的 X_{Conf} 取 2；一般的网络系统、控制台、工作站、客户机的 X_{Conf} 取 1。

Y_{Conf}（保密性关键程度）是指后果对组织的最严重损害程度。Y_{Conf} 也可分为极其严重损失、严重损失、中等损失和轻微损失四种，分别对应 4、3、2、1 四个值。Y_{Conf} 值主要与该资产所承载或传输的数据保密性要求有关，最终根据顾问和用户双方的意见确定。

（2）完整性赋值。对于不同的资产类型，其完整性价值含义可能不同。为了方便赋值，将完整性拆为两个值：X_{Int} 和 Y_{Int}。

X_{Int}（完整性关联程度）是指资产不处于准确、完整或可依赖状态与所造成最严重后果之间的关系。X_{Int} 可分为直接导致损失、容易导致损失、可能导致损失和难以导致损失四种程度，分别对应 4、3、2、1 四个值。

例如，对某信息系统，各类资产 X_{Int} 的赋值原则为：数据资产的 X_{Int} 取 4；应用软件的 X_{Int} 取 3；主机系统、平台系统和关键的网络系统的 X_{Int} 取 2；一般网络系统的 X_{Int} 取 1。

Y_{Int}（完整性关键程度）是指后果对组织的最严重损害程度。Y_{Int} 也可分为极其严重损失、严重损失、中等损失和轻微损失四种，分别对应 4、3、2、1 四个值。Y_{Int} 值主要与该资产所承载或传输数据和服务的重要性有关，最终根据顾问和用户双方的意见确定。

（3）可用性赋值。对于不同的资产类型，其可用性价值含义可能不同。为了方便赋值，将可用性拆为两个值：X_{Avail} 和 Y_{Avail}。

X_{Avail}（可用性关联程度）是指资产不可用时对某个业务的影响。X_{Avail} 可分为直接导致损失、容易导致损失、可能导致损失和难以导致损失四种程度，分别对应 4、3、2、1 四个值。

例如，对某信息系统，各类资产 X_{Avail} 的赋值原则为：数据资产的 X_{Avail} 取 4；应用软件的服务器端、平台系统的服务器端、未采取热备或多机的服务器系统和核心网络系统的 X_{Avail} 取 3；非核心网络资产的 X_{Avail} 取 2，采取热备或多机的服务器系统和核心网络系统的 X_{Avail} 也可取 2；客户机系统和应用软件的客户端的 X_{Avail} 取 1。

Y_{Avail}（可用性关键程度）是指后果对组织的最严重损害程度。Y_{Avail} 也可分为极其严重损失、严重损失、中等损失和轻微损失四种，分别对应 4、3、2、1 四个值。这里，Y_{Avail} 等同于该资产所属或所承载应用服务的关键性程度。

例如，表 15.2.2 为某信息系统资产价值统计表的一部分。

表 15.2.2　资产价值统计表

资产编号	资产名称	X_c	Y_c	X_i	Y_i	X_a	Y_a	C	I	A	AV
Asset_01	核心业务数据库服务器	2	3	2	3	4	3	3	3	5	4.1
Asset_02	核心业务应用服务器	2	3	2	3	4	2	3	3	4	3.5
Asset_03	财务系统应用服务器 1	2	3	2	3	4	2	3	3	4	3.5
Asset_04	网管服务器	2	2	2	2	2	3	2	2	3	2.5
Asset_05	管理控制台	1	2	2	2	2	1	1	2	1	1.4
Asset_06	信息管理部工作站	1	3	2	1	4	1	2	1	3	2.3
Asset_07	总工作站	1	3	2	1	4	1	2	1	3	2.3
Asset_08	客服工作站	1	2	2	1	3	1	1	1	2	1.5

续表

资产编号	资产名称	X_c	Y_c	X_i	Y_i	X_a	Y_a	C	I	A	AV
Asset_09	核心交换机	2	3	2	3	4	3	3	3	5	4.1
Asset_10	局域网交换机 1	1	2	1	2	4	2	1	1	4	2.9
Asset_11	总部广域网路由器	2	3	2	3	4	3	3	3	5	4.1
Asset_12	拨号访问路由器	2	3	2	3	4	3	3	3	5	4.1
Asset_13	互联网路由器	2	1	2	1	3	3	1	1	4	2.9
Asset_14	广域网路由器	2	3	2	3	4	2	3	3	4	3.5
Asset_15	互联网防火墙	2	1	2	1	3	3	1	1	4	2.9
Asset_16	分部广域网路由器	2	3	2	3	4	2	3	3	4	3.5
Asset_17	DNS 服务器	2	1	2	3	3	3	1	3	4	3.3
Asset_18	客服程控交换机	2	2	2	2	3	3	2	2	4	3.1
Asset_19	千兆交换机	1	1	1	1	1	1	1	1	1	1
Asset_20	24 口交换机	1	1	1	1	1	1	1	1	1	1
Asset_21	12 口 Hub	1	2	1	1	3	1	1	1	2	1.5
Asset_22	24 口 Hub1	1	2	1	1	3	1	1	1	2	1.5
Asset_23	24 口 Hub2	1	2	1	1	3	1	1	1	2	1.5
Asset_24	24 口 Hub3	1	2	1	1	3	1	1	1	2	1.5
Asset_25	核心业务数据库	3	3	2	3	4	3	4	3	5	4.3
Asset_26	核心业务 Web	2	3	2	3	4	3	3	3	5	4.1
Asset_27	核心业务 App 服务器	2	3	2	3	4	3	3	3	5	4.1
Asset_28	报表服务器中间件	2	2	2	2	4	3	2	2	5	3.9
Asset_29	测试系统数据库	3	1	2	1	1	3	2	1	2	1.7
Asset_30	测试系统 App 服务器	2	1	2	1	1	3	1	1	2	1.5
Asset_31	测试系统 Web 服务器	2	1	2	1	1	3	1	1	2	1.5
Asset_32	内部测试系统 App 服务器	2	1	2	1	1	3	1	1	2	1.5
Asset_33	内部测试系统 Web 服务器	2	1	2	1	1	3	1	1	2	1.5
Asset_34	CallCenter 中间件	2	2	2	2	3	3	2	2	4	3.1
Asset_35	CallCenter 数据库	3	2	2	2	3	3	3	2	4	3.3
Asset_36	WebmailWeb 服务器	2	3	2	2	3	3	3	2	4	3.3
Asset_37	CallCenter 备份系统	2	2	2	2	3	3	2	2	4	3.1
Asset_38	财务系统数据库	3	3	2	3	4	3	4	3	5	4.3
Asset_39	电子商务数据库	3	2	2	3	2	3	3	3	3	3
Asset_40	核心业务备份系统	2	3	2	3	4	3	3	3	5	4.1
Asset_41	核心业务系统软件	3	3	3	3	4	3	4	4	5	4.5

表中：X_c 为保密性关联程度，Y_c 为保密性关键程度，X_i 为完整性关联程度，Y_i 为完整性关键程度，X_a 为可用性关联程度，Y_a 为可用性关键程度，C 为保密性价值，I 为完整性价值，A 为可用性价值，AV 为平均价值。

15.2.4　威胁评估

威胁评估是对信息资产有可能受到的威胁进行分析，一般从威胁来源、威胁途径、威胁意图、损失等几个方面来分析。威胁可能源于对信息系统直接或间接的攻击，例如非授权的泄露、篡改、删除等，在保密性、完整性或可用性等方面造成损害。威胁也可能源于偶发或蓄意的事件。一般来说，威胁总是要利用网络中的系统、应用或服务的弱点才可能成功地对资产造成损害。威胁是对组织的资产引起不期望事件而造成损害的潜在可能性。

1. 安全威胁的获取方法

评估和了解安全威胁的方法主要有用户面谈、安全事件文档审阅、入侵检测系统收集的信息和人工分析、模拟攻击分析、人工分析等。

(1) 用户面谈：通过对被评估方的主要安全管理人员或运行人员进行访谈，了解其对系统现有安全威胁的直觉认识，并以此作为调查安全威胁的重要手段。

(2) 安全事件文档审阅：通过对用户方的安全事件和事故记录进行审阅，了解其历史上安全事件发生的频率和强度，从侧面来了解安全威胁的可能性和强度。

(3) 入侵检测系统收集的信息和人工分析：如果用户已经部署了入侵检测系统，则可通过对入侵检测系统的日志信息进行人工分析，这有助于对那些利用黑客技术、恶意代码等进行攻击的安全威胁进行了解。

(4) 模拟攻击分析：通过黑客攻击的测试方法进行威胁分析。

(5) 人工分析：根据专家经验，对已知的数据进行分析。

2. 威胁发生的可能性

通常地，在对威胁可能性进行赋值时，可通过下列分析获得。

(1) 如果是人为故意威胁，则既要考虑资产的吸引力和曝光程度以及组织的知名度，还要考虑资产转化为利益的容易程度，包括财务的利益以及黑客获得对运算能力很强、带宽很大的主机的非法使用等利益。

(2) 通过过去的安全事件报告或记录，统计各种发生过的威胁及其发生频率。

(3) 在评估体实际环境中，通过入侵检测系统获得的威胁发生的数据统计和分析，以及各种日志中威胁发生的数据统计和分析。

(4) 过去一年或两年来国际机构发布的整个社会或特定行业安全威胁发生频率的统计数据均值。

(5) 根据专家经验分析，通过定量或半定量计算获得。

图 15.2.4 为某信息系统的安全威胁概率示意图。

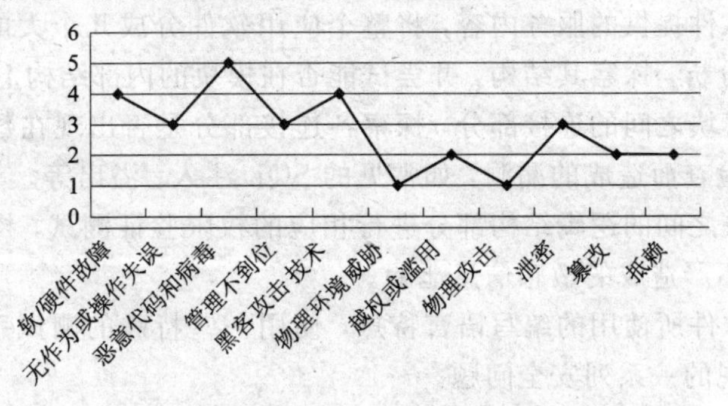

图 15.2.4　安全威胁概率

15.2.5 脆弱性评估

脆弱性评估是指通过各种测试方法，获得信息资产中所存在的缺陷清单，包括物理环境、机构、过程、人员、管理、配置、硬件、软件和信息等各种资产的脆弱性。这些缺陷会导致对信息资产的非授权访问、泄密、失控、破坏或不可用，绕过已有的安全机制，缺陷的存在将会危及到信息资产的安全。

脆弱点的识别和获取有多种方式，例如工具扫描、人工分析、渗透测试(Penetration Testing)、策略文档分析、安全审计(Audit)、网络架构分析、业务流程分析、应用软件分析等。可以根据具体的评估对象、评估目的来选择具体的脆弱点获取方式。

1. 工具扫描

工具扫描的最大特点是由软件自动进行，速度快，效率高。可采用基于网络和基于主机的扫描软件来分别进行工具扫描。

1) 工具扫描原理

工具扫描主要是根据已有的安全漏洞知识库，模拟黑客的攻击方法，检测网络协议、网络服务、网络设备、应用系统等各种信息资产所存在的安全隐患和漏洞。网络扫描主要依靠带有安全漏洞知识库的网络安全扫描工具对信息资产进行基于网络层面的安全扫描，其特点是能对被评估目标进行覆盖面广泛的安全漏洞查找，并且评估环境与被评估对象在线运行的环境完全一致，能较真实地反映主机系统、网络设备、应用系统所存在的网络安全问题和面临的网络安全威胁。

2) 风险与应对措施

在评估过程中，一定要注意因为评估而造成的新风险。在扫描过程中应尽量避免使用含有拒绝服务类型的扫描方式，而主要采用人工检查的方法来发现系统可能存在的拒绝服务漏洞。

在扫描过程中，如果出现被评估系统没有响应的情况，则应当立即停止扫描工作，分析情况，在确定原因、正确恢复系统、采取必要的防范措施后，才可以继续进行。

2. 人工分析

在面对复杂的应用软件的时候，人工分析不仅能够弥补工具在灵活性上的缺点，还能借助分析专家自身的丰富的知识。人工分析是工具分析的一种必要的补充。

人工分析的步骤如下：

(1) 根据应用软件提供的服务内容，将整个应用软件分成几个大的模块，然后对每个大的模块进行人工分析，探察其结构，并尝试能否在模块的内部结构上有所发现。

(2) 分析各个模块之间的连接部分，探察各连接部分是否出现在数据交互时因未对边界或特殊符号进行检查而造成的漏洞，如常见的SQL注入、溢出等。

(3) 对各个模块之间的逻辑结构部分进行相应的权限验证测试，探察是否存在未授权访问或者权限控制不严造成的敏感信息泄漏。

(4) 结合应用软件所使用的编写语言特点，使用一些特殊的测试手段，分析由于编写语言不同而可能出现的一系列安全问题。

(5) 整理出所有的人工分析原始资料，重新检查一次是否有遗漏部分。

(6) 统计所有的分析结果，提交相应的人工分析报告。

人工分析的检查项目如图 15.2.5 所示。

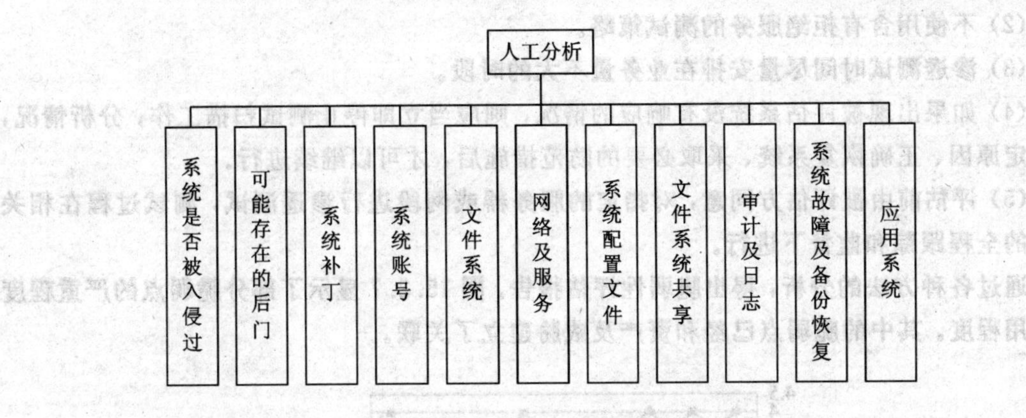

图 15.2.5　人工分析的检查项目

3. 渗透测试

渗透测试是一种从攻击者的角度来对主机系统的安全程度进行安全评估的手段，在对现有信息系统不造成任何损害的前提下，模拟入侵者对指定系统进行攻击检测。渗透测试通常能以非常明显、直观的结果来反映出系统的安全现状。

渗透测试的流程如图 15.2.6 所示。

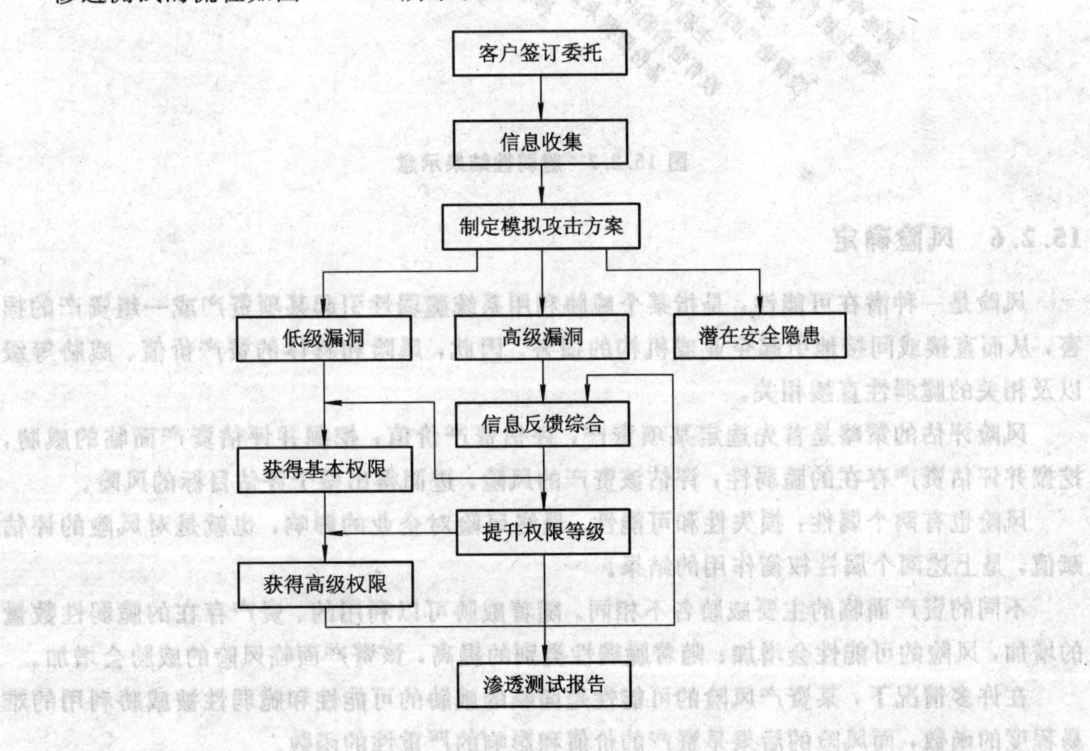

图 15.2.6　渗透测试的流程

渗透测试的风险及应对措施如下：

(1) 为防止在渗透测试过程中出现异常情况，所有被评估系统均应在被评估之前作一次完整的系统备份或者关闭正在运行的操作，以便在系统发生灾难后能及时恢复。

(2) 不使用含有拒绝服务的测试策略。

(3) 渗透测试时间尽量安排在业务量不大的时段。

(4) 如果出现被评估系统没有响应的情况，则应当立即停止测试扫描工作，分析情况，在确定原因、正确恢复系统、采取必要的防范措施后，才可以继续进行。

(5) 评估前由被评估方同意，对指定的服务器或网段进行渗透测试，测试过程在相关人员的全程跟踪和监督下进行。

通过各种方法的分析，得出脆弱性评估报告。图 15.2.7 显示了部分脆弱点的严重程度和易用程度。其中的脆弱点已经和资产及威胁建立了关联。

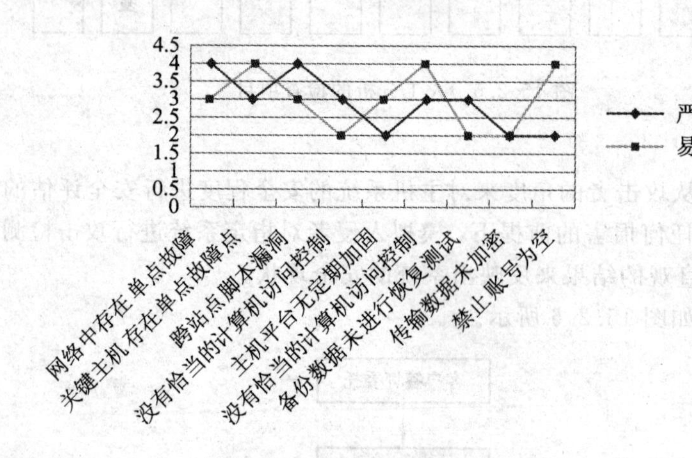

图 15.2.7　脆弱性结果示意

15.2.6　风险确定

风险是一种潜在可能性，是指某个威胁利用系统脆弱性引起某项资产或一组资产的损害，从而直接或间接地引起企业或机构的损害。因此，风险和具体的资产价值、威胁等级以及相关的脆弱性直接相关。

风险评估的策略是首先选定某项资产，评估资产价值，挖掘并评估资产面临的威胁，挖掘并评估资产存在的脆弱性，评估该资产的风险，进而得出整个评估目标的风险。

风险也有两个属性：损失性和可能性。最终风险对企业的影响，也就是对风险的评估赋值，是上述两个属性权衡作用的结果。

不同的资产面临的主要威胁各不相同。随着威胁可以利用的、资产存在的脆弱性数量的增加，风险的可能性会增加；随着脆弱性类别的提高，该资产面临风险的威胁会增加。

在许多情况下，某资产风险的可能性是面临的威胁的可能性和脆弱性被威胁利用的难易程度的函数，而风险的后果是资产的价值和影响的严重性的函数。

根据上述各阶段的评估结果，即评估人员对系统进行的资产鉴定、威胁评估、脆弱性评估以及威胁利用资产脆弱性发生安全事件的可能性、资产受到损害的严重性，可以计算系统的风险等级。

风险计算原理形式化描述如下：

$$R=f(A, V, T)$$

式中，R 表示风险，A 表示资产，V 表示脆弱性，T 表示威胁。

15.3 评估案例

本节将主要以某公司信息安全风险评估项目为例，阐述风险评估的实施过程，详细制定该项目的实施方案，包括项目目标、主要任务和评估流程等。

1. 目标

评估的目标如下：

(1) 了解网络和应用系统的安全状况。通过评估信息系统存在的安全弱点和面临的安全威胁，了解其安全现状和安全需求。

(2) 评估受测系统的安全风险。根据安全风险因素间的关系，确定受测系统存在的安全风险及其优先级。

(3) 根据风险评估制定安全策略。通过安全评估，实践并掌握信息安全风险评估的实施流程、工作形式、过程与方法，为信息系统的使用和管理部门制定安全策略提供建议。

2. 主要任务

1) 信息资产分析

分析×××信息系统现有的核心IT资产，了解其CIA三性及对受测机构的重要性，以利于后续的规划。

主要任务：组织梳理、登记并评价信息资产，协定脆弱点、威胁识别以及风险估算方法。

交付件：《×××信息系统资产报告》。

2) 网络架构评估

评估网络结构的安全性，包括对网络区域划分、网络防护以及安全策略部署等的评估。

主要任务：对有关人员进行访谈，了解受测机构的业务目标和业务对安全的要求，了解网络现状；从整体角度评估网络使用、网络管理、网络安全控制的安全状况。

交付件：《×××信息系统网络架构评估报告》。

3) IT设备安全评估

针对网络设备、安全设备、系统平台等，分析其安全配置的正确性和有效性，并提供加固建议。

主要任务：对IT设备进行安全评估，形成IT设备安全评估报告。

交付件：《×××信息系统IT设备安全评估报告》。

4）安全现状与风险组合分析

分析×××信息系统应用安全方面的问题，需要对其生命周期整个过程中的安全问题进行检查和验证。

主要任务：对×××信息系统进行综合分析和评价，给出最终的安全现状与风险综合分析报告；风险综合分析和评价；编制安全现状与风险综合分析报告。

交付件：《×××信息系统安全现状与风险综合分析报告》。

5）安全建议

依据信息安全评估结果，完成信息系统的安全建议。

主要任务：评估结果分析，进行方案设计。

交付件：《×××信息系统安全建议书》。

3. 总体思路

1）评估内容

（1）安全等级。根据信息系统的重要程度为系统确定合适的安全等级，选择合适的技术等级作为评估其安全措施的依据。

（2）资产。以IT设备为基本单位，调查设备的基本属性，得到资产列表及资产详细信息并赋值，形成资产报告。

（3）网络架构。分析网络区域划分、连接和接入情况。

（4）安全管理。通过访谈、现场检查确认等方式，对信息系统的安全管理组织、制度和策略、风险管理、运行与维护、应急响应、监督和检查、项目管理等内容进行全面、安全评估。

（5）物理安全。对机房环境、设备和介质等对象进行调查和现场勘察，确认其与国家等级保护要求的符合性。

（6）威胁。对安全事件发生的程度、频率、影响范围和处理方法等进行调查。

（7）脆弱性。对脆弱性进行识别和赋值。提供多种全面方法对信息系统进行脆弱性评估，包括安全管理和安全技术各层面的脆弱性识别。

（8）安全风险。根据资产、脆弱性和威胁之间的关系以及风险评估量化方法，确定信息系统的安全风险等级。

2）评估技术

对以上评估内容，采用的评估技术如下：

（1）调查取证：包括问卷调查、相互交流和实地勘察等凝聚着丰富的专家知识的人工分析方法。

（2）漏洞检测和脆弱性测试：利用扫描与攻击工具有计划、有组织地检测信息系统的安全漏洞，并模拟外界攻击，测试信息系统的抗渗透能力。

（3）综合分析：由安全专家对评估结果做出关联性分析，撰写安全评估报告。

3）评估流程

评估流程如图15.3.1所示。

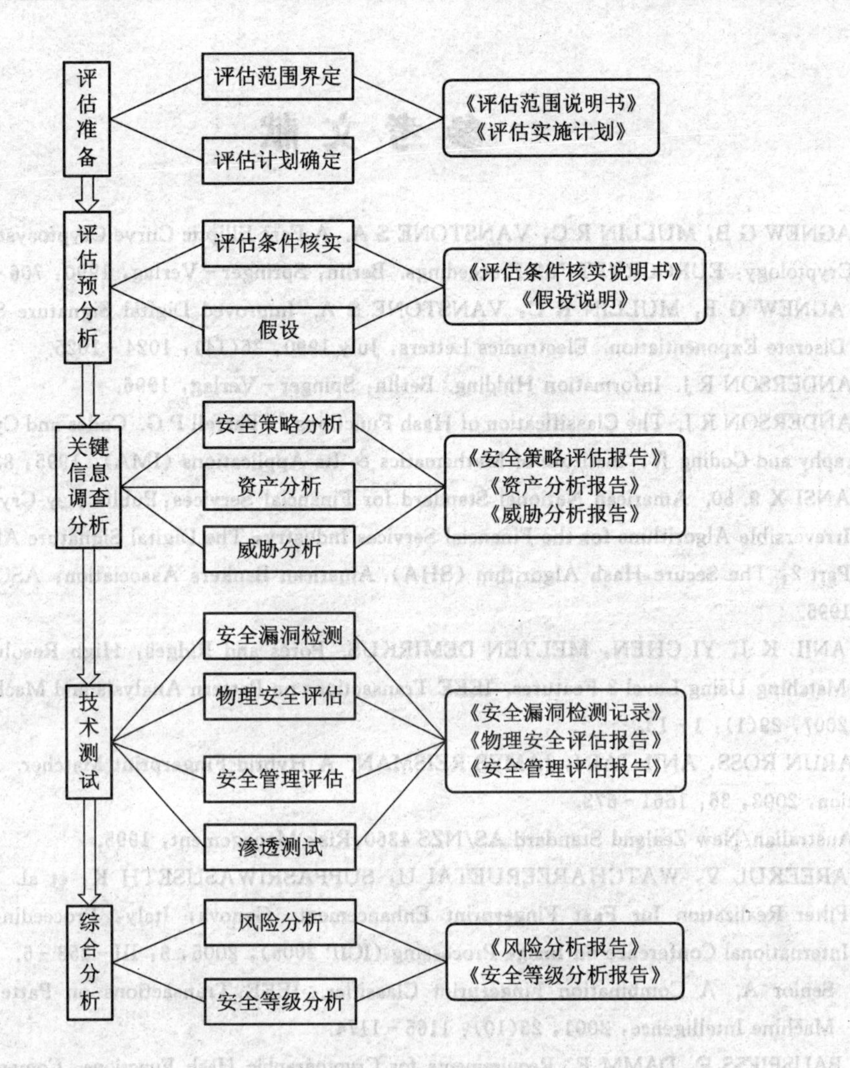

图 15.3.1 评估流程图

通过制定评估方案，对该公司信息资产、威胁和脆弱性进行风险评估，可以了解信息系统的整体安全状况。以评估结果为依据，可以对现有系统提出安全建议方案。

参考文献

[1] AGNEW G B, MULLIN R C, VANSTONE S A. A Fast Elliptic Curve Cryptosystem. Advances in Cryptology: EUROCRYPT '89 Proceedings. Berlin: Springer - Verlag, 1990: 706 - 708.

[2] AGNEW G B, MULLIN R C, VANSTONE S A. Improved Digital Signature Scheme Based on Discrete Exponentiation. Electronics Letters, July 1990, 26(14): 1024 - 1025.

[3] ANDERSON R J. Information Hidding. Berlin: Spinger - Verlag, 1996.

[4] ANDERSON R J. The Classification of Hash Functions // Farrell P G. Codes and Cyphers: Cryptography and Coding Ⅳ. Institute of Mathematics & Its Applications (IMA), 1995: 83 - 93.

[5] ANSI X 9. 30. American National Standard for Financial Services: Public Key Cryptography Using Irreversible Algorithms for the Financial Services Industry, The Digital Signature Algorithm (DES), Part 2: The Secure Hash Algorithm (SHA). American Bankers Association: ASC X9 Secretariat, 1995.

[6] ANIL K J, YI CHEN, MELTEN DEMIRKUS. Pores and Ridges: High Resolution Fingerprint Matching Using Level 3 Features. IEEE Transactions on Pattern Analysis and Machine Intelligence, 2007, 29(1): 1 - 13.

[7] ARUN ROSS, ANIL JAIN, JAMES REISMAN. A Hybrid Fingerprint Matcher. Pattern Recognition, 2003, 36: 1661 - 673.

[8] Australian/New Zealand Standard AS/NZS 4360: Risk Management, 1995.

[9] AREEKUL V, WATCHAREERUETAI U, SUPPASRIWASUSETH K, et al. Separable Gabor Filter Realization for Fast Fingerprint Enhancement. Genova, Italy: Proceedings of the IEEE International Conference on Image Processing (ICIP 2005), 2005, 3: III - 253 - 6.

[10] Senior A. A Combination Fingerprint Classifier. IEEE Transactions on Pattern Analysis and Machine Intelligence, 2001, 23(10): 1165 - 1174.

[11] BAUSPIESS F, DAMM F. Requirements for Cryptographic Hash Functions. Computers & Security, 1992, 11(5): 427 - 437.

[12] BS 7799 - 1, Information Security Management. Code of Practice for Information Security Management Systems. British Standards Institute, 1999.

[13] BS 7799 - 2, Information Security Management. Specification for Information Security Management Systems. British Standards Institute, 1999.

[14] BELLARE M, GOGAWAY P. Entity Authentication and Key Distribution. Advances in Cryptology: CRYPTO'93, 1993: 232 - 249.

[15] BELLARE M, KILIAN J, ROGAWAY P. The Security of Cipher Block Chaining. Advances in Cryptology: CRYPTO'94, 1994: 341 - 358.

[16] BELLOVIN S M, CHESWICK W R. Network Firewalls. IEEE Comm. Mag., 1994, 32(8): 50 - 57.

[17] BERNERS - LEE T, FEILDING R, FRYSTYK H. Hypertext Transfer Protocol: Http/1. 0. Internet Draft, 1996 - 2 - 19.

[18] BORENSTEIN N S, ROSE M T. The Application / Green - Commerce MIME Content - Type. First Virtual Holdings, 1995, 6.

[19] BAZEN A M, GEREZ S H. Systematic Methods for the Computation of the Directional Fields and Singular Points of Fingerprints. IEEE Trans. Pattern Anal. Mach. Intell, 24(7): 905-919.

[20] BLEICHENBACHER, MAURER U. Directed Acyclic Graphs, One-way Functions and Digital Signatures. Advances in Cryptology: CRYPTO'94, 1994: 75-82.

[21] BRUCE LAURIE. Managed Vulnerability Assessment (MVA): Improve Security by Understanding Your Own Vulnerabilities. Network Security, 2002, 4: 8-9

[22] CMS Information Security Risk Assessment(RA)[EB]. Methodology. OIS. SSG, 2002.

[23] COPPERSMITH D. Small Solution to Polynomial Equations, and Low Exponent RSA Vulnerabilities. J. of Cryptology, 1997, 10(4): 233-260.

[24] CHIKKERUR S, GOVINDARAJU V, CARTWRIGHT A N. Fingerprint Image Enhancement Using STFT Analysis. International Workshop on Pattern Recognition for Crime Prevention, Security and Surveillance (ICAPR 05), 2005: 20-9.

[25] CHAUM D. Security without Identification: Transaction Systems to Make Big Brother Obsolete. Communications of the ACM, 1985, 28(10): 1030-1044.

[26] Common Criteria for Information Technology Security Evaluation, version 2.0. Common Criteria Editing Board, 1998, 5.

[27] COETZEE L, BOTHA E C. Fingerprint Recognition in Low Quality Images. Pattern Recognition, 26(10): 1441-1460.

[28] CAMENISCH J L, PIVETEAU J M, Stadler M A. Blind Signatures Based on the Discrete Logarithm Problem. Advances in Cryptology: EUROCRYPT '92 Proceedings. Berlin: Springer-Verlag, 1995: 428-432.

[29] CCITT, Recommendation X.509. The Directory: Authentication Framework. // Gloucester, U.K.: Consultation Committee. International Telephone and Telegraph, International Telecommunications Union, Version 7, 1987.

[30] CCITT, Recommendation X.800. Security Architecture for Open Systems Interconnection for CCITT Applications. Geneva: International Telephone and Telegraph, International Telecommunications Union, 1991.

[31] Certicom. White Paper: Elliptic Curve Cryptosystems: Question & Answers. 1996.

[32] CHAUM D. Blind Signature Systems. U.S. Patent #4,759,063, 1988-7-19.

[33] CHAUM D. Blind unanticipated signature systems. U.S. Patent #4,759,064, 1988-7-19.

[34] COPPERSMITH D. The Data Encryption Standard (DES) and Its Strength Against Attacks. IBM Journal of Research and Development, 1994, 38(3): 243-250.

[35] DAVID R, GEORGE G. Risk: A Practical Guide for Deciding What's Really Safe and What's Dangerous in the World Around You. New York: Houghton Mifflin Company, 2002.

[36] DAEMEN J. Cipher and Hash Function Design. Leuven, Belgium: Katholieke Universiteit, 1995.

[37] DAMGARD I B. A Design Principle for Hash Functions. Advances in Cryptology: CRYPTO '89 Proceedings. Berlin: Springer-Verlag, 1990: 416-427.

[38] DIFFIE W, HELLMAN M E. New Directions in Cryptography. IEEE Trans. on Information Theory, 1976, 11, IT-22(6): 644-654.

[39] DOBBERTIN H. Cryptanalysis of MD-4. Fast Software Encryption: Third International Workshop, Cambridge, U.K., 1996, 2: 53-69.

[40] DOLEV D E, YAO A C. On the Security of Public Key Protocols. IEEE Trans. Inf. Theory, 1983, 3, IT-29(2): 198-208.

[41] EDWIN B, HEINLEIN. Computer Security in China. Computers and Security, 1996, 15(5): 369 - 375.

[42] ERRO IMMONEN, PAULI RAMO, PAULI KUOSMANEN, et al. Fingerprint Recognition Using Wavelet Features. IEEE Proceedings, 2001, 1: 21 - 24.

[43] ELSPETH WALES. Vulnerability Assessment Tools. Network Security, 2003, 7: 15 - 17.

[44] ElGAMAL T, KALISKI B. Letter to the Editor Regarding LUC. Dr. Dobb's Journal, 1993, 18 (5): 10.

[45] EVEN S, GOLDREICH O, MICALI S. On Line / Off Line Digital Signatures. Advances in Cryptology: CRYPTO'89 Proceedings. Berlin: Springer - Verlag, 1990: 263 - 275. also in: Journal of Cryptology, 1996, 9: 35 - 67.

[46] ElGAMAL T. A Public - key Cryptosystem and a Signature Scheme Based on Discrete Logarithms. Advances in Cryptology: CRYPTO '84 Proceedings. Berlin: Springer - Verlag, 1985: 10 - 18. also in: IEEE Trans. on Information Theory, 1985, IT - 31(4): 469 - 472.

[47] FIPS 74. Guideline for Implementing and Using the NBS Data Encryption Standard. Spring - field, Virginia: Federal Information Processing Standards Publication 74, U. S. Department of Commerce/N. I. S. T. , National Technical Information Service, 1981.

[48] FIPS 81. DES Modes of Operation. Springfield, Virginia: Federal Information Processing Standards Publication 81, U. S. Department of Commerce / N. I. S. T. , National Technical Information Service, 1980.

[49] FIPS 186. Digital Signature Standard (DSS). Springfield, Virginia: Federal Information Processing Standards Publication(FIPS PUB) 186, U. S. Department of Commerce / N. I. S. T. , National Technical Information Service, 1994.

[50] GUNTHER C G. An Identity - based Key - exchange Protocol. Advances in Cryptology: EUROCRYPT'89, 1990: 29 - 37.

[51] GUILLOU L C, QUISQUATER J J. A Practical Zero - knowledge Protocol Fitted to Security Microprocessor Minimizing both Transmission and Memory. Advances in Cryptology: EUROCRYPT'88, 1988: 123 - 128.

[52] GUILLOU L C, QUISQUATER J J, WALKER M, et al. Precautions Taken Against Various Potential Attacks in ISO/IEC DIS 9796. Advances in Cryptology: EUROCRYPT' 90, 1991: 465 - 473.

[53] GUILLOU L C, UGON M. Smart Card: A Highly Reliable and Portable Security Device. Advances in Cryptology: CRYPTO'86, 1987: 464 - 479.

[54] GUILLOU L C, UGON M, QUISQUATER J J. The Smart Card: A Standardized Security Device Dedicated to Public Cryptology // Simmons G J. Contemporary Cryptology: The Science of Information Integrity. Piscataway, NJ: IEEE Press, 1992: 561 - 613.

[55] GARY STONEBUMER, ALICE GOGUEN, ALEXIS FERINGA. Risk Management Guide for Information Technology Systems [EB]. http://csrc. nist. gov/publications/nistpubs/800 - 30/ sp800 - 30. pdf.

[56] GUAN BAO - CHYUAN, LO CHI - CHUN, WANG PING. Evaluation of Information Security Related Risks of an Organization: The Application of the Multi - criteria Decision - making Method. 37th Annual 2003 International Carnahan Conference on Security Technology.

[57] GAO. Information Security Risk Assessment - Practices of Leading Organizations[EB]. Case Study 3. GAO/AIMD - 00 - 33. 999,11.

[58] GAO. Information Security Risk Assessment - Practices of Leading Organizations[EB]. Exposure Draft, U. S. General Accounting Office, 1999, 8.

[59] GB/T 20984—2007. 信息安全技术:信息系统的风险评估规范 . 中华人民共和国国家标准, 2007.

[60] GB/T 18336. 1—2001. 信息技术 安全技术 信息技术信息安全评估准则 第 1 部分:简介和一般模型. 中华人民共和国国家标准, 2001.

[61] GB/T 18336. 2—2001. 信息技术 安全技术 信息技术信息安全评估准则 第 2 部分:安全功能要求. 中华人民共和国国家标准, 2001.

[62] GB/T 18336. 3—2001. 信息技术 安全技术 信息技术信息安全评估准则 第 3 部分:安全保证要求. 中华人民共和国国家标准, 2001.

[63] GB/T 19716—2005. 信息技术 信息安全管理实用规则. 中华人民共和国国家标准, 2005.

[64] GB/T 19715. 1—2005. 信息技术 信息技术安全管理指南 第 1 部分:信息技术安全概念和模型. 中华人民共和国国家标准, 2005.

[65] GB/T 9361—2000. 计算机场地安全要求. 中华人民共和国国家标准, 2000.

[66] GB 17859—1999. 计算机信息系统安全保护等级划分准则. 北京:中国标准出版社, 1999.

[67] HARDY G H, WRIGHY E M. An Introduction to the Theory of Numbers. 5th ed. Oxford: Clarendon Press, 1979.

[68] HARN L, KIESLER T. Improved Rabin's Scheme with High Efficiency. Electronics Letters, 1989, 25(15, 20): 1016.

[69] VENTER H S, ELOFF J H P. Assessment of Vulnerability Scanners. Network Security, 2003, 2: 11-16.

[70] HELLMAN M E. DES will be Totally Insecure within Ten Years. IEEE Spectrum, 1979, 16(7): 32-39.

[71] ISO/IEC 10116. Information Processing: Modes of Operation for an n-bit Block Cipher Algorithm. Geneva, Switzerland: International Organization for Standardization, 1991.

[72] ISO/IEC 10118-1. Information Technology, Security Techniques, Hash Functions, Part 1: General. Geneva, Switzerland: International Organization for Standardization, 1994.

[73] ISO/IEC 10118-2. Information Technology, Security Techniques, Hash Functions, Part 2: Hash-Functions Using an n-bit Block Cipher Algorithm. Geneva, Switzerland: International Organization for Standardization, 1994.

[74] ISO/IEC 10118-3. Information Technology, Security Techniques, Hash Functions, Part 3: Dedicated Hash-functions. Draft (CD). Geneva, Switzerland: International Organization for Standardization, 1996.

[75] ISO/IEC 10118-4. Information Technology, Security Techniques, Hash Functions, Part 4: Hash-functions Using Modular Arithmetic. Draft (CD). Geneva, Switzerland: International Organization for Standardization, 1996.

[76] ISO/IEC 15408-1. Information Technology, Security Techniques, Common Criteria for IT Security Evaluation(CCISE), Part 1: General Model. Geneva, Switzerland: International Organization for Standardization, 1999.

[77] ISO/IEC 15408-2, Information Technology, Security Techniques, Common Criteria for IT Security Evaluation(CCISE), Part 2: Security Functional Requirements. Geneva, Switzerland: International Organization for Standardization, 1999.

[78] ISO/IEC 15408-3, Information Technology, Security Techniques, Common Criteria for IT Security Evaluation(CCISE), Part 3: Security Assurance Requirements. Geneva, Switzerland: International

Organization for Standardization，1999.

[79] ISO/IEC 17799. Information Technology：Code of Practic for Information Security Management. Geneva，Switzerland：International Organization for Standardization，2000.

[80] IEEE 802.10. Interoperable LAN/MAM Security，1992.

[81] IEEE 802.11i. Draft Supplement to Standard for Telecommunications and Information Exchange Between Systems：LAN/MAN Specific Requirements，Part 11：Wireless Medium Access Control (MAC) and Physical Layer (PHY) Specifications：Specification for Enhanced Security. Piscataway，NJ：IEEE Press，2002.

[82] IETF - RFC 1661. The Point - to - Point Protocol (PPP)，1994.

[83] IETF - RFC 2284. The PPP Extensible Authentication Protocol (EAP)，1998.

[84] IETF - RFC 1968. The PPP Encryption Control Protocol (ECP)，1996.

[85] IETF - RFC 2637. Point - to - Point Tunneling Protocol (PPTP)，1998.

[86] IETF - RFC 2661. Layer Two Tunneling Protocol (L2TP)，1999.

[87] IETF - RFC2401. Security Architecture for the Internet Protocol，1998.

[88] IETF - RFC2402. IP Authentication Header(AH)，1998.

[89] IETF - RFC2406. IP Encapsulating Security Payload(ESP)，1998.

[90] IETF - RFC2408. Internet Security Association and Key Management Protocol (ISAKMP)，1998.

[91] IETF - RFC2409. Internet Key Exchange (IKE)，1998.

[92] ISO/IEC TR 13335 - 1. Information Technology：Guidelines for the Management of IT Security，Part 1：Concepts and Models of IT Scurity. Geneva，Switzerland：International Organization for Standardization，1997.

[93] ISO/IEC TR 13335 - 2. Information Technology：Guidelines for the management of IT Security，Part 2：Managing and Planning IT Scurity. Geneva，Switzerland：International Organization for Standardization，1998.

[94] ISO/IEC TR 13335 - 3. Information Technology：Guidelines for the management of IT Security，Part 3：Techniques for the Management of IT Scurity. Geneva，Switzerland：International Organization for Standardization，1998.

[95] ISO/IEC TR 13335 - 4. Information Technology：Guidelines for the management of IT Security，Part 4：Selection of Safeguards. Geneva，Switzerland：International Organization for Standardization，2000.

[96] ISO/IEC TR 13335 - 5. Information Technology：Guidelines for the management of IT Security，Part 5：Management guidance on network security. Geneva，Switzerland：International Organization for Standardization，2001.

[97] IATF(Information Assurance Technical Framework). National Security Agency IA Solutions Technical Directors Release 3.1，2002，12.

[98] ITSEC，Information on Technology Security Evaluation Criteria，Version 1.2. Office for Official Publications of European Communities，1991，6.

[99] JACK A JONES. An Introduction to Factor Analysis of Information Risk(FAIR)，2005.

[100] JON DAVID. Vulnerabilities Assessment，Part 1：Vulnerability Basics. Network Security，1999，6：16 - 18.

[101] JONATHAN TREGEAR. Risk Assessment. Information Security Technical Report. 2001，9：19 - 27.

[102] 赖溪松，韩亮，张真诚. 密码学及其应用. 台北：松岗电脑图书资料股份有限公司，1995.

[103] NEEDHAM R M, SCHROEDER M D. Using Encryption for Authentication in Large Networks of Computers. Communications of the ACM, 1978, 21(12): 993-999.

[104] NEEDHAM R M, SCHROEDER M D. Authentication Revisited. Operating Systems Review, 1987, 21(1): 7.

[105] MENEZES A. Elliptic Curve Public Key Cryptosystems. Dordrecht, Netherland: Kluwer Academic Publishers, 1993.

[106] Tico M, KUOSMANEN P, SAARINEN J. Wavelet Domain Features for Fingerprint Recognition. Electronics Letters. 2001, 37(1): 21-22.

[107] MENEZES A, BLACK I, GAO X, et al. Applications of Finite Fields. Dordrecht, Netherland: Kluwer Academic Publishers, 1993.

[108] MENEZES A, Vanstone S A. Implementation of Elliptic Curve Cryptosystems. AUSCRYPTO'90, 1990: 2-13.

[109] BISHOP M. A Taxonomy of Unix System and Network Vulnerabilities. Department of Computer Science, University of California Davis: Technical Report CSE-9510, 1995, 5.

[110] MENEZES A, VANSTONE S A. Elliptic Curve Aryptosystems and Their Inplementations. Journal of Cryptology, 1993, 6(4): 209-224.

[111] MENEZES A, van OORSTONE P C, VANSTONE S C. Handbook of Applied Cryptology. Boca Raton, FL: CRC Press, 1997.

[112] MILLER V S. Use of Elliptic Curves in Cryptography. Advances in Cryptology: CRYPTO'85 Proceedings. Berlin: Springer-Verlag, 1986: 417-426.

[113] MERKLE R C. A Certified Aigital Aignature. Advances in Cryptology: CRYPTO '89 Proceedings. Berlin: Springer-Verlag, 1990: 218-238.

[114] MnSCU. Security Risk Assessment: Applied Risk Management. Minnesota State Colleges & Universities, 2002, 7.

[115] MICHAEL E, WHITMAN, HERBERT J. Principles of Information Security. Atkinson, NH: GEX Inc. Publishing Services, 2003.

[116] ORTALO R, DESWARTE Y. Experimenting with Quantitative Evaluation Tools for Moni-toring Operational Security. LAAS Report, 1997, 1.

[117] PANG Liaojun, WANG Yumin. A New (t, n) Multi-secret Sharing Scheme Based on Shamir's Secret Sharing. Applied Mathematics and Computation, 2005, 167(2): 840-848.

[118] PRENEEL B, NUTTIN M, RIJMEN V, et al. Cryptanalysis of the CFB Mode of the DES with a Reduced Number of Rounds. Advances in Cryptology: CRYPTO '93 Proceedings. Berlin: Springer-Verlag, 1994: 212-223.

[119] RAINER Jr R K, et al. Risk Analysis for Information Technology. Journal of Management Information Systems, 1991, 8(1): 129-147.

[120] RABIN M O. Digital Signatures // Foundations of Secure Communication. New York: Academic Press, 1978: 155-168.

[121] METZGER P, SIMPSON W. IP Authentication Using Keyed MD5. RFC 1828: Internet Request for Comments 1828, 1995, 8.

[122] METZGER P, SIMPSON W. The ESP DES-CBC Transform. RFC 1829: Internet Proposed Standard, 1995, 8.

[123] GALVINM J, MURPHYM S, CROCKER S, et al. Security Multiparts for MIME: Multipart/Signed and Multipart/Encrypted. RFC 1847: Internet Request for Comments 1847, 1995, 10.

[124] CROCKER S, FREED N, GALVIN J, et al. MIME Object Security Services. RFC 1848: Internet Request for Comments 1848, 1995, 10.

[125] RIBENBOIM P. The Book of Prime Number Records. Berlin: Springer-Verlag, 1988.

[126] RIBENBOIM P. The Little Book of Big Primes. Berlin: Springer-Verlag, 1991.

[127] RIVEST R L, SHAMIR A, ADLEMAN L M. A Method for Obtaining Digital Signatures and Public-key Cryptosystems. Communications of the ACM, 1978, 21(2): 120-126.

[128] RIVEST R L. The RC4 Encryption Algorithm. RSA Data Security, Inc., 1992, 3.

[129] RIVEST R L. The RC5 Encryption Algorithm. Dr. Dobb's Journal, 1995, 20(1): 146-148. also in: PRENEEL B. Fast Software Encryption 2nd International. Workshop on Cryptographic Algorithms. Berlin: Springer-Verlag, 1995: 86-96.

[130] RIVEST R L. Cryptography // van LEEUWEN J. Handbook of Theoretical Computer Science. Amsterdam: Elsevier Science Publishers, 1990: 719-755.

[131] RIVEST R L. The MD4 message digest algorithm. Advances in Cryptology: CRYPTO'90 Proceedings. Berlin: Springer-Verlag, 1991: 303-311.

[132] RIVEST R L. RSA Chips(Past/Present/Future), Advances in Cryptology: EUROCRYPT'84 Proceedings. Berlin: Springer-Verlag, 1985: 159-168.

[133] RIVEST R L. The MD4 Message Digest Algorithm. RFC 1186, 1990, 10.

[134] ROGIER N, CHAUVAUD P. The Compression Function of MD2 is not Collision Free. Ottawa, Canada: Workshop Record, 2nd Workshop on Selected Areas in Cryptography(SAC'95),1995,5:18-19.

[135] ROGAWAY P. Bucket Hashing and Its Application to Fast Message Authentication. Advances in Cryptology: CRYPTO '95 (INCS 963), 1995: 29-42.

[136] ROBSHAW M J B. On Pseudo-Collisions in MD5. RSA Laboratories: Technical Report TR-102, version 1.1, 1994, 7.

[137] ROBSHAW M J B. Implementations of the Search for Pseudo-Collisions in MD5. RSA Laboratories: Technical Report TR-103, version 2.0, 1993, 11.

[138] ROBSHAW M J B. MD2, MD4, MD5, SHA, and Other Hash Functions. RSA Laboratories: Technical Report TR-101, version 3.0, 1994, 7.

[139] ROBSHAW M J B. Security of RC4. RSA Laboratories: Technical Report TR-401, 1994, 7.

[140] RSA Data Security, Inc.. The S/MIME Protocol. http://www.rsa.com, 1995.

[141] RSA Laboratories. The Public-key Cryptography Standard, PKCS#1: RSA Encryption Standard, version 1.4. Redwood City, California: RSA Data Security, Inc., 1993, 11.

[142] RSA Laboratories. The Public-key Cryptography Standards, PKCS#3: Diffie-Hellman Key-agreement Standard, version 1.4. Redwood City, California: RSA Data Security Inc., 1993, 11.

[143] RSA Laboratories. The Public-key Cryptography Standards, PKCS#5: Password-based Encryption Standard, version 1.5. Redwood City, California: RSA Data Security Inc., 1993, 11.

[144] RSA Laboratories. The Public-key Cryptography Standards, PKCS#6: Extended Certificate Syntax Standard, version 1.5. Redwood City, California: RSA Data Security Inc., 1993, 11.

[145] RSA Laboratories. The Public-key Cryptography Standards, PKCS#7: Cryptgraphic Message Syntax Standard, version 1.5. Redwood City, California: RSA Data Security Inc., 1993, 11.

[146] RSA Laboratories. The Public-key Cryptography Standards, PKCS#8: Private Key Information Syntax Standard, version 1.5. Redwood City, California: RSA Data Security Inc., 1993, 11.

[147] RSA Laboratories. The Public-key Cryptography Standards, PKCS#9: Selected Attribute Types, version 1.1. Redwood City, California: RSA Data Security Inc., 1993, 11.

[148] RSA Laboratories. The Public - key Cryptography Standards, PKCS # 10: Certifation Request Syntax Standard, version 1. 0. Redwood City, California: RSA Data Security Inc. , 1993, 11.

[149] RSA Laboratories. The Public - key Cryptography Standards, PKCS # 11: Cryptographic Token Interface Standard, version 1. 0. Redwood City, California: RSA Data Security Inc. , 1995, 4.

[150] R SA Laboratories. The Public - key Cryptography Standards, PKCS # 12: Public Key User Information Syntax Standard, version 1. Redwood City, California: RSA Data Security Inc. , 1995.

[151] ROMPEL J. One - way Functions are Necessary and Sufficient for Secure Signatures. Proceedings of the 22nd Annual ACM Symposium on the Theory of Computing, 1990: 387 - 394.

[152] RAY BERNARD. Information Lifecycle Security Risk Assessment: A Tool for Closing Security Gaps. Computers & Security, 2007, 12: 26 - 30.

[153] ROBERT McDOWELL. Introduction to Quantitative Analyses. Risk Analysis System USDA_APHIS_PPD.

[154] SHAMIR A. An Efficient Signature Scheme Based on Birational Permutations. Advanced in Cryptology: CRYPTO'93, 1993: 1 - 12.

[155] STALLINGS W. Network and Internetwork Security. Englewood Cliffs, NJ: Prentice - Hall, 1995.

[156] STALLINGS W. Protect Your Privacy: A Guide for PGP Users. Englewood Cliffs, NJ: Prentice - Hall, 1995.

[157] SIMMONS G J, SMEETS B. A Paradoxical Result in Unconditionally Secure Authentication Codes and an Explanation // MITCHELL C. Cryptography and Coding Ⅱ. Oxford: Clarendon, 1992. 231 - 258.

[158] THIONG Ly J A. S/MIME Message Specification: PKCS Security Services for MIME. RSA Data Security Inc. , 1995 - 8 - 29. http: //www. rsa. com/.

[159] TAKASHI SHINZAKI. Uneven - surface Data Detection Apparatus. US Patent # 6,127,674, 2000, 10: 627 - 628.

[160] Trusted Computer System Evaluation Criteria (TCSEC). US DoD 5200. 28 - STD, 1985, 12.

[161] WU ZHILI. Fingerprint Recognition, Student Project. HK: Hong Kong Baptist University, 2002, 4.

[162] WELLS Jr A L. A Polynomial Form for Logarithms Modulo a Prime. IEEE Transactions on Information Theory, 1984, 11: 845 - 846.

[163] Williams R C, WALKER J A, DOROFEE A J. Pulting Risk Management into Practice. IEEE Sotware, 1997, 3.

[164] HE YULIANG, TIAN JIE, LUO XIPING. Image Enhancement and Minutiae Matching in Fingerprint Verification. Pattern Recognition Letters, 2003, 24: 1349 - 1360.

[165] YACOV Y HAIMES. Risk Modeling, Assessment, and Management. New York: Wiley - InterScience, 2002.

[166] 傅再军. 计算机病毒危害不容忽视. 国际电子报, 1996 - 10 - 28(41): 15.

[167] BRUCE S. 应用密码学:协议、算法与C源程序. 北京: 机械工业出版社, 2000.

[168] 王育民, 刘建伟. 通信网的安全:理论与技术. 西安: 西安电子科技大学出版社, 1999.

[169] 毛文博. 现代密码学:理论与实践. 王继林, 等译. 北京: 电子工业出版社, 2004.

[170] 冯登国. 可证明安全性理论与方法研究. 软件学报, 2005, 16(10):1743～1756.

[171] 蔡皖东. 网络与信息安全. 西安: 西北工业大学出版社, 2004.

[172] 杨波. 现代秘密学. 2版. 北京: 清华大学出版社, 2007.

[173] 美国ISS公司. 安全管理模型技术白皮书. 美国ISS公司, 1998.

[174]　田捷，杨鑫. 生物特征识别技术理论与应用. 北京：电子工业出版社，2005.
[175]　卿斯汉. 密码学与计算机安全. 北京：清华大学出版社，2001.
[176]　赵战生. 信息安全风险评估. 中科院研究生院信息安全国家重点实验室，2004，7.
[177]　吴亚非，李新友，禄凯. 信息安全风险评估. 北京：清华大学出版社，2007.
[178]　冯登国，张阳，张玉清. 信息安全风险评估综述. 通信学报，2004，25(7)：10－18.
[179]　2006年度中国网络安全分析报告[EB/OL]. http://www.51tiger.com/xxlr1，2007－4－26.
[180]　GB 15629.11—2003/XG 1—2006. 信息技术 系统间远程通信和信息交换 局域网和城域网特定要求 第11部分：无线局域网媒体访问控制和物理层规范 第1号修改单. 北京：中国标准出版社，2006.
[181]　裴庆祺，沈玉龙，马建峰. 无线传感器网络安全技术综述. 通信学报，2007，28(8)：113～122.
[182]　庞辽军. 秘密共享技术及其应用研究：[学位论文]. 西安：西安电子科技大学，2006.
[183]　庞辽军，裴庆祺，焦李成，等. 基于ID的门限多重秘密共享方案. 软件学报，2008，19(10)：2739～2745.
[184]　庞辽军，焦李成. 无可信中心的可变门限签名方案. 电子学报，2008，36(8)：1559～1563.
[185]　庞辽军，裴庆祺，梁继民，等. 一种增强指纹 Fuzzy Vault 系统安全性的方法. 中国专利，200810150579.4. 2008.
[186]　庞辽军，裴庆祺，梁继民，等. 一种基于生物特征的远程认证方法. 中国专利，200810150642.4. 2008.
[187]　庞辽军，裴庆祺，梁继民，等. 一种基于生物特征信息的加密方法. 中国专利，200810150646.2. 2008.
[188]　梁继民，陈宏涛，田捷，等. 基于秘密共享的 Fuzzy Vault 加密方法. 中国专利，200910022010.4. 2009.